핵심

재료역학

Mechanics of Materials

김두만 / 오대석 共著

복두출판사

PREFACE

재료역학은 기계공학 분야를 전공하고자 하는 공학도에게 가장 기본적인 학문으로서 필수적으로 접하게 되는 기초과목이며, 기계, 건축 구조물 및 자동차, 항공기, 선박들과 같은 구조물을 구성하고 있는 재료에 가해지는 하중에 의해 그 구조물이 안전하게 본래의 기능을 발휘할 수 있도록 하는 재료의 선정과 구조 형상의 선택 및 안전한 구조물의 설계를 위한 변형과 응력을 해석하는데 기본이 되는 학문이다.

본서는 저자가 오랜 기간 강의해오면서 학생들이 공통적으로 느끼는 애로 사항들을 깊이 있게 분석, 검토하여 다음과 같은 특징을 갖도록 구성하였다.

첫째, 필수 용어들의 의미는 개념 정리와 더불어 물리적 의미를 설명함으로써 자연스럽게 해석 도중에 알 수 있도록 쉽게 풀이하여 설명하였고, 둘째, 기초 분야에 대해서도 다른 참고서 없이 바로 이해될 수 있도록 설명을 하고 있으며, 셋째, 예제를 설정함에 있어 필수적으로 고려되어야 할 것을 엄선하였고 풀이 과정 또한 생략 없이 세밀하게 설명함으로써 응용력을 키우는데 최선을 다하였다. 넷째, 재료역학의 기초가 필요한 대학생을 위한 기본적인 문제를 다룸으로써 재료역학을 근간으로 하는 전공 공부에 기반을 다질 수 있도록 하였을 뿐만 아니라 엔지니어로서 현장 실무 적용력을 높일 수 있도록 최선을 다하였다.

본서는 대학에서 3학점 1학기나 2학점 2학기 정도에 강의할 수 있는 분량이 될 수 있도록 집필하였다.

그리고 각 장의 연습문제는 학생들의 과중한 부담을 줄일 수 있고, 본문의 내용이 충실히 응용될 수 있는 문제들을 엄선하여 선정하였으며, 학생들이 가능한 쉽게 이해하고 풀이할 수 있도록 문제의 난이도를 조절하였다.

내용이나 편집에 있어 오류가 없도록 최선을 다하였으나 오류나 착오가 있는 부분에 대해서는 저자에게 지적해주시기를 부탁하며 앞으로 꾸준히 수정, 보완해 나갈 것이다.

본서의 집필을 위한 실험과 원고 교정 등을 협조하여 준 유현승 박사, 박봉국, 이정한, 이해성 등과 한국항공대학 항공우주 구조 및 재료 실험실의 대학원생들과 본서의 편집과 삽화 및 교정 등을 맡아 준 인텔레인(주)의 강민영 사장, 전동익, 김형일, 박종승, 변상균과 표지 등의 디자인에 도움을 주신 극동대학교 조성근 교수님과 주식회사 디자인서울모형의 안경회 사장님께 감사드리며, 복두출판사 송광헌 사장님께 심심한 사의를 표하는 바이다.

끝으로, 평생을 묵묵히 곁에서 도와준 아내와 사랑하는 딸 지선, 지현, 막내 민재에게도 아빠의 사랑을 전한다. 끝으로 내 인생의 주인이신 하나님께 이 모든 영광을 돌린다.

2007. 9.

저자 **김 두 만**

CONTENTS

제 1 장 재료역학의 기초 • 9

제 2 장 단순 축하중 부재 • 41

제 6 장 하중을 받는 보의 응력 해석 • 227

제 7 장 보의 처짐 • 289

제 8 장 에너지 방법을 이용한 구조물의 변형 해석 • 321

제 9 장 부정정 구조물 • 359

제 10 장 기둥의 좌굴 해석 • 405

APPENDIX • 437

찾아보기 • 493

기호 설명

A	단면적
a	기둥의 지지상수, 균열의 길이
b	단면의 폭
d	지름
E	탄성계수
e	편심거리, 전단중심, 체적변형률
f	형상계수, 유연도, 주파수
f_s	전단형상계수
G	전단탄성계수
g	중력가속도
g_s	전단상수
h	높이, 두께
I	2차관성모멘트
I_P	극관성모멘트
I_p, I_q	관성주축에 관한 2차 관성 모멘트
J	비틀림상수
K	기둥의 유효길이계수, 체적탄성계수, 응력집중계수, 체적변형률
k	탄성계수 비, 스프링상수
k_t	비틀림 스프링상수
L	길이
L_e	기둥의 유효길이
M	굽힘모멘트, 질량
M_r	복원 모멘트
n	회전수
P	수직하중
P_{cr}	기둥의 임계하중
p	내압
Q	단면1차모멘트
q	전단흐름, 분포하중
r	관성반지름
S	단면계수
T	비틀림
t	두께, 분포온도
U	변형에너지
u	변형에너지 밀도
u_r	레질리언스상수
u_t	인성상수
U^*	공액 변형에너지
u^*	공액 변형에너지 밀도
V	체적, 전단력
v	속도, 처짐
W	외력에 의한 일, 하중
W^*	공액일
α	열팽창계수
β	중립축 위치
γ	비중량, 전단변형률
δ	변형
ϵ	변형률
η	안전계수
θ	단면의 회전각, 단위 길이 당의 비틀림각
κ	곡률
ν	포와송비
Π	전에너지
ρ	곡률반지름
σ	수직응력
σ_a	진폭응력, 허용응력
σ_{afL}	피로한도
σ_m	평균응력
σ_{PL}	비례한도
σ_u	극한강도
σ_y	항복응력
$\sigma_1, \sigma_2, \sigma_3$	주응력
ϕ	비틀림각

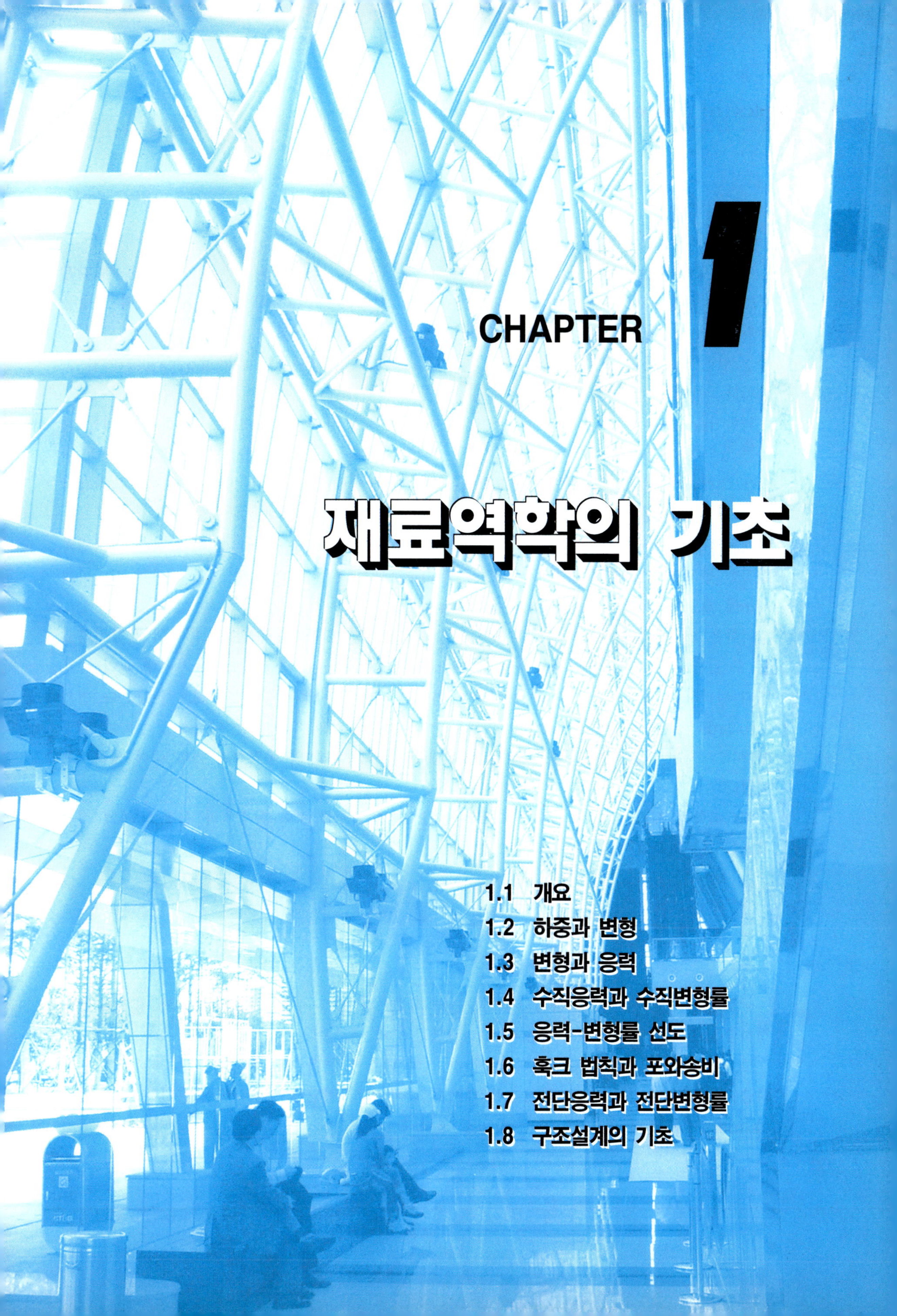

CHAPTER 1

재료역학의 기초

1.1 개요

재료역학(mechanics of materials)은 기계, 건축 구조물 및 자동차, 항공기, 선박 등과 같은 구조물을 구성하고 있는 재료에 가해지는 하중에 의해 그 구조물이 안전하게 본래의 기능을 발휘할 수 있도록 하는 재료의 선정과 구조 형상의 선택 및 안전한 구조물의 설계를 위해 하중을 받는 구조물의 변형과 그에 관련한 응력을 해석하는 고체역학(solid mechanics)의 한 분야이다.

역학(mechanics)은 힘, 즉 하중을 받는 물체의 거동을 다루는 학문으로 운동하는 물체를 다루는 동역학과 정지 상태를 다루는 정역학이 있다. 또 다른 측면에서는 하중을 받는 물체의 변형을 고려하지 않고 취급하는 강체역학(mechanics of rigid bodies)과 변형을 고려하여 취급하는 변형체역학(mechanics of deformable bodies)이 있다.

재료역학은 물체의 변형을 고려하는 역학으로 변형체역학이며, 물체의 변형이 물체의 파괴와 밀접한 관계가 있으므로 실제 기계 부품이나 구조물은 힘을 받아 변형되고 파괴가 일어나기 때문에 재료강도학(strength of materials)이라고도 한다.

역학은 인류의 문명과 함께 출발했다고 할 수 있을 것이다. 기록상으로 역학의 시작이라고 할 수 있는 것은 2300여 년 전 아르키메데스(Archimedes: B.C. 287~212)의 지렛대 원리와 부력의 원리라고 할 수 있다. 역학의 활발한 연구는 문예부흥시대에 이르러 레오나르도 다 빈치(Leonardo da Vinci: 1452~1519)에 의해서 여러 가지의 역학적 체계를 수립하고 실험과 발명이 이루어지게 되었으며, 갈릴레이(Galileo Galilei: 1564~1642)의 동역학적 실험 등이 행해지게 되었다.

재료역학의 시작은 1678년에 후크(Robert Hooke:1635~1703)의 용수철의 신장에 대한 실험적 연구로부터라고 말할 수 있다.

1.2 하중과 변형

구조물에 작용되는 여러 가지의 외력 등을 하중이라 하고 이 하중에는 하중의 형태에 따라 정하중(static load)과 동하중(dynamic load)으로 크게 구분된다.

또, 하중에는 그림 1.1 (a)에서와 같이 한 점의 미소한 면적 요소에 집중하여 작용하는 집중하중(concentrated load)과 그림 1.1 (b)에서와 같이 면적 범위에 분포되어 작용하는 분포 하중(distributed load)이 있다.

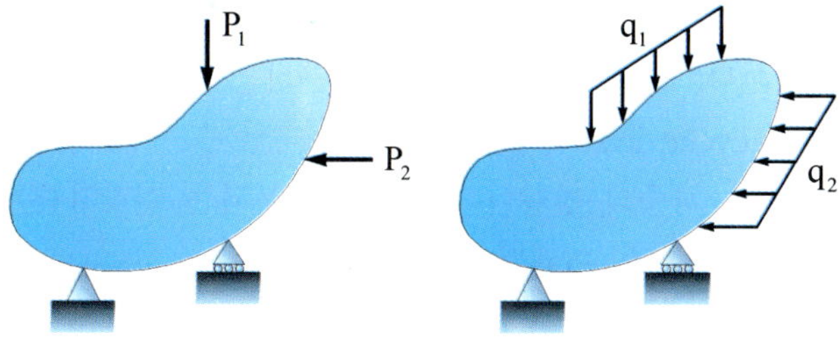

(a) 집중하중 (b) 분포하중

그림 1.1 집중하중과 분포하중

정하중은 가만히 정지 상태로 작용하는 것으로 사하중(dead load)과 점가하중(gradually increased load)이 있다. 사하중은 자중에 의한 하중과 같이 크기와 방향이 일정한 하중이고, 점가하중은 매우 조용하게 일정한 크기까지 동일한 방향으로 점차적으로 증가하는 하중을 의미한다.

동하중은 하중의 형태가 정하중과는 달리 작용 하중이 동적으로 작용하는 것으로 충격 없이 동적으로 작용하는 하중을 활하중(active load)라 하고 그림 1.2의 (a) 및 (b)와 같은 반복하중과 교번하중이 있다. 그림 1.2 (a)와 같이 하중 작용이 한 방향에서 반복적으로 작용하는 하중, 즉 동일부호의 하중을 반복적으로 작용하는 하중인 반복하중(repeated load)과 그림 1.2 (b)와 같이 하중의 크기와 방향이 변화하는, 즉 인장력과 압축력을 상호 연속적으로 반복하여 작용하

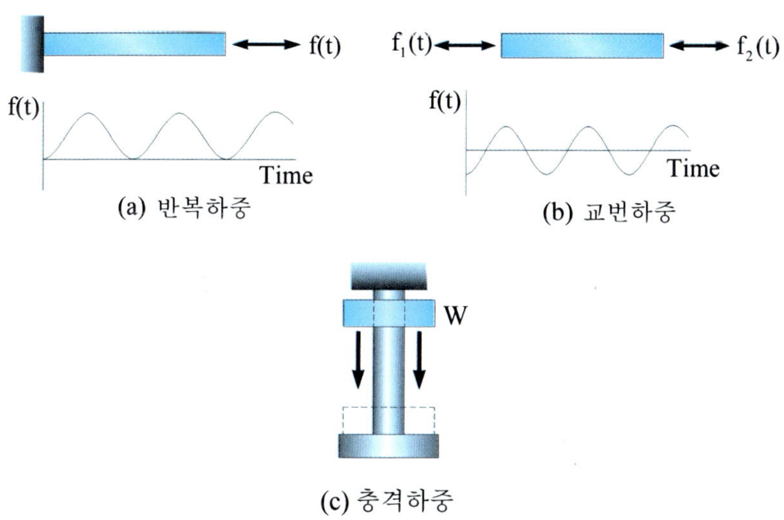

(a) 반복하중 (b) 교번하중

(c) 충격하중

그림 1.2 동하중

는 교번하중(alternative load)이 있다. 그림 1.2 (c)와 같이 충격을 주어 작용하는 동하중을 충격하중(impact load)이라 한다. 또 이들의 동하중이 작용하는 시간이 일정한 주기를 가지고 작용하는 경우에는 주기하중(cyclic load)이라고도 한다.

그리고 구조물에 작용되는 하중의 방향이 고려되어 구분되는 인장하중, 압축하중, 전단하중, 굽힘하중 및 비틀림하중 등으로 나누어진다.

그림 1.3 (a)에서와 같은 인장하중은 구조물을 잡아당겨 변형이 늘어나게 하는 하중이며 압축하중은 그림 1.3 (b)에서와 같이 구조물을 축소시켜 변형이 줄어들게 하는 하중이다. 전단하

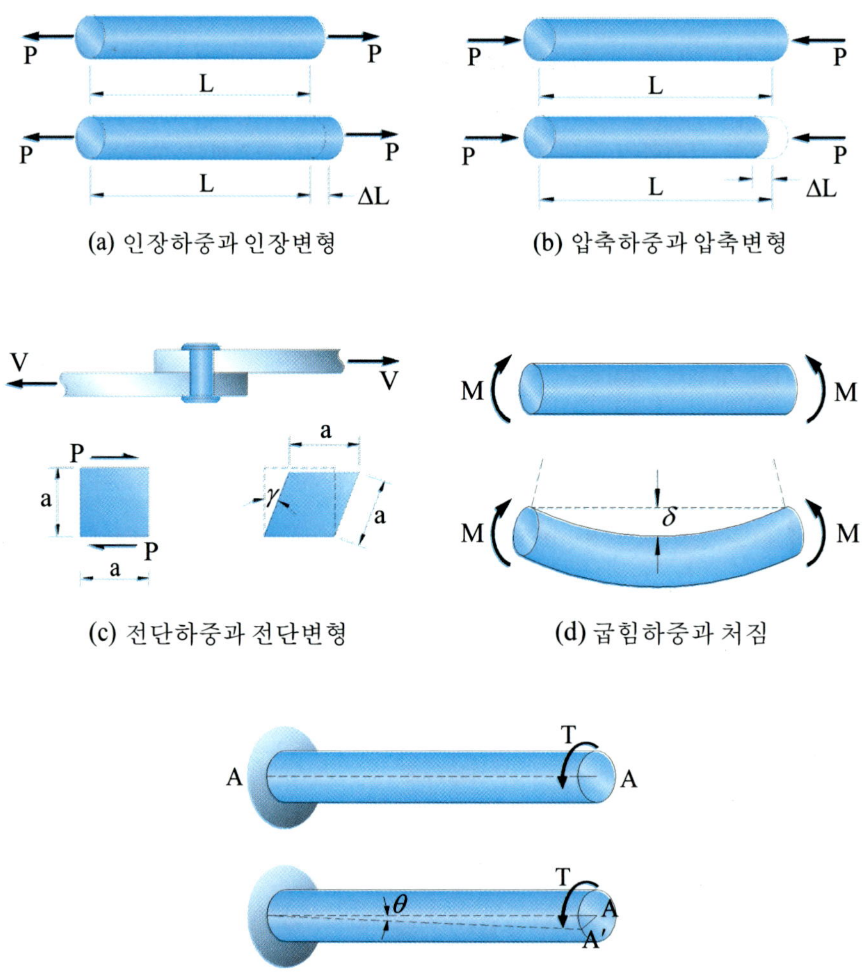

(a) 인장하중과 인장변형
(b) 압축하중과 압축변형
(c) 전단하중과 전단변형
(d) 굽힘하중과 처짐
(e) 비틀림하중과 비틀림각

그림 1.3 하중과 변형

중은 그림 1.3 (c)에서와 같이 서로 단면을 미끄러지게 작용하여 단면의 각을 변형시키는 하중이고 굽힘하중은 그림 1.3 (d)에서와 같이 구조물이 휘어지도록 작용한 하중이며 비틀림하중은 그림 1.3 (e)와 같이 단면이 비틀어지게 작용되는 하중이다. 이러한 하중에 의해 구조물의 변형은 각각 인장, 압축, 전단, 굽힘 및 비틀림 변형이 발생하게 되고 이러한 변형이 발생되므로 단면에는 이들에 저항하는 응력이 발생하게 된다.

1.3 변형과 응력

구조물에 하중을 가하면 그 구조물은 변형을 일으킨다.

그림 1.4 (a)와 같은 길이 L인 균일단면봉(prismatic bar)이 양단에 집중하중 P가 가해져 δ 만큼 늘어났다고 할때 이를 변형(deflection)이라 한다. 또 이 봉의 한 단면에 걸리는 내력을 고려하기 위하여 그림 1.4 (b)와 같이 임의 부분의 단면을 생각하면 그 단면에서는 오른쪽 끝단의 집중력과 평형이 되기 위하여 균등 분포되는 단위 면적당의 힘인 σ 가 발생하게 되고 이 응력(σ)에 단면적 A가 곱해졌을 때 이 힘은 집중력 P와 같아야 한다. 즉 응력(stress, σ)은 다음 식 (1.1)과 같이 정의할 수 있다.

$$\sigma = \frac{P}{A} \tag{1.1}$$

그런데 이러한 집중력 P를 구조물에 적용시킬 때에는 이론적으로 그림 1.4에서와 같이 한 점에 적용시키게 되는 것이고 그렇게 되면 그 점에서의 단면적이 영에 가까워지기 때문에 응력이 무한대가 될 수 있으므로 하중을 한 점에 집중하기란 불가능하다. 따라서, 실제적으로 하중 작용점에는 단면을 보강하여 어느 정도의 단면적을 확보해 주어야 할 필요가 있다.

응력에는 그림 1.3과 같은 구조 하중에 따라 각각 응력이 발생하게 된다. 그림 1.3 (a), (b)와 같은 하중에서는 인장응력(tensile stress)과 압축응력(compressive stress)이 발생하게 되며 이들 응력은 하중이 단면에 대하여 수직으로 작용하므로 수직응력(normal stress)이라고 한다. 이 때 일반적으로 인장은 (+)로 압축은 (-)로 표시한다. 그리고 그림 1.3 (c)에서와 같이 하중이 단면에 수평으로 작용하는 전단력에 의해서는 전단응력이 발생한다.

수직력에 의해서 발생하는 응력에 대해서는 구조물의 길이에 변화를 주게 되는 수직변형(normal displacement)이 발생하게 되고 수평력에 의해서 발생되는 전단응력에 대해서는 구조물의 길이에는 변화를 주지 않고 전단면의 각도가 변하게 되는 전단변형(shear deformation)이 일어나게 된다. 후에 설명하겠지만 굽힘 하중과 비틀림 하중에 대해서는 각각 굽힘응력과 변형, 비틀림 응력과 변형이 발생하게 된다.

구조물에 하중이 작용되어 변형이 발생하는 경우 그 구조물에서 응력과 변형을 해석하는 경우에 재료의 특성을 고려하여야 한다. 일반적으로 우리 주변에 존재하는 재료들은 그 재료의 특성이 각 위치에서나 각 방향으로 특성들이 다른 재료들이 대부분이다. 그러나 초보적으로 구조 해석을 해야 하는 경우에 이들의 특성 들을 모두 고려한다는 것은 취급하기도 어렵지만 해석이 가능하지 못할 수 있다. 따라서, 본 교과서에서 취급하는 재료는 균질(homogeneous)하고 등방성재료(isotropic materials)임을 전제 조건으로 하고 있다. 재료가 균질하다는 의미는 재료의 모든 위치에서 재료의 특성이 일정하게 같음을 의미하고 등방성이라 함은 한 위치에서 어떤 방향으로든 그 재료의 특성이 같음을 의미한다.

이렇게 초보적 재료역학에서 취급하는 재료가 균질 등방성재료(homogeneous isotropic materials)임을 전제로 하여 응력과 변형해석이 용이하게 될 수 있다.

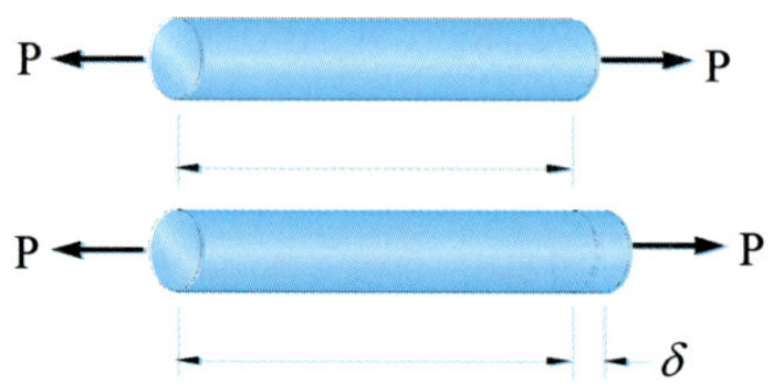

(a)

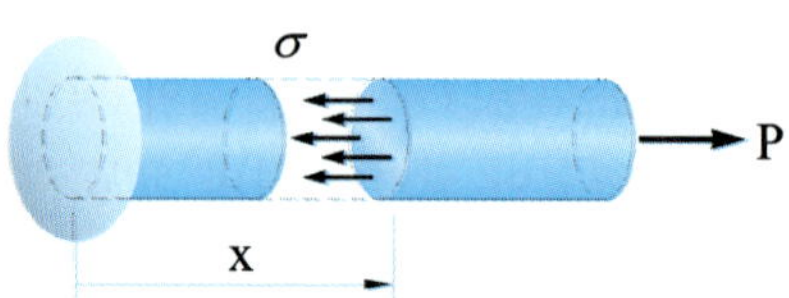

(b)

그림 1.4

1.4 수직응력과 수직변형률

수직응력의 경우는 하중을 단면적으로 나누어 주기 때문에 그 단위는 Pa(파스칼), Kg_f/m^2 또는 lb/in^2(psi) 등으로 표시된다.

수직응력의 경우 $\sigma = \dfrac{P}{A}$로 정의하고 있으며 실제적으로는 하중 근처에서는 이와 같은 일정한 응력으로 표현될 수 없고 더 큰 응력이 집중되어 있게 되며 어느 정도의 거리가 떨어진 곳에서의 응력을 $\sigma = \dfrac{P}{A}$로 표현된다. 따라서, $\sigma = \dfrac{P}{A}$의 응력 σ는 평균수직응력(average normal stress)이라 할 수 있으나 일반적으로 수직응력을 $\sigma = \dfrac{P}{A}$로 한다.

또한 수직변형 δ를 고려할 때 이 변형이 단위 길이 당 늘어난 변형을 생각하면 δ/L가 된다. 이 단위 길이당의 변형을 변형률(strain) ϵ이라 하고 다음 식 (1.2)와 같다.

$$\epsilon = \delta/L \tag{1.2}$$

그 단위는 cm/cm, in/in이므로 무차원이 됨을 알 수가 있다.

예를 들어, 길이 1m 이고 단면적이 3cm ^{2}인 봉에 300N의 인장력을 가하여 이 봉이 0.1mm 늘어났다고 하자. 이 때 봉에 걸리는 인장응력과 인장변형률은 다음과 같다.

인장응력 $\sigma = 300\text{N}/3 \times 10^{-4}\text{m}^2 = 10^6\text{Pa} = 1\text{MPa}$

인장변형률 $\epsilon = 0.0001\text{m}/1\text{m} = 0.0001 = 100 \times 10^{-6} = 100\mu$

[예제 1-1] 그림 1.5 와 같이 한쪽 끝이 고정되어 있는 봉의 다른 한쪽 끝단을 60kN 의 힘을 가하여 인장시켰을 때 이 봉의 늘어난 길이 δ가 0.8mm 이었다. 이 봉에 작용되는 인장응력 σ와 봉의 변형률 ϵ을 구하여라. 이때, 봉의 길이는 1.6m 이고 봉의 단면은 15mm × 20mm 인 구형 단면이다.

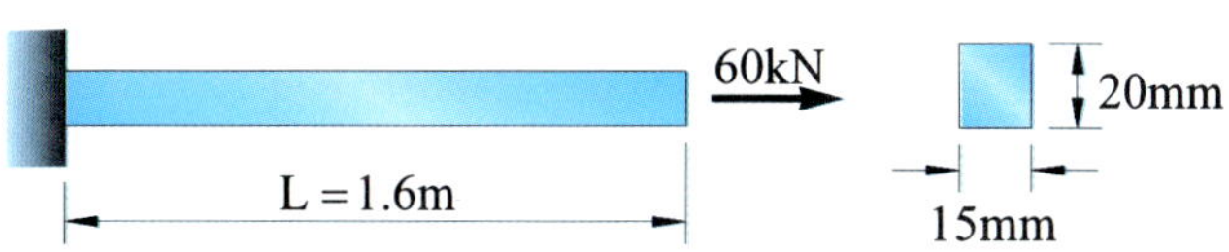

그림 1.5

(풀이)

수직응력 σ는 식 (1.1)에 의해 다음 식 (a)와 같다

$$\sigma = \frac{P}{A} = \frac{60 \times 10^3\text{N}}{(15\text{mm})(20\text{mm})} = \frac{6 \times 10^4\text{N}}{300 \times 10^{-6}\text{m}^2} = 200\text{MPa} \tag{a}$$

식 (1.2)에 의해서 변형률 ϵ은 다음 식 (b)와 같다

$$\epsilon = \frac{\delta}{L} = \frac{0.8\text{mm}}{1.6 \times 10^3\text{mm}} = 500 \times 10^{-6} = 500\mu \tag{b}$$

[예제 1-2] 그림 1.6 (a)와 같은 기념탑의 높이가 555 ft이고 무게가 181,700 kips 의 기념탑이 있다. 이 기념탑은 화강암과 대리석 36,000 개 블록들로 만들어졌으며 그림 1.6 (b)와 같은 정사각형의 기념탑 베이스에 의해 지지되고 있다. 이 지지대의 한 변의 길이는 665.5in 이고 두께는 180in 이다. 이 베이스에 걸리는 압축응력을 구하라.

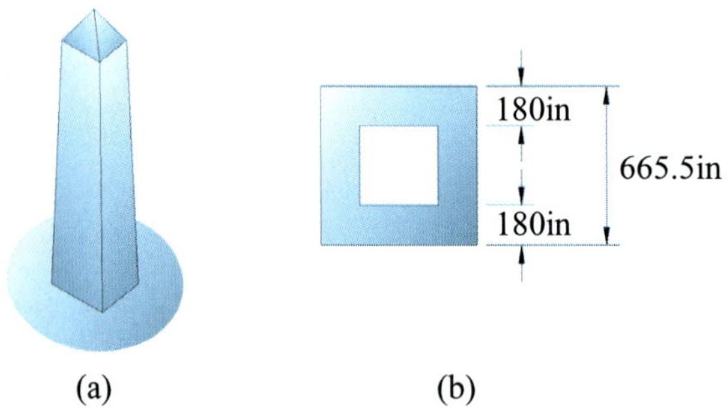

그림 1.6

(풀이)

그림 1.6 (b)를 참고하여 단면적 A를 구하면 다음 식 (a)와 같다

$$A = 665.5^2 - (665.5 - 360)^2 = 349,560\text{in}^2 \tag{a}$$

그리고 하중 P는 탑의 무게 W이므로 다음 식 (b)와 같다

$$P = W = 181,700 \times 10^3 \text{lbs} \tag{b}$$

압축응력 σ 는 식 (1.1)에 의해 다음 식 (c)와 같다

$$\sigma = \frac{P}{A} = \frac{181,700 \times 10^3}{349,560} = 519.796\text{psi} = 519.8\text{psi} \tag{c}$$

1.5 응력-변형률 선도

구조물에 하중이 작용하면 변형이 발생하게 되는 것은 이미 앞에서 설명되었다. 구조물의 설계시에 이러한 변형을 미리 예측하여 구조물간의 간섭이나, 과도한 변형에 의한 구조물의 파괴에 대한 해석이 선행되어야 한다. 이러한 해석을 위하여 구조물에 작용할 것으로 예상되는 하중별로 변형을 측정하는 것은 설계단계에서 수행하기 매우 힘든 일이다. 따라서, 설계 시에는 그 구조물을 이루는 부재에 대한 특성을 파악하고 그 특성을 이용하여 계산에 의해 구조물의 변형을 예측하기도 한다. 또한, 이때에 부재의 크기에 따라 같은 하중이 작용할 때에도 변형은 각기 다르게 나타날 것이다. 따라서, 부재에 대한 하중과 변형에 대한 관계를 구하기보다 응력과 변형률의 관계를 구하기 위한 실험을 수행하여 응력-변형률 관계의 그래프를 구한다. 이 그래프는 이들 부재의 고유한 성질을 파악하는데 이용된다.

응력-변형률 선도는 실험용 시편(시험편)을 인장시험기(그림 1.7)에 고정한 후 축하중을 가하여 하중과 변형률을 동시에 측정하여 응력-변형률 선도를 구해낸다.

그림 1.7 인장시험기[1)]

응력은 하중을 시험편의 초기 단면적으로 나누어줌으로서 구하는데 이렇게 얻어낸 응력을 공칭응력(nominal stress, engineering stress)이라고 한다. 한편, 하중이 작용하는 동안 시험편의 단면적은 변화하게 된다. 따라서, 큰 하중이 작용하게 되면 그 시험편에 작용하는 실제 응력은 공칭응력과는 다르게 된다. 하지만, 일반적으로 구조물의 설계시에는 공칭응력을 사용한

1) MTS 810, 10톤

다. 하중이 작용하는 시점의 단면적으로 나누어 구한 응력은 진응력(true stress)라고 하고, 이는 재료에 대한 기본적인 거동을 설명하는데 유용하게 이용된다.

근대에 들어 센서 기술을 이용하기 전까지 변형률은 그림 1.8과 같이 시험편에 표점을 찍어 가해지는 하중마다 표점 거리의 변화를 측정하여 식 (1.3)과 같이 변형률 ϵ 을 계산하여 구하였다. 하지만, 현대에는 스트레인 게이지(strain gage)나 인장 측정기(extensometer) 등을 이용하여 좀 더 정확하고, 빠르게 측정할 수 있다.

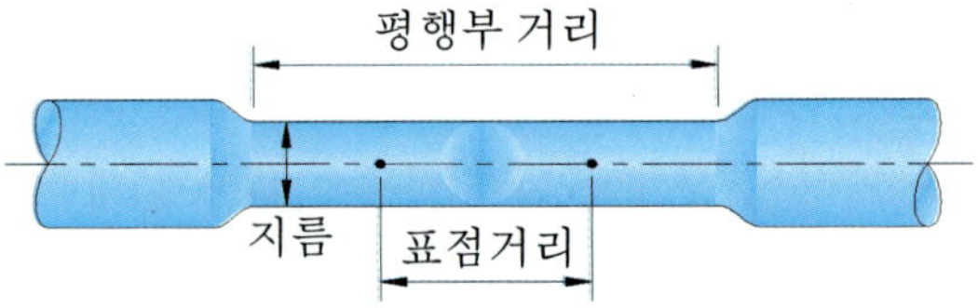

그림 1.8 인장 시험편

$$\epsilon = \frac{\Delta L}{L} \tag{1.3}$$

그림 1.9는 연강의 응력-변형률 선도이다. 연강으로 된 시험편을 인장 시험기에 고정하고, 하중을 가하여 당기면, 하중에 의하여 하중 방향의 변형이 발생하고, 일정 하중 이상이 되면 하중 방향의 직각 방향으로 수축이 생기면서 단면적이 변화하게 된다. 시험 초기에는 하중의 증가에 비례하여 변형이 발생하여 그림의 OP 구간에서와 같이 직선 구간이 생기게 되면서 탄성 한계 A에 이르게 된다. 이 탄성 한계 내에서 하중을 제거하면 변형은 영이 되어 초기 시험편의 길이와 같게 된다. 이와 같이 재료가 하중을 받아 변형이 되었을 때 원위치로 돌아가려는 성질을 재료의 탄성(elasticity)이라고 한다. 그림에서 OP 구간은 응력과 변형률 관계가 직선으로 변화하게 되는 구간으로 P점을 비례한도(proportional limits)라고 하여, 응력에 대하여 변형률이 일정한 비로 변화하게 되는 영역이다. P점을 지나 직선은 다소 굽어 점 A의 탄성한계에 도달한다. 탄성한계 내에서 재료에 가해진 하중과 변형 사이에는 정비례 관계가 성립된다. 이 범위에서 응력과 변형률의 비는 일정하고 이 일정한 값은 그래프의 기울기가 된다. 이 일정비의 기울기를 영률(Young′s modulus)또는 탄성계수(modulus of elasticity)라고 한다. 재료가 탄성 한계를 넘어 응력을 받게 되면 하중을 제거하여도 초기 시험편의 길이로 돌아가지 못하고 일정량의 변형이 남게 된다. 이를 잔류 변형(residual strain) 또는 영구 변형(permanent strain)이라고 한다. 이렇게 작용한 하중이 제거된 후에도 존재하는 변형을 소성 변형(plastic deformation)이라고 하는데, 일반적으로 볼 수 있는 작용하중의 지속시간에 관계없이 발생하는 소성 변형을 미끄럼(slip)이라고 한다. 소성 변형에서 미끄럼은 탄성한도를 넘는 응력에 의하여 분자간의 결합이 약해지거나 끊어져 분자간에 서로 미끄러지는 현상이다. 소성 변형은 응력의

최대값 뿐만 아니라 하중이 제거되기 전에 경과한 시간에도 의존하는데, 이러한 소성 변형을 크리프(creep)라고 한다. 이 크리프는 일정한 하중 하에서 시간을 두고 이 하중을 작용시키면, 이 재료의 변형률이 시간에 따라 변화하여 최후에는 파단에 이를 수 있는 현상이다.

탄성 한계를 지나 하중을 가하면 재료에는 소성 변형이 발생하면서 상부 항복점 Y_u 에 이르게 되고 국소 부위의 저항력이 가장 약한 방향으로 급격하게 미끄럼 현상을 일으키면서 변형률이 증가하므로 응력은 불연속적으로 하부 항복점 Y_L 까지 강하한다. 이러한 현상은 연강에서 가장 뚜렷하게 발생하는 현상으로 최대전단응력이 45° 경사면을 따라서 미끄럼을 일으키어 소성 변형을 한 것이다. 미끄럼은 점차로 다른 부분으로 옮겨져서 시험편의 평행부의 전체에 미칠 때까지 변형률이 증가하더라도 응력은 거의 변화하지 않는다. 즉, 영구 변형이 더욱 증가하게 되어 하중을 제거하더라도 시험편은 원형으로 복귀되지 못한다. 상부 항복점을 통상 재료의 항복점이라 하고, 이에 대응하는 응력을 항복응력(yield stress)이라고 한다. 이 점은 설계시 재료의 기준강도가 된다. 재료의 항복에 의한 미끄럼이 생기면 광택이 나던 시험편의 표면에 미세한 요철이 생기면서 광택이 없어진다. 즉, 변형으로 인한 열이 발생한다는 것이다. 그리고, 미끄럼 변형이 전체에 걸쳐 발생하게 되면 한 번 미끄러진 면은 미끄럼에 대한 저항이 증가한다. 이러한 현상을 변형 경화(strain hardening)라고 한다. 즉, 항복현상 이후에 다시금 변형을 증가시키려면 작용하중도 증가시켜야 함을 의미하는 것이다. 하부 항복점은 큰 변형률이 발생하기 시작하는 한계점이다. 이 점을 넘어 하중을 증가하면 재료의 변형 경화에 의하여 응력이 증가하다 결국 최고점 M에 도달하고, 이 점에서의 응력을 최대 응력(maximum stress)이라하며, 이를 재료의 극한 강도(ultimate strength) 또는 인장 강도(tensile strength)라고 한다. 이 점을 넘으면서 곡선이 하강하는 것은 시험편의 중앙 일부분이 그림 1.10과 같이 매우 가늘어져 오목하게 들어가는 넥킹(necking) 현상이 발생하게 되는데, 이 현상은 재료가 가늘어지기 때문

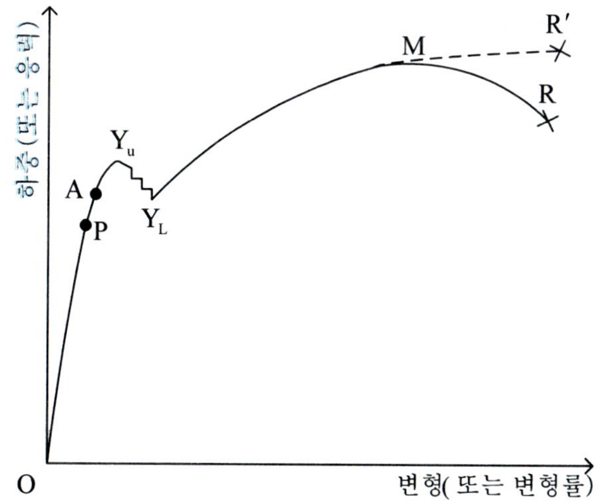

그림 1.9 연강의 응력-변형률 선도

에 발생하게 된다. 즉, 외력을 증가하지 않아도 변형률이 생겨 급속한 국부 수축을 일으키며 점 R에 이르러 파괴된다. 점 R의 응력을 파괴응력(fracture stress)라고 한다. 그림 1.9의 극한 강도점 M을 지난 후에 하중을 서서히 감소시키게 되면, 시험편은 이미 그림 1.10과 같이 단면적이 매우 가늘어 지고 재료에 탄성의 효과는 극히 감소되어 시험편이 원래 위치로 돌아가지 못하고 변형이 지속적으로 일어나서 결국 R점에서 끊어지게 되는 것을 의미하고 있다. 만약, 이때의 응력을 공칭응력으로 하지 않고 진응력으로 하여 그래프를 그린다면 M점 이후에도 그래프는 위로 올라가 R′점에서 끊어지는 것으로 될 것이다.

그림 1.10 넥킹 현상[2)]

한편, 연성을 측정하는 방법으로는 시편의 단면적 변화에 의하기도 한다. 즉, 시편의 초기 단면적 A_0 와 파단기의 단면적 A_B 를 측정하여 다음 식 (1.4)와 같이 단면 수축률을 정의하기도 한다.

$$\text{단면수축률} = \frac{A_0 - A_B}{A_0} \tag{1.4}$$

알루미늄이나 마그네슘과 같이 연성이 큰 재료의 응력-변형률 선도에서는 뚜렷이 탄성한계나 항복점이 나타나지 않고, 비례한도를 지나 큰 변형을 일으키게 된다. 이러한 재료의 탄성한계와 항복점은 응력-변형률 선도에서 선형 부분에 대한 변형률을 오프셋 시켜 구해진 응력의 값을 취하기도 한다. 예를 들어 그림 1.11과 같이 변형률을 0.2%(0.002) 오프셋(offset)시켜 선

2) Al 2024 인장시험(시편 : KS0801, 2호), MTS 810

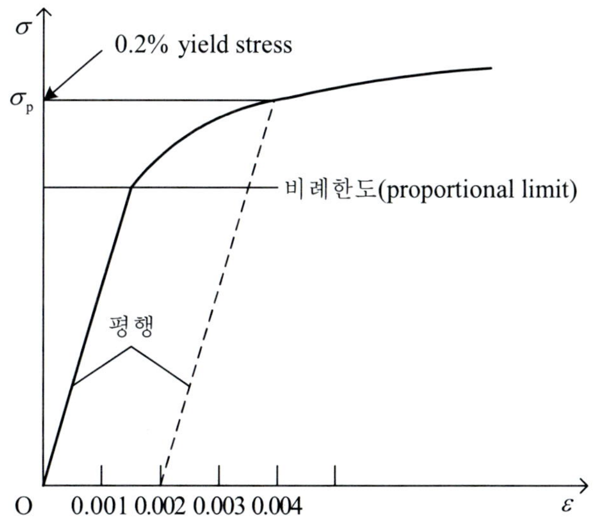

그림 1.11 알루미늄 합금의 응력-변형률 선도

도와 평행한 직선을 그어 응력-변형률 곡선과의 교점을 항복응력으로 정의하여 이용하는 경우도 있으며, 이때 탄성계수는 구해진 응력-변형률곡선의 원점에서 접선의 기울기를 취하게 된다.

앞에서 재료는 탄성한도 내에서 하중을 제거한 후에는 초기 상태로 되돌아오는 것을 알았다. 그러나 이 하중이 수십 수백 번 반복될 경우에는 성립되나 하중이 수천 번 또는 수백만 번 반복될 경우에는 성립되지 않는다. 이러한 경우의 파단은 정적 파괴강도보다 훨씬 낮은 응력에서 일어날 것이며, 이 현상을 피로(fatigue)라 한다. 피로는 반복 또는 변동 하중을 받는 모든 구조물과 기계요소들을 설계할 때는 반드시 고려되어야 한다. 예를 들이 다리위에 치량이 지나갈 때에는 다리의 자중에 의해 발생하는 응력에 중첩되어 부하가 걸리면 변동하는 응력이 발생할 것이다. 하중싸이클 동안에 완전히 역방향의 부하가 걸리면 더욱 혹독한 하중조건으로 된다. 어떤 주어진 최대응력수준에 대해 시편이 파괴되기까지의 하중 싸이클 수는 반복되는 연속하중과 역하중을 사용하여 실험적으로 결정할 수 있다. 여러 가지 최대응력수준을 사용하여 일련의 실험을 행하여 얻은 자료로서 그림 1.12와 같은 응력-반복싸이클수($\sigma - \mathrm{n}$)곡선을 작성할 수 있다. 작용된 최대응력이 높으면 파단을 일으키는데 비교적 적은 하중 싸이클수가 소요되는 것을 알 수 있다. 최대응력의 크기가 감소하면 파단을 일으키는데 소요되는 싸이클 수는 피로한도로서 알려진 응력에 도달할 때까지 증가한다. 피로한도는 무한대의 하중 싸이클수에서 조차 파괴가 일어나지 않는 응력을 의미하며, 그림 1.12에서 볼 수 있듯이 탄소강의 예를 보면 10^6rpm 정도에서 파괴되지 않는 응력을 피로한도로 정하기로 한다.

구조용강과 같은 저탄소강에 대한 피로한도는 극한 강도의 약 1/2이다. 알루미늄이나 구리와 같은 비철금속 재료에 대한 $\sigma - \mathrm{n}$곡선은 하중 싸이클 수가 증가함에 따라 파괴응력은 계속 감소하는 것으로 나타난다.

피로파괴는 어떠한 크랙 또는 결함에서 개시되어 일어나기 때문에 시편의 표면조건은 실험으로 결정되는 피로한도의 값에 중요한 영향을 끼친다. 즉, 기계가공 및 연마한 시편의 피로한도가 압연, 단조한 요소 또는 부식된 요소에서의 피로한도보다 더 높다. 또한 해수 내 또는 해수 근처에서 사용할 경우 또는 침식이 예상되는 곳에서 사용할 경우에는 50%까지 피로한도를 감소시키는 것이 좋다.

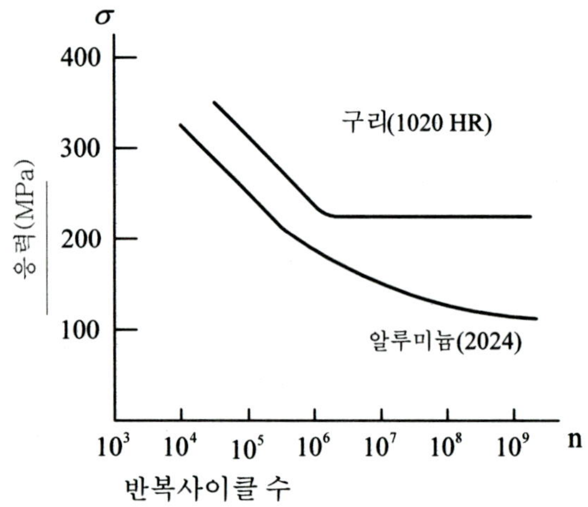

그림 1.12

1.6 훅크 법칙과 포와송비

응력-변형률 선도에서 구조물에 하중을 가했을 때에 초기의 경우 탄성한계 이내에서는 응력과 변형률이 서로 정비례 관계를 갖는 것을 확인할 수 있었다. 이렇게 응력과 변형이 정비례되는 경우에는 그 재료는 탄성적으로 거동하게 되고 이때에 응력과 변형률 사이는 선형적 관계가 유지되는데 이를 선형 탄성(linearly elastic)이라 하며 구조물의 설계에서 매우 중요한 설계 포인트가 된다. 따라서, 이 구간에서는 응력과 변형률은 서로 비례하게 되고 비례상수 E 는 탄성계수라 하며 다음 식 (1.5)의 관계가 성립한다.

$$\sigma = E\epsilon \tag{1.5}$$

여기서, 탄성계수 E 는 식 (1.5)에서 알 수 있는 바와 같이 응력과 같은 단위인 Pa이나 psi가 됨을 알 수 있다.

식 (1.5)는 영국 과학자 Robert Hooke의 실험에서 밝혀져 이를 훅크의 법칙(Hooke's law)이라고 한다.

탄성계수 E는 재료에 따라 다르게 되며 그 값은 부록 E에서 참고할 수 있다.

어떤 재료가 그림 1.13과 같이 길이방향으로 양단에 하중 P를 받는다고 가정하면 이 재료의 길이에 수직한 방향으로 하중을 가하지 않는 한 길이에 대해 수직한 방향에서는 그 길이가 줄어들어야 할 것이다. 이를 가로수축이라 하고 이 가로수축량은 재료가 균질하고 등방성이라고 하면 선형 탄성영역에서는 길이방향의 변형률에 비례하게 된다.

즉, 이 비례상수는 포와송비(Poisson's ratio) ν 라 하고 다음 식 (1.6)과 같다.

$$\nu = \frac{|\text{가로방향변형률}|}{|\text{길이방향변형률}|} = \left| \frac{\epsilon_y}{\epsilon_x} \right| \tag{1.6}$$

식 (1.6)에서 길이방향 변형률 ϵ_x가 인장이라면 가로방향 변형률 ϵ_y는 압축이 되어 부호는 (-)로 표현하게 된다. 예를 들어 포와송비 ν가 0.3인 재료가 길이방향의 변형률 ϵ_x가 10^{-6}이라고 할 때 가로방향 변형률 $\epsilon_y = -0.3 \times 10^{-6}$ 이 됨을 알 수 있다.

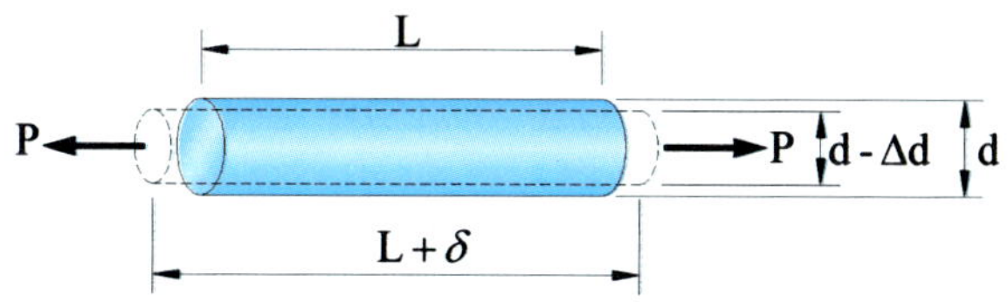

그림 1.13

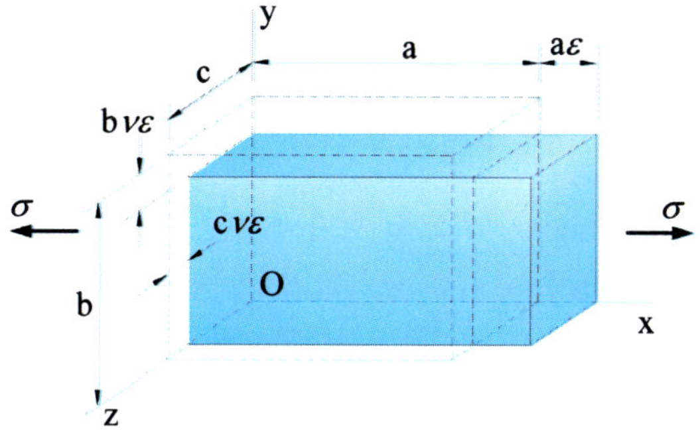

그림 1.14

이제 그림 1.14와 같은 직육면체가 x 방향으로 응력 σ를 받아 그림과 같이 변형이 되었을 때 이 직육면체 체적의 변화를 살펴보기로 한다. 하중에 의해 이 직육면체가 변형되기 전의 체적 V는 abc이다. 그런데 각 방향의 변형률 ϵ_x, ϵ_y, ϵ_z라 하면 $\epsilon_x = \frac{\sigma}{E}$ 이고 ϵ_y, ϵ_z는 각각 $-\nu\frac{\sigma}{E}$ 이다. 따라서, 각 변의 변형 후의 길이 a′,b′,c′는 각각 다음 식 (1.7)과 같이 된다.

$$\begin{aligned} a' &= a + a\epsilon_x = a(1+\epsilon_x) = a(1+\frac{\sigma}{E}) \\ b' &= b + b\epsilon_y = b(1+\epsilon_y) = b(1-\nu\frac{\sigma}{E}) \\ c' &= c + c\epsilon_z = c(1+\epsilon_z) = c(1-\nu\frac{\sigma}{E}) \end{aligned} \tag{1.7}$$

변형 후의 체적 V′은 a′b′c′ 이고 $(\frac{\sigma}{E})^2$ 이하를 무시하면 다음 식 (1.8)과 같다.

$$V' = a'b'c' = abc(1+\frac{\sigma}{E})(1-\nu\frac{\sigma}{E})(1-\nu\frac{\sigma}{E}) \cong abc(1+\frac{\sigma}{E}-2\nu\frac{\sigma}{E}) \cong V(1+\epsilon-2\nu\epsilon) \tag{1.8}$$

따라서, 체적변화 ΔV는 $V'-V$ 이므로 다음 식 (1.9)와 같다.

$$\Delta V = V' - V = abc(\frac{\sigma}{E})(1-2\nu) = V\epsilon(1-2\nu) \tag{1.9}$$

체적변형률을 e라고 하면 e는 다음 식 (1.10)과 같다.

$$e = \frac{\Delta V}{V} = \frac{\sigma}{E}(1-2\nu) = \epsilon(1-2\nu) \tag{1.10}$$

이 체적변형률 e를 팽창(dilatation)이라고도 한다.

식 (1.10)에서 보면 ν의 최대값은 $e \cong 0$ 근처인 0.5가 됨을 알 수가 있으며 이보다 더 큰값은 재료가 늘어남에 대하여 체적이 감소함을 의미하므로 이 경우는 물리적으로 가능할 수가 없다. 대부분의 금속재료에 대한 선형 탄성영역에서의 재료에 대해 포와송비 ν의 값이 $\frac{1}{4} \sim \frac{1}{3}$ 사이에 있게 되며 이때의 체적 변화율 e는 $0.3\frac{\sigma}{E} \sim 0.5\frac{\sigma}{E}$ 범위에 있게 된다. 고무와 같은 재료는 포와송비가 0.5에 가깝게 되고 타이어 구조와 같이 고무재료가 지배적인 경우 포와송비 ν를 약 0.49의 값을 쓰기도 한다.

[예제 1-3] 그림 1.15와 같이 길이가 200mm 이고 단면의 지름이 10mm 인 균질봉이 양단에 16kN의 인장하중을 받아서 봉의 길이가 200.60mm 가 되었고 지름은 9.99mm 가 되었을 때 이 봉의 재료에 대한 탄성계수 E와 포와송의 비 ν를 구하고 체적증가량 ΔV와 체적 변형률 e 를 구하여라.

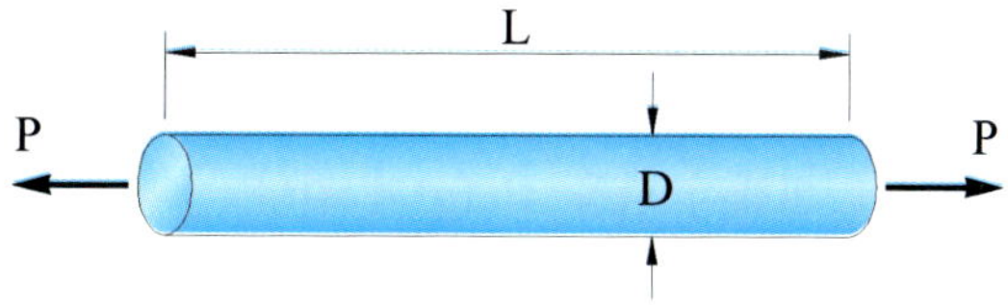

그림 1.15

(풀이)

늘어난 길이 δ는 다음 식 (a)와 같다

$$\delta = L' - L = 200.60 - 200.00 = 0.60\text{mm} \tag{a}$$

따라서, 변형률 ϵ은 식 (1.2)에 의해서 다음 식 (b)와 같다

$$\epsilon = \frac{\delta}{L} = \frac{0.60}{200} = 0.003 \tag{b}$$

한편, 지름의 축소된 길이 Δd 는 다음 식 (c)와 같다.

$$\Delta d = d' - d = 9.99 - 10 = -0.01 \tag{c}$$

따라서, 지름방향으로의 변형률 ϵ' 는 다음 식 (d)와 같이 된다.

$$\epsilon' = \frac{\Delta d}{d} = \frac{-0.01}{10} = -0.001 \tag{d}$$

포와송비 ν는 식 (1.6)에 의하여 다음 식 (e)와 같다.

$$\nu = \left|\frac{\epsilon'}{\epsilon}\right| = \left|\frac{-0.001}{0.003}\right| = \frac{1}{3} \qquad \text{(e)}$$

이 재료에 걸리는 응력 σ는 식 (1.1)에 의해 다음 식 (f)와같이 된다.

$$\sigma = \frac{P}{A} = \frac{16\times 10^3 N}{\frac{\pi}{4}(10mm)^2} = 203.72MPa \qquad \text{(f)}$$

따라서, 탄성계수 E는 식 (1.3)에 의해서 다음 식 (g)와 같다

$$E = \frac{\sigma}{\epsilon} = \frac{203.72\times 10^6}{0.003} = 67.9GPa \qquad \text{(g)}$$

식 (1.9)에 의하여 체적변형량 ΔV 는 다음 식 (h)와 같다

$$\Delta V = V\epsilon(1-2\nu) = \frac{\pi}{4}(10mm)^2(200mm)\times(0.003)(1-2\times\frac{1}{3}) = 15.71mm^3 \qquad \text{(h)}$$

팽창률 e는 식 (1.10)에 의해 다음 식 (i)와 같이 된다.

$$e = \epsilon(1-2\nu) = 0.003\times(1-2\times\frac{1}{3}) = 0.001 \qquad \text{(i)}$$

1.7 전단응력과 전단변형률

전단응력은 전단력이 작용되는 면에 작용하는 응력으로써 그림 1.16 (a)에서와 같이 U자형 클레비스에 봉이 볼트에 의해서 체결되어 있는 구조에서 볼트의 단면에 작용되는 응력이 전단응력이 되는 것을 쉽게 파악할 수 있다.

그림과 같이 인장하중 P가 작용할 때 클레비스(C)와 봉(A)에 의해서 볼트의 면에 작용되는 응력을 살펴보면 그림 1.16 (b)와 같이 됨을 알 수 있다. 그림 1.16 (b)와 같이 볼트에 작용하는 응력을 면압응력(bearing stress)이라 하며 클레비스 C와 볼트 B, 봉 A와 볼트 B에 대해서 각각의 면압응력을 생각할 수 있다. 따라서, 면압응력 σ_b의 크기는 봉 A에 대한 면압응력 σ_{ba}가 $\frac{P}{d\times t_a}$ 이 되고, 클레비스 C에 대한 면압응력 σ_{bc}의 크기는 $\frac{P}{d\times t_c}$ 임을 알 수 있다.

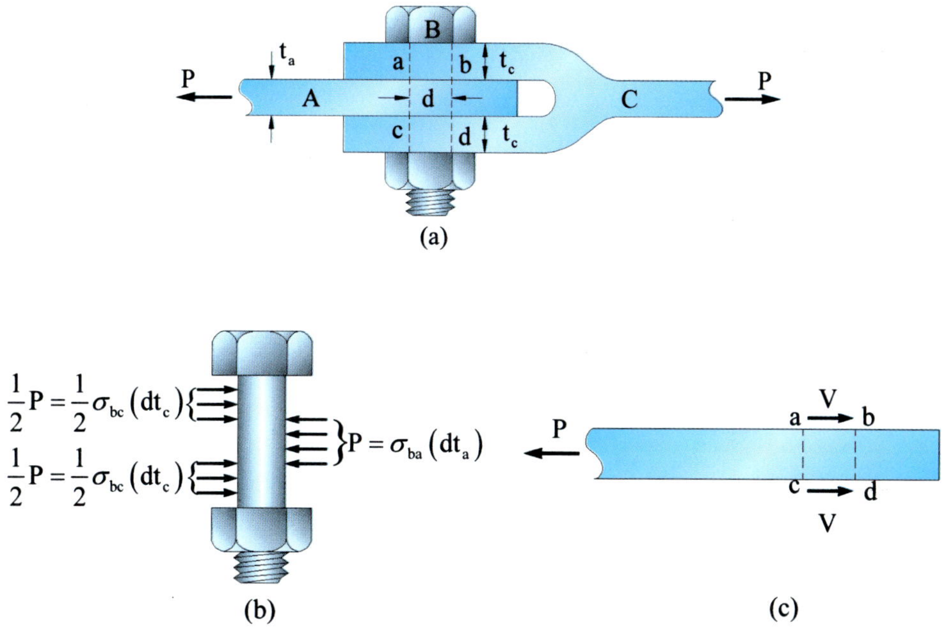

그림 1.16

한편, 볼트 단면에 작용하는 전단응력은 그림 1.16 (c)의 봉에 작용하는 힘의 평형을 취하여 볼트에 작용하는 전단력 V를 구하면 $V = \frac{1}{2}P$ 임을 확인 할 수 있다. 따라서, 이 전단력은 볼트 단면에 전단응력을 일으키는 것이므로 이 전단응력 τ는 다음 식 (1.11)과 같이 된다.

$$\tau = \frac{V}{A_s} \tag{1.11}$$

식 (1.11)의 단면적 A_s는 전단력이 작용되는 단면적으로 이 경우는 볼트의 단면적 $\frac{\pi}{4}d^2$이 된다.

전단응력을 구하는 경우에 주의해야 될 일은 작용하는 전단력을 정확하게 구하고 그 전단력이 작용되는 단면적 A_s를 확실히 파악하여 구해야 한다. 그림 1.16의 경우 전단력 V는 $\frac{1}{2}P$가 됨을 알 수 있다. 전단응력이 발생하는 경우는 그림 1.16에서 보는 바와 같이 직접적으로 전단력이 발생하여 전단응력이 생기는 경우도 있지만 굽힘하중이나 비틀림하중 등을 받아 간접적으로 전단응력이 그 구조의 단면에 발생하는 경우가 있다. 이 간접적인 경우는 후에 자세히 설명될 것이다.

전단변형을 살피기 위하여 다음 그림 1.17과 같은 밑면을 고정시킨 구조물을 생각해 보자. 그림 1.17 (a)에서와 같이 전단력 V를 자유면에 발생시키면 이 구조물은 그림 1.17 (b)와 같이 변형이 발생될 것이다.

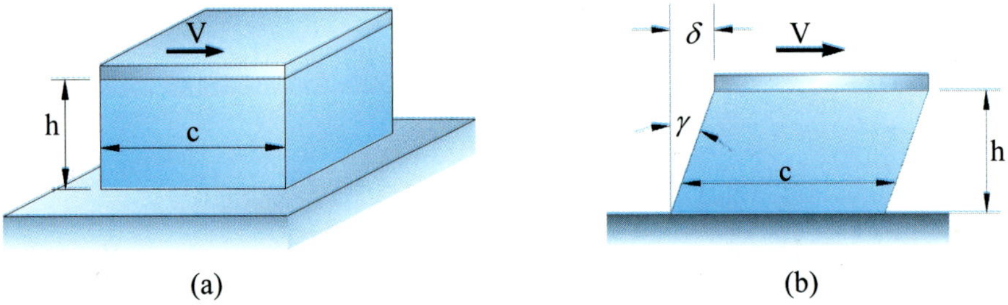

그림 1.17

즉, 이 구조물의 길이 c는 변하지 않고 밑면과 수직이었던 각이 γ 만큼 감소가 되어 찌그러진 형상이 될 것이다. 따라서 전단력에 의한 전단변형은 길이에는 변화가 없고 단지 면의 각이 변화하게 된다. 이 각 변화 γ 는 그림 1.17 (b)에서 볼 수 있듯이 다음 식 (1.12)와 같다.

$$\tan\gamma = \frac{\delta}{h} \cong \gamma \tag{1.12}$$

여기서 γ는 변형된 길이 δ와 높이 h의 비로써 변형률이 된다. 이 때 γ를 전단변형률이라고 한다. 전단응력과 전단변형률 사이에서도 수직응력과 수직변형률과 같이 탄성한계 내에서는 훅크의 법칙이 성립하며 이때의 비례상수는 G 로서 다음 식 (1.13)과 같다.

$$\tau = G\gamma \tag{1.13}$$

이 비례상수 G는 전단탄성계수(shear modulus of elasticity)라 한다.

수직탄성계수 E 와 전단탄성계수 G 사이에서는 다음 식 (1.14)와 같은 관계를 가지며 다음에 유도하기로 한다.

$$G = \frac{E}{2(1+\nu)} \tag{1.14}$$

[예제 1-4] 그림 1.18과 같이 높이 120mm, 폭이 150mm이고 두께가 단위길이인 구조물에 전단응력 τ 가 3MPa 이 걸려 그림과 같이 전단변형이 발생했다. 이 때 전단변형률 γ_{xy} 는 $1200\mu\,(=1200\times10^{-6})$ 가 발생했다고 한다. 이 때 점 A의 수평변위 δ_A 와 전단탄성계수 G를 구하라. 단, 재료의 변형은 탄성한계 내에서 발생한다.

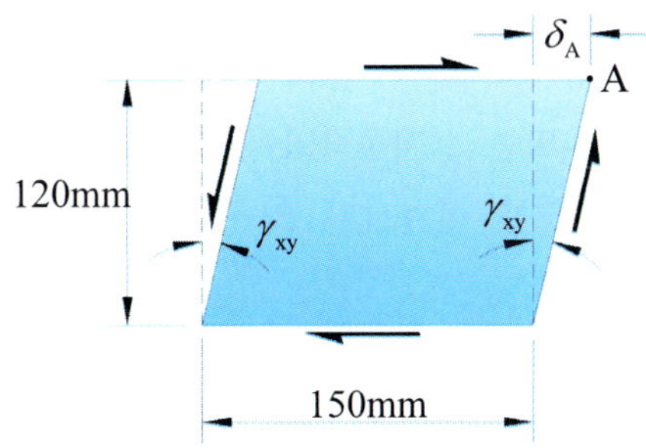

그림 1.18

(풀이)

식 (1.12)에 의해서 γ_{xy}와 δ_A 는 다음 식 (a) 및 (b)와 같다.

$$\gamma_{xy} = \tan\gamma_{xy} = \frac{\delta}{h} = \frac{\delta_A}{120} = 0.0012 \qquad (a)$$

$$\delta_A = 0.144\text{mm} \qquad (b)$$

식 (1.11)에 의해서 전단탄성계수 G는 다음 식 (c)와 같이 된다.

$$\tau = G\gamma \;\;,\text{ 즉 } G = \frac{\tau}{\gamma} = \frac{3\times10^6}{0.0012} = 2.5\text{GPa} \qquad (c)$$

1.8 구조설계의 기초

구조설계의 중요한 목적은 파손(failure)없이 필요한 기능을 발휘하는 구조물을 만들기 위해 필요한 부재의 적당한 크기와 재료를 선정하는 것이다. 파손(failure)은 부재나 구조물이 처음에 의두하였던 기능을 더 이상 수행할 수 없는 상태를 의미한다. 실제 구조물의 부재들은 알려지지 않은 많은 변수들에 노출되어 있다. 설계시에 구조물이나 구조 부재들이 지탱해야 할 하중들은 일반적으로 계산된다. 구조물의 변형거동시험 등과 같은 구조 시험은 재료를 손상시키므로 쉽게 수행할 수 없어 구조물 내에서 부재의 성질은 직접 측정하기 힘들다. 따라서 설계자들은 부재와 동일한 재료의 시편으로 부재의 성질을 결정하고, 응력 계산을 통해 구조물내의 부재들의 응력을 계산한다. 이러한 한계와 여러 가지 미지의 변수들 때문에 설계자들은 파손에 필요한 계산된 하중보다 큰 하중에 대하여 설계하거나, 파손되는데 필요한 응력 이하의 사용응력을 이용하여 설계한다.

재료가 영구 변형 없이 선형탄성 영역(linear elastic region)내에서 안전하게 지지할 수 있는 임계응력을 허용응력(allowable stress) σ_a 라 하고, 실제 구조물에서 안전하게 사용할 수 있는 응력을 사용응력(working stress) 또는 설계응력(design stress) σ_w 이라고 정의한다. 안전계수(safety factor)는 재료의 실제 강도를 설계시의 요구 강도로 나눈 값으로 표시하며 다음 식 (1.15)와 같다.

$$\text{안전계수}\,(\eta_1) = \frac{\text{재료의실제강도}}{\text{요구되는강도}} \tag{1.15}$$

식 (1.15)에서 파손을 방지하려면 안전 계수는 최소한 1 이상이어야 한다.

구조물에서는 하중 제거시 영구 변형이 일어나지 않도록 재료가 선형탄성영역에 있게 하는 것이 매우 중요하다. 따라서, 설계함에 있어서 보통 구조물 내에서 항복응력이 어느 점에 도달할 때 항복이 일어나기 시작한다. 이 때 안전 계수를 항복응력에 적용함으로써 허용응력(allowable stress)을 얻을 수 있으며, 이 값은 구조물의 어느 지점에서도 초과해서는 안되며 허용응력 σ_a 는 다음 식 (1.16)과 같다.

$$\text{허용응력}\,(\sigma_a) = \frac{\text{항복응력}\,(\sigma_y)}{\text{안전계수}\,(\eta_1)} \tag{1.16}$$

일반적으로 정하중의 경우 연성재료에 대해서는 항복응력을, 콘크리트와 같은 취성재료에 대해서는 극한 응력을 기준으로 허용응력을 구한다. 또한 목재의 경우에도 극한응력을 기준으로 적용한다.

안전계수를 구하는 또 다른 방법은 응력 대신 하중에 대한 안전계수를 적용하는 것이다. 구조물의 경우 파손이나 붕괴를 일으키는 하중을 극한하중 P_u 라 하며, 실질적으로 구조물이 지지해야 하는 하중을 부하하중(service load) 또는 사용하중(working load) P_w 라고 한다. 이 때 안전계수(η_2)는 극한하중에 대한 부하하중의 비로 나타내며 다음 식 (1.17)과 같다.

$$\text{안전계수}(\eta_2) = \frac{\text{극한하중}(P_u)}{\text{부하하중}(P_w)} \tag{1.17}$$

한편, 항공기 설계 등에서는 안전계수보다 안전경계계수(margin of safety) M·S를 이용하는 것이 일반적이다. 안전경계계수는 안전계수에서 1을 뺀 값으로 정의하며 다음 식 (1.18)과 같다.

$$\text{안전경계계수}(M \cdot S) = \text{안전계수}(\eta) - 1 \tag{1.18}$$

따라서, 요구되는 강도의 2배가 되는 극한강도를 갖는 구조물의 경우 안전계수는 2이고, 안전경계계수는 1이다.

[예제 1-5] 그림 1.19와 같이 외경이 2.0in이고 두께가 0.375in인 동관(brass tube)과 벽 두께가 0.25in이고 내경이 2.0in인 강관(steel tube)에 0.75in 지름의 핀을 사용하여 그림과 같이 연결하였을 때 다음을 구하라.

(a) 10,000lb의 축하중이 작용할 때 핀에 걸리는 전단응력을 구하라.

(b) 만일 두 파이프의 접착을 핀 대신에 접착제로 접착한다고 할 때 10,000lb 하중에 지지되도록 요구되어지는 길이 L을 구하라. (단, 접착제의 허용 전단응력은 250psi이다.)

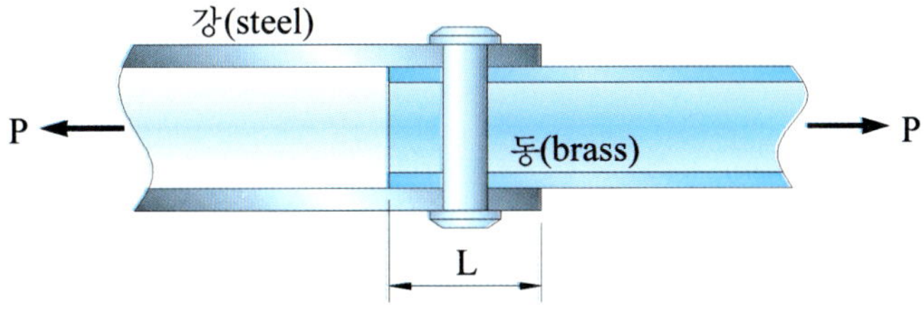

그림 1.19

(풀이)

핀의 전단응력은 식 (1.11)에 의해 다음 식 (a)와 같다.

$$\tau_{pin} = \frac{\frac{1}{2}P}{\frac{\pi}{4}d_{pin}^2} = \frac{\frac{1}{2}\times 10,000}{\frac{\pi}{4}\times 0.75^2} = 11,317.7psi \quad \text{(a)}$$

접착재의 허용전단응력 $\tau_a = 250psi$ 이므로, 동관의 외경을 d라고하면 필요 최소길이 L은 다음 식 (b)와같이 된다.

$$\tau_a = \frac{P}{A_s} = \frac{P}{(\pi d)\times L}$$

$$\therefore\ L = \frac{P}{(\pi d)\tau_a} = \frac{10,000}{\pi\times 2\times 250} = 6.3662in \quad \text{(b)}$$

핀의 전단응력은 11.32ksi이고 필요최소길이는 6.37in이다.

연습문제

문 1.3.1 그림 문 1.3.1과 같은 길이가 3.0m인 사각단면에 인장력 81kN이 작용하여 변형 δ가 1.5mm가 발생하였을 때, 이 봉에 발생되는 응력 σ 와 변형률 ϵ 을 구하라.

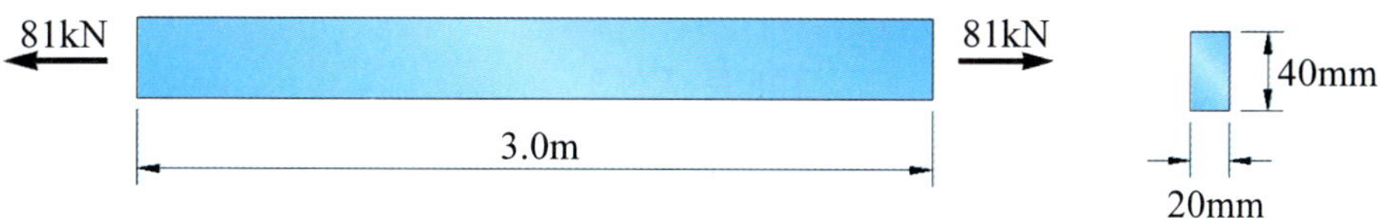

그림 문 1.3.1

문 1.3.2 그림 문 1.3.2와 같은 강재봉의 A, B, C 및 D점에 하중이 그림과 같이 작용되고 있을 때 다음의 각 위치에 발생되는 수직응력 σ 을 구하라. 단, 봉의 단면적은 3.0 in^2로 일정하다.

(a) A점에서부터 25in 떨어진 단면의 응력
(b) B점에서부터 25in 떨어진 단면의 응력
(c) C점에서부터 25in 떨어진 단면의 응력

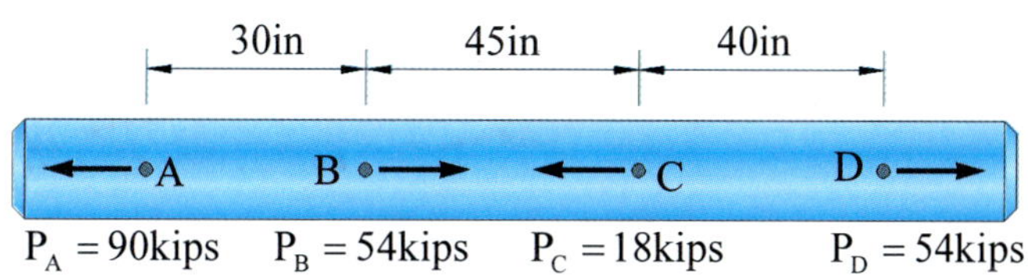

그림 문 1.3.2

문 1.3.3 그림 문 1.3.3과 같이 길이 L인 균일단면 봉이 연직으로 자중에 의하여 지지되어있다. 봉의 단면적은 A이고, 비중량이 γ이며, 재료의 탄성계수가 E라고 할 때 자중에 의하여 늘어난 길이 δ와 x위치에서의 자중에 의한 응력 σ을 구하라.

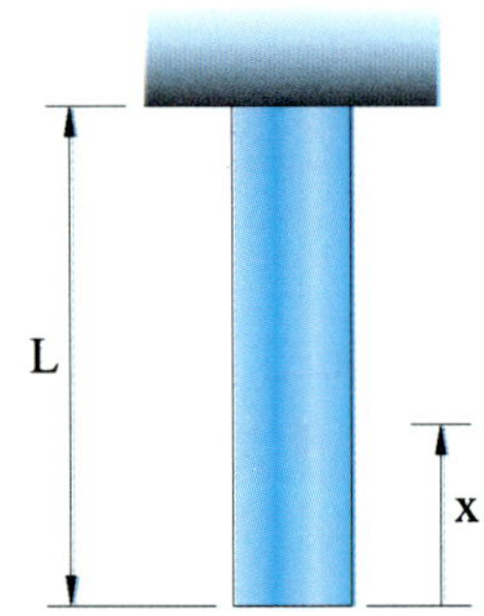

그림 문 1.3.3

문 1.4.1 그림 문 1.4.1와 같이 지름이 서로 다른 2개의 중실원형축이 B에서 원형판에 서로 용접되어 좌단에 의해 고정된 상태에서 하중을 그림과 같이 받고 있다.

C점에 인장력 20kN을 받고 있으며 B의 원형판에 분포되어 작용하는 하중의 전체 합력이 50kN이라고 할 때 이 중실원형축 AB와 BC 사이에 걸리는 응력 σ_{AB} 및 σ_{BC}를 구하라. 단, 지름 d_a는 30mm이고 d_b는 20 mm 이다.

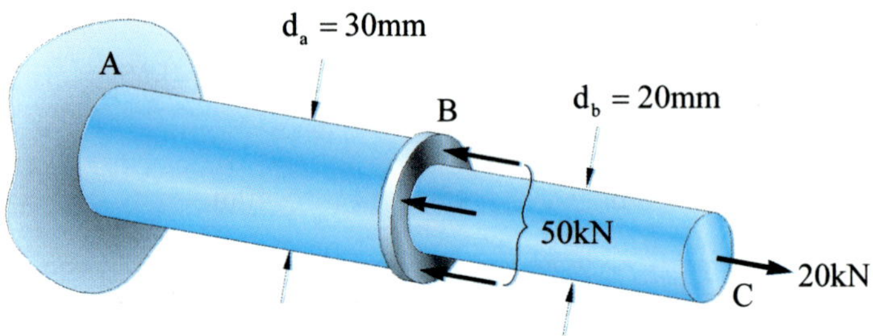

그림 문 1.4.1

문 1.4.2 그림 문 1.4.2와 같은 중실원형축의 허용설계응력이 각각 150MPa, 82MPa 및 102MPa인 강재, 청동 및 알루미늄의 3가지 재료로 되어 있으며, 하중이 그림과 같이 작용하고 있을 때 각 단면에 요구되는 중실축의 지름들을 결정하여라.

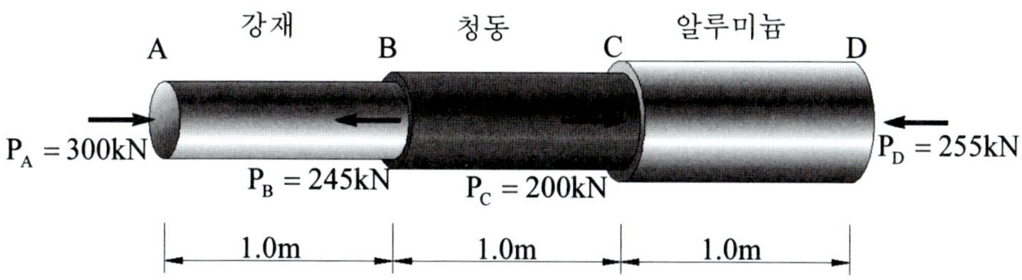

그림 문 1.4.2

문 1.4.3 수평 강체 봉 A가 수직 알루미늄 봉 B, C에 의해서 지지되어 있다.

수직 봉들은 하중이 작용되기 전에는 일체의 변형이 없었다. 하중 P가 수평 강체 봉 A의 끝단에 작용한 후에 수직 봉 B의 변형률이 80×10^{-6}이었을 때 다음을 구하라.

(a) 수직 봉 C의 수직 변형률

(b) 하중 작용 전에 수평 봉 A와 수직 봉 C 사이의 간격이 0.0005in가 있었다면 수직 봉 C의 수직 변형률

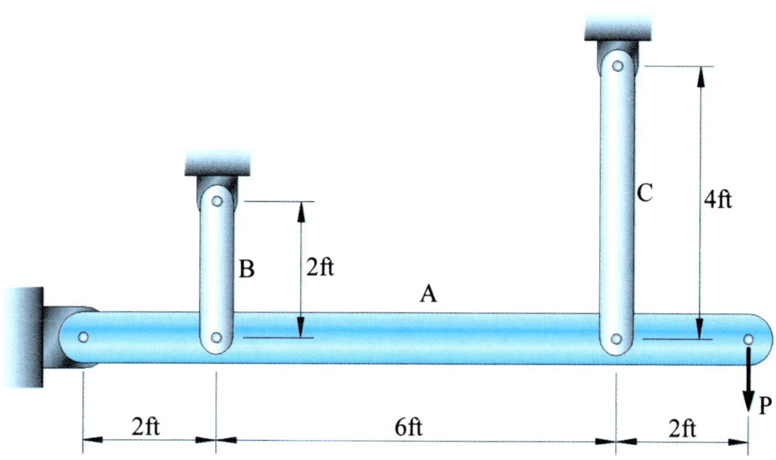

그림 문 1.4.3

문 1.6.1 길이 2.8m이고 지름이 35mm인 원형단면 봉에 100kN의 인장력이 작용하고 있다. 이 봉은 탄성계수 E = 72GPa이고 포와송의 비 $\nu = \frac{1}{3}$인 알루미늄합금으로 되어 있을 때 다음을 구하라.

(a) 변형 δ

(b) 지름의 감소량 Δd

(c) 봉의 체적 증가량 ΔV

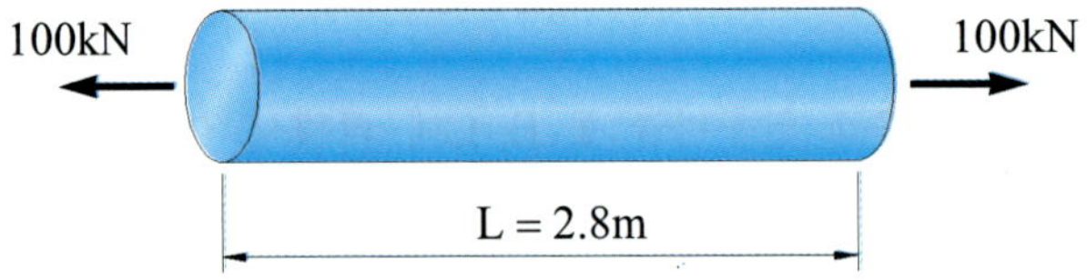

그림 문 1.6.1

문 1.6.2 그림 문 1.6.2와 같은 봉에 인장하중 P = 10kips를 작용하였더니 길이 4ft의 봉이 4.0017ft가 되었고 1in이었던 봉의 지름은 0.999873in가 되었을 때 이 봉의 재료의 탄성계수 E와 포와송의 비 ν를 구하여라. 그리고 전단탄성계수 G는 얼마로 평가될 수 있는가? 단, 이 봉의 재료의 항복응력 $\sigma_y = 50$ksi이다.

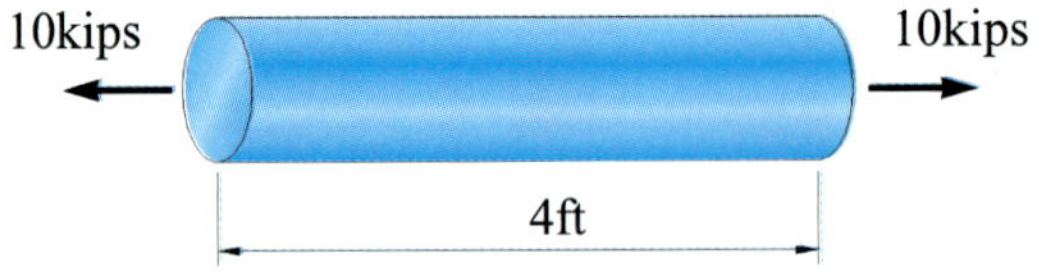

그림 문 1.6.2

문 1.6.3 탄성계수 E = 200GPa이고 포와송의 비 $\nu = \frac{1}{3}$인 강철로 된 균일단면봉에 5,000 kN의 압축하중을 가하여 지름이 정확히 50mm가 초과하지 않도록 하기 위하여 최초의 지름을 얼마로 하여야 하는가?

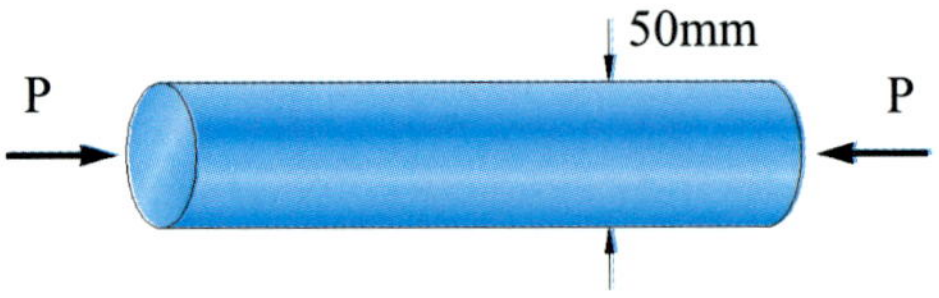

그림 문 1.6.3

문 1.7.1 그림 문 1.7.1과 같은 두께 t = 0.5in인 강판을 지름 1.5in인 펀치로 30,000lb 의 힘을 가하여 구멍을 뚫고자 한다. 이 때 펀치에 작용되는 압축응력과 판에 발생하는 평균 전단응력을 구하여라.

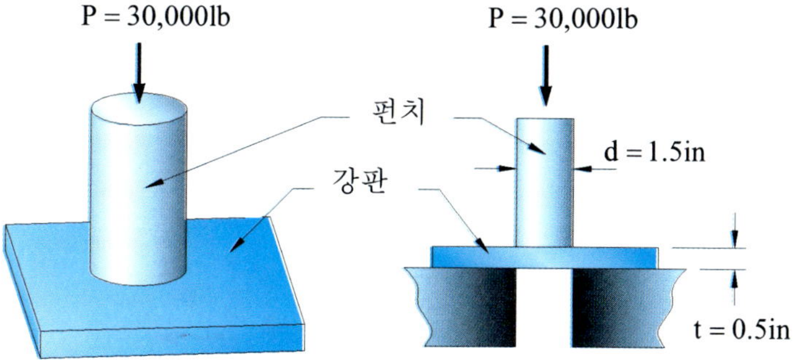

그림 문 1.7.1

문 1.7.2 그림 문 1.7.2 (a)와 같은 세로 a = 5cm, 가로 b = 8cm, 높이 h = 2cm 인 고무블록 위에 얇은 강판을 붙여 전단력 200kN을 가하여 그림 문 1.7.2 (b)와 같은 전단변형이 일어났다. 전단탄성계수 G가 18Gpa일 때, 전단변형률 γ 와 변형량 d 를 구하여라.

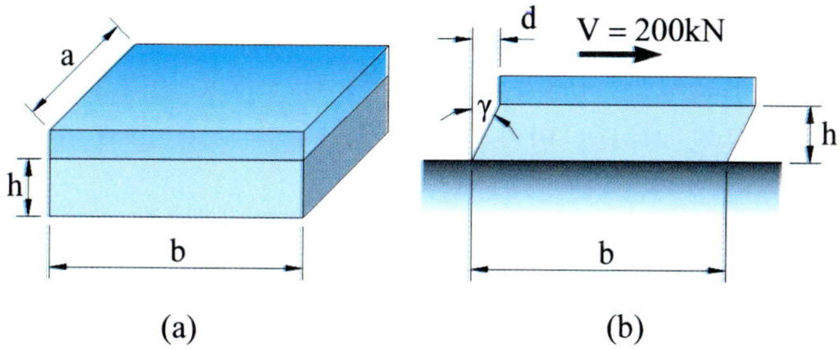

그림 문 1.7.2

문 1.7.3 지름 d = 15mm인 볼트가 그림 문 1.7.3과 같이 강철판에 체결되어 있다. 집중하중 P = 20kN의 인장력이 가해지고 있다. 이 하중이 볼트머리(지름 D = 28mm, 높이 h = 8mm)에 의하여 지지되고 있을 때 다음을 구하여라.

(a) 볼트머리에 걸리는 평균전단응력

(b) 볼트의 머리와 강판 사이에 작용되는 평균면압응력(average bearing stress)

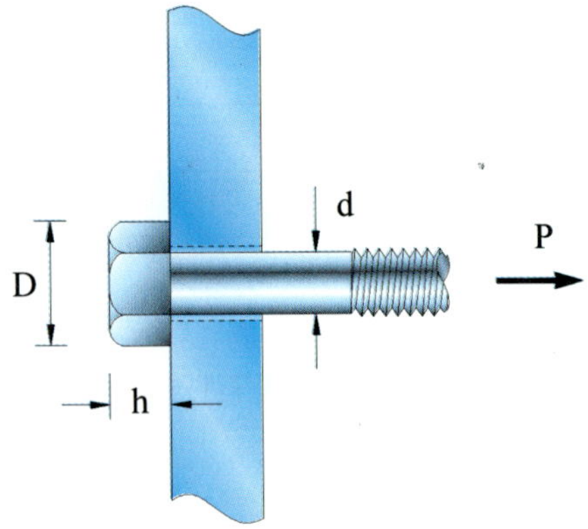

그림 문 1.7.3

문 1.8.1 그림 문 1.8.1과 같이 외경 180mm와 벽두께 10mm로 된 철재 기둥이 원형 면압판(bearing plate)을 이용하여 목재 보를 지탱하고 있다. 이 목재 보에 의해서 철재 기둥에 200kN의 하중이 부가될 때, 다음을 구하여라.

(a) 철재 기둥과 면압판 사이의 표면에 작용되는 평균 면압응력(bearing stress)

(b) 면압판과 목재 사이의 면압응력이 3.5Mpa을 넘지 않기 위해서 요구되는 원형 면압판의 지름

문 1.8.2 그림 문 1.8.2와 같은 원형 튜브가 압축 하중 150kips를 받고 있다. 이 주철의 극한 강도가 35.2ksi이다. 이 원형 튜브의 두께를 0.8in로 하고자 할 때, 이 튜브의 바깥지름 d를 결정하여라. 단, 안전계수는 2.5로 하여라.

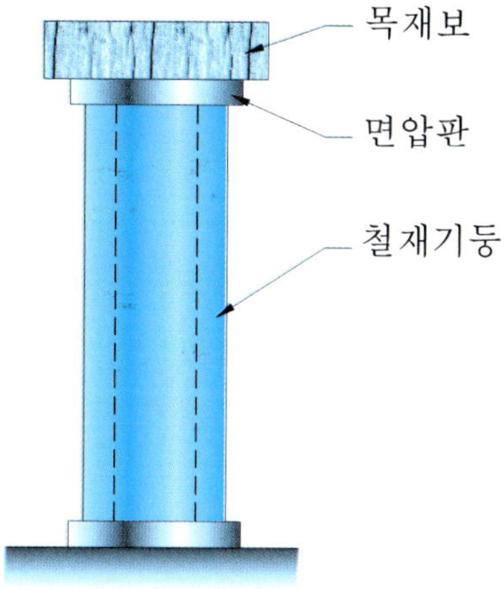

그림 문 1.8.1

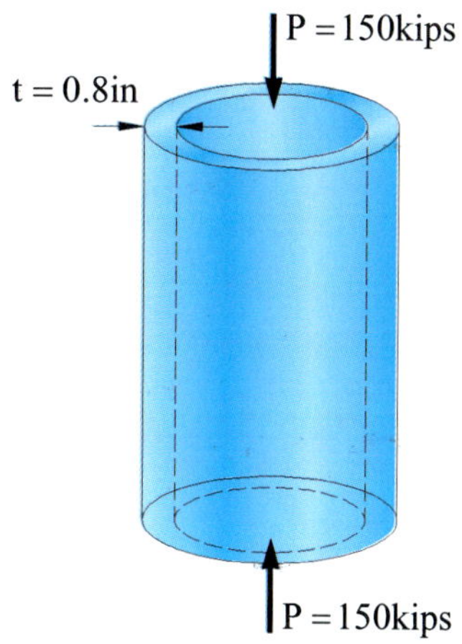

그림 문 1.8.2

문 1.8.3 그림 문 1.8.3과 같은 15mm×48mm의 사각단면을 갖는 강철재 봉이 지름 18mm의 핀에 의해 체결되어 하중 P를 지지하고 있다. 이 봉의 허용인장응력이 150MPa이고 허용전단응력이 80MPa이라고 할 때, 이 봉에 가할 수 있는 최대하중 P를 구하라.

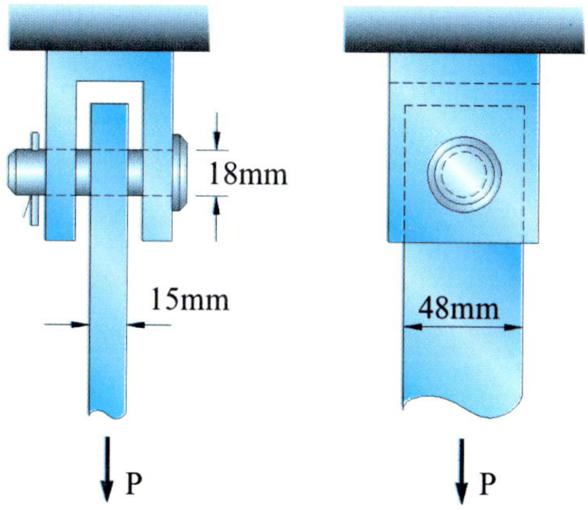

그림 문 1.8.3

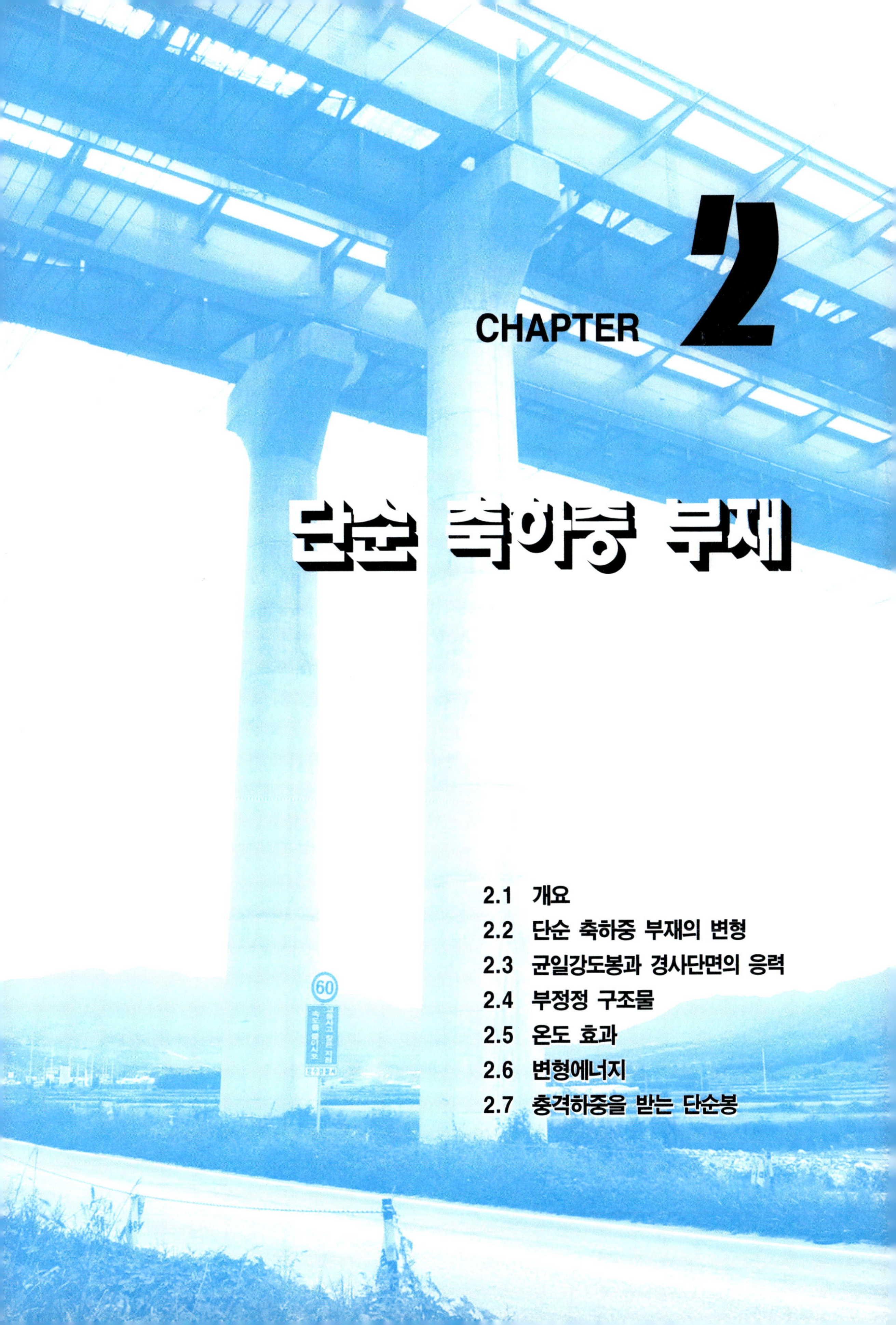

CHAPTER 2

단순 축하중 부재

2.1 개요

구조물에 작용되는 하중과 그에 따른 응력 및 변형을 우리는 알았다. 여기서는 가장 단순한 1차원적 구조물로서 길이 방향의 축을 가지면서 그 방향으로 힘이 작용하는, 즉 인장과 압축력의 축력이 작용하는 단순 축하중 부재(simply axially loaded member)에 대하여 생각해 보기로 한다. 이러한 유형의 대표적인 부재로는 두 힘 부재로 된 트러스 구조물이 있으며 각종 케이블에 의해 지지되는 구조 중의 케이블 그 자체나 경비행기의 날개를 지탱하는 지주 및 건축구조물 중의 기둥 등이 이에 속한다고 볼 수 있다. 그러나 복잡한 구조물 중에서도 부분 부분을 단순화 시켜 그 부분자체를 축하중 부재로 취급할 수 있는 경우도 종종 있다.

재료역학을 공부하는 첫째 목적은 우리가 필요로 하는 구조물을 설계하는 능력을 갖추는 것이다. 구조물을 설계하기 위해서는 그 구조물에 작용되는 변형과 응력 및 변형률을 구하며 다시 그 구조물이 전달할 수 있는 하중전달 능력들을 구하여 완성된 구조물의 구조역학적 해석이 1차적으로 이루어져야 한다. 구조물의 설계는 이와 같이 하중 전달 능력이 충분하고 내구성이 있으며 실제 그 구조물의 기능을 충분히 발휘할 수 있고 한정된 구조물을 제작하는데 필요한 지침을 주는 것으로 미리 그 구조물의 형상을 예측하게 하여 안전한 구조물이 완성되도록 하는 것이다. 이러한 설계를 구현하는 엔지니어는 이와 같은 목적에 부합한 구조물을 설계하는 것도 중요하지만 언제나 안전하고 경제적인 설계가 이루어지도록 최적한 설계기법을 도입해야 한다.

1차적으로 이러한 단순 축하중 부재를 취급함으로서 설계능력의 기초를 갖추게 한다. 구조물을 설계한다는 것은 그 구조물이 지정된 기능을 수행하고 안전하게 하중을 전달할 수 있는 그 구조물의 기하학적 형상, 그리고 배치 및 단면을 결정하고 그 치수를 정하는 일련의 과정을 의미하는 것이다.

2.2 단순 축하중 부재의 변형

단순 축하중 부재란 그림 2.1 (a)와 같이 길이가 L이고 단면적이 A인 봉이 길이방향으로 축력 P를 받고 있는 부재를 말한다. 이 봉이 탄성한계 내에 있다면 축력 P와 이 축력 P에 의한 변형 δ는 서로 정비례 관계에 있다는 것을 알았다. 이때 비례상수를 k라고 하면 축력 P와 변형 δ는 다음 식 (2.1)과 같은 관계에 있음을 알 수 있다.

$$P = k\delta \tag{2.1}$$

식 (2.1)은 일반적으로 그림 2.1 (b)와 같은 스프링에 축력 P를 가했을 때 이 스프링의 변형 δ와의 관계와 일치함을 알 수 있다. 이때 비례상수 k(N/m 또는 lb/in)를 스프링 상수라 한다.

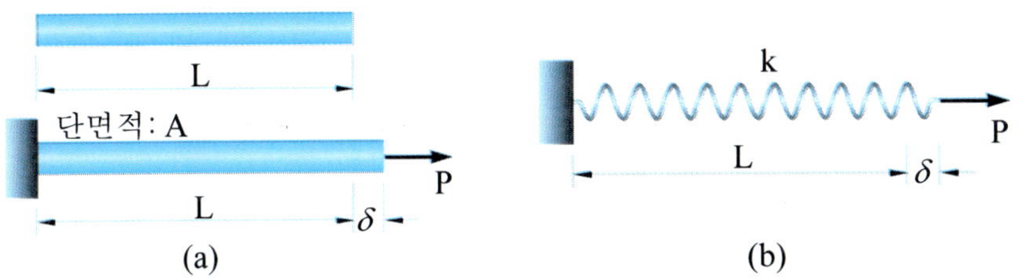

그림 2.1

그림 2.1 (a)에서 봉이 탄성한계 내에 있을 때에 식 (1.3)의 σ와 ϵ에 각각 식 (1.1)과 식 (1.2)을 이용하여 변형량 δ 및 변형률 ϵ을 구하면 다음 식 (2.2)와 같다.

$$\delta = \frac{PL}{EA} \quad \text{또는} \quad \epsilon = \frac{P}{EA} \tag{2.2}$$

식 (2.1)과 식 (2.2)를 이용하여 스프링상수 k는 다음 식 (2.3)과 같이 된다.

$$k = \frac{EA}{L} \tag{2.3}$$

식 (2.3)의 스프링상수 k의 의미를 살펴보면 봉을 단위 길이 변형을 일으키는데 필요한 힘을 의미하며, 봉이 얼마나 강한가를 나타내는 척도임을 짐작할 수있다. 따라서 이를 강성도(stiffness)라고 한다.

한편, 식 (2.2)에서 $\delta = fP$로 적을 때 f는 다음 식 (2.4)와 같다.

$$f = \frac{L}{AE} \tag{2.4}$$

식 (2.4)에 의하면 f는 봉에 작용되는 단위 하중이 일으킬 수 있는 변형량을 의미하며 이는 봉의 유연성을 의미하게 되므로 유연도(flexibility)라 한다. 식 (2.3)과 식 (2.4)에 의하면 강성도와 유연도는 서로 역수관계에 있다. 만약 봉의 단면적을 일성하게 하고 길이를 증가시키게 되면 강성도 k는 떨어지는 반면에 유연도는 증가하게 되며 한편, 봉의 길이를 일정하게 하고 단면적 A를 증가 시키게 되면 강성도 k는 증가하는 반면에 유연도는 떨어짐을 알 수 있다. 이에 관하여 물리적 의미를 생각해보면 일치된 결과를 보이고 있음을 알 수 있다.

한편, 그림 2.2 (a)와 같이 봉의 각 부분에 대해 하중 P_1, P_2, P_3가 작용하고 있는 봉의 변형량을 생각해보자.

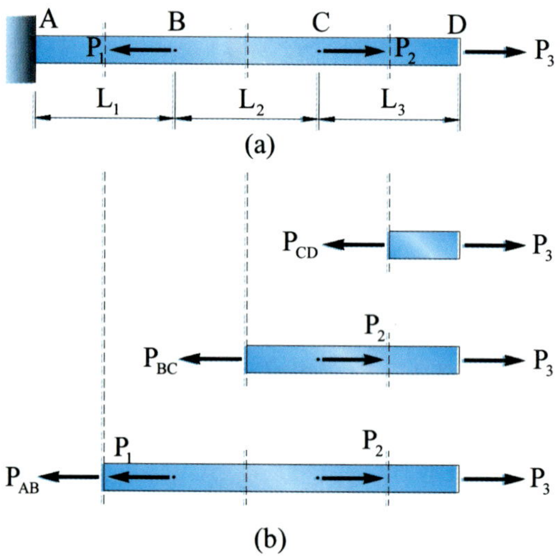

그림 2.2

그림 2.2 (b)와 같이 생각하여 각 부분의 하중을 구하고 이 부분들에 대한 각각의 변형을 구하여 모두 더하면 전체 구조물의 변형이 계산된다. 그림 2.2 (b)에서 P_{AB}, P_{BC}, P_{CD}는 각각 다음 식 (2.5)와 같음을 알 수 있다.

$$
\begin{aligned}
P_{AB} &= -P_1 + P_2 + P_3 \\
P_{BC} &= P_2 + P_3 \\
P_{CD} &= P_3
\end{aligned}
\tag{2.5}
$$

식 (2.5)에서 구해진 각 하중들을 P_i라 하고 각 부분의 길이를 L_i라고 하며 단면적을 A_i 그리고 재료는 동일한 것으로 하여 재료의 탄성계수를 E라고 하면 각 부분의 변형량 δ_i는 다음 식 (2.6)과 같다.

$$\delta_i = \frac{L_i P_i}{A_i E} \tag{2.6}$$

식 (2.6)에 대해서 구해진 각각의 변화량을 모두 더하면 봉 전체에 대한 변형량 δ가 다음 식 (2.7)과 같이 계산된다.

$$\delta = \sum_{i=1}^{n} \delta_i = \sum_{i=1}^{n} \frac{P_i L_i}{EA_i} \tag{2.7}$$

따라서, 그림 2.2와 같이 각 부분에 의해서 변형량이 δ_{AB}, δ_{BC} 및 δ_{CD}로 구해질 때, 이 봉의 전 변형량은 $\delta = \delta_{AB} + \delta_{BC} + \delta_{CD}$가 된다. 여기서 구해진 각 구간의 힘들이 인장력이면 그 구간의 변형 δ는 양이 되고 압축력일 경우는 변형 δ를 음으로 하여, 이들을 모두 합하면 된다.

다시 그림 2.3 (a)과 같이 단면적이 변하면서 하중 또한 봉의 길이방향으로 분포되어 변화하는 하중 P_x가 작용되고 있을 때 이 봉에 발생하는 변형량을 구해보기로 한다.

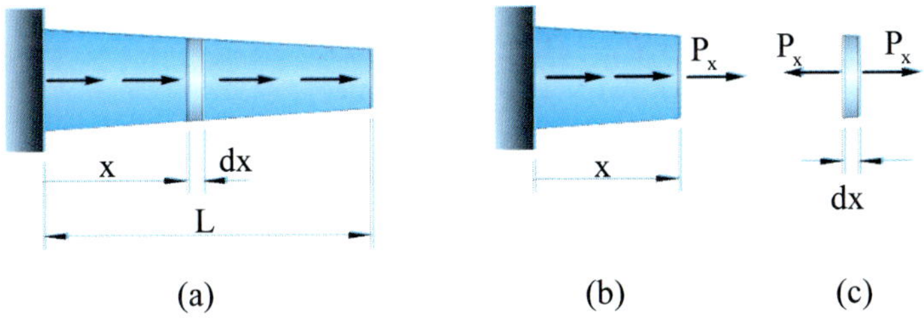

그림 2.3

우선 x위치에서 축하중 P_x평형방정식을 이용하여 그림 2.3 (b)에서와 같이 구하고 다음은 미소 부분 dx에 대해 그림 2.3 (c)와 같이 고려하여 이 미소부분에 대한 변형량 $d\delta$는 다음 식 (2.8)에 의해 계산되어 질 수 있다.

$$d\delta = \frac{P_x}{EA_x} dx \tag{2.8}$$

식 (2.8)에 의해서 단면적 A_x는 봉의 기하학적 모양을 이용하여 구할 수 있게 된다. 따라서 봉 전체에 대한 변형량을 생각하면 식 (2.8)을 적분하여 다음 식 (2.9)와 같이 계산할 수 있다.

$$\delta = \int_0^L d\delta = \int_0^L \frac{P_x}{EA_x} dx \tag{2.9}$$

[예제 2-1] 그림 2.4와 같은 탑 모양의 구조물에 하중 P_1, P_2, P_3가 작용하고 있을 때 이 구조물의 전체 변형량 δ를 구하라. 단, 자중은 무시하기로 한다. 단, 가해진 하중은 $P_1 = 4,000\text{lb}$, $P_2 = 1,500\text{lb}$, $P_3 = 2,000\text{lb}$이고 길이는 $L_1 = L_2 = L_3 = 1.5\text{ft}$이며 단면적은 $A_1 = 1\text{in}^2$, $A_2 = 1.5\text{in}^2$, $A_3 = 2.0\text{in}^2$이다.
재료는 알루미늄 봉재로 탄성계수 E가 $2.1 \times 10^6\text{psi}$이다.

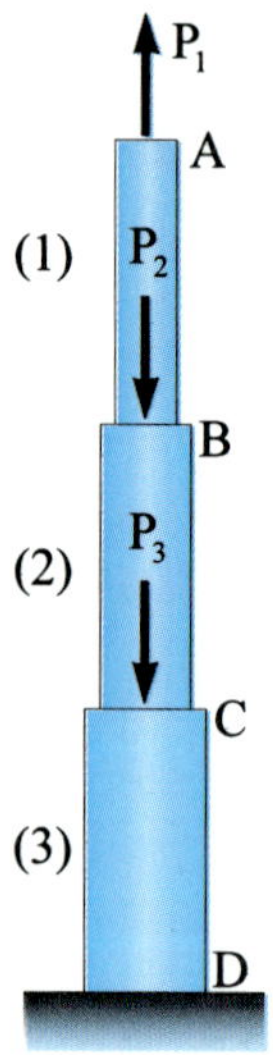

그림 2.4

(풀이)

각 부분의 P_{AB}, P_{BC}, P_{CD}는 식 (2.5)와 같은 방법으로 계산하여 다음 식 (a)와 같이 된다.

$$P_{AB} = P_1 = 4,000\text{lb},\ P_{BC} = P_1 - P_2 = 2,500\text{lb}, \qquad \text{(a)}$$
$$P_{CD} = P_1 - P_2 - P_3 = 500\text{lb}$$

따라서, 변형량 δ는 다음 식 (b)와 같다.

$$\delta = \frac{P_{AB}L_1}{EA_1} + \frac{P_{BC}L_2}{EA_2} + \frac{P_{CD}L_3}{EA_3} \qquad \text{(b)}$$
$$= \frac{1.5 \times 12}{2.1 \times 10^6}\left(\frac{4,000}{1} + \frac{2,500}{1.5} + \frac{500}{2}\right) = 0.0507\text{in}$$

[예제 2-2] 그림 2.5 (a)와 같이 균일 원형 단면봉이 자중에 의하여 늘어나고 있다고 할 때 이 늘어난 길이 δ_1을 구하고 그 임의 위치에서의 응력 σ_x와 최대응력 σ_{max}을 구하여라. 단, 이 봉의 탄성계수는 E이고 비중량은 γ이며 , 지름은 d, 길이는 L이다. 또, 이 봉의 자유단에 그림 2.5 (b)와 같이 하중 P를 작용했을 때 늘어난 길이 δ_2를 구하여라.

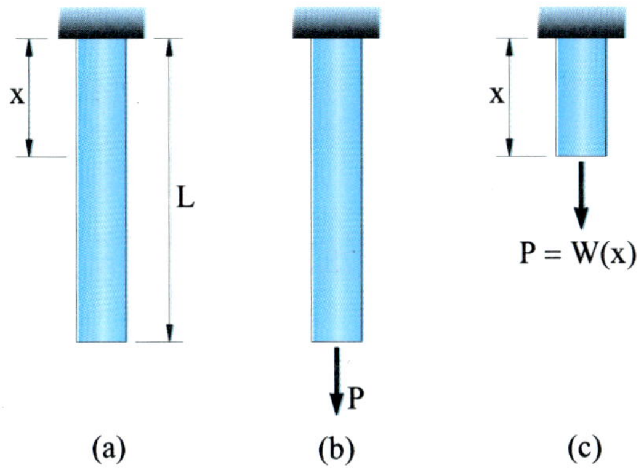

그림 2.5

(풀이)

임의의 x 위치에서의 하중 P는 길이 (L − x)에 의한 자중 W(x)가 되며, 다음 식 (a)와 같이 구해진다.

$$W(x) = \gamma A(L - x) = \frac{\pi d^2 \gamma}{4}(L - x) \quad \text{(a)}$$

따라서, 자중에 의한 신장량 δ_1은 다음 식 (b)와 같다.

$$\delta_1 = \int_0^L \frac{W(x)}{EA} dx = \int_0^L \frac{\gamma A(L - x)}{EA} dx = \frac{\gamma A L^2}{2EA} = \frac{1}{2}\frac{WL}{EA} \quad \text{(b)}$$

여기서 $W = A\gamma L$ 로서 봉 전체의 무게가 된다.

임의 위치에서의 응력은 $\frac{W(x)}{A}$이므로 다음 식 (2.10)과 같이 된다.

$$\sigma_x = \frac{W(x)}{A} = \frac{\gamma A(L - x)}{A} = \gamma(L - x) \quad (2.10)$$

최대응력 σ_{max} 은 $x = 0$ 즉, 고정단에서 발생하며 다음 식 (c)와 같다.

$$\sigma_{max} = \gamma L = \frac{A\gamma L}{A} = \frac{W}{A} \quad \text{(c)}$$

그림 2.5 (b)와 같이 하중 P가 작용하는 경우는 자중에 의해 늘어난 길이 δ_1과 하중 P에 의해 늘어난 길이 $\frac{PL}{EA}$를 더하면 δ_2를 구할 수 있으며, 다음 식 (d)와 같이 된다.

$$\delta_2 = \delta_1 + \frac{PL}{EA} = \frac{WL}{2EA} + \frac{PL}{EA} = \frac{L}{EA}\left(\frac{W}{2} + P\right) \tag{d}$$

[예제 2-3] 그림 2.6 (a)과 같은 길이 L, 단면적 A로 같은 두 봉을 2α의 각도로 연결한 대칭 트러스의 연결점 C에 하중 P를 작용시켰을 때 C점의 처짐 δ를 구하여라. 재료의 탄성계수는 E이다.

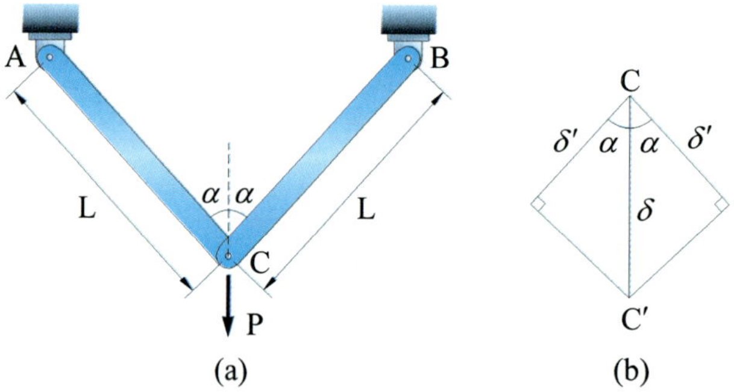

그림 2.6

(풀이)

C점에서 평형방정식을 취하면 봉 AC와 봉 BC에 작용되는 인장력 F는 다음 식 (a)와 같이 된다.

$$F = \frac{P}{2\cos\alpha} \tag{a}$$

이 인장력 F는 봉 AC와 봉 BC를 각각 봉의 길이방향으로 δ'만큼 늘어나게 하는데 변형 δ'는 다음 식 (b)와 같다.

$$\delta' = \frac{FL}{EA} = \frac{PL}{EA} \times \frac{1}{2\cos\alpha} \tag{b}$$

이 δ'는 그림 2.6 (b)와 같은 변위 선도를 형성할 수 있으며 그림 2.6 (b)에서 C점의 처짐 δ는 다음 식 (c)와 같이 된다.

$$\delta = \frac{\delta'}{\cos\alpha} = \frac{PL}{2EA\cos^2\alpha} \tag{c}$$

그리고 이 트러스 구조의 높이를 H로 한다면 H는 $L\cos\alpha$ 이므로 δ는 다음 식 (d)와 같이 구할 수 있다.

$$\delta = \frac{PH}{2EA\cos^3\alpha} \tag{d}$$

2.3 균일강도봉과 경사단면의 응력

균일강도봉

앞 절의 예에서 살펴본 바와 같이 균일한 봉에 단순인장이나 압축이 작용되는 경우, 재료 자체의 중량을 고려하면 봉에 발생하는 응력 σ_x는 식 (2.10)에 의해 봉의 각 위치에 따라 변하게 됨을 알 수 있었다. 따라서, 봉의 자중을 고려한 봉에 대해 그 단면적을 적당히 변화시킨다면 봉의 길이방향 x의 변화에도 각 위치에서의 응력을 일정하게 조절할 수 있음을 이해할 수 있다. 이러한 봉의 경우에는 재료의 강도면에서 이상적으로 균일한 강도의 단순 인장과 압축에 대한 봉을 설계 할 수 있게 됨을 의미한다.

그림 2.7의 (a)와 (b)는 각각 인장과 압축에 대한 균일강도봉의 모양을 보여주고 있다. 그림 2.7 (c)의 x만큼 떨어진 위치의 봉의 단면적을 A_x로 하고 미소 부분 dx를 생각하여 힘의 평형방정식을 구하면 다음 식 (a)와 같다. 여기서, γ는 봉의 비중량이다.

$$A_x\sigma_a + \gamma A_x dx = (A_x + dA_x)\sigma_a \tag{a}$$

식 (a)를 변수분리하면 다음 식 (b)와 같다.

$$\frac{dA_x}{A_x} = \frac{\gamma}{\sigma_a} dx \tag{b}$$

식 (b)를 적분하면 다음 식 (c)가 구해진다.

$$\ln A_x = \frac{\gamma}{\sigma_a} x + C \tag{c}$$

식 (c)의 적분상수 C는 경계조건에 의하여 구해진다. 즉 $x = 0$에서의 단면적을 A_0라고 한다면 이 A_0는 단지 작용하중점에서 이 하중 P를 담당할 수 있는 단면적이면 가능하므로 이는 $A_0 = \frac{P}{\sigma_a}$가 됨을 알 수 있다. 식 (c)에 $x = 0$을 대입하면 다음 식 (d)와 같이 된다.

$$\ln A_0 = C = \ln \frac{P}{\sigma_a} \tag{d}$$

식 (d)를 (c)에 대입하여 단면적 A_x를 구하면 식 (2.11)과 같다.

$$\ln \frac{A_x}{A_0} = \frac{\gamma}{\sigma_a} x \text{ 이고}$$

$$A_x = A_0 e^{\frac{\gamma}{\sigma_a} x} = \frac{P}{\sigma_a} e^{\frac{\gamma}{\sigma_a} x} \tag{2.11}$$

식 (2.11)에 의하면 봉이 자유단에 인장이나 압축이 작용되는 경우 이 봉이 자중을 고려하여 균일 강도봉을 설계하는 경우 그림 2.7과 같이 단면적이 지수적으로 변화하는 모양을 가짐을 알 수 있다.

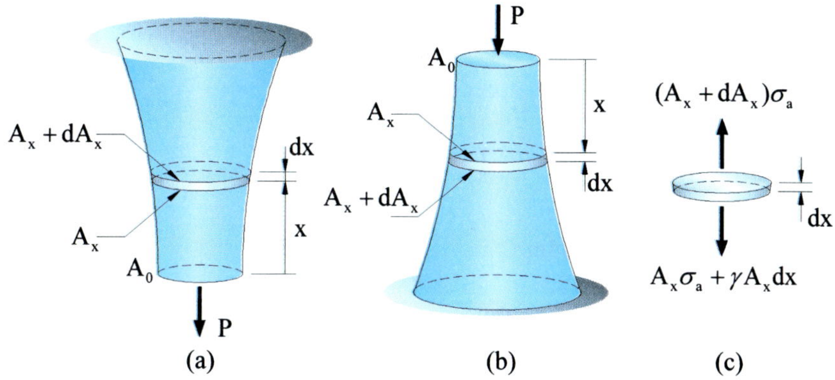

그림 2.7

구조물의 설계에서 위와 같이 그림 2.7과 같은 구조물의 모든 위치에서의 응력을 일정하게 유지하는 현상을 택한다면, 그 구조물에 요구되고 있는 강도를 유지하면서 무게를 가장 가볍게 할 수 있는 이상적 구조설계가 이루어짐을 의미한다. 식 (2.11)에서 보면 비중량 γ와 균일강도 응력인 σ_a의 비 $\dfrac{\gamma}{\sigma_a}$가 크면 클수록 위치 x에 따라 급격히 변화하는 구조형상을 취하게 됨을 알 수 있다. 그러나 실제 설계에서는 이러한 균일강도를 요구하는 단면일지라도 이와 같은 급격한 변화를 갖는 단면 보다는 설계나 형상을 고려하여 완만한 변화나 일정한 단면을 갖게 하는 설계를 주로 택하게 된다.

[예제 2-4] 비중량 γ가 $2.3 g_f/cm^3$이고 압축 허용응력 σ_a가 $20 kg_f/cm^2$의 재료를 사용하여 높이 h가 35m인 콘크리트 원형 단면의 기둥을 설계하고자 한다. 이 기둥의 상단에 그림 2.8과 같이 480톤의 압축하중을 지지하는 균일강도봉을 설계하고 이 기둥의 총 중량을 계산하라.

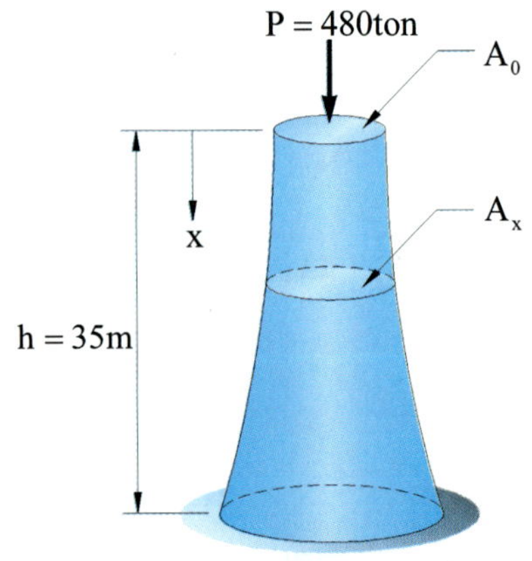

그림 2.8

(풀이)

식 (2.11)에 의하면 단면적 A_x와 지름 d_x는 다음 식 (a)와 같다.

$$A_x = \frac{P}{\sigma_a} e^{\frac{\gamma}{\sigma_a}x} = \frac{\pi}{4} d_x^2 \tag{a}$$

$$d_x = \sqrt{\frac{4}{\pi}\frac{P}{\sigma_a} e^{\frac{\gamma}{\sigma_a}x}} = \sqrt{\frac{4}{\pi} \times \frac{480,000}{20} e^{\frac{0.0023}{20}x}} = 174.81 e^{(5.75 \times 10^{-5})x}$$

상단 $x = 0$에서 지름 d_0와 하단 $x = h = 35m$ 에서의 지름 d_h 는 각각 다음 식 (b)와 같다.

$$d_0 = 174.81\,(cm) \tag{b}$$

$$d_h = 174.81 e^{(5.75 \times 10^{-5}) \times 3500} = 174.81 \times 1.22293 = 213.78cm$$

이 기둥의 체적 V와 중량 W는 다음 식 (c)와 같이 구해진다.

$$V = \int_0^h A_x dx = \int_0^h \frac{P}{\sigma_a} e^{\frac{\gamma}{\sigma_a}x} dx = [\frac{P}{\sigma_a}(\frac{\sigma_a}{\gamma}) e^{\frac{\gamma}{\sigma_a}x}]_0^h = \frac{P}{\gamma}(e^{\frac{\gamma}{\sigma_a}h} - 1) \tag{c}$$

$$= \frac{480,000}{0.0023}(e^{\frac{0.0023}{20} \times 35 \times 100} - 1) = 103,420,993cm^3$$

$$W = \gamma V = 103,420,993 \times 2.3 \times 10^{-3} = 237,868.3kg$$

경사단면의 응력

그림 2.9 (a)와 같은 균일 단면봉에 하중 P가 작용할 때, 하중에 수직한 단면에 대한 수직응력 σ_x는 식 (1.1)에 의하여 $\frac{P}{A}$가 됨을 알았다. 그런데 그림 2.9 (b)와 같이 축과 θ 만큼 경사진 단면에 대해서는 응력은 어떻게 될 수 있을까? 그림 2.9 (b)에서 볼 수 있듯이 단위 면적당의 하중인 응력은 지금까지 알고 있는 것과는 달리, 수직한 단면에 대한 응력도, 단면에 수평한 응력도 아님을 알 수 있다.

따라서, 응력을 그림 2.9 (c)와 같이 경사단면에 수직한 응력 σ_θ와 수평한 응력인 전단응력 τ_θ로 분해하여 생각하여야 할 것이다.

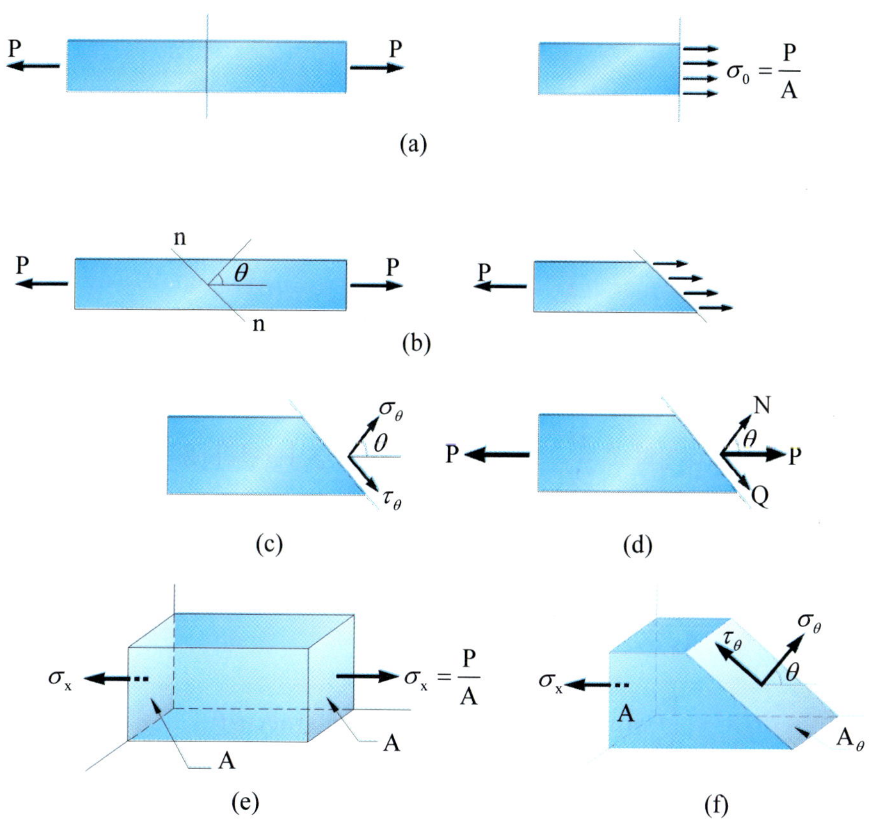

그림 2.9 경사단면의 응력과 미소단면

이제, 이러한 경사단면에 대한 응력을 구해보기 위하여 먼저 하중 P가 경사단면에 대한 하중으로 그림 2.9 (d)와 같이 나누어짐을 알 수 있다. 그림 2.9 (d)에 의하면, 단면에 수직한 하중 N과 수평한 하중 Q가 다음 식 2.12와 같다.

$$N = P\cos\theta \qquad (2.12)$$

$$Q = P\sin\theta$$

경사 단면의 면적을 A_θ라고 하면 경사단면의 수직응력 σ_θ와 전단응력 τ_θ는 식 (1.1)과 식 (1.11)에 의하여 식 (2.13)과 같음을 알 수 있다.

$$\sigma_\theta = \frac{N}{A_\theta} = \frac{P}{A_\theta}\cos\theta \qquad (2.13)$$

$$\tau_\theta = \frac{Q}{A_\theta} = \frac{P}{A_\theta}\sin\theta$$

하중 작용축에 수직한 단면적을 A라고 할 때, 경사단면의 단면적 A_θ 는 그림 2.9 (f)에 의하면 다음 식 (2.14)와 같이 된다.

$$A_\theta = \frac{A}{\cos\theta} \qquad (2.14)$$

여기서, 경사단면 응력의 양의 방향은 그림 2.9 (f)에 표현된 방향으로 약속한다.

식 (2.14)를 식 (2.13)에 대입하고 $\frac{P}{A}$ 를 σ_x로 표현하여 경사단면의 응력 σ_θ와 τ_θ를 구하면 다음 식 (2.15)와 같다.

$$\sigma_\theta = \frac{P}{A_\theta}\cos\theta = \frac{P}{A}\cos^2\theta = \sigma_x\cos^2\theta \qquad (2.15)$$

$$\tau_\theta = -\frac{P}{A_\theta}\sin\theta = -\frac{P}{A}\sin\theta\cos\theta = -\sigma_x\sin\theta\cos\theta$$

식 (2.15)에 의하면 경사단면에 대한 응력들은 단면의 경사각 θ에 따라 달라지며 이들을 각도 θ에 따라 그림을 그리면 다음 그림 2.10과 같이 된다. 경사단면의 수직응력 σ_θ의 최대값은 $\theta = 0°$ 또는 180°, 즉 하중작용축에 수직한 단면인 경우의 응력으로 $\sigma_{\theta_{max}} = \sigma_x$가 됨을 알 수 있으며, 이때의 전단응력 $\tau_\theta = 0$이 된다.

경사단면의 전단응력 τ_θ가 최대가 되는 단면은 $\theta = 45°$일 때이며 그 값은 $\frac{1}{2}\sigma_x$가 되며, 동시에 이 45°면에서는 수직응력 σ_θ도 $\frac{1}{2}\sigma_x$가 된다.

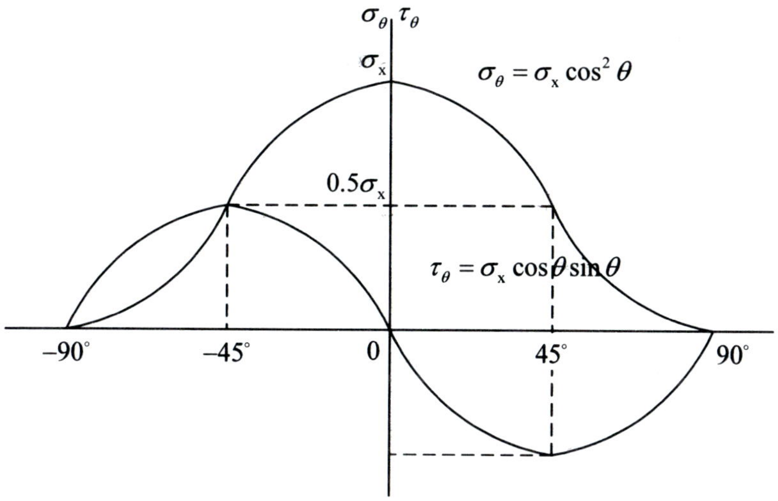

그림 2.10

[예제 2-5] 그림 2.11 (a)와 같은 단면적 A가 36 in^{2}의 균일단면봉에 인장력 P = 9,000lb 가 작용하고 있을 때 $\theta = 30°$의 경사단면에 대한 응력들을 구하고 응력요소의 4면에 대한 응력들을 표시하여라.

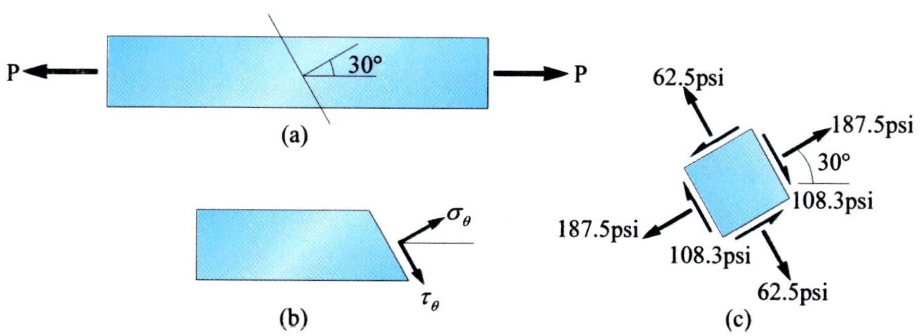

그림 2.11

(풀이)

하중 P = 9,000lb 에 대한 수직한 단면의 수직응력 σ_0는 식 (1.1)에 의하여 다음 식 (a)와 같다.

$$\sigma_0 = \frac{P}{A} = \frac{9,000}{36} = 250\,\text{psi} \tag{a}$$

$\theta = 30°$에 대한 σ_θ와 τ_θ는 식 (2.15)에 의하여 다음 식 (b)와 같다.

$$\sigma_\theta = \sigma_0 \cos^2\theta = 250\cos^2 30° = 187.5\,\text{psi} \tag{b}$$

$$\tau_\theta = -\sigma_0 \sin\theta\cos\theta = -250\sin 30° \cos 30° = -108.3\,\text{psi}$$

$\theta = 30° + 90°$에 대한 σ_θ 와 τ_θ 는 다음 식 (c)와 같다.

$$\sigma_{\theta+90°} = \sigma_0 \cos^2(\theta + 90°) = \sigma_0(-\sin 30°)^2 = 250 \times \sin^2 30° = 62.5\,\text{psi} \tag{c}$$

$$\tau_{\theta+90°} = -\sigma_0 \sin(\theta+90°)\cos(\theta+90°) = -\sigma_0\cos\theta(-\sin\theta)$$

$$= \sigma_0\cos\theta\sin\theta = \sigma_0\cos 30°\sin 30° = 108.3\text{psi}$$

같은 방법으로 $\theta + 180°$의 면에 대해서는 θ면의 값과 같으며, $\theta + 270°$또는 $\theta - 90°$의 면에 대해서는 $\theta + 90°$의 면의 값과 같게 됨을 알 수 있으며 응력은 그림 2.11 (c)에 표현되어 있다.

2.4 부정정 구조물

구조물을 해석하기 위하여 이미 설명한 바와 같이 강체의 평형방정식을 이용하여 작용하중들을 계산할 수 있다. 이와 같이 강체의 평형 방정식에 의해 구조물에 작용되는 하중들이 해석되어 지는 경우를 정역학적으로 정정(statically determinate)이라고 하며 이러한 구조물을 정역학적으로 정정인 구조물이라고 한다. 그러나 대부분의 실제 구조물들은 강체의 평형 방정식만으로 축력과 각 부분의 반력들이 계산되어지지 못할 경우가 훨씬 많다. 이와 같이 강체의 평형 방정식만으로는 구조물에 작용되는 하중들을 구할 수 없는 경우를 정역학적으로 부정정(statically indeterminate)이라 하고 이러한 구조물을 정역학적으로 부정정 구조물이라 한다.

예를 들어 그림 2.12 (a)와 같은 구조물은 양단의 반력 R_1과 R_2가 모두 미지 반력이지만 강체의 평형방정식은 축방향의 힘의 평형식 하나만이 가능하므로 이 두 미지반력은 강체의 평형 방정식만으로는 해결할 수가 없다. 따라서 하나의 보조 방정식을 만들어 내어야 하는데 그 한 가지 방법으로 그림 2.12 (b)와 같이 윗부분의 고정단을 제거하여 자유단으로 만드는 경우에 그림 2.12 (b)와 2.12 (c)를 중첩하면 같은 결과가 된다. 즉 이 구조물은 양단이 고정되어 있으므로 구조물의 외형적 변형은 영이 되므로 그림 2.12 (b)에서 수축된 변형량과 그림 2.12 (c)에서 늘어난 변형량이 같아야 되는 방정식 하나가 성립할 수 있다. 이를 수식으로 정돈하면 다음과 같다.

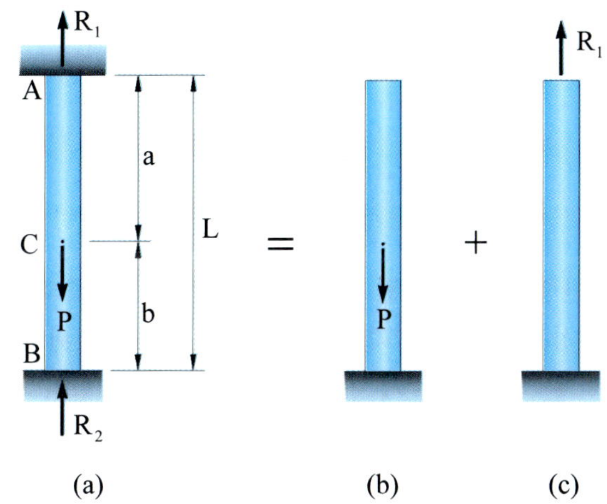

그림 2.12

강체의 평형방정식에 의해 다음 식 (a)가 성립한다.

$$R_1 + R_2 = P \tag{a}$$

그림 2.12 (b)의 하중 P에 의한 변형 δ'은 다음 식 (b)와 같다.

$$\delta' = -\frac{Pb}{EA} (\text{수축 : -}) \tag{b}$$

그림 2.12 (c)의 반력 R_1에 대한 변형 δ''은 다음 식 (c)와 같다.

$$\delta'' = \frac{R_1 L}{EA} \tag{c}$$

이 구조물의 실제 변위가 영이므로 다음 식 (d)가 성립한다.

$$\delta' + \delta'' = 0 \tag{d}$$

따라서, 식 (b), (c)를 식 (d)에 대입하면 다음 식 (e)가 구해진다.

$$\frac{R_1 L}{EA} + \left(-\frac{Pb}{EA}\right) = 0 \tag{e}$$

식 (a)와 식 (e)에의해 R_1과 R_2는 각각 다음 식 (f)와 같이 된다.

$$R_1 = \frac{b}{L}P, \ R_2 = \frac{a}{L}P \tag{f}$$

이 부정정 구조물을 계산함에 있어 그림 2.12와 같이 미지 반력중의 하나를 제거시키므로서 2개의 정정인 구조물의 형상을 만들어 각각의 변위를 구하고 이 변위의 적합성을 고려하여 식 (e)와 같은 적합 방정식을 만들어 낼 수가 있다. 이런 경우 미지량이 반력인 R_1과 R_2가 되어 있으며 적합 방정식은 유연도인 $\frac{L}{EA}$가 이용된 식이므로 이와 같은 방법을 하중법(force method) 또는 유연도법(flexibility method)이라 한다.

한편, 그림 2.12 (a)의 구조물을 다음 그림 2.13과 같이 고려해 보기로 한다.

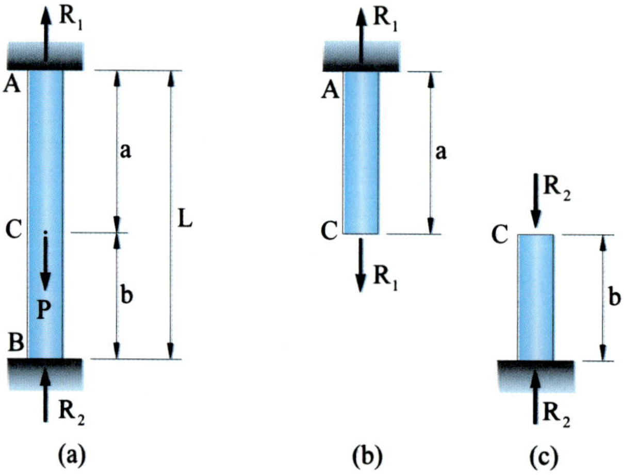

그림 2.13

그림 2.13 (b)와 (c)에서 C점의 변위를 δ 라고 하면 이 변위 δ를 이용하여 반력 R_1과 R_2는 각각 다음 식 (g)와 같다.

$$R_1 = \frac{EA}{a}\delta,\ R_2 = \frac{EA}{b}\delta \tag{g}$$

식 (g)를 평형 방정식 (a)에 대입하면 식 (h)가 성립한다.

$$(\frac{EA}{a} + \frac{EA}{b})\delta = P \tag{h}$$

$a + b = L$이므로 δ는 다음 식 (i)와 같이 구해진다.

$$\delta = \frac{Pab}{EAL} \tag{i}$$

따라서, 식 (i)를 (g)에 대입하면 식 (f)의 결과를 얻어 미지 반력 R_1과 R_2가 계산된다. 이 경우는 미지량이 변위 δ가 되고 적합방정식인 식 (h)는 $\frac{EA}{a}$ 및 $\frac{EA}{b}$의 강성도가 이용되어 표시된다. 이와 같은 방법은 변위법(displacement method) 또는 강성도법(stiffness method)이라 한다. 부정정 구조물을 해석하는 경우에는 굳이 강성도법과 유연도법을 구별하여 해석할 필요 없이 구조물의 형상과 조건에 따라 적합한 방법을 이용할 수 있다. 그러나 더욱 복잡하고 실제 구조물의 해석을 위해 수치 해석법등을 이용하는 경우 변위법과 하중법의 선택은 부정정 구조물 해석을 위한 매우 중요한 요소가 되며 경우에 따라 어느 한 가지 방법만 해석이 가능해지는 경우가 있다. 그러나 초보적인 재료역학에서의 부정정 구조물의 해석에서는 별다른 큰 차이가 없이 용이한 해석법을 선택하여 풀이하는 것이 바람직하다.

[예제 2-6] 그림 2.14 (a)와 같은 트러스 구조물의 각 부재에 걸리는 축력 F를 구하라. 단, 각 부재의 단면적은 A로 같고 탄성계수는 E이다.

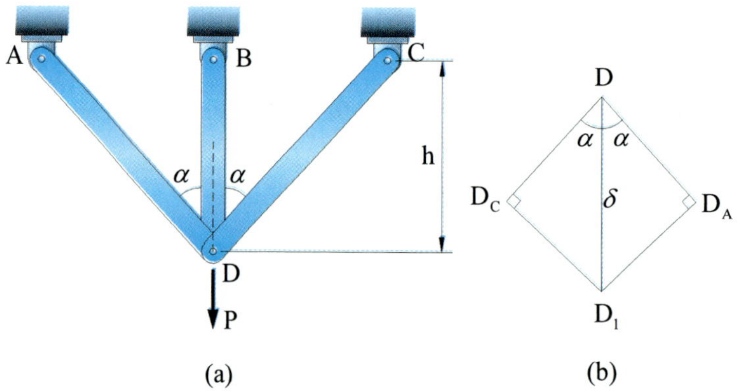

그림 2.14

(풀이)

경사 부재 AD와 CD에 작용되는 축력은 구조의 대칭성에 의해 서로 같음을 알 수 있고, 이 축력을 F_1이라 한다. 그리고 수직부재 BD에는 F_2가 걸린다고 하면 강체의 평형 방정식으로부터 다음 식 (a)가 성립된다.

$$2F_1\cos\alpha + F_2 = P \tag{a}$$

D점의 변위 DD_1을 δ라고 하면 부재 AD 및 CD의 변위 δ'은 그림 2.14 (b)에 의해 $\delta' = \delta\cos\alpha$임을 알 수 있다. 그리고 δ'는 다음 식 (b)와 같이 된다.

$$\delta' = \frac{F_1(h/\cos\alpha)}{EA} = \delta\cos\alpha \tag{b}$$

식 (b)에 의하면, 경사부재 AD 및 CD의 축력 F_1은 다음 식 (c)와 같다.

$$F_1 = \frac{EA\delta\cos^2\alpha}{h} \tag{c}$$

한편, 수직부재 BD의 변위는 δ이므로 수직부재의 축력 F_2는 다음 식 (d)와 같다.

$$F_2 = \frac{EA\delta}{h} \tag{d}$$

식 (c)와 (d)를 식 (a)에 대입하여 δ를 구하면 다음 식 (e)와 같다.

$$\delta = \frac{Ph}{EA} \times \frac{1}{1 + 2\cos^3\alpha} \tag{e}$$

식 (e)를 식 (c)와 (d)에 대입하여 축력 F_1 및 F_2를 구하면 다음 식 (f)와 같다.

$$F_1 = \frac{P\cos^2\alpha}{1 + 2\cos^3\alpha}\ ,\ F_2 = \frac{P}{1 + 2\cos^3\alpha} \tag{f}$$

[예제 2-7] 그림 2.16과 같이 1인치당 16개의 나사산(thread)을 갖는 볼트가 너트에 의해 튜브형 슬리브에 초기응력을 받지 않는 상태로 체결되어 있다. 렌치를 이용하여 너트를 죌 때 볼트는 인장력을 슬리브는 압축력을 받게 된다. 만일 렌치에 의하여 평형 상태에 있는 볼트에 체결된 너트를 $\frac{1}{4}$ 회전(90°) 하였을 때 볼트에 걸리는 인장력을 구하라. 단, 볼트의 단면적은 1.0in^2, 슬리브의 단면적은 0.5in^2이고 슬리브와 볼트의 재료는 강재로서, 탄성계수는 $30 \times 10^6\text{psi}$이다.

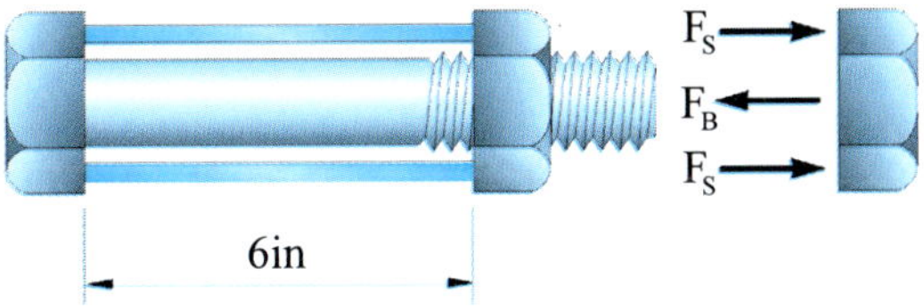

그림 2.15

(풀이)

너트를 조였을 때 볼트의 인장력 F_B와 슬리브의 압축력 F_S는 그림 2.16 (b)와 같이 표현되며 힘의 평형에 의하여 다음 식 (a)가 성립된다.

$$F_B = F_S \tag{a}$$

너트를 $\frac{1}{4}$회전 했을 때 이 슬리브의 수축된 변형 δ_s과 볼트의 인장된 변형 δ_b의 합으로 표현되는 너트의 진행거리 δ_T는 다음 식 (b)와 같다.

$$\delta_T = \delta_S + \delta_B = \frac{1}{4}\times(\frac{1}{16}\mathrm{in}) = \frac{1}{64}\mathrm{in} \tag{b}$$

슬리브와 볼트 각각의 단면적(A), 탄성계수(E) 및 길이(L)를 슬리브와 볼트에 대해 각각 첨자 S와 B를 사용하여 표현하면, 슬리브 및 볼트의 변형 δ_S 및 δ_B는 다음 식 (c)와 같다.

$$\delta_B = \frac{F_B L_B}{A_B E_B}, \quad \delta_S = \frac{F_S L_S}{A_S E_S} \tag{c}$$

식 (c)에서 F_B와 F_S를 구하여 식 (a)에 대입하면 다음 식 (d)를 구할 수 있다.

$$F_B = \frac{A_B E_B \delta_B}{L_B} = \frac{A_S E_S \delta_S}{L_S} = F_S \tag{d}$$

그림 2.15 (a)에서 $L_B = L_S = 6\mathrm{in}$이고 재료가 동일하므로 $E_B = E_S$이다. 따라서, 식 (d)는 다음 식 (e)와 같이 된다.

$$A_B\delta_B = A_S\delta_S \ , \ \delta_B = 0.5\delta_S \tag{e}$$

식 (e)를 식 (b)에 대입하여 δ_S와 δ_B를 구하고 이 결과를 식 (d)에 대입하여 힘 F_B와 F_S를 구하면 다음 식 (f)와 같다.

$$F_B = \frac{1\mathrm{in}^2 \times (30\times 10^6\mathrm{psi}) \times 0.00521\mathrm{in}}{6\mathrm{in}} = 26{,}050(\mathrm{lb}) = F_S \tag{f}$$

2.5 온도 효과

재료에 온도의 변화가 있게 되면 그 재료는 변형을 일으키게 된다. 따라서, 모든 재료에는 그 재료의 고유 특성인 열팽창계수(coefficient of thermal expansion) α가 존재한다. 이 열팽창계수 α는 재료의 단위 길이당, 단위 온도당 일으키는 변위량으로서 cm/(cm °C) 또는 in/(in ° F) 등으로 표시할 수 있다. 따라서, 그림 2.16과 같은 봉에 온도가 ΔT만큼 변화를 일으키게 되면 열변형률은 다음 식 (2.16)과 같다.

$$\epsilon_t = \alpha(\Delta T) \tag{2.16}$$

식 (2.16)의 열변형률에서 팽창은 (+)로 수축은 (-)로 표시하게 된다.

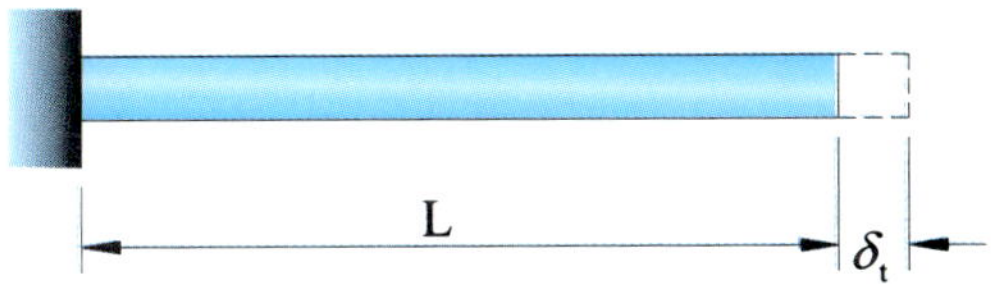

그림 2.16

일반적으로 대부분의 재료들은 가열하면 팽창하고 냉각하면 수축하게 되는데, 식 (2.16)에서와 같이 선형적으로 변화하게 된다. 그러나 특수한 경우 극히 드물게 어느 이상의 온도에서는 가열을 하더라도 팽창이 되기보다는 오히려 수축하려는 경향을 가지게 되며 온도와 변형률 사이가 식 (2.16)과 같이 선형이 아니라 비선형성을 가지는 경우도 있다. 그러나 대부분의 소재는 온도에 대해 선형성을 유지하여 가열시에 팽창을 냉각시에 수축하는 경우가 대부분이다. 길이가 L인 봉의 경우 온도가 ΔT만큼 증가 했을 때 그 치수의 변화량 δ_t는 다음 식 (2.17)과 같다.

$$\delta_t = \epsilon_t L = \alpha(\Delta T)L \tag{2.17}$$

만일 길이 L인 봉이 그림 2.17과 같이 양단이 구속되어 있는 경우에 온도를 ΔT만큼 증가시키게 되면 이 소재는 길이의 변화를 일으키지 못하므로 다음 식 (2.18)과 같은 열응력을 발생시킬 수 있게 됨을 알 수 있다.

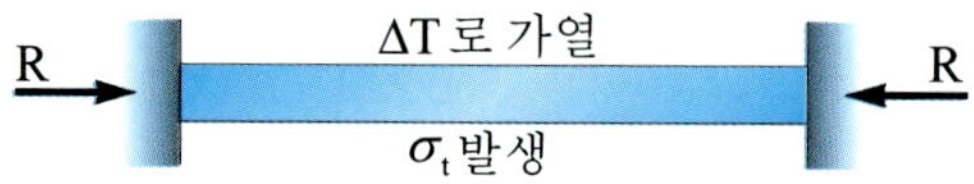

그림 2.17

$$\sigma_t = E\epsilon_t = \alpha E(\Delta T) \quad (2.18)$$

따라서, 양단에 발생되는 반력 R은 다음 식 (2.19)와 같이 된다.

$$R = A\sigma_t = \alpha AE(\Delta T) \quad (2.19)$$

온도 영향과 유사한 결과를 초래하는 경우로 구조물에서 하중을 받기 전에 이미 어떤 응력상태에 있게 되는 경우가 있다. 실제로 이러한 응력 상태는 설계상의 실수나 잘못 조립되어진 경우에 발생하기도 하지만 많은 경우에 구조물의 정확한 조립이나 성능 발휘를 위하여 고의적으로 치수를 약간 크게 하거나 하여 초기 응력상태에 있게 하는 경우가 있다. 이런 경우의 예로는 기계 부품 조립시 가열 끼워 맞춤이나 자전거의 스포크 및 콘크리트 보 등에서 볼 수 있다.

[예제 2-8] 그림 2.18과 같이 길이 1.5m인 구리 봉이 벽 천정과 0.15mm 떨어져 고정되어 있다. 실내 온도가 50°C 상승했을 때 이 봉에 작용되는 압축응력 σ_t를 구하라. 단, $\alpha = 17\times10^{-6}$ cm/cm °C, E = 110GPa이다.

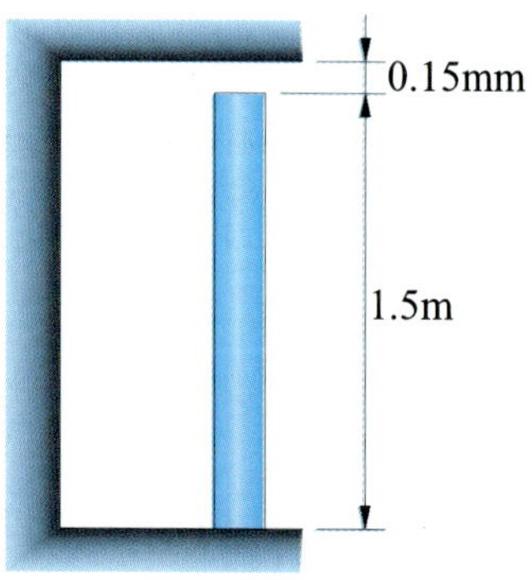

그림 2.18

(풀이)

먼저 이 봉이 천장에 닿게 될 때까지의 필요한 온도는 식 (2.17)에 의해 다음 식 (a)와 같다.

$$\Delta T = \frac{\delta}{\alpha L} = \frac{0.15\times10^{-3}(m)}{17\times10^{-6}\times1.5} = 5.882℃ \quad (a)$$

봉이 벽 천정에 닿게 될 때까지의 온도가 5.882℃이므로 나머지 44.118℃는 봉에 열응력으로 작용하게 되며 열응력 σ_t는 다음 식 (b)와 같다.

$$\sigma_t = E\epsilon_t = \alpha E\Delta T = 17\times10^{-6}\times110\times10^{9}\times44.118 = 82.5\times10^{6}Pa = 82.5MPa \quad (b)$$

2.6 변형에너지

재료역학이란 구조물에 가해진 하중과 그에 따른 변형에 대한 해석을 수행하는 고체역학의 한 분야이다. 즉 구조물에 하중이 가해지면 변형이 발생하고 변형으로 인해 하중에 의하여 일을 하게 되며 그 일의 양은 하중과 변형관계에 의하여 계산될 수가 있다. 예를 들어 그림 2.19 (a)와 같은 길이 L인 균일 단면봉에 하중 P를 가하는 경우를 생각해 보자. 이 하중은 갑작스럽게 최대치인 P까지 가할 수는 없다. 하중은 서서히 0에서부터 P까지 점차적으로 증가 되어 간다고 가정할 수 있는데, 이 경우는 하중이 서서히 증가되므로 관성효과와 같은 동적인 효과는 극히 미미하여 무시될 수 있다. 이와 같은 정하중에 의하여 그림 2.19 (a)와 같은 봉은 δ만큼의 변형을 일으키고 이 관계를 그림으로 나타내면 그림 2.19 (b)와 같은 하중-변위 선도(load-deflection diagram)가 그려짐을 알고 있다. 이 하중-변위 선도는 앞에서 설명한 응력-변형률 선도와 같은 모양을 갖게 된다. 따라서, 하중에 의해 행해진 일(Work) W는 하중을 P_i만큼 가하여 변형 δ_i이 생긴 후, 하중의 미소증가량 dP만큼 일으켜 미소변위 증가가 $d\delta$만큼 일어났다면 이 과정에서 행해진 미소일의 양 dW는 그림 2.19 (b)의 색이 다른 부분의 면적으로 다음 식 (2.20)과 같다.

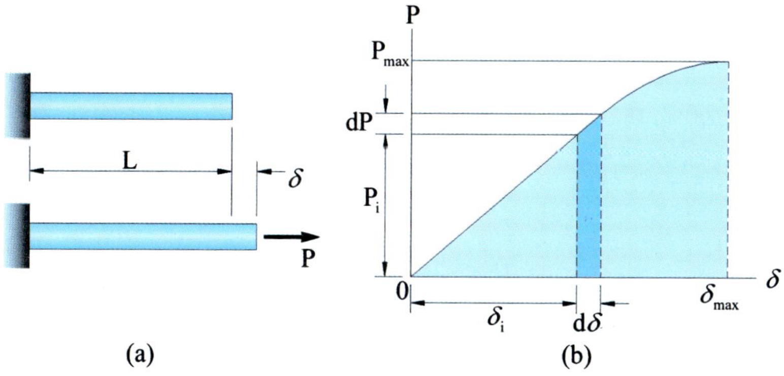

그림 2.19

$$dW = P_i d\delta \tag{2.20}$$

따라서, 하중을 0에서부터 증가시켜 P_{max}까지 가하는 동안에 행해진 일의 양은 그림 2.23 (b)의 하중-변위 선노와 변위축 사이의 면직이 되며 다음 식 (2.21)과 같이 된다.

$$W = \int_0^{\delta_{max}} P_i d\delta \qquad (2.21)$$

그런데 봉에 하중이 작용하게 되면 봉에는 변형률이 생기고 이 변형률은 봉 내부의 에너지의 증가를 유발시키는 원인이 된다. 이 에너지를 변형에너지 U 라고 하는데 그 크기는 이 변형에너지가 열의 형태로 그 일부가 소멸되거나 외부로부터 가해지지 않는 경우에는 앞에서 구한 하중에 의해 발생된 일 W와 같아야 할 것이다.

하중에 의해 행해진 일을 외부일이라고 하는 반면에 이 변형에너지를 내부일이라고도 하며 봉에 흡수된 에너지가 되고 다음 식 (2.22)를 만족하게 된다.

$$U = W = \int_0^{\delta} P_i d\delta \qquad (2.22)$$

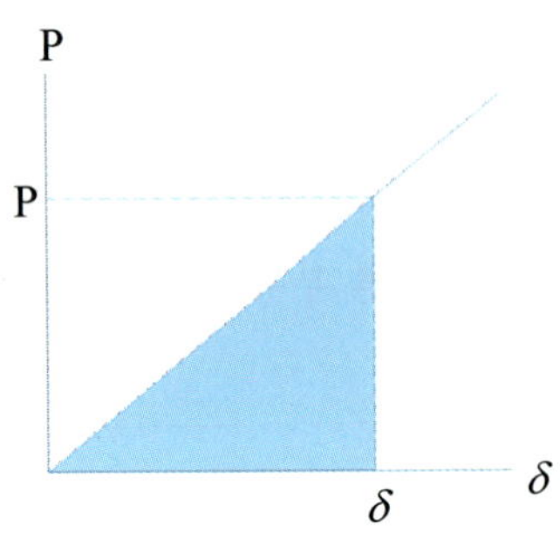

그림 2.20

봉이 탄성한계 내에 있는 경우에는 다음 그림 2.20과 같이 하중과 변형이 선형관계에 있게 되고 변형에너지는 다음 식 (2.23)과 같이 된다.

$$U = W = \frac{1}{2} P\delta \qquad (2.23)$$

식 (2.2)를 식 (2.23)에 대입하여 변형에너지 U를 구하면 다음 식 (2.24)와 같이 표현되기도 한다.

$$U = \frac{P^2 L}{2EA} \quad \text{또는} \quad U = \frac{EA\delta^2}{2L} \qquad (2.24)$$

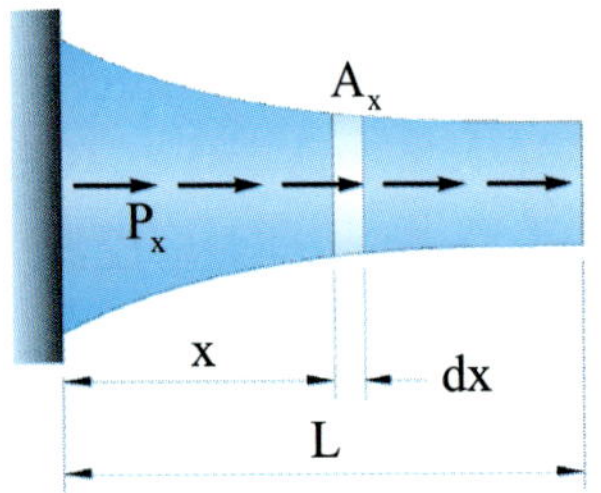

그림 2.21

봉에 그림 2.21과 같이 단면적 A가 길이 방향에 따라 A_x로 변하고 하중 또한 P_x로 변하는 경우라면 다음 식 (2.25)에 의하여 계산되어 짐을 알 수 있다.

$$U = \int_0^L \frac{P_x^2}{2EA_x} dx \qquad (2.25)$$

이제, 여러 경우의 응용을 위해 단위 체적당의 변형에너지를 생각해 보기로 한다. 응력이나 변형률이 구조물의 기하학적 모양을 고려하여 단위화(normalizing)된 식이라고 생각할 수 있듯이 변형에너지 또한 어떠한 경우에도 적용되어질 수 있는 단위 체적당의 변형에너지인 변형에너지 밀도(strain energy density) u를 고려할 필요가 있다. 이는 응력과 변형률이 구조물 전체를 통하여 균일할 수 있듯이 이 변형에너지 밀도가 전 구조의 체적을 통해 일정하게 그 밀도가 균일할 수 있기 때문이다. 변형에너지 밀도 u는 다음 식 (2.26)과 같이 된다.

$$u = \frac{U}{V} = \frac{\frac{1}{2}P\delta}{AL} = \frac{1}{2}\frac{P}{A}\frac{\delta}{L} = \frac{1}{2}\sigma\epsilon \tag{2.26}$$

여기서, V는 봉의 체적이고, A는 단면적, L은 길이이다.

하중이 탄성한계 내에서 작용한다면 식 (2.26)은 다음 식 (2.27)과 같이 된다.

$$u = \frac{\sigma^2}{2E} = \frac{E\epsilon^2}{2} \tag{2.27}$$

식 (2.27)에 의하면 이 변형에너지 밀도 u의 단위는 응력의 단위와 같음을 알 수 있어 Pa나 psi를 사용할 수 있다. 만약에 구조물에 작용되는 응력이 비례한도 σ_{PL}의 값일 때 변형에너지 밀도는 다음 식 (2.28)과 같고 이때의 변형에너지 밀도를 레질리언스 상수(modulus of resilince) u_r이라 한다.

$$u_r = \frac{\sigma_{PL}^2}{2E} \tag{2.28}$$

이 레질리언스 상수는 그 재료가 탄성한계 내에서 단위체적당 흡수할 수 있는 최대에너지의 양을 표시하며 이는 탄성한계 내에서 취할 수 있는 변형의 능력을 의미하기도 한다. 만약 재료의 파단점의 응력에 의하여 탄성에너지 밀도가 계산되었을 경우 이 탄성 에너지 밀도를 인성상수(modulus of toughness) u_t라 하고 이는 재료가 파단 되기 직전까지 탄성에너지를 단위체적당 흡수할 수 있는 능력을 의미하고 이 능력을 인성(toughness)이라 한다.

탄성에너지는 하중의 제곱에 비례하므로 가해지는 하중이 인장(+)이거나 압축(-)이더라도 항상 양의 값이 됨을 알 수 있다. 만일 재료가 전단응력을 받을 경우에도 수직응력인 경우와 같은 방법으로 탄성에너지 밀도를 구할 수 있고 다음 식 (2.29)와 같다.

$$u_s = \frac{\tau^2}{2G} = \frac{G\gamma^2}{2} \tag{2.29}$$

탄성에너지의 흡수능력을 살펴보기 위하여 다음 그림 2.22와 같은 길이 L이고 하중은 P로 같으나 단면적이 서로 다른 3종류의 봉을 고려해 보기로 한다.

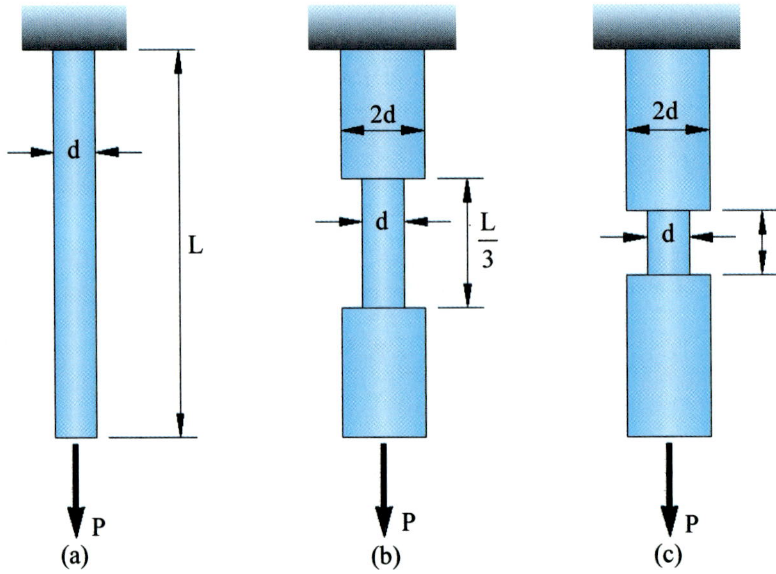

그림 2.22

그림 2.22 (a)의 봉은 지름이 d인 봉으로 재료에 축적되는 전 변형에너지 U_a는 다음 식 (2.30.a)와 같다.

$$U_a = \frac{P^2L}{2EA} \tag{2.30.a}$$

여기서, 단면적 $A = \frac{\pi}{4}d^2$이다.

그림 2.22 (b)의 봉은 가운데의 $\frac{1}{3}L$는 지름이 d이고 나머지는 지름이 2d로서 축적되는 전 변형에너지 U_b는 다음 식 (2.30.b)와 같다.

$$U_b = \frac{P^2(\frac{L}{3})}{2EA} + \frac{P^2(\frac{2}{3}L)}{2E(4A)} = \frac{3P^2L}{12EA} = \frac{1}{2}(\frac{P^2L}{2EA}) = \frac{1}{2}U_a \tag{2.30.b}$$

여기서, 지름 2d인 단면적 $A' = \frac{\pi}{4}(2d)^2 = \frac{\pi}{4}(4d^2) = 4A$ 이다.

그림 2.22 (c)의 봉은 가운데의 $\frac{1}{6}L$가 지름이 d이고 나머지는 지름이 2d로서 축적되는 전 변형에너지 U_c는 다음 식 (2.30.c)와 같다.

$$U_c = \frac{P^2(\frac{L}{6})}{2EA} + \frac{P^2(\frac{5}{6}L)}{2E(4A)} = \frac{3P^2L}{16EA} = \frac{3}{8}(\frac{P^2L}{2EA}) = \frac{3}{8}U_a \tag{2.30.c}$$

위의 결과를 요약해보면 재료의 체적이 늘어나면 그 재료가 흡수할 수 있는 변형에너지가 감소함을 의미하고 있다. 따라서 홈이 존재하는 경우는 발생되는 응력이 증가하게 되고 흡수할 수 있는 탄성에너지량은 줄어들게 되므로 적은 일량, 즉 적은 하중 하에서도 높은 응력을 발생하게 되는 결과가 된다. 이는 구조물에 홈과 같은 불연속 부분이 존재하는 경우에는 그 부분에 높은 응력집중이 발생되는 것을 의미하므로 설계시에 매우 중요한 고려사항이 된다. 특히 동적 하중이 작용하고 그 구조물이 에너지 흡수능력을 요구할 경우에는 홈의 존재를 매우 심각하게 고려해야 한다.

[예제 2-9] 그림 2.23 (a)와 같이 길이 L이고 단면적이 A인 봉이 수직으로 매달려 있을 때 자중에 의하여 이 봉에 축적되는 탄성에너지를 구하라. 그리고 자유단에 그림 2.23 (b)와 같이 하중 P를 가한 경우에 대해서 구하고 비교하라. 단, 봉은 자중에 의하여 탄성변형만 하는 것으로 가정하고 비중량은 γ이다.

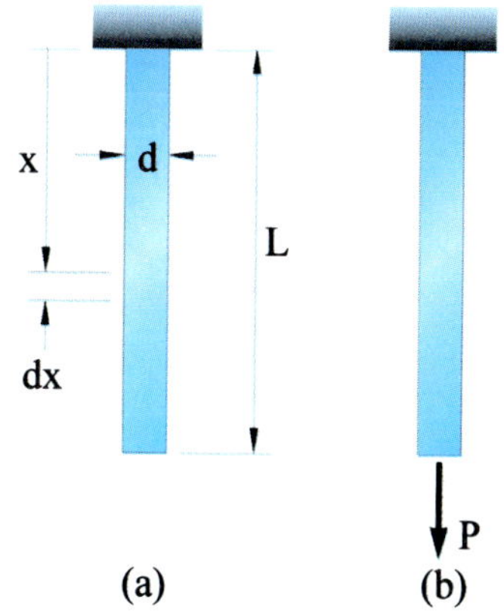

그림 2.23

(풀이)

그림 2.23 (a)와 같은 봉의 고정단에서부터 임의의 위치 x에서 작용하는 하중 P_x는 x위치 이하의 무게이므로 다음 식 (a)와 같다.

$$P_x = A\gamma(L-x) \tag{a}$$

식 (2.25)에 의하여 탄성에너지 U를 구하면 다음 식 (b)와 같다.

$$U = \int_0^L \frac{P_x^2}{2EA}dx = \int_0^L \frac{A^2\gamma^2(L-x)^2}{2EA}dx \tag{b}$$

$$= \frac{A^2\gamma^2L^3}{6EA} = \frac{\gamma^2AL^3}{6E} = \frac{W\gamma L^2}{6E} = \frac{(\frac{W}{\sqrt{3}})^2L}{2EA}$$

식 (b)에 의하면 자중에 의하여 축적되는 전 탄성에너지는 자중의 $\frac{1}{\sqrt{3}}$ 배의 하중이 자유단에 작용된다고 할 때 봉에 축적되는 탄성에너지와 같음을 알 수 있다. 단, 임의의 위치에서 응력 σ_x는 다음 식 (c)와 같다.

$$\sigma_x = \frac{P_x}{A} = \gamma(L-x) \tag{c}$$

탄성에너지 밀도 u는 식 (2.27)에 의해 다음 식 (d)와 같다.

$$u = \frac{\sigma^2}{2E} = \frac{\gamma^2(L-x)^2}{2E} \tag{d}$$

식 (d)를 이용하여 전 탄성에너지 U 를 구하면 다음 식 (e)와 같으며, 이 결과는 식 (b)와 같이 됨을 확인할 수 있다.

$$U = \int udV = \int uA\,dx = \int_0^L \frac{\gamma^2A(L-x)^2}{2E}dx = \frac{\gamma^2AL^3}{6E} \tag{e}$$

그림 2.23 (b)와 같이 자유단에 하중 P가 가해진 경우 임의의 x위치에서의 하중 P_x는 다음

식 (f)와 같다.

$$P_x = A\gamma(L-x)+P \tag{f}$$

따라서, 식 (2.25)에 의하여 탄성에너지 U를 구하면 다음 식 (g)와 같다.

$$U = \int_0^L \frac{[A\gamma(L-x)+P]^2}{2EA}dx = \frac{\gamma^2 AL^3}{6E} + \frac{\gamma PL^2}{2E} + \frac{P^2L}{2EA} \tag{g}$$

식 (g)에 의하면 전 탄성에너지 U는 자중만 고려한 경우의 탄성에너지 $\frac{\gamma^2 AL^3}{6E}$과 하중 P에 의한 탄성에너지 $\frac{P^2L}{2EA}$ 이외에 $\frac{\gamma PL^2}{2E}$의 탄성에너지를 포함하고 있다. 이는 자중과 하중이 함께 관련하는 커플링(coupling)항이며 이 결과에 의해 탄성에너지를 구하려고 할 때는 각각의 하중이 단일하게 작용하는 것과 같이 구해 서로 합하여 계산할 수 없음을 의미하고 있는데 이것은 탄성에너지가 선형이 아니고 2차함수로 표시되기 때문이다.

탄성한계 내에서는 탄성에너지 U가 식 (2.23)과 같으므로 변형 δ는 다음 식 (2.31)과 같이 된다.

$$\delta = \frac{2U}{P} \tag{2.31}$$

식 (2.31)에 의하면 탄성한계 내에서의 구조물의 변형은 탄성에너지에 의해 단순히 구해질수 있다. 그러나 이 변위 δ는 그 하중방향의 변위가 되고 이 변위는 작용된 하중 P에 의해서 발생한 것임에 유의해야 된다.

[예제 2-10] 그림 2.24와 같은 트러스 구조에 대해 C점의 변위 δ_c를 변형에너지를 이용하여 구하라. 단, 부재 AC와 BC는 길이 L과 축강성 EA는 서로 같다.

(풀이)

부재 AC와 BC에 작용되는 하중 F는 다음 식 (a)와 같다.

$$F = \frac{P}{2\cos\alpha} \tag{a}$$

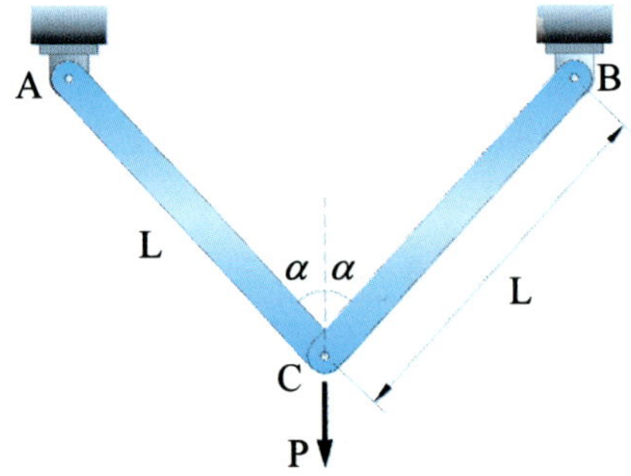

그림 2.24

구조물 전체의 탄성에너지는 부재 AC 및 BC에 축적되고 각 탄성에너지의 합이므로 다음 식 (b)와 같이 된다.

$$U = 2\frac{F^2L}{2EA} = \frac{\left(\frac{P}{2\cos\alpha}\right)^2 L}{EA} = \frac{P^2L}{4EA\cos^2\alpha} \tag{b}$$

따라서, 하중 P 방향의 C점에서의 변위 δ_c는 식 (2.31)에 의하면 다음 식 (c)와 같다.

$$\delta_c = \frac{2U}{P} = \frac{PL}{2EA\cos^2\alpha} \tag{c}$$

2.7 충격하중을 받는 단순봉

물체에 순간적으로 하중이 가해지게 되면 가만히 가해질 때에 비해 매우 큰 응력이 순간적으로 그 재료에 발생될 수가 있다. 이와 같이 물체에 하중이 가해질 때 충격 하에 가해지는 경우의 하중을 충격하중(impact 또는 impulsive load)이라고 한다. 충격하중은 일반적으로 동하중(dynamic load)의 한 예로서 앞에서 설명한 바와 같이 동하중은 시간에 따라 변화하게 되는 점에서 정하중과 다르다. 정하중이 물체에 서서히 하중이 가해져 0에서부터 최대값에 이르기까지 점차 증가하게 이르러 일정한 값을 유지하는 반면에 동하중은 충격하중과 같이 물체에 급속히 가해지거나 물체에 진동을 일으키게 하는 등, 하중의 크기가 시간의 경과에 따라 변화하게 되는 경우이다. 이러한 충격 하중이 단순봉에 작용될 때 정하중 때와 어떻게 다르게 되는가를 구해보기로 한다.

다음 그림 2.25 (a) 및 (b)와 같이 무게 W인 추가 높이 h에서 낙하하여 충격을 일으키는 경우를 생각한다. 그림 2.25 (a)는 길이 L인 봉에 인장을 , 그림 2.25 (b)는 봉에 압축을 일으키게 된다.

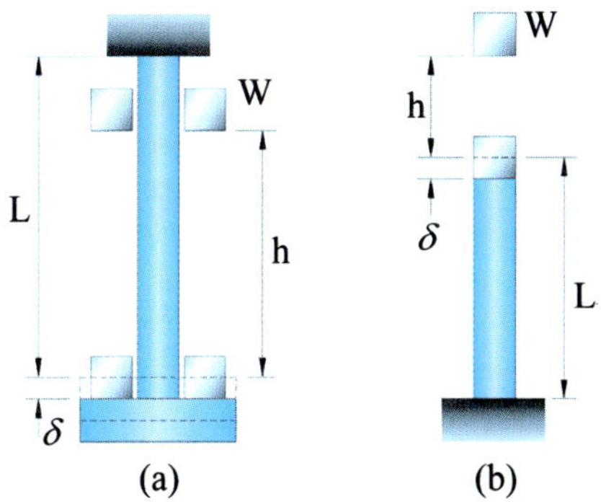

그림 2.25

그림 2.25 (a) 및 (b)의 봉은 단면적이 A이고 길이는 L이며 재료의 탄성계수는 E이다. 무게 W인 추가 그림 2.25와 같이 높이 h인 곳에서 낙하하여 봉의 끝부분에 충돌했을 때 봉에는 순간적으로 탄성적인 신장 또는 수축이 일어나게 되고 이 봉이 최대응력(σ_{max})에 이르렀을 때 추의 낙하속도는 영이 되며 무게 W인 추가 처음에 가지고 있던 위치에너지는 완전히 봉의 변형에너지로 바뀌게 될 것이다. 그 이후에 추는 다시 윗방향으로 반발하게 될 것이고 이로 인하여 봉의 신장 또는 수축은 감소하게 되면서 추의 윗방향의 운동에너지와 위치에너지로 다시 전환되는 과정을 거치게 된다.

이제 추가 낙하하여 충돌하는 순간을 고려해 보기로 한다. 무게 W 인 추는 그림 2.25에서와 같이 충돌 후 δ만큼의 탄성변형을 일으키며, 봉에 최대응력을 발생시킨 후에 추는 순간적으로 멈추게 된다. 이 경우에 추가 거리 $h+\delta$ 만큼 이동한 동안 한 일은 다음 식 (a)와 같다.

$$\text{Work} = W(h+\delta) \tag{a}$$

식 (a)의 일의 양 또는 위치에너지의 변화는 모두 길이 L인 봉의 탄성에너지로 전환되었으므로 식 (2.27)에 의하여 다음 식 (b)가 성립된다.

$$W(h+\delta) = \frac{\sigma_{max}^2}{2E}(AL) = \frac{EA\delta^2}{2L} \tag{b}$$

여기서, $\sigma_{max} = E\epsilon_{max} = \frac{E\delta}{L}$ 이다.

식 (b)에 의하여 δ를 구하면 다음 식 (2.32)와 같이 된다.

$$\delta = \frac{WL}{EA} + \sqrt{(\frac{WL}{EA})^2 + 2h\frac{WL}{EA}} \tag{2.32}$$

식 (2.32)에서 $\frac{WL}{EA}$는 길이 L인 봉에 정하중 W가 작용했을 때의 봉의 정적변형량이므로 이를 식 (2.33)과 같이 δ_{st}로 쓴다.

$$\delta_{st} = \frac{WL}{EA} \tag{2.33}$$

따라서, 식 (2.32)는 식 (2.33)에 의해서 다음 식 (2.34)와 같이 표현된다.

$$\delta = \delta_{st} + \sqrt{\delta_{st}^2 + 2h\delta_{st}} \tag{2.34}$$

이 정적 변형량 δ_{st}는 추가 낙하하는 높이 h에 비하여 매우 적다고 하면 봉의 근사적 동적 변형량 δ는 다음 식 (2.35)와 같이 나타낼 수 있다.

$$\delta \cong \sqrt{2h\delta_{st}} \tag{2.35}$$

이제 충격하중을 받는 봉에 발생하게 되는 최대응력 σ_{max}을 구해보자.

$\sigma_{max} = E\epsilon_{max} = \frac{E}{L}\delta$이므로 식 (2.32)에 의하여 최대응력 σ_{max}는 다음 식 (2.36)과 같이 된다.

$$\sigma_{max} = \frac{W}{A}(1 + \sqrt{1 + 2h\frac{AE}{WL}}) \tag{2.36}$$

응력에 대해서는 정적 응력 $\frac{W}{A}$을 σ_{st}로 표현하면 최대응력은 다음 식 (2.37)과 같이 된다.

$$\sigma_{max} = \sigma_{st} + \sqrt{\sigma_{st}^2 + \frac{2hE\sigma_{st}}{L}} \tag{2.37}$$

질량 M은 $\frac{W}{g}$이고 , $\sigma_{st} = \frac{W}{A}$이므로 식 (2.35)의 근사적 동적 변형량을 이용한 응력에 대한 근사식을 구하면 다음 식 (2.38)과 같이 된다.

$$\sigma \cong \sqrt{\frac{2hE\sigma_{st}}{L}} = \sqrt{\frac{2hE}{L}\frac{Mg}{A}} \tag{2.38}$$

그런데, 질량 M인 물체가 h만큼 자유낙하 하여 부딪쳤을 때의 속도 v는 $\sqrt{2gh}$이므로 식 (2.38)은 다음 식 (2.39)와 같이 쓸 수 있다.

$$\sigma \cong \sqrt{\left(\frac{Mv^2}{2}\right)\left(\frac{2E}{AL}\right)} \tag{2.39}$$

식 (2.39)에 의하면 봉의 충돌되는 운동에너지 $\frac{1}{2}Mv^2$이 증가되면 응력이 증가하게 되며 봉의체적 AL을 크게 해주면 발생되는 응력은 감소하게 된다는 것을 알 수 있다. 이제 다른 보기로서 그림 2.26과 같이 질량 M인 물체가 속도 v로 수평으로 부딪칠 때를 생각해 볼 수 있다. 만약 봉에 부딪치는 물체 M의 질량이 봉의 질량보다 아주 적다고 할 때 식 (2.39)의 근사식을 이용할 수가 있다.

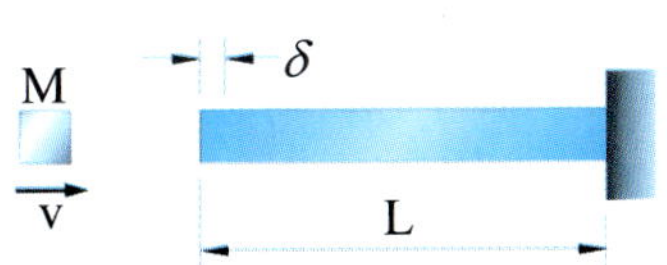

그림 2.26

즉 $\frac{Mv^2}{2} = \frac{\sigma^2 LA}{2E} = \frac{EA\delta^2}{2L}$이 되고 여기서 δ는 다음 식 (2.40)과 같이 된다.

$$\delta \cong \sqrt{\frac{ML}{EA}v^2} \tag{2.40}$$

이제 낙하 높이 h가 영인 경우를 생각해 보면, 이때에는 하중을 정하중 같이 서서히 작용시키지 않고 갑자기 작용시키는 경우의 하중을 급격하중(sudden load)라 하고, 이 급격하중의 경우 변형 δ_{su}는 식 (2.34)에 $h=0$을 대입한 경우로서 다음 식 (2.41)과 같이 정하중상태의 2배가 됨을 알 수 있다.

$$\delta_{su} = 2\delta_{st} \tag{2.41}$$

충격하중을 받는 봉에 대해서 최대응력 σ_{max}이 비례 한도내에 있는 경우에 대해서 위의 모든 경우가 성립함에 유의해야 한다.

[예제 2-11] 그림 2.27과 같이 길이 L이 50cm이고 지름 d가 3cm인 강체의 원형 단면봉에 대해 무게 W가 $5kg_f$인 추를 다음과 같은 각각의 경우로 하중을 가할 때의 응력을 구하고 정하중 응력 σ_{st}와의 비를 구하라.

단, 재료의 탄성계수는 $2.1\times10^6 kg_f/cm^2$이다.

(a) 정하중일 때

(b) $h=20cm$인 높이에서 낙하 충격할 때

(c) 급격하중을 가할 때

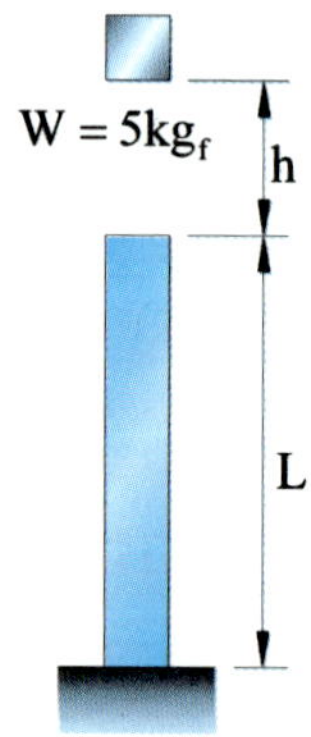

그림 2.27

(풀이)

(a) 정하중일 때의 응력 σ_{st}는 다음 식 (a)와 같다

$$\sigma_{st} = \frac{W}{A} = \frac{5}{\frac{\pi}{4} \times 3^2} = 0.707\text{kg}_f/\text{cm}^2 \qquad \text{(a)}$$

(b) 식 (2.37)에 의하여 최대 응력 σ_{max}는 다음 식 (b)와 같이 된다.

$$\sigma_{max} = \sigma_{st}\left(1 + \sqrt{1 + \frac{2hAE}{WL}}\right) = \sigma_{st}\left(1 + \sqrt{1 + \frac{2 \times 20 \times \frac{\pi}{4} \times 3^2 \times 2.1 \times 10^6}{5 \times 50}}\right) \qquad \text{(b)}$$

$$= 1{,}542.12\sigma_{st} = 1{,}542.12 \times 0.707 = 1{,}090.3\text{kg}_f/\text{cm}^2$$

(c) 급격하중일 때는 식 (2.37)에 의해 응력 σ_{su}를 구하면 다음 식 (c)가 되고 이들 비를 구하면 다음 식 (d)와 같다.

$$\sigma_{su} = 2\sigma_{st} = 2 \times 0.707 = 1.414\text{kg}_f/\text{cm}^2 \qquad \text{(c)}$$

$$\sigma_{st} : \sigma_{max} : \sigma_{su} = 1 : 1542 : 2 \qquad \text{(d)}$$

[예제 2-12] 그림 2.28과 같은 광산차의 충격에 대한 완충효과는 강성도 k = 1,200lb/in인 스프링에 의해 이루어진다. 만일 무게 2,000lb인 차가 이 완충 장치인 스프링에 12mph의 속도로 충돌한다면 이 스프링의 최대 변형량 δ_{max}는 얼마인가?

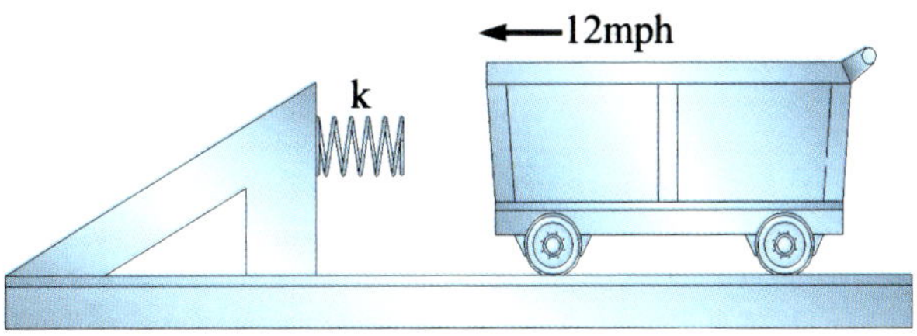

그림 2.28

(풀이)

질량 M인 광산차는 충돌되는 구조의 질량에 비해 매우 적으므로 식 (2.40)의 근사식을 이용할 수 있다. 따라서, 식 (2.40)에 질량 $M = \frac{W}{g}$를 내입하여 다시 쓰면 다음 식 (a)와 같다.

$$\delta = \sqrt{\frac{W}{g}\frac{L}{EA}v^2} \tag{a}$$

식 (2.3)에 의하여 스프링 상수 k 는 다음 식 (b)와 같다.

$$k = \frac{EA}{L} \tag{b}$$

따라서, 식 (b)를 식 (a)에 대입하면 최대 변형량 δ_{max} 는 다음 식 (c)와 같이 된다.

$$\delta_{max} = \sqrt{\frac{W}{g}\frac{v^2}{k}} \tag{c}$$

$$= \sqrt{\frac{2000}{386.4} \times \frac{1}{1200}(12 \times \frac{5280 \times 12}{3600})^2}$$

$$= 13.87in$$

연습문제

문 2.2.1 그림 문 2.2.1 (a)는 강재인 수직 봉 ABC가 수평 보 BD와 점 B에서 핀 연결되어 하중 P_C와 P_D를 받고 있을 때 점 C에서의 변형 δ를 구하여라.

이 때, 수직 봉 ABC의 자중에 의한 영향은 무시한다. 그리고 수직 봉의 재료의 탄성계수는 200GPa이다.

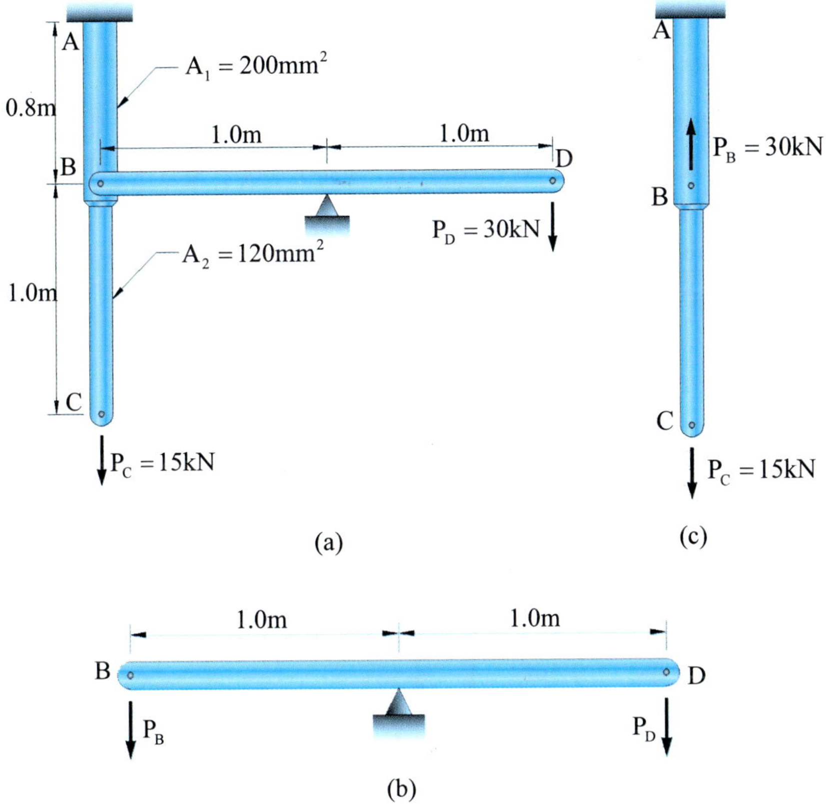

그림 문 2.2.1

문 2.2.2 그림 문 2.2.2와 같이 테이퍼 진 길이 L인 봉 AB의 자유단의 집중하중 P를 받고 있다. 봉의 좌단과 우단의 지름이 각각 d_a 및 d_b라고 할 때 이 봉의 변형 δ를 구하라.

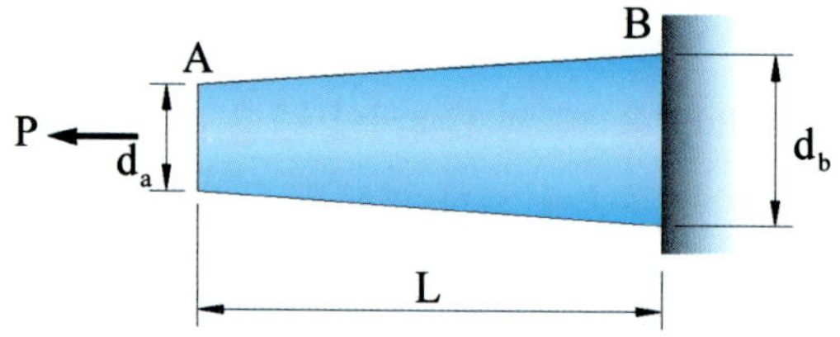

그림 문 2.2.2

문 2.2.3 그림 문 2.2.3은 지름이 80mm이고 길이가 1.0m인 봉 A는 탄성계수 70GPa인 알루미늄 합금이고, 봉 B는 지름이 100mm, 길이가 1.5m, 탄성계수가 115GPa인 동이며, 봉 C는 지름이 120mm, 길이가 0.6m, 탄성계수가 210GPa인 강재로 되어 있다. 이 탑형의 봉이 $P_1 = 820\text{kN}$, $P_2 = 880\text{kN}$ 및 $P_3 = 1{,}200\text{kN}$의 압축력을 받고 있을 때 이 합성 봉의 축소되는 변형 δ를 구하라.

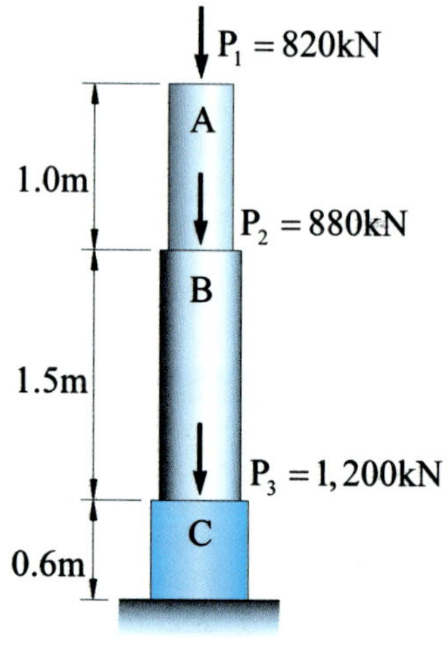

그림 문 2.2.3

문 2.2.4 그림 문 2.2.4와 같은 트러스 구조에 하중 100kN이 C단에 작용하고 있을 때 다음을 구하라.

단, 부재 AC의 단면적은 800mm^{2}이고 부재 BC의 단면적은 1,080mm^{2}이며 재료는 탄성계수가 200GPa인 구조용 강으로 되어 있다.

(a) 부재 AC 및 BC의 수직응력 σ_{AC}, σ_{BC}

(b) 부재 AC 및 BC의 변형량 δ_{AC}, δ_{BC}

(c) C점의 수직 및 수평 변위 δ_V, δ_H

(d) 부재 AC 및 BC의 회전에 의하여 발생된 각도

문 2.2.5 그림 문 2.2.5와 같은 지름이 d = 25cm 인 원형 단면을 갖는 굴삭용 파일이 초기 힘 F = 200kN 의 힘으로 지면을 파고 들어가게 하였다. 이 파일의 탄성계수는 E = 200GPa이고 파일이 지면을 파고 들어갈 때 파일 표면에 발생되는 마찰력은 일정한 것으로 가정하고 파일 끝 단면에 대한 저항력은 무시하기로 할 때 다음을 구하라.

(a) 파일 단면에 발생되는 최대 압축응력

(b) 파일 길이의 변형 δ

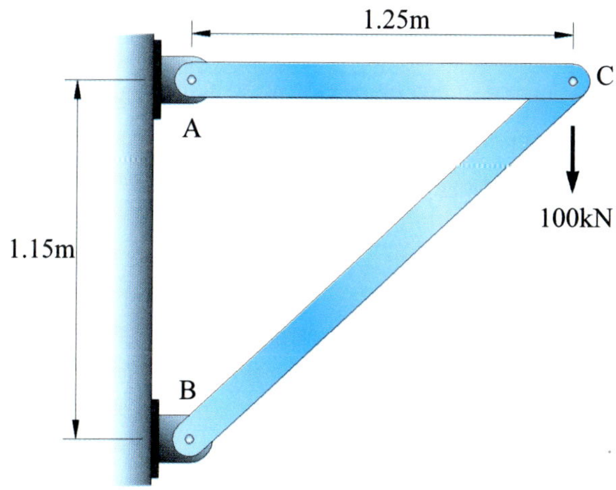

그림 문 2.2.4

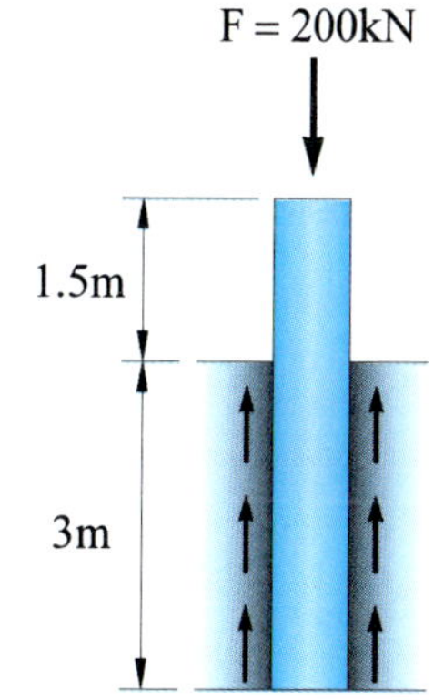

그림 문 2.2.5

문 2.3.1 단면이 변하는 봉이 자중에 의하여 그림 문 2.3.1과 같이 인장되고 있다.

이 때 임의의 x위치에서의 변형률 $\epsilon_x = \frac{\gamma x}{3E}$ 로 된다고 할 때 다음을 봉의 길이 L, 비중량 γ, 탄성계수 E의 항들로 표시하여라.

(a) 자중에 의하여 발생한 봉의 전 신장량

(b) 자중에 의한 봉의 전 길이에 대한 평균 변형률

(c) 봉의 최대 변형률

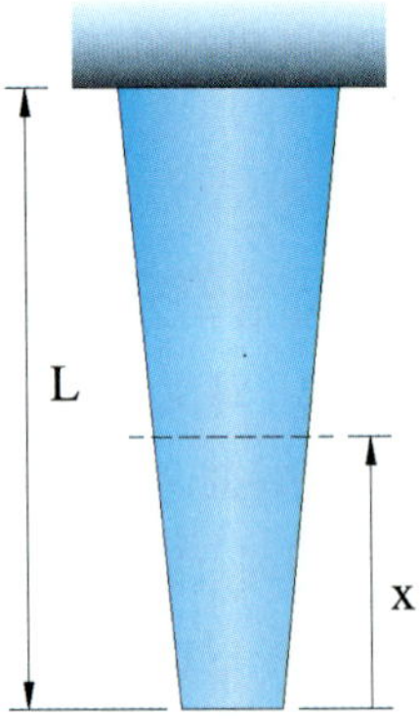

그림 문 2.3.1

문 2.3.2 그림 문 2.3.2와 같은 원형 단면봉이 55°의 경사지게 접합되어 양단에 2,000lb의 인장력을 가할 수 있도록 하고 싶다. 접착단면의 허용 수직응력과 허용전단응력이 각각 680psi와 380psi이라고 한다. 봉의 단면의 지름을 얼마로 하면 되는가?

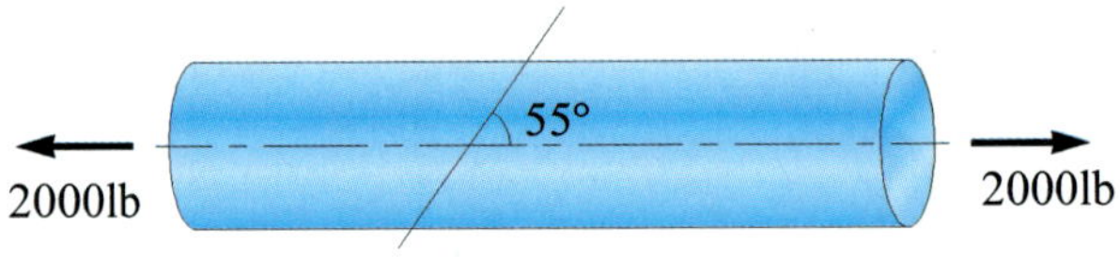

그림 문 2.3.2

문 2.3.3 그림 문 2.3.3과 같이 5×5in 단면에 높이 42in 블록이 그림과 같이 경사 단면에 대해 수직응력과 전단응력이 각각 1,200psi 와 800psi를 넘지 않을 수 있는 최대압축 하중 P를 결정하여라.

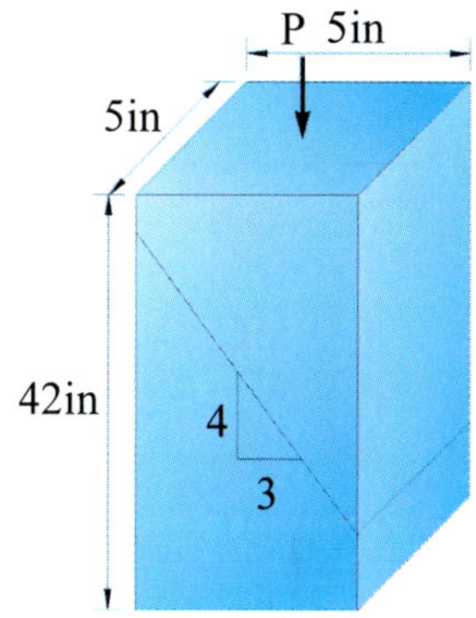

그림 문 2.3.3

문 2.3.4 그림 문 2.3.4와 같은 4각형 단면을 갖는 인장봉을 접착제로 접합하고자 한다. 접합 부분의 허용수직응력이 12MPa이고 허용 전단응력이 8MPa이라고 할 때 다음을 구하라.

단, 보의 단면은 $80 \times 120 \text{mm}^2$이고 접합각 θ의 범위는 $45 \leq \theta \leq 90^\circ$ 이다.

(a) 가장 적절한 접합각 θ

(b) 부재에 가할 수 있는 최대 인장력 P

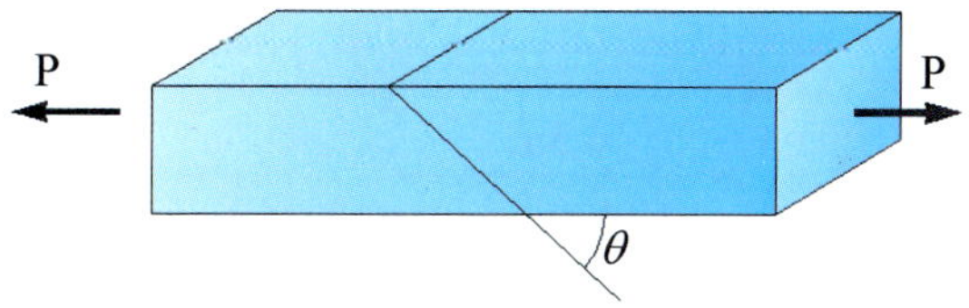

그림 문 2.3.4

문 2.4.1 그림 문 2.4.1과 같이 강재원통 실린더가 구리튜브 속에 끼워 넣어져 압축력 P를 받고 있을 때 강재 실린더와 구리 튜브의 평균 압축응력 σ_S와 σ_C를 구하고 이 구조물의 평균 변형률 ϵ을 구하라. 단, 강재 실린더의 탄성계수와 단면적은 E_S 및 A_S이고 구리튜브의 탄성계수와 단면적은 E_C 및 A_C이다.

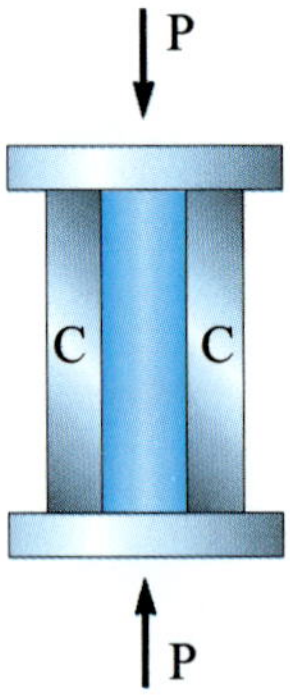

그림 문 2.4.1

문 2.4.2 그림 문 2.4.2는 단면적 $0.5in^2$이고 탄성계수가 $30 \times 10^6 psi$인 합금강으로 된 볼트가 단면적 $0.385in^2$이고 탄성계수가 $18 \times 10^6 psi$이며 길이는 6.5in인 청동 슬리브에 체결되어있다. 우측에 체결된 너트가 $\frac{1}{4}$회전하여 조여졌을 때 볼트와 슬리브의 응력을 구하라. 너트가 $\frac{1}{4}$회전하여 진행된 거리는 0.018in이다.

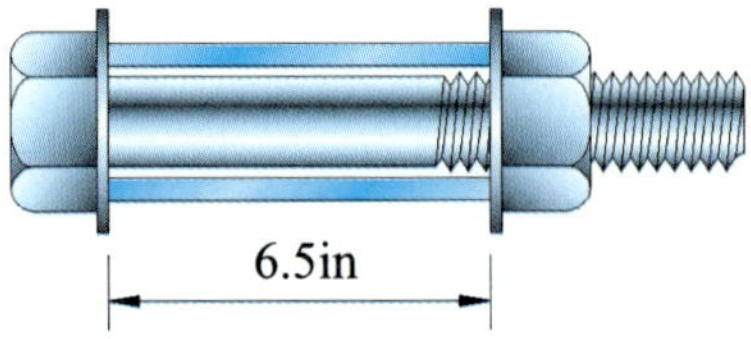

그림 문 2.4.2

문 2.4.3 그림 문 2.4.3과 같은 단면적이 $0.5in^2$ 인 2개의 알루미늄 합금봉이 길이 $L = 15in$로 양단 고정되어 있고, 그 중앙에 우단과의 간격 $e = 0.02in$ 떨어져 철재 봉이 좌단에 고정된 상태로 설치되어 있다. 중앙의 철재 봉을 인장시켜 우단과 용접으로 접착시켰을 때 알루미늄 합금봉과 중앙의 철재 봉에 발생되는 각각의 수직응력 σ_A와 σ_F를 구하라.

단, 알루미늄 합금 및 철재봉의 탄성계수와 단면적은 각각 $E_A = 12.8 \times 10^6 psi$, $A_A = 0.5in^2$, $E_F = 28.5 \times 10^6 psi$, $A_F = 0.5in^2$이다.

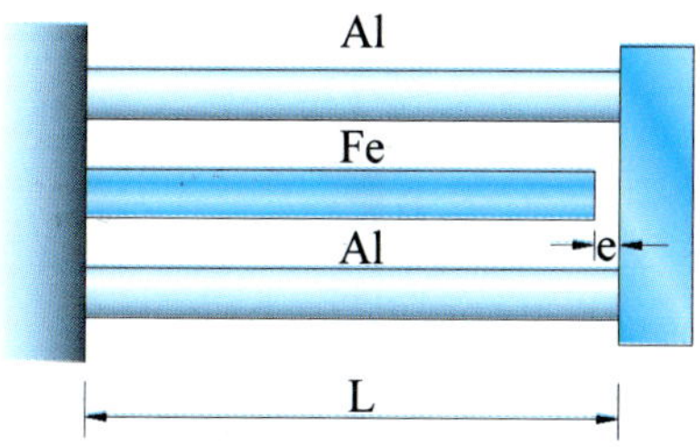

그림 문 2.4.3

문 2.4.4 지름 14mm 강재 볼트가 외경 23mm와 내경 18mm의 강재 슬리브에 의해 그림 문 2.4.4와 같이 체결되어 있다. 볼트의 피치는 1.8mm이고 강재의 탄성계수는 200GPa이다. 너트를 $\frac{1}{8}$회전하여 슬리브에 단단히 조여지게 하였을 때 볼트와 슬리브에 발생되는 응력을 구하라. 단, 와셔의 두께는 무시하기로 한다.

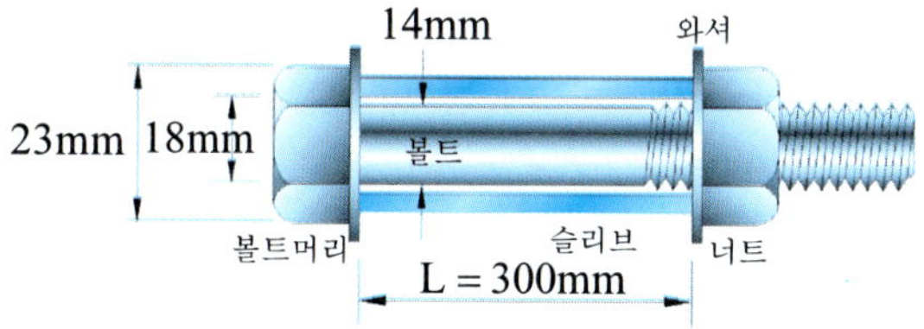

그림 문 2.4.4

문 2.5.1 탄성계수 $E = 30 \times 10^6$ psi이고 열팽창계수 $\alpha = 6.5 \times 10^{-6}$in/in°F인 지름 0.8in의 강재봉이 초기길이가 8.5ft이었다고 한다. 어떠한 구속도 없는 이 봉에 8,000lb의 인장하중을 가하고 온도를 50°F만큼 낮추었을 때 이 봉의 변형량 δ를 구하여라.

문 2.5.2 그림 문 2.5.2와 같은 트러스 부재에 ΔT의 온도가 증가되었을 때 각 부재에 걸리는 힘들을 구하고, 트러스의 절점 D의 변위 δ를 구하여라. 각 부재의 단면적, 탄성계수 및 열팽창계수는 모두 A, E, α로 같다고 한다.

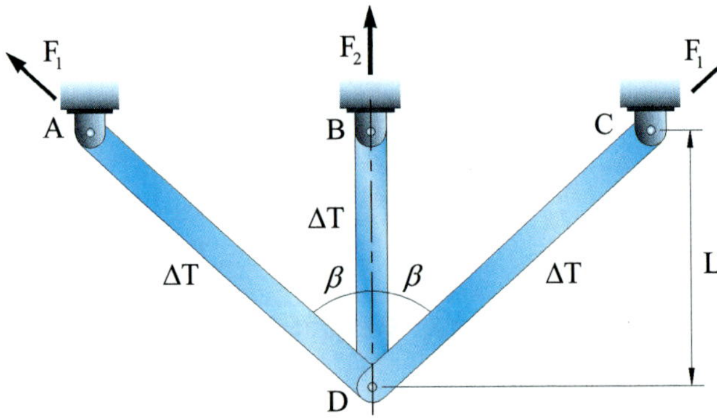

그림 문 2.5.2

문 2.5.3 그림 문 2.5.3과 같은 핀 연결된 구조에서 하중 300kN을 자유단 D 점에 가하고 수직봉 A와 B에 50℃의 온도를 증가시켰을 때 다음을 구하라. 수직봉 A의 재료는 탄성계수 $E = 80GPa$이고 열팽창계수 $\alpha = 22 \times 10^{-6} mm/mm℃$인 알루미늄 합금이다. 그리고, 수직봉 B는 $E = 200GPa$, $\alpha = 14 \times 10^{-6} mm/mm℃$인 강재이며, 두 수직봉의 단면적은 각각 $1{,}250mm^2$ 과 $800mm^2$이며 수평봉 CD는 강체봉이다.

(a) 수직봉 A와 B의 응력 σ_A 및 σ_B

(b) D점의 변위 δ_D

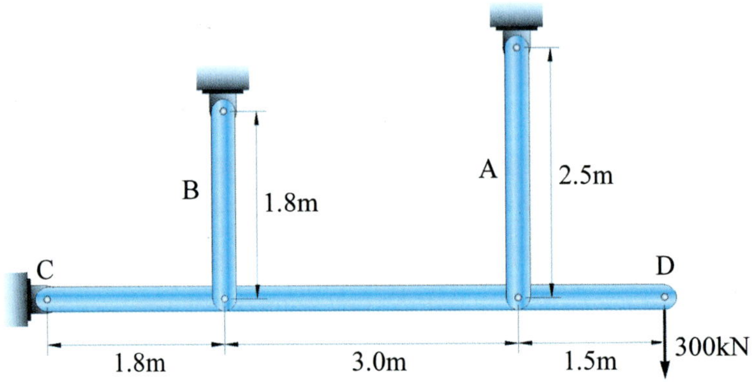

그림 문 2.5.3

문 2.6.1 그림 문 2.6.1 과 같은 길이 L이고 단면적이 A이며 비중량이 γ인 균일단면봉이 자중에 의하여 인장되고 있을 때 이 봉에 축적되는 탄성에너지를 구하라.

문 2.6.2 그림 문 2.6.2와 같은 자중에 의하여 인장되고 있는 봉의 끝에 집중하중 P가 작용하는 경우에 봉에 축적되는 탄성에너지를 구하라.

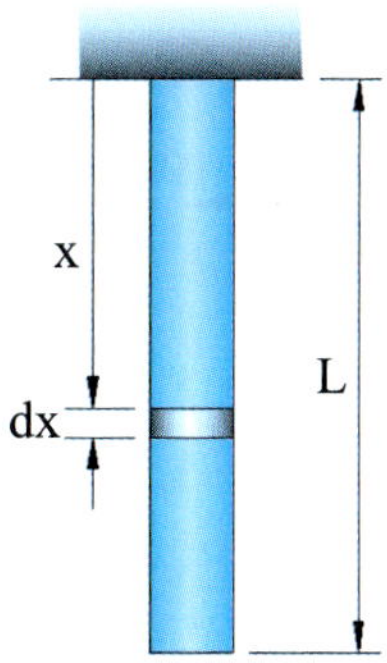

그림 문 2.6.1

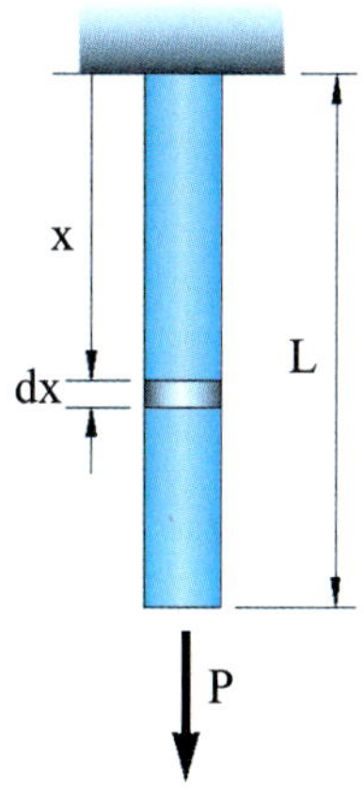

그림 문 2.6.2

문 2.6.3 그림 문 2.6.3 (a) 및 (b)와 같이 하중이 P_1 또는 P_1+P_2가 작용하는 경우에 봉에 축적되는 탄성에너지 E가 선형적으로 합산되지 않는 이유를 변위-하중 그래프를 이용하여 설명하여라. 단, 하중이 P_1+P_2가 작용되어지는 이 봉은 탄성한계 내에 있으며 스프링상수 k는 일정하다.

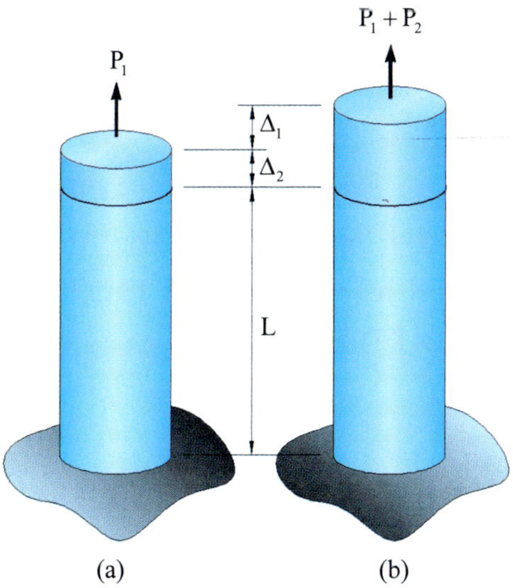

그림 문 2.6.3

문 2.6.4 그림 문 2.6.4와 같은 중실원형단면봉이 자유단 C에 집중하중 P = 100kN이 작용하고 있을 때 이 봉에 축적되는 탄성에너지를 구하여라. 단, 탄성계수는 120GPa이다.

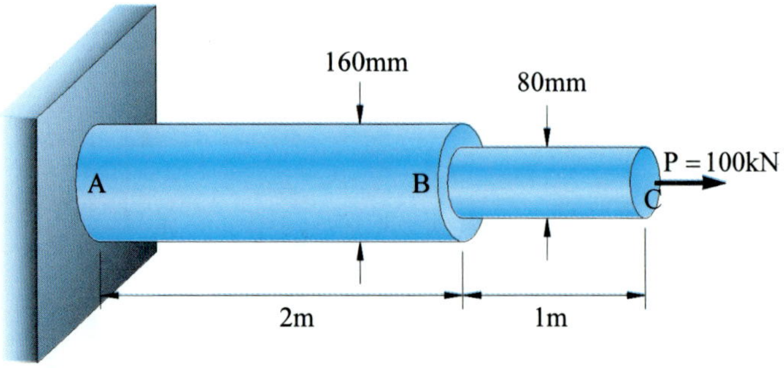

그림 문 2.6.4

문 2.7.1 그림 문 2.7.1과 같은 길이 1.5m의 알루미늄 합금봉에 높이 1m 위치에서 무게 W인 추를 떨어뜨려 봉이 가지고 있는 320MPa의 항복응력을 넘지 않도록 하고 싶다. 봉의 탄성계수가 80GPa이고 봉의 지름이 28mm이라고 할 때 추의 최대 무게를 구하여라.

문 2.7.2 그림 문 2.7.2와 같은 구조물에 무게 150lb인 물체를 2.8ft 높이에서 떨어뜨렸다. 이 구조물의 길이는 5.2ft이고 지름이 1.2in인 원형봉으로 만들어져 있고 재료는 탄성계수가 30×10^6psi인 강재일 때 다음을 구하여라.

(a) 구조물의 지지봉에 걸리는 최대 인장응력

(b) 구조물의 최대변위

문 2.7.3 그림 문 2.7.3과 같은 길이 15ft이고 지름이 3.2in, 탄성계수가 30×10^6psi인 강철재 봉에 무게 W인 추가 높이 h에서 떨어져 봉에 180lb · ft의 탄성에너지를 일으켰을 때 이 봉에 걸리는 최대 수직응력을 구하라.

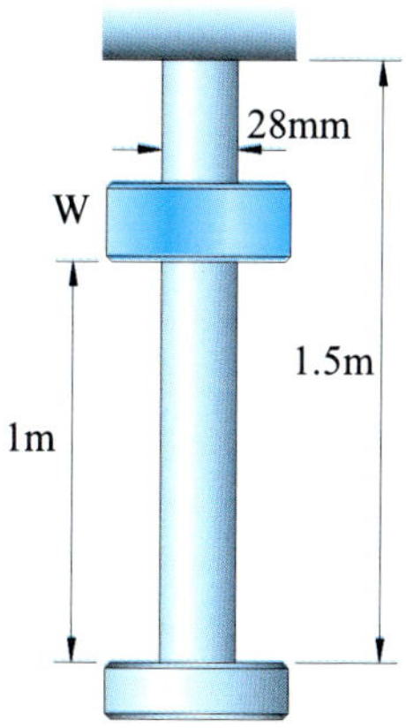

그림 문 2.7.1

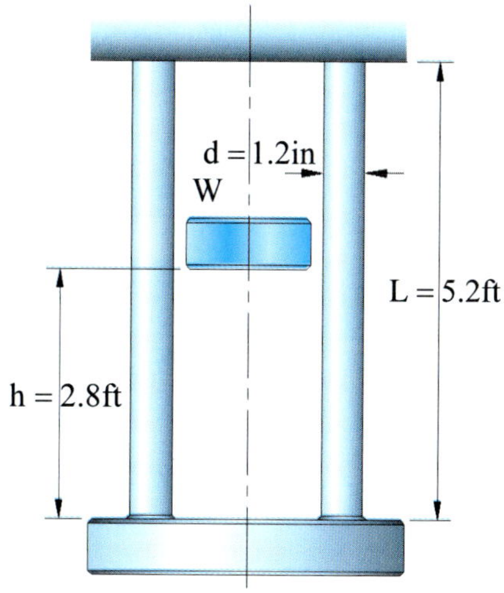

그림 문 2.7.2

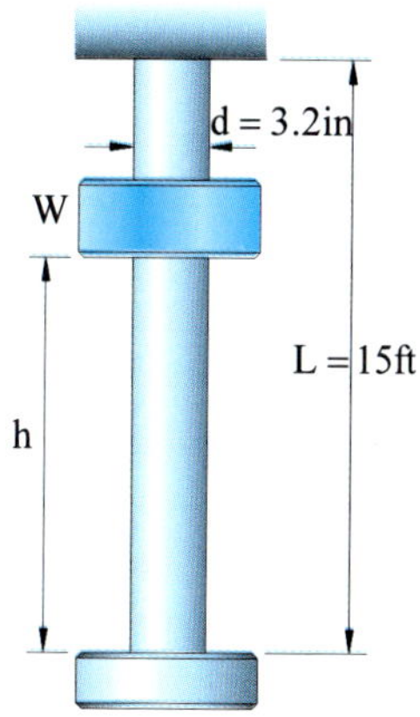

그림 문 2.7.3

문 2.7.4 무게 100lb의 추가 높이 3.2in에서 스프링상수 $k = 120 lb/in$인 헬리컬스프링 위에 떨어졌을 때 다음을 구하라.

(a) 스프링의 최대변형 δ

(b) 동일한 변형을 일으킬 수 있는 정하중(static load)

CHAPTER 3

비틀림

3.1 개요

기계부품 중에 회전하는 축 등에는 비틀림 하중이 지배적으로 작용하게 된다. 이러한 회전하는 축의 설계를 위해서는 비틀림 하중에 의하여 발생되는 응력해석이 이루어져야 한다. 비틀림 하중은 그림 3.1 (a)와 같이 한쪽 단을 고정하고 그 반대편 자유단에 회전을 가할 수 있는 장치를 만들어 자동차 핸들을 돌리는 것과 같이 우력을 작용시킨다고 할 때 이 봉이 받는 하중이 비틀림(torsion)하중이 된다. 이렇게 봉에 우력을 형성하게 하는 힘들은 봉을 가로축을 중심축으로 하여 비틀어지게 한다. 그림 3.1 (a)에서 보듯이 비틀림은 짝힘(P_1)과 그 사이의 거리(d)와의 곱으로 표현되는 우력으로 비틀림 모멘트 또는 토크라고 표현하며 그 크기는 다음 식 (3.1)과 같고 방향은 그림 3.1 (b)에서 보는바와 같다.

$$T = Pd \tag{3.1}$$

그리고 비틀림 모멘트를 표시할 때는 그림 3.1 (b) 또는 (c)와 같이 표현한다. 그림 3.1 (c)에서 알 수 있듯이 비틀림 방향에 대해 오른손을 감아쥘 때 엄지손가락이 지시하는 방향으로 비틀림 모멘트의 방향을 표시할 수 있다. 비틀림을 받는 봉재의 경우 그 단면이 원형단면인 경우는 기초적 간단한 수식에 의해서 해석될 수 있으나 단면이 임의의 모양일 때는 비틀림 해석이 간단히 되지 않으므로 본 장에서는 원형단면에 관한 내용을 주목하고 풀이가 가능한 단면에 대한 비틀림 문제를 취급하기로 한다.

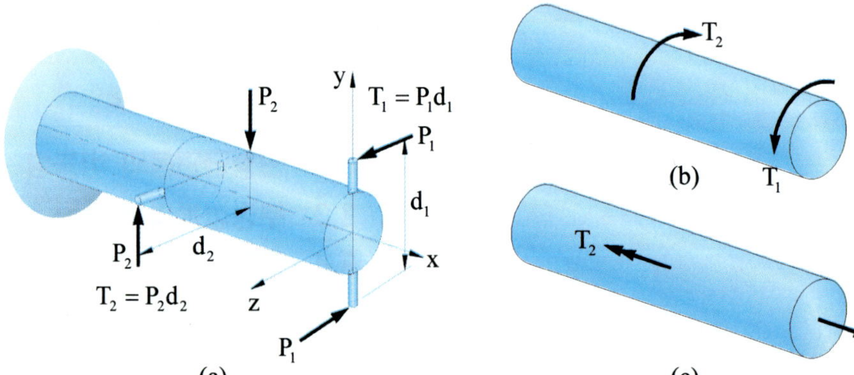

그림 3.1 원형단면봉의 비틀림모멘트

3.2 원형단면봉의 비틀림

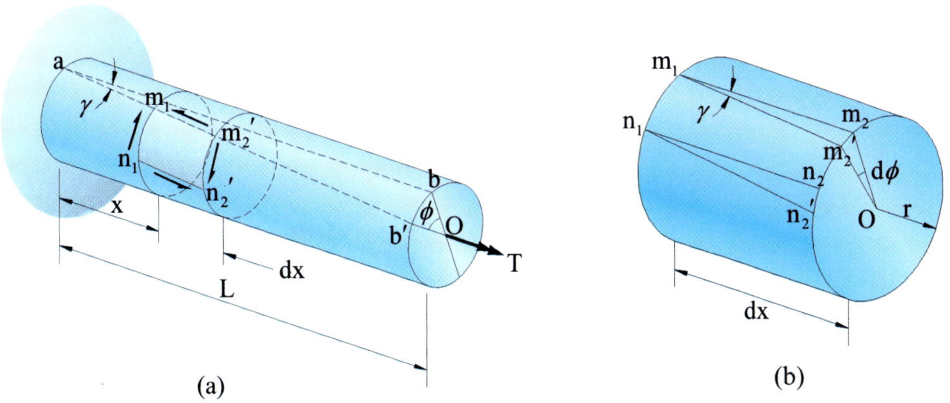

그림 3.2 비틀림 모멘트를 받는 원형단면봉의 변형

그림 3.2 (a)는 한쪽이 고정된 반지름 r인 원형단면봉의 자유단에 비틀림 모멘트 T를 가했을 때 변형상태를 보여주고 있다. 봉이 비틀리기 전에 고정단의 한 점 a와 일직선상에 있던 자유단의 점 b는 비틀림 모멘트 T를 받은 후 b′로 이동했다고 한다. 그림 3.2 (a)에서 자유단의 단면에 대해서는 변위 bb′에 의해 중심각이 ϕ만큼 비틀려 있고 길이 방향에 대한 각 변위는 ∠bab′ 만큼 발생하여 이 각을 γ라고 한다. 여기서 ϕ는 비틀림각이라 하고 γ는 전단변형률이라 한다.

이 각 γ가 전단변형률이 되는 것은 그림 3.2 (b)에서 분명하다. 그림 3.2 (b)는 비소길이 dx 부분에 대해 다시 그린 것이다. 여기서 보면 비틀림 모멘트 T를 받기 전에 m_1m_2 및 n_1n_2이었던 수평 직선이 비틀림 하중을 받음으로써 m_1m_2' 및 n_1n_2'의 경사 직선으로 변형되어 있다. 이는 비틀림 전에 $m_1m_2n_2n_1$이었던 직사각형이 비틀림 모멘트 T를 받은 후에는 $m_1m_2'n_2'n_1$의 평행사변형이 되고 직각이었던 $\angle m_2m_1n_1$의 모서리의 각이 γ만큼 감소되어 $\angle m_2'm_1n_1$으로 되어 있음을 알 수 있다. 이는 그림 3.2 (a)에서 알 수 있듯이 비틀림 모멘트가 작용하면 단면에는 전단응력 τ가 생기고 이 전단응력에 의해 직각이었던 모서리가 γ만큼 각 변위가 생겨있음을 알 수 있다. 이제 이 전단변형률 γ는 원통단면의 표면에서 전단변형률이 되고 그 값은 최대가 된다. 따라서 γ는 그림 3.2의 (b)에 의해 다음 식 (3.2)와 같음을 알 수 있다.

$$\gamma = \frac{\overline{m_2m_2'}}{\overline{m_1m_2}} = \frac{rd\phi}{dx} \tag{3.2}$$

그런데 $\frac{d\phi}{dx}$는 단위길이당의 비틀림각 이므로 이를 θ로 표시하면 식 (3.2)는 다음 식 (3.3)과 같이 된다.

$$\gamma = r\theta \tag{3.3}$$

여기서,

$$\theta = \frac{d\phi}{dx} = \frac{\phi}{L} \tag{3.4}$$

전단하중 하에서도 탄성한계 내에서는 후크의 법칙이 성립하므로 비틀림을 받는 봉의 표면에서의 전단응력은 다음 식 (3.5)와 같이 된다.

$$\tau = G\gamma = Gr\theta \tag{3.5}$$

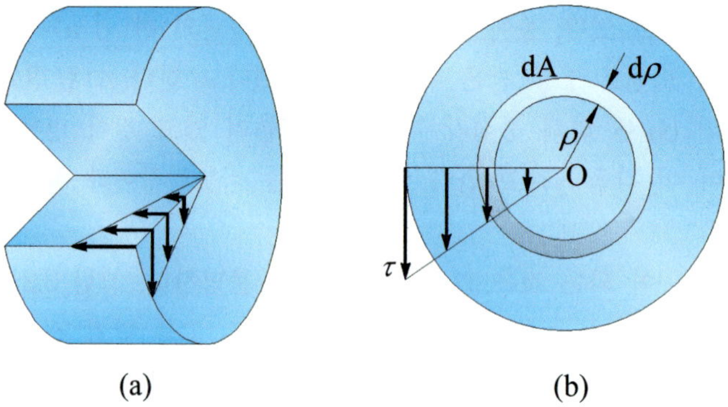

그림 3.3

비틀림 하중을 받는 봉의 단면 내부에서의 변형률과 응력에 대해 표면에서 구했던 것과 같은 방법으로 생각할 수 있다. 그림 3.3 (a)와 (b)에서 볼 수 있듯이 반지름이 ρ인 내부의 원형 단면에서의 전단응력과 전단변형률을 생각하면, 중심에 대한 비틀림각 $d\phi$는 표면에서와 원형 단면 내부에서도 같으므로 전단변형률 γ와 전단응력 τ는 식 (3.3)과 식 (3.5)로부터 다음 식 (3.6)과 같이 됨을 알 수 있다.

$$\gamma = \rho\theta, \qquad \tau = G\gamma = G\rho\theta \tag{3.6}$$

식 (3.6)에 의하면 전단변형률과 전단응력은 원형단면의 중심 O에서부터의 거리인 반지름 ρ에 정비례하고 있음을 알 수 있다. 따라서, 식 (3.3)과 (3.5)에서 구해진 원형단면의 표면에서의 전단변형률과 전단응력은 비틀림 모멘트 T에 대해 최대값이 되며 이를 다시 쓰면 다음 식 (3.7)로 쓸 수 있다.

$$\gamma_{max} = r\theta$$
$$\tau_{max} = Gr\theta \tag{3.7}$$

그림 3.3 (b)에서 미소 단면적 dA에 작용하는 미소 힘 dF는 τdA가 되고 이 미소 힘에 대한 미소 토크 dT는 $\rho\tau$dA가 된다. 따라서 전체 비틀림 모멘트 T는 다음 식 (3.8)과 같이 된다.

$$T = \int_A \tau\rho dA = \int (G\rho\theta)\rho dA = G\theta \int_A \rho^2 dA \tag{3.8}$$

식 (3.8)의 $\int_A \rho^2 dA$는 원형단면의 중심 O에 대한 극관성모멘트 I_P로서 다음 식 (3.9)와 같다.

$$I_P = \int_A \rho^2 dA \tag{3.9}$$

식 (3.9)에 의해 식 (3.8)을 다시 적으면, 비틀림 모멘트 T는 다음 식 (3.10)과 같이 된다.

$$T = GI_P\theta \tag{3.10}$$

식 (3.10)에 의해 단위길이당의 비틀림각 θ를 구하면 다음 식 (3.11)과 같다.

$$\theta = \frac{T}{GI_P} = \frac{\phi}{L} \tag{3.11}$$

따라서, 전 길이에 대한 비틀림각 ϕ는 다음 식 (3.12)와 같다.

$$\phi = \frac{TL}{GI_P} \tag{3.12}$$

식 (3.11)을 식 (3.6)에 대입하여 전단변형률과 전단응력을 구하면 다음 식 (3.13)과 같다.

$$\gamma = \frac{T\rho}{GI_P}, \qquad \tau = \frac{T\rho}{I_P} \tag{3.13}$$

따라서, 전단응력의 최대값 τ_{max}는 $\rho = r$인 표면에서 발생하고 그 값은 다음 식 (3.14)와 같다.

$$\tau_{max} = \frac{Tr}{I_P} \tag{3.14}$$

비틀림 모멘트를 받는 원형단면봉에 발생하는 응력은 그림 3.3 (a)에서 보는 바와 같이 전단응력 이외에는 다른 응력이 존재하지 않음을 알 수 있다. 이와 같이 단면에 전단응력만 존재하는 경우를 순수전단(pure shear) 상태라 한다. 이 순수전단을 일으키는 하중작용 상태에서는 그림 3.4 (a)에서 보는 바와 같이 이 단면에 45° 되는 회전단면에서는 순수 수직응력만 발생되고 그것을 2장의 경사단면 응력에서 확인할 수 있었다. 따라서, 비틀림을 받는 순수 전단 상태에서 원형단면이 파괴되는 방향을 확인할 수 있다. 예를 들어 백묵과 같은 것을 비틀어 파괴시킬 때 그 단면이 이와 흡사해지는 것을 확인할 수 있을 것이다. 이와 관련한 자세한 내용은 다음 장에서 취급하기로 한다.

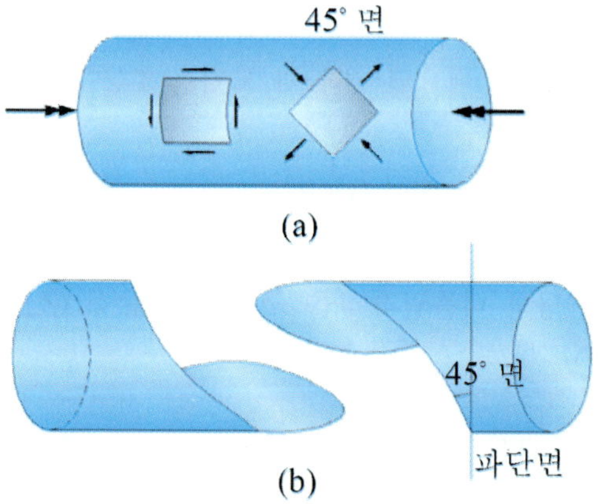

그림 3.4

원형단면에 대한 극관성모멘트 I_P를 구해보자. 그림 3.3 (b)에 의하면 $dA = 2\pi\rho d\rho$이므로 I_P는 다음 식 (3.15)와 같이 된다.

$$I_P = \int_A \rho^2 dA = \int_0^r \rho^2 (2\pi\rho) d\rho = \frac{\pi r^4}{2} = \frac{\pi d^4}{32} \qquad (3.15)$$

속이 빈 그림 3.5 와 같은 중공축에 대한 극관성모멘트는 다음 식 (3.16)과 같다.

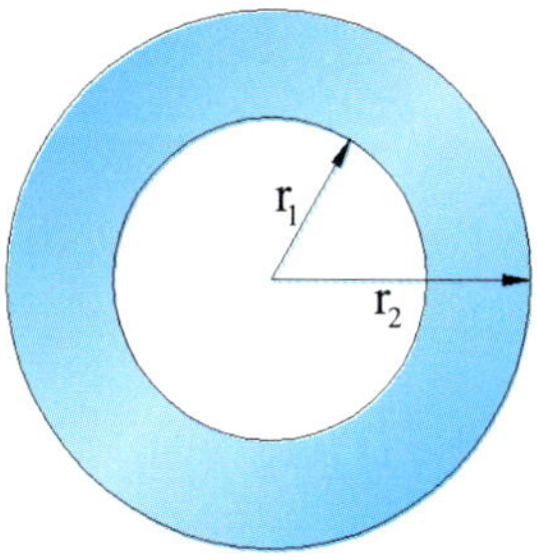

그림 3.5

$$I_P = \int_{r_1}^{r_2} \rho^2 (2\pi\rho) d\rho = \frac{\pi}{2}(r_2^4 - r_1^4) = \frac{\pi}{32}(d_2^4 - d_1^4) \qquad (3.16)$$

만일 그림 3.5의 중공 원형단면봉의 두께 $t = r_2 - r_1$이 반지름에 비해 매우 적을 경우 극관성모멘트 I_P의 근사값은 다음 식 (3.17)로 쓸 수 있다.

$$I_P = 2\pi r^3 t \qquad (3.17)$$

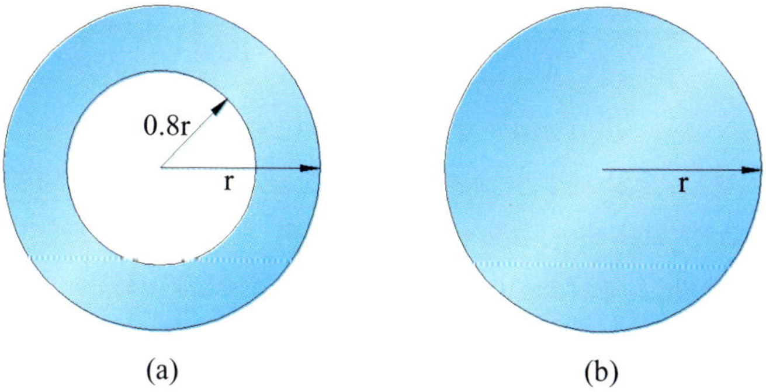

그림 3.6

그림 3.6 (a)와 (b)는 길이와 외경이 같으며 재료가 같은 중공단면과 중실단면을 보여주고 있다. 중공단면의 안쪽 반지름은 0.8r라고 한다. 이때 이 두 원형단면봉에 대해 동일한 토크 T를 전달하도록 원형단면봉을 설계했을 때 중공단면봉이 중실봉에 비해 무게를 얼마나 감소할 수 있는 가를 확인해 보자. 중실과 중공단면의 극관성모멘트 I_P와 I_P'는 각각 다음 식 (a)와 같다.

$$I_P = \frac{\pi}{2} r^4 = 0.5\pi r^4$$

$$I_P' = \frac{\pi r^4}{2} - \frac{\pi}{2}(0.8r)^4 = 0.2952\pi r^4 \quad \text{(a)}$$

최대전단응력은 식 (3.14)에서 보듯이 이 두 원형단면봉에 대해 비틀림 모멘트 T와 바깥 반지름 r이 같으므로 극관성모멘트 I_P에 반비례 한다. 따라서, 중공축의 최대전단응력 τ_{max}'와 중실 축의 최대전단응력 τ_{max}의 비는 다음 식 (b)와 같다.

즉,

$$\frac{\tau_{max}'}{\tau_{max}} = \frac{I_P}{I_P'} = \frac{0.5\pi r^4}{0.2952\pi r^4} = 1.6938 \quad \text{(b)}$$

또한, 비틀림각 ϕ'와 ϕ는 식 (3.12)에 의하면 응력과 마찬가지로 극관성모멘트에 반비례 하므로 비틀림각의 비 $\frac{\phi'}{\phi}$는 식 (b)와 같이 최대응력비와 같다.

한편, 무게는 길이가 같으므로 단면적에 비례한다. 따라서 중공축의 무게 w'와 중실축의 무게 w의 비는 다음 식 (c)와 같다.

$$\frac{w'}{w} = \frac{\pi(r^2 - (0.8r)^2)}{\pi r^2} = 0.36 \quad \text{(c)}$$

식 (b)와 (c)에 의하면 중공축이 무게는 64%를 줄일 수 있으며, 최대응력은 69.4%를 증가시킬 수 있는 이점이 있으나 비틀림각이 69.4% 더 많이 비틀려지는 것을 알 수 있다. 따라서, 각종 회전기계의 회전축은 대부분 중공으로 되어있는 것은 이러한 이유에서이며, 동시에 중공으로 되어 있으므로 각종 윤활유의 통로나 냉각효과의 증가 등 매우 많은 이점이 있다.

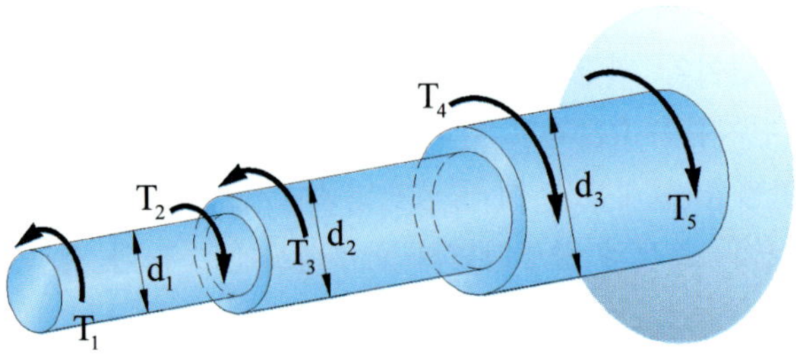

그림 3.7

그림 3.7과 같이 단면적이 A_1, A_2 등으로 다르고 비틀림 모멘트가 T_1, T_2 등으로 작용하는 경우에 대한 비틀림각은 각 구간에 따른 비틀림 모멘트 T_i를 구하여 이 구간에서의 봉의 길이 L_i 및 단면의 극관성모멘트 I_{P_i}를 구하여 해당구간에서의 비틀림각 $\phi_i = \dfrac{T_i L_i}{G I_{P_i}}$를 계산하여 이를 모두 더하면 다음 식 (3.18)과 같이 구해진다.

$$\phi = \sum_{i=1}^{n} \frac{T_i L_i}{G I_{P_i}} \tag{3.18}$$

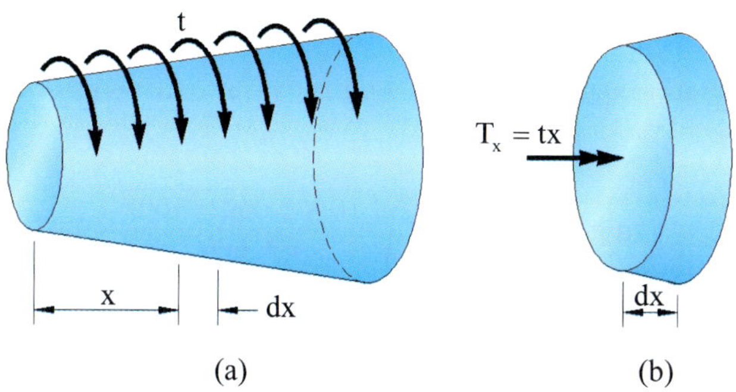

그림 3.8

그림 3.8 (a)와 같은 단면과 비틀림 모멘트가 변하는 경우는 다음 식 (3.19)와 같이 그림 3.8 (b)의 미소길이 dx에 대해 미소 비틀림각 $d\phi = \dfrac{T_x}{G I_{Px}} dx$를 구한 후, 이를 적분하여 구할 수 있다. 이 때, 비틀림 모멘트 T_x는 tx이며 t는 단위 길이당의 비틀림 모멘트이다.

$$\phi = \int_0^L d\phi = \int_0^L \frac{T_x dx}{G I_{Px}} \tag{3.19}$$

[예제 3-1] 지름이 d이고 길이 $L = 10$m인 원형단면의 연강봉이 1,000$kg_f \cdot m$의 비틀림 모멘트를 받고 있다. 이 봉의 재료의 허용전단응력 τ_a가 600kg_f/cm^2일 때 이 봉의 지름 d를 결정하라.

(풀이)

최대전단응력 τ_{max}는 식 (3.14)에 의해 식 (a)와 같다.

$$\tau_{max} = \frac{Tr}{I_P} \leqq \tau_a \tag{a}$$

원형단면에서 극관성모멘트 I_P는 식 (b)와 같다.

$$I_P = \frac{\pi d^4}{32} \tag{b}$$

식 (b)를 식 (a)에 대입하고 지름 d를 구하면 다음 식 (c)와 같이 된다

$$d = \sqrt[3]{\frac{16T}{\pi \tau_a}} = \sqrt[3]{\frac{16 \times 1{,}000 \times 100}{\pi \times 600}} = 9.47\text{cm} \tag{c}$$

$$d = 9.5\text{cm}$$

[예제 3-2] 그림 3.9 (a)와 같이 A부분의 지름이 35mm이고 B부분의 지름이 20mm로 된 봉에 비틀림 모멘트 1000N·m와 500N·m가 그림과 같이 작용하고 있을 때 다음을 구하라. 단 재료의 전단탄성계수 G = 28GPa이다.

(a) 봉의 A부분과 B부분의 최대전단응력

(b) 고정 벽에 대한 오른쪽 자유단의 비틀림각

(풀이)

지름 d_a가 35mm이고 d_b는 20mm이므로 각각 극관성모멘트 I_{P_a} 및 I_{P_b}는 다음 식 (a)와 같다.

$$I_{P_a} = \frac{\pi}{32} \times (0.035)^4 = 1.473 \times 10^{-7}\text{m}^4 \tag{a}$$

$$I_{P_b} = \frac{\pi}{32} \times (0.020)^4 = 1.571 \times 10^{-8}\text{m}^4$$

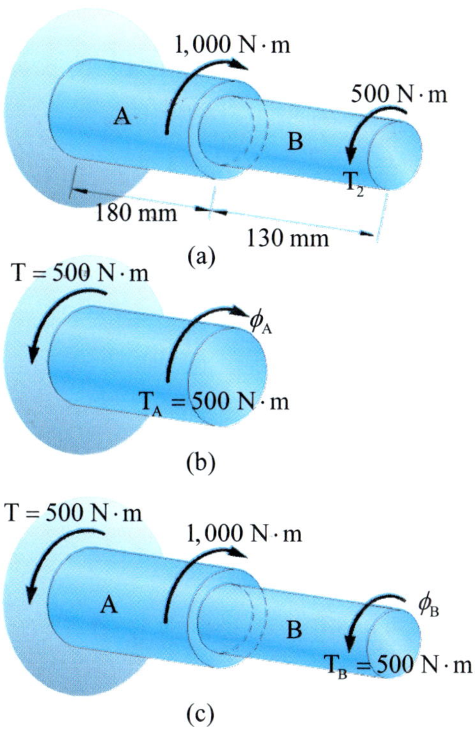

그림 3.9

그림 3.9 (a)에서 고정단에서의 반력모멘트 T는 평형방정식에 의해서 다음 식 (b)와 같이 구해진다.

$$T = 1{,}000 - 500 = 500\text{N} \cdot \text{m} \qquad \text{(b)}$$

그림 3.9 (b)에서 봉의 A부분의 비틀림 모멘트 T_A은 다음 식 (c)와 같다.

$$T_A = T = 500\text{N} \cdot \text{m} \qquad \text{(c)}$$

그림 3.9 (c)에서 봉의 B부분의 비틀림 모멘트 T_B는 다음식 (d)와 같다.

$$T_B = 1{,}000 - 500 = 500\text{N} \cdot \text{m} \qquad \text{(d)}$$

(a) 각 부분의 전단응력 τ_A 및 τ_B는 다음 식 (e)와 같다.

$$\tau_A = \frac{T_A R_a}{I_{P_a}} = \frac{500 \times \frac{1}{2} \times 0.035}{1.473 \times 10^{-7}} = 59.4 \times 10^6 \text{pa} = 59.4\text{MPa} \tag{e}$$

$$\tau_B = \frac{T_B R_b}{I_{P_b}} = \frac{500 \times \frac{1}{2} \times 0.020}{1.571 \times 10^{-8}} = 318.3 \times 10^6 \text{pa} = 318.3\text{MPa}$$

(b) 각 부분의 비틀림각 ϕ_A 및 ϕ_B는 다음식 (f)와 같다.

$$\phi_A = \frac{T_A L_a}{GI_{P_a}} = \frac{500 \times 0.18}{28 \times 10^9 \times 1.473 \times 10^{-7}} = 0.02182\text{rad} = 1.25°(\text{시계방향}) \tag{f}$$

$$\phi_B = \frac{T_B L_b}{GI_{P_b}} = \frac{500 \times 0.13}{28 \times 10^9 \times 1.571 \times 10^{-8}} = 0.14777\text{rad} = 8.47°(\text{반시계방향})$$

따라서, 고정단에 대한 자유단의 비틀림각 ϕ는 다음 식 (g)와 같다.

$$\phi = \phi_A + \phi_B = -1.25° + 8.47° = 7.22°(\text{반시계방향}) \tag{g}$$

[예제 3-3] 그림 3.10과 같이 한 쪽 끝이 고정되고 다른 쪽 끝이 자유단인 균일 원형단면봉 AB가 가로축을 따라 단위길이당 일정한 비틀림 모멘트 t(N · m/m)의 분포 비틀림 모멘트를 받고 있을 때 자유단에서의 비틀림각 ϕ를 계산하라.

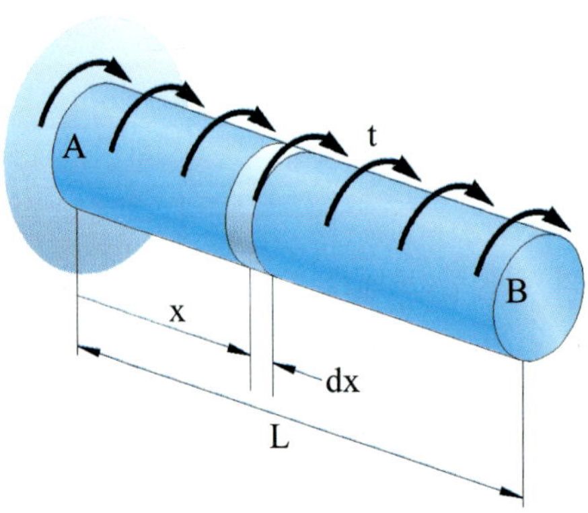

그림 3.10

(풀이)

봉의 고정단으로부터의 거리 x위치에서의 비틀림 모멘트 T_x는 다음 식 (a)와 같다.

$$T_x = t(L - x) \quad \text{(a)}$$

비틀림각 ϕ는 식 (3.19)에 의해 다음 식 (b)와 같이 된다.

$$\phi = \int_0^L \frac{T_x dx}{GI_P} = \int_0^L \frac{t(L-x)}{GI_P} dx = \frac{tL^2}{2GI_P} \quad \text{(b)}$$

고정단의 반력 토크 T는 tL이다. 그림 3.10과 같이 봉의 전 길이에 걸쳐 일정한 분포 비틀림 모멘트 t가 작용하여 봉의 자유단에 발생하는 봉의 비틀림각은 토크 T = tL이 자유단에 작용하여 일으킨 봉의 비틀림각의 절반이 됨을 알 수 있다.

3.3 부정정봉의 비틀림

비틀림을 받는 봉이 그림 3.11 (a)와 같이 부정정 구조일 때는 축하중상태의 부정정봉의 해석시와 같이 변위인 비틀림각의 조건을 이용할 수 있다. 그림 3.11 (b)에서 평형방정식을 이용하면 다음 식 (a)가 성립된다.

$$T = T_1 + T_2 \quad \text{(a)}$$

그림 3.11 (c)와 같이 구속된 우단을 이완시켜 자유단으로 하여 우단의 회전각 ϕ_2를 구하면 다음 식 (b)와 같이 된다.

$$\phi_2 = \frac{TL_1}{GI_{P_1}} + \left(-\frac{T_2 L_1}{GI_{P_1}} - \frac{T_2 L_2}{GI_{P_2}}\right) \quad \text{(b)}$$

그런데 우단이 고정되어 있으므로 비틀림각 ϕ_2는 영이 됨을 알 수 있으며, 식 (b)는 다음 식 (c)와 같이 된다.

$$\frac{TL_1}{GI_{P_1}} + \left(-\frac{T_2L_1}{GI_{P_1}} - \frac{T_2L_2}{GI_{P_2}}\right) = 0 \tag{c}$$

식 (a)와 (c)에 의해서 양 고정단의 반력 비틀림 모멘트 T_1, T_2는 다음 식 (3.20)과 같이 된다.

$$T_1 = T\left(\frac{L_2 I_{P_1}}{L_1 I_{P_2} + L_2 I_{P_1}}\right) \tag{3.20}$$

$$T_2 = T\left(\frac{L_1 I_{P_2}}{L_1 I_{P_2} + L_2 I_{P_1}}\right)$$

만약 봉의 단면이 일정하다면, $I_{P_1} = I_{P_2} = I_P$가 되므로 식 (3.20)의 반력 비틀림 모멘트 T_1, T_2는 다음 식 (3.21)와 같이 된다.

$$T_1 = \frac{L_2}{L}T, \qquad T_2 = \frac{L_1}{L}T \tag{3.21}$$

봉의 최대전단응력은 식 (3.14)에 의해 $\frac{Tr}{I_P}$이므로 봉의 각 부분에서의 최대전단응력 τ_{max1} 및 τ_{max2}는 다음 식 (3.22)와 같다.

$$\tau_{max1} = \frac{T_1}{I_{P_1}}\left(\frac{d_1}{2}\right) = \frac{L_2 d_1}{2\left(L_1 I_{P_2} + L_2 I_{P_1}\right)}T \tag{3.22}$$

$$\tau_{max2} = \frac{T_2}{I_{P_2}}\left(\frac{d_2}{2}\right) = \frac{L_1 d_2}{2\left(L_1 I_{P_2} + L_2 I_{P_1}\right)}T$$

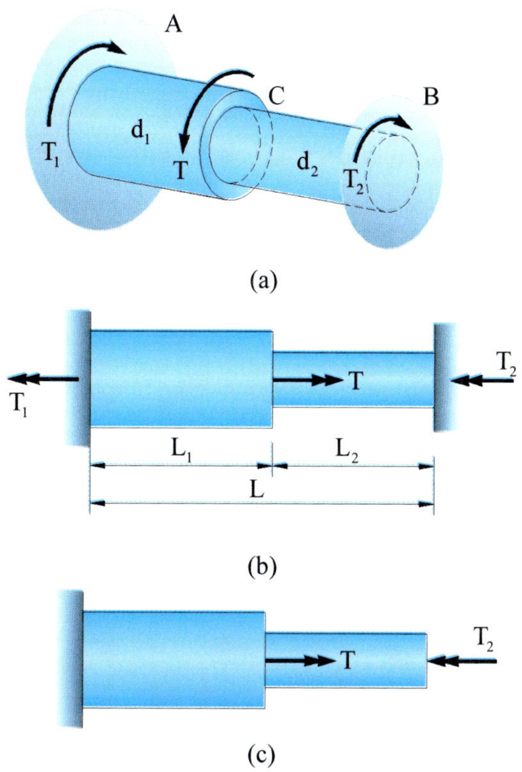

그림 3.11

비틀림 모멘트가 작용하고 있는 C점에서의 비틀림각 ϕ_c는 봉 AC와 봉 BC 부분에서 구해지는 회전각으로 다음 식 (d)가 만족되어 ϕ_c가 구해질 수 있다.

$$\phi_c = \frac{T_1 L_1}{G I_{P_1}} = \frac{T_2 L_2}{G I_{P_2}} \tag{d}$$

식 (3.20)을 식 (d)에 대입하여 계산하면 식 (d)의 등호가 성립됨이 확인되고 그 결과 ϕ_c는 다음 식 (3.23)과 같이 된다.

$$\phi_c = \frac{L_1 L_2}{G\left(L_1 I_{P_2} + L_2 I_{P_1}\right)} T \tag{3.23}$$

이제 부정정 봉이 그림 3.12와 같이 재료가 서로 다른 합성봉인 경우에도 위의 결과를 이용하여 해석할 수 있다. ① 및 ② 부분 재료의 전단탄성계수를 각각 G_1, G_2라 하고 각각의 지름이 d_1, d_2이므로 극관성모멘트 I_{P_1}, I_{P_2}는 각각 $\frac{\pi d_1^4}{32}$ 및 $\frac{\pi}{32}(d_2^4 - d_1^4)$이 된다. 이 합성봉에 비틀림 모멘트 T 가 작용될 때 내부 재료의 봉에 T_1이 외부재료의 봉에 T_2가 각각 저항 비틀림 모멘트로 담당한다면 평형방정식에 의하여 다음 식 (e)가 성립된다.

$$T = T_1 + T_2 \tag{e}$$

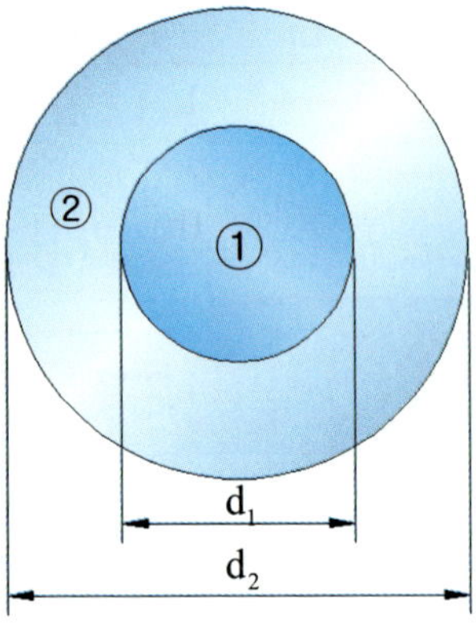

그림 3.12

그리고 두 재료부분이 접합되어 있어도 ① 및 ②의 비틀림각 ϕ_1 및 ϕ_2는 같아야 하므로 다음 식 (f)가 성립하게 된다.

$$\phi = \frac{T_1 L}{G_1 I_{P_1}} = \frac{T_2 L}{G_2 I_{P_2}} \tag{f}$$

식 (e)와 (f)에 의하여 T_1, T_2를 구하면 다음 식 (3.24)와 같이 된다.

$$T_1 = \frac{G_1 I_{P_1}}{G_1 I_{P_1} + G_2 I_{P_2}} T, \quad T_2 = \frac{G_2 I_{P_2}}{G_1 I_{P_1} + G_2 I_{P_2}} T \tag{3.24}$$

따라서, 회전각 ϕ는 다음 식 (3.25)와 같다.

$$\phi = \frac{TL}{G_1 I_{P_1} + G_2 I_{P_2}} \tag{3.25}$$

최대 전단응력은 식 (3.14)에 의하여 다음 식 (3.26)과 같이 된다.

$$\tau_{max1} = \frac{T_1}{I_{P_1}}\left(\frac{d_1}{2}\right) = \frac{G_1 d_1}{2\left(G_1 I_{P_1} + G_2 I_{P_2}\right)} T$$
$$\tau_{max2} = \frac{T_2}{I_{P_2}}\left(\frac{d_2}{2}\right) = \frac{G_2 d_2}{2\left(G_1 I_{P_1} + G_2 I_{P_2}\right)} T \tag{3.26}$$

[예제 3-4] 그림 3.13 (a)와 같이 비틀림을 받고 있는 축 CDF가 있다. 축 CD부분은 황동으로 되어 있는 중실축이고, EF부분은 코아(core)에는 구조용 강으로 되어 있고 외피는 알루미늄 합금으로 구성되어 있다. 이 축의 양끝 C, F는 벽에 완전히 고정되어 있으며, 구조용 강의 코아축은 E에서 플랜지로 연결되어 외피의 알루미늄 부분과 구조용 강 부분이 하나의 유닛(unit)으로 작동될 수 있도록 되어 있다. 그리고 D에서 볼트의 간격(clearance)은 축 EF에 하중이 전달되기 전에 0.03rad의 회전각을 허용할 수 있도록 설계되어 있다. 이축의 플랜지 D에 비틀림 모멘트 T가 54kN·m가 가해졌을 때 축의 플랜지 부분에서의 최대전단응력을 구하라. 단, 황동, 구조용 강 및 알미늄 합금의 전단탄성계수 G_B, G_S, G_A는 각각 45Gpa, 80Gpa 및 28Gpa이다.

(풀이)
그림 3.13의 자유물체도에서 평형방정식을 적용하면 다음 식 (a)와 같다.

$$T_A + T_B + T_S = T = 54 \times 10^3 N \cdot m \tag{a}$$

비틀림각은 하중이 전달되기 전에 축 EF부분에 0.03rad의 간격(clearance)이 주어져 있으므로 비틀림각에 대한 다음 식 (b)가 성립함을 알 수 있다.

$$\phi_{CD} = \phi_{EF} + 0.03, \text{ 또는 } \frac{T_B L_{CD}}{G_B I_{P_B}} = \frac{T_A L_{EF}}{G_A I_{P_A}} + 0.03 \tag{b}$$

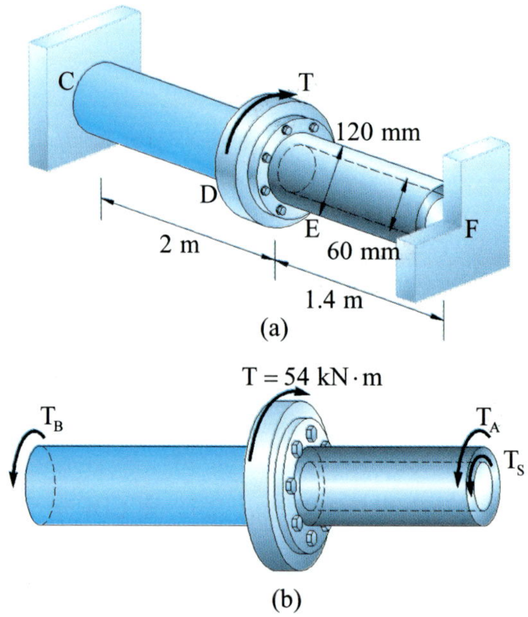

그림 3.13

그런데, 축 EF부분은 중공으로 되어 있어 알루미늄 축의 회전각 $\phi_{EF)A}$과 중실의 구조용 강 축의 회전각 $\phi_{EF)S}$가 같으므로 다음 식 (c)를 쓸 수 있다.

$$\phi_{EF)A} = \phi_{EF)S} \quad \text{또는} \quad \frac{T_s L_{EF}}{G_S I_{P_S}} = \frac{T_A L_{EF}}{G_A I_{P_A}} \tag{c}$$

각 축의 극관성모멘트 I_P를 구하면 다음 식 (d)와 같다.

$$I_{P_A} = \frac{\pi}{32}(0.12^4 - 0.06^4) = 19.0852 \times 10^{-6} m^4 \tag{d}$$

$$I_{P_S} = \frac{\pi}{32} \times 0.06^4 = 1.2723 \times 10^{-6} m^4$$

$$I_{P_B} = \frac{\pi}{32} \times 0.12^4 = 20.3575 \times 10^{-6} m^4$$

식 (c)에 각각의 값을 대입하면 T_S와 T_A 관계로 다음 식 (e)가 구해진다.

$$\frac{T_S}{80\times10^9\times1.273\times10^{-6}}=\frac{T_A}{28\times10^9\times19.0852\times10^{-6}}$$

$$T_S=0.19057T_A \tag{e}$$

식 (b)에 의하여 T_B와 T_A 관계를 구하면 다음 식 (f)와 같다.

$$\frac{T_B\times2}{45\times10^9\times20.3575\times10^{-6}}=\frac{T_A\times1.4}{28\times10^9\times19.0852\times10^{-6}}+0.03$$

$$T_B=1.1999T_A+13741.3 \tag{f}$$

식 (e)와 (f)를 식 (a)에 대입하여 T_A, T_B, T_S를 구하면 다음 식 (g)와 같다.

$$T_A=16,841.3N.m=16.84kN.m \tag{g}$$

$$T_B=33,950N.m=33.95kN.m$$

$$T_S=3,209.5N.m=3.21kN.m$$

따라서, 각 부분의 최대 전단응력 τ_{max}은 식 (3.14)에 의하여 각각 다음 식 (h)와 같이 된다.

$$\tau_{max)S}=\frac{T_S\times\frac{d_S}{2}}{I_{P_S}}=\frac{3,209.5\times0.03}{1.2723\times10^{-6}}=75.68\times10^6pa=75.68Mpa \tag{h}$$

$$\tau_{max)B}=\frac{T_B\times\frac{d_B}{2}}{I_{P_B}}=\frac{33,950\times0.06}{20.3575\times10^{-6}}=100.06\times10^6pa=100.06Mpa$$

$$\tau_{max)A}=\frac{T_A\times\frac{d_A}{2}}{I_{P_A}}=\frac{16,841.3\times0.06}{19.0852\times10^{-6}}=52.95\times10^6pa=52.95Mpa$$

3.4 동력전달 회전축의 해석

자동차의 구동축이나 기계 가공에 이용되는 선반의 회전축 등의 동력 전달축의 해석이나 설계는 원형단면봉의 비틀림 해석을 직접 이용할 수가 있다.

그림 3.14와 같은 회전축이 일정한 동력을 내는 모터의 축에 연결되어 있다고 한다. 이 때, 이 회전축이 각도 ϕ만큼 회전하는 동안 T만큼의 비틀림 모멘트를 전달하게 될 때, 이 축에 의해 행해진 일 W는 다음 식 (3.27)과 같다.

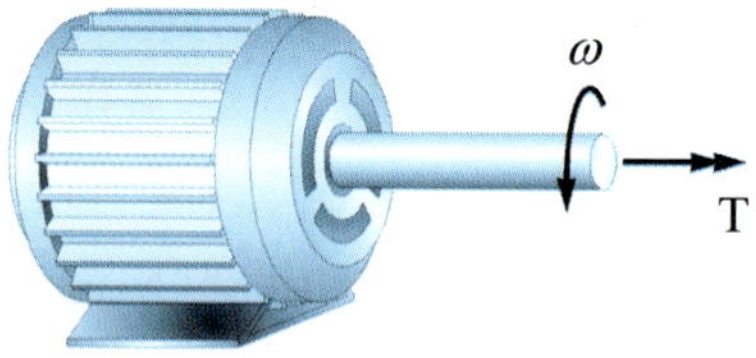

그림 3.14

$$W = T\phi \tag{3.27}$$

그런데, 일률 P란 단위시간 동안에 행해지는 일의 양이므로 식 (3.27)을 시간 t로 미분한 값이 됨을 알 수 있다. 그런데 토크 T는 일정한 동력을 내는 모터에 연결된 축의 비틀림 모멘트이므로 항상 일정한 값으로서 일률 P는 다음 식 (3.28)과 같이 된다.

$$P = \frac{dW}{dt} = T\frac{d\phi}{dt} \tag{3.28}$$

식 (3.28)에서 $\frac{d\phi}{dt}$는 단위시간 동안의 축의 회전각이므로 회전축의 각속도 ω이며, 따라서 식 (3.28)은 다음 식 (3.29)와 같이 된다.

$$P = T\omega \ , \ \left(\omega = \frac{d\phi}{dt}\, \mathrm{rad/s}\right) \tag{3.29}$$

회전진동수

모터의 회전수 n(rpm)이라고 하면 각속도 ω는 다음 식 (3.30.a)와 같고, 회전진동수 f(Hz)라고 하면 각속도 ω는 (3.30.b)와 같다.

$$\omega = \frac{2\pi n}{60} \tag{3.30.a}$$

$$\omega = 2\pi f \tag{3.30.b}$$

따라서, 일률 P는 다음 식 (3.31)과 같다.

$$P = \frac{2\pi n}{60}T \text{ 또는 } P = 2\pi f T \tag{3.31}$$

일률 P의 단위는 와트(Watt) 또는 마력을 사용한다.

$$1\,\text{Watt} = 1\,\text{N} \cdot \text{m/sec} = 1\,\text{J/sec}$$
$$1\,\text{HP} = 550\,\text{lb} \cdot \text{ft/s} = 75\,\text{kg}_f \cdot \text{m/s}$$

따라서, 회전동력원인 모터의 출력이 Q마력이라고 할 때, 이 회전축이 전달하는 토크 T는 다음 식 (3.32)와 같은 관계가 성립된다.

$$Q(\text{HP}) = \frac{2\pi n T(\text{lb} \cdot \text{ft/s})}{60(\text{sec}) \times 550}, \quad T = \frac{33{,}000}{2\pi n}Q(\text{lb} \cdot \text{ft})$$

또는

$$Q(\text{HP}) = \frac{2\pi n T(\text{kg}_f \cdot \text{m/s})}{60(\text{sec}) \times 75}, \quad T = \frac{4{,}500}{2\pi n}Q(\text{kg}_f \cdot \text{m}) \tag{3.32}$$

[예제 3-5] 회전축에 이용된 소재의 허용전단응력이 $500\,\text{kg}_f/\text{cm}^2$이고 그 축의 전단탄성계수 G가 $800{,}000\,\text{kg}_f/\text{cm}^2$이다. 이 회전축은 길이가 4 m이고 분당회전수가 25회로써 20마력의 동력을 전달하고자 할 때 이 축의 지름은 일마로 하여야 하는가?

(풀이)

허용전단응력 τ_a는 식 (3.14)에 의해 다음 식 (a)와 같다.

$$\tau_a = \frac{Tr}{I_P} = \frac{T \times \frac{1}{2}d}{\frac{\pi}{32}d^4} = \frac{T}{\frac{\pi}{16}d^3} \tag{a}$$

따라서, 지름 d 는 다음 식 (3.33)과 같이 된다.

$$d = \sqrt[3]{\frac{16T}{\pi\tau_a}} \tag{3.33}$$

식 (3.32)에 의하여 비틀림 모멘트 T는 다음 식 (b)와 같다.

$$T = \frac{4500}{2\pi n}Q\,(HP) = \frac{4500}{2\pi \times 25} \times 20 = 572.96\,kg_f \cdot m \tag{b}$$

지름 d는 식 (3.33)에 의하여 다음 식 (c)와 같이 된다.

$$d = \sqrt[3]{\frac{16}{\pi} \cdot \frac{572.96 \times 100}{500}} = 8.36\,cm \tag{c}$$

3.5 비틀림을 받는 봉의 탄성에너지

비틀림 하중 하에 있는 봉 이나 인장을 받고 있는 봉에는 탄성에너지가 봉에 축적될 것이고 그 크기는 열이나 다른 어떤 형태로 에너지가 감소되지 않는 한 비틀림 하중이나 인장하중에 의해 행해진 일의 양과 같을 것이다.

그림 3.15 (a)와 같은 두께가 t인 구형 요소에 전단력 V가 작용하게 되면 그림 3.15 (b)와 같이 뒤틀리게 되고 이 전단력 V에 대해 변형되어 이동한 상대 거리는 δ만큼이라고 할 때 재료가 탄성한계 내에 있다면 전단력 V와 변형 δ의 관계는 그림 3.16과 같은 선형관계에 있을 것이다.

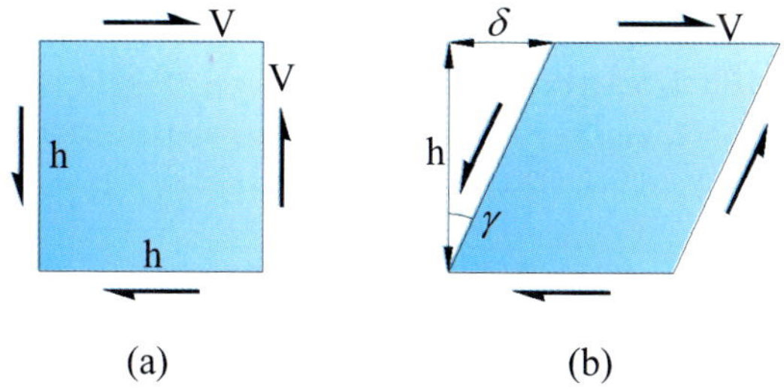

그림 3.15

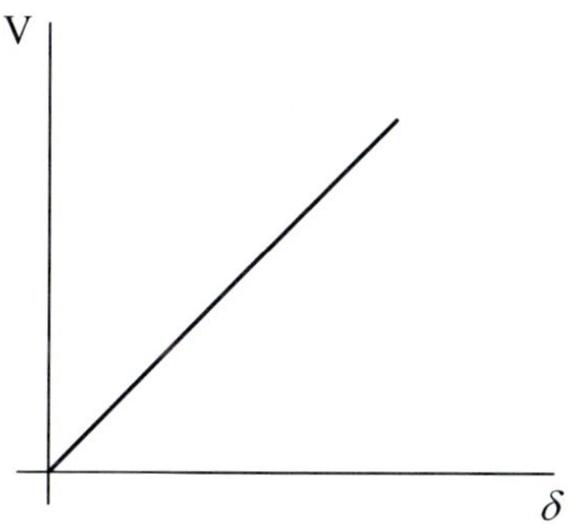

그림 3.16

따라서, 변형에너지는 다음 식 (3.34)와 같이 된다.

$$W = \frac{1}{2}V\delta = U \tag{3.34}$$

그림 3.15 (b)에서 $\delta = h\gamma$이고 전단력 $V = \tau(th)$이므로 변형에너지 U는 다음 식 (3.35)와 같이 된다.

$$U = \frac{1}{2}\tau\gamma h^2 t \tag{3.35}$$

따라서, 단위체적당의 변형에너지 밀도 u는 다음 식 (3.36)과 같이 됨을 알 수 있다.

$$u = \frac{1}{2}\tau\gamma = \frac{\tau^2}{2G} = \frac{1}{2}G\gamma^2 \tag{3.36}$$

이제 원형단면봉에 비틀림 모멘트가 작용되는 경우를 생각해 보기로 한다. 식 (3.13)을 식 (3.36)에 대입하면 변형에너지 밀도 u는 다음 식 (3.37)과 같이 된다.

$$u = \frac{\tau^2}{2G} = \frac{1}{2G}\left(\frac{T\rho}{I_P}\right)^2 = \frac{T^2\rho^2}{2GI_P^2} \tag{3.37}$$

봉 전체에 축적되는 탄성에너지 U는 다음 식 (3.38)과 같이 구해진다.

$$\begin{aligned} U &= \int_V u dV = \int_0^L \int_A \frac{T^2}{2GI_P^2}\rho^2 dA\,dx \\ &= \int_0^L \frac{T^2}{2GI_P^2}\int_A \rho^2 dA\,dx \\ &= \int_0^L \frac{T^2}{2GI_P}dx \end{aligned} \tag{3.38}$$

원형단면봉에서 봉 전체에 일정한 비틀림 모멘트 T가 주어진다면 식 (3.38)의 적분은 길이에 대해 일정하므로 다음 식 (3.39)와 같이 되어 변형에너지 U가 구해진다.

$$U = \frac{T^2 L}{2GI_P} \tag{3.39}$$

한편, 식 (3.39)에 식 (3.12)를 이용하여 변형에너지 U를 다시 표현하면 다음 식 (3.40)과 같이 된다.

$$U = \frac{GI_P\phi^2}{2L} \tag{3.40}$$

봉의 단면이 균일하지 않고 단면적이 x의 함수이거나 비틀림 하중 토크 T가 x의 함수 일 때 변형에너지는 다음 식 (3.41)에 의하여 구할 수 있다.

$$U = \int_0^L \frac{T_x^2}{2GI_{Px}}dx \tag{3.41}$$

식 (3.40)을 이용하기 위하여 미소 길이 dx일 때의 각 $d\phi$에 대한 미소 변형에너지는 다음 식 (3.42)와 같이 구해지므로 전 변형에너지 식은 (3.43)과 같이 된다.

$$dU = \frac{GI_{Px}(d\phi)^2}{2dx} = \frac{GI_{Px}}{2}\left(\frac{d\phi}{dx}\right)^2 dx \tag{3.42}$$

$$U = \int_0^L \frac{GI_{Px}}{2}\left(\frac{d\phi}{dx}\right)^2 dx \tag{3.43}$$

[예제 3-6] 그림 3.17 (a)와 같은 길이 L인 봉에 축적되는 탄성에너지를 구하라. 단위길이당의 비틀림 t(x)는 그림 3.17 (b)와 같은 분포를 갖는다. 봉의 지름은 d, 전단탄성계수는 G이다.

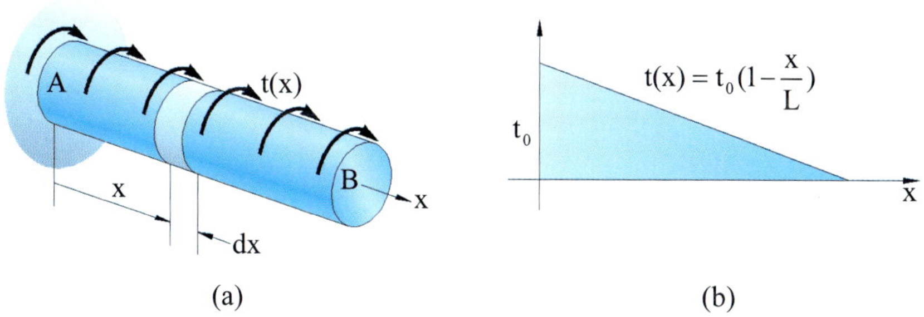

그림 3.17

(풀이)

임의의 x 위치에서 봉에 작용되는 토크 T_x는 다음 식 (a)와 같이 된다.

$$\begin{aligned} T_x &= t(x)(L-x) \\ &= t_0\left(1-\frac{x}{L}\right)(L-x) = \frac{t_0}{L}(L-x)^2 \end{aligned} \tag{a}$$

식 (3.41)에 식 (a)를 대입하여 변형에너지를 구하면 다음 식 (b)와 같이 된다.

$$U = \int_0^L \frac{T_x^2 dx}{2GI_P} = \int_0^L \frac{\frac{t_0^2}{L^2}(L-x)^4}{2G \cdot \frac{\pi d^4}{32}} dx \tag{b}$$

$$= \frac{16t_0^2}{\pi G d^4 L^2}\left[-\frac{1}{5}(L-x)^5\right]_0^L = \frac{16t_0^2 L^3}{5\pi G d^4}$$

[예제 3-7] 그림 3.18과 같은 길이 L이 150cm인 중실축이 회전수 n이 150rpm으로 일정하게 회전하고 있다. 이 축의 한 쪽 끝 A에는 그림과 같이 베어링에 의하여 지지되고 있으며, 한 쪽 끝 B에는 중량 W가 100kg_f이고 회전중심에서부터 반지름 R이 30cm인 휠을 회전시키고 있다. 만약 허용전단응력 τ_a가 1,650kg_f/cm^2인 강재를 사용하여 축을 설계하고자 한다. 이 설계시에 최대로 고려해야 될 사항은 회전수 150rpm으로 정상회전 중에 어떤 원인으로 하여 좌단 A측의 베어링이 고착되어 갑자기 축의 회전이 멈추게 되었을 경우이다. 단, 강의 전단탄성계수 G는 9.2×10^5 kg_f/cm^2이다.

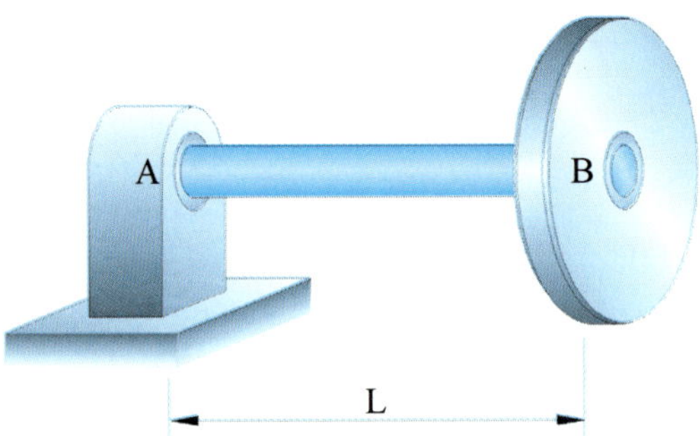

그림 3.18

(풀이)

이 축에서 최대전단응력이 걸리는 경우는 150rpm으로 정상 회전운동할 때, 휘일에 발생하는 전 운동에너지가 축 AB 속에 흡수되어질 때일 것이다. 따라서, 식 (3.37)에 의하면 변형에너지 U와 휘일 운동에너지를 같게 두면 다음 식 (a)와 같이 된다.

$$U = \frac{\tau^2}{2G}\left[\pi\left(\frac{d}{2}\right)^2 L\right] = \frac{1}{2}\frac{W}{g}(R\omega)^2 \tag{a}$$

따라서, 축의 지름 d는 다음 식 (b)와 같다.

$$d = 2\sqrt{\frac{G}{\pi\tau^2 L}\cdot\frac{W}{g}(R\omega)^2} \tag{b}$$

$$= 2\sqrt{\frac{9.2\times10^5\times100\times\left(30\times\dfrac{150\times2\pi}{60}\right)^2}{\pi\times(1{,}650)^2\times150\times980}}$$

$$= 8.062\,\text{cm} \cong 8.1\text{cm}$$

3.6 두께가 얇은 관의 비틀림

항공기 동체나 우주발사체 등과 같은 구조들은 무게를 가볍게 하는 구조로서 두께가 매우 얇은 구조재의 표피가 비틀림에 저항하도록 하는 구조 형상을 취하고 있다. 그림 3.19 (a)와 같은 두께 t인 구조물에 그림과 같은 비틀림 모멘트 T가 작용하는 경우를 생각해보자.

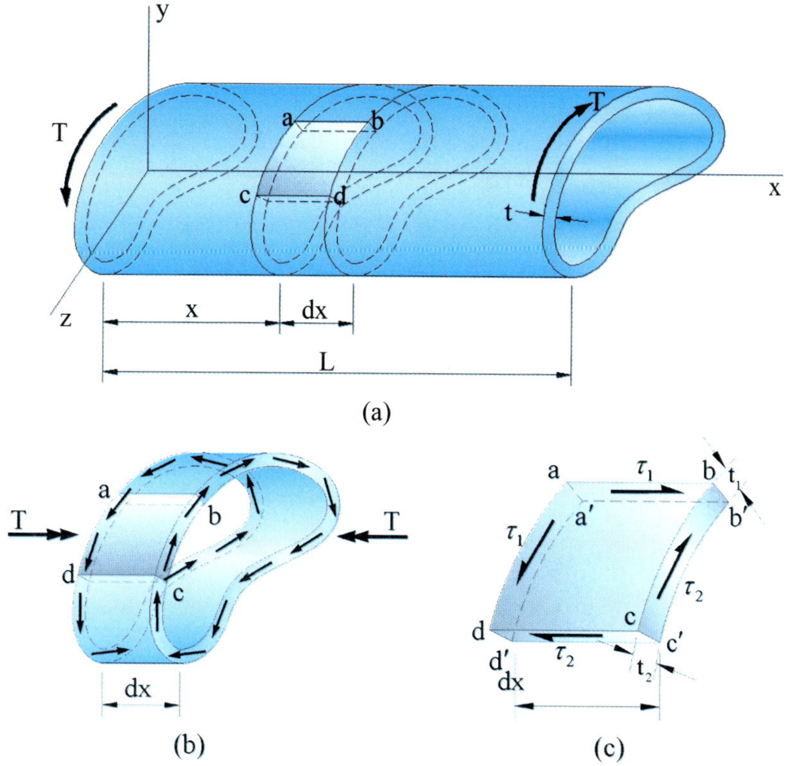

그림 3.19

이 때 두께 t는 그림과 같은 관의 폭이나 길이에 비해 매우 작은 경우를 생각한다. 그림 3.19 (b)와 같은 미소 길이의 관 부분을 보면 단면에 생기는 전단응력은 두께가 얇으므로 두께 방향에 대한 전단응력 차이를 무시할 수 있어 일정한 전단응력이 흐르고 있는 것으로 볼 수 있다. 이 전단응력의 크기를 구해보기 위하여 그림 3.19 (b)에서 미소 단면 abcd를 따로 떼어 내어 전단응력의 상태를 그림 3.19 (c)에 표현하였다.

그림 3.19 (c)의 미소 단면에서 x방향 힘의 평형상태를 고려하면 다음 식 (a)가 성립된다.

$$\tau_1 t_1 dx = \tau_2 t_2 dx \tag{a}$$

식 (a)를 간략히 하면 다음 식 (b)가 된다.

$$\tau_1 t_1 = \tau_2 t_2 \tag{b}$$

식 (b)는 임의 부분의 두께 t와 전단응력 τ의 곱이 일정하게 됨을 의미하며 이를 다시 적으면 다음 식 (3.44)가 얻어진다.

$$\tau t = q = \text{일정} \tag{3.44}$$

식 (3.44)는 관의 두께가 폭이나 길이에 비해 매우 작은 관이 비틀림 모멘트 T를 받게 되면 이 때의 전단응력과 두께는 서로 반비례하여 그 곱이 일정하게 됨을 의미하고 있다. 식 (3.44)의 전단응력과 관 두께의 곱 q(lb/in, kg/cm)를 전단흐름(shear flow)이라 하고 단위 길이 당의 전단력을 의미한다. 이제 이 전단흐름 q를 이용하여 비틀림 모멘트 T를 구하기 위해 그림 3.20의 단면을 생각해본다.

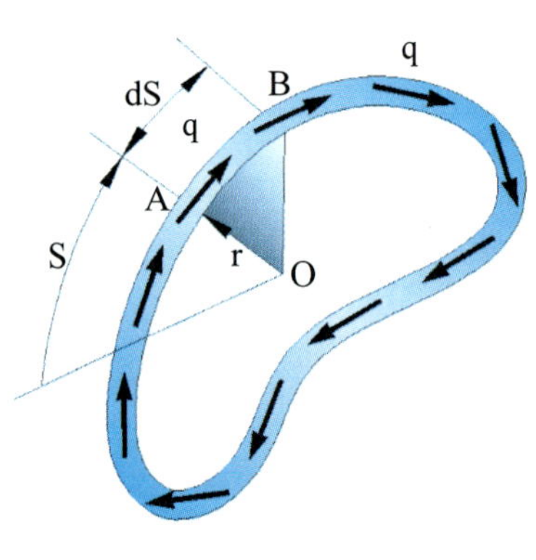

그림 3.20

관을 따라 미소 길이 ds에 작용하는 전단력 F는 qds이다. 이 힘 F에 의한 그림 3.20의 관 내부의 임의 점 O에 대한 미소 토크 dT는 다음 식 (c)와 같이 된다.

$$dT = qr\,ds \tag{c}$$

따라서, 전체 토크 T는 관의 둘레를 따라 적분한 것으로 다음 식 (d)와 같이 쓸 수 있다.

$$T = \oint qr\,ds \tag{d}$$

식 (d)에서 전단흐름 q가 관을 따라 일정하므로 비틀림 모멘트 T는 다음 식 (e)와 같이 된다.

$$T = q\oint r\,ds \tag{e}$$

그런데 관을 따라 적분하는 $\oint r\,ds$에 대해 다시 생각해보자. 우선 rds는 그림 3.20에서 △OAB의 면적의 2배가 됨을 알 수 있다. 따라서 $\oint r\,ds$는 관의 단면적 A_c의 2배가 되고 식 (e)를 다음 식 (3.45)와 같이 적을 수 있다.

$$T = 2A_c q \tag{3.45}$$

따라서, 전단흐름 q는 다음 식 (3.46)과 같이 쓸 수 있다.

$$q = \frac{T}{2A_c} \tag{3.46}$$

식 (3.44)에 의해 전단응력 τ는 다음 식 (3.47)과 같다.

$$\tau = \frac{q}{t} = \frac{T}{2A_c t} \tag{3.47}$$

이 관에 비틀림 모멘트 T가 작용되는 경우 축적되는 탄성에너지를 구해보기로 하자. 식 (3.44)에 의해 탄성에너지 밀도 u는 다음 식 (f)와 같다.

$$u = \frac{\tau^2}{2G} = \frac{q^2}{2Gt^2} \tag{f}$$

그리고 그림 3.19 (b)와 같은 미소 길이의 관에 축적되는 미소 탄성에너지는 다음 식 (g)와 같이 쓸 수 있다.

$$dU = udV = \frac{q^2}{2Gt^2} t\,ds\,dx = \frac{q^2}{2G}\frac{ds}{t}dx \tag{g}$$

따라서, 전단탄성에너지 U는 다음 식 (h)와 같이 된다.

$$U = \int_0^L \oint \frac{q^2}{2G}\frac{ds}{t}dx \tag{h}$$

식 (h)에서 관의 길이에 따라 전단흐름 q가 일정하다고 하면 $\int_0^L dx$는 관의 길이가 되므로 식 (h)는 다음 식 (i)와 같이 된다.

$$U = \frac{q^2 L}{2G}\oint \frac{ds}{t} \tag{i}$$

식 (i)에 식 (3.46)을 대입하면 다음 식 (3.48)을 얻을 수 있다.

$$U = \frac{T^2 L}{8GA_c^2}\oint \frac{ds}{t} \tag{3.48}$$

식 (3.48)을 다음 식 (j)와 같이 적을 수 있다.

$$U = \frac{T^2 L}{2G\left(\dfrac{4A_c^2}{\oint \dfrac{ds}{t}}\right)} \tag{j}$$

식 (j)에서 비틀림상수 J를 다음 식 (3.49)로 쓴다.

$$J = \frac{4A_c^2}{\oint \frac{ds}{t}} \tag{3.49}$$

식 (3.49)를 식 (j)에 대입하면 다음 식 (3.50)을 얻는다. 식 (3.50)에서 알 수 있듯이 비틀림 상수 J는 비틀림하중 하에서 얇은 관 단면의 극관성모멘트를 표시하게 됨을 알 수 있다.

$$U = \frac{T^2L}{2GJ} \tag{3.50}$$

식 (3.48), (3.49) 등에 포함된 적분 $\oint \frac{ds}{t}$ 는 비틀림을 받는 두께 t의 얇은 관에 대해 단면을 일주하여 적분하는 것으로 단면이 다음 그림 3.21 (a)와 같은 경우는 다음 식 (3.51)에 의하여 구할 수 있다.

$$\oint \frac{ds}{t} = \sum_{i=0}^{n} \frac{\Delta s_i}{t_i} \tag{3.51}$$

한편, 비틀림각이 ϕ라고 하면 비틀림 모멘트 T에 의하여 행해진 일 W가 $\frac{1}{2}T\phi$이고 이 일은 식 (3.50)의 탄성에너지로 봉에 축적되어 그 크기가 같음을 이미 알고 있다. 따라서, 두께가 t인 얇은 관에 비틀림 모멘트 T가 작용되는 경우 비틀림각 ϕ는 다음 식 (3.52)와 같이 표현된다.

$$\phi = \frac{TL}{GJ} \tag{3.52}$$

[예제 3-8] 그림 3.21 (a) 및 (b)의 단면을 갖는 봉에 대해 비틀림상수 J_a와 J_b를 구하라. 그리고 그림 3.21 (a)의 단면이 $t_1 = t_2 = t_3 = t_4 = t$로 같고 $a = b$인 그림 3.21 (c)와 같은 단면과 그림 3.21 (b)와 같은 두 단면에서 재료가 같고 두 관의 길이, 두께 그리고 단면적을 같게 하여 사용되는 소재의 량을 동일하게 하고, 같은 크기의 비틀림모멘트를 받게 하였을 때, 이 두 관에 대한 전단응력과 비틀림각을 각각 비교하여라.

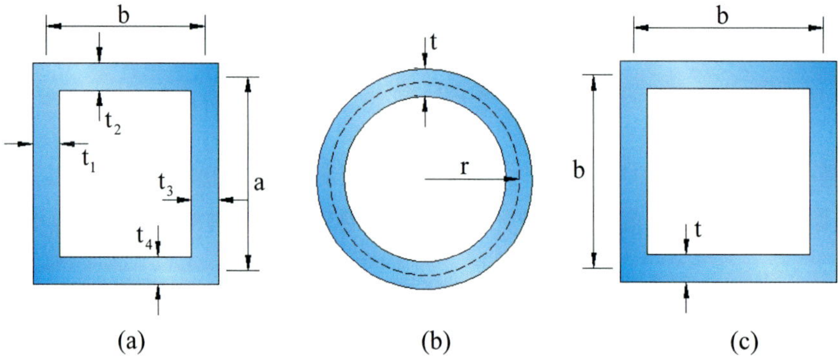

그림 3.21

(풀이)

그림 3.21 (a)에 대해서는 식 (3.51)을 이용하여 J_a를 구할 수 있다.

단면적 $A_{ca} = ab$이고 $\oint \frac{ds}{t}$는 식 (3.51)에 의하여 다음 식 (a)와 같이 된다.

$$\oint \frac{ds}{t} = \sum_{i=1}^{4} \frac{\Delta s_i}{t_i} = \frac{a}{t_1} + \frac{b}{t_2} + \frac{a}{t_3} + \frac{b}{t_4}$$

$$= a\left(\frac{1}{t_1} + \frac{1}{t_3}\right) + b\left(\frac{1}{t_2} + \frac{1}{t_4}\right) \quad \text{(a)}$$

따라서, J_a는 다음 식 (b)와 같다.

$$J_a = \frac{4A_{ca}^2}{\sum_{i=1}^{4} \frac{\Delta s_i}{t_i}} = \frac{4a^2b^2}{a\left(\frac{1}{t_1} + \frac{1}{t_3}\right) + b\left(\frac{1}{t_2} + \frac{1}{t_4}\right)} \quad \text{(b)}$$

한편, 그림 3.21 (b)에 대해서는 단면적 A_{cb}가 πr^2이고 $\oint \frac{ds}{t}$는 두께가 일정하므로 $\frac{1}{t}\oint ds$이고 $\oint ds$는 원둘레의 길이가 되므로 $2\pi r$와 같음을 알 수 있다.

따라서, J_b는 다음 식 (c)와 같다.

$$J_b = \frac{4A_{cb}^2}{\oint \frac{ds}{t}} = \frac{4 \times (\pi r^2)^2}{\frac{2\pi r}{t}} = 2\pi r^3 t \quad \text{(c)}$$

여기서, 구한 J_b와 참값 I_p값을 비교해보기 위해 I_p를 구하면 다음 식 (d)와 같다.

$$I_p = \frac{\pi}{2}\left\{\left(r+\frac{t}{2}\right)^4 - \left(r-\frac{t}{2}\right)^4\right\} = \frac{\pi r t}{2}(4r^2+t^2) \tag{d}$$

위 식에서 $t \ll r$ 조건에서 t^2이상 항을 무시하면 식 (c)는 식 (b)와 같아짐을 알 수 있다. 따라서 원환형관에 대해 J_b와 I_p를 이용하여 전단응력을 각각 계산했을 때 r/t를 5, 10, 20으로 하였을 때 J_b를 이용하여 전단응력을 계산한 결과는 I_p를 이용한 참값의 0.92, 0.95 및 0.98배로 되어 r/t를 20 이상으로 하게 되면 98% 이상의 정확한 값을 얻을 수 있음을 알 수 있다. 그리고 그림 3.21 (b)와 (c)의 단면적이 같으므로 $2\pi rt = 4bt$가 되어 다음 식 (e)의 관계가 구해진다.

$$b = \frac{\pi r}{2} \tag{e}$$

그리고 $A_{cc} = b^2$이고 $A_{cb} = \pi r^2$이므로 식 (b)와 식 (c)에 의하여 J_c와 J_b를 다음 식 (f)와 같이 구할 수 있다.

$$J_c = \frac{4b^4}{4b/t} = b^3 t = \frac{\pi^3 r^3 t}{8}, \quad J_b = 2\pi r^3 t \tag{f}$$

식 (3.47)에 의하여 전단응력의 비 τ_c/τ_b를 구하고, 식 (e)를 이용하면 다음 식 (g)가 구해진다.

$$\tau_c/\tau_b = q_c/q_b = \frac{T/2A_{cc}t}{T/2A_{cb}t} = \frac{A_{cb}}{A_{cc}} = \frac{\pi r^2}{b^2} = \frac{4}{\pi} = 1.273 \tag{g}$$

한편, 식 (3.52)에 의하여 비틀림각의 비 ϕ_c/ϕ_b를 구하면 다음 식 (h)와 같다.

$$\phi_c/\phi_b = \frac{\dfrac{TL}{GJ_c}}{\dfrac{TL}{GJ_b}} = \frac{J_b}{J_c} = \frac{2\pi r^3 t}{\dfrac{\pi^3 r^3 t}{8}} = \frac{16}{\pi^2} = 1.621 \tag{h}$$

식 (g)와 (h)에 의하면 동일한 소재와 동일한 두께 및 단면적을 갖는 원환형단면과 구형단면에 대해 같은 크기의 비틀림 모멘트에 저항한다고 하면, 원환형단면관이 전단응력이나 비틀림각이 적게 되어 원환형단면관이 구형단면관보다 회전 강성 및 전단응력에 대해 유리함을 의미하고 있다.

연습문제

문 3.2.1 지름 80mm인 중실강재축이 단위길이당 허용비틀림각 $\theta_a = 1°/m$일 때 이 축에 부가할 수 있는 최대허용토크 T를 구하여라. 단, 허용전단응력 $\tau_a = 52MPa$이고 전단강성계수 $G = 80GPa$이다.

문 3.2.2 그림 문 3.2.2와 같은 동일한 재료와 동일한 길이를 갖는 지름 d인 중실축과 외경이 d이고 내경이 0.6d인 중공축에 동일한 토크를 가할 때 두 축에 발생되는 최대전단응력과 비틀림각을 비교하라. 그리고 이 경우 중공축의 무게는 얼마나 가벼워지는가?

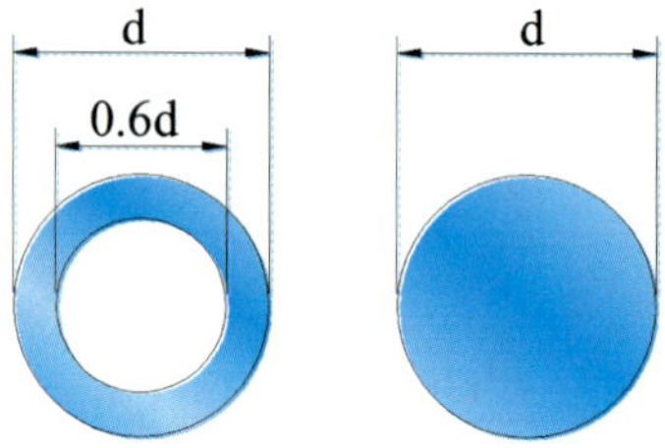

그림 문 3.2.2

문 3.2.3 외경이 500mm이고 내경이 380mm인 중공축이 420kN · m의 토크를 그림 문 3.2.3와 같이 받고 있을 때 다음을 구하라. 단, 축의 전단탄성계수 G는 80GPa이다.

(a) 축에 걸리는 최대전단응력 τ_{max}

(b) 축의 내측 단면에 전달되는 전단응력

(c) 길이 2m의 축에 대한 비틀림각 ϕ

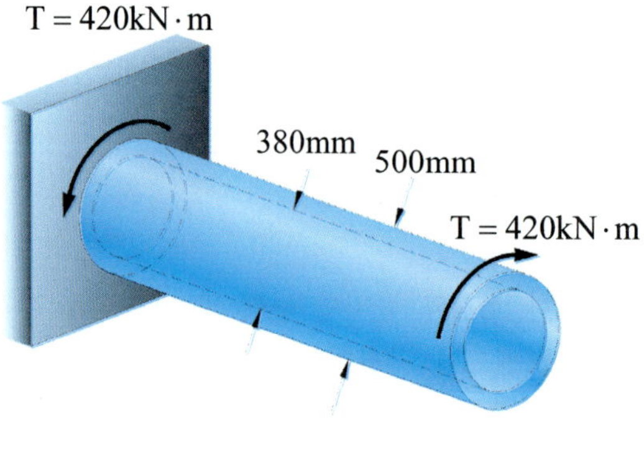

그림 문 3.2.3

문 3.2.4 그림 문 3.2.4와 같은 중실축이 길이 10ft에 대해서는 지름이 8in이고 5ft에 대해서는 지름이 6in이다. 그림과 같이 토크가 작용하고 있을 때 다음을 구하여라. 단, 재료의 전단탄성계수 G는 12,000ksi 이다.

(a) 축에 작용되는 최대전단응력
(b) 축 A 단에 관한 8in 단면상의 끝단 B의 회전각
(c) 축 B 단에 관한 6in 단면상의 끝단 C의 회전각
(d) 축 A 단에 관한 끝단 C의 회전각

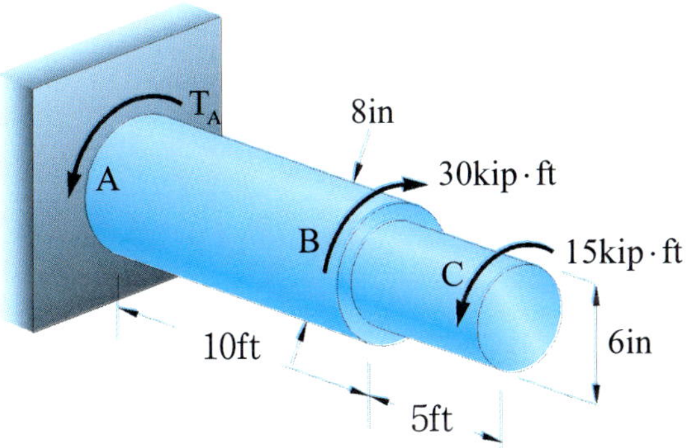

그림 문 3.2.4

문 3.3.1 그림 문 3.3.1과 같은 지름 d = 2.8in인 중실 강재 축 ABCD가 베어링으로 지지된 D점에 대해 회전하고 있다. 기어박스 A에서는 순간적으로 회전을 정지할 수 있다. 치차 B와 C에서 부가되는 토크 T_B와 T_C는 각각 30kip · in와 24kip · in라고 할 때 축의 각 부분의 최대전단응력과 베어링 지지부 D에서의 회전각 ϕ를 구하여라. 단, $L_1 = 25in$, $L_2 = 35in$, $L_3 = 25in$이고 전단탄성계수 G = 11,500ksi이다.

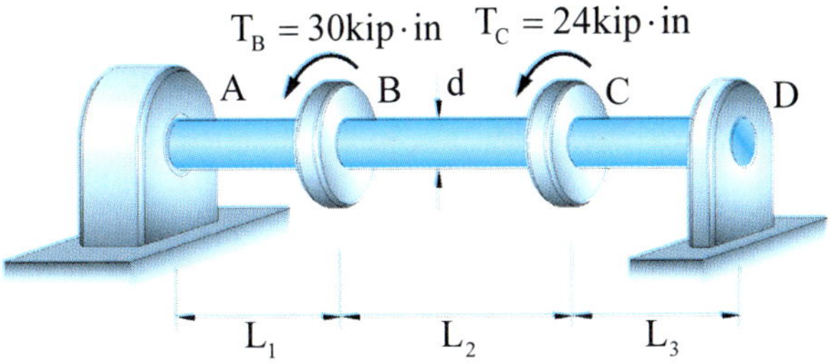

그림 문 3.3.1

문 3.3.2 그림 문 3.3.2와 같은 양단 고정된 축 AC에 T = 45kN · m의 토크가 축의 B위치에 작용되고 있다. 이 축의 AB부분은 청동으로 된 중실 축이고 BC부분은 알루미늄 합금으로 된 외경이 120mm이고 내경이 80mm인 속이 빈 파이프형 축으로 되어 있다. 그리고 청동의 전단탄성계수 $G_{AB} = 45GPa$이고 알루미늄 합금의 전단탄성계수 $G_{BC} = 28GPa$이다. 이 축에 토크가 작용되기 전에는 축에 어떠한 응력도 존재하지 않았다고 할 때, 토크가 작용된 후의 축 AB 및 BC에 걸리는 최대전단응력을 구하라.

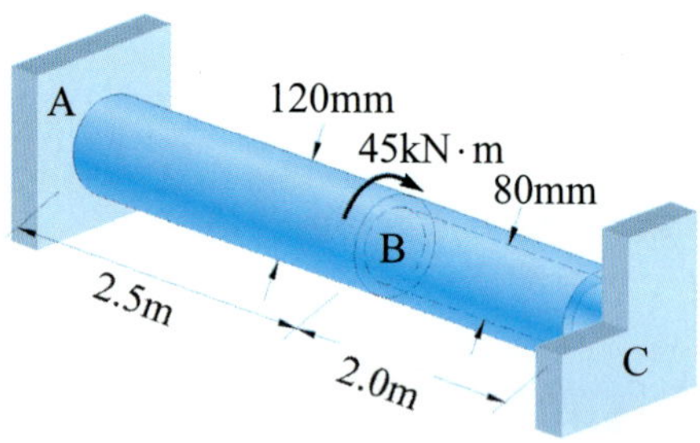

그림 문 3.3.2

문 3.3.3 그림 문 3.3.3과 같은 알루미늄 튜브의 축 속에 강재중실축이 끼워져 그림과 같이 양 끝단에서 단단히 연결되어 그림과 같은 토크 T를 받을 때 다음을 구하여라.

(a) 복합축의 오른쪽 끝단에 작용할 수 있는 최대토크 T

(b) 위의 토크 T가 작용될 때 복합축 오른쪽 끝단의 회전각 ϕ

단, 알루미늄과 강재의 전단탄성계수와 허용응력은 각각 $G_a = 4,200ksi$, $G_s = 11,600ksi$, $\tau_a = 12ksi$, $\tau_s = 16ksi$이다.

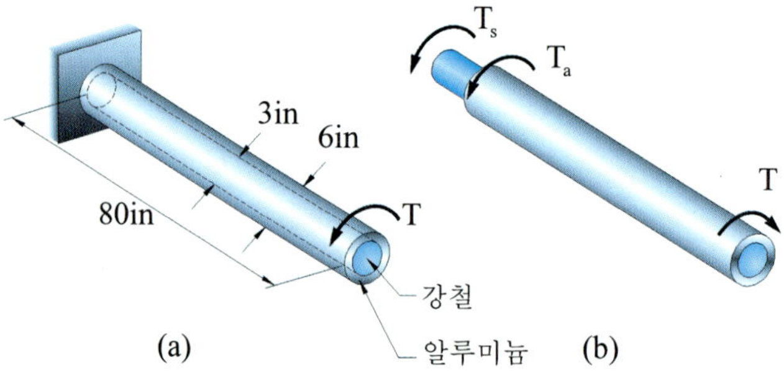

그림 문 3.3.3

문 3.3.4 그림 문 3.3.4와 같은 양단 고정된 축에 균일분포토크 t kN · m/m를 그림과 같이 x =0에서부터 x = L_1위치까지 작용시켰을 때 양단 A, B의 반력 토크 T_A와 T_B를 구하여라.

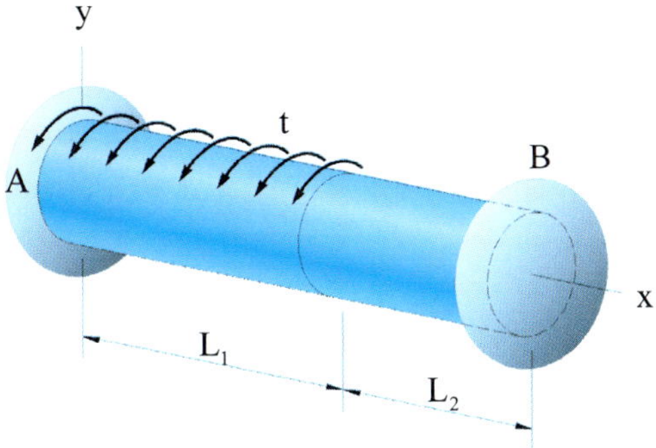

그림 문 3.3.4

문 3.4.1 허용전단응력이 4,800psi인 소재의 중실축이 680rpm에서 50HP를 전달하고자 할 때 축의 최소지름을 결정하라. 단, 축의 전단탄성계수 G는 85GPa이다.

문 3.4.2 그림 문 3.4.2와 같은 지름 48mm인 축 ABC가 20Hz의 구동모터에 의해 85kW의 출력을 전달하고 있다. 이 출력은 기어 B에 50kW를 기어 C에 35kW를 각각 소진하고 있을 때 이 축에 걸리는 최대 전단응력과 축의 끝단 A와 C사이의 비틀림 각 ϕ를 구하여라. 단, 전단탄성계수 G는 85GPa 이다.

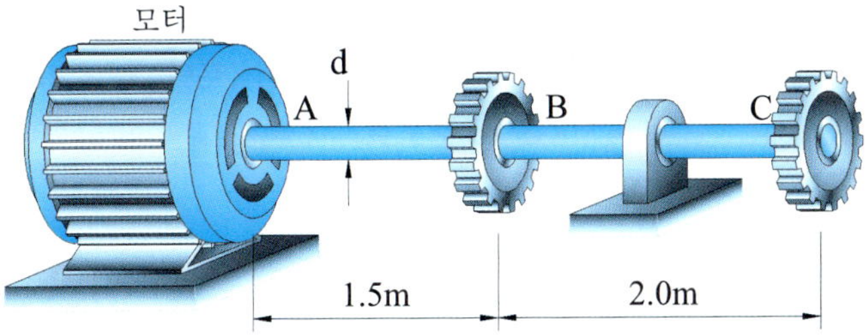

그림 문 3.4.2

문 3.4.3 자동차의 구동축이 허용전단응력이 95MPa인 강철재로 되어 있으며, 이 축의 외경은 50mm로 제한하고 싶다. 이 축의 회전주파수는 48Hz이고 전달동력은 150kW이라고 할 때, 이 축의 허용 안지름을 결정하여라. 단, mm 단위에서 결정하라.

문 3.5.1 길이 L인 봉에 비틀림모멘트 T가 그림 문 3.5.1 (a), (b) 및 (c)와 같이 작용하는 경우에 대하여 봉에 축적되는 탄성에너지를 구하고 비교하여라.

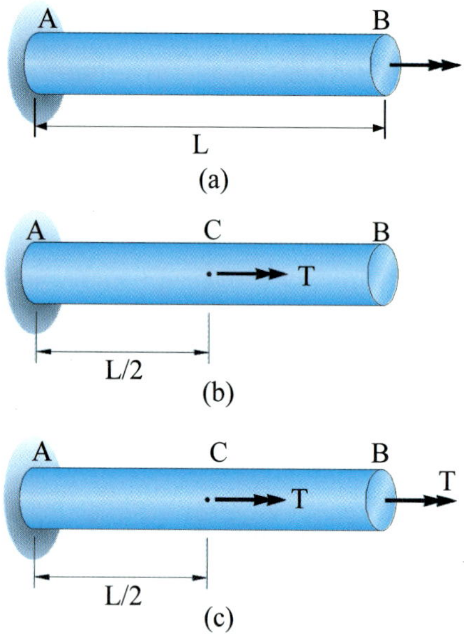

그림 문 3.5.1

문 3.5.2 그림 문 3.5.2와 같이 봉 AB에 균일한 분포토크 t kN·m/m가 작용하는 경우 이 봉에 축적되는 탄성에너지를 구하여라. 단, 봉의 길이 L = 10m, 봉의 지름 d = 35mm, 전단탄성계수 G = 80GPa, 분포토크 t = 8kN · m/m이다.

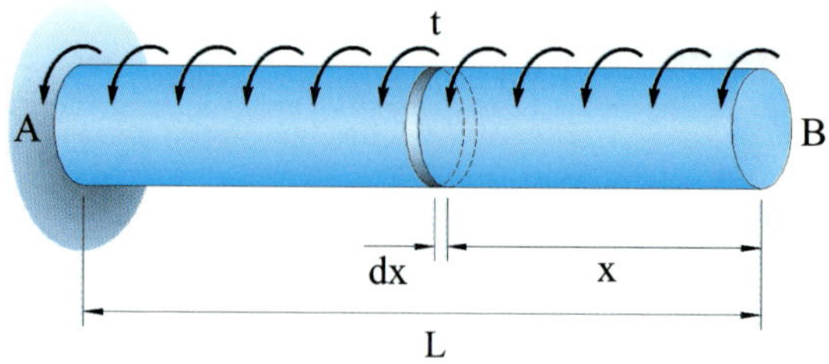

그림 문 3.5.2

문 3.5.3 길이 L = 2.0m 이고 지름 d = 50mm 인 구리로 된 중실원형봉이 토크 T가 작용되어 이 봉에 최대전단응력이 35MPa이 되었을 때 이 봉에 축적되는 탄성에너지를 구하라. 단, G = 45GPa 이다.

문 3.5.4 그림 문 3.5.4와 같은 봉에 비틀림 모멘트 T가 작용하여 비틀림각 ϕ가 0.021 rad을 일으켰을 때 이 봉에 축적되는 탄성에너지 U를 구하라. 단, 봉의 전단탄성계수 G = 78GPa 이다.

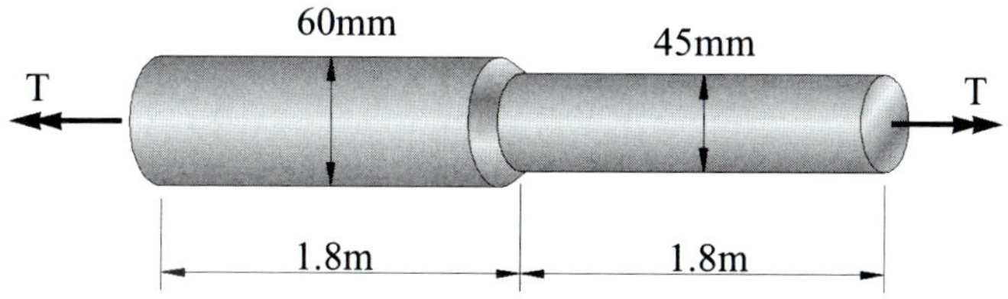

그림 문 3.5.4

문 3.6.1 그림 문 3.6.1과 같은 평균반지름 r이고 두께가 t인 원형튜브에 대한 전단응력과 비틀림각을 계산할 때 극관성모멘트 I_P의 계산을 근사식인 $I_{P_1} = 2\pi r^3 t$을 이용하는 경우와 정확한 식인 $I_{P_2} = \frac{\pi}{2}\left[(r+\frac{t}{2})^4 - (r-\frac{t}{2})^4\right]$를 이용한 경우를 비교하라.

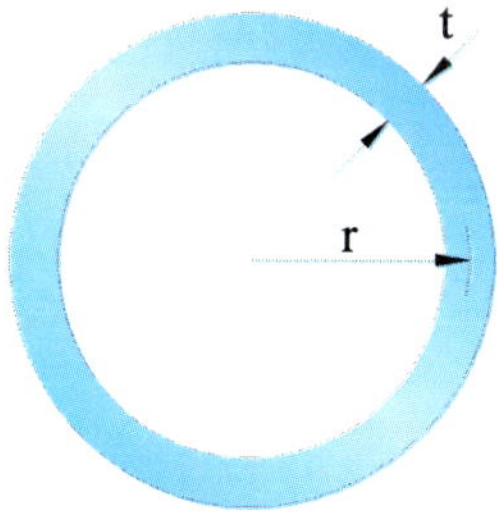

그림 문 3.6.1

문 3.6.2 그림 문 3.6.2와 같은 단면에 대한 비틀림 강성 GJ를 구하여라. 튜브의 전단탄성계수는 G로 일정하다.

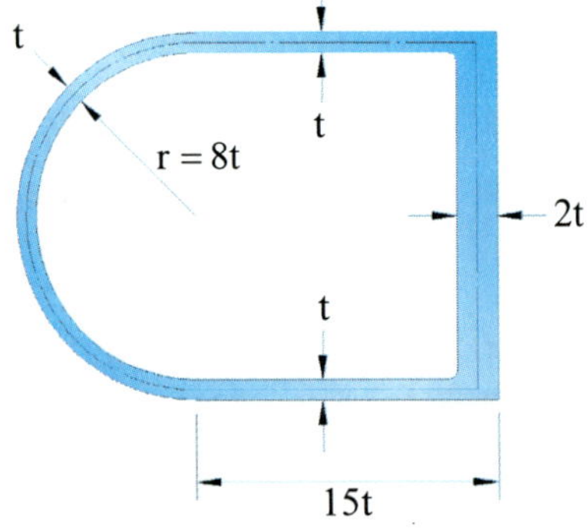

그림 문 3.6.2

문 3.6.3 그림 문 3.6.3과 같은 얇은 두께의 단면을 갖는 각 튜브에 토크 T = 2,500kip · in가 작용할 때 단면에 걸리는 최대전단응력 τ_{max}과 비틀림 상수 J를 구하여라. 단 타원의 넓이 $A_m = \pi ab$이고 둘레 $L = \pi(1.5(a+b) - \sqrt{ab})$이다.

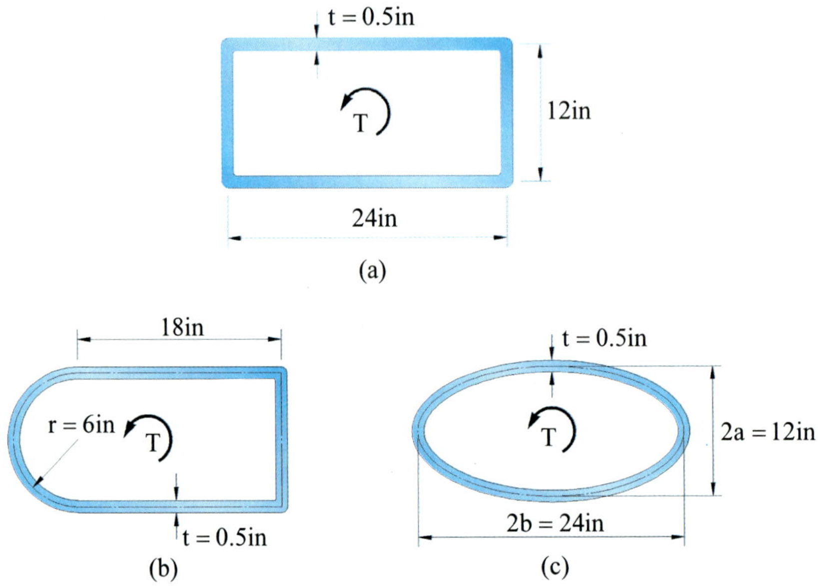

그림 문 3.6.3

CHAPTER 4

구조물의 변형과 응력

4.1 개요

하중을 받고 있는 임의의 구조물에는 변형이 발생하고 변형이 발생하는 구조물의 임의의 단면에는 수직응력과 전단응력을 받게 되는 것을 알았다. 지금까지 우리는 단순 축하중이나 비틀림 하중을 받는 구조물의 단면에 대한 응력을 평면 상태 응력인 σ_x, σ_y 및 τ_{xy} 등으로 표현할 수 있었다. 그러나 이러한 응력과 변형상태는 실 구조물에서는 3차원적으로 존재하여야 된다는 것을 이해할 수 있을 것이다. 이러한 구조물의 실제 응력상태를 고찰하기 위하여 그림 4.1과 같은 미소단면을 생각할 수 있다. 이러한 미소단면에 작용하는 3차원 응력상태에 대해 이상적으로 표시하면 그림 4.1과 같이 나타낼 수 있다. 그림 4.1의 미소요소의 각 변의 길이를 각각 dx, dy 및 dz라 하고, 이들 각 미소단면에 작용하는 응력의 표시는 다음과 같은 법칙에 따르도록 정의한다.

첫째, 공간의 각 면의 위치를 결정하기 위하여 x, y 및 z면을 정의한다. 즉, x면은 x축을 공유하지 않는 y 및 z축으로 이루어진 면을 말하고, y면은 x, z축으로 이루어진 면 그리고 z면은 x, y축으로 이루어진 면을 의미한다. 그리고 각 면에 대해 양의 면과 음의 면을 정의하는데, 양의 면은 각 좌표축의 양의 방향에 위치한 면으로 정의한다. 즉 양의 x면은 그림 4.1에서 면 EBAG를 의미하고 음의 x면은 면 DCOH이다. 같은 방법으로 양의 y면은 면 CBED, 음의 y면은 면 OAGH, 양의 z면은 면 HDEG, 음의 z면은 면 OCBA 이다.

둘째, 응력을 τ_{ij}로 표시할 때 i는 면을 의미하고 j는 응력의 방향을 의미하는 것이다. 예를 들어, τ_{xy}는 x면에 y 방향으로 작용하는 응력으로서 전단응력을 의미한다. 수직응력 σ_x, σ_y, σ_z는 각각 τ_{xx}, τ_{yy} 및 τ_{zz}를 간략히 표시한 것이다.

셋째, 응력을 표시할 때 양의 응력은 양의 면에 양의 방향으로 작용하는 응력과 음의 면에 음의 방향으로 작용하는 응력을 의미한다. 따라서, 그림 4.1에 나타낸 모든 응력은 양의 응력인 것이다. 예를 들어, 양의 x면에 나타낸 응력 σ_x, τ_{xy} 및 τ_{xz}는 각각 x면에 x 방향으로 작용하는 수직응력과, y 및 z 방향으로 작용하는 전단응력을 나타내고 있다.

따라서, 실 구조물에 작용하는 응력은 위와 같이 매우 복잡하므로 해석의 편리성과 용이함을 위하여 구조형상을 이상화 시키고 간편화 시켜 1차원적으로 또는 2차원적으로 응력을 간략화하여 해석을 시도하는 경우가 많이 있다.

우리들은 이와 같은 현상을 고려하되 여러 가지 제약조건과 적합조건들을 가하여 1차원적이나 2차원적으로 응력과 변형을 고려하고 해석할 때에도 실제 구조물의 설계에 응용할 수 있도록 가능한 가정들을 제시하여 해석한다.

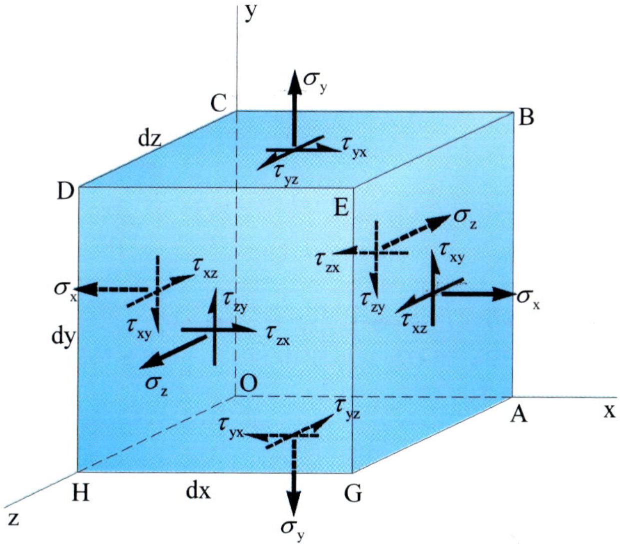

그림 4.1 구조물의 미소요소에 작용하는 응력체계

4.2 경사단면 응력과 순수전단

1장과 2장에서 우리는 그림 4.2 (a)와 같은 간단한 봉재에 축 방향의 수직하중 P가 작용하는 경우에 수직 단면에 작용하는 응력 σ가 P/A라는 것을 이미 알았고 수직한 단면이 아닌 그림 4.2 (b)와 같은 경사된 단면에 대해서도 응력이 어떻게 되는가를 검토해 보았다. 이러한 일련의 과정 중에 비록 수직단면에 대해서는 하중 P에 대해 충분히 견딜 수 있는 봉재 일지라도 어느 경사 단면에 대해서는 취약하여 안전하지 못할 수 있다는 것을 알 수 있었으며, 이 때 설계를 하는 기술자는 이러한 하중에 대해 단면을 회전시켜가면서 각 응력을 판단해 볼 필요가 있다.

그림 4.2 (b)와 같은 각 θ만큼 회전된 단면 pq면에 대해서는 식 (2.13)에서 구한 것과 같은 응력이 존재하는 것을 알고 있다. 식 (2.15)를 다음 식 (4.1)로 다시 적는다.

$$\sigma_\theta = \sigma_x \cos^2\theta \tag{4.1}$$

$$\tau_\theta = -\sigma_x \cos\theta \sin\theta$$

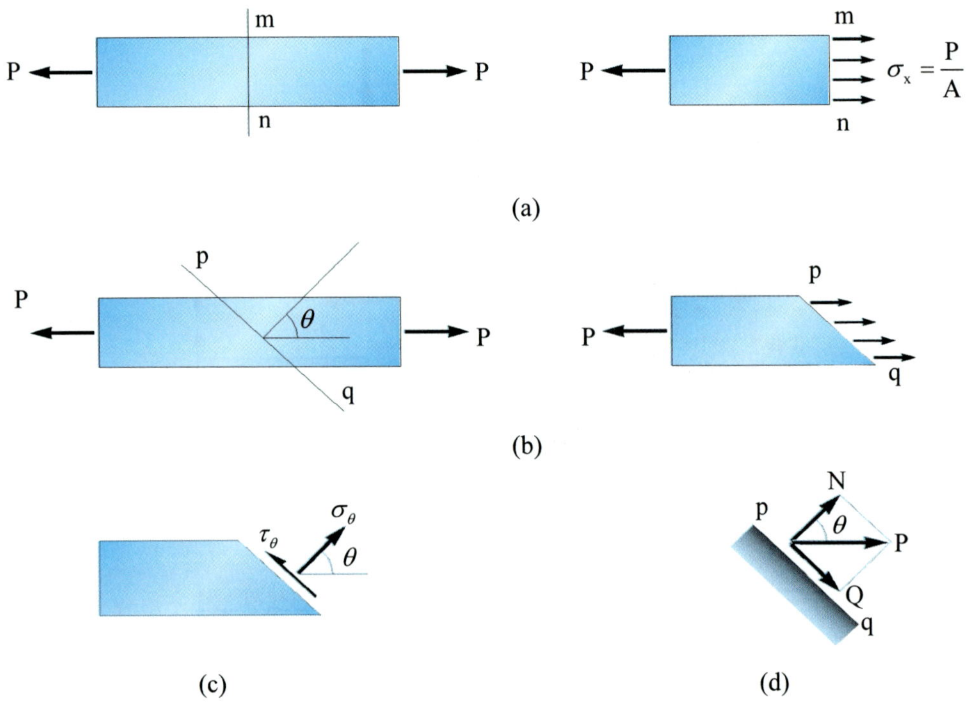

그림 4.2 경사단면에서의 응력

식 (4.1)에 의하면 경사단면의 응력 σ_θ와 τ_θ는 회전 단면의 위치를 결정하는 각 θ에 따라 달라지고 이를 회전각 θ에 대해 그린 것이 그림 2.11이었다.

그림 2.11에서 전단응력 τ_θ의 최대값은 $\theta = \pm 45°$에서 발생하며 그 크기는 수직응력의 절반인 $\pm \frac{1}{2}\sigma_x$가 된다. 그리고 전단응력의 부호는 전단응력의 작용 방향을 의미하는 것으로 그림 4.3 (b)에서 취한 것과 같이 면을 반시계방향으로 미끄러지게 하는 응력을 양의 전단응력으로 하고 있다. 따라서, 그림 4.3 (c)와 같이 $\theta = 45°$면에서 전단응력 τ_θ가 $\frac{1}{2}\sigma_x$로서 최대가 되고 이 때의 수직응력 σ_θ는 역시 $\frac{1}{2}\sigma_x$가 된다.

그림 4.3과 반대로 하중 P가 압축력을 받는다고 하면 응력의 방향들은 모두 반대 방향으로 작용될 것이다.

앞에서도 설명했지만, 만약 재료가 수직응력보다 전단응력에 취약하다면 이 재료는 전단 응력인 $\frac{1}{2}\sigma_x$에 의하여 파괴될 수 있으며, 그림 4.4와 같은 파괴양상을 보일 수 있을 것이다.

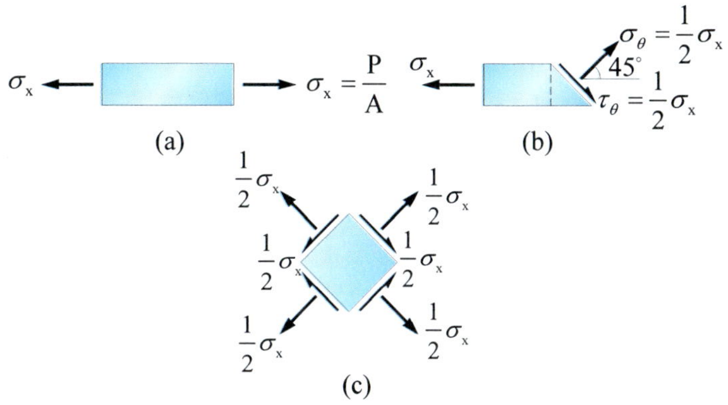

그림 4.3 인장응력 $\sigma_x = \frac{P}{A}$ 를 받는 봉재에 대해 $\theta = 45°$에서의 응력

그림 4.4 압축을 받는 재료가 전단에 취약하여 45°면에 대해 파괴되는 현상[1)]

1) 미송압축시험, MTS 810

[예제 4-1] 그림 4.5 (a)와 같이 양단이 고정된 탄소강의 봉재가 상온에서 안정되어 있다가 온도를 60°F 상승시켰을 때 30°의 경사단면에 발생하는 수직응력 σ_θ와 전단응력 τ_θ를 구하라. 단, 이 봉재의 열팽창계수 α는 6.2×10^{-6}in/in°F이고 탄성계수 E는 30×10^{6}psi이다.

(풀이)
봉의 수직단면에 발생하는 응력 σ_x는 식 (2.18)에 의해 다음 식 (a)와 같으며, 30°의 경사단면 응력은 식 (4.1)에 의해 다음 식 (b)와 같다.

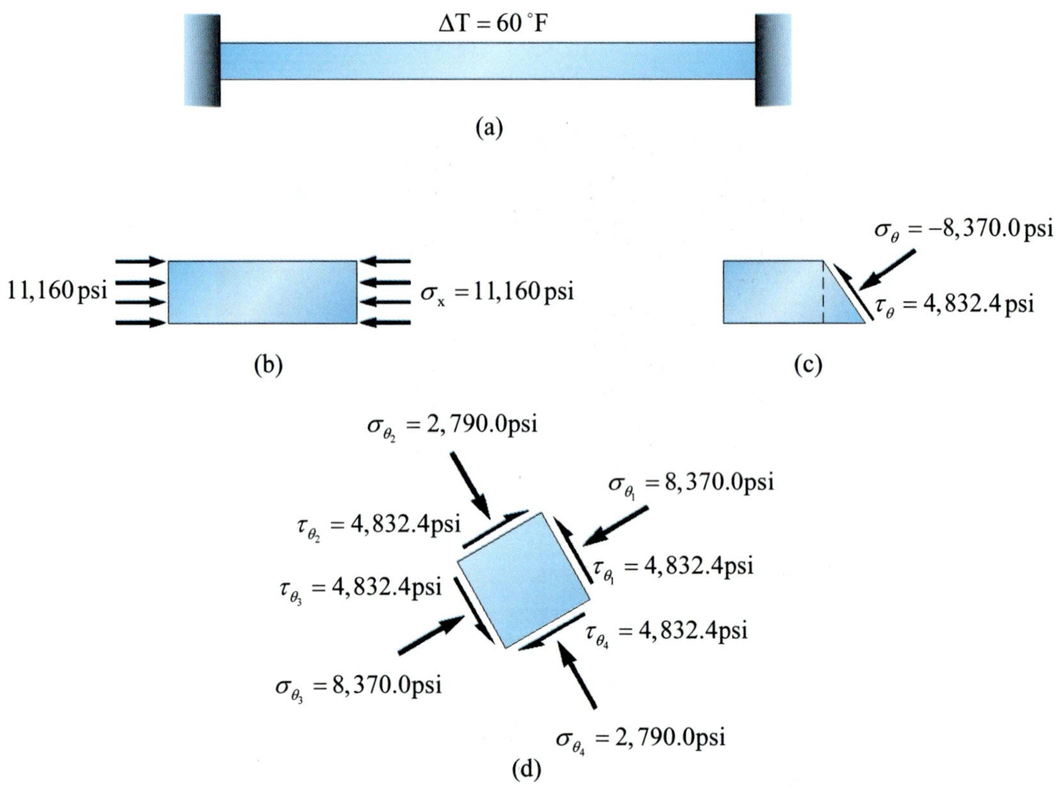

그림 4.5

$$\sigma_x = -E\alpha\Delta T = -30\times10^{6}\times6.2\times10^{-6}\times60 = -11,160\text{psi} \qquad \text{(a)}$$

$$\sigma_{\theta_1} = \sigma_x\cos^2\theta = -11,160\times\cos^2 30° = -8,370.0\text{psi}$$

$$\tau_{\theta_1} = -\sigma_x\sin\theta\cos\theta = 11,160\times\sin30°\times\cos30° = 4,832.4\text{psi} \qquad \text{(b)}$$

$$\sigma_{\theta_2} = \sigma_x \cos^2(\theta + 90°) = -11{,}160 \times \cos^2 120° = -2{,}790.0\text{psi}$$

$$\tau_{\theta_2} = -\sigma_x \sin(\theta + 90°)\cos(\theta + 90°) = 11{,}160 \times \sin 120° \times \cos 120° = -4{,}832.4\text{psi}$$

같은 방법으로 $\sigma_{\theta_3}, \tau_{\theta_3}, \sigma_{\theta_4}, \tau_{\theta_4}$ 는 각각 그림 4.5 (d)와 같이 구해진다.

제3장에서 순수 비틀림을 받는 원형단면봉에는 전단응력만 작용되는 것을 경험하였다. 따라서, 그림 4.6과 같이 구조물의 임의 단면에 오직 전단응력만 작용되는 경우를 순수전단(pure shear)이라고 한다.

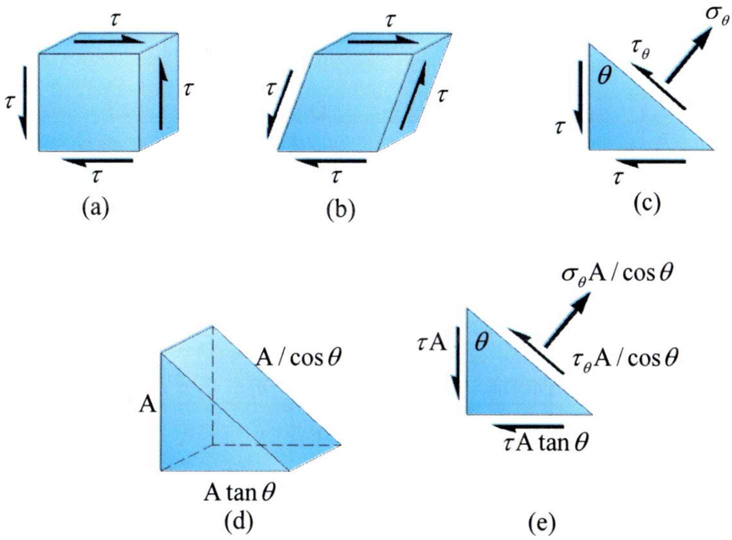

그림 4.6

순수전단이 작용되는 단면은 그 길이의 변화는 없이 그림 4.6 (a)와 같이 직각이었던 모서리가 그림 4.6 (b)와 같이 변하게 된다. 이제 그림 4.6 (c)와 같은 경사단면에 작용되는 τ_θ와 σ_θ를 고려해보기로 한다. 힘의 평형을 고려하기 위하여 그림 4.6 (d)와 같은 면의 관계식을 고려할 필요가 있고 이들의 각 힘들은 그림 4.6 (e)와 같이 됨을 알 수 있다.

그림 4.6 (e)에 의하여 경사면에 평형한 힘의 성분과 수직한 힘의 성분을 적으면 각각 다음 식 (4.2)와 (4.3)이 된다.

$$\tau_\theta \frac{A}{\cos\theta} = \tau A \cos\theta - (\tau A \tan\theta)\sin\theta \qquad (4.2)$$

$$\tau_\theta = \tau(\cos^2\theta - \sin^2\theta)$$

$$\sigma_\theta \frac{A}{\cos\theta} = \tau A \sin\theta + (\tau A \tan\theta)\cos\theta \tag{4.3}$$

$$\sigma_\theta = 2\tau\sin\theta\cos\theta$$

식 (4.2)와 식 (4.3)에 의하면 $\theta = 45°$에서는 $\tau_\theta = 0$이 되고 $\sigma_\theta = \tau$가 됨을 알 수 있다. 따라서, 그림 4.7 (a)와 같이 순수전단이 작용되는 단면에 대해 그림 4.7 (b)와 같이 45° 회전한 단면에서는 수직응력만이 작용됨을 알 수 있다.

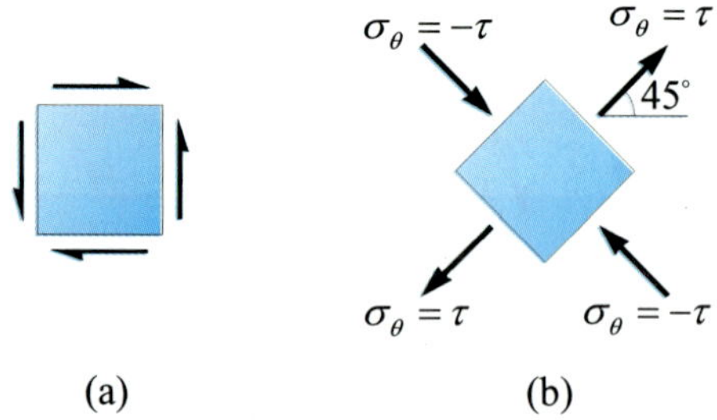

그림 4.7

이제 순수전단을 받고 있는 단면에 대해 변형률 γ를 알아보기로 한다. 그림 4.8 (a)와 같이 순수전단을 받는 단면은 길이의 변화가 없이 직각이었던 모서리가 전단변형률 γ만큼 감소된 각 $\frac{\pi}{2} - \gamma$가 됨을 알 수 있다. 그리고 재료가 선형탄성재료이면 전단변형률 γ는 훅크의 법칙에 의해 다음 식 (4.4)와 같음을 이미 알고 있다.

$$\gamma = \frac{\tau}{G} \tag{4.4}$$

다시, 45° 회전한 단면인 그림 4.8의 미소요소에서 발생하는 수직변형률 ϵ은 다음 식 (4.5)와 같다.

$$\epsilon = \frac{\sigma_\theta}{E} - \nu\left(-\frac{\sigma_\theta}{E}\right) = \frac{\tau}{E} - \nu\left(-\frac{\tau}{E}\right) = \frac{\tau}{E}(1+\nu) \tag{4.5}$$

식 (4.5)에 식 (4.4)를 대입하면 다음 식 (4.6)이 얻어진다.

$$\epsilon = \gamma \frac{G}{E}(1+\nu) \tag{4.6}$$

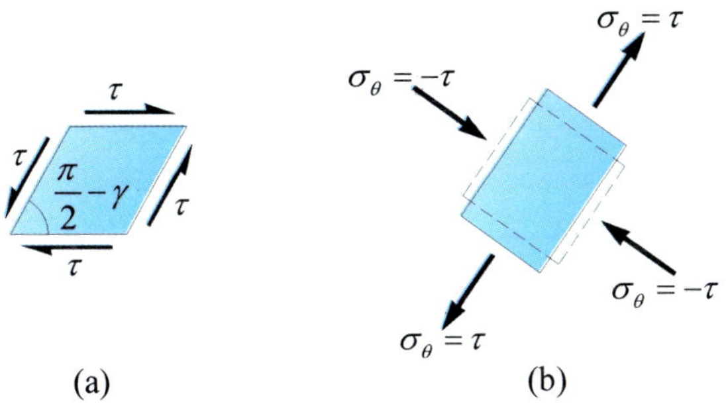

그림 4.8

수직변형률 ϵ과 전단변형률 γ와의 관계를 살펴보기 위하여 그림 4.9 (a)와 같은 응력요소를 고려해 보자.

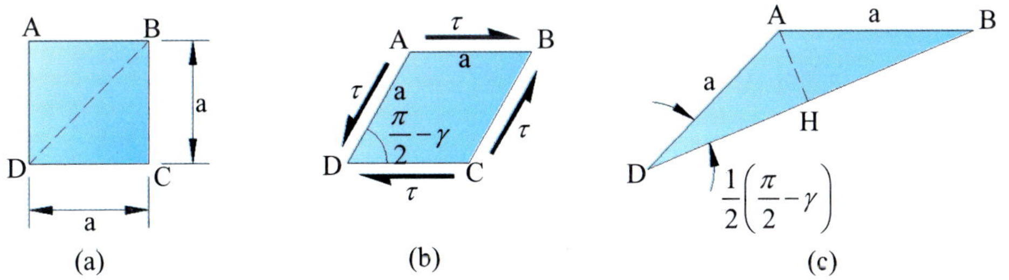

그림 4.9

그림 4.9 (a)와 같이 미소요소인 단면 ABCD는 한 변이 a인 정사각 단면이다. 이 단면에 순수전단응력 τ가 가해지면 그림 4.9 (b)와 같이 마름모꼴의 단면 ABCD가 되고 한 변의 길이는 a로 변함이 없고 각 ADC만 $\frac{\pi}{2}-\gamma$가 됨을 이미 알고 있다. 이제 그림 4.9 (c)와 같이 대각선 BD에 의해서 나누어진 삼각형 ABD를 생각하자. 이 삼각형 ABD의 밑변 BD는 순수전단을 받기 전 그림 4.9 (a)에서의 대각선 길이 BD로서 $\sqrt{2}a$이었던 것이 전단변형을 일으킴으로 하여 삼각형 ABD의 대각선의 길이는 $2a\cos\left\{\frac{1}{2}\left(\frac{\pi}{2}-\gamma\right)\right\}$가 됨을 알 수 있다. 또, 그림 4.9 (b)의 마름모 ABCD의 대각선의 길이 BD는 $\sqrt{2}a$인 대각선의 길이가 수직변형률 ϵ에 의하여 45° 회전한 단면의 길이 방향으로 늘어난 진체 길이인 $\sqrt{2}a(1+\epsilon)$와 같아야 할 것이다. 따라서, 다

음 식 (a)가 구해진다.

$$2a\cos\left(\frac{\pi}{4}-\frac{\gamma}{2}\right)=\sqrt{2}\,a(1+\epsilon)$$

$$\cos\left(\frac{\pi}{4}-\frac{\gamma}{2}\right)=\frac{1}{\sqrt{2}}(1+\epsilon)$$

$$\cos\frac{\pi}{4}\cos\frac{\gamma}{2}+\sin\frac{\pi}{4}\sin\frac{\gamma}{2}=\frac{1}{\sqrt{2}}(1+\epsilon)$$

$$\cos\frac{\gamma}{2}+\sin\frac{\gamma}{2}=1+\epsilon \tag{a}$$

γ가 작은 값이면 $\cos\frac{\gamma}{2}\to 1$, $\sin\frac{\gamma}{2}\to\frac{\gamma}{2}$가 되므로 식 (a)는 다음식 (b)가 된다.

$$1+\frac{\gamma}{2}=1+\epsilon \tag{b}$$

따라서, 다음 식 (4.7)이 성립된다.

$$\epsilon=\frac{1}{2}\gamma \tag{4.7}$$

식 (4.7)을 식 (4.6)에 대입하면 다음 식 (4.8)이 구해지고 탄성계수 E와 G의 관계식이 얻어진다.

$$G=\frac{E}{2(1+\nu)} \tag{4.8}$$

[예제 4-2] 그림 4.10과 같이 지름이 3in인 중실 원형단면봉에 15,000lb · in의 토크가 가해지고 있다. 그림과 같이 봉의 축과 45°되는 방향으로 스트레인 게이지를 부착하여 변형률을 측정한 결과 450×10^{-6}이었다. 포와송비 ν가 0.3인 재료라면 이 재료의 수직탄성계수 E와 전단탄성계수 G를 결정하여라.

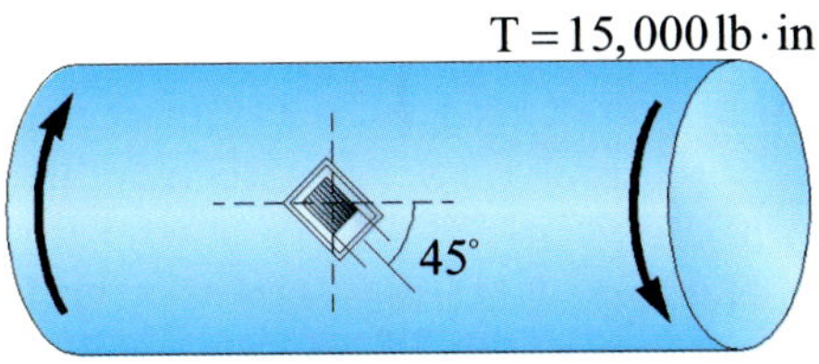

그림 4.10

(풀이)

전단응력 τ는 식 (3.14)에 의하여 다음 식 (a)와 같이 된다

$$\tau = \frac{Tr}{I_p} = \frac{T \times \frac{d}{2}}{\frac{\pi d^4}{32}} = \frac{T}{\frac{\pi d^3}{16}} = \frac{16 \times 15,000}{\pi \times 3^3} = 2,829.4\text{psi} \qquad \text{(a)}$$

식 (4.7)에 의하면 다음 식 (b)를 얻는다

$$\epsilon = \frac{1}{2}\gamma = 450 \times 10^{-6} \qquad \text{(b)}$$

따라서, 전단변형률 γ는 다음 식 (c)와 같다

$$\gamma = 900 \times 10^{-6} \qquad \text{(c)}$$

전단탄성계수 G는 다음 식 (d)와같이 된다

$$G = \frac{\tau}{\gamma} = \frac{2,829.4}{900 \times 10^{-6}} = 3.144 \times 10^6\text{psi} \qquad \text{(d)}$$

수직탄성계수 E는 식 (4.8)에 의하여 다음 식 (e)와 같이 구해진다

$$\begin{aligned} E &= 2G(1+\nu) \qquad \text{(e)} \\ &= 3.144 \times 2 \times (1+0.3) \times 10^6 \\ &= 8.174 \times 10^6\text{psi} \end{aligned}$$

4.3 평면응력과 주응력 및 최대전단응력

하중을 받는 실제 구조물에 작용하는 응력상태는 앞에서 설명한 바와 같이 3차원적으로 응력이 작용됨을 알 수 있었다. 그러나 축방향으로 작용되는 하중을 받는 봉재와 비틀림을 받는 원형단면봉과 같은 경우는 단지 그림 4.11과 같이 x 및 y 축 방향에 대한 응력만이 고려될 수 있다. 이러한 응력상태를 평면응력(plane stress)상태라고 한다. 즉, z방향의 응력 $\sigma_z = 0$, $\tau_{xz} = 0$ 및 $\tau_{yz} = 0$인 상태를 의미한다.

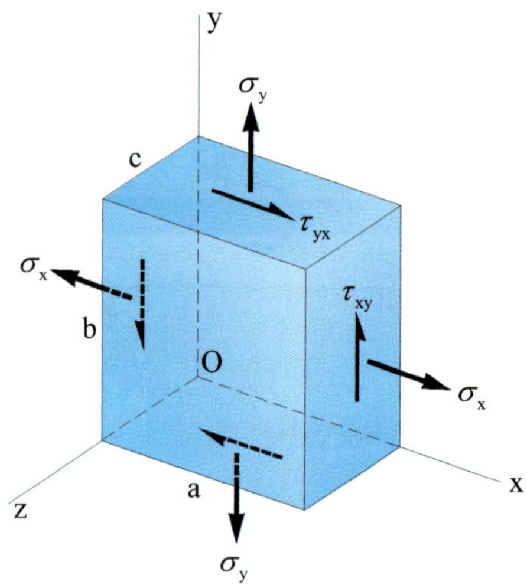

그림 4.11

그림 4.11에서 τ_{xy}와 τ_{yx}의 관계를 살펴보기 위하여 이들 응력에 의한 원점 O에 대한 모멘트를 구해보면 다음과 같다.

$$\tau_{yx}(ac) \times b - \tau_{xy}(bc) \times a = 0$$

따라서, 전단응력은 다음 식 (4.9)와 같이 된다.

$$\tau_{xy} = \tau_{yx} \tag{4.9}$$

그림 4.11과 같은 평면응력 상태를 단순히 나타내어 그림 4.12 (a)와 같이 표시하고 이들 응력이 작용하는 경우에 단면의 위치를 각도 θ만큼 회전한 그림 4.12 (b)와 같은 경사단면에 작용되는 응력 σ_θ와 τ_θ를 구해보기로 한다.

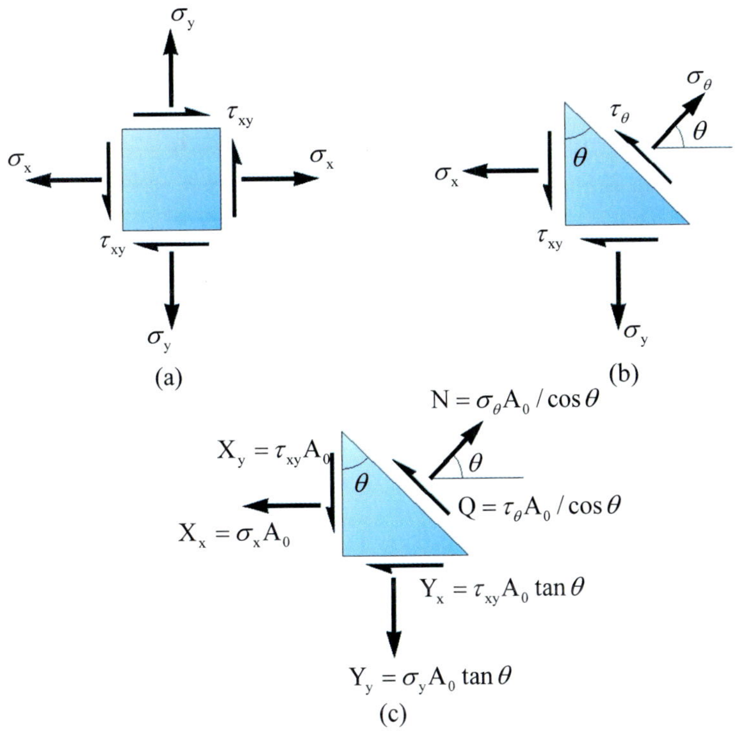

그림 4.12

그림 4.12 (c)는 그림 4.12 (b)의 응력 상태를 힘으로 표시한 것이다. 그림 4.12 (c)에서 경사면에 대한 힘의 평형을 고려하면 힘 N과 Q는 각각 다음 식 (4.10)과 (4.11)과 같이 된다.

$$N = X_x\cos\theta + X_y\sin\theta + Y_x\cos\theta + Y_y\sin\theta \tag{4.10}$$

$$Q = -X_x\sin\theta + X_y\cos\theta - Y_x\sin\theta + Y_y\cos\theta \tag{4.11}$$

식 (4.10)과 (4.11)의 N, Q, X_x, X_y 및 Y_x, Y_y에 각각 그림 4.12 (c)의 응력 값들을 대입하면 다음 식 (a)와 (b)가 얻어진다.

$$\sigma_\theta \frac{A_0}{\cos\theta} = \sigma_x A_0\cos\theta + \tau_{xy}A_0\sin\theta + \tau_{xy}A_0\tan\theta\cos\theta + \sigma_y A_0\tan\theta\sin\theta \tag{a}$$

$$\tau_\theta \frac{A_0}{\cos\theta} = -\sigma_x A_0\sin\theta + \tau_{xy}A_0\cos\theta - \tau_{xy}A_0\tan\theta\sin\theta + \sigma_y A_0\tan\theta\cos\theta \tag{b}$$

식 (a)와 (b)를 정돈하여 경사면의 수직 및 전단응력 σ_θ와 τ_θ는 각각 다음 식 (4.12) 및

(4.13)과 같이 된다.

$$\sigma_\theta = \sigma_x \cos^2\theta + \sigma_y \sin^2\theta + 2\tau_{xy} \sin\theta \cos\theta \tag{4.12}$$

$$\tau_\theta = -(\sigma_x - \sigma_y)\sin\theta\cos\theta + \tau_{xy}(\cos^2\theta - \sin^2\theta) \tag{4.13}$$

한편, 삼각함수 관계식을 정리하면 다음과 같다.

$$\cos 2\theta = \cos^2\theta - \sin^2\theta$$

$$\sin 2\theta = 2\sin\theta\cos\theta$$

$$\cos^2\theta = \frac{1}{2}(1 + \cos 2\theta)$$

$$\sin^2\theta = \frac{1}{2}(1 - \cos 2\theta)$$

식 (4.12)와 (4.13)을 위의 삼각함수 관계식을 이용하여 다시 적으면 다음 식 (4.14)와 (4.15)와 같이 쓸 수 있다.

$$\sigma_{x'} = \sigma_\theta = \frac{\sigma_x + \sigma_y}{2} + \frac{\sigma_x - \sigma_y}{2}\cos 2\theta + \tau_{xy}\sin 2\theta \tag{4.14}$$

$$\tau_{x'y'} = \tau_\theta = -\frac{\sigma_x - \sigma_y}{2}\sin 2\theta + \tau_{xy}\cos 2\theta \tag{4.15}$$

식 (4.14)와 (4.15)에 의하면 그림 4.13 (a)와 같이 각도 θ만큼 회전시킨 축을 x', y'라고 할 때, 경사면의 응력 $\sigma_{x'}$, 즉 σ_θ와 $\tau_{x'y'}$, 즉 τ_θ는 단면의 회전각 θ의 함수임을 알 수 있다.

다시 회전면을 θ보다 90° 더 회전시킨 y', 즉 θ'면에 대한 응력 $\sigma_{y'}$, 즉 σ_θ'와 $\tau_{x'y'}$, 즉 τ_θ'는 식 (4.14)와 (4.15)의 θ 대신 $\theta + 90°$를 대입하여 구하면 다음 식 (4.16) 및 (4.17)과 같이 된다.

$$\sigma_\theta' = \frac{\sigma_x + \sigma_y}{2} - \frac{\sigma_x - \sigma_y}{2}\cos 2\theta - \tau_{xy}\sin 2\theta \tag{4.16}$$

$$\tau'_\theta = \frac{\sigma_x - \sigma_y}{2}\sin 2\theta - \tau_{xy}\cos 2\theta = -\tau_\theta \tag{4.17}$$

따라서, 그림 4.13 (a)의 평면응력 상태에 대해 각 θ만큼 회전한 단면들의 각 면의 응력을 그림 4.13 (b)와 같이 구할 수 있다.

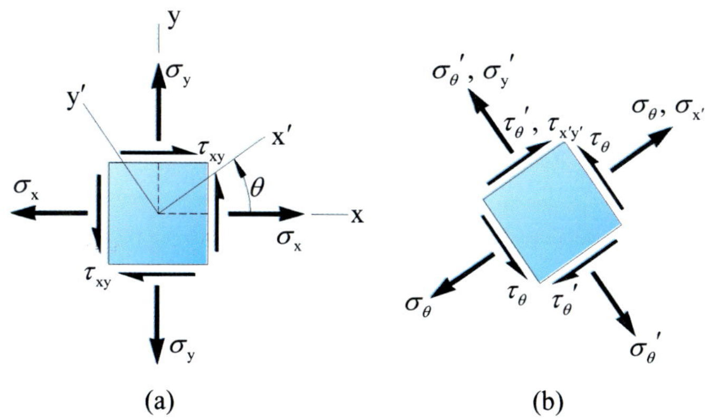

그림 4.13

식 (4.17)에 의하면 $\tau_\theta' = -\tau_\theta$가 됨은 전단응력의 성질에도 맞음을 보이고 있다. 즉 그림 4.13 (b)와 같이 인접한 면에서 전단응력의 방향이 다른 것을 나타내고 있다. 따라서, 경사면의 전단응력에 대해서는 별도로 계산하여 구할 필요 없이 θ만을 회전한 단면에 대한 전단응력을 식 (4.15)에 의하여 구하여 각 단면에 대해 방향을 고려하여 표시하면 된다.

수직응력의 성격을 파악하기 위하여 식 (4.14)와 식 (4.16)을 서로 더해보면 다음 식 (4.18)를 얻을 수 있다.

$$\sigma_\theta + \sigma_\theta' = \sigma_x + \sigma_y \tag{4.18}$$

식 (4.18)에 의하면 응력요소의 직교면상의 수직응력의 합은 어떠한 회전면에 대해서도 같음을 의미한다. 이 식 (4.18)은 수직응력의 성격을 파악하거나 회전한 단면에서 수직응력을 계산하고자 할 때 편리하게 이용될 수 있는 식이다.

이제 관심을 가져볼 일은 경사단면의 수직응력과 전단응력이 최대가 되는 단면이 어디가 될 것인가 하는 것이다. 왜냐하면 실제 하중을 그림 4.11과 같이 σ_x, σ_y 및 τ_{xy}의 응력들이 작용하는 경우 이 구조물이 파손에 이르도록 하중이 증가되어 진다면, 어떻게 파손되어 질 것인가 하는 문제는 설계하는 기술자에게는 매우 중요한 문제가 된다. 지금까지는 단축응력에 관한 문제만 다루었기에 실제로 단축응력에서 수직응력이 최대로 걸리는 단면은 σ_x가 작용하는 면이었다. 그러나 그림 4.11과 같이 여러 하중이 걸리는 경우는 수직응력이 최대가 되는 면은 σ_x가 작용하는 면이나 σ_y가 작용하는 면이 아니라는 것을 직감적으로 알 수 있다. 또한 최대 전단응력이 작용하는 면 또한 같은 방법으로 생각하여야 할 것이다.

특히, 이와 같이 수직응력이 최대가 되는 면을 주면 또는 주평면(principal plane)이라 하고 이 면의 최대의 수직응력을 주응력(principal stress)이라 한다. 식 (4.14)와 같이 표현되는 식에서 σ_θ의 최대값은 주응력이고 이 주응력이 되는 σ_θ의 최대값은 식 (4.14)를 θ로 미분한 $\frac{d\sigma_\theta}{d\theta}$가 0이 되는 경우에 해당되는 σ_θ의 값이며, 그 때의 경사면 θ_p를 주평면이라 하고 여기서 구해진 최대응력인 주응력을 σ_1으로 표시한다.

즉,

$$\frac{d\sigma_\theta}{d\theta} = -(\sigma_x - \sigma_y)\sin 2\theta_p + 2\tau_{xy}\cos 2\theta_p = 0$$

따라서, 주평면의 관계식은 다음 식 (4.19)와 같이 된다.

$$\tan 2\theta_p = \frac{\tau_{xy}}{\frac{\sigma_x - \sigma_y}{2}}$$

또는

$$\theta_p = \frac{1}{2}\tan^{-1}\left(\frac{\tau_{xy}}{\frac{\sigma_x - \sigma_y}{2}}\right) \tag{4.19}$$

식 (4.19)의 θ_p의 값을 식 (4.14)의 θ에 대입하면 주응력 σ_1이 계산된다. 그리고 인접한 면인 θ'면의 주응력은 이 θ_p를 식 (4.16)에 대입하면 인접한 면의 제 2의 주응력인 σ_2가 구해진다. 즉, σ_1과 σ_2는 각각 다음 식 (4.20)과 (4.21)과 같이 쓸 수 있다.

$$\sigma_1 = \frac{\sigma_x + \sigma_y}{2} + \frac{\sigma_x - \sigma_y}{2}\cos 2\theta_p + \tau_{xy}\sin 2\theta_p \tag{4.20}$$

$$\sigma_2 = \frac{\sigma_x + \sigma_y}{2} - \frac{\sigma_x - \sigma_y}{2}\cos 2\theta_p - \tau_{xy}\sin 2\theta_p \tag{4.21}$$

주응력은 식 (4.20)과 (4.21)에서 구할 수 있지만 이들을 직접 다른 방법으로 계산해보기로 한다. 식 (4.19)에 대해 삼각함수의 공식을 이용하기 위하여 그림 4.14를 생각할 수 있다. 즉,

$\tan 2\theta_p = \dfrac{\tau_{xy}}{\dfrac{\sigma_x - \sigma_y}{2}}$ 이므로 밑변을 $\dfrac{\sigma_x - \sigma_y}{2}$ 로 하고 높이를 τ_{xy}로 하면 그 빗변은 $\sqrt{(\dfrac{\sigma_x - \sigma_y}{2})^2 + \tau_{xy}^2}$ 이 된다.

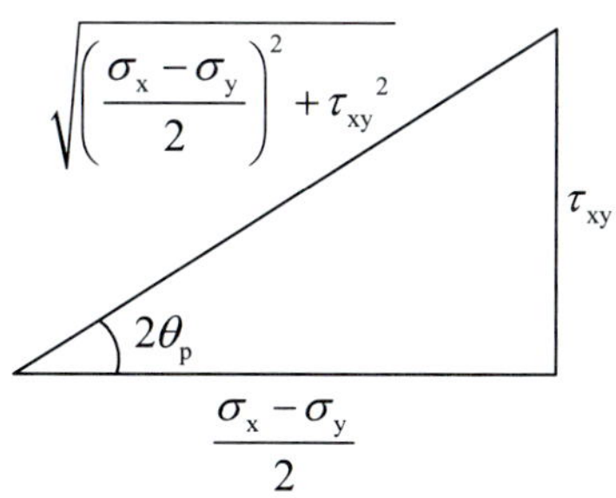

그림 4.14

따라서, 그림 4.14에 의하여 $\cos 2\theta_p$와 $\sin 2\theta_p$를 구하면 각각 다음 식 (4.22)와 (4.23)과 같이 된다.

$$\cos 2\theta_p = \frac{\dfrac{\sigma_x - \sigma_y}{2}}{\sqrt{(\dfrac{\sigma_x - \sigma_y}{2})^2 + \tau_{xy}^2}} \tag{4.22}$$

$$\sin 2\theta_p = \frac{\tau_{xy}}{\sqrt{(\dfrac{\sigma_x - \sigma_y}{2})^2 + \tau_{xy}^2}} \tag{4.23}$$

식 (4.22)와 (4.23)을 식 (4.20)과 (4.21)에 대입하여 주응력인 σ_1과 σ_2를 구하면 다음 식 (4.24)와 같이 된다.

$$\sigma_1 = \frac{\sigma_x + \sigma_y}{2} + \sqrt{(\frac{\sigma_x - \sigma_y}{2})^2 + \tau_{xy}^2} \tag{4.24}$$

$$\sigma_2 = \frac{\sigma_x + \sigma_y}{2} - \sqrt{(\frac{\sigma_x - \sigma_y}{2})^2 + \tau_{xy}^2}$$

이제 $\theta=\theta_p$에서 전단응력이 어떻게 되는가를 살펴보기로 한다. 식 (4.22)와 식 (4.23)을 식 (4.15)에 대입하면 $\tau_\theta=0$이 됨을 알 수 있다. 그리고 주목할 것은 σ_θ를 θ로 미분하여 구해진 식이 전단응력의 식과 일치됨을 알 수 있어 역시 $\theta=\theta_p$인 주평면에서는 전단응력이 0이 됨을 알 수 있고 이것은 앞의 단축응력에서도 고려되었던 일이다. 즉, 수직응력이 최대가 되는 곳에서는 전단응력이 0이 됨을 알 수 있다. 그리고 식 (4.18)에서 밝혔던 수직응력의 합은 식 (4.24)에서도 확인할 수 있다.

즉, $\sigma_1+\sigma_2=\sigma_x+\sigma_y$이다.

그림 4.15 (a)와 같은 평면응력 상태에 관한 주응력 관계를 그림으로 나타내면 다음 그림 4.15 (b)에서 확인할 수 있다.

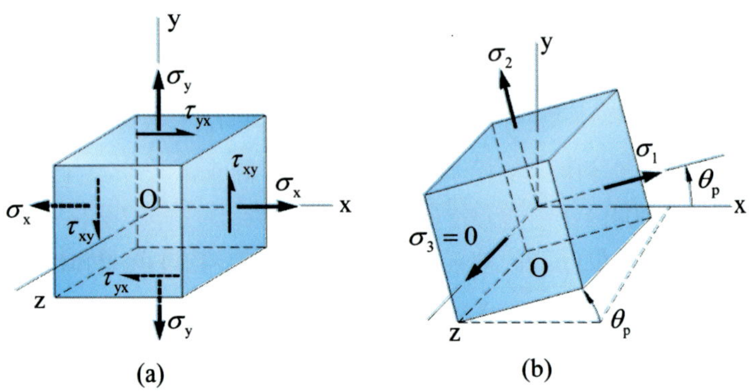

그림 4.15

그렇다면 전단응력이 최대가 되는 면은 어디일까? 같은 방법으로 식 (4.15)를 θ로 미분한 $\frac{d\tau_\theta}{d\theta}$를 0으로 하여 구할 수 있는 그 때의 경사각을 θ_S로 표시하기로 한다.

$$\frac{d\tau_\theta}{d\theta}=-(\sigma_x-\sigma_y)\cos 2\theta_S-2\tau_{xy}\sin 2\theta_S=0$$

즉, 최대전단응력 평면인 θ_S는 다음 식 (4.25)와 같이 된다.

$$\tan 2\theta_S=-\frac{\frac{\sigma_x-\sigma_y}{2}}{\tau_{xy}}$$

또는

$$\theta_S = \frac{1}{2}\tan^{-1}\left(-\frac{\frac{\sigma_x - \sigma_y}{2}}{\tau_{xy}}\right) \tag{4.25}$$

식 (4.25)의 θ_S의 값을 식 (4.15)에 대입하면 최대전단응력인 $\tau_{\theta max}$이 구해지고 이 때의 수직응력은 식 (4.14)에 대입하여 σ_{θ_S}를 구할 수 있다.

수직응력에서와 같은 방법으로 삼각함수를 이용하여 $\tau_{\theta max}$와 σ_{θ_S}를 구해보기로 한다. 식 (4.25)를 이용하여 삼각형을 그리면 다음 그림 4.16과 같이 된다.

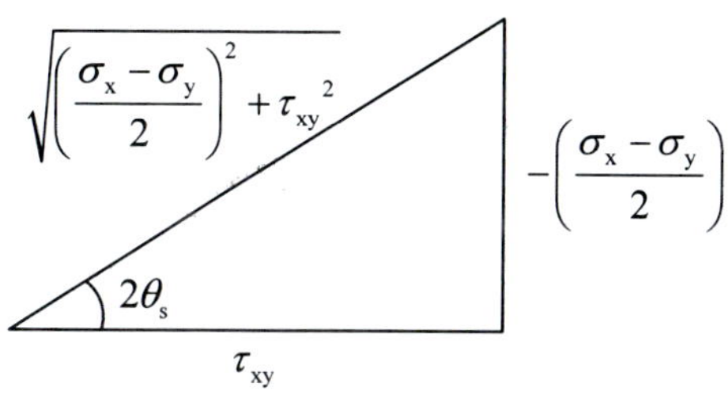

그림 4.16

그림 4.16에 의하면 $\cos 2\theta_S$와 $\sin 2\theta_S$는 다음 식 (4.26)과 같다.

$$\cos 2\theta_S = \frac{\tau_{xy}}{\sqrt{(\frac{\sigma_x - \sigma_y}{2})^2 + \tau_{xy}^2}} \tag{4.26}$$

$$\sin 2\theta_p = \frac{-(\frac{\sigma_x - \sigma_y}{2})}{\sqrt{(\frac{\sigma_x - \sigma_y}{2})^2 + \tau_{xy}^2}}$$

식 (4.26)을 식 (4.15)에 대입하면 최대 전단응력 $\tau_{\theta max}$이 다음 식 (4.27)과 같이 된다.

$$\tau_{\theta max} = \sqrt{(\frac{\sigma_x - \sigma_y}{2})^2 + \tau_{xy}^2} \tag{4.27}$$

그리고 식 (4.26)을 식 (4.14)에 대입하면 이 경사면에서의 수직응력은 다음 식 (4.28)과 같이 되고 이는 수직응력의 평균값 σ_{aver}가 됨을 알 수 있다.

$$\sigma_{\theta})_{\theta=\theta_S} = \frac{\sigma_x + \sigma_y}{2} = \sigma_{aver} \tag{4.28}$$

그런데, 식 (4.19)와 (4.25)를 주목해 보면 다음 식 (4.29)가 성립됨을 알 수 있다.

$$\tan 2\theta_p = -\cot 2\theta_S \tag{4.29}$$

식 (4.29)는 3각함수의 관계로부터 $2\theta_p = 2\theta_S \pm 90°$의 관계가 있음을 알 수 있으므로 최대전단면 θ_S는 주평면 θ_p만 구해도 자동적으로 구해짐을 식 (4.29)로부터 알게 되고 그 관계는 다음 식 (4.30)과 같다.

$$\theta_S = \theta_p \pm 45° \tag{4.30}$$

한편, 식 (4.27)의 최대전단응력 τ_{max}은 식 (4.24)에서 구한 주응력 σ_1과 σ_2의 차의 절반으로 다음 식 (4.31)과 같이 구할 수 있다.

$$\tau_{max} = \frac{\sigma_1 - \sigma_2}{2} \tag{4.31}$$

따라서, 식 (4.30)과 (4.31)에 의하면 주평면과 주응력만 구하면 최대전단응력은 따로 구할 필요 없이 계산되어짐을 알 수 있다. 차후에 3차원 응력이나 3축 응력에 대해서도 각 면에 대한 최대전단응력과 최대전단작용면도 식 (4.30)과 식 (4.31)에 의하여 각각 구해짐을 확인할 수 있을 것이다.

[예제 4-3] 구조물의 한 점에서의 평면응력 상태가 그림 4.17 (a)와 같이 $\sigma_x = 30\text{MPa}$, $\sigma_y = 18\text{MPa}$ 그리고 $\tau_{xy} = 6\text{MPa}$이라고 한다. 다음을 구하라.

(1) 주응력 σ_1 및 σ_2와 주평면 θ_p

(2) 최대전단응력 τ_{max}과 최대전단응력이 작용하는 면 θ_S

(풀이)

$\sigma_x = 30\text{MPa}$, $\sigma_y = 18\text{MPa}$ 그리고 $\tau_{xy} = 6\text{MPa}$ 이므로 식 (4.19)로부터 주평면 θ_p는 다음 식 (a)와 같다

$$\theta_p = \frac{1}{2}\tan^{-1}\left(\frac{6}{\frac{30-18}{2}}\right) = \frac{1}{2}\times 45° = 22.5° \qquad \text{(a)}$$

식 (4.24)로부터 주응력 σ_1, σ_2는 다음 식 (b)와 같다

$$\sigma_{1,2} = \frac{30+18}{2} \pm \sqrt{\left(\frac{30-18}{2}\right)^2 + 6^2} = 24 \pm (8.49) \qquad \text{(b)}$$

$$= 32.49,\ 15.51\,(\text{MPa})$$

식 (4.25) 또는 식 (4.30)으로부터 다음 식 (c)를 얻는다

$$\theta_S = \frac{1}{2}\tan^{-1}\left(-\frac{\frac{30-18}{2}}{6}\right) = \frac{1}{2}\tan^{-1}(-1) = -22.5° \qquad \text{(c)}$$

또는 $\theta_S = \theta_p + 45° = 67.5°$ 또는 $-22.5°$

식 (4.27) 또는 (4.31)로부터 다음 식 (d)가 구해진다

$$\tau_{max} = \sqrt{(\frac{\sigma_x - \sigma_y}{2})^2 + \tau_{xy}^2} = \frac{\sigma_1 - \sigma_2}{2} = 8.49\ \text{MPa} \qquad \text{(d)}$$

식 (4.28)로부터 평균응력 σ_{aver}는 다음 식 (e)와 같다

$$\sigma_{aver} = \frac{30+18}{2} = 24\ \text{MPa} \qquad \text{(e)}$$

그리고 주응력과 주평면 및 최대전단응력과 최대전단면은 각각 그림 4.17 (b)와 (c)에 표시하였다.

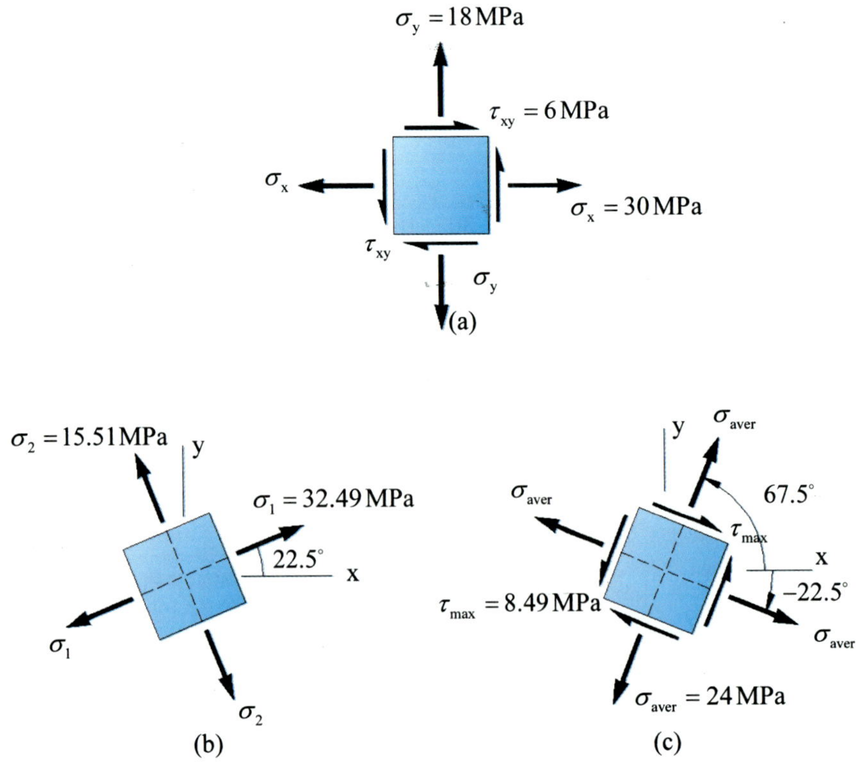

그림 4.17

Mohr 원

회전한 단면에 대한 응력인 식 (4.14)와 식 (4.15)를 회전각 θ에 대한 그래프를 그려보기로 하자. 식 (4.14)와 식 (4.15)를 다시 적으면 다음 식 (a), (b)와 같다.

$$\sigma_\theta = \frac{\sigma_x + \sigma_y}{2} + \frac{\sigma_x - \sigma_y}{2}\cos 2\theta + \tau_{xy}\sin 2\theta \qquad \text{(a)}$$

$$\tau_\theta = -\frac{\sigma_x - \sigma_y}{2}\sin 2\theta + \tau_{xy}\cos 2\theta \qquad \text{(b)}$$

식 (a)와 (b)는 σ_θ와 τ_θ가 단면의 회전각 θ의 함수임을 알 수 있다. 그리고 두 식은 $\cos 2\theta$와 $\sin 2\theta$를 포함하고 있으므로 삼각함수식인 다음 식 (c)의 형태로 만들어 볼 수 있다.

$$\sin^2 2\theta + \cos^2 2\theta = 1 \tag{c}$$

식 (a)와 (b)를 식 (c)의 형태로 표시하기 위하여 식 (a)를 다음 식 (d)와 같이 다시 쓴다.

$$\sigma_\theta - \frac{\sigma_x + \sigma_y}{2} = \frac{\sigma_x - \sigma_y}{2}\cos 2\theta + \tau_{xy}\sin 2\theta \tag{d}$$

식 (d)와 식 (b)의 양변을 각각 제곱하여 두 식을 더해보면 다음 식 (e)가 구해진다.

$$\left(\sigma_\theta - \frac{\sigma_x + \sigma_y}{2}\right)^2 + \tau_\theta^2 = \left\{\left(\frac{\sigma_x - \sigma_y}{2}\right)^2 + \tau_{xy}^2\right\}(\cos^2 2\theta + \sin^2 2\theta) \tag{e}$$

식 (e)는 식 (c)에 의하여 다음 식 (f)와 같이 표시된다.

$$(\sigma_\theta - \frac{\sigma_x + \sigma_y}{2})^2 + \tau_\theta^2 = \left(\sqrt{(\frac{\sigma_x - \sigma_y}{2})^2 + \tau_{xy}^2}\right)^2 \tag{f}$$

식(f)는 좌표축을 수직응력 σ와 전단응력 τ로 했을 때 중심이 $\left(\frac{\sigma_x + \sigma_y}{2},\ 0\right)$이고 반지름이 $\sqrt{\left(\frac{\sigma_x - \sigma_y}{2}\right)^2 + \tau_{xy}^2}$ 인 원의 방정식이 된다. 이 원을 평면응력에 대한 Mohr 원이라 하고, 평면응력을 해석하는 경우 많은 식들을 이용하는 번거로움이 없이 간단하게 주응력과 수평면 및 최대전단응력 등을 해석할 수 있다.

먼저, 그림 4.18 (a)와 같이 응력이 작용하는 경우에 이를 해석하기 위하여 Mohr 원을 그려보기로 한다.

(1) 그림 4.18 (b)의 수평축을 수직응력 σ축으로 하고 수직축을 전단응력 τ축으로 한다.

(2) 수평축에 σ_x와 $\sigma_y(\sigma_x > \sigma_y)$의 값의 위치를 정한 후 평균응력인 $\frac{\sigma_x + \sigma_y}{2}$, 즉, 그림 4.18 (b)의 σ_x와 σ_y의 중점 O′를 정한다.

(3) 수직축인 전단응력 축은 아랫방향을 +로 하고 윗방향을 −로 잡는다.

(4) $\theta = 0°$인 면, 즉, σ_x와 τ_{xy}가 작용하는 면에 대해 좌표 $(\sigma_x,\ \tau_{xy})$의 점 A를 잡고 $\theta = 90°$인 면, 즉, σ_y와 $\tau_{yx}(=-\tau_{xy})$가 작용하는 면에 대한 좌표 $(\sigma_y,\ -\tau_{xy})$의 점 B를 잡는다.

(5) 점 A와 B를 연결하면 이점은 그림 4.18 (b)와 같이 원의 중점 O′를 통과한다.

(6) 그림 4.18 (b)와 같이 중점 O′를 중심으로 하고 반지름 O′A 또는 O′B로 하여 원을 그리면 이 원이 Mohr 원이 된다.

그림 4.18 (b)에서 알 수 있듯이 반지름 R인 $\overline{AO'}$ 및 $\overline{O'B}$는 다음 식 (g)와 같다.

$$R = \overline{AO'} = \overline{O'B} = \sqrt{(\overline{O'G})^2 + (\overline{AG})^2} \tag{g}$$

그림 4.18 (b)에서 $\overline{O'G}$는 다음 식 (h)와 같다.

$$\overline{O'G} = \overline{OG} - \overline{OO'} = \sigma_x - \frac{\sigma_x + \sigma_y}{2} = \frac{\sigma_x - \sigma_y}{2} \tag{h}$$

한편, $\overline{AG}$는 τ_{xy}로서 다음 식 (i)로 표시한다.

$$\overline{AG} = \tau_{xy} \tag{i}$$

(b)와 (c)를 (a)에 대입하면 반지름 R는 다음 식 (j)로 된다.

$$R = \sqrt{\left(\frac{\sigma_x - \sigma_y}{2}\right)^2 + \tau_{xy}^2} \tag{j}$$

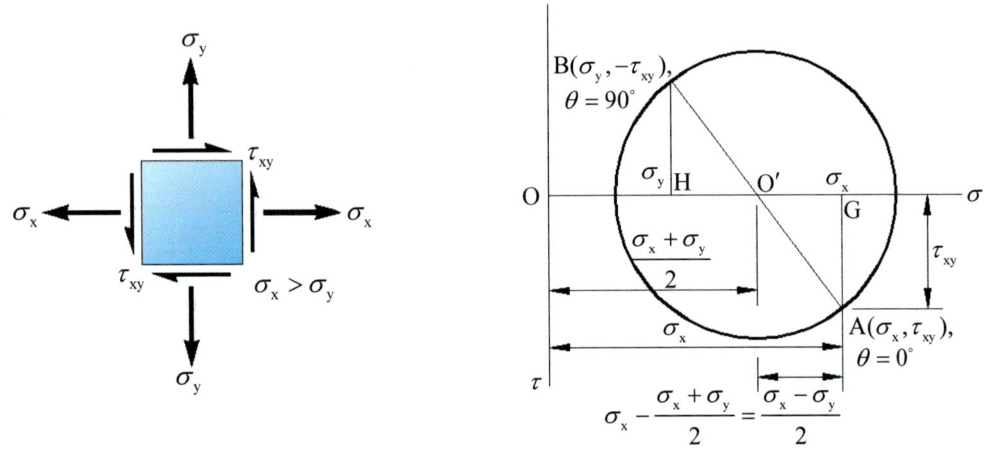

(a) (b)

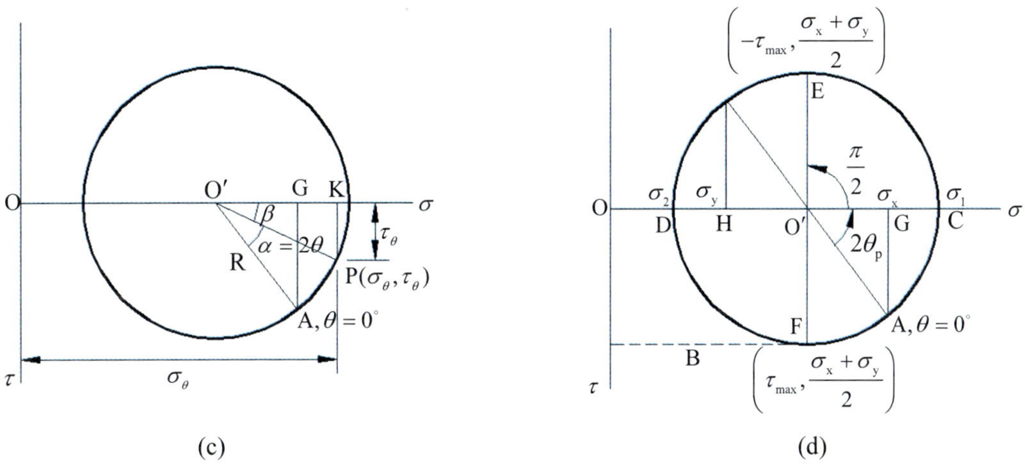

그림 4.18

이제, 이 Mohr 원을 이용하여 θ만큼 회전한 단면에서의 경사응력 σ_θ와 τ_θ를 찾아보기로 한다. Mohr 원의 원주 상의 한 점들의 좌표가 경사응력 σ_θ와 τ_θ이므로 그 값이 무엇을 의미하는 가를 알아볼 필요가 있다. 지금 그림 4.18 (b)의 A점은 $\theta = 0°$인 면에 작용하는 응력 σ_x와 τ_{xy}를 나타내고 있음을 이미 알고 있다. 이제 그림 4.18 (c)에서와 같이 Mohr 원 상에서 각 α만큼 양의 방향으로 진행한 점 P의 좌표가 $\sigma_\theta, \tau_\theta$이고 이 값의 의미를 살펴보기로 한다. 그림 (c)에서 알 수 있듯이 σ_θ는 $\overline{OK}$의 길이이고 τ_θ는 $\overline{KP}$임을 알 수 있다. 따라서 σ_θ와 τ_θ는 각각 다음 식 (k)와 (l)이 된다.

$$\sigma_\theta = \overline{OK} = \overline{OO'} + \overline{O'P}\cos\beta \qquad (k)$$

$$= \frac{\sigma_x + \sigma_y}{2} + R\cos\beta$$

$$\tau_\theta = \overline{KP} = R\sin\beta \qquad (l)$$

한편, 그림 (c)에 의하여 σ_x와 τ_{xy}를 표현하면 각각 다음 식(m)과 (n)이 된다.

$$\sigma_x = \overline{OG} = \frac{\sigma_x + \sigma_y}{2} + R\cos(\alpha + \beta) \qquad (m)$$

$$\tau_{xy} = \overline{GA} = R\sin(\alpha + \beta) \qquad (n)$$

또, 삼각함수 공식을 다음 식 (o)로 적는다.

$$\sin(\alpha+\beta) = \sin\alpha\cos\beta + \cos\alpha\sin\beta \tag{o}$$

$$\cos(\alpha+\beta) = \cos\alpha\cos\beta - \sin\alpha\sin\beta$$

식 (o)를 식 (m)와 (n)에 각각 대입하면 다음 식 (p)와 (q)를 얻는다

$$\frac{\sigma_x - \sigma_y}{2} = R\cos\alpha\cos\beta - R\sin\alpha\sin\beta \tag{p}$$

$$\tau_{xy} = R\sin\alpha\cos\beta + R\cos\alpha\sin\beta \tag{q}$$

이제 식 (k) 및 (l)에 포함되어 있는 $R\sin\beta$와 $R\cos\beta$를 구하기 위하여 식 (p)와 (q)를 이용하기로 한다. 먼저 식 (p)에 $\cos\alpha$를 곱하고 식 (q)에 $\sin\alpha$를 곱해서 서로 더하게 되면 다음 식 (r)을 얻는다.

$$\left(\frac{\sigma_x - \sigma_y}{2}\right)\cos\alpha + \tau_{xy}\sin\alpha = R\cos\beta \tag{r}$$

그리고 식 (p)에 $\sin\alpha$를 곱하고 식 (q)에 $\cos\alpha$를 곱하여 서로 빼게 되면 다음 식 (s)를 얻는다.

$$\left(\frac{\sigma_x - \sigma_y}{2}\right)\sin\alpha - \tau_{xy}\cos\alpha = -R\sin\beta \tag{s}$$

식 (k) 및 (l)과 식 (r) 및 (s)를 비교하면 다음 식 (t)와 (u)가 구해진다.

$$\sigma_\theta = \frac{\sigma_x + \sigma_y}{2} + R\cos\beta = \frac{\sigma_x + \sigma_y}{2} + \left(\frac{\sigma_x - \sigma_y}{2}\right)\cos\alpha + \tau_{xy}\sin\alpha \tag{t}$$

$$\tau_\theta = R\sin\beta = -\left(\frac{\sigma_x - \sigma_y}{2}\right)\sin\alpha + \tau_{xy}\cos\alpha \tag{u}$$

식 (t), (u)를 식 (4.14) 및 (4.15)와 비교해보면 $\alpha = 2\theta$임을 알 수 있다. 따라서, 실제 응력이 작용하는 미소응력요소에서 단면을 θ만큼 회전시키는 경사단면에 대한 응력 σ_θ와 τ_θ를 Mohr 원에서 구하기 위해서는 그림 4.18 (c)에서와 같이 2θ만큼 회전하여 얻어지는 좌표 P의 좌표값 σ_θ와 τ_θ가 그 경사단면에서의 수직응력과 전단응력이 됨을 알 수 있다. 동시에 수직축인 전단응력축의 양의 방향을 아랫방향으로 취한 것도 4.1절에서 정의한 응력의 방향과 회전단면

의 회전각 방향을 모두 일치시키기 위한 조건이었음을 알 수 있을 것이다.

이제 그림 4.18 (d)를 이용하여 주응력과 주평면 및 최대전단응력을 구해 보기로 한다. 그림 4.18 (d)에 의하면 수직응력 σ_θ가 최대 또는 최소가 되는 점은 C 및 D가 됨을 알 수 있으며, 이 C 및 D점의 좌표는 ($\sigma_{\theta C}$, 0) 및 ($\sigma_{\theta D}$, 0)가 되고 이 때 이 수직응력의 값이 σ_1 및 σ_2가 되며 그 값은 다음 식 (v), (w)으로 표시된다.

$$\sigma_1 = \overline{OC} = \overline{O'O} + R = \frac{\sigma_x + \sigma_y}{2} + \sqrt{\left(\frac{\sigma_x - \sigma_y}{2}\right)^2 + \tau_{xy}^2} \tag{v}$$

$$\sigma_2 = \overline{OD} = \overline{O'O} - R = \frac{\sigma_x + \sigma_y}{2} - \sqrt{\left(\frac{\sigma_x - \sigma_y}{2}\right)^2 + \tau_{xy}^2} \tag{w}$$

식 (v), (w)는 식 (4.24)와 일치함을 알 수 있다.

또한, 주평면을 결정하는 각 $2\theta_p$는 다음 식 (x)와 같다.

$$\tan 2\theta_p = \frac{\overline{AG}}{\overline{O'G}} = \frac{\tau_{xy}}{\dfrac{\sigma_x - \sigma_y}{2}} \tag{x}$$

식 (x)는 식 (4.19)와 같다.

최대전단응력은 그림 4.18 (d)의 점 E와 F가 됨을 알 수 있다. 따라서, τ_{max}은 다음 식 (y)와 같다.

$$\tau_{max} = \overline{O'F} = -\overline{O'E} = R = \sqrt{\left(\frac{\sigma_x - \sigma_y}{2}\right)^2 + \tau_{xy}^2} \tag{y}$$

즉, 식 (y)는 식 (4.27)과 같게 된다.

한편, 그림 4.18 (d)에서 볼 때 최대 전단면은 다음 식 (z)와 같이 되어 식 (4.30)과 같다.

$$2\theta_S = 2\theta_p \pm \frac{\pi}{2} \quad 즉,\ \theta_S = \theta_p \pm 45° \tag{z}$$

또한, 점 E와 F인 최대전단면에서의 수직응력 값은 평균응력 σ_{aver}인 $\dfrac{\sigma_x + \sigma_y}{2}$가 됨을 알 수 있다.

[예제 4-4] 그림 4.19 (a)와 같이 미소응력요소에 작용하는 평면응력 $\sigma_x = \sigma_y = 20$MPa 및 $\tau_{xy} = 20$MPa인 경우 Mohr 원을 그리고 주응력 σ_1, σ_2 및 주평면 θ_p를 결정하라. 그리고 $\tau_{xy} = 0$이면 Mohr 원은 어떻게 되는가?

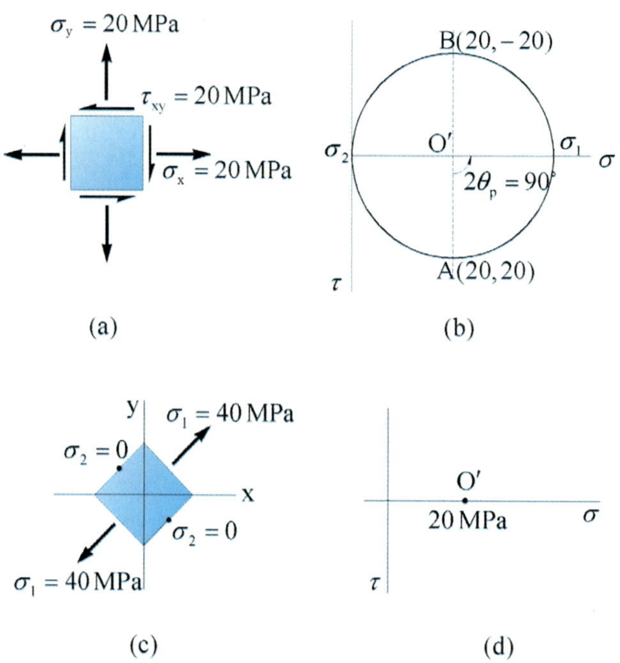

그림 4.19

(풀이)

Mohr원을 그리면 그림 4.19 (b)와 같고 반지름 R는 20ksi이며 주응력 σ_1은 40ksi, σ_2는 0이고 θ_p는 45°이다.

따라서, 이 45° 회전한 주평면의 응력은 그림 4.19 (c)와 같다.

그리고 $\tau_{xy} = 0$ 이면 Mohr 원도 그림 4.19 (d)와 같이 점으로 나타나며 그 위치는 점 O′에 위치한다. 그림 4.19 (d)와 같이 Mohr 원이 20MPa인 한 점으로 표시됨은 어떠한 회전 단면에서도 σ_θ와 σ_θ'는 일정한 수직응력 20MPa이 작용되고 전단응력 $\tau_\theta' = 0$이 됨을 의미한다.

4.4 평면응력 상태에서의 훅크의 법칙

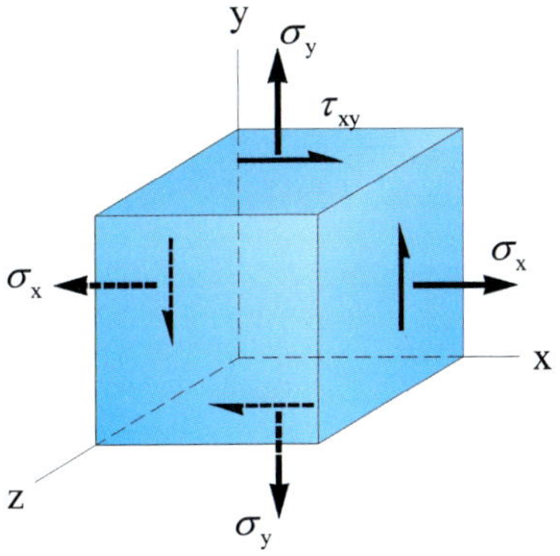

그림 4.20

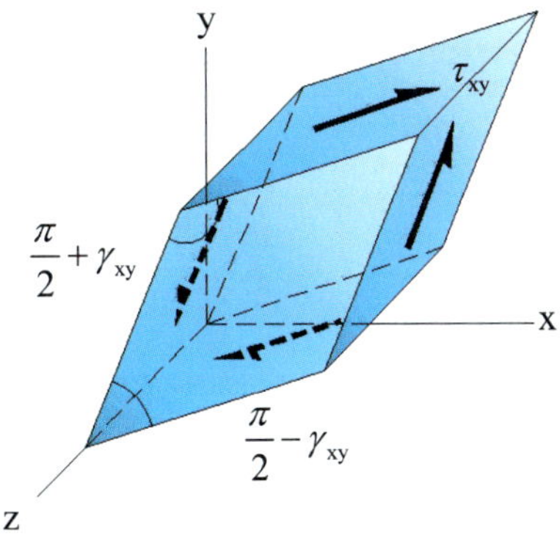

그림 4.21

그림 4.20과 같은 응력요소에 평면응력이 작용하는 경우에 대한 변형을 생각해보기로 한다. 이 요소에 작용하는 하중은 모두 탄성한계 내에 있다고 하며 재료는 균질하고 등방성이라고 하자.

먼저 x 방향으로의 변형률 ϵ_x를 고려해보면 x 방향의 응력 σ_x에 의한 변형 $\frac{\sigma_x}{E}$ 이외에도 y 방향으로 작용하는 응력 σ_y에 의하여 축소되는 변형률 $-\nu\frac{\sigma_y}{E}$가 작용되고 있음을 바로 알 수 있다. 따라서, x, y 및 z 방향으로 발생하는 변형률 ϵ_x, ϵ_y 및 ϵ_z는 다음 식 (4.32)와 같이 된다.

$$\epsilon_x = \frac{1}{E}(\sigma_x - \nu\sigma_y) \tag{4.32}$$

$$\epsilon_y = \frac{1}{E}(\sigma_y - \nu\sigma_x)$$

$$\epsilon_z = -\frac{\nu}{E}(\sigma_x + \sigma_y)$$

한편, 전단응력 τ_{xy}에 의해서는 그림 4.21과 같이 요소를 마름모꼴이 되도록 찌그러지게만 하고 길이의 변화는 없으며 직각이었던 모서리가 $\frac{\pi}{2}-\gamma_{xy}$ 또는 $\frac{\pi}{2}+\gamma_{xy}$로 된다. 이 때, 이 전단 변형률 γ_{xy}는 다음 식 (4.33)과 같음을 이미 공부하였다.

$$\gamma_{xy} = \frac{\tau_{xy}}{G} \tag{4.33}$$

그리고 식 (4.32)의 첫째 식과 둘째 식을 연립하여 σ_x와 σ_y에 대해서 풀어보면 다음 식 (4.34)와 같이 된다.

$$\sigma_x = \frac{E}{1-\nu^2}(\epsilon_x + \nu\epsilon_y) \tag{4.34}$$

$$\sigma_y = \frac{E}{1-\nu^2}(\epsilon_y + \nu\epsilon_x)$$

또한, 식 (4.33)에 의하여 전단응력을 구하면 다음 식 (4.35)와 같이 된다.

$$\tau_{xy} = G\gamma_{xy} \tag{4.35}$$

한편, 탄성계수 E와 G 사이는 식 (4.36)과 같음을 알고 있다.

$$G = \frac{E}{2(1+\nu)} \tag{4.36}$$

따라서, 3개의 탄성상수 E, G, ν는 식 (4.36)에 의하여 하나가 구속되어지므로 두 개만 서로 독립적임을 알 수 있다.

식 (4.32)에 의하면, 평면응력 상태에 있는 요소의 변형률이 알려지고 있다. 이것은 그림 1.16과 같은 단축응력 상태에서 이미 구하였지만, 그림 4.20의 평면응력 상태에 대해서도 그림 4.22와 같이 x, y, z 방향의 각 길이가 변하여지고 결과적으로 요소의 체적이 변화됨을 의미한다.

길이의 변화율과 마찬가지로 체적이 변화되는 경우 체적변형률, 즉 체적의 팽창률(dilatation)이나 수축률을 e라고 하며 이 e는 다음 식 (4.37)과 같이 다시 적는다.

$$e = \frac{\Delta V}{V_0} \tag{4.37}$$

여기서, V_0는 변형 전의 원래 체적이고 ΔV는 체적의 변화량 $V - V_0$이다.

이제, 그림 4.22와 같이 각 변의 길이 a, b, c였던 응력요소가 x, y, z의 각 방향으로 인장력을 받아 각 변의 길이가 a′, b′, c′로 되었다고 한다.

여기서 x, y, z 방향의 각각의 수직변형률이 ϵ_x, ϵ_y, ϵ_z이므로 변형 후의 길이 a′, b′, c′는 다음 식 (a)와 같이 표현된다.

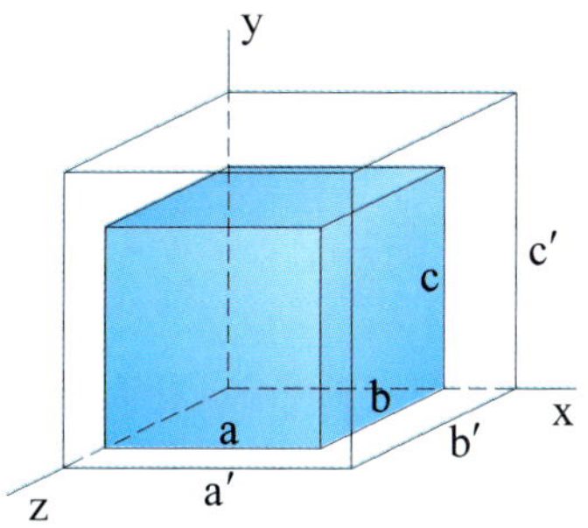

그림 4.22

$$a' = a(1+\epsilon_x) \tag{a}$$

$$b' = b(1+\epsilon_y)$$

$$c' = c(1+\epsilon_z)$$

따라서, 체적의 변화량 ΔV는 $V_0 = abc$이고 $V = a'b'c'$이므로 다음 식 (b)와 같이 된다.

$$\begin{aligned} \Delta V = V - V_0 &= a'b'c' - abc \\ &= a(1+\epsilon_x)b(1+\epsilon_y)c(1+\epsilon_z) - abc \\ &= abc(1+\epsilon_x)(1+\epsilon_y)(1+\epsilon_z) - abc \\ &= V_0(\epsilon_x + \epsilon_y + \epsilon_z + \epsilon_x\epsilon_y + \epsilon_y\epsilon_z + \epsilon_z\epsilon_x + \epsilon_x\epsilon_y\epsilon_z) \end{aligned} \tag{b}$$

ϵ_x, ϵ_y, ϵ_z가 작은 값이므로 2차항 이하를 생략하면 ΔV 는 다음 식 (c)와 같이 쓸 수 있다.

$$\Delta V = V_0(\epsilon_x + \epsilon_y + \epsilon_z) \tag{c}$$

따라서, 체적변형률 e는 식 (c)에 의하여 다음 식 (4.38)과 같이 된다.

$$e = \epsilon_x + \epsilon_y + \epsilon_z \tag{4.38}$$

재료가 탄성한계 내에 있어 훅크의 법칙을 만족하는 경우라면 식 (4.38)도 식 (4.32)에 의하여 평면응력 상태에서의 체적변형률 e가 다음 식 (4.39)와 같이 표현된다.

$$e = \frac{1-2\nu}{E}(\sigma_x + \sigma_y) \tag{4.39}$$

식 (4.39)와 식 (1.10)을 비교해 보면 체적 변형율 e에 대한 단축응력인 경우와 편면응력인 경우를 비교 할 수 있을 것이다.

평면응력 상태에 있는 구조물에 저장되는 변형에너지를 생각해보자. 단위체적당 축적되는 변형에너지, 즉 변형에너지밀도 u는 다음 식 (4.40)과 같다.

$$u = \frac{1}{2}(\sigma_x\epsilon_x + \sigma_y\epsilon_y + \tau_{xy}\gamma_{xy}) \tag{4.40}$$

식 (4.40)에 식 (4.34)와 (4.35)를 대입하여 탄성에너지밀도 u를 변형률로만 표현하면 다음 식 (4.41)과 같이 된다.

$$u = \frac{E}{2(1-\nu^2)}(\epsilon_x^2 + \epsilon_y^2 + 2\nu\epsilon_x\epsilon_y) + \frac{G}{2}\gamma_{xy}^2 \tag{4.41}$$

한편, 식 (4.40)에 식 (4.32)와 식 (4.33)을 대입하여 탄성에너지밀도 u를 응력항으로만 표시하면 다음 식 (4.42)와 같이 된다.

$$u = \frac{1}{2E}(\sigma_x^2 + \sigma_y^2 - 2\nu\sigma_x\sigma_y) + \frac{\tau_{xy}^2}{2G} \tag{4.42}$$

[예제 4-5] 두께 t가 1.5in이고 한 변의 길이 a가 8in인 정사각형의 알루미늄판이 그림 4.23와 같이 x 및 y 방향으로 각각 72kips와 24kips의 하중을 받고 있으며, 전단력 V가 19.2kips를 받고 있다고 한다. 이 판의 팽창률(delatation) e와 체적변화 ΔV를 구하고 판에 저장되는 전 변형에너지 U를 구하라.

단, 알루미늄판의 탄성계수 E는 10,600ksi이고 포와송비 ν는 0.33이다.

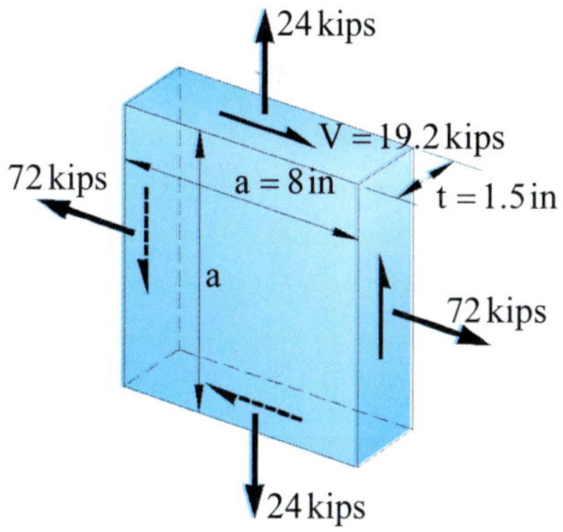

그림 4.23

(풀이)

응력 σ_x, σ_y, τ_{xy}를 구하면 다음 식 (a)와 같다

$$\sigma_x = \frac{P_x}{A_x} = \frac{72}{8 \times 1.5} = 6\text{ksi} \tag{a}$$
$$\sigma_y = \frac{P_y}{A_y} = \frac{24}{8 \times 1.5} = 2\text{ksi}$$
$$\tau_{xy} = \frac{V}{A_S} = \frac{19.2}{8 \times 1.5} = 1.6\text{ksi}$$

식 (4.39)에 의하여 판의 팽창률 e는 다음 식 (b)와 같다

$$e = \frac{1-2\nu}{E}(\sigma_x + \sigma_y) \tag{b}$$
$$= \frac{1-2\times 0.33}{10,600 \times 10^3}(6+2)\times 10^3 = 2.566 \times 10^{-4}$$

체적변화 ΔV는 식 (4.37)에 의하여 다음 식 (c)와 같다

$$\Delta V = e \times V_0 = 2.566 \times 10^{-6} \times (8 \times 8 \times 1.5) \tag{c}$$
$$= 0.0246\text{in}^3$$

변형에너지밀도는 식 (4.36)과 (4.42)에 의하여 다음 식 (d)와 같이 된다

$$u = \frac{1}{2E}(\sigma_x^2 + \sigma_y^2 - 2\nu\sigma_x\sigma_y) + \frac{\tau_{xy}^2}{2G} \tag{d}$$

$$= \frac{1}{2\times 10{,}600\times 10^3}\left[(6\times 10^3)^2 + (2\times 10^3)^2 - 2\times 0.33\times(6\times 10^3)\times(2\times 10^3)\right]$$

$$+ \frac{(1+0.33)\times(1.6\times 10^3)^2}{10{,}600\times 10^3}$$

$$= 1.8344\text{lb/in}^2$$

따라서, 판에 축적되는 전탄성에너지 U는 다음 식 (e)와 같다

$$U = u\times V = 1.8344\times(8\times 8\times 1.5) \tag{e}$$

$$= 176.1\,\text{lb}\cdot\text{in}$$

4.5 구조물에서의 평면변형

하중이 작용되고 있는 구조물에 변형이 발생하게 되는 것은 이미 잘 알고 있는 사실이다. 그리고 이러한 변형과 작용한 하중과의 관계도 앞에서 공부를 하였으며, 균질 등방성 재료에 대한 응력과 변형률의 관계인 Hooke의 법칙 또한 공부하였다.

구조물을 설계할 경우 간편성과 경제성을 고려하여 평면응력 문제로 또는 경우에 따라 평면변형문제로 취급한다. 이미 평면응력 문제의 해석은 앞 절에서 공부하였다. 평면응력에서와 마찬가지로 평면변형이란 변형이 한 평면에서만 일어남을 의미한다. 즉, 3차원 수직 및 전단변형률 중에서 ϵ_x, ϵ_y 및 γ_{xy}성분만 존재하고 ϵ_z나 γ_{xz} 및 γ_{yz} 성분이 존재하지 않는 경우를 평면변형 상태라고 하여 다음 식 (4.43)의 조건이 성립된다.

$$\epsilon_z = 0,\ \gamma_{xz} = 0,\ \gamma_{yz} = 0 \tag{4.43}$$

즉, 그림 4.24에서와 같이 x 및 y 방향으로의 변형과 xy평면에서의 전단변형만이 존재함을 의미한다. 특히, 스트레인 게이지를 이용하여 변형률을 측정하는 경우 스트레인 게이지의 특성에 의하여 스트레인 게이지는 그 부착된 방향에 관한 변형률만 측정되어지므로 원하는 특수한 방향의 변형률은 계산에 의해서 구해질 수가 있다.

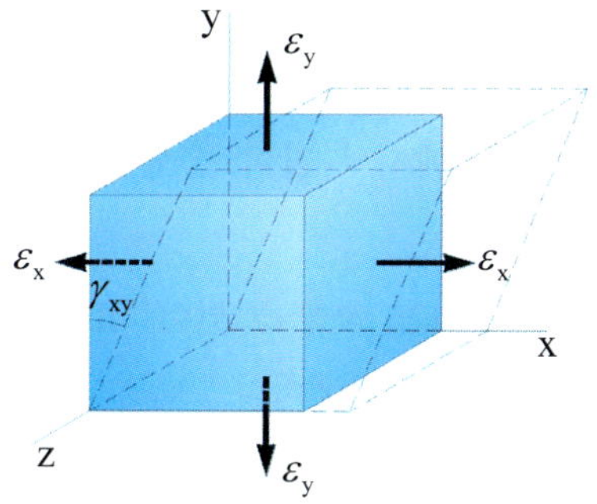

그림 4.24 평면변형상태

여러분들은 자칫 평면응력 상태와 평면변형 상태가 동시에 존재할 수 있을 것이라는 막연한 생각을 할 수 있는데 그렇지 않다. 왜냐하면 선형탄성재료의 평면응력 상태의 경우는 한 평면에만 작용하는 수직응력 σ_x 및 σ_y에 의하여 제3의 방향인 ϵ_z가 식 (4.32)의 Hooke의 법칙에 의하여 다음 식 (4.44)와 같이 표현됨을 알 수 있다.

$$\epsilon_z = -\frac{\nu}{E}(\sigma_x + \sigma_y) \tag{4.44}$$

이제, 평면변형 상태에 대해서는 $\epsilon_z = 0$가 유지되기 위해서는 제3의 방향인 z 방향으로 응력 σ_z가 존재해야 되는데, 식 (4.44)에 의하면 $E\epsilon_z = -\nu(\sigma_x + \sigma_y)$이므로 $\sigma_z = E\epsilon_z$의 반대방향인 다음 식 (4.45)의 z 방향의 응력 σ_z가 존재해야 한다.

$$\sigma_z = \nu(\sigma_x + \sigma_y) \tag{4.45}$$

선형탄성재료에 대하여 평면응력 상태와 평면변형 상태를 서로 비교하면 다음 표 4.1 과 같이 정리할 수 있다.

앞에서 지적한 바와 같이 하중을 받고 있는 구조물의 변형률을 조사하기 위해서는 일반적으로 스트레인 게이지를 많이 이용한다. 응력에서와 마찬가지로 변형률에서도 θ만큼 회전한 단면을 고려해 보기로 한다. 그런데 평면변형의 경우에는 z축 방향으로의 응력 σ_z가 존재하기 때문에 여러분은 그 영향을 우려할 수 있을 것이다. 그러나 이미 앞에서 최대전단응력을 구하기 위하여, 각 좌표축을 중심으로 회전하여 보았을 때 해당된 평면이 아닌 그 평면에 수직한 응력과 관계되지 않는 것을 확인하였다. 여기서도 z축의 수직응력인 σ_z는 z축을 중심으로 xy 평면을 회전하여 변형률을 고려하고자 할 때 아무런 영향을 미치지 않는다는 것을 이해할 수 있을 것이다.

먼저, 변형률 ϵ에 대해서 한 번 더 상기해보도록 하자. 그림 4.25 (a) 구조물 상의 한 점 P에서 변형 전의 길이 dL_0가 그림 4.25 (b)에서와 같이 x 방향 길이 dL_{x_0}와 y 방향의 길이 dL_{y_0}의 벡터 합으로 표현되는 것임을 알 수 있다.

일반적으로 변형률이란 이 dL_0의 길이가 하중을 받아 dL로 되었다면 이 경우 수직변형률 ϵ은 다음 식 (a)와 같이 됨을 잘 알고 있는 사실이다.

$$\epsilon = \frac{dL - dL_0}{dL_0} \tag{a}$$

그런데 이제 그림 4.25 (b)와 같은 한 점에서의 미소길이 dL_{x_0}와 dL_{y_0}이었던 것이 하중을 받아 그림 4.25 (c)와 같이 x 방향의 길이는 dL_x로 y 방향의 길이는 dL_y로 되었으며, 직각이었던 두 방향의 미소길이 사이의 각이 그림 4.25 (c)에서와 같이 $\frac{\pi}{2} - \gamma$로 각도 γ만큼 줄어들었다고 하자. 변형률의 정의에 의하여 수직변형률 ϵ_x, ϵ_y 및 ϵ_z는 각각 식 (a)에 x, y 및 z 성분의 길이를 대입하므로 다음 식 (b)와 같이 표현될 것이다.

$$\epsilon_x = \frac{dL_x - dL_{x_0}}{dL_{x_0}} \tag{b}$$

$$\epsilon_y = \frac{dL_y - dL_{y_0}}{dL_{y_0}}$$

$$\epsilon_z = \frac{dL_z - dL_{z_0}}{dL_{z_0}}$$

한편, 전단변형률 γ_{xy} 는 그림 4.25 (c)에서 볼 수 있는 바와 같이 x축이 이동한 각과 y축이 이동한 각의 대수적 합이 됨을 알 수 있고 이 γ_{xy}는 변형 전 직각이었던 x 및 y축 사이의 각이 줄어든 각이 됨을 알 수 있다. 같은 방법으로 γ_{yz}는 y축과 z축이 이동한 각의 대수합이고 γ_{xz}는 z축과 x축이 이동한 각의 대수합이 됨을 알 수 있다.

표 4.1 평면응력상태와 평면변형상태

	평면응력상태	평면변형상태
한 점에서의 요소의 변형	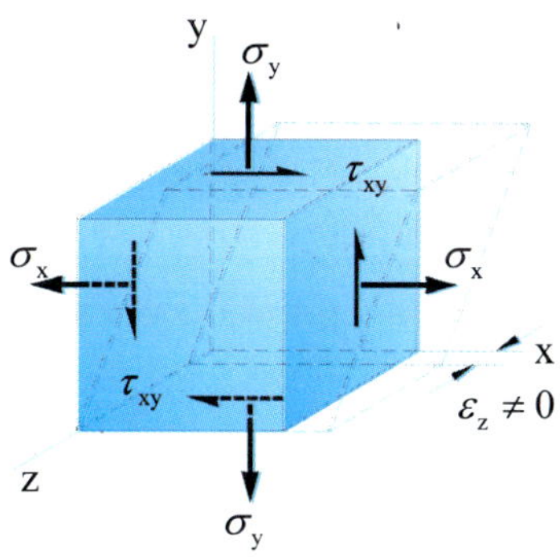	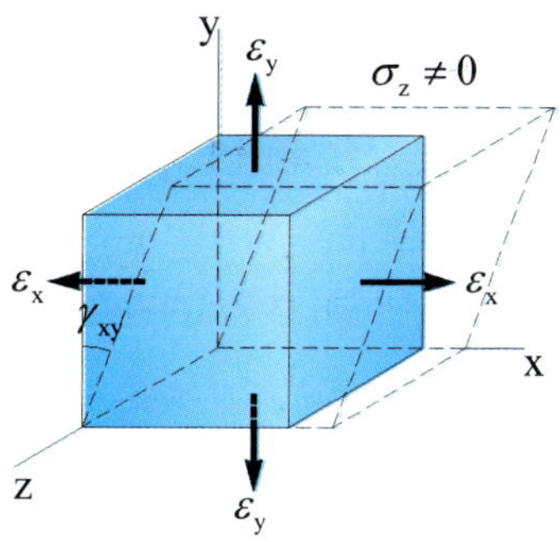
응력	$\sigma_z = 0,\ \tau_{xz} = 0,\ \tau_{yz} = 0$	$\sigma_z \neq 0,\ \tau_{xz} = 0,\ \tau_{yz} = 0$
변형	$\epsilon_z \neq 0,\ \gamma_{xz} = 0,\ \gamma_{yz} = 0$	$\epsilon_z = 0,\ \gamma_{xz} = 0,\ \gamma_{yz} = 0$
Hooke 법칙	$\epsilon_x = \frac{1}{E}(\sigma_x - \nu\sigma_y)$ $\epsilon_y = \frac{1}{E}(\sigma_y - \nu\sigma_x)$ $\epsilon_z = -\frac{\nu}{E}(\sigma_x + \sigma_y)$ $\gamma_{xy} = \frac{1}{G}\tau_{xy}$	$\epsilon_x = \frac{1}{E}\{\sigma_x - \nu(\sigma_y + \sigma_z)\}$ $\epsilon_y = \frac{1}{E}\{\sigma_y - \nu(\sigma_x + \sigma_z)\}$ $\epsilon_z = 0 = \frac{1}{E}\{\sigma_z - \nu(\sigma_x + \sigma_y)\}$ $\sigma_z = \nu(\sigma_x + \sigma_y)$
응력-변형률 관계	$\sigma_x = \frac{E}{1-\nu^2}(\epsilon_x + \nu\epsilon_y)$ $\sigma_y = \frac{E}{1-\nu^2}(\epsilon_y + \nu\epsilon_x)$ $\tau_{xy} = G\gamma_{xy}$	$\sigma_x = \frac{E}{(1+\nu)(1-2\nu)}\{(1-\nu)\epsilon_x + \nu\epsilon_y\}$ $\sigma_y = \frac{E}{(1+\nu)(1-2\nu)}\{(1-\nu)\epsilon_y + \nu\epsilon_x\}$ $\sigma_z = \frac{\nu E}{(1+\nu)(1-2\nu)}(\epsilon_x + \epsilon_y)$
일반적으로 적용되는 예	구조물의 두께(t)가 구조물의 폭(w)과 길이(L)에 비해 매우 작은 얇은 판 ($t \ll w,\ L$)	구조물의 두께가 적정하게 두꺼운 판

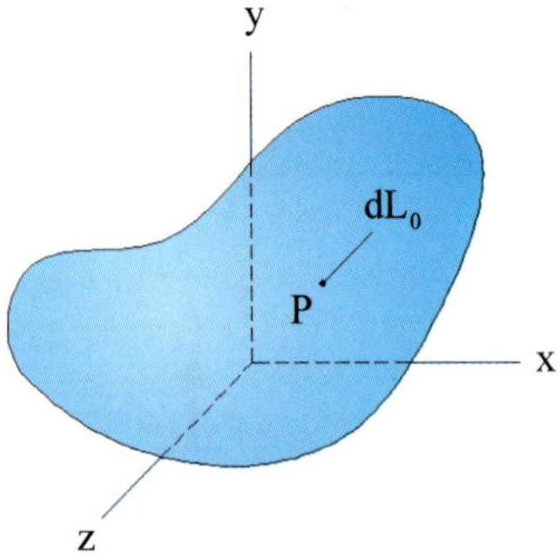

(a) 변형전의미소길이

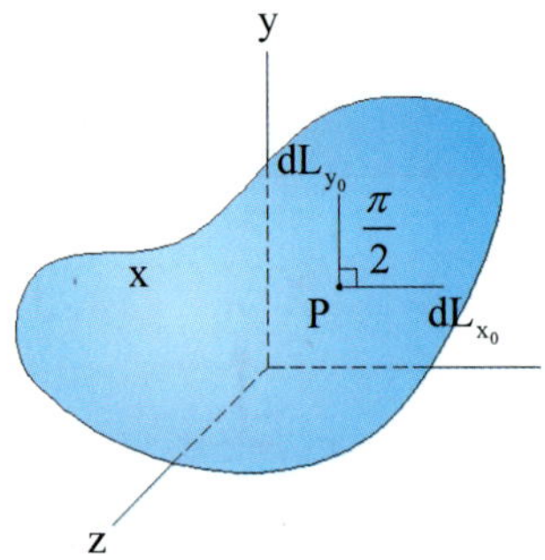

(b) 변형전의미소길이의 x 및 y성분

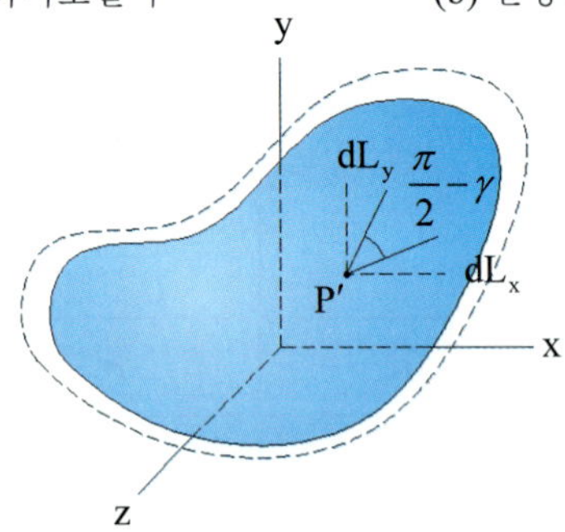

(c) 변형후의미소길이

그림 4.25 변형 전• 후의 구조물내의 미소 길이 dL

회전단면에서의 평면변형률을 구해보기로 하자. 먼저 θ만큼 회전한 단면의 직교좌표축을 그림 4.26 (a)와 같이 x′ 및 y′로 표현한다. 여기서 x′ 방향으로의 수직변형률 $\epsilon_x{}'$를 구하기 위하여 그림 4.25 (c)를 상기하며 변형전의 x성분의 길이 dL_{x_0}를 θ만큼 회전한 x′축 상에 그림 4.26 (b)에 표시하고 이 길이를 x축 방향과 y축 방향으로 분해하여 그림에 나타내었다.

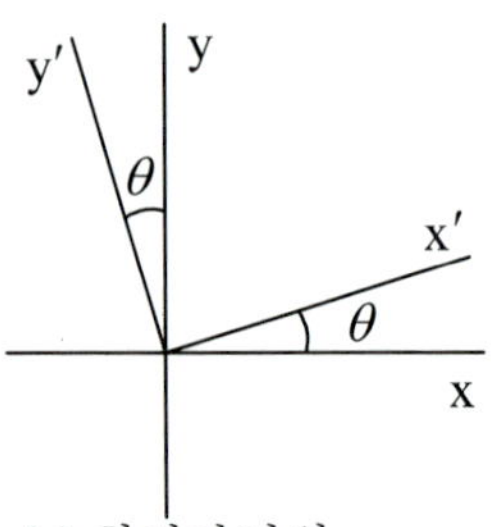

(a) 회전단면의 좌표축 x′, y′

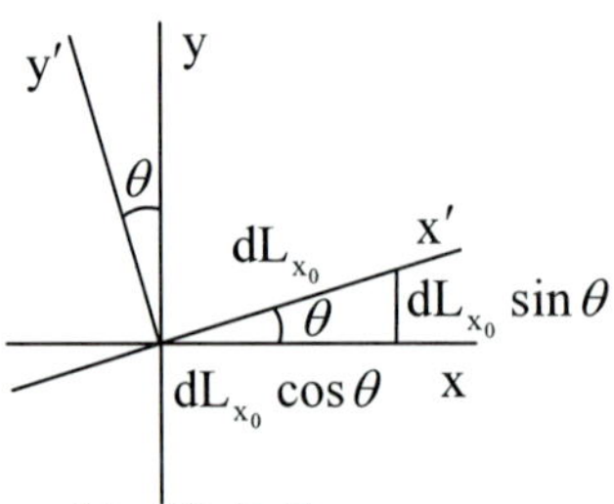

(b) x′축상의 변형전 길이 dL_{x_0}

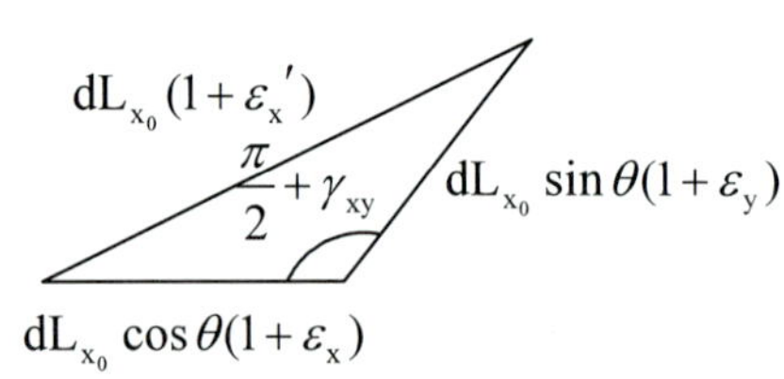

(c) x′축상의변형률 $\varepsilon_x{}'$

그림 4.26 회전단면의 변형률과 미소 길이 dL

그림 4.26 (b)의 x'축 상에 표현된 길이 dL_{x_0}가 하중을 받아 변형을 일으키게 되고 이 변형률들이 ϵ_x, ϵ_y 및 γ_{xy}가 되었으며, x'축 상의 변형률은 $\epsilon_x{}'$가 되게 될 것이다.

따라서, x'축 상의 변형후의 길이는 변형전의 길이 dL_{x_0}에 의해 그림 4.26 (c)에서 보는 바와 같이 $dL_{x_0}(1+\epsilon_x{}')$로 되며, 그림 4.26 (b)에서 직각3각형이었던 x 및 y 방향의 길이 성분들도 그림 4.26 (c)에서 보는바와 같이 $dL_{x_0}\cos\theta(1+\epsilon_x)$와 $dL_{x_0}\sin\theta(1+\epsilon_y)$로 표현되며, 그림 4.26 (b)에서 직각3각형이었던 것이 전단변형률 γ_{xy}에 의하여 그림 4.26 (c)와 같은 $\frac{\pi}{2}+\gamma_{xy}$의 둔각3각형이 됨을 알 수 있다. 그림 4.26 (c)의 3각형에서 코사인 법칙을 적용하면 다음 식 (a)가 구해진다.

$$dL_{x_0}^2(1+\epsilon_x{}')^2 = dL_{x_0}^2\cos^2\theta(1+\epsilon_x)^2 + dL_{x_0}^2\sin^2\theta(1+\epsilon_y)^2 - 2dL_{x_0}^2\sin\theta\cos\theta(1+\epsilon_x)(1+\epsilon_y)\cos\left(\frac{\pi}{2}+\gamma_{xy}\right) \qquad \text{(a)}$$

그런데 $\cos\left(\frac{\pi}{2}+\gamma_{xy}\right)$는 다음 식 (b)와 같다.

$$\cos\left(\frac{\pi}{2}+\gamma_{xy}\right) = -\sin\gamma_{xy} \qquad \text{(b)}$$

식 (b)를 (a)에 대입하고 이를 정리하면 다음 식 (c)가 구해진다.

$$(1+\epsilon_x{}')^2 = \cos^2\theta(1+\epsilon_x)^2 + \sin^2\theta(1+\epsilon_y)^2 - 2\sin\theta\cos\theta(1+\epsilon_x)(1+\epsilon_y)(-\sin\gamma_{xy}) \qquad \text{(c)}$$

식 (c)를 전개하면 다음 식 (d)가 된다.

$$1+2\epsilon_x{}'+\epsilon_x{}'^2 = \cos^2\theta(1+2\epsilon_x+\epsilon_x^2) + \sin^2\theta(1+2\epsilon_y+\epsilon_y^2) + 2\sin\theta\cos\theta(1+\epsilon_x+\epsilon_y+\epsilon_x\epsilon_y)\sin\gamma_{xy} \qquad \text{(d)}$$

식 (d)에서 변형률의 곱들인 $\epsilon_x\epsilon_y$, ϵ_x^2, ϵ_y^2 및 $\epsilon_x\gamma_{xy}$, $\epsilon_y\gamma_{xy}$가 미소하므로 무시하고 γ_{xy} 또한 적은 각이므로 $\sin\gamma_{xy}\rightarrow\gamma_{xy}$로 나타내면 θ만큼 회전한 축의 x'축 상의 변형률 $\epsilon_x{}'$는 다음 식 (4.46)과 같이 된디.

$$\epsilon_x{}' = \epsilon_x \cos^2\theta + \epsilon_y \sin^2\theta + \gamma_{xy}\sin\theta\cos\theta \tag{4.46}$$

삼각함수 공식들을 이용하면 식 (4.46)은 식 (4.47)과 같이 쓸 수 있다.

$$\epsilon_x{}' = \frac{\epsilon_x + \epsilon_y}{2} + \frac{\epsilon_x - \epsilon_y}{2}\cos 2\theta + \frac{1}{2}\gamma_{xy}\sin 2\theta \tag{4.47}$$

$\epsilon_y{}'$는 식 (4.46) 및 (4.47)에 θ 대신 $\theta + 90°$를 대입하여 얻을 수 있으며, 다음 식 (4.48)과 같이 된다.

$$\epsilon_y{}' = \frac{\epsilon_x + \epsilon_y}{2} - \frac{\epsilon_x - \epsilon_y}{2}\cos 2\theta - \frac{1}{2}\gamma_{xy}\sin 2\theta \tag{4.48}$$

회전단면에서의 전단변형률 $\gamma_{xy}{}'$는 기하학적인 방법으로 회전단면에서의 각의 변화에 대해서 계산할 수 있지만 식 (4.47) 및 (4.48)을 이용하여 생각해 보기로 하자. 우선 식 (4.77)은 원래의 좌표축 x 및 y에 대해 각도 θ만큼 회전한 좌표축 x′ 및 y′에 대한 수직변형률 $\epsilon_x{}'$에 관한 식임을 알고 있다. 역으로 x′ 및 y′ 좌표축에서 θ만큼 회전한 단면의 축은 x 및 y축이 되고 이들의 변형률을 구하기 위해서는 식 (4.47)에 θ 대신에 $-\theta$를 대입하면 ϵ_x가 다음 식 (e)로 표현된다.

$$\epsilon_x = \frac{\epsilon_x{}' + \epsilon_y{}'}{2} + \frac{\epsilon_x{}' - \epsilon_y{}'}{2}\cos 2\theta - \frac{1}{2}\gamma_{xy}{}'\sin 2\theta \tag{e}$$

식 (e)에 식 (4.47)과 식 (4.48)의 $\epsilon_x{}'$와 $\epsilon_y{}'$를 대입하면 다음 식 (f)를 얻는다.

$$\begin{aligned}\epsilon_x &= \frac{1}{2}(\epsilon_x + \epsilon_y) + \left(\frac{\epsilon_x - \epsilon_y}{2}\cos 2\theta + \frac{1}{2}\gamma_{xy}\sin 2\theta\right)\cos 2\theta - \frac{1}{2}\gamma_{xy}{}'\sin 2\theta \\ &= \frac{1}{2}(\epsilon_x + \epsilon_y) + \frac{1}{2}(\epsilon_x - \epsilon_y)\cos^2 2\theta + \frac{1}{2}\gamma_{xy}\sin 2\theta\cos 2\theta - \frac{1}{2}\gamma_{xy}{}'\sin 2\theta\end{aligned} \tag{f}$$

식 (f)를 $\frac{1}{2}\gamma_{xy}{}'$에 대해 정돈하면 다음 식 (g)를 얻는다.

$$\frac{1}{2}\gamma_{xy}{}'\sin 2\theta = -\left(\frac{\epsilon_x - \epsilon_y}{2}\right) + \left(\frac{\epsilon_x - \epsilon_y}{2}\right)(1 - \sin^2 2\theta) + \frac{1}{2}\gamma_{xy}\sin 2\theta\cos 2\theta \tag{g}$$

식 (g)에 sin2θ로 양변을 나누면 전단변형률 $\gamma_{xy}{}'$는 다음 식 (4.49)와 같이 된다.

$$\frac{1}{2}\gamma_{xy}{}' = -\left(\frac{\epsilon_x - \epsilon_y}{2}\right)\sin 2\theta + \frac{1}{2}\gamma_{xy}\cos 2\theta \tag{4.49}$$

식 (4.47), (4.48) 및 (4.49)는 회전단면에 대한 변형률 식이다. 이들 식을 회전단면에 대한 응력식인 식 (4.14) 및 (4.15)와 비교해 보기로 하자. 식 (4.14)와 (4.47)에서 보면 σ_θ와 $\epsilon_x{}'$, σ_x와 ϵ_x, σ_y와 ϵ_y, τ_{xy}와 $\frac{1}{2}\gamma_{xy}$를 서로 대응되게 하면 식 (4.14)과 (4.47)은 동일한 형태를 취하게 됨을 알 수 있으며, 식 (4.15)와 식 (4.49)를 비교하여도 τ_θ와 $\frac{1}{2}\gamma_{xy}{}'$, σ_x와 ϵ_x, σ_y와 ϵ_y, τ_{xy}와 $\frac{1}{2}\gamma_{xy}$로 서로 대응됨을 알 수 있다. 즉, 회전단면에 대한 평면응력식과 평면변형률식을 사용함에 있어 전단변형률인 γ_{xy}나 $\gamma_{xy}{}'$를 전단응력식 τ_{xy}와 τ_θ식을 이용하려고 할 때 $\frac{1}{2}\gamma_{xy}$와 $\frac{1}{2}\gamma_{xy}{}'$의 값만 기억한다면 모든 식을 활용할 수 있을 것이다.

주변형률과 최대전단변형률들을 구하기 위해서는 평면응력 상태에서와 마찬가지로 식 (4.47)과 식 (4.49)를 각각 θ로 미분하여 그 미분값을 0으로 한 경우가 각각 최대 수직 및 전단변형률이 발생하는 면이 된다. 식 (4.47)을 θ로 미분하여 0으로 한 것을 정리하면 다음 식 (4.50)이 구해진다.

$$\tan 2\theta_p = \frac{\frac{1}{2}\gamma_{xy}}{\frac{\epsilon_x \quad \epsilon_y}{2}} \quad \text{또는} \quad \theta_p = \frac{1}{2}\tan^{-1}\left(\frac{\gamma_{xy}}{\epsilon_x - \epsilon_y}\right) \tag{4.50}$$

평면응력에서와 같은 방법으로 주변형률(pricipal strain) ϵ_1, ϵ_2를 구하면 다음 식 (4.51)이 구해진다.

$$\epsilon_{1,\,2} = \frac{\epsilon_x + \epsilon_y}{2} \pm \sqrt{\left(\frac{\epsilon_x - \epsilon_y}{2}\right)^2 + \left(\frac{1}{2}\gamma_{xy}\right)^2} \tag{4.51}$$

또, 식 (4.49)를 θ에 대해 미분하여 0으로 놓고 정돈하면 다음 식 (4.52)가 구해지고 그 면이 최대전단변형률이 발생되는 면이 된다.

$$\tan 2\theta_S = -\frac{\dfrac{\epsilon_x - \epsilon_y}{2}}{\dfrac{1}{2}\gamma_{xy}} \qquad \text{또는} \quad \theta_S = \frac{1}{2}\tan^{-1}\left(-\frac{\epsilon_x - \epsilon_y}{\gamma_{xy}}\right) \tag{4.52}$$

평면응력 상태에서 구한 방법과 같은 방법으로 최대전단변형률 γ_{xy}은 다음 식 (4.53)과 같이 된다.

$$\frac{1}{2}\gamma_{max} = \sqrt{\left(\frac{\epsilon_x - \epsilon_y}{2}\right)^2 + \left(\frac{1}{2}\gamma_{xy}\right)^2} \tag{4.53}$$

여러분은 지금 평면변형률의 모든 식들이 서로 대응되는 평면응력의 모든 식에서 τ_{xy} 및 τ_θ 대신에 $\frac{1}{2}\gamma_{xy}$ 및 $\frac{1}{2}\gamma_{xy}'$로 대응되고 모든 식에서 동일한 형태를 취하는 것을 확인할 수가 있다.

이제, Mohr 원을 그려보도록 한다. Mohr 원 또한 평면응력에서 구했던 같은 방법으로 구할 수 있다. 그러나 수직축의 전단변형률 축을 τ_θ 대신 $\frac{1}{2}\gamma$로 하게 되면 변형율에 대한 모든 값들은 응력의 경우와 같이 취급하여 구할 수 있음을 알게 된다.

그림 4.27 (a)의 변형률 상태를 Mohr 원으로 그려보자.

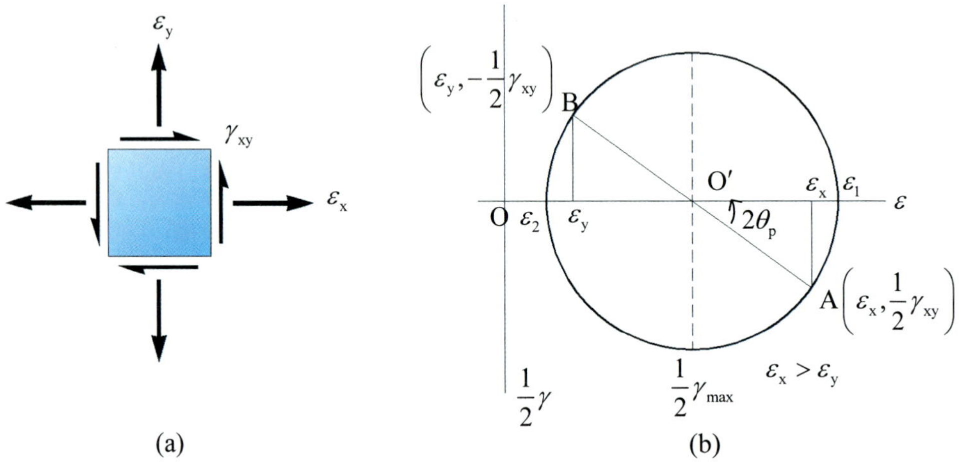

그림 4.27

첫째, 그림 4.27 (b)에서 볼 수 있는 바와 같이 수평축(ϵ) 과 수직축$\left(\frac{1}{2}\gamma\right)$을 잡고 A$\left(\epsilon_x, \frac{1}{2}\gamma_{xy}\right)$와 B$\left(\epsilon_y, -\frac{1}{2}\gamma_{xy}\right)$의 두 좌표를 정하고 이를 연결하여 수평축과 만나는 점이 Mohr 원의 중심 O′가 된다.

둘째, 그림 4.27 (b)와 같이 원을 그리고 주변형률 ϵ_1과 ϵ_2를 정하고 주평면 $2\theta_p$와 $2\theta_S = 2\theta_p \pm \frac{\pi}{2}$임을 확인한다.

[예제 4-6] 평면변형 상태에 있는 재료의 한 점에서의 변형률을 표시함에 있어 한 변의 길이를 단위 길이로 하였을 때 그림 4.28 (a)와 같이 $\epsilon_x=210\times10^{-6}$, $\epsilon_y=-150\times10^{-6}$ 및 $\gamma_{xy}=280\times10^{-6}$이라고 한다. 다음을 구하고 단면의 변형을 그림으로 표시하여라.

(a) $\theta = 30°$만큼 회전한 요소에 대한 변형률
(b) 주변형률 ϵ_1, ϵ_2를 구하고 그 평면 θ_p
(c) 최대전단변형률 γ_{max}을 구하고 그 평면 θ_S
(d) Mohr 원

(풀이)
(a) 식 (4.47), (4.48) 및 (4.49)에 의하면 ϵ_x', ϵ_y' 및 γ_{xy}'는 각각 다음 식 (a)와 같고 단면은 그림 4.28 (b)와 같이 변형된다.

$$\epsilon_x' = \frac{\epsilon_x+\epsilon_y}{2} + \frac{\epsilon_x-\epsilon_y}{2}\cos 2\theta + \frac{1}{2}\gamma_{xy}\sin 2\theta \tag{a}$$
$$= \left\{\frac{210+(-150)}{2} + \frac{210-(-150)}{2}\cos(2\times30°) + \frac{1}{2}\times280\sin(2\times30°)\right\}\times10^{-6}$$
$$= 241.24\times10^{-6}$$

$$\epsilon_y' = \frac{\epsilon_x+\epsilon_y}{2} - \frac{\epsilon_x-\epsilon_y}{2}\cos 2\theta - \frac{1}{2}\gamma_{xy}\sin 2\theta$$
$$= \left\{\frac{210+(-150)}{2} - \frac{210-(-150)}{2}\cos(2\times30°) - \frac{1}{2}\times280\sin(2\times30°)\right\}\times10^{-6}$$
$$= -181.24\times10^{-6}$$

$$\frac{1}{2}\gamma_{xy}' = -(\frac{\epsilon_x - \epsilon_y}{2})\sin 2\theta + \frac{1}{2}\gamma_{xy}\cos 2\theta$$
$$= \left\{-\left(\frac{210-(-150)}{2}\right)\sin(2\times 30^\circ) + \frac{1}{2}\times 280\cos(2\times 30^\circ)\right\}\times 10^{-6}$$
$$= -85.885\times 10^{-6}$$
$$\therefore\ \gamma_{xy}' = -171.77\times 10^{-6}$$

(b) 식 (4.48)과 (4.51)에 의하면 θ_p 및 ϵ_1, ϵ_2 는 다음 식 (b)와 같고, 단면은 그림 4.28 (c)와 같이 변형된다.

$$\theta_p = \frac{1}{2}\tan^{-1}\left(\frac{\gamma_{xy}}{\epsilon_x - \epsilon_y}\right) \tag{b}$$
$$= \frac{1}{2}\tan^{-1}\left(\frac{280}{210-(-150)}\right) = 18.94^\circ$$

$$\epsilon_{1,\ 2} = \frac{\epsilon_x + \epsilon_y}{2} \pm \sqrt{(\frac{\epsilon_x - \epsilon_y}{2})^2 + (\frac{1}{2}\gamma_{xy})^2}$$
$$= \left\{\frac{210+(-150)}{2} \pm \sqrt{\left(\frac{210-(-150)}{2}\right)^2 + \left(\frac{1}{2}\times 280\right)^2}\right\}$$

$$\epsilon_1 = 258.04\times 10^{-6},$$
$$\epsilon_2 = -198.04\times 10^{-6}$$

(c) 식 (4.52)과 (4.53)에 의하면 θ_S와 γ_{max}은 다음 식 (c)와 같고 단면은 그림 4.28 (c)와 같이 변형된다.

$$\theta_S = \frac{1}{2}\tan^{-1}\left(-\frac{\epsilon_x - \epsilon_y}{\gamma_{xy}}\right) \tag{c}$$
$$= \frac{1}{2}\tan^{-1}\left(-\frac{210-(-150)}{280}\right)$$
$$= -26.06^\circ$$

또는

$$\theta_S = \theta_p \pm \frac{\pi}{4} = 18.94^\circ \pm 45^\circ$$
$$= -26.06^\circ \text{ 또는 } 63.94^\circ$$
$$\frac{1}{2}\gamma_{max} = \sqrt{(\frac{\epsilon_x - \epsilon_y}{2})^2 + (\frac{1}{2}\gamma_{xy})^2}$$

$$\gamma_{max} = \sqrt{(210-(-150))^2+(280)^2} \times 10^{-6}$$
$$= 456.07 \times 10^{-6}$$

최대 전단 변형률 면에서의 수직변형률 ϵ_S는 다음 식 (d)와 같다

$$\epsilon_S = \frac{\epsilon_x + \epsilon_y}{2} = \frac{210+(-150)}{2} \times 10^{-6} \qquad \text{(d)}$$
$$= 30 \times 10^{-6}$$

(d) Mohr 원은 다음 그림 4.29와 같다.

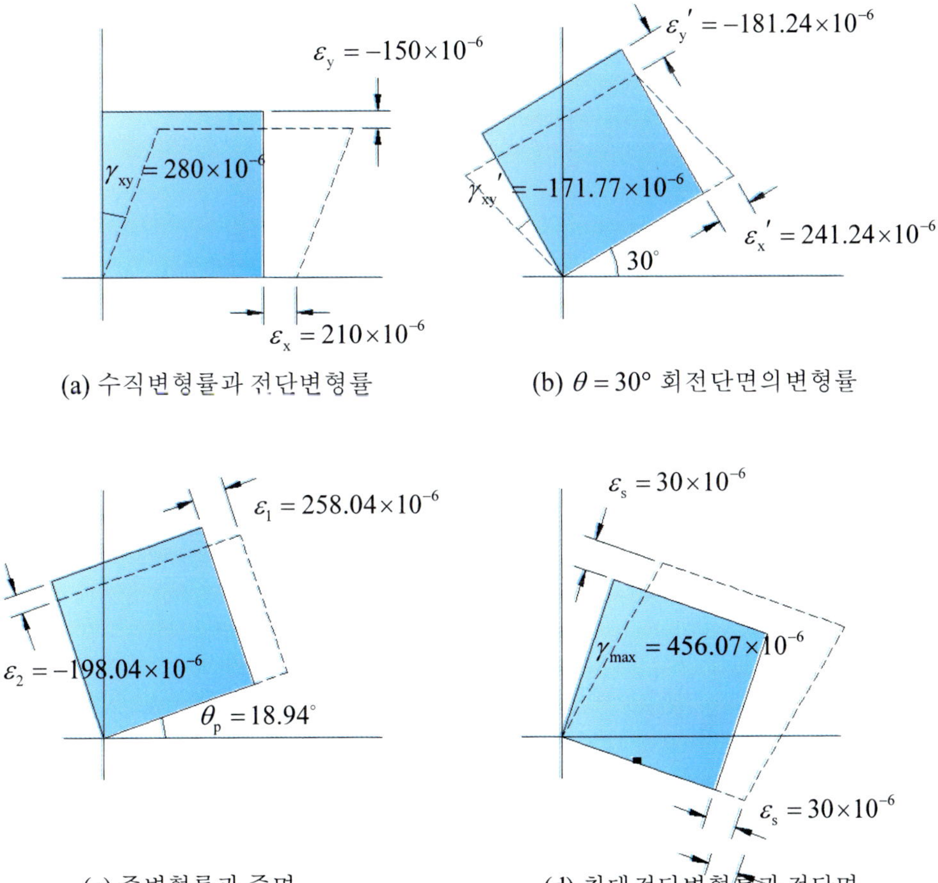

(a) 수직변형률과 전단변형률 (b) $\theta = 30°$ 회전단면의변형률

(c) 주변형률과 주면 (d) 최대전단변형률과 전단면

그림 4.28

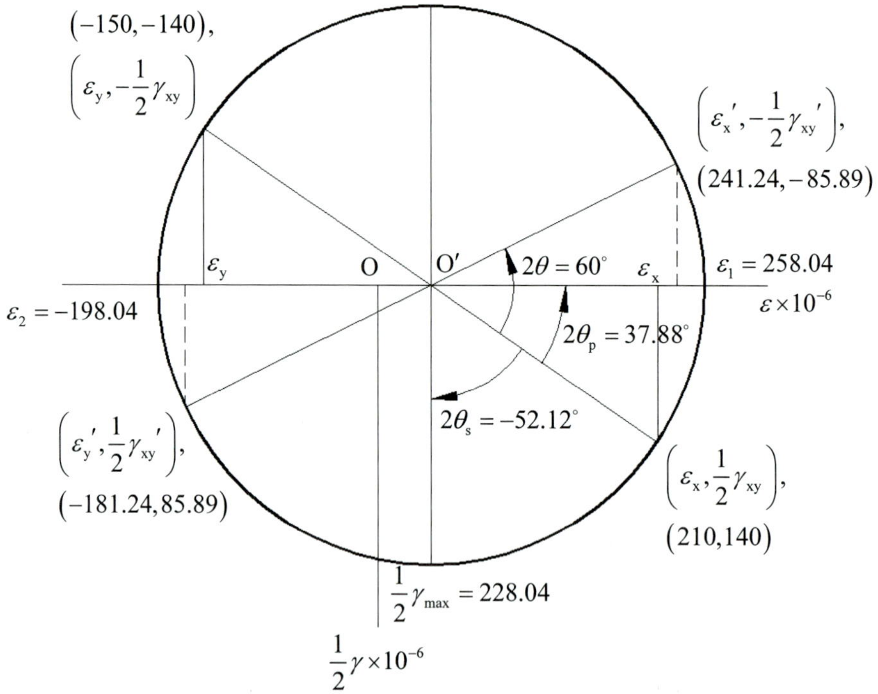

그림 4.29 Mohr 원

4.6 압력용기의 응력

그림 4.30 (a) 및 (b)와 같은 구형이나 원통구조물의 두께 t가 반지름 R이나 원통길이 L에 비해 매우 작은 경우에 대해 분석해 보면 평면응력 문제로 취급할 수가 있다. 이와 같은 간단한 문제가 압력용기를 설계하는데 직접적으로 응용되는 좋은 보기가 될 수 있다.

먼저, 그림 4.30 (a)와 같은 구형(球形)압력용기에 대해 알아보자. 내압 P_i 를 받고 있는 구형압력용기를 그림 4.31 (a)와 같이 절단한다.

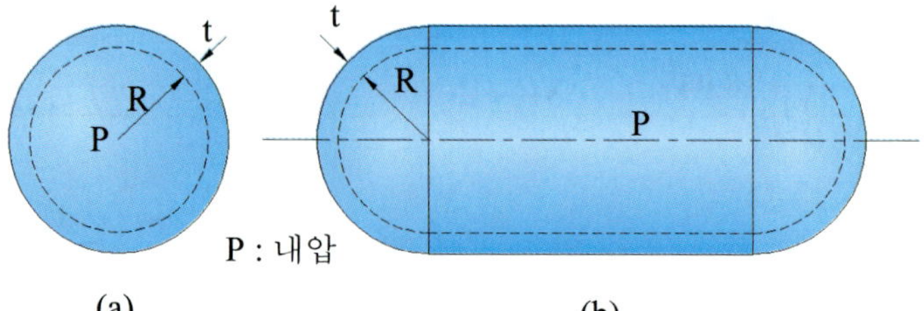

그림 4.30 압력 용기

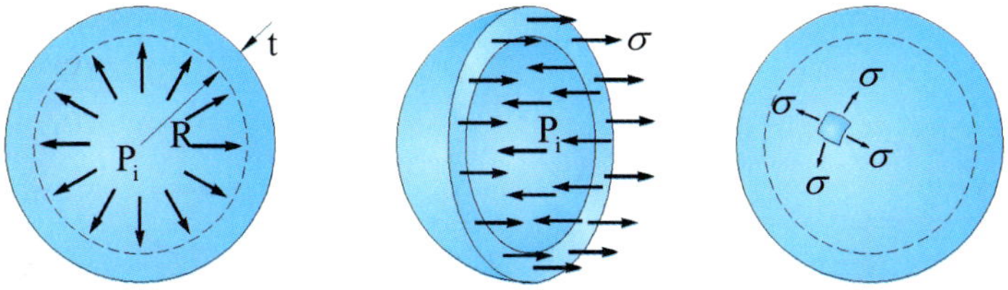

(a) (b) (c)

그림 4.31 구형압력용기의 응력

그림 4.31 (b)에서 볼 수 있듯이 구의 두께를 걸쳐 작용하는 인장응력 σ는 구라고 하는 기하학적 대칭성과 내부에 작용하는 내압 자체의 모든 구 벽면에 접해 작용하는 하중의 대칭성으로 하여 이 구벽에 작용하는 인장응력 σ는 균일함을 이해할 수 있을 것이다.

그림 4.31 (b)에서 보이고 있는 힘들의 합력을 구하여 평형방정식에 적용해 보자. 엄밀히 따져서 구의 평균반지름은 그림 4.31 (a)에서 볼 수 있는 바와 같이 $R+\frac{t}{2}$가 됨을 알 수 있다. 그러나 $t \ll R$이므로 평형방정식에 적용할 구의 반지름을 근사적으로 R로 하기로 한다. 따라서, 그림 4.31 (b)를 참고하여 힘의 합력들을 구하여 평형방정식을 적용하면 다음 식 (4.54)가 성립함을 알 수 있다.

$$\sigma(2\pi Rt) - P_i(\pi R^2) = 0$$

$$\sigma = \frac{P_i R}{2t} \tag{4.54}$$

구의 기하학적 모양으로 해서 식 (4.54)의 인장응력은 구의 모든 위치에서 그림 4.31 (c)와 같이 곡면에 접선방향으로 작용하는 것을 알 수 있다. 이러한 응력을 일반적으로 막응력(membrane stress)라고 부른다.

그림 4.31 (a)와 같이 내압만 작용하는 구에 대해서는 구의 바깥면에 수직한 면은 자유면으로 응력이 작용되지 않고 있음을 알 수 있다. 따라서, 내압을 받는 구형 압력용기의 경우는 $\sigma_x = \sigma_y = \sigma$인 2축 응력상태의 특수한 경우에 해당되며, 이는 평면응력의 대표적인 예가 될 수 있다. 이 바깥면에 대한 미소요소의 응력상태는 그림 4.32 (a)와 같이 된다.

그림 4.32 (a)에서 보면 주응력 σ_1, σ_2는 다음 식 (4.55)와 같이 모두 같고 바깥쪽 면에서의 절대 최대전단응력은 그림 4.32 (a)와 같은 미소요소를 x 및 y 축을 중심으로 45° 회전했을 때 발생하고 그 값은 다음 식 (4.56)과 같이 된다. 동시에 z축 주위로 회전하여 얻어지는 전단응력은 0이 됨을 알 수 있다.

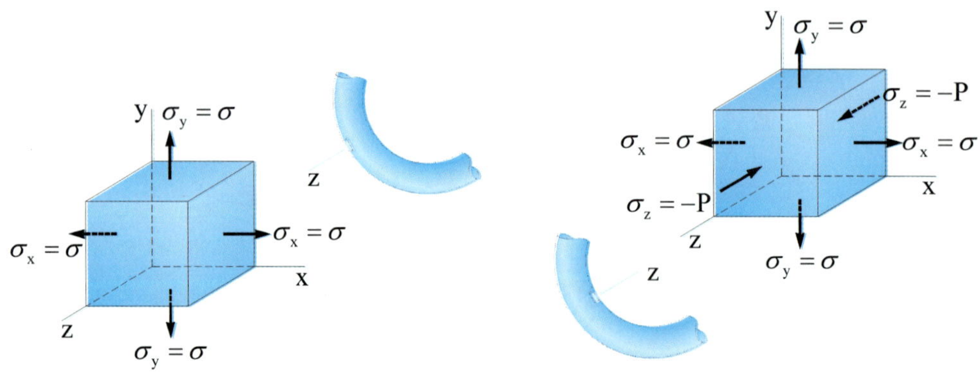

(a) 바깥쪽 요소의 응력　　　　(b) 안쪽 요소의 응력

그림 4.32

$$\sigma_1 = \sigma_2 = \sigma = \frac{P_i R}{2t} \tag{4.55}$$

$$\tau_{max)out} = \frac{\sigma}{2} = \frac{P_i R}{4t} \tag{4.56}$$

여기서, $\tau_{max)out}$는 바깥쪽 요소의 절대 최대전단응력이다.

그림 4.32 (b)와 같이 구형 압력용기의 안쪽 면에서 미소요소의 응력 상태는 3축 응력상태가 되고 σ_z는 내압인 $-P_i$가 됨을 알 수 있다. 안쪽 면에서의 주응력은 3축 응력상태의 것으로 다음 식 (4.57)과 같고 절대 최대전단응력은 x 나 y축 중심으로 회전했을 때는 다음 식 (4.58)과 같다.

$$\sigma_1 = \sigma_2 = \sigma = \frac{P_i R}{2t}, \quad \sigma_3 = -P_i \tag{4.57}$$

$$\tau_{max)in} = \frac{\sigma_1 - \sigma_3}{2} = \frac{\sigma + P_i}{2} = \frac{P_i R}{4t} + \frac{P_i}{2} \tag{4.58}$$

여기서, $\tau_{max)in}$는 안쪽 요소의 절대 최대전단응력이다.

한편, z축을 중심으로 45° 회전한 면에서 구해지는 평면 내의 최대전단응력은 다음 식 (4.59)와 같이 0이 됨을 알 수 있다.

$$\tau_{max)zin} = \frac{\sigma_1 - \sigma_2}{2} = 0 \tag{4.59}$$

여기서, $\tau_{max)zin}$은 안쪽 요소의 z축 중심으로 회전한 최대전단응력이다.

다음은 내압 P_i를 받고있는 구형압력용기가 정지된 유체 속에 있다고 하면, 이 압력용기의 외부에는 그림 4.33 (a)와 같이 일정한 압력 P_0를 동시에 받고 있는 경우로 생각할 수 있다.

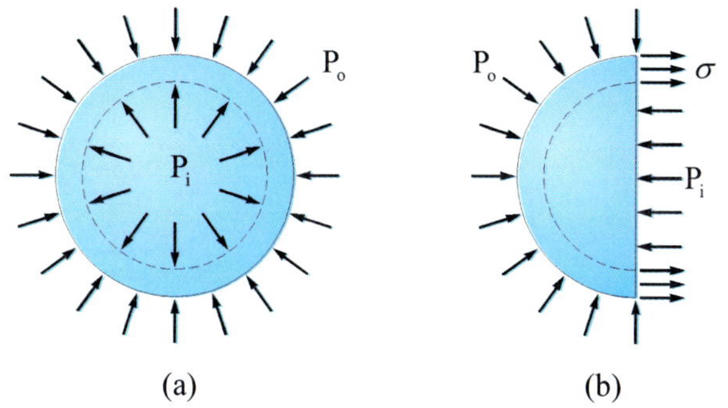

그림 4.33 정지된 유체 속의 구형압력용기

그림 4.33 (b)에서 $t \ll R$이라고 할 때 각 합력들을 고려하여 평형방정식을 세워보면 다음 식 (4.60)을 얻을 수 있다.

$$P_0(\pi R^2) + \sigma(2\pi Rt) - P_i(\pi R^2) = 0$$

$$\sigma = \frac{(P_i - P_0)R}{2t} = \frac{PR}{2t} \tag{4.60}$$

여기서, $P = P_i - P_0$.

주응력은 식 (4.55)와 같으며 다음 식 (4.61)로 쓸 수 있다.

$$\sigma_1 = \sigma_2 = \sigma = \frac{(P_i - P_0)R}{2t} = \frac{PR}{2t} \tag{4.61}$$

이 압력용기의 최대 전단응력을 살펴보기 위하여 미소응력요소를 z축 중심으로 45° 회전한 경우의 최대전단응력은 모두 0이 되는 것은 내압만 받는 경우의 구형압력용기와 같다. 그러나 x 및 y축 중심으로 45° 회전하는 경우의 절대 최대전단응력은 각각 다음 식 (4.62)와 같다.

$$\tau_{max)out} = \frac{\sigma + P_o}{2} = \frac{(P_i - P_0)R}{4t} + \frac{P_0}{2}$$

$$\tau_{max)in} = \frac{\sigma + P_i}{2} = \frac{(P_i - P_0)R}{4t} + \frac{P_i}{2} \tag{4.62}$$

여기서, $\tau_{max)out}$은 바깥쪽 요소의 절대 최대전단응력이고, $\tau_{max)in}$은 안쪽 요소의 절대 최대전단응력이다.

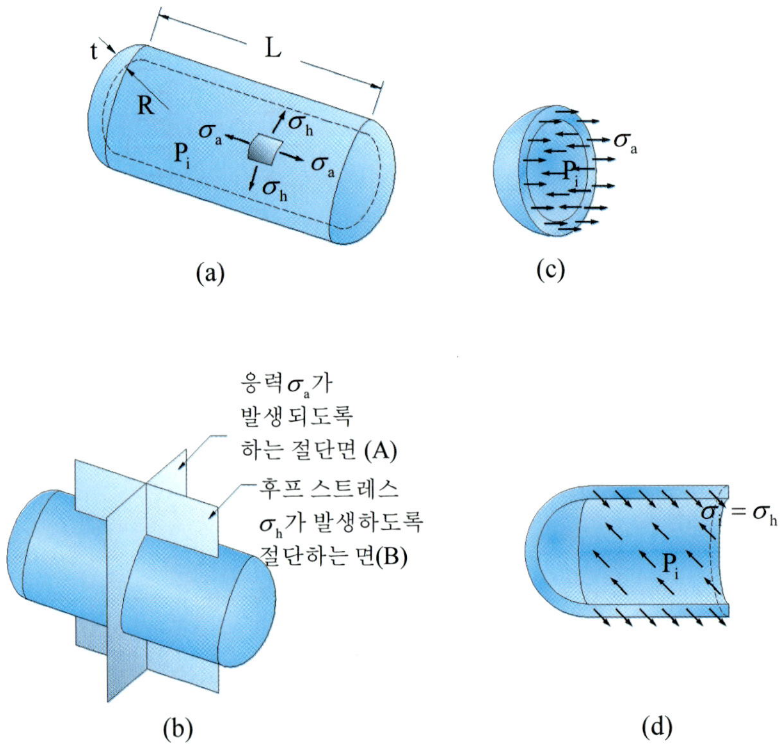

그림 4.34 원통형 압력용기

유사한 형태의 예로서 그림 4.30 (b)와 같은 내압을 갖는 원통 실린더의 경우를 살펴보기로 한다. 이 원통을 다시 그리면 그림 4.34 (a)와 같은 내압을 갖는 원통형 실린더가 되고 그림 4.34 (b)에서 보는 것과 같이 2가지의 경우로 절단하여 생각할 수 있다. 그림 4.34 (c)는 그림 4.34 (b)에서 원통을 길이에 수직한 방향으로 절단하여 응력 σ_a가 작용하게 되는 면을 고려한 것이고 그림 4.34 (d)는 원통을 길이 방향으로 절단하여 응력 σ_h가 작용되게 되는 면을 고려한 것이다.

두께 t가 원통의 반지름 R이나 길이 L보다 많이 작다는 조건 $t \ll R$, $t \ll L$ 이라고 하여 그림 4.34 (c)의 합력을 구하고 이를 평형방정식에 적용하면 가로 방향의 응력 σ_a가 식 (4.63)과 같이 구해진다.

$$\sigma_a(2\pi Rt) - P_i(\pi R^2) = 0$$

$$\sigma_a = \frac{P_i R}{2t} \tag{4.63}$$

또, 그림 4.34 (d)의 합력을 구하고 이를 평형방정식에 적용하면 원주방향의 응력, 즉 후프스트레스(hoop stress) σ_h가 다음 식 (4.64)와 같이 구해진다.

$$\sigma_h(2Lt) - P_i(2RL) = 0$$

$$\sigma_h = \frac{P_i R}{t} \tag{4.64}$$

따라서, 주응력 $\sigma_1 = \sigma_h = \frac{P_i R}{t}$이고 $\sigma_2 = \sigma_a = \frac{P_i R}{2t} = \frac{\sigma_h}{2}$가 되어 원주방향의 응력이 가로방향 응력의 2배가 됨을 알 수 있으며, 내압을 받는 원통 실린더에서는 원주방향에 대한 설계 관점을 두어야 할 것이다.

구형 압력용기에서와 마찬가지로 안쪽면 요소에서의 최대전단응력과 바깥쪽면 요소에서의 최대전단응력을 구하기 위하여 그림 4.35의 (a), (b)를 고려해 보자. 바깥쪽면 응력요소에서의 최대전단응력은 그림 4.35 (a)를 참고하면 다음 식 (a), (b), (c)와 같이 구해진다.

$$\tau_{max)z\,out} = \frac{\sigma_y - \sigma_x}{2} = \frac{\sigma_h - \sigma_a}{2} = \frac{\sigma_a}{2} = \frac{P_i R}{4t} \tag{a}$$

$$\tau_{max)x\,out} = \frac{\sigma_y}{2} = \frac{\sigma_h}{2} = \frac{P_i R}{2t} \tag{b}$$

$$\tau_{max)y\,out} = \frac{\sigma_x}{2} = \frac{\sigma_a}{2} = \frac{P_i R}{4t} \tag{c}$$

식 (a), (b), (c)에 의하면 바깥쪽면 응력요소에서 절대 최대전단응력은 x축 중심으로 45° 회전한 단면에서 얻어진 경우로 다음 식 (4.65)와 같다.

$$\tau_{max)out} = \frac{P_i R}{2t} \tag{4.65}$$

안쪽 면 응력요소에서의 최대전단응력은 그림 4.35 (b)를 참고하면 다음 식 (d), (e), (f)와 같이 구해진다.

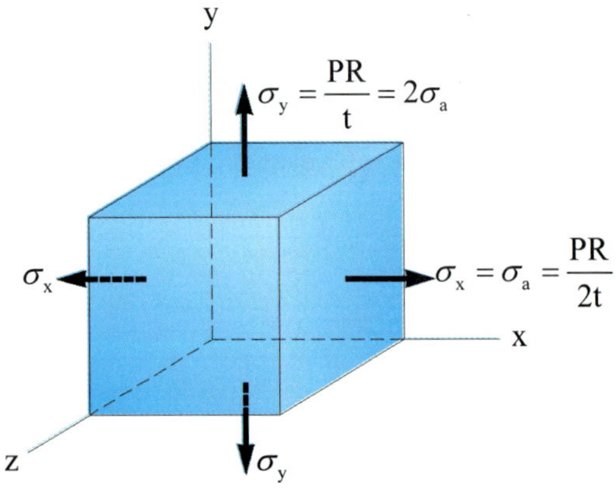

(a) 바깥쪽면 응력요소에서의 응력

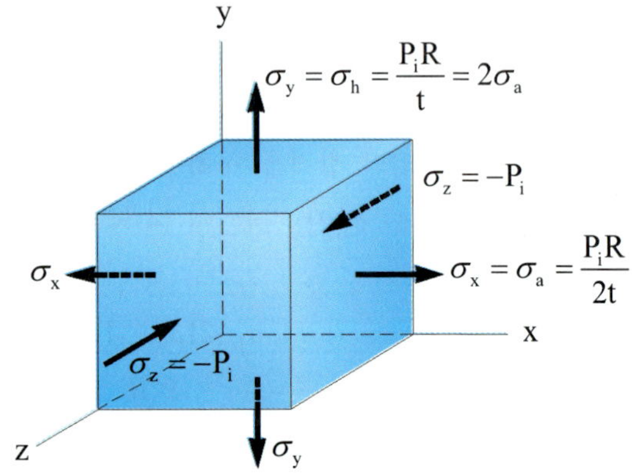

(b) 안쪽면 응력요소에서의 응력

그림 4.35

$$\tau_{max)zin} = \frac{\sigma_y - \sigma_x}{2} = \frac{\sigma_h - \sigma_a}{2} = \frac{\sigma_a}{2} = \frac{P_iR}{4t} \tag{d}$$

$$\tau_{max)xin} = \frac{\sigma_y - \sigma_z}{2} = \frac{\sigma_h + P_i}{2} = \frac{P_iR}{2t} + \frac{P_i}{2} \tag{e}$$

$$\tau_{max)yin} = \frac{\sigma_x - \sigma_z}{2} = \frac{\sigma_a + P_i}{2} = \frac{P_iR}{4t} + \frac{P_i}{2} \tag{f}$$

식 (d), (e), (f)에 의하면 안쪽면 응력요소에서의 절대 최대전단응력은 다음 식 (4.66)과 같다.

$$\tau_{max)in} = \frac{P_iR}{2t} + \frac{P_i}{2} \tag{4.66}$$

만약에 내압을 갖는 원통실린더가 정지한 유체 속에 있어 외부에 일정한 압력 P_0를 동시에 받고 있는 경우라면 구형압력용기에서 설명한 것과 같이 위 식들에서 P_i 대신에 $(P_i - P_0)$를 대입하여 모두를 구할 수 있고 최대전단응력에 있어서는 구형압력 용기와 같이 바깥쪽면 응력요소에서는 z 방향의 응력 σ_z가 $-P_0$가 되고 안쪽면 응력요소에서는 z 방향의 응력 σ_z가 $-P_i$가 됨에 유의하여 절대 최대전단응력을 계산하면 되겠다.

[예제 4-7] 안지름이 50in, 벽 두께가 2.1in인 구형 탱크가 2,650psi의 압력을 갖는 압축공기로 채워져 있다. 이 구형탱크는 반구 두 개를 용접하여 제작하였다고 할 때, 다음을 구하여라.

(a) 용접부가 견딜 수 있는 단위길이당의 인장하중 p

(b) 이 탱크 벽에서의 최대전단응력 τ_{max}

(c) $E = 30 \times 10^6$ psi이고 $\nu = 0.29$일 때, 벽에서의 최대수직변형률 ϵ

(풀이)

이 구형 탱크의 각종 자료들은 반지름 $R = 25$in, 두께 $t = 2.1$in, 내압 $P_i = 2{,}650$psi, 탄성계수 $E = 30 \times 10^6$psi 및 포와송 비 $\nu = 0.29$이다.

(a) 이 구형 용기가 받고 있는 전체 인장력 T는 다음 식 (a)와 같다.

$$T = AP_i = \pi R^2 P_i \tag{a}$$

구의 둘레가 $2\pi R$이므로 단위길이당의 인장력 p는 다음 식 (b)와 같이 된다.

$$p = T/2\pi R = \frac{\pi R^2 P_i}{2\pi R} = \frac{P_i R}{2} = \frac{2{,}650 \times 25}{2} \tag{b}$$

$$= 33{,}125\,\mathrm{lb/in}$$

(b) 식 (4.56)과 식 (4.58)에 의하여 탱크 벽의 안쪽과 바깥쪽에서의 최대전단응력은 각각 다음 식 (c) 및 (d)와 같다.

$$\tau_{max)out} = \frac{\sigma}{2} = \frac{P_i R}{4t} = \frac{2{,}650 \times 25}{4 \times 2.1} = 7{,}886.9\,\mathrm{psi} \tag{c}$$

$$\tau_{max)in} = \frac{P_i R}{4t} + \frac{P_i}{2} = \tau_{max)out} + \frac{P_i}{2} \tag{d}$$

$$= 7{,}886.9 + \frac{2{,}650}{2} = 9{,}211.9\,\mathrm{psi}$$

(c) $\sigma_x = \sigma_1$, $\sigma_y = \sigma_2$이고 식 (4.55)에 의하면 다음 식 (e)가 구해진다.

$$\sigma_1 = \sigma_2 = \sigma = \frac{P_i R}{2t} = \frac{2,650 \times 25}{2 \times 2.1} = 15,773.8\,\mathrm{psi} \quad \text{(e)}$$

식 (4.32)에 의하여 수직변형률 ϵ을 구하면 다음 식 (f)와 같이 된다.

$$\epsilon = \frac{1}{E}(\sigma_x - \nu\sigma_y) = \frac{(1-\nu)}{E}\sigma = \frac{(1-0.29)}{30 \times 10^6} \times 15,773.8 \quad \text{(f)}$$

$$= 373.31 \times 10^{-6}$$

[예제 4-8] 반지름이 2m인 원통실린더의 압력용기가 내압 $P_i = 8 \times 10^5$Pa의 압축공기를 함유하고 있다. 외부압력은 대기압과 같은 $P_0 = 1 \times 10^5$Pa이 작용되고 있다. 이 압력용기는 항복전단응력 τ_y가 350MPa, 항복응력 σ_y가 700MPa인 강재로 만들어져 있으며 안전계수 η는 4로 하였을 때 이 원통실린더 압력용기의 두께는 최소한 얼마로 해야 하는가?

(풀이)

식 (4.63), (4.64)에 의하여 주응력 σ_1, σ_2를 구하면 다음 식 (a), (b)와 같다.

$$\sigma_1 = \sigma_h = \frac{PR}{t} = \frac{(P_i - P_0)R}{t} \quad \text{(a)}$$

$$\sigma_2 = \sigma_a = \frac{PR}{2t} = \frac{(P_i - P_0)R}{2t} \quad \text{(b)}$$

절대 최대전단응력은 식 (4.66)에 의하면 다음 식 (c)와 같다.

$$\tau_{max} = \frac{(P_i - P_0)R}{2t} + \frac{P_i}{2} \quad \text{(c)}$$

안전계수가 4이므로 허용전단응력 τ_a와 허용수직응력 σ_w는 각각 다음 식 (d)와 (e)로 구해진다.

$$\tau_a = \frac{\tau_y}{\eta} = \frac{350}{4} = 87.5\,\mathrm{MPa} \quad \text{(d)}$$

$$\sigma_w = \frac{\sigma_y}{\eta} = \frac{700}{4} = 175\,\text{MPa} \tag{e}$$

식 (a)와 식 (e)를 이용하여 허용두께 t_1을 구하면 다음 식 (f)와 같다.

$$\sigma_w = \sigma_1 = \frac{(P_i - P_0)R}{t_1} = 175 \times 10^6$$

$$t_1 = \frac{(8-1) \times 10^5 \times 2}{175 \times 10^6} = 8.0 \times 10^{-3}\,\text{m} = 8.0\,\text{mm} \tag{f}$$

식 (c)와 식 (d)를 이용하여 허용두께 t_2를 구하면 다음 식 (g)와 같다.

$$\tau_a = \tau_{max} = \frac{(P_i - P_0)R}{2t_2} + \frac{P_i}{2} = 87.5 \times 10^6$$

$$t_2 = \frac{(8-1) \times 10^5 \times 2}{2\left(87.5 \times 10^6 - \frac{8}{2} \times 10^5\right)} = 8.04 \times 10^{-3}\,\text{m} = 8.1\,\text{mm} \tag{g}$$

식 (f)와 (g)에 의하여 최소허용두께 t는 8.1mm이다.

연습문제

문 4.2.1 그림 문 4.2.1과 같은 원형단면의 봉이 그림과 같이 수평축과 55°의 경사로 접착제에 의하여 접착되어 1,500lb의 인장하중을 받고 있다. 이 접착부의 허용응력 σ_a와 전단응력 τ_a가 각각 680psi와 382psi라고 할 때 이 중실봉의 최소 요구지름 d를 구하여라.

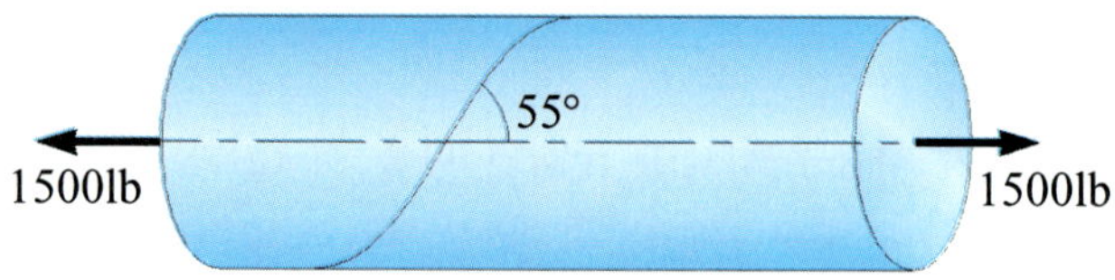

그림 문 4.2.1

문 4.2.2 그림 문 4.2.2와 같은 180mm×100mm의 구형단면을 갖는 블록에 하중 P가 작용하여 경사면 $\theta = 42°$의 면 CD에 대한 압축 수직응력이 20MPa이었다고 할 때 다음을 구하여라.

(a) 하중 P

(b) 경사면 CD에서의 전단응력

(c) 이 블록의 단면에 작용되는 최대수직응력과 최대전단응력

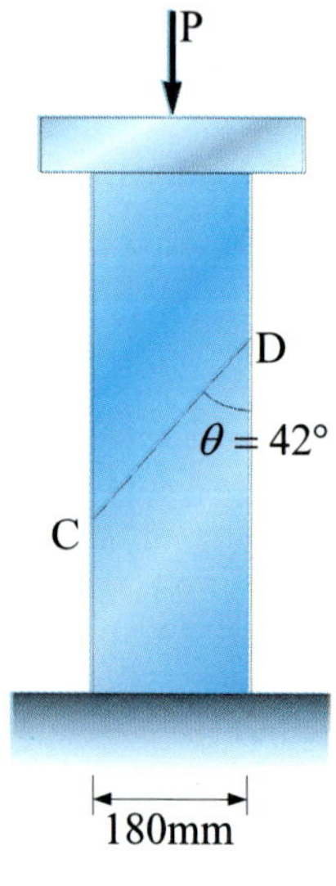

그림 문 4.2.2

문 4.2.3 그림 문 4.2.3과 같은 나무의 결을 가지는 120mm×240mm의 구형목재 압축 블록이 나무 결과 평행한 방향으로의 전단응력은 1.42MPa을 초과할 수 없으며 결에 수직한 응력은 15.24MPa을 초과할 수 없다고 할 때 이 목재 블록에 가할 수 있는 압축하중 P를 구하여라. 나무 결은 블록의 수직면에 대해 28°를 가진다.

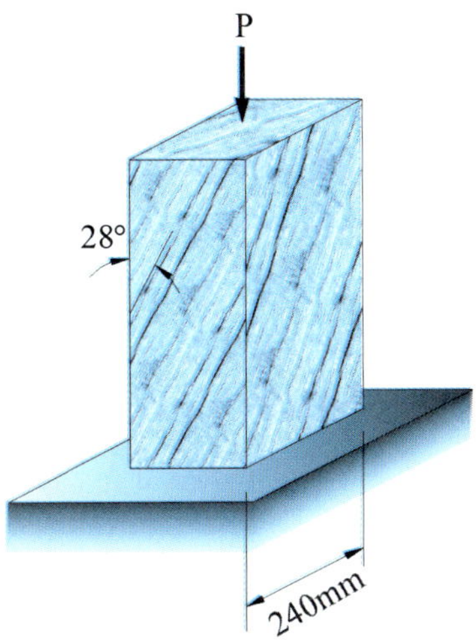

그림 문 4.2.3

문 4.2.4 그림 문 4.2.4와 같은 3.8in×1.2in의 구형단면의 강철재 봉이 인장하중 P를 전달하고 있다. 이 봉의 길이를 증가시키기 위하여 그림과 같이 각도 θ의 경사각에 의해 용접으로 첨가 소재를 이어준다. 이 경사각 θ의 범위는 $45° \leq \theta \leq 90°$이고 용접부위의 인장 수직응력과 전단응력은 각각 15,000psi와 8,500psi를 초과할 수 없다고 할 때 다음을 구하여라.

(a) 접합부의 경사각 θ의 최적치

(b) 첨가 소재를 연결봉이 지탱할 수 있는 최대인장하중 P

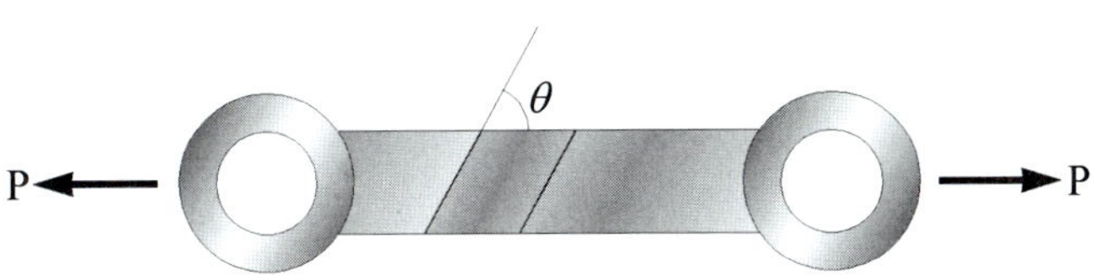

그림 문 4.2.4

문 4.3.1 다음 그림 문 4.3.1과 같은 단면들에 대한 각 경사면에서의 수직응력 σ_θ와 전단응력 τ_θ를 구하라.

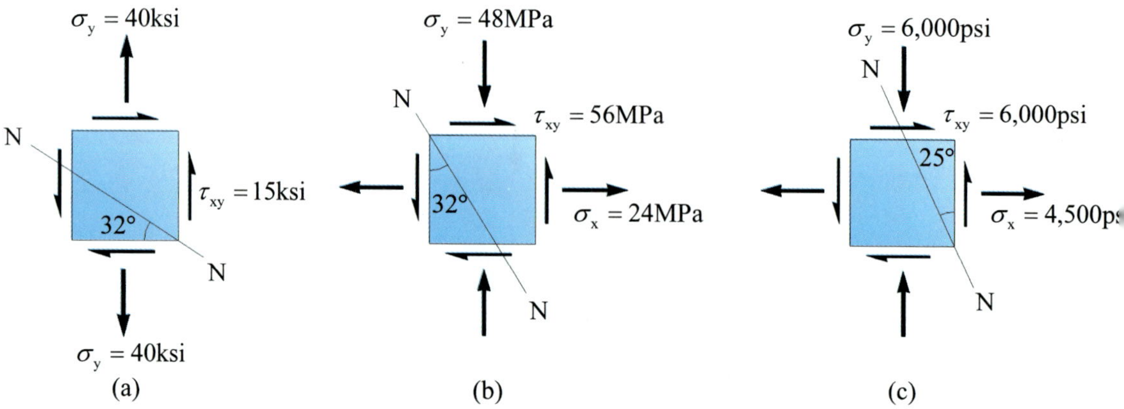

그림 문 4.3.1

문 4.3.2 다음 그림 문 4.3.2와 같은 단면들에 작용하는 평면응력에 대하여 회전각 θ만큼 회전한 요소에 대한 응력 $\sigma_{x'}$, $\sigma_{y'}$, $\tau_{x'y'}$를 구하여라. 단, $\sigma_{x'} = \sigma_{\theta_1}$, $\sigma_{y'} = \sigma_{\theta_2}$이고 $\tau_{x'y'} = \tau_\theta$이다.

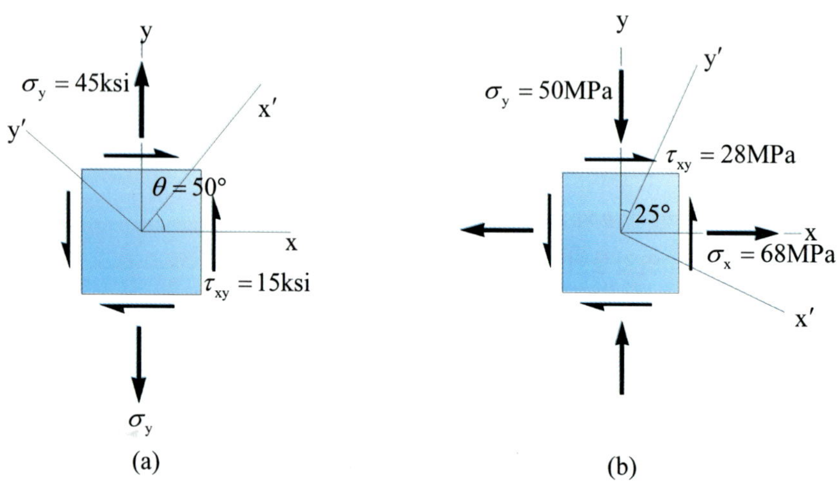

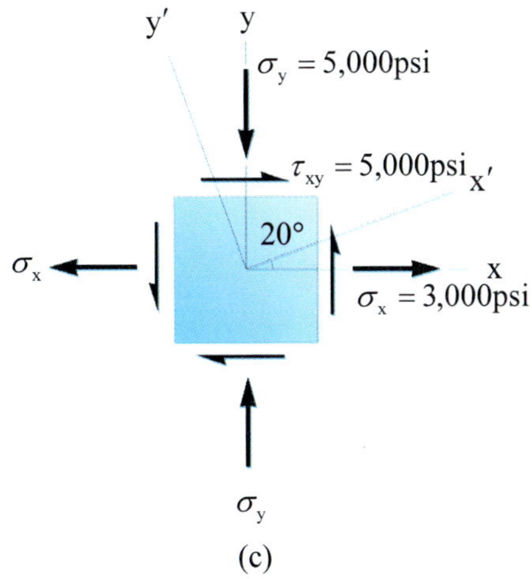

그림 문 4.3.2

문 4.3.3 그림 문 4.3.3과 같은 평면응력 요소에 $\sigma_x = 20{,}000$ psi, $\sigma_y = 8{,}000$ psi 및 $\tau_{xy} = 5{,}000$ psi의 평면응력이 작용하고 있을 때, $\theta = 30°$ 면에서의 응력들을 구하고 그림으로 표시하라. 그리고 주응력과 최대전단응력 및 그 위치를 구하라.

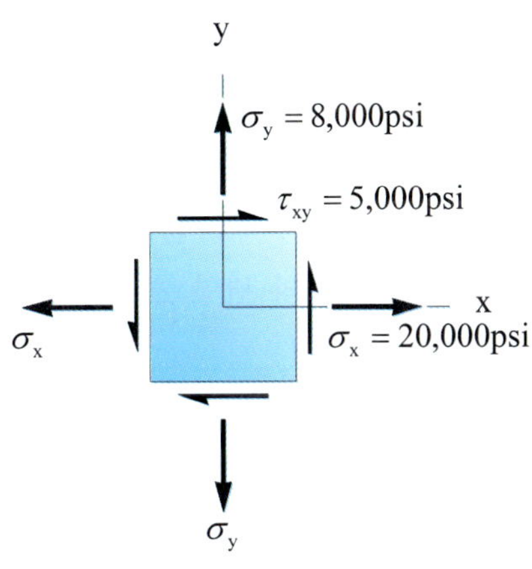

그림 문 4.3.3

문 4.3.4 얇은 두께로 된 그림 문 4.3.4 (a)와 같은 압력용기의 외부표면의 미소응력요소에 대한 응력이 그림 문 4.3.4 (b)와 같이 $\sigma_y = 9,500\,psi$, $\sigma_x = -4,800\,psi$일 때 그림 문 4.3.4 (b)의 경사면 AA에 대한 응력을 해석하여라.

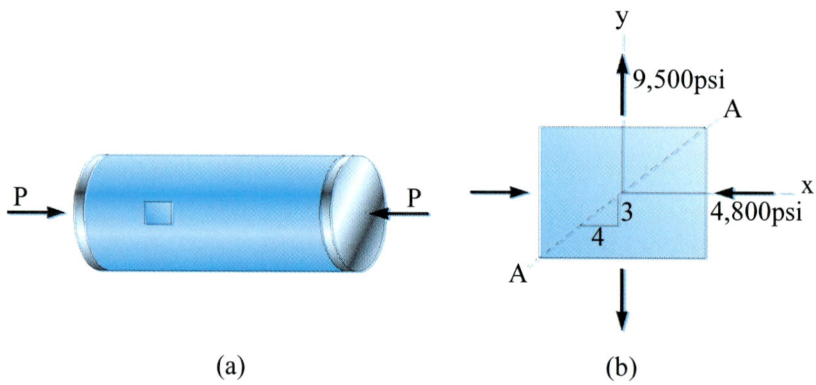

그림 문 4.3.4

문 4.4.1 합금강으로 되어 있는 기계부품의 한 부분에 변형률을 측정하였더니 다음과 같다고 할 때, σ_x, σ_y및 τ_{xy}를 구하여라.

단, $E = 200\,GPa$, $\nu = 0.30$, $\epsilon_x = 1485\,\mu m/m$, $\epsilon_y = -720\,\mu m/m$, $\gamma_{xy} = 2,000\,\mu m/m$

문 4.4.2 두께 $t = 0.2\,in$인 그림 문 4.4.2와 같은 판에 수직응력 σ_x와 σ_y가 작용하고 있다. 이 판위에 스트레인게이지 A와 B를 부착하여 얻은 변형률이 $\epsilon_a = 748\mu\,in/in$, $\epsilon_b = -518\mu\,in/in$이었다. 재료가 탄성계수 $E = 30 \times 10^6\,psi$, 포와송비 $\nu = 0.3$인 강재라고 할 때 σ_x, σ_y를 구하고 두께의 변형 Δt를 구하여라.

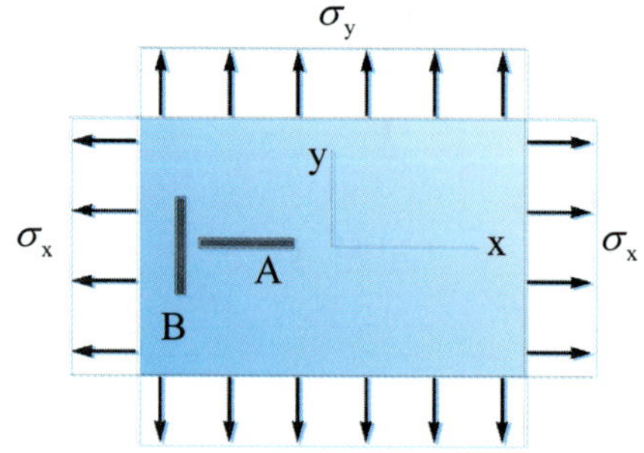

그림 문 4.4.2

문 4.4.3 그림 문 4.4.3과 같은 평면 응력상태인 요소에서의 다음을 구하여라. 단, 탄성계수 $E = 200\,GPa$이고 $\nu = 0.30$이다.

(a) ϵ_x, ϵ_y 및 γ_{xy}

(b) z 방향의 변형률 ϵ_z

(c) 체적팽창률 e

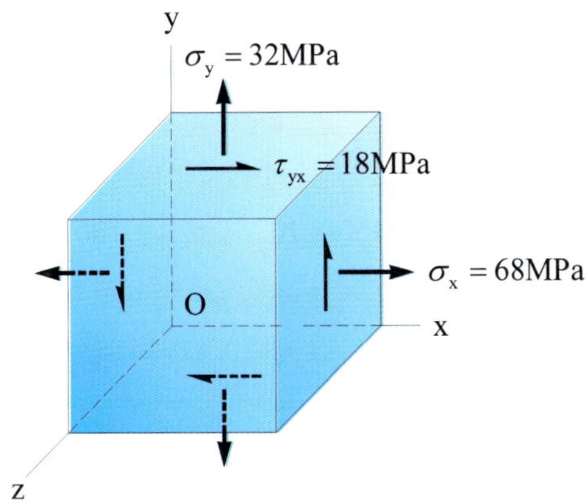

그림 문 4.4.3

문 4.4.4 그림 문 4.4.4와 같은 청동판의 중앙에 지름 250mm의 원 bdce를 그려두고 양 변에 $\sigma_x = 55\,MPa$, $\sigma_y = 22\,MPa$의 응력을 발생시켰을 때 다음을 구하여라. 단, 판의 치수는 500mm × 500mm × 30mm이고 탄성계수 $E = 45\,GPa$이고 포와송비 $\nu = 0.335$이다.

(a) 지름 bc 및 de의 변형 Δbc와 Δde

(b) 판의 두께 t의 변화량 Δt

(c) 판의 체적 변화량 ΔV

(d) 판에 축적되는 탄성에너지 U

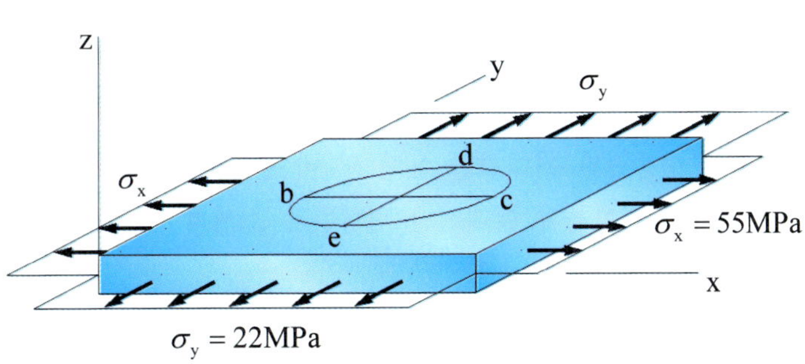

그림 문 4.4.4

문 4.5.1 변형요소가 $\epsilon_x = 800\mu$, $\epsilon_y = 580\mu$, $\gamma_{xy} = 520\mu$인 평면변형상태에 있을 때 주 변형률 ϵ_1, ϵ_2 및 ϵ_3 및 최대전단변형률 γ_{max}을 구하고 그 위치들을 스케치 하여라.

문 4.5.2 그림 문 4.5.2와 같은 평면응력상태의 요소에 대하여 Mohr 원을 그리고 회전단면 각도 θ에서의 변형률을 구하고 스케치 하여라. 그리고 주 변형률과 최대전단변형률을 구하여라. 단, 포와송비 ν는 0.3이다.

(a) $\epsilon_x = 250\times10^{-6}$, $\epsilon_y = 450\times10^{-6}$, $\gamma_{xy} = 150\times10^{-6}$, $\theta = 50°$

(b) $\epsilon_x = 460\times10^{-6}$, $\epsilon_y = 160\times10^{-6}$, $\gamma_{xy} = -330\times10^{-6}$, $\theta = 36.5°$

(c) $\epsilon_x = -1080\times10^{-6}$, $\epsilon_y = -450\times10^{-6}$, $\gamma_{xy} = 780\times10^{-6}$, $\theta = 45°$

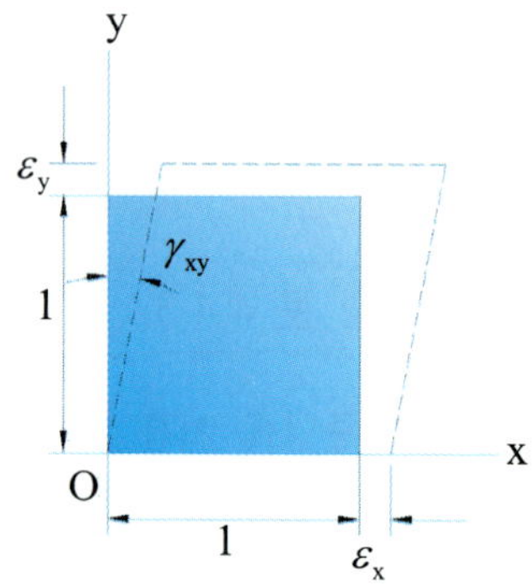

그림 문 4.5.2

문 4.5.3 하중을 받고 있는 강재로 된 기계부품의 한 점에 그림 문 4.5.3과 같은 스트레인 로젯에 의하여 구해진 스트레인이 다음과 같을 때 다음 물음에 답하여라. 단, 탄성계수 E = 30,000 ksi이고 포와송비 $\nu = 0.30$이다. 단, 평면응력 상태로 가정한다.

$\epsilon_a = 720\ \mu in/in$, $\epsilon_b = 525\ \mu in/in$, $\epsilon_c = -330\ \mu in/in$

(a) 이 점에서의 응력 σ_x, σ_y 및 τ_{xy}

(b) 이 점에서의 주응력과 최대전단 응력 및 이 단면에서의 스케치

(c) 이 점에서의 주 변형률과 최대전단 변형률과 스케치

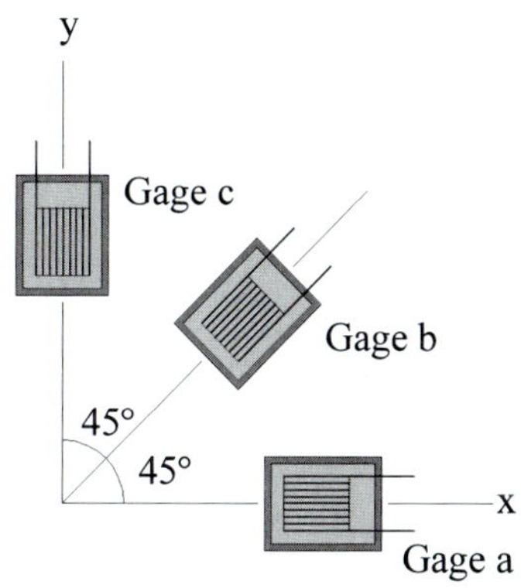

그림 문 4.5.3

문 4.5.4 그림 문 4.5.4와 같은 스트레인 로젯에서 구해진 변형률이 다음과 같을 때 σ_x, σ_y 및 τ_{xy}와 주응력 σ_1, σ_2 및 절대최대전단응력 τ_{max}을 구하여라.

(a) $\epsilon_a = 700\mu$, $\epsilon_b = 500\mu$, $\epsilon_c = -250\mu$, $E = 30\times10^6$ psi, $\nu = 0.3$

(b) $\epsilon_a = 880\mu$, $\epsilon_b = 650\mu$, $\epsilon_c = -700\mu$, $E = 73$ GPa, $\nu = 0.33$

(c) $\epsilon_a = 550\mu$, $\epsilon_b = 475\mu$, $\epsilon_c = 1500\mu$, $E = 73$ GPa, $\nu = 0.33$

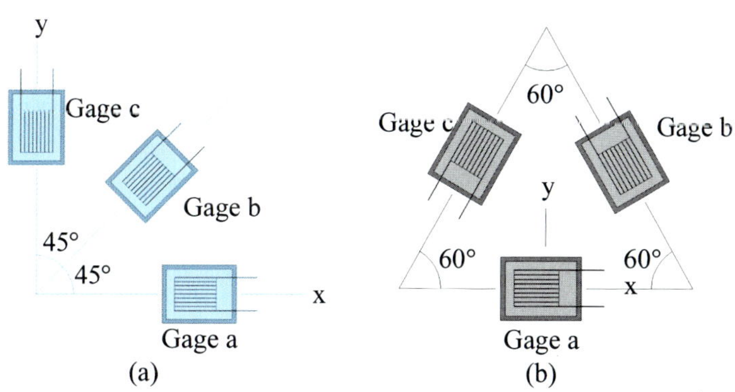

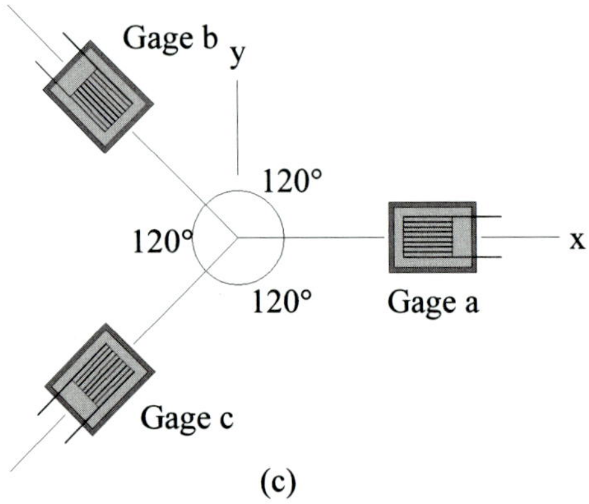

(c)

그림 문 4.5.4

문 4.6.1 그림 문 4.6.1과 같은 안지름 20in이고 두께가 0.25in인 구형 압축 공기탱크가 2개의 강재 반구를 용접하여 제작하였을 때 다음을 구하여라.

(a) 강재의 허용응력이 15,200psi이고 허용전단응력이 6,500psi일 때 이 탱크에 가할 수 있는 허용공기압 p_1.

(b) 탱크의 외곽 표면의 수직변형률이 280μin/in를 초과할 수 없다고 할 때 허용공기압 p_2. (단, 탄성계수 $E = 30 \times 10^6$psi, 포와송비 $\nu = 0.30$)

(c) 용접 부위의 강도시험을 위해 이 부위에 8,500lb/in의 인장력이 부가되었을 때 파손이 보이기 시작하였다. 만일 파괴에 대한 안전계수가 2.5이라고 할 때 허용공기압 p_3.

(d) 위의 조건들을 동시에 만족하는 이 탱크의 허용공기압 p_a

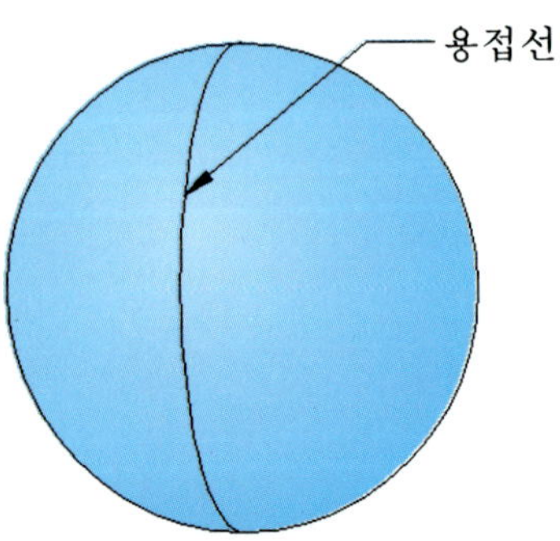

그림 문 4.6.1

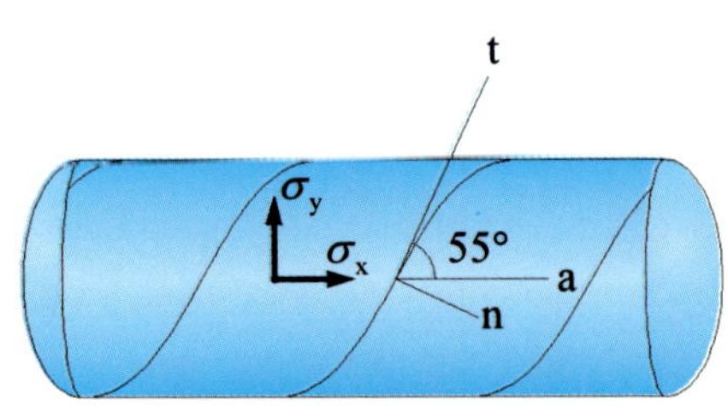

그림 문 4.6.2

문 4.6.2 지름 3m인 원통형 압력용기가 그림 문 4.6.2와 같이 두께 t = 12mm 인 두 장의 강재판을 이용하여 수평과 55°의 각을 갖는 나선형 호를 따라 용접에 의하여 제작하였다. 이 원통형 압력용기의 최대 내압이 1,500kPa이라고 할 때 다음을 구하여라.

(a) 축방향의 응력 σ_x와 원주방향 응력 σ_y

(b) 절대 최대전단응력

(c) 용접선에 대한 수직응력 σ_θ과 전단응력 τ_θ

문 4.6.3 그림 문 4.6.3과 같은 압력을 채워 둔 구형 내압용기의 상태를 쉽게 확인할 수 있기 위하여 표면에 락카(lacquer)를 칠해두었다. 이 락카는 수직변형률 ϵ이 280μm/m를 초과하게 될 때 크랙이 간다고 한다. 이 내압용기의 안지름은 640mm이고 두께는 12mm, 탄성계수는 210GPa이고 포와송비는 0.30이라고 할 때 이 용기에 채울 수 있는 내압 p는 얼마인가?

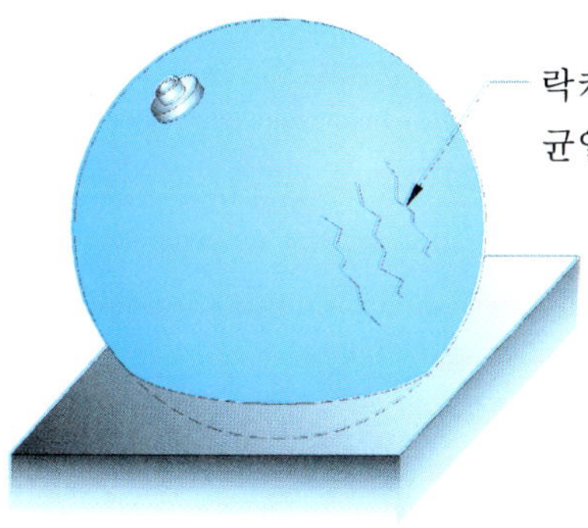

그림 문 4.6.3

문 4.6.4 32psi의 내압이 채워진 안지름 15in, 두께가 0.8in인 구형 압력용기를 바다 속에 집어넣어 실험하는 장치를 만들고자 한다. 이 구형 용기는 바다 속에 넣었을 때 이 용기에 작용되는 압축응력이 120psi가 될 때까지 안전하게 설계되어 있다고 하면 이 용기를 바다 속에 넣을 수 있는 깊이를 구하여라. 단, 바닷물의 비중량 γ는 62.4 lb/ft^{3}이다.

문 4.6.5 반지름 r이고 두께 t인 원통형 압력용기에 내압 p가 채워진 상태에 축방향으로 압축력을 작용시켜 이 용기의 벽에 순수전단만이 작용하게 되었다면 이 축방향의 압축력 C는 얼마나 작용시켜야 하는가?

CHAPTER 5

보의 내력, 전단력 및 굽힘모멘트

5.1 개요

지금까지 우리는 임의의 구조물이 하중을 받아 저항하는 구조물 내부의 미소단면에 대한 변형과 응력을 공부하였고, 단순한 봉(bar)이나 축 등이 인장, 압축 또는 비틀림을 받는 구조에 대한 응력과 변형해석을 공부하였다. 지금부터는 자동차, 항공기 및 각종 건축구조물 등을 1차적으로 구성하고 있으며, 일반구조물의 가장 기본적인 요소(elements)가 되는 보(beam)에 대해 공부하고자 한다.

보는 긴 막대형 구조부재(slender structure member)를 의미하는 것으로 앞에서 취급하였던 인장 및 압축을 받는 봉이나 비틀림을 받는 축 부재와 모양은 비슷하나 작용하는 하중의 방향이 근본적으로 차이가 있다. 보에 작용하는 하중은 그림 5.1 (a), (b)의 봉이나 축과는 달리 그림 5.1 (c)와 같이 구조물인 보의 축에 수직한 방향으로 작용되고 있다. 그림 5.1 (c)와 같이 봉에 수직한 하중으로는 한 점 D에 작용하는 하중 P와 같은 집중하중과 점 E에서부터 지점 B에 이르기까지에 분포하여 작용하는 분포하중 q 및 한 점 C에 작용하는 굽힘모멘트 M_0 들이 있을 수 있다.

분포하중 q는 단위길이당 하중으로 N/m, kg_f/m 또는 lb/in와 같이 표현되며 이 분포하중은 그림 5.1의 (c)의 분포하중과 같이 등분포 하중인 경우도 있지만, 이들 분포하중은 직선적으로 변하는 하중이나 포물선적으로 변하는 하중 등 여러 가지가 있을 수 있다. 이들에 대해서는 다음에 다루어 보기로 한다.

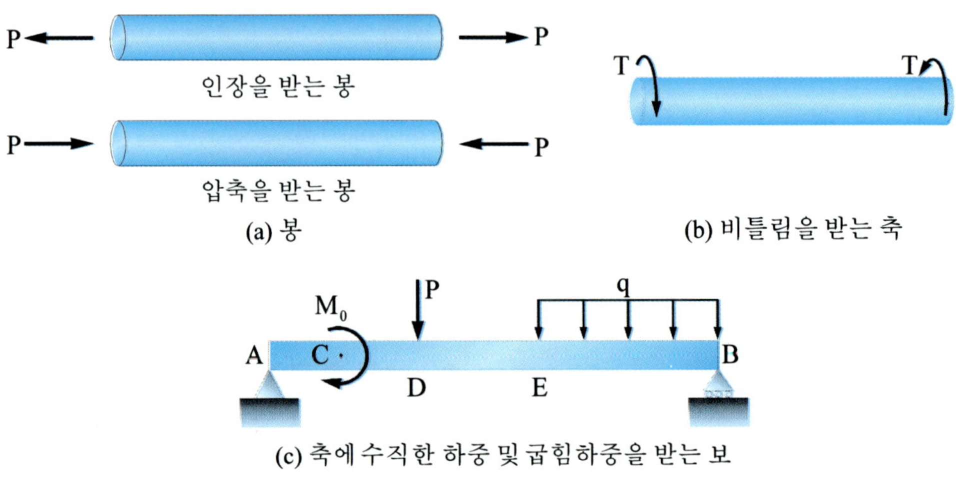

(a) 봉　(b) 비틀림을 받는 축

(c) 축에 수직한 하중 및 굽힘하중을 받는 보

그림 5.1 봉과 보

5.2 보의 종류와 지점

보(beam)란 그림 5.1 (c)와 같이 축에 수직한 하중 및 굽힘하중을 받는 긴 막대가 그림 5.2와 같은 각종 지점에 의하여 구성된 구조물들을 말한다.

지점	명칭	자유물체도	반력	운동
	롤러 (roller)		축에 수직한 방향으로만 반력 R을 일으킨다.	회전과 수평 방향의 운동이 자유스럽다.
	힌지 (hinge)		축에 수직한 반력 R과 수평한 반력 H를 일으킨다.	회전 운동이 자유스럽다.
	고정단 (fixed)	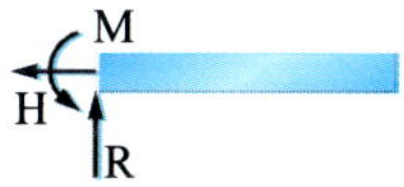	축에 수직한 반력 R, 수평한 반력 H 및 회전 반력 M을 일으킨다.	모든 방향의 운동이 구속된다.

그림 5.2 지점의 종류

그림 5.2에서 보는 바와 같이 롤러(roller)는 수평방향으로의 병진운동이 마찰 없이 자유스럽게 이루어짐과 동시 회전운동이 저항 없이 자유스럽게 허용되는 지점으로 자유물체도에서 보의 축에 수직한 반력 R 만이 존재하는 지점을 의미한다. 구조물과 닫는 부분은 3각형의 꼭지점을 이용하여 표시함으로써 면적효과를 고려하지 않아도 됨을 의미하여 이 지점에서 반력 R이 직접 마찰이나 면적효과 등이 없이 강체의 평형방정식에 오직 반력 R이 그대로 적용될 수 있도록 표현하고 있다. 힌지(hinge)는 이 롤러와 같은 형태의 지점으로 수직반력 R과 축방향의 반력 H가 존재하며 이 지점은 회전에 대해서만 자유스러움을 의미한다.

또, 고정단은 완벽하게 한점에 의하여 고정된 점을 의미하는 것으로 어떠한 운동도 허용하지 않음을 의미하는 지점이다.

그림 5.2의 지점들에 의하여 구성된 그림 5.3과 같은 1차원적 구조물을 보(beam)라 한다.

그림 5.3의 보와 관련한 해석은 앞으로 하나씩 공부해 나갈 것이다. 단순지지보, 외팔보 및 내다지보는 강체의 평형 방정식만으로 각 지점의 반력을 모두 구할 수 있다. 이러한 구조물을 정역학적으로 정정인 구조물(statically determinated stru ctures)이라고 부른다. 그 이외의 양단 고정보등은 각 지점의 반력의 수가 강체의 평형 방정식보다 더 많은 경우인데 이러한 경우

구분	종류	보	자유물체도	평형방정식	반력
정역학적으로 정정인 보	단순지지보 (simply supported beam)	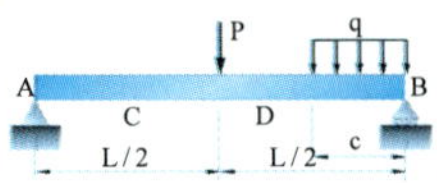	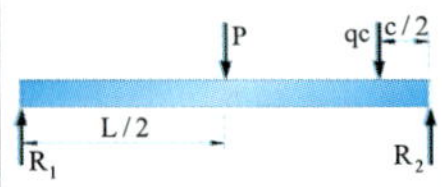	$\sum F_y = 0$ $R_1 + R_2 - (P + qc) = 0$ $\sum M_B = 0$ $LR_1 = \left(\frac{PL}{2} + \frac{qc^2}{2}\right) = 0$	$R_1 = \frac{P}{2} + \frac{qc^2}{2L}$ $R_2 = \frac{P}{2} + qc\left(1 - \frac{c}{2L}\right)$
	외팔보 (cantilevered beam)	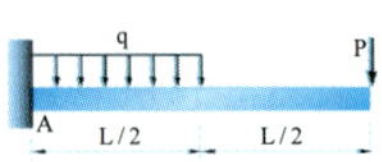	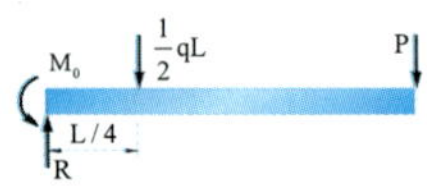	$\sum F_y = 0$ $R - \left(P + \frac{1}{2}qL\right) = 0$ $\sum M_A = 0$ $M_0 - \left(\frac{qL^2}{8} + PL\right) = 0$	$R = P + \frac{1}{2}qL$ $M_0 = PL + \frac{qL^2}{8}$
	내다지보 (overhanging beam)	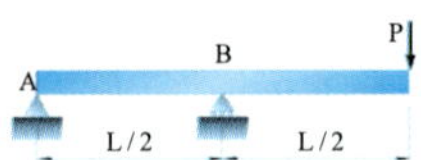	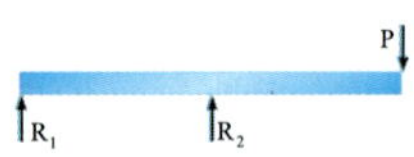	$\sum F_y = 0$ $R_1 + R_2 - P = 0$ $\sum M_B = 0$ $\frac{R_1 L}{2} + \frac{PL}{2} = 0$	$R_1 = -P$ $R_2 = 2P$
정역학적으로 부정정인 보	양단고정보 (fixed-fixed beam)	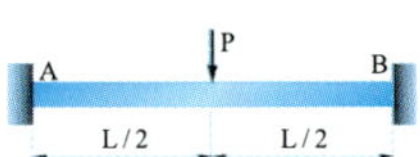	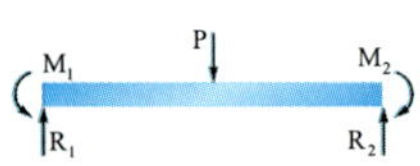	$\sum F_y = 0$ $R_1 + R_2 - P = 0$ $\sum M_A = 0$ $M_1 - \frac{PL}{2} + LR_2 - M_2 = 0$	방정식 2개 미지수 4개로써 부정방정식
	일단고정 일단힌지보	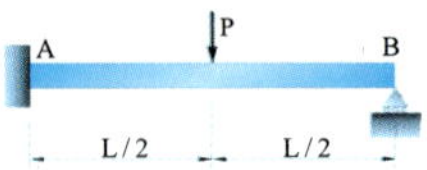	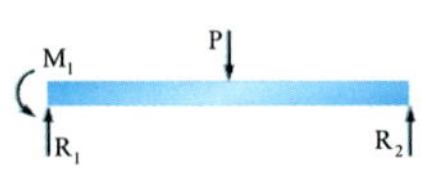	$\sum F_y = 0$ $R_1 + R_2 - P = 0$ $\sum M_A = 0$ $M_1 + LR_2 - \frac{1}{2}PL = 0$	방정식 2개 미지수 3개
	탄성지지보	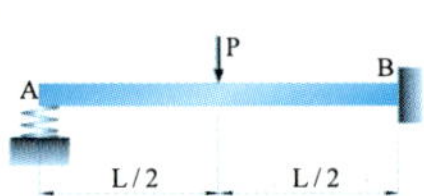	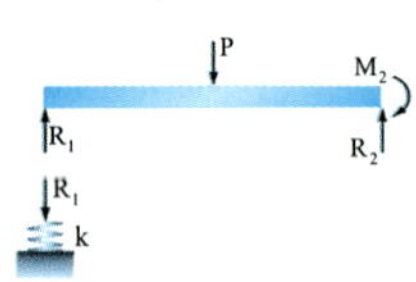	$\sum F_y = 0$ $\sum M_B = 0$ $k\delta_1 - R_1 = 0$ $R_1 + R_2 - P = 0$ $M_2 + LR_1 - \frac{1}{2}PL = 0$ (δ_1 : 스프링의 축소된 변형)	방정식 2개 미지수 3개 (스프링 부분의 방정식에서는 변형 δ_1과 보 전체의 변형 δ의 관계에 의해 δ_1이 결정될 수 있음)

그림 5.3 보의 종류

는 강체의 평형방정식으로 각 지점의 반력이 구해질 수가 없다. 이러한 구조물을 정역학적으로 부정정 구조물(statically indeterminated structures)이라고 부른다. 이와 같은 정역학적으로 부정정인 구조물은 지점의 반력을 구하기 위하여 구조물의 임의 곳에서의 변형 등을 구하는 기법을 활용하여 지점의 반력을 해석하고 이들을 정정인 구조물로 환원하여 보의 내력과 굽힘모멘트를 해석함으로써 구조물의 변형과 응력해석을 가능케 한다. 이 부정정 구조물은 차후에 자세히 취급하게 될 것이다.

단순지지보(simply supported beam)와 내다지보(overhanging)는 롤러와 힌지로 구성된 보인데 이 보의 지점이 한쪽은 힌지로 한쪽은 롤러로 구성된 것은 보 내부의 과잉구속을 방지하기 위한 것으로 하중을 받게 되면 축이 처짐을 일으키고 이 처짐(δ)에 의하여 롤러부분은 축방향의 변위(λ)를 그림 5.4와 같이 허용하며 보 내부의 복잡한 과잉구속을 방지하고 있다. 양단을 모두 힌지로 하는 경우에는 과잉 구속되고, 정역학적으로 정정인 구조물로 취급할 수 없다. 한편 그림 5.4와 같은 단순지지보에서 수평거리 λ는 매우 적다는 가정 하에 무시하기도 한다. 실제로 이 거리 λ를 구하는 문제는 뒤에서 취급하기로 한다.

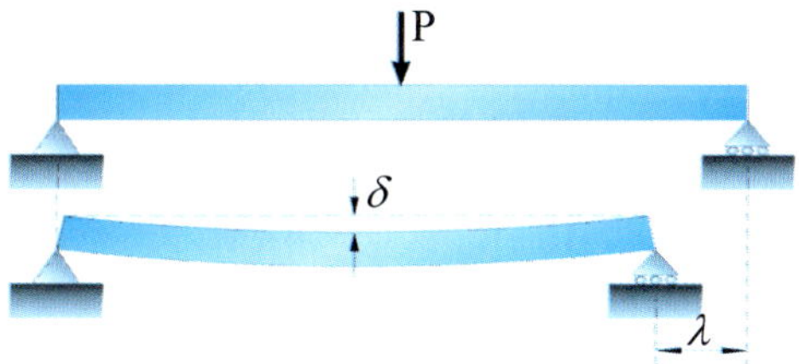

그림 5.4 과잉구속의 방지와 보의 수평 변위 λ

[예제 5-1] 그림 5.5 (a)와 같은 보 ABC의 자유물체도를 그리고 지지점 A와 B의 반력 R_A 및 R_B를 구하라.

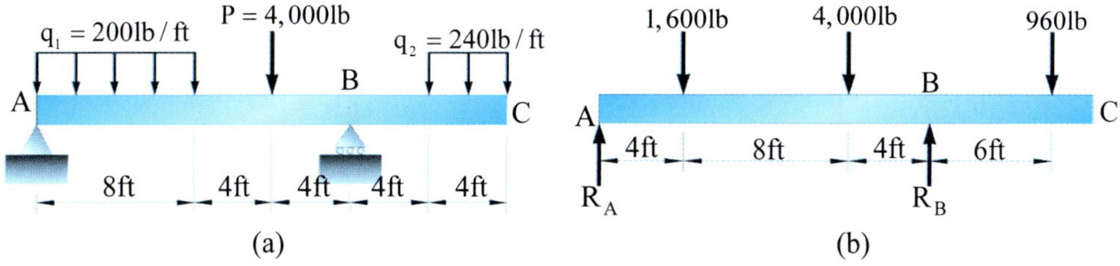

그림 5.5

(풀이)

자유물체도는 그림 5.5 (b)와 같다. 그림 5.5 (b)에 강체 평형식을 적용하면 다음 식 (a)와 (b)를 얻는다.

$$\sum F_y = 0 \qquad R_A + R_B = 6{,}560\,\text{lb} \tag{a}$$

$$\sum M_B = 0 \qquad 16R_A - 1{,}600 \times 12 - 4{,}000 \times 4 + 960 \times 6 = 0 \tag{b}$$

식 (a)와 (b)로부터 반력 R_A와 R_B는 다음 식 (c)와 같다.

$$R_A = 1{,}840\,\text{lb}, \; R_B = 4{,}720\,\text{lb} \tag{c}$$

5.3 보의 내력, 전단력 및 굽힘모멘트

그림 5.6 (a)와 같은 보에 대해서 살펴보기로 하자.

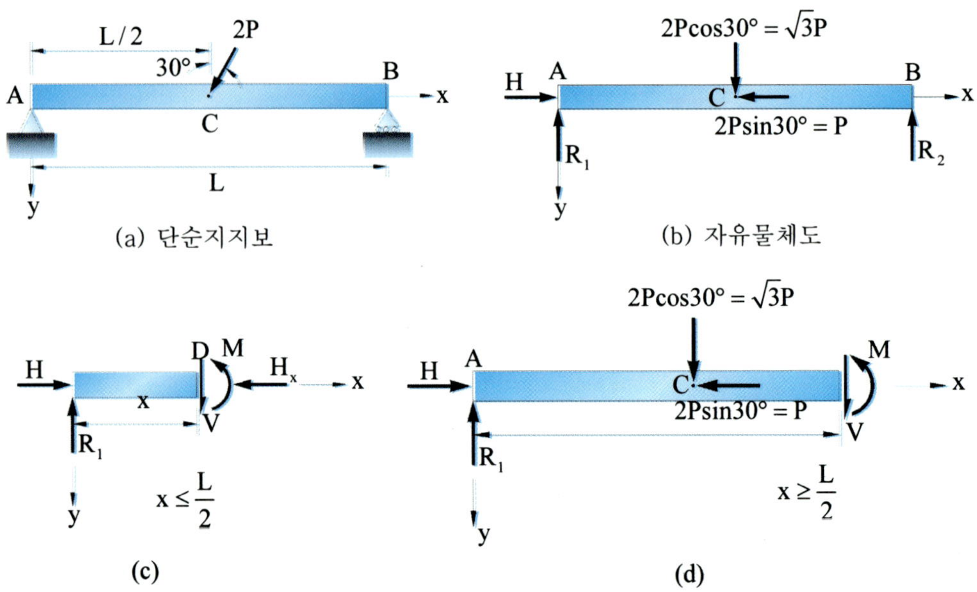

그림 5.6

그림 5.6 (b)의 자유물체도에 의하여 강체의 평형방정식을 적용하면 다음 식 (a), (b) 및 (c)를 구할 수 있다.

$$\sum F_x = 0,\ H = 2P\sin 30° = P \tag{a}$$

$$\sum F_y = 0,\ R_1 + R_2 = 2P\cos 30° = \sqrt{3}P \tag{b}$$

$$\sum M_B = 0,\ LR_1 = \sqrt{3}P \times \frac{L}{2} = \frac{\sqrt{3}}{2}PL \tag{c}$$

식 (b), (c)로부터 수직 반력 R_1, R_2는 다음 식 (d)와 같다.

$$R_1 = \frac{\sqrt{3}}{2}P = R_2 \tag{d}$$

따라서, 수평반력 $H = P$, 수직반력 R_1 및 R_2는 각각 $\frac{\sqrt{3}}{2}P$ 이다.

한편, 그림 5.6 (c)는 하중작용점 C점 이전에 대한 보 내부의 내력을 고려하기 위한 것이다. 즉, 임의의 x점이 $x \leqq \frac{L}{2}$ 위치인 점 D에서의 내력들은 수평내력 $H = P$와 수직내력, 전단력 V 및 굽힘모멘트 M이 존재함을 알 수 있다. 그림 5.6 (c)에 대하여 강체의 평형방정식을 구해보면 다음 식 (e), (f) 및 (g)와 같다.

$$\sum F_x = 0,\ H = H_x = P \tag{e}$$

$$\sum F_y = 0,\ R_1 = V \equiv \frac{\sqrt{3}}{2}P \tag{f}$$

$$\sum M_D = 0,\ R_1 x = M = \frac{\sqrt{3}}{2}Px\ ,\quad x \leqq \frac{L}{2} \tag{g}$$

또, 그림 5.6 (d)인 하중작용점 이후의 점, $x > \frac{L}{2}$에서는 수평반력 $H_x = 0$이고 수직반력 V 와 M은 각각 다음 식 (h) 및 (i)와 같다.

$$V = R_1 - \sqrt{3}P = -\frac{\sqrt{3}}{2}P \tag{h}$$

$$\sum M_E = 0, \quad M = R_1 x - \sqrt{3}P\left(x - \frac{L}{2}\right) = \frac{\sqrt{3}}{2}Px - \sqrt{3}P\left(x - \frac{L}{2}\right) \qquad (i)$$

$$= -\frac{\sqrt{3}}{2}Px + \frac{\sqrt{3}}{2}PL$$

이들 내력 H_x, V 및 M이 무엇을 의미하는가 살펴보자.

우선 내력 H_x는 그림 5.6에서 알 수 있듯이 수평력으로 보의 AC구간에서 압축력으로 작용하고 그 크기는 P이다. 그리고 하중 작용점 C 이후는 지점의 기능에 의하여 수평내력 $H_x = 0$으로서 수평방향으로 내력이 존재하지 않고 있음을 보이고 있다. 따라서 그림 5.6과 같이 보의 중앙에 2P의 하중이 축에 대해 60°로 작용되는 경우에는 보의 중앙 좌측에는 압축력 P와 전단력 $V = \frac{\sqrt{3}}{2}P$가 작용하고 굽힘모멘트 M은 $\frac{\sqrt{3}}{2}Px$로서 거리 x에 비례하여 커지다가 하중 작용점 C에 와서는 최대가 되고 그 값은 $\frac{\sqrt{3}}{4}PL$이 된다. 하중작용점 이후에는 수평내력 H_x는 존재하지 않고 전단력 $V = -\frac{\sqrt{3}}{2}P$로서 보의 중앙좌측과는 그 방향이 반대로 되고 크기는 같음을 의미하며, 굽힘모멘트 M는 $-\frac{\sqrt{3}}{2}Px + \frac{\sqrt{3}}{2}PL$로서 점점 감소되어 $x = L$인 우단에 와서는 모멘트가 0이 되어 구조물의 정의에 적합함을 알 수 있다. 일반적으로 여러분이 취급할 보의 문제는 수평력 H_x가 존재하지 않는 경우의 문제들이다.

수직 내력 V와 굽힘모멘트 M에 대해서 좀더 살펴보자.

그림 5.6의 단순지지보에서 하중작용점 C 이전의 전단력과 굽힘모멘트를 다시 살펴보면 그림 5.7과 같이 됨을 알 수 있다.

그림 5.7 (a)는 임의의 위치에서의 전단력 V와 굽힘모멘트 M을 나타내고 있다. 이제 그림 5.6의 하중작용점 C 이전인 임의의 위치 x와 x+dx 위치에서의 전단력과 모멘트를 검토해보자. 전단력은 그림 5.7 (b)와 같이 된다. 이와 같이 표현되는 전단력은 단면을 회전시키려는 힘으로 그 방향이 고려되어 져야 하며 이때, 단면 dx부분을 시계방향으로 회전 시키려는 전단력을 양(+)으로 한다. 또한, 굽힘모멘트는 그림 5.7 (c)와 같이 아래로 볼록해지도록 작용되는 굽힘모멘트를 양(+)으로 표시한다.

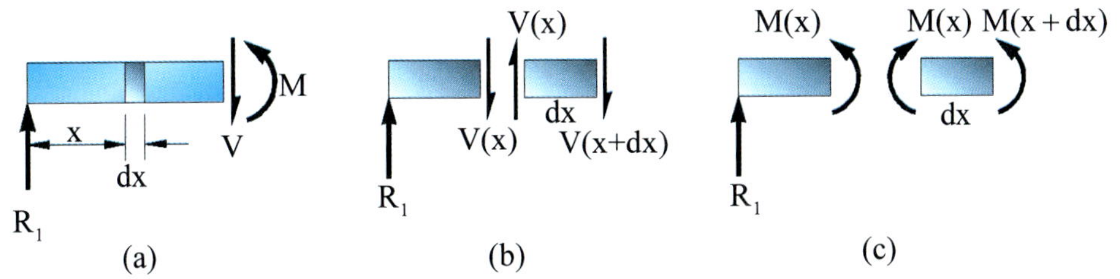

그림 5.7

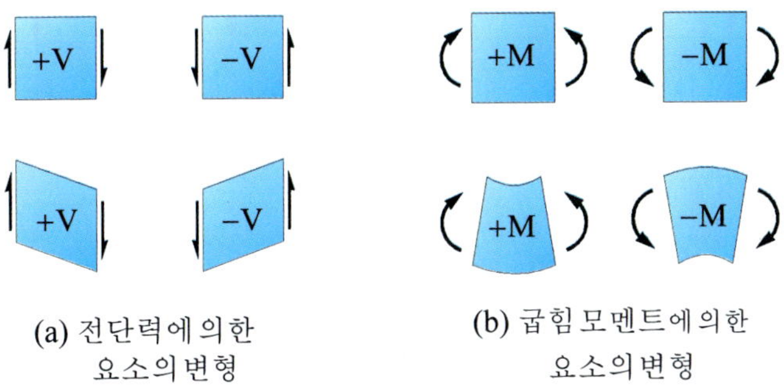

그림 5.8 전단력과 굽힘모멘트에 의한 요소의 변형

이들 전단력과 굽힘모멘트에 의하여 변형되어지는 요소를 살펴보면 그림 5.8과 같다.

그림 5.9의 외팔보에 대해서 다시 해석해보자.

그림 5.9 (a)는 길이 L인 외팔보에 분포하중 q lb/in을 받고 있는 경우이다. 그림 5.9 (b)는 자유물체도로서 평형방정식에 의하여 지점의 반력 R와 M이 각각 qL과 $\frac{1}{2}qL^2$이 됨을 알 수 있다.

그림 5.9 (c)는 보의 임의 위치 x에서의 전단력 V와 굽힘모멘트 M을 나타내고 있다. 강체의 평형방정식에 의하여 전단력 V와 M은 각각 다음 식 (j) 및 (k)와 같다.

$$V = -qx \tag{j}$$

$$M = -\frac{1}{2}qx^2 \tag{k}$$

식 (j)와 (k)를 그래프로 나타내면 다음 그림 5.10과 같이 된다.

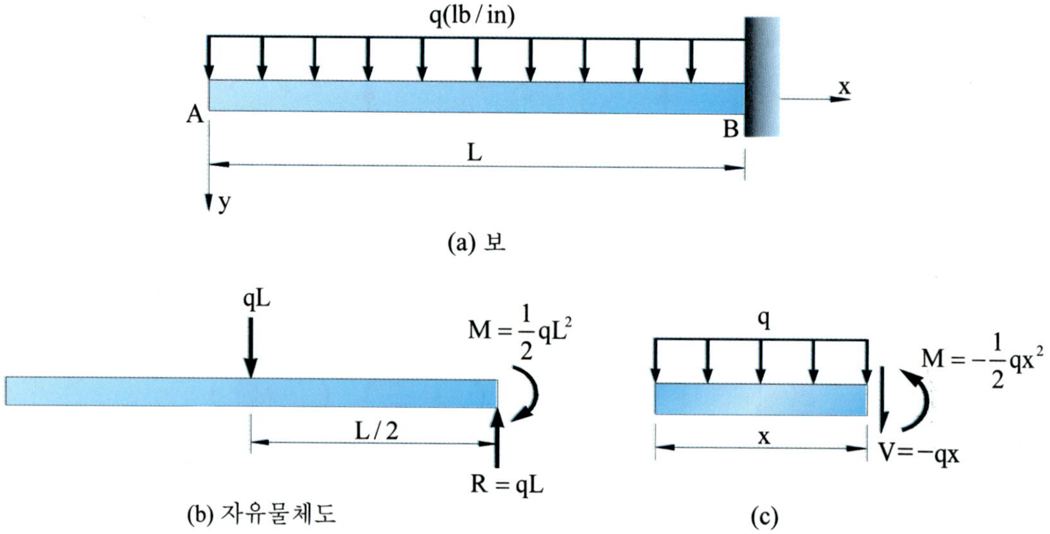

q(lb / in)
A
B
x
L
y
(a) 보
qL
$M = \frac{1}{2}qL^2$
L / 2
R = qL
(b) 자유물체도
q
$M = -\frac{1}{2}qx^2$
x
V = −qx
(c)

그림 5.9

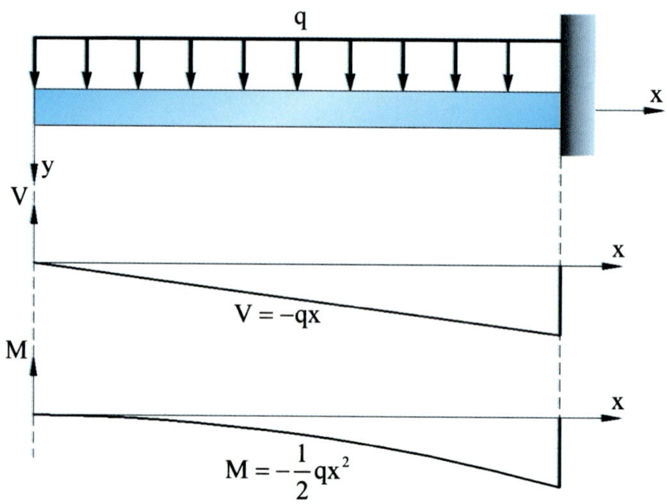

q
x
y
V
x
V = −qx
M
x
$M = -\frac{1}{2}qx^2$

그림 5.10

[예제 5-2] 길이 $L = 80\,\text{in}$인 단순지지보 AB가 그림 5.11 (a)와 같이 집중하중 $P = 1{,}000\,\text{lb}$와 균일 분포하중 $q = 50\,\text{lb/in}$가 작용하고 있다. 구간 AC, CD, DE 및 EB에서의 전단력과 굽힘모멘트를 구하라.

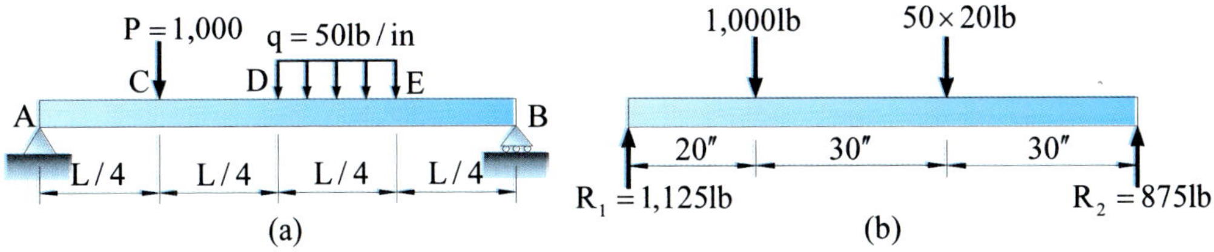

그림 5.11

(풀이)

자유물체도 그림 5.11 (b)에 의해서 반력 R_1과 R_2는 각각 다음과 같다.

$$\sum F_y = 0 \qquad R_1 + R_2 = 2{,}000$$

$$\sum M_A = 0 \qquad 80R_2 = 1{,}000 \times 20 + 1{,}000 \times 50$$

$$R_2 = \frac{7{,}000}{8} = 875\,\text{lb}$$

따라서, $R_1 = 1{,}125\ \text{lb}$

각 구간에서의 전단력과 굽힘모멘트를 구하면 다음 그림 5.12와 같이 구할 수 있다.

구간	x	자유물체도	전단력	굽힘모멘트
AC	$0 \le x \le 20$	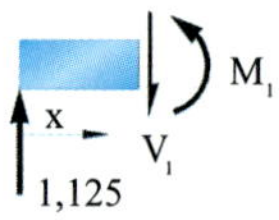	$V_1 = 1125\ lb$ 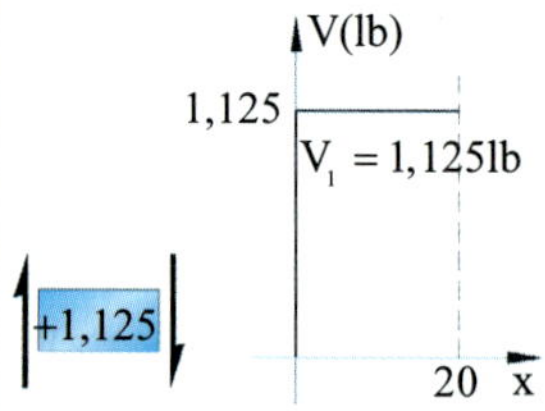	$M_1 = 1125x$ 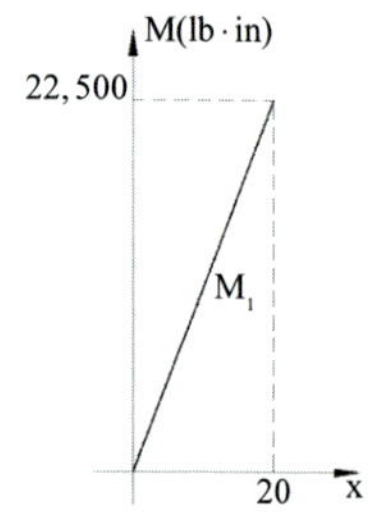
CD	$20 \le x \le 40$	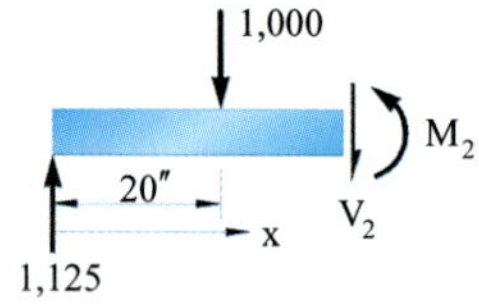	$V_2 = 1125 - 1000 = 125\ lb$ 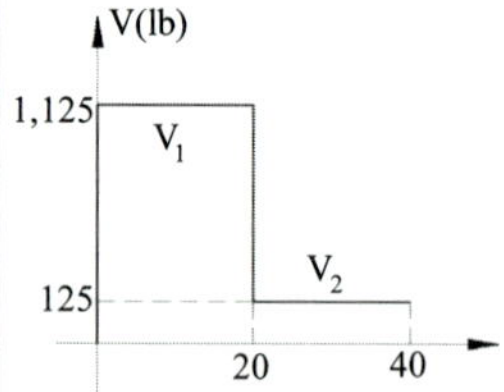	$M_2 = 1125x - 1000(x - 20)$ $= 125x + 20,000$ 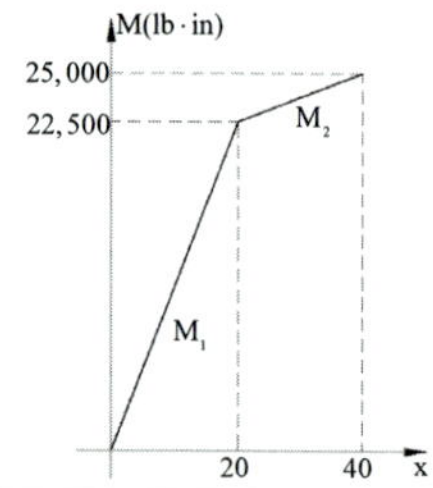
DE	$40 \le x \le 60$	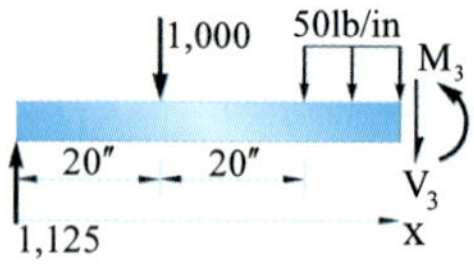	$V_3 = 1125 - 1000 - 50(x - 40)$ $= 2125 - 50x$ 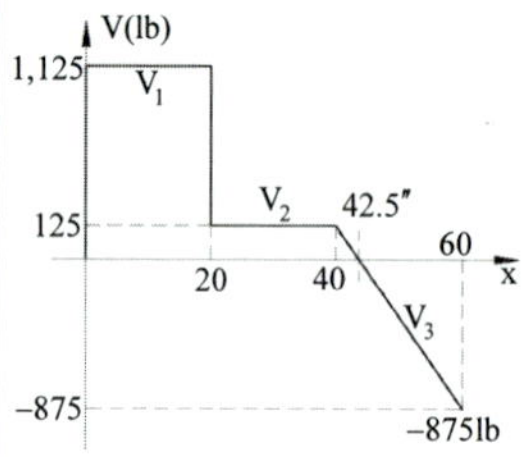	$M_3 = 1125x - 1000(x-20) - 50(x-40)\dfrac{(x-40)}{2}$ $M_3 = 20,000 + 125x - 25(x-40)^2$ $x = 42.5''$ $(V=0)$ 위치에서Moment 최대 $M_{max} = 25,156.25\ in \cdot lb$ 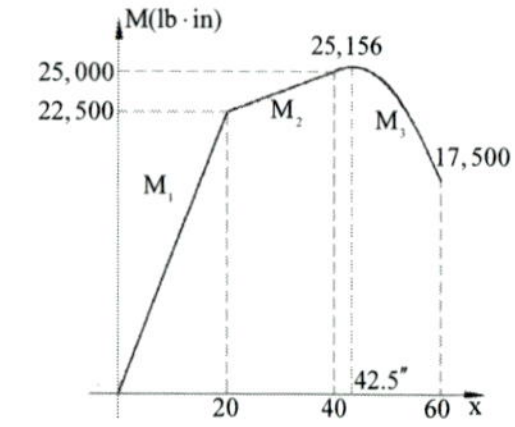
EB	$60 \le x \le 80$	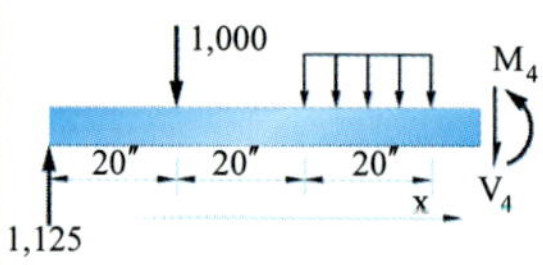	$V_4 = 1125 - 1000 - 50 \times 20 = -875\ lb$ 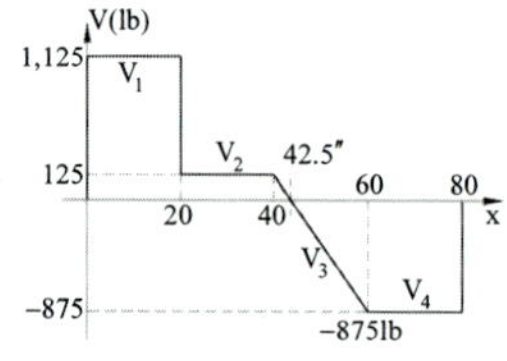	$M_4 = 1125x - 1000(x-20) - 50 \times 20 \times (x-50)$ $= 70,000 - 875x$ 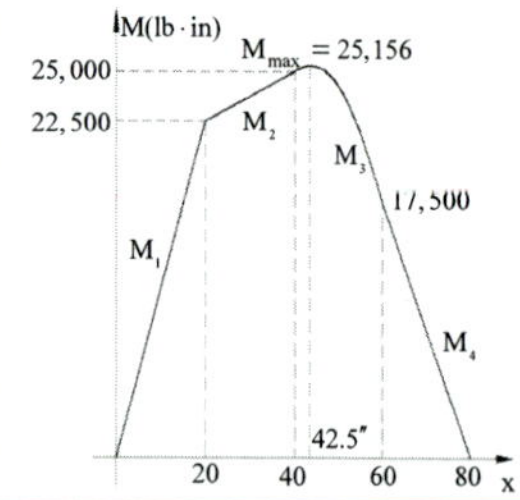

그림 5.12

5.4 하중, 전단력 및 굽힘모멘트 선도

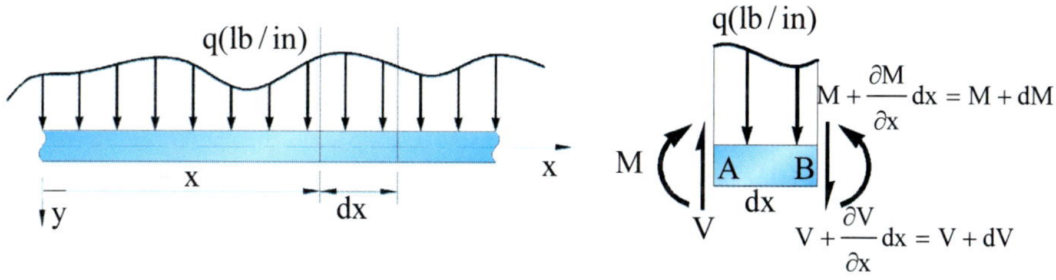

(a) 보 임의구간의하중

(b) 미소구간 양단에서의 전단력과 굽힘모멘트

그림 5.13

그림 5.13 (a)와 같이 보의 임의 구간에 작용하는 분포하중 q가 보에 대한 내력인 전단력 V와 굽힘모멘트 M이 어떻게 작용되는가를 살펴보자.

그림 5.13 (a)의 보에서 미소구간 dx 부분을 절단하여 양단에 작용되어지는 전단력과 굽힘모멘트를 고려하여 그림 5.13 (b)에 나타내었다.

그림 5.13 (b)에 대해 강체의 평형방정식을 적용하면 다음과 같이 식 (a), (b)를 얻는다.

$$\sum F_y=0,\ V-qdx-(V+dV)=0 \tag{a}$$

$$\sum M_B=0,\ M-(M+dM)+Vdx-(qdx)(\frac{1}{2}dx)=0 \tag{b}$$

식 (a)와 (b)에서 다음 식 (5.1)과 (5.2)의 관계를 얻을 수 있다.

$$dV=-qdx \quad 또는 \quad \frac{dV}{dx}=-q \tag{5.1}$$

$$dM=Vdx \quad 또는 \quad \frac{dM}{dx}=V \tag{5.2}$$

여기서, $\frac{1}{2}q(dx)^2$ 은 미소값의 제곱의 항이므로 무시하였다.

식 (5.1)은 식 (5.2)에 의하여 다음 식 (5.3)으로도 표시된다.

$$\frac{d^2M}{dx^2}=-q \tag{5.3}$$

식 (5.1)과 (5.2) 및 (5.3)을 각각 x에 대해 적분하면 다음 식 (5.4)와 (5.5)를 얻는다.

$$V = \int (-q)dx \tag{5.4}$$

$$M = \int V dx = \int \int (-q) dx dx \tag{5.5}$$

식 (5.4)와 식 (5.5)의 적분에 의하여 보의 전단력과 굽힘모멘트가 결정되며, 이 적분과정 중에 나타나는 적분상수는 보의 지점 등의 전단력과 모멘트를 구하여 결정할 수 있는데 이들을 경계조건(boundary condition)이라 한다.

다음 보기들을 통하여 전단력과 굽힘모멘트를 구하고 이들을 해석하여 보도록 하자.

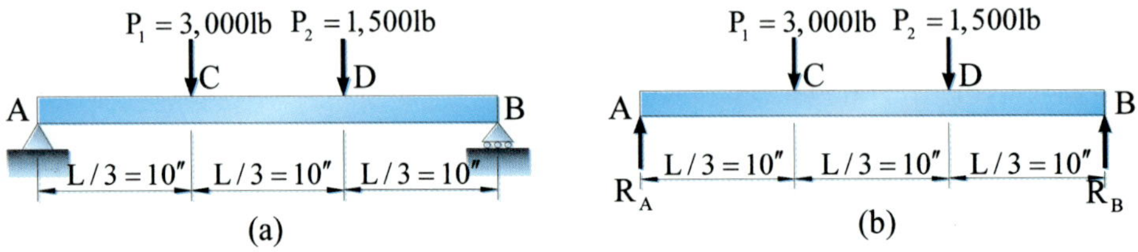

그림 5.14

그림 5.14 (a)에서 하중 P_1은 3,000lb이고 P_2는 1,500lb이며 길이 L은 30in이다. 먼저 그림 5.14 (b)와 같은 자유물체도를 그리고 이 보에 대해 강체의 평형방정식을 적용하면 다음 식 (a)와 같이 된다.

$$\sum F_y = 0, \quad R_A + R_B = P_1 + P_2 = 4{,}500\text{lb} \tag{a}$$

$$\sum M_B = 0, \quad LR_A = \frac{2}{3}P_1 L + \frac{1}{3}P_2 L$$

식 (a)에서 반력 R_A와 R_B는 각각 다음 식 (b)와 같이 된다.

$$R_A = \frac{2P_1}{3} + \frac{P_2}{3} = \frac{6{,}000}{3} + \frac{1{,}500}{3} = 2{,}500\text{lb} \tag{b}$$

$$R_B = 2{,}000\text{lb}$$

이제 이들 반력을 적분식의 적분상수를 결정하는 경계조건으로 이용하기 위하여 그림 5.14의 보를 그림 5.15 (a)와 같이 다시 표현한다.

그림 5.15 (a)에서 좌단 A인 힌지와 우단 B인 롤러는 굽힘모멘트에 저항할 수 없으므로 보의 좌단 A와 우단 B에서의 굽힘모멘트 M_A와 M_B가 0이 된다. 그리고 양단의 전단력은 그림 5.15 (b)와 (c)에서와 같이 V_A 및 V_B로 표현하고 양단에서 미소거리 떨어진 dx에 대해 나타내어 보면 좌단의 전단력 $V_A = R_A = 2{,}500\,\text{lb}$가 되고 같은 방법으로 우단의 미소단면에서의 전단력 V_B는 그림 5.15 (c)와 같이 $V_B = -R_B = -2{,}000\,\text{lb}$가 된다. 따라서 5.14 (a)와 같은 보의 경계조건은 다음 식 (c) 및 (d)와 같이 결정할 수 있다.

$$x = 0\text{에서} \quad V_{(x=0)} = R_A = 2{,}500\,\text{lb} \tag{c}$$

$$M_{(x=0)} = 0$$

$$x = L\text{에서} \quad V_{(x=L)} = -R_B = -2{,}000\,\text{lb} \tag{d}$$

$$M_{(x=L)} = 0$$

그런데 위의 경계조건 2가지를 모두 이용해도 좋으나 전단력과 굽힘모멘트를 적분하는 경우에는 적분상수가 2개만이 나타나게 되므로 식 (c)와 (d)중 어느 한 가지만 이용하면 된다.

다시, 그림 5.14 (a)에 의하면 집중하중이 C와 D점에 작용하고 있으므로 구간 AC, CD 및 DB 에 대해 각각 적분해서 전단력과 굽힘모멘트를 다음과 같은 절차에 의하여 구할 수 있다.

(1) 구간 AC, $0 \leqq x \leqq \dfrac{L}{3}$

이 구간상에서의 분포하중 $q=0$ 이므로 식 (5.4)를 이용하여 전단력 V_1을 구하면 다음 식 (e)와 같다.

$$V_1 = \int (0)dx = C_1 \tag{e}$$

$x=0$에서 전단력 $V_1 = V_A = R_A = 2{,}500\text{lb}$이므로 $C_1 = R_A = 2{,}500\text{lb}$이다.

다시, 식 (5.5)에 의하며 굽힘모멘트 M_1을 구하면 다음 식 (f)와 같다.

$$M_1 = \int V_1 dx = \int C_1 dx = C_1 x + C_2 \tag{f}$$

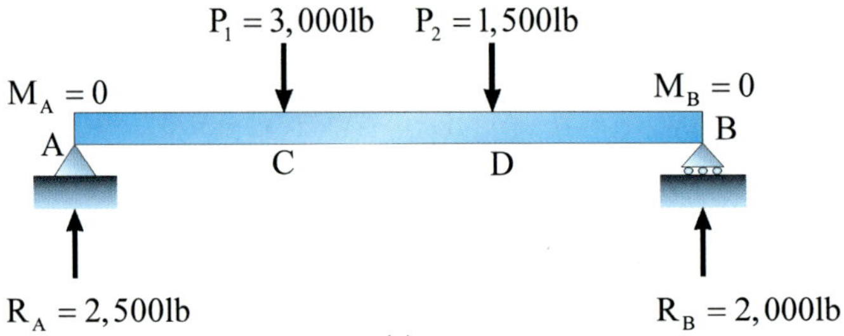

(a)

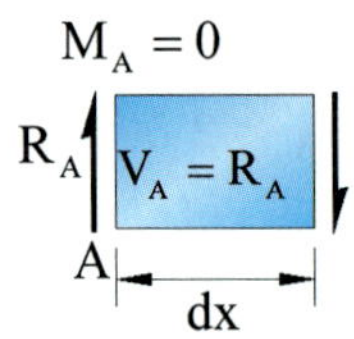

(b) x = 0인 좌단의 전단력및 모멘트

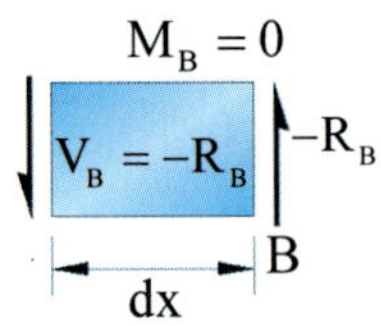

(c) x = L인 우단의 전단력및 모멘트

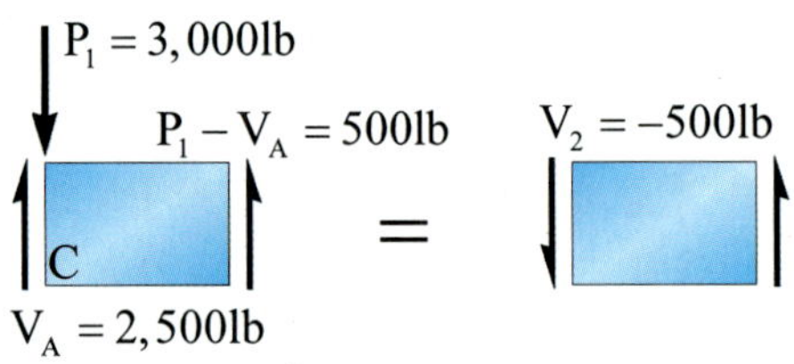

(d) $x = \frac{L}{3}$인 C점의 전단력

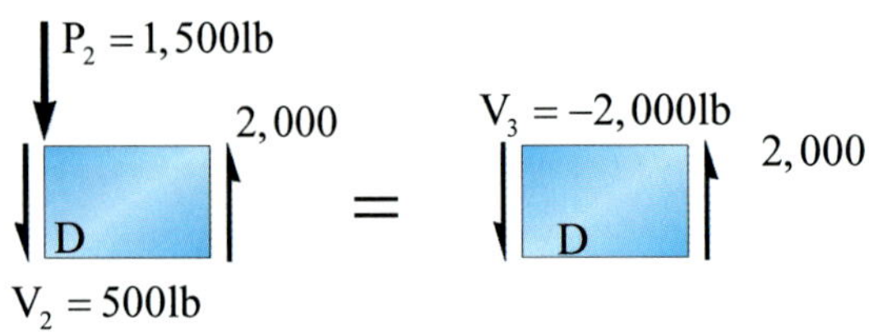

(e) $x = \frac{2L}{3}$인 D점의 전단력

그림 5.15

$x = 0$에서 $M_A = 0$이므로 $C_2 = 0$이다.
따라서, V_1과 M_1은 다음 식 (g)와 같다.

$$V_1 = C_1 = R_1 = 2{,}500\,\text{lb} \qquad 0 \leqq x \leqq \frac{L}{3} \tag{g}$$
$$M_1 = C_1 x = 2{,}500x\,\text{lb}\cdot\text{in}$$

(2) 구간 CD, $\frac{L}{3} \leqq x \leqq \frac{2L}{3}$

이 구간에서도 분포하중 $q = 0$이므로 식 (5.4)에 의하여 V_2를 구할 수 있는데 이 구간의 $x = x_2$로 해서 $x_2 = x - \frac{L}{3}$로 하여 적분해 주는 것이 편할 수 있다. 즉, V_2는 다음 식 (h)와 같다.

$$V_2 = \int (0)dx_2 = \int (0)d\left(x - \frac{L}{3}\right) = C_3 \tag{h}$$

식 (h)의 적분상수 C_3는 $x = \frac{L}{3}$에서의 전단력 V_2를 구해서 대입해야 한다. 그림 5.14 (a)의 C점에서의 전단력은 그림 5.15의 (d)에서 구해진 것과 같이 $x = \frac{L}{3}$에서의 전단력 $V_1 = V_A = 2{,}500\,\text{lb}$이고 이 점 C에서 외력 $P_1 = 3{,}000\,\text{lb}$가 전단력의 음의 방향으로 작용되므로 C점에서의 전단력은 $-3{,}000 + 2{,}500 = -500\,\text{lb}$가 됨을 알 수 있다. 따라서, 식 (h)에 대해 $x = \frac{L}{3}$에서의 전단력은 다음 식 (i)와 같다.

$$V_2 = C_3 = -500\,\text{lb} \tag{i}$$

이제, 굽힘모멘트 M_2는 식 (5.5)에 의하여 다음 식 (j)와 같이 된다.

$$\begin{aligned} M_2 &= \int V_2 dx_2 = \int C_3 d\left(x - \frac{L}{3}\right) \\ &= C_3\left(x - \frac{L}{3}\right) + C_4 \\ &= -500\left(x - \frac{L}{3}\right) + C_4 \end{aligned} \tag{j}$$

그림 5.14 (a)에 의하면 점 C에서의 보가 연속이므로 $x = \frac{L}{3}$에서 굽힘모멘트 M_1과 M_2는 같아야 하므로 다음 식 (k)가 성립된다. 즉,

$$M_1(x = \frac{L}{3}) = M_2(x = \frac{L}{3}) \tag{k}$$

$$C_1\left(\frac{L}{3}\right) = C_3(\frac{L}{3} - \frac{L}{3}) + C_4 = C_4$$

$$C_4 = \frac{2,500L}{3} = \frac{2,500 \times 30}{3} = 25,000 \text{ lb}\cdot\text{in}$$

따라서, 식 (j) 및 (k)에 의하여 CD구간의 굽힘모멘트 M_2는 다음 식 (l)과 같다.

$$M_2 = -500(x - \frac{L}{3}) + 25,000 \text{ lb}\cdot\text{in} \tag{l}$$

(3) 구간 DB, $\frac{2L}{3} \leqq x \leqq L$

이 구간에서도 분포하중이 없으므로 같은 방법에 의하여 V_3 및 M_3는 각각 다음 식 (m)및 (n)과 같이 된다.

$$V_3 = \int(0)dx_3 = \int(0)d\left(x - \frac{2}{3}L\right) = C_5$$

$x = \frac{2L}{3}$에서 전단력 $V_3 = -P_2 + V_2\left(x = \frac{2L}{3}\right) = C_5$가 되므로 C_5는 다음 식 (m)과 같이 된다.

$$C_5 = -1,500 + (-500) = -2,000 \text{ lb}$$

$$V_3 = -2,000 \text{ lb} \tag{m}$$

한편, $M_3 = \int V_3 d(x - \frac{2L}{3}) = -2,000(x - \frac{2L}{3}) + C_6$

$x = \frac{2L}{3}$에서 $M_2(x = \frac{2L}{3}) = M_3(x = \frac{2L}{3})$이므로, C_6는 다음식 (n)과 같다.

$$C_6 = M_2(x = \frac{2L}{3}) = -500(\frac{2L}{3} - \frac{L}{3}) + 25,000$$
$$= -500 \times \frac{30}{3} + 25,000 = 20,000 \text{ lb} \cdot \text{in}$$

따라서,

$$M_3 = -2,000(x - \frac{2L}{3}) + 20,000 \text{ lb} \cdot \text{in} \tag{n}$$

식 (m)과 식 (n)을 이용하여 우단 B에서의 전단력과 굽힘모멘트를 확인해 보면 전단력은 반력 R_B에 의하여 평형이 되어짐을 알 수 있고 굽힘모멘트는 $x = L$에서 $M_3 = 0$이 됨을 알 수 있다. 이들을 다음 식 (o)으로 정리해 본다.

구간 AC, $0 \leqq x \leqq \frac{L}{3}$, $V_1 = 2,500 \text{ lb}$

$$M_1 = 2,500x \text{ lb} \cdot \text{in}$$

구간 CD, $\frac{L}{3} \leqq x \leqq \frac{2L}{3}$, $V_2 = -500 \text{ lb}$ (o)

$$M_2 = -500(x - \frac{L}{3}) + 25,000 \text{ lb} \cdot \text{in}$$

구간 DB, $\frac{2L}{3} \leqq x \leqq L$, $V_2 = -2,000 \text{ lb}$

$$M_2 = -2,000(x - \frac{2L}{3}) + 20,000 \text{ lb} \cdot \text{in}$$

식 (o)를 그래프로 그리면 다음 그림 5.16과 같이 전단력선도(shear force diagram)와 굽힘모멘트선도(bending moment diagram)가 구해진다.

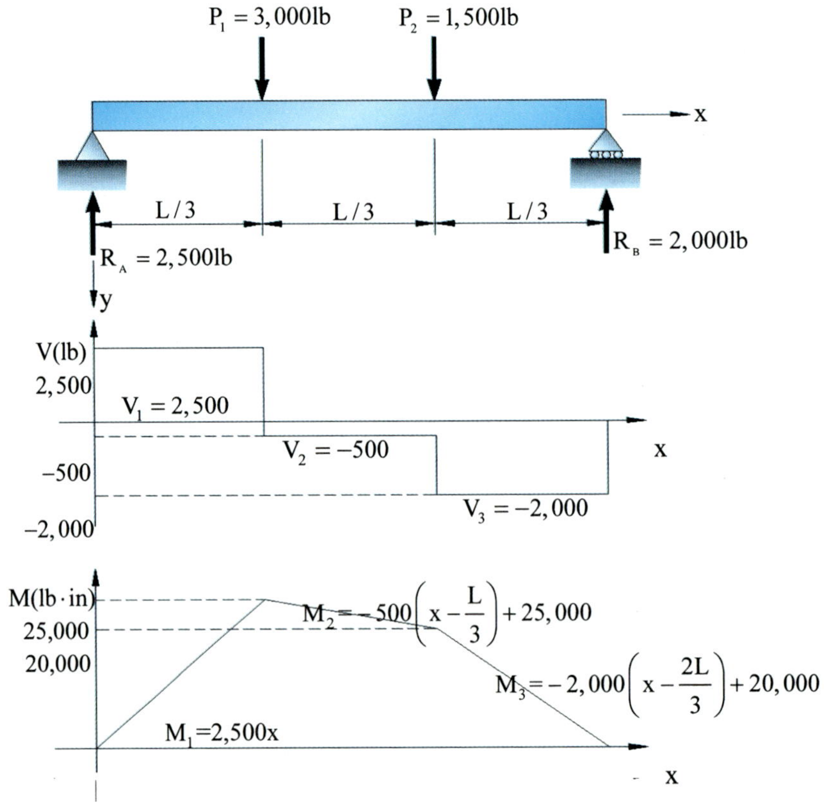

그림 5.16

[예제 5-3] 다음 그림 5.17 (a)와 같은 외팔보의 전단력 선도와 굽힘모멘트 선도를 그려라.

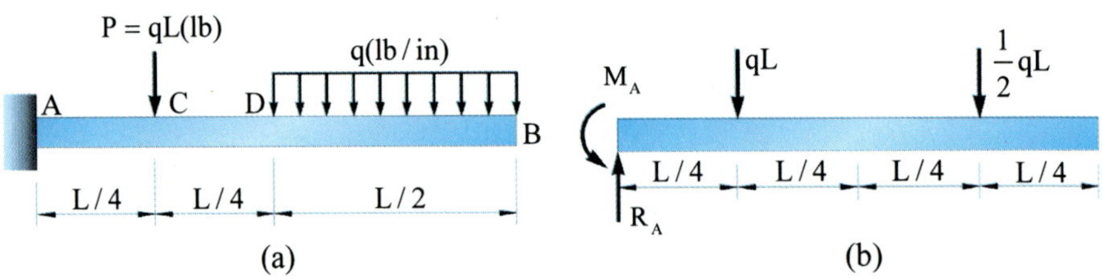

그림 5.17

(풀이)

자유물체도는 그림 5.17 (b)와 같으며 자유물체도에 의하여 반력 R_A 와 M_A 는 각각 다음과 같다.

$$R_A = qL + \frac{1}{2}qL = \frac{3}{2}qL$$

$$M_A = qL \times \frac{L}{4} + \frac{1}{2}qL \times \frac{3L}{4} = \frac{5qL^2}{8}$$

이 모멘트 M_A 는 보를 위로 볼록하게 하는 모멘트로 음의 모멘트이다.

(1) 구간 AC, $0 \leqq x \leqq \frac{L}{4}$

구간 AC에서의 전단력과 모멘트는 각각 다음 식 (a) 및 (b)로 된다.

$$V_1 = \int (0)dx = C_1 = R_A = \frac{3}{2}qL \tag{a}$$

$$M_1 = \int V_1 dx = C_1 x + C_2 = \frac{3}{2}qLx + C_2$$

$x = 0$에서 $M_1(x=0) = -M_A = -\frac{5}{8}qL^2 = C_2$

$$\therefore\ M_1 = \frac{3}{2}qLx - \frac{5}{8}qL^2 \tag{b}$$

(2) 구간 CD, $\frac{L}{4} \leqq x \leqq \frac{L}{2}$

$$V_2 = \int (0)d(x - \frac{L}{4}) = C_3$$

$x = \frac{L}{4}$에서의 전단력 $V_2(x = \frac{L}{4}) = -P + V_1(x = \frac{L}{4}) = -qL + \frac{3}{2}qL = \frac{1}{2}qL$

$$\therefore\ V_2 = \frac{1}{2}qL \tag{c}$$

$$M_2 = \int V_2 d(x - \frac{L}{4}) = \frac{1}{2}qL(x - \frac{L}{4}) + C_4$$

$x = \frac{L}{4}$에서 $M_1(x = \frac{L}{4}) = M_2(x = \frac{L}{4})$이므로

$$\left(\frac{3}{2}qL \times \frac{L}{4} - \frac{5}{8}qL^2\right) = C_4 = -\frac{1}{4}qL^2$$

$$\therefore\ M_2 = \frac{1}{2}qL(x - \frac{L}{4}) - \frac{1}{4}qL^2 \tag{d}$$

(3) 구간 DB, $\frac{L}{2} \leqq x \leqq L$

$$V_3 = \int(-q)d(x - \frac{L}{2}) = -q(x - \frac{L}{2}) + C_5$$

$x = L$에서 $V = 0$ $\qquad C_5 = \frac{qL}{2}$

$$\therefore \ V_3 = -q(x - \frac{L}{2}) + \frac{qL}{2} \qquad \text{(e)}$$

$$M_3 = \int V_3 d(x - \frac{L}{2}) = \int\left\{-q(x - \frac{L}{2}) + \frac{qL}{2}\right\}d(x - \frac{L}{2})$$
$$= -\frac{q}{2}(x - \frac{L}{2})^2 + \frac{qL}{2}(x - \frac{L}{2}) + C_6$$

$x = L$에서 $M_3 = 0$ $\qquad C_6 = -\frac{qL^2}{8}$

$$M_3 = -\frac{q}{2}(x - \frac{L}{2})^2 + \frac{qL}{2}(x - \frac{L}{2}) - \frac{qL^2}{8} \qquad \text{(f)}$$

$x = \frac{L}{2}$에서 $V_2(x = \frac{L}{2}) = V_3(x = \frac{L}{2})$ 과 $M_2(x = \frac{L}{2}) = M_3(x = \frac{L}{2})$ 이 되는지를 확인해 보자.

$$V_2(x = \frac{L}{2}) = \frac{1}{2}qL = V_3(x = \frac{L}{2}) = \frac{1}{2}qL \quad \text{(o.k)}$$

$$M_2(x = \frac{L}{2}) = \frac{1}{2}qL\left(\frac{L}{2} - \frac{L}{4}\right) - \frac{1}{4}qL^2 = -\frac{1}{8}qL^2 = M_3(x = \frac{L}{2}) = -\frac{1}{8}qL^2 \quad \text{(o.k)}$$

이를 정리하면 다음 식 (g)와 같이 정리된다.

$0 \leqq x \leqq \frac{L}{4}$, $\quad V_1 = \frac{3}{2}qL$

$$M_1 = \frac{3}{2}qLx - \frac{5}{8}qL^2$$

$\frac{L}{4} \leqq x \leqq \frac{L}{2}$, $V_2 = \frac{1}{2}qL$

$$M_2 = \frac{1}{2}qL(x - \frac{L}{4}) - \frac{1}{4}qL^2 \qquad \text{(g)}$$

$\frac{L}{2} \leqq x \leqq L$, $\quad V_3 = -q(x - \frac{L}{2}) + \frac{qL}{2}$

$$M_3 = -\frac{q}{2}(x - \frac{L}{2})^2 + \frac{qL}{2}(x - \frac{L}{2}) - \frac{qL^2}{8}$$

전단력 선도와 굽힘모멘트 선도는 그림 5.18과 같다.

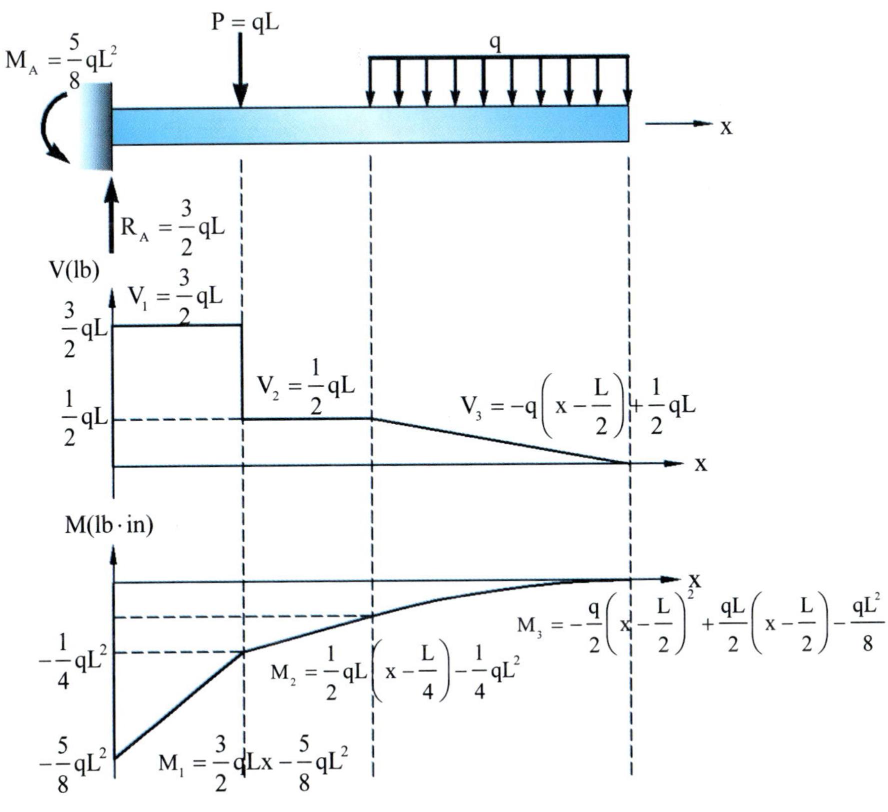

그림 5.18

[예제 5-4] 그림 5.19 (a)와 같이 보의 D위치에서 힌지로 연결된 보 ABCDE의 전단력선도와 굽힘모멘트 선도를 구하라.

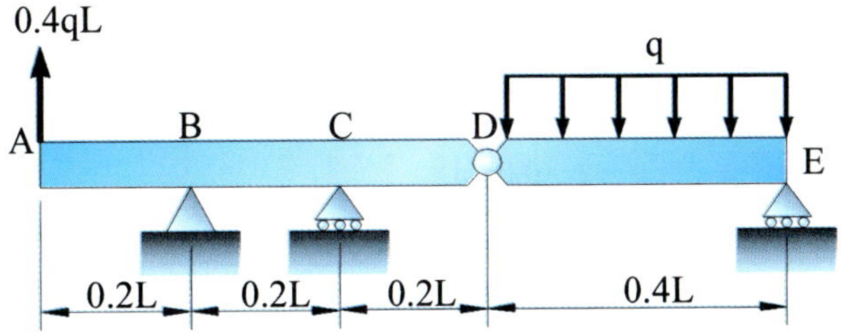

(a)

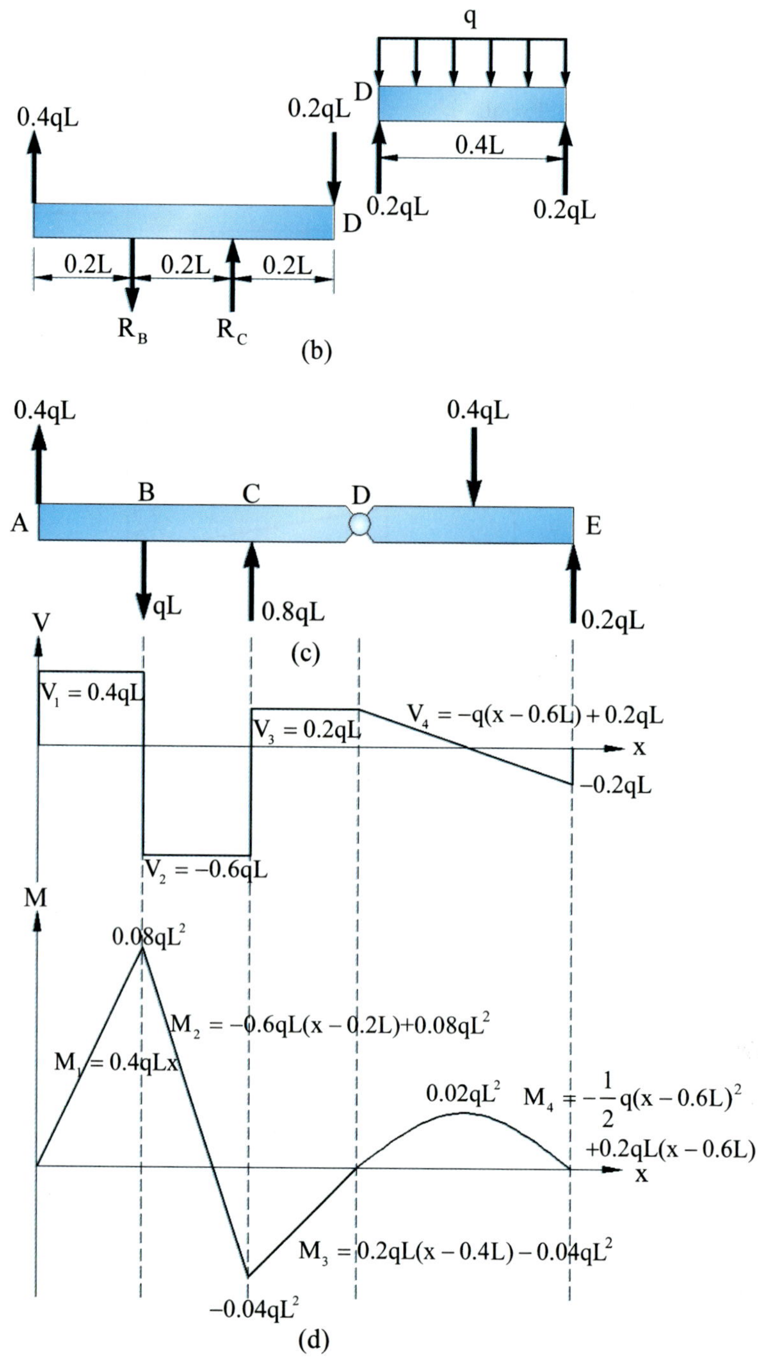
q
D
0.4qL
0.2qL
0.4L
0.2qL
0.2qL
D
0.2L
0.2L
0.2L
R_B
R_C
(b)
0.4qL
0.4qL
A
B
C
D
E
qL
0.8qL
0.2qL
(c)
V
V_1 = 0.4qL
V_3 = 0.2qL
V_4 = −q(x − 0.6L) + 0.2qL
x
−0.2qL
V_2 = −0.6qL
M
0.08qL^2
M_2 = −0.6qL(x − 0.2L)+0.08qL^2
M_1 = 0.4qLx
0.02qL^2
M_4 = −1/2 q(x − 0.6L)^2
+0.2qL(x − 0.6L)
x
M_3 = 0.2qL(x − 0.4L) − 0.04qL^2
−0.04qL^2
(d)

그림 5.19

(풀이)

(1) 힌지 D점의 하중을 구하기 위해 그림 5.19 (b)와 같이 D에서 보를 절단해보자. 그림 5.19 (b)의 우측에서 D점의 반력은 0.2qL이 되고 이 반력 0.2qL은 좌측의 보 D점에 크기는 같고 방향이 반대인 집중하중으로 작용하게 된다. 따라서, 그림 5.19 (b)의 좌측에 대해 강체의 평형방정식을 적용하여 반력 R_B와 R_C를 구하면 다음 식 (a)와 같이 된다.

$$R_B = qL, \qquad R_C = 0.8qL \tag{a}$$

(2) 자유물체도를 그리면 그림 5.19 (c)와 같다.

(3) 전단력과 굽힘모멘트를 구하면 다음 식 (b), (c), (d), (e)와 같다.
단, 보의 D점은 힌지로 되어 있으므로 모멘트가 0이 됨을 주의해야 한다.

(i) $0 \leqq x \leqq 0.2L$

$$V_1 = 0.4qL$$
$$M_1 = 0.4qLx \tag{b}$$

(ii) $0.2L \leqq x \leqq 0.4L$

$$\begin{aligned} V_2 &= V_1(x = 0.2L) - R_B \\ &= 0.4qL - qL = -0.6qL \\ M_2 &= -0.6qL(x - 0.2L) + M_1(x = 0.2L) \\ &= -0.6qL(x - 0.2L) + 0.4qL \times 0.2L = -0.6qL(x - 0.2L) + 0.08qL^2 \end{aligned} \tag{c}$$

(iii) $0.4L \leqq x \leqq 0.6L$

$$\begin{aligned} V_3 &= V_2(x = 0.4L) + R_C \\ &= -0.6qL + 0.8qL = 0.2qL \\ M_3 &= 0.2qL(x - 0.4L) + M_2(x = 0.4L) \\ &= 0.2qL(x - 0.4L) + \{-0.6qL(0.4L - 0.2L) + 0.08qL^2\} \\ &= 0.2qL(x - 0.4L) - 0.04qL^2 \end{aligned} \tag{d}$$

$x = 0.6L$ 에서

$$M_3 = 0.2qL(0.6L - 0.4L) - 0.04qL^2 = 0$$

(힌지 D에서 굽힘모멘트가 0이 됨이 확인됨)

(iv) $0.6L \leqq x \leqq L$

$$V_4 = -q(x - 0.6L) + V_3(x = 0.6L)$$
$$= -q(x - 0.6L) + 0.2qL$$

$$M_4 = -\frac{q}{2}(x - 0.6L)^2 + 0.2qL(x - 0.6L) + M_3(x = 0.6L) \quad \text{(e)}$$
$$= -\frac{q}{2}(x - 0.6L)^2 + 0.2qL(x - 0.6L)$$

$x = 0.6L$ 에서 $M_3(x = 0.6L) = 0$

$x = L$ 에서 $M_4 = -\frac{q}{2}(L - 0.6L)^2 + 0.2qL(L - 0.6L) = 0$ (o.k)

M_4의 최대값은 $V_4 = 0$이 되는 $x = 0.8L$에서 발생하고 그 크기는 다음 식 (f)와 같다.

$$M_4)_{max} = M_{4_{(x=0.8L)}} = 0.02qL^2 \quad \text{(f)}$$

(4) 전단력 선도와 굽힘모멘트 선도는 식 (b), (c), (d), (e)에 의하여 그림 5.19 (d)와 같이 된다.

연습문제

문 5.1.1 다음과 같은 하중을 받는 구조물의 예를 들고, 이 구조물의 단면에 작용되는 응력을 설명하여라.

(a) 압축
(b) 인장
(c) 굽힘
(d) 비틀림

문 5.1.2 봉(bar), 보(beam) 및 기둥(column)을 설명해 보아라.

문 5.2.1 보를 구성하는 기본 지점 3개를 들고 자유물체도를 표시해 보아라.

문 5.2.2 그림 문 5.2.2와 같은 보의 반력을 구하여라.

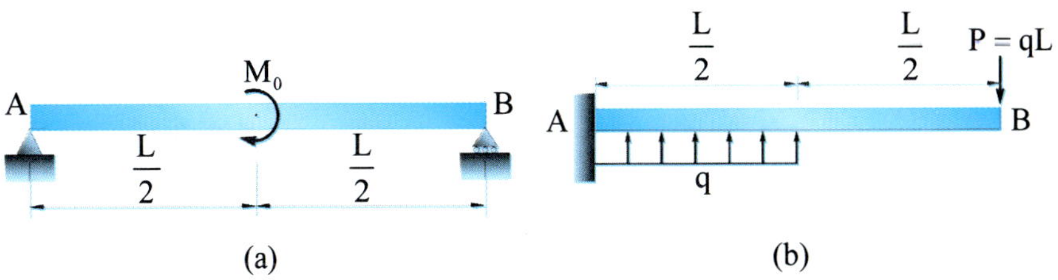

그림 문 5.2.2

문 5.2.3 그림 문 5.2.3과 같은 부정정보의 자유물체도를 그리고 이 부정정보의 반력을 구하기위해서는 어떠한 조건을 이용하여 구할 수 있는지를 설명해 보아라.

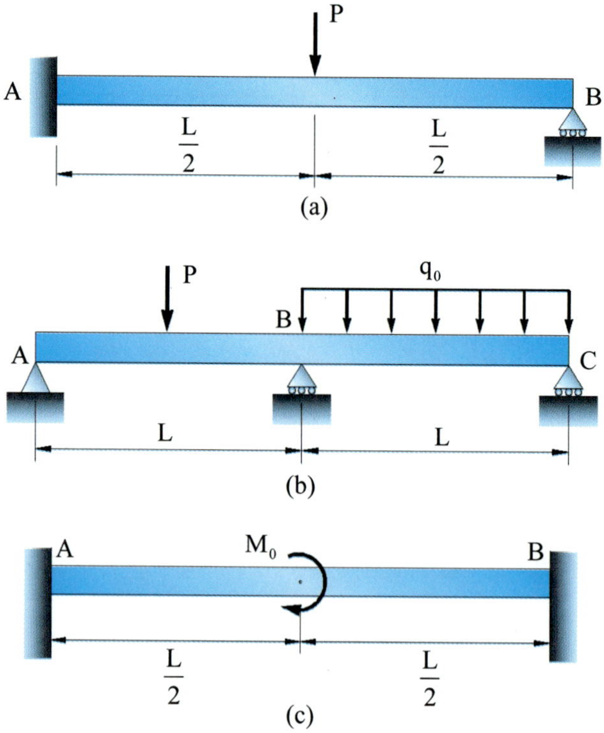

그림 문 5.2.3

문 5.3.1 그림 문 5.3.1과 같은 보의 임의의 위치 x에서의 전단력과 굽힘모멘트 M을 구하여라. 단, 보의 임의의 위치 x에서 보를 가상 절단한 상태에 대한 평형 방정식을 이용하여야 한다.

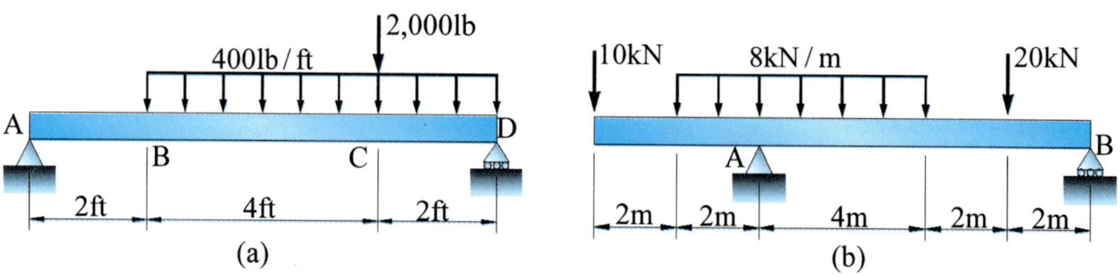

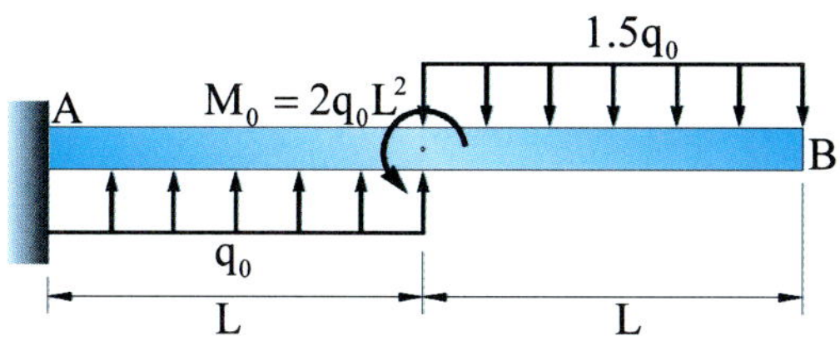

(c)

그림 문 5.3.1

문 5.3.2 그림 문 5.3.2와 같은 보가 C에서 마찰이 없는 핀으로 연결되어 있을 때 지점 A와 D에서의 반력을 구하고, 보 E 위치에서의 전단력과 굽힘모멘트를 구하여라.

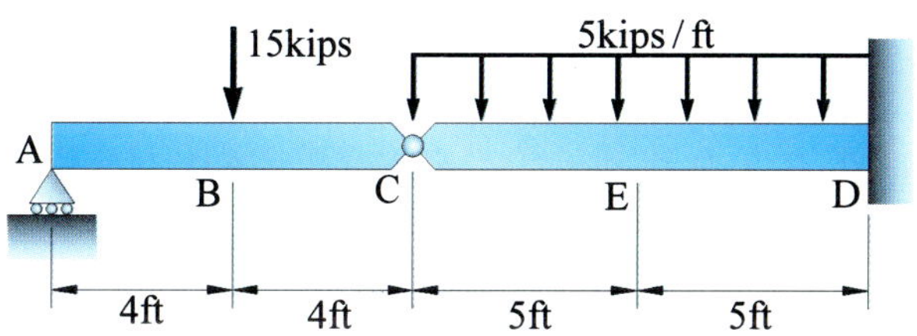

그림 문 5.3.2

문 5.4.1 그림 문 5.4.1과 같은 보들의 전단력 선도와 굽힘모멘트 선도를 구하여라.

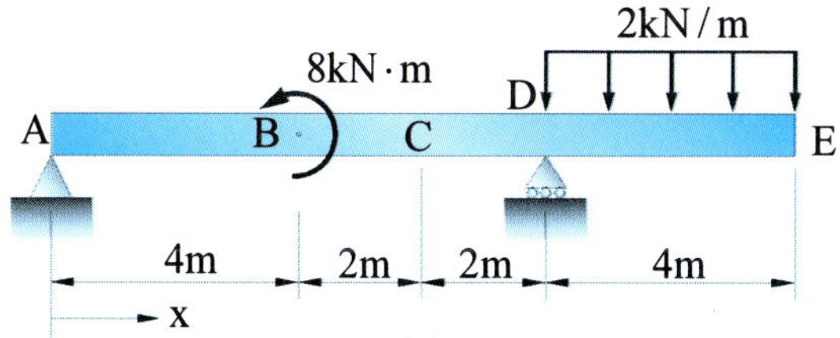

(a)

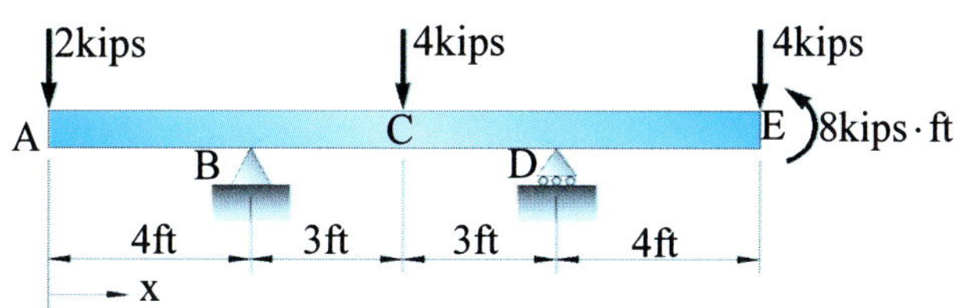

(b)

그림 문 5.4.1

문 5.4.2 그림 문 5.4.2과 같은 외팔보의 분포하중 $q(x) = -q_0\left[1-\left(\frac{x}{L}\right)^2\right]$일 때 굽힘모멘트 선도와 전단력 선도를 구하여라.

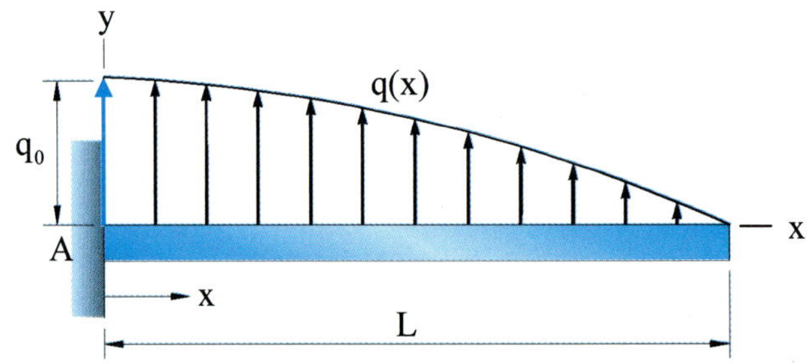

그림 문 5.4.2

문 5.4.3 그림 문 5.4.4와 같은 보의 전단력 선도와 굽힘모멘트 선도를 그려라.

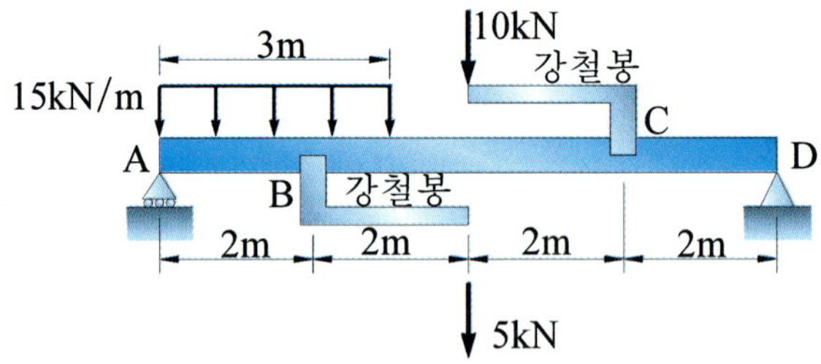

그림 문 5.4.3

CHAPTER 6

하중을 받는 보의 응력 해석

6.1 개요

하중을 받는 구조물에는 변형이 발생하며 탄성한계 내에서는 이 변형에 비례하는 응력이 발생하고 축에 수직한 하중을 받고 있는 보에는 보의 내력으로 전단력과 굽힘모멘트가 발생하는 것을 앞에서 공부하였다. 따라서, 하중을 받는 보에는 그림 6.1과 같은 변형이 발생하면서, 전단력과 굽힘에 의한 응력이 존재하게 될 것이라는 것을 알 수 있다.

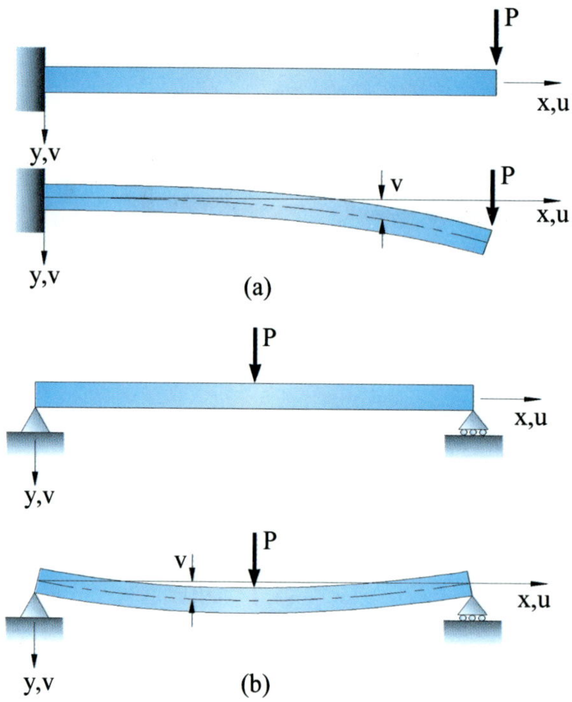

그림 6.1

그림 6.1에서 보의 변형을 살펴보면 하중상태와 지점의 종류에 따라 보의 처짐과 휘어지는 상태가 달라지고 있다. 또한 단면의 변형 모양은 이 보에 존재하게 되는 응력의 상태가 결정될 수 있을 것이라는 것을 생각할 수 있다.

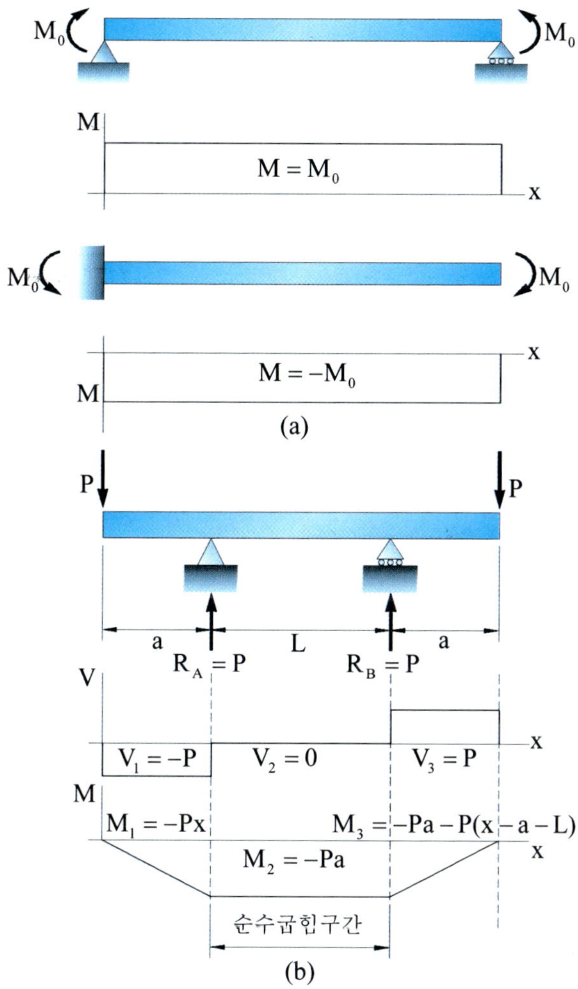

그림 6.2

그림 6.1과 같이 휘어지고 처지는 보의 변형률을 조사하기 위하여 보 내부에 전단력이 존재하지 않고 오직 굽힘만이 존재하는 보를 생각할 필요가 있다. 왜냐하면, 앞에서 일반적인 보에는 전단력과 굽힘이 동시에 작용하게 되어 변형률 해석시에 전단 변형률과 굽힘에 의한 수직 변형률을 동시에 고려해야 하므로 문제가 복잡해 질 수 있다. 따라서, 그림 6.2 (a) 및 (b)와 같은 특수한 경우로 보에 굽힘만 발생하는 경우를 먼저 생각해 보기로 한다. 그림 6.2와 같이 보에 전단력이 없이 굽힘만 존재하는 상태를 순수굽힘(pure bending)상태라 한다.

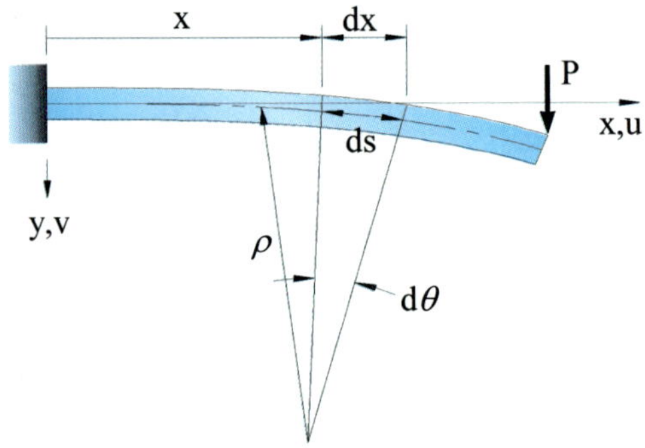

그림 6.3

그림 6.2와 같이 보가 순수굽힘 상태에 있고 보의 변형은 전단변형이 존재하지 않으므로 곡률반지름 ρ인 원호의 일부분이 되어 다음 그림 6.3에서 설명하는 경우와 같이 보가 휘어지는 처짐이 xy평면에서만 일어나는 것으로 가정하는 실제의 경우가 된다. 그림 6.3과 같은 보의 단면에 대해서는 전단변형이 존재하고 있으나 그 영향이 미소하고 해석의 복잡함으로 하여 여기서는 이들 전단 변형은 무시하고 해석을 수행하기로 한다.

그림 6.3과 같은 집중하중을 받는 외팔보의 임의의 x위치에서 미소 길이 dx를 살펴보자. 보의 미소길이는 ds 이고 이 부분의 곡률 반지름은 ρ 가 되어 다음 식 (6.1)이 성립된다.

$$ds = \rho d\theta \cong dx \tag{6.1}$$

dx의 길이가 미소하다고 하면 근사적으로 $ds \cong dx$ 가 됨을 이용할 수가 있다. 그리고 곡률을 κ라고 할 때 곡률과 곡률반지름 사이에는 정의에 의하여 다음 식 (6.2)의 관계가 있다.

$$\kappa = \frac{1}{\rho} = \frac{d\theta}{dx} \tag{6.2}$$

그리고 그림 6.3과 같이 굽힘모멘트와 곡률사이의 관계를 정의하고 특히, 굽힘 면이 그림 6.3과 같이 xy평면이고 처짐방향이 y방향인 경우 곡률은 κ_y로 정의한다.

그림 6.4에서 보면 굽힘모멘트가 양이면 곡률 κ_y는 음이 되고 굽힘모멘트가 음이면 곡률 κ_y는 양이 된다.

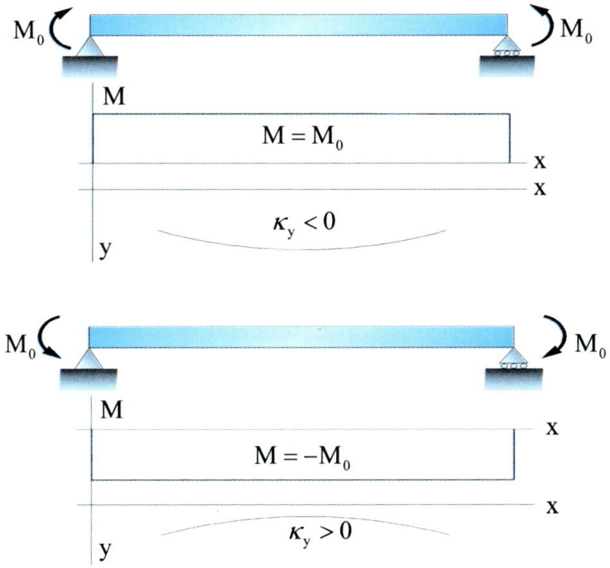

그림 6.4

6.2 단면의 도심과 단면 관성모멘트

보에 하중이 작용되어 굽힘모멘트가 발생하고 이 굽힘모멘트에 의한 수직 응력이 보 내부에 존재하게 된다. 이들 굽힘모멘트에 의한 수직응력은 단면의 기하학적 모양에 크게 좌우되며, 특히, 대칭단면에서의 기하학적 노심에서 이 수직응력이 0이 되고 그 크기가 도심에서부터의 거리에 비례하게 되는 것을 바로 다음절에서 공부하게 된다. 또 수직응력을 구하는 과정 중에 단면에 대한 2차관성모멘트(2nd moment of inertia)라고 하는 $\int_A y^2 dA$ 의 적분값의 계산이 요구된다. 기본적인 단면의 2차관성모멘트의 계산예를 설명하고 여러 가지 단면에의 대한 각종정보는 부록C에 자세히 수록해 두었다.

그림 6.5와 같은 단면 A의 도심위치 $\bar{x}, \bar{y}$ 및 $\bar{z}$ 는 다음 식 (6.3)과 같다.

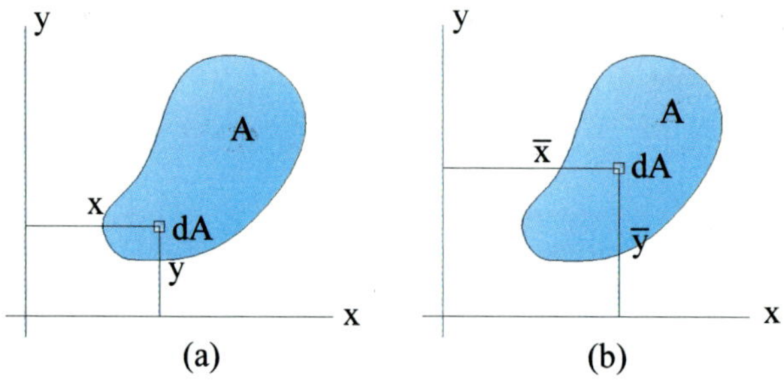

그림 6.5

$$\bar{x}=\frac{\int x dA}{\int dA}=\frac{\sum_{i=1}^{n} x_i A_i}{\sum_{i=1}^{n} A_i}$$

$$\bar{y}=\frac{\int y dA}{\int dA}=\frac{\sum_{i=1}^{n} y_i A_i}{\sum_{i=1}^{n} A_i} \qquad (6.3)$$

$$\bar{z}=\frac{\int z dA}{\int dA}=\frac{\sum_{i=1}^{n} z_i A_i}{\sum_{i=1}^{n} A_i}$$

식 (6.3)에서 $\sum_{i=1}^{n} A_i$ 나 $\sum_{i=1}^{n} x_i A_i$ 및 $\sum_{i=1}^{n} y_i A_i$ 는 단면을 여러 개로 나누어 이미 알고 있는 도심 위치들의 복합단면으로 만들 수 있을 때 활용할 수 있는 식이다.

그림 6.6 (a)와 같은 단면 A에 대한 x 및 y 축에 관한 2차관성모멘트들은 정의에 의하면 다음 식 (6.4)와 같다.

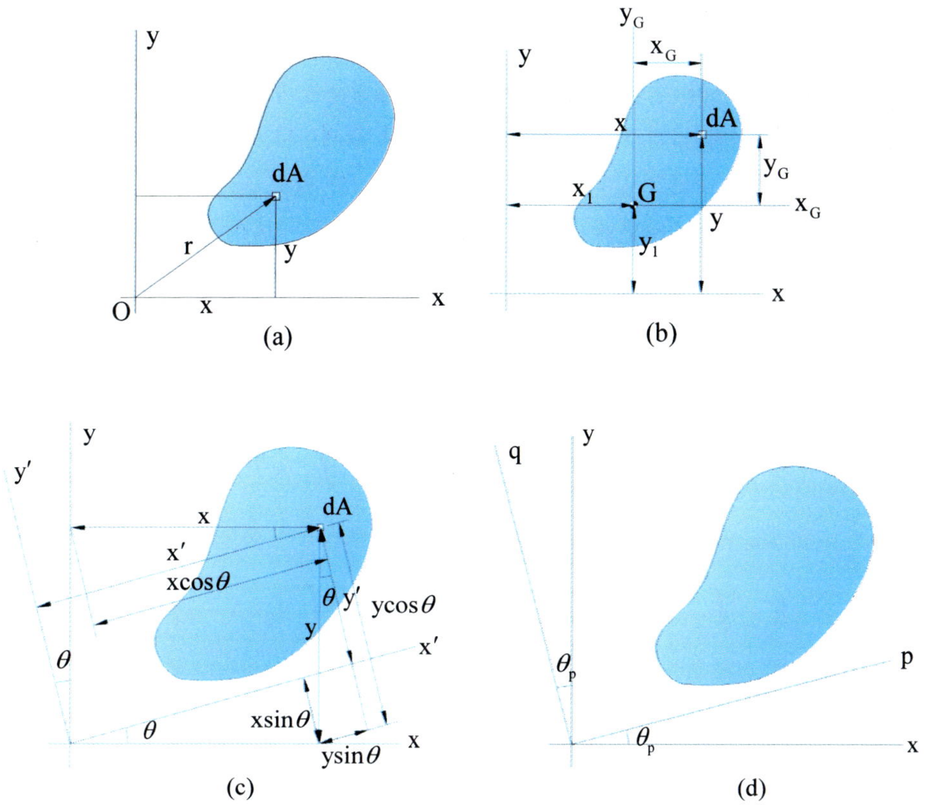

그림 6.6

$$I_x = \int_A y^2 dA\,,\ I_y = \int_A x^2 dA \tag{6.4}$$

원점 O에서부터 거리 r에 있는 단면 dA에 대한 2차관성모멘트는 극관성모멘트(polar moment of inertia) I_P라 하고 다음 식 (6.5)와 같이 정의한다.

$$I_P = \int_A r^2 dA = \int_A (x^2 + y^2) dA = I_y + I_x \tag{6.5}$$

그리고 x 및 y축에 상호 관련한 2차관성모멘트를 상승관성모멘트(product of inertia) I_{xy}라 하고 다음 식 (6.6)과 같이 정의한다.

$$I_{xy} = \int_A xy dA \tag{6.6}$$

식 (6.4), (6.5) 및 식 (6.6)의 x 및 y 는 구하고자 하는 x 및 y축으로부터 단면의 도심까지 거리이고 r는 구하고자 하는 x 및 y축의 원점에서부터 단면의 도심까지의 거리이다. 식 (6.6)의 상승관성모멘트는 단면의 축중에 어느 한축이라도 대칭축이 있으면 그 값은 0이 된다. 왜냐하면, 대칭축은 도심까지의 거리가 0인 축이므로 당연한 결과이다.

만약, 2차관성모멘트를 구하고자 하는 축을 그림 6.6 (b)와 같이 도심축 x_G 및 y_G축으로부터 각각 x_1 및 y_1만큼 평행이동한 경우라면 식 (6.4) 및 식 (6.6)의 x 및 y에 (x_G+x_1), (y_G+y_1)를 대입하여 적분하고 x_G및 y_G가 도심축이라고 하면 $\int_A x_G dA$, $\int_A y_G dA$가 각각 0이 되므로 2차관성모멘트들은 다음 식 (6.7) 및 (6.8)과 같이 된다.

$$\begin{aligned} I_x &= \int_A (y_G+y_1)^2 dA = \int_A y_G^2 dA + 2y_1 \int_A y_G dA + y_1^2 \int_A dA \\ &= I_{x_G} + y_1^2 A \\ I_y &= \int_A (x_G+x_1)^2 dA = \int_A x_G^2 dA + 2x_1 \int_A x_G dA + x_1^2 \int_A dA \\ &= I_{y_G} + x_1^2 A \end{aligned} \tag{6.7}$$

여기서, A는 단면적이고 I_{x_G}, I_{y_G} 는 각각의 도심축 x_G, y_G에 대한 2차관성모멘트이다.

$$\begin{aligned} I_{xy} &= \int_A (x_G+x_1)(y_G+y_1) dA \\ &= \int_A x_G y_G dA + x_1 \int_A y_G dA + y_1 \int_A x_G dA + x_1 y_1 \int_A dA \\ &= I_{x_G y_G} + x_1 y_1 A \end{aligned} \tag{6.8}$$

여기서, $I_{x_G y_G}$ 는 도심축 x_G, y_G에 대한 상승관성모멘트이다.

다음은 그림 6.6의 (c)와 같이 축 x, y를 각도 θ 만큼 회전한 축 x′ 및 y′에 관한 2차관성모멘트들은 식 (6.4)와 (6.6)에 의하여 구할 수 있도록 그림 6.6 (c)로 부터 좌표 x′, y′를 구하면 다음 식 (6.9)와 같이 된다.

$$x' = x\cos\theta + y\sin\theta \tag{6.9}$$
$$y' = y\cos\theta - x\sin\theta$$

식 (6.9)를 식 (6.4)와 (6.6)에 대입하여 x' 및 y'축에 대한 2차관성모멘트 $I_x{}'$, $I_y{}'$ 및 $I_{x'y'}$를 구하면 다음 식 (6.10)과 같이 된다.

$$\begin{aligned}
I_{x'} &= \int_A y'^2 dA = \int_A (y\cos\theta - x\sin\theta)^2 dA \\
&= \int_A (x^2\sin^2\theta - 2xy\sin\theta\cos\theta + y^2\cos^2\theta) dA \\
&= \sin^2\theta \int_A x^2 dA - 2\sin\theta\cos\theta \int_A xy dA + \cos^2\theta \int_A y^2 dA \\
&= I_y\sin^2\theta - 2I_{xy}\sin\theta\cos\theta + I_x\cos^2\theta
\end{aligned}$$

$$\begin{aligned}
I_{y'} &= \int_A x'^2 dA = \int_A (x\cos\theta + y\sin\theta)^2 dA \\
&= \int_A (x^2\cos^2\theta + 2xy\sin\theta\cos\theta + y^2\sin^2\theta) dA \\
&= \cos^2\theta \int_A x^2 dA + 2\sin\theta\cos\theta \int_A xy dA + \sin^2\theta \int_A y^2 dA \\
&= I_y\cos^2\theta + 2I_{xy}\sin\theta\cos\theta + I_x\sin^2\theta
\end{aligned} \tag{6.10}$$

$$\begin{aligned}
I_{x'y'} &= \int_A x'y' dA = \int_A (x\cos\theta + y\sin\theta)(y\cos\theta - x\sin\theta) dA \\
&= \int_A xy\cos^2\theta dA + \int_A (-xy)\sin^2\theta dA + \int_A y^2\sin\theta\cos\theta dA - \int_A x^2\sin\theta\cos\theta dA \\
&= I_{xy}(\cos^2\theta - \sin^2\theta) + (I_x - I_y)\sin\theta\cos\theta
\end{aligned}$$

식 (6.5)에 식 (6.10)를 대입하여 회전축 x', y'에 대한 극관성모멘트 $I_P{}'$을 구해보면 다음 식 (6.11)과 같이 되어 회전 단면에 대해서도 극관성모멘트는 일정하게 같음을 알 수 있다.

$$I_P{}' = I_{x'} + I_{y'} = I_x + I_y = I_p \tag{6.11}$$

식 (6.10)을 2축 응력에서의 경우와 같이 θ의 2배각식으로 나타내 보면 다음 식 (6.12)와 같이 된다.

$$
\begin{aligned}
I_{x'} &= I_x\cos^2\theta + I_y\sin^2\theta - 2I_{xy}\sin\theta\cos\theta \\
&= \frac{I_x+I_y}{2} + \frac{I_x-I_y}{2}\cos 2\theta - I_{xy}\sin 2\theta
\end{aligned}
\tag{6.12}
$$

$$
\begin{aligned}
I_{y'} &= I_x\sin^2\theta + I_y\cos^2\theta + 2I_{xy}\sin\theta\cos\theta \\
&= \frac{I_x+I_y}{2} - \frac{I_x-I_y}{2}\cos 2\theta + I_{xy}\sin 2\theta
\end{aligned}
$$

$$
\begin{aligned}
I_{x'y'} &= (I_x - I_y)\sin\theta\cos\theta + I_{xy}(\cos^2\theta - \sin^2\theta) \\
&= \frac{I_x-I_y}{2}\sin 2\theta + I_{xy}\cos 2\theta
\end{aligned}
$$

$I_{x'}$와 $I_{y'}$의 최대값을 구하기 위하여 회전각 θ로 미분하여 그 값을 0으로 하면 다음 식 (6.13)이 성립한다.

$$
\frac{dI_{x'}}{d\theta} = -(I_x - I_y)\sin 2\theta - 2I_{xy}\cos 2\theta = 0 \tag{6.13}
$$

$$
\tan 2\theta_p = -\frac{I_{xy}}{\dfrac{I_x - I_y}{2}}
$$

식 (6.13)을 성립하게 하는 $\dfrac{dI_{x'}}{d\theta}=0$ 또는 $\dfrac{dI_{y'}}{d\theta}=0$ 은 식 (6.12)의 셋째식인 $I_{x'y'}=0$ 이 됨을 의미하고 있다. 즉, 2차관성모멘트가 최대로 되는 축에서는 상승관성모멘트가 0이 됨을 의미한다. 상승관성모멘트가 0이 되는 축은 대칭축이 되고 2차관성모멘트가 최대가 되고 있음을 말한다. 따라서, 그림 6.6 (d)와 같이 x축으로부터 θ_p 만큼 회전한 축 p 및 q를 관성 주축 또는 주축이라고 하며 이 축에 대한 굽힘 강성 EI 가 최대 및 최소가 되어 굽힘 변형이 이 축을 중심으로 일어남을 의미한다. 그림 6.7을 그려 식 (6.13)을 이용하여 $2\theta = -2\theta_p$ 일 때 $\cos 2\theta_p$ 와 $\sin 2\theta_p$ 를 구하면 다음과 같다.

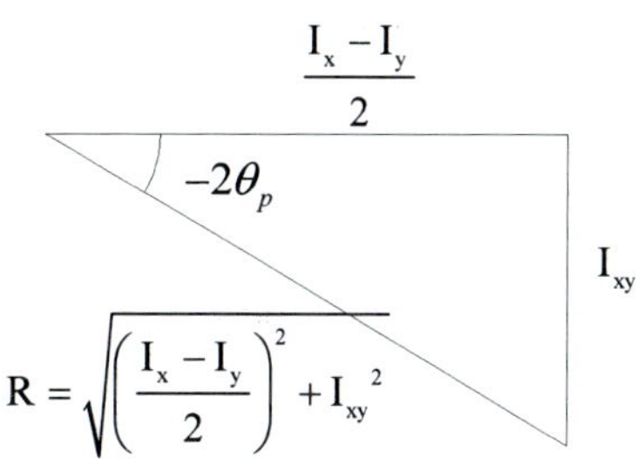

$$\cos 2\theta_p = \frac{\frac{I_x - I_y}{2}}{R}$$

$$\sin 2\theta_p = \frac{-I_{xy}}{R}$$

그림 6.7

이 값을 식 (6.12)에 대입하여 관성 주축에 관한 2차관성모멘트 I_p와 I_q를 구하면 다음 식 (6.14)와 같이 된다.

$$I_p = \frac{I_x + I_y}{2} + \sqrt{(\frac{I_x - I_y}{2})^2 + I_{xy}^2} \tag{6.14}$$

$$I_q = \frac{I_x + I_y}{2} - \sqrt{(\frac{I_x - I_y}{2})^2 + I_{xy}^2}$$

[예제 6-1] 다음 그림 6.8과 같은 3각형 단면에 대해 다음을 구하라.

(a) 도심축 x_G, y_G

(b) 2차관성모멘트 I_x, I_y 및 I_{xy} 및 I_P

(c) 도심주축에 관한 2차관성모멘트 I_{xG}, I_{yG}

(d) 밑면이 4m, 높이가 3m 일 때 주축 p 및 q축과 2차관성모멘트 I_p 및 I_q

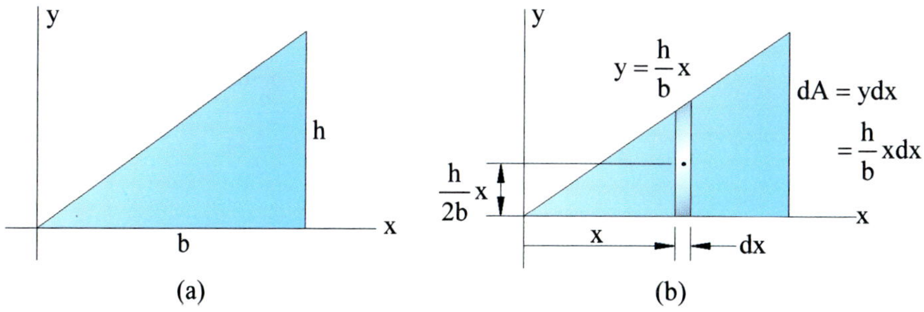

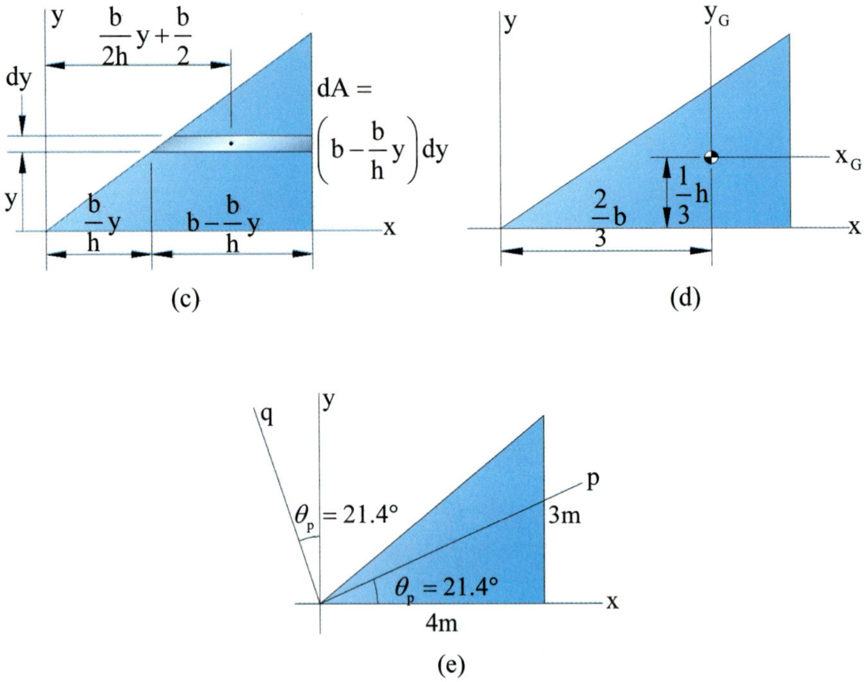

그림 6.8

(풀이)

(a) 도심 위치는 그림 6.8 (b) 및 (c)를 참고하여 식 (6.3)에 의하여 구하면 다음 식 (a)와 같다

$$\bar{x}=\frac{\int xdA}{\int dA}=\frac{\int_0^b x\left(\frac{h}{b}x\right)dx}{\int_0^b \frac{h}{b}xdx}=\frac{\frac{1}{3}hb^2}{\frac{1}{2}bh}=\frac{2}{3}b \tag{a}$$

$$\bar{y}=\frac{\int ydA}{\int dA}=\frac{\int_0^h y\left(b-\frac{b}{h}y\right)dy}{\int_0^h \left(b-\frac{b}{h}y\right)dy}=\frac{\frac{1}{6}bh^2}{\frac{1}{2}bh}=\frac{1}{3}h$$

따라서, 도심 위치는 그림 6.8 (d)와 같다.

(b) 그림 6.8 (b)와 (c)를 참고하여 식 (6.4)에 의하여 I_x 및 I_y는 다음 식 (b)와 같다.

$$I_x = \int y^2 dA = \int_0^h y^2\left(b - \frac{b}{h}y\right)dy = \frac{bh^3}{12} \qquad \text{(b)}$$

$$I_y = \int x^2 dA = \int_0^b x^2\left(\frac{h}{b}x\right)dx = \frac{hb^3}{4}$$

상승관성모멘트 I_{xy}는 식 (6.6)에 의하여 구할 수 있다. 이 때, 미소단면적 dA의 도심을 구할 때 주의해야 한다. 즉, 그림 6.8 (b) 와 (c)를 사용해서 구할 수 있으며, 먼저 그림 6.8 (b)를 이용하여 구해보자

그림 6.8 (b)에서 미소단면적 dA의 도심위치의 x 및 y 좌표를 살펴보면, x 좌표는 그대로 x를 대입하여 구하나 y의 좌표는 x=x 일 때 $y = \frac{h}{b}x$의 $\frac{1}{2}$ 위치인 $\frac{h}{2b}x$ 임에 유의해야 한다. 따라서, 상승관성모멘트 I_{xy}는 다음 식 (c)와 같다.

$$I_{xy} = \int xydA = \int_0^b x\left(\frac{h}{2b}x\right)\left(\frac{h}{b}x\right)dx = \frac{b^2h^2}{8} \qquad \text{(c)}$$

한편, 그림 6.8 (c)를 이용하여 구해보자. 이 경우는 그림 6.8 (b)와는 다르게 미소단면적의 도심위치는 y=y 이고 x의 위치는 $x = \frac{b}{2h}y + \frac{b}{2}$ 이다. 따라서, 상승관성모멘트 I_{xy}는 다음 식 (d)와 같고 그 결과는 식 (c)와 같음을 알 수 있다.

$$I_{xy} = \int xydA = \int_0^h y\left(\frac{b}{2h}y + \frac{b}{2}\right)\left(b - \frac{b}{h}y\right)dy \equiv \int_0^h \frac{1}{2}y\left(b^2 - \frac{b^2}{h^2}y^2\right)dy = \frac{b^2h^2}{8} \qquad \text{(d)}$$

한편, 극관성모멘트 I_P는 식 (6.5)에 의하여 다음 식 (e)와 같이 된다.

$$I_P = I_x + I_y = \frac{bh^3}{12} + \frac{hb^3}{4} = \frac{bh}{12}(h^2 + 3b^2) \qquad \text{(e)}$$

(c) I_{xG}, I_{yG} 및 I_{xGyG}는 식 (6.7) 및 (6.8)을 이용하여 구하면 다음 식 (f)와 같다.

$$I_{xG} = I_x - \overline{y^2}A = \frac{bh^3}{12} - (\frac{1}{3}h)^2 \times (\frac{1}{2}bh) = \frac{bh^3}{36}$$

$$I_{yG} = I_y - \overline{x^2}A = \frac{hb^3}{4} - (\frac{2}{3}b)^2 \times (\frac{1}{2}bh) = \frac{b^3h}{36} \qquad \text{(f)}$$

$$I_{xGyG} = I_{xy} - \overline{x}\,\overline{y}A = \frac{b^2h^2}{8} - (\frac{h}{3})(\frac{2}{3}b)(\frac{1}{2}bh) = \frac{b^2h^2}{72}$$

(d) 식 (6.13)에 의해 관성주축 p, q의 위치 θ_p를 구하면 다음 식 (g)와 같이 된다.

$$\tan 2\theta_p = -\frac{I_{xy}}{\frac{I_x - I_y}{2}} = -\frac{\frac{h^2b^2}{8}}{\frac{\frac{bh^3}{12} - \frac{hb^3}{4}}{2}} = -\frac{h^2b^2}{bh(\frac{h^2}{3} - b^2)} = -\frac{hb}{\frac{1}{3}h^2 - b^2} = -\frac{3 \times 4}{\frac{1}{3} \times 9 - 16} = \frac{12}{13}$$

$$\theta_p = \frac{1}{2}\tan^{-1}(\frac{12}{13}) = 21.355° \qquad \text{(g)}$$

따라서, $\theta_p = 21.4°$이고 관성 주축 p, q 는 그림 6.8 (c)와 같다.
식 (6.14)에 의하여 관성주축에 관한 2차관성모멘트 I_p, I_q를 구하면 다음 식 (h)와 같다.

$$I_{p,q} = \frac{I_x + I_y}{2} \pm \sqrt{(\frac{I_x - I_y}{2})^2 + I_{xy}^2}$$

$$I_p = \frac{1}{2}(\frac{bh^3}{12} + \frac{hb^3}{4}) + \sqrt{\left\{\frac{1}{2}(\frac{bh^3}{12} - \frac{hb^3}{4})\right\}^2 + (\frac{1}{8}h^2b^2)^2} \qquad \text{(h)}$$

$$= \frac{bh}{24}(h^2 + 3b^2) + bh\sqrt{\left\{\frac{1}{24}(h^2 - 3b^2)\right\}^2 + \frac{1}{64}h^2b^2}$$

$$I_q = \frac{bh}{24}(h^2 + 3b^2) - bh\sqrt{\left\{\frac{1}{24}(h^2 - 3b^2)\right\}^2 + \frac{1}{64}h^2b^2}$$

따라서, $b = 4m$, $h = 3m$를 식 (h)에 대입하면 $I_p = 55.04\,m^4$, $I_q = 1.96\,m^4$이다.

[예제 6-2] 그림 6.9 (a) 에 대한 다음을 구하라.

(a) 도심

(b) 도심축에 대한 2차관성모멘트

(c) 관성주축 p, q와 이 관성주축에 관한 2차관성모멘트 I_p, I_q

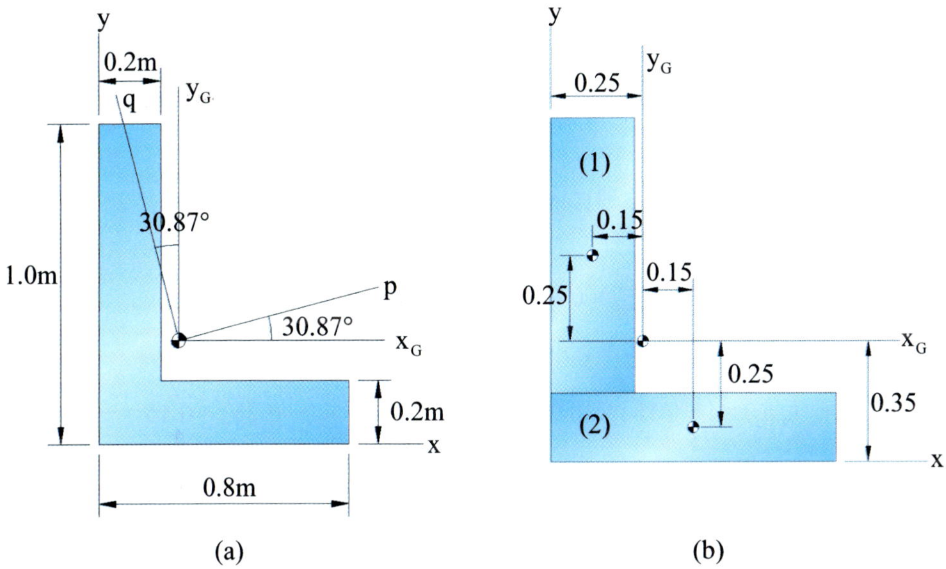

그림 6.9

(풀이)

그림 6.9 (b)와 같이 2부분으로 나눈 단면적 A_1, A_2는 다음 식 (a)와 같다.

$$A_1 = 0.2 \times 0.8 = 0.16\,m^2$$
$$A_2 = 0.2 \times 0.8 = 0.16\,m^2 \qquad (a)$$

(a) 도심은 식 (6.3)에 의해 다음 식 (b)와 같이 된다.

$$\bar{x} = \frac{A_1 \times 0.1 + A_2 \times 0.4}{A_1 + A_2} = \frac{0.16 \times 0.1 + 0.16 \times 0.4}{0.32} = 0.25\ \ m \qquad (b)$$
$$\bar{y} = \frac{A_1 \times 0.6 + A_2 \times 0.1}{A_1 + A_2} = \frac{0.16 \times 0.6 + 0.16 \times 0.1}{0.32} = 0.35\ \ m$$

(b) 도심축에 관한 단면 1과 단면 2의 2차관성모멘트는 다음 식 (c)와 같이 된다.

$$I_{x_1G} = \frac{0.2 \times 0.8^3}{12} + 0.25^2 \times (0.2 \times 0.8) = 0.0185\,\mathrm{m}^4 \tag{c}$$

$$I_{y_1G} = \frac{0.8 \times 0.2^3}{12} + 0.15^2 \times (0.2 \times 0.8) = 0.0041\,\mathrm{m}^4$$

$$I_{x_2G} = \frac{0.8 \times 0.2^3}{12} + 0.25^2 \times (0.2 \times 0.8) = 0.0105\,\mathrm{m}^4$$

$$I_{y_2G} = \frac{0.2 \times 0.8^3}{12} + 0.15^2 \times (0.2 \times 0.8) = 0.0121\,\mathrm{m}^4$$

따라서, 도심축에 관한 2차관성모멘트는 다음 식 (d)와 같다.

$$I_{x_G} = I_{x_1G} + I_{x_2G} = 0.0185 + 0.0105 = 0.0291\,\mathrm{m}^4 \tag{d}$$

$$I_{y_G} = I_{y_1G} + I_{y_2G} = 0.0041 + 0.0121 = 0.0162\,\mathrm{m}^4$$

$$I_{x_Gy_G} = (-0.15) \times (0.25) \times 0.16 + (0.15) \times (-0.25) \times 0.16 = -0.0120\,\mathrm{m}^4$$

(c) 식 (6.13)에 의하여 관성 주축 θ_p 는 다음과 같다.

$$\tan 2\theta_p = -\frac{I_{x_Gy_G}}{\frac{I_{x_G} - I_{y_G}}{2}} = -\frac{-0.0120}{\frac{0.0291 - 0.0162}{2}} = 1.860 \tag{e}$$

$$\theta_p = 30.87°$$

그림 6.9 (a)에 관성주축을 표시하였으며, 관성주축에 관한 2차관성모멘트는 다음 식 (f)와 같다.

$$I_{p,q} = \frac{I_{x_G} + I_{y_G}}{2} \pm \sqrt{\left(\frac{I_{x_G} - I_{y_G}}{2}\right)^2 + I_{x_gy_G}^2} \tag{f}$$

$$= \frac{0.0590 + 0.0162}{2} \pm \sqrt{\left(\frac{0.0590 - 0.0162}{2}\right)^2 + (-0.0120)^2}$$

$$= 0.0376 \pm 0.0245$$

$$= 0.0621 \quad , \quad 0.0131$$

$$I_p = 0.0621\,m^4$$

$$I_q = 0.0131\,m^4$$

6.3 보의 수직 변형률과 응력

그림 6.10 (a)와 같이 음의 굽힘모멘트 M_0 가 작용되는 순수굽힘 상태의 보의 일부를 고려해 보기로 하자.

그림 6.10 (b)에서 알 수 있듯이 x방향으로 어떠한 하중도 가해주지 않았지만 단지, 굽힘모멘트의 작용에 의하여 미소 단면에서의 길이 dx였던 것이 y만큼 떨어진 곳에서는 길이가 $\widehat{ef}$로 dx 와의 차이를 보이면서 x 방향으로의 변형이 발생하고 있음을 알 수 있다. 그림 6.10 (b)에 의하면 x방향으로의 변형률 ϵ_x 는 다음 식 (a)와 같이 됨을 알 수 있다.

$$\epsilon_x = \frac{\widehat{ef} - dx}{dx} \tag{a}$$

$\widehat{ef}$ 는 그림 6.10 (b)에서 알수 있듯이 다음 식 (b)와 같다.

$$\widehat{ef} = (\rho - y)d\theta = \rho d\theta - y d\theta \tag{b}$$

식 (b)에 식 (6.1)을 대입하여 식 (a)에 적용하면 다음 식 (c)가 구해진다.

$$\epsilon_x = -y\frac{d\theta}{dx} \tag{c}$$

식 (c)에 식 (6.2)를 대입하면 다음 식 (6.15)가 구해진다.

$$\epsilon_x = \frac{-y}{\rho} = -y\kappa_y \tag{6.15}$$

따라서, 보가 탄성한계 내에서 변형을 취한다면, 수직응력도 다음 식 (6.16)과 같이 된다.

$$\sigma_x = E\epsilon_x = -E\kappa_y y \tag{6.16}$$

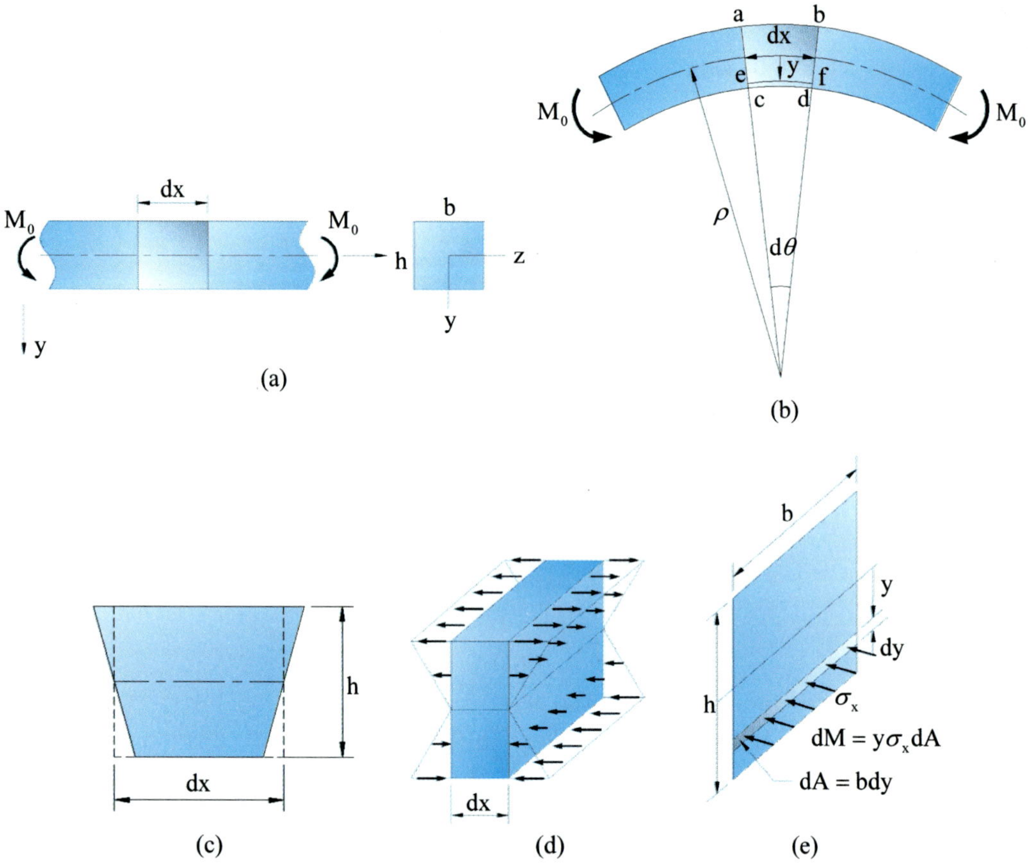

그림 6.10

식 (6.15)에서 수직 변형률은 y 에 비례하게 됨을 알 수 있다. 즉 그림 6.10 (c)와 같이 단면의 형상은 도심을 중심으로 높이 h에 대해 선형적으로 비례하여 변하게 되며, 수직응력은 식 (6.16)에 의하여 그림 6.10 (d)와 같이 작용됨을 알 수 있다. 이 때 응력이 영이 되고 y=0인 단면을 중립면(neutral plane)이라고 하고 이 중립면을 중심으로부터 같은 거리에 있는 상・하면에는 크기는 같고 방향이 반대인 응력이 존재하고 있음을 알 수 있다. 즉, 음의 굽힘모멘트가 작용하고 있는 보에서는 y가 양인 중립면의 아래쪽 면에 대해서는 압축응력이 y에 비례하여 작용하며 y가 음인 중립면의 위쪽 면에는 인장응력이 y에 비례하여 작용한다. 이 때, 최대 수직응력은 $y=\pm\frac{h}{2}$에서 발생하게 됨을 알 수 있으며, 그림 6.10 (d)에서 알 수 있듯이 임의의 x 위치에서의 단면에 대한 힘의 합이 평형을 이루고 있음을 확인 할 수 있고 이 결과는 당연히 평형이 되어야 하는 결과이다. 따라서, x방향으로의 힘의 총 합을 구하여 결과를 적어보면 다음 식 (6.17)과 같이 된다.

$$\sum F_x = \int_A \sigma_x dA = \int_A (-E\kappa_y y)dA = -E\kappa_y \int_A ydA = 0 \tag{6.17}$$

여기서, 식 (6.17)이 성립하기 위해서는 다음 식 (6.18)이 성립되어야 한다.

$$\int_A ydA = 0 \tag{6.18}$$

식 (6.18)은 z축에 대한 단면의 1차 모멘트가 영이 됨을 의미하며, 이 결과에 의하면 z축은 필히 단면의 도심을 통과하고 있음을 의미한다. 임의의 x위치에서의 모멘트 M(x)를 구하기 위하여 그림 6.10의 (e)를 참고하면, 미소 모멘트 $dM = y\sigma_x dA$ 이므로 모멘트 M은 식 (6.16)에 의해 다음 식 (6.19)와 같이 된다.

$$M = \int_A dM = \int_A y\sigma_x dA = \int_A y(-E\kappa_y y)dA = -E\kappa_y \int_A y^2 dA \tag{6.19}$$

식 (6.19)의 $\int_A y^2 dA$는 z축에 대한 2차관성모멘트 I_z이므로 식 (6.19)는 다음 식 (6.20)과 같이 된다.

$$M = -E\kappa_y I_z = \frac{-EI_z}{\rho} \quad \text{또는} \quad \kappa_y = -\frac{M}{EI_Z} \tag{6.20}$$

여기서,

$$I_z = \int_A y^2 dA \tag{6.21}$$

식 (6.16)과 (6.20)에 의하여 굽힘모멘트에 의한 보의 수직응력 σ_x는 다음 식 (6.22)로 표현된다.

$$\sigma_x = \frac{M}{I_z} y \tag{6.22}$$

식 (6.22)에서 보면 굽힘모멘트가 양일 때는 y가 양인 단면에서는 인장응력, y가 음인 단면에서는 압축응력이 발생하게 됨을 알 수 있으며, 그림 6.10 (d)에 의하면 최대 응력은 중립축에서 부터 가장 먼 거리에 위치한 곳인 y_{max}에서 발생하며 다음 식 (6.23)과 같다.

$$\sigma_x)_{max} = \frac{M}{I_z} y_{max} = \frac{M_{max}}{I_z/y_{max}} = \frac{M}{S} \tag{6.23}$$

여기서, S는 I_z/y_{max}로서 단면계수 S라하고 다음 식 (6.24)로 쓴다.

$$S = I_z/y_{max} \tag{6.24}$$

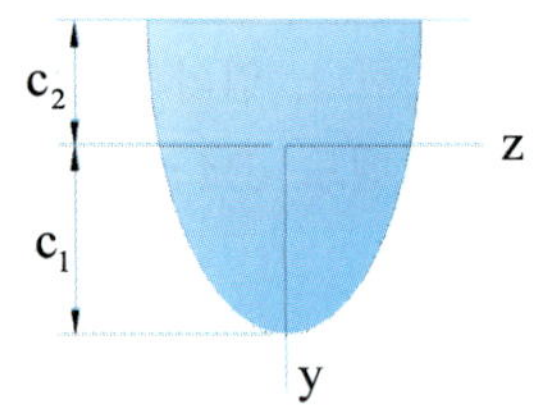

그림 6.11

그림 6.11과 같은 비대칭단면에 대한 단면계수 S_1 및 S_2는 식 (6.24)에 의하여 식 (6.25)와 같이 됨을 알 수 있다.

$$S_1 = \frac{I_z}{c_1}, \quad S_2 = \frac{I_z}{c_2} \tag{6.25}$$

그림 6.11과 같은 비대칭단면에 양의 굽힘모멘트 M이 작용하는 경우에는 $c_1 > c_2$가 되어 식 (6.23)과 (6.25)에 의하여 최대 인장응력이 최대 압축응력보다 크게 됨을 알 수 있다. 따라서, 단면의 형상을 조절함으로써 인장과 압축에 대한 특성을 살려 최적한 단면설계가 가능할 수 있다.

그림 6.12 (a) 및 (b)와 같은 구형단면과 원형단면에 대한 2차관성모멘트 I_{z_1}과 I_{z_2}가 각각 $I_{z_1} = \frac{bh^3}{12}$, $I_{z_2} = \frac{\pi d^4}{64}$이므로 각각의 단면계수 S_1과, S_2는 다음 식 (6.26)와 같다.

$$\begin{aligned} S_1 &= I_{z_1}/c_1 = \frac{bh^3}{12} / \frac{h}{2} = \frac{bh^2}{6} \\ S_2 &= I_{z_2}/c_2 = \frac{\pi d^4}{64} / \frac{d}{2} = \frac{\pi d^3}{32} \end{aligned} \tag{6.26}$$

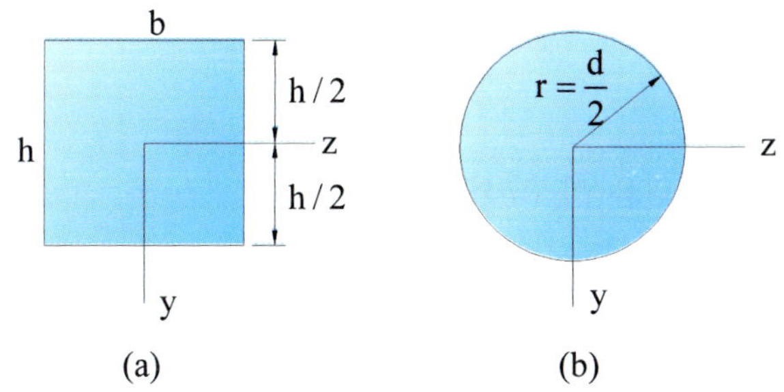

그림 6.12

여기서, 2차관성모멘트의 단위가 m^4, cm^4 또는 in^4이므로 단면계수 S의 단위는 m^3, cm^3 또는 in^3이다.

보에 있어서 단면형상은 보를 설계하는 중요한 인자가 됨을 알 수 있다. 설계기사들이 구조물을 설계함에 있어 기계적으로 고려되어지는 것들은 소재에 대한 인장 및 전단의 허용 응력 범위와 설계 안전계수 및 항복조건 등을 고려하게 된다. 그러나 기본적으로 앞에서 설명된 바와 같이 단면의 형상이 최대 굽힘 응력의 값을 좌우할 수 있으므로, 보 등을 실제 설계함에 있어 작용하중조건 등을 고려하여 이에 최적한 단면을 선정하는 것은 경제적 설계와 동시에 구조적으로 효율적 설계가 가능함을 알 수 있다. 즉, 식 (6.23)에서 최대 굽힘모멘트가 작용하는 단면에 대한 단면계수 S는 다음 식 (6.27)과 같이 쓸 수 있다.

$$S = \frac{M_{max}}{\sigma_{max}} \tag{6.27}$$

식 (6.27)에서 이 보의 단면에 작용하는 최대 굽힘응력 σ_{max}는 적어도 허용 응력 σ_{allow}나 항복응력 σ_y를 초과해서 안 될 것이다. 따라서, 굽힘모멘트에 저항하는 보의 설계에 이용 될 수 있는 단면계수 S는 다음 식 (6.28)이 되어야 할 것이다.

$$S \geq \frac{M_{max}}{\sigma_{allow}} \tag{6.28}$$

이와 같은 구조용소재의 단면들에 대한 치수규격은 각종 핸드북등에 수록되어 있으며, 설계시에 이들의 치수를 이용한다.

이제 굽힘모멘트와 단면 형상에 대한 관계를 살펴보자. 먼저 동일한 단면적으로 구형단면과 원형단면으로 설계했을 시 동일한 굽힘모멘트에 저항하기 위해서는 어떤 단면이 유리할까를 판단해 보자. 구형단면의 단면계수 S_1은 단면적을 A라고 할 때 다음 식 (a)와 같이 된다.

$$S_1 = \frac{bh^2}{6} = \frac{Ah}{6} \tag{a}$$

원형단면의 단면계수 S_2는 다음 식 (b)와 같다.

$$S_2 = \frac{Ad}{8} \tag{b}$$

한편, 구형단면과 원형단면의 단면적이 같으므로 다음 식 (c)가 성립한다.

$$A = bh = \frac{\pi d^2}{4} \tag{c}$$

만약, 구형단면이 b=h인 정사각 단면이라면 식 (c)는 다음 식 (d)와 같이 된다.

$$h = \frac{\sqrt{\pi}}{2} d \tag{d}$$

따라서, 구형단면과 원형단면의 단면계수 S_1 및 S_2를 비교하면 다음 식 (e)와 같다.

$$\frac{S_1}{S_2} = \frac{\frac{Ah}{6}}{\frac{Ad}{8}} = \frac{4h}{3d} = \frac{2\sqrt{\pi}}{3} = 1.18 \tag{e}$$

식 (e)에 의하여 $S_1 = 1.18S_2$ 이므로 같은 단면적을 갖는 보를 굽힘모멘트에 저항하도록 보를 설계한다면 구형단면이 원형단면보다 결과적으로 유리함을 의미하고 있다. 즉, 같은 단면적에 대하여 18%이상의 굽힘모멘트를 구형단면이 더 담당하거나 같은 굽힘모멘트를 담당하는 보를 설계하는 경우 구형단면이 원형단면보다 단면적을 효과적으로 줄일 수 있음을 의미하고 있다. 그러나 이 경우는 어디까지나 보가 굽힘모멘트에 저항하는 경우에 대하여 비교한 것이고 만약 비틀림 등의 다른 하중이 동시에 걸리게 되는 경우라면 상황은 달라지는 것을 이해해야 할 것이다. 지금까지 검토한 바에 의하면, 굽힘모멘트에 저항하는 보에서는 중립축에서부터 거리에 비례하여 굽힘응력이 증가하므로 효율적인 단면의 형상을 취하기 위해서는 단면적을 가능한 한 중립축에서부터 먼 위치에 배치하는 경우가 가장 유리 할 수 있다. 즉, 극단적으로 그림 6.13 (a)와 같이 단면적 A인 단면을 $\frac{A}{2}$로 각각 나누어 거리를 h만큼 떨어 뜨려 놓았을 경우, 굽힘에 저항할 가장 효과적인 이상적 단면으로 고려할 수 있을 것이다.

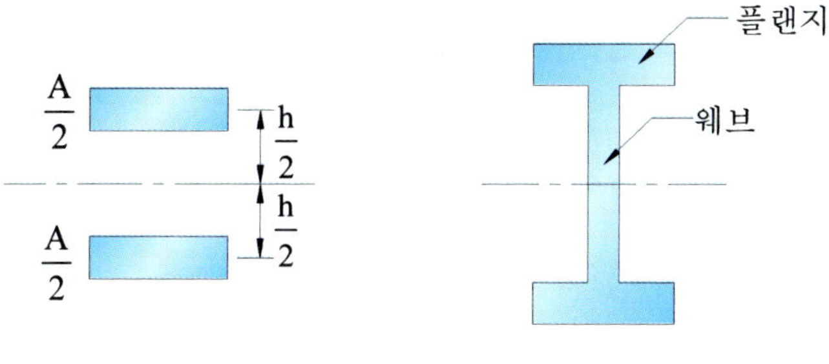

그림 6.13

이와 같은 단면은 실제로 가능하지 못하므로 그림 6.13 (b)와 같은 플랜지(flange)-웨브(web) 단면과 같은 I자형 단면을 이용하게 하여 굽힘에 효율적인 단면을 실제로 이용할 수 있다. 따라서 그림 6.13 (b)와 같은 단면을 다음에 공부하겠지만, 이 단면에서 플랜지부분이 굽힘응력을 대부분 담당하고 웨브부분에서는 전단응력을 주로 담당하게 됨을 알게 될 것이다. 극단적으로 웨브부분에서는 굽힘응력에는 전혀 저항하지 않는 것으로 가정하여 I형 단면 보의 설계를 시행하는 경우가 대부분이다.

[예제 6-3] 그림 6.14 (a)와 같은 구형단면의 내다지보(over hanging beam)가 하중을 받아 그림과 같이 변형을 일으키고 있다. 이 보의 길이 $L = 1.5\text{m}$, 단면의 높이 $h = 120\text{mm}$라고 한다. 보 중앙에서의 처짐 $\delta = 2.5\text{mm}$이었다면 이 보의 최대 수직 변형률 ϵ_x을 구하라.

단, $\cos\theta = 1 - \dfrac{\theta^2}{2!} + \cdots$의 급수전개식을 이용하여라.

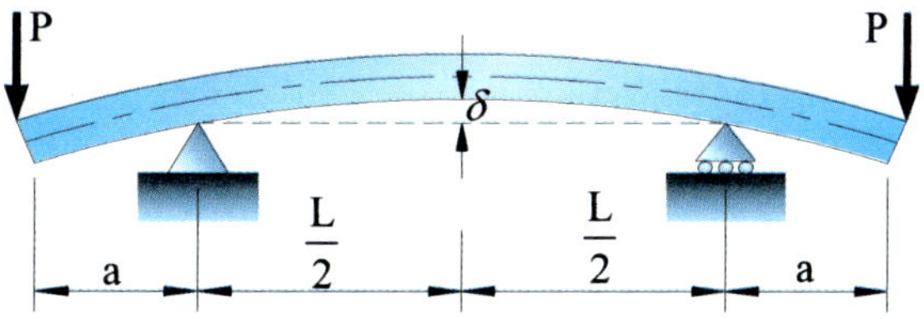

(a)

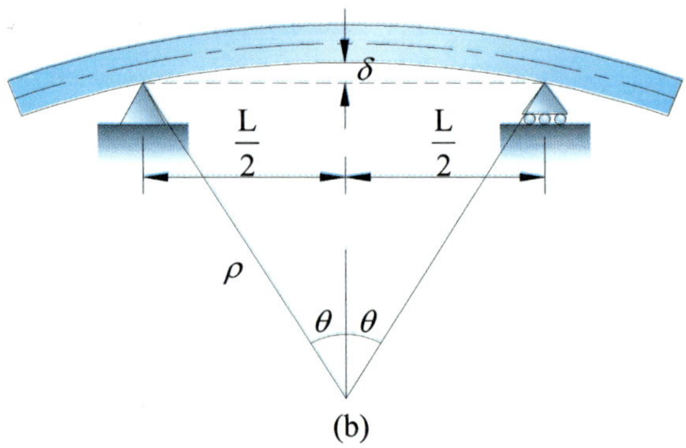

그림 6.14

(풀이)

그림 6.14 (b)에서 보의 처짐 δ는 다음 식 (a)와 같다.

$$\delta = \rho - \rho\cos\theta \tag{a}$$

한편, $\sin\theta$는 그림 6.14 (b)에 의하면 다음 식 (b)와 같다.

$$\sin\theta \cong \theta = \frac{\frac{1}{2}L}{\rho} \tag{b}$$

식 (b)를 식 (a)에 대입하여 $\cos\theta$ 의 급수전개식을 이용하면 처짐 δ는 다음 식 (c)와 같이 된다.

$$\delta = \rho\left[1 - \cos\left(\frac{L}{2\rho}\right)\right] = \rho\left[1 - \left\{1 - \frac{1}{2}\left(\frac{L}{2\rho}\right)^2\right\}\right] = \frac{L^2}{8\rho} \tag{c}$$

따라서, 곡률 ρ 는 다음 식 (d)와 같다.

$$\rho = \frac{L^2}{8\delta} \tag{d}$$

식 (6.15)에 의하여 수직 변형률 ϵ_x는 다음 식 (e)와 같다.

$$\epsilon_x = -\frac{y}{\rho} = -\frac{8\delta}{L^2}y \tag{e}$$

최대 수직변형률 $\epsilon_x)_{max}$는 $y = \pm\frac{h}{2}$에서 발생하므로 다음 식 (f)와 같다.

$$\epsilon_x)_{max} = \frac{8\delta h}{2L^2} = \frac{4\delta h}{L^2} = \frac{4 \times (0.25cm) \times (12.0cm)}{(150cm^2)} = 533.3 \times 10^{-6} \tag{f}$$

[예제 6-4] 그림 6.15 (a)와 같은 보에 대해 다음을 구하라.

단, 하중 $P = 8{,}000\,N$, 탄성계수 $E = 70\,GPa$, $a = 0.5\,m$, $L = 4m$이다.

(a) 보의 CD구간에 대한 보의 중립축의 곡률 반지름 ρ

(b) 최대 인장 및 압축 응력과 이들이 발생하는 단면상의 위치

(풀이)

단면 도심위치 $\bar{y}$ 는 그림 6.15 (c)에 의하여 다음 식 (a)와 같다.

$$\bar{y} = \frac{(70 \times 20 \times 10) + (30 \times 60 \times 50)}{(70 \times 20) + (30 \times 60)} = 32.5\ \text{mm} \tag{a}$$

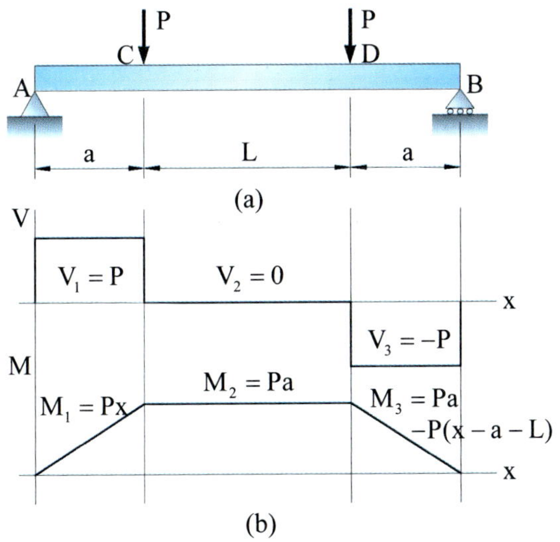

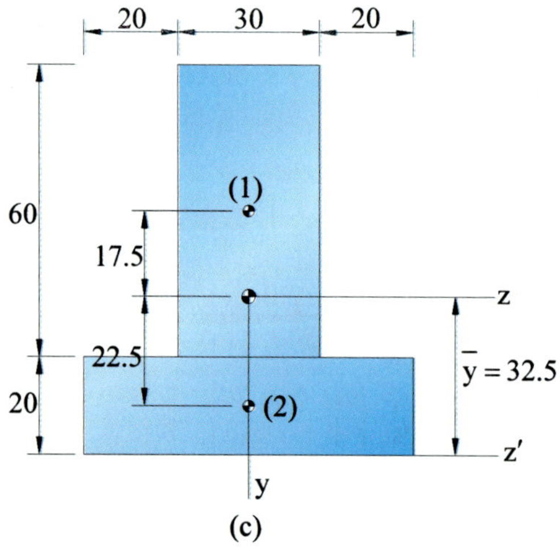

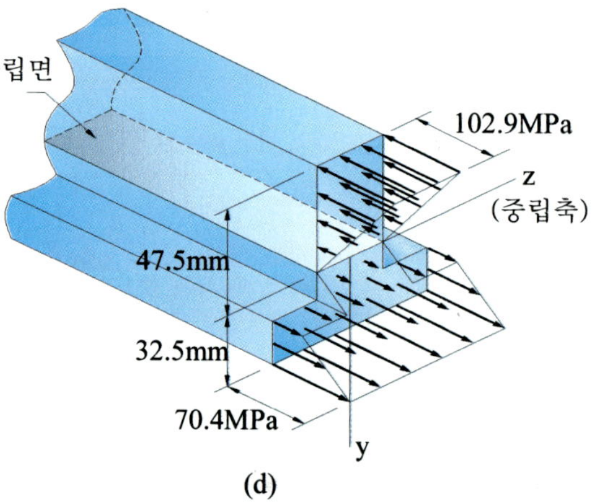

그림 6.15

따라서, 2차관성모멘트 I_z는 다음 식 (b)와 같다.

$$
\begin{aligned}
I_z &= I_{z_1} + I_{z_2} \\
&= (\frac{30\times 60^3}{12} + 30\times 60\times 17.5^2) + (\frac{70\times 20^3}{12} + 70\times 20\times 22.5^2) \\
&= 1,846,666.7\,(\mathrm{mm}^4) = 1.847\times 10^{-6}\mathrm{m}^4
\end{aligned}
\qquad \text{(b)}
$$

곡률반지름은 식 (6.20)에 의하여 다음 식 (c)와 같이 된다.

$$
\begin{aligned}
\rho &= -\frac{EI_z}{M} = -\frac{EI_z}{Pa} = -\frac{70\times 10^9\times 1.847\times 10^{-6}}{8\times 1,000\times 0.5} \\
&= -32.32\ (\mathrm{m})
\end{aligned}
\qquad \text{(c)}
$$

수직응력 σ_x는 식 (6.22)에 의하여 다음 식 (d)와 같다.

$$
\sigma_x = \frac{M}{I_z}y = \frac{4,000}{1.847\times 10^{-6}}y = 2.1657\times 10^9 y \qquad \text{(d)}
$$

굽힘모멘트 Pa가 양이므로 y가 양인 단면의 가장 아래 부분이 최대 인장이고 단면의 가장 윗 부분이 최대 압축이 발생되며, 최대 인장 및 압축응력은 다음 식 (e)와 같고 그 분포는 그림 6.15 (d)에 표시하였다.

$$\sigma_x)_{최대인장} = 2.1657 \times 10^9 \times (32.5 \times 10^{-3}) = 70.4 \times 10^6\,\text{Pa} = 70.4\,\text{MPa} \quad \text{(e)}$$
$$\sigma_x)_{최대압축} = 2.1657 \times 10^9 \times (-47.5 \times 10^{-3}) = -102.9 \times 10^6\,\text{Pa} = -102.9\,\text{MPa}$$

6.4 보의 전단응력

앞의 절에서는 보가 순수굽힘 상태에서 보에 발생되는 수직응력인 굽힘응력 σ_x를 해석하였다. 그러나 특수한 경우를 제외하고는 일반적인 보의 경우에는 순수굽힘 상태는 극히 드물게 되고 대부분 제5장에서 공부한 바와 같이 보의 위치에 따라 굽힘모멘트가 변화하고 동시에 전단력도 같이 내력으로 발생되는 것을 알았다.

실제로 보의 위치에 따라 굽힘모멘트가 변화한다면 x방향으로의 수직응력에 차이가 생길 것이다. 그렇다면 미소구간 dx 사이에서도 굽힘응력은 $d\sigma_x$ 만큼의 차이가 발생하게 된다. 이렇게 되면 미소구간 dx 사이에서 x 방향으로의 힘의 평형은 어떻게 이루어질까 하는 의심을 가질 수 있다. 바로 이 x방향으로의 힘의 평형을 이루게 하는 것이 전단력에 의한 전단응력이 된다. 그림 6.16 (a)와 같은 단면이 구형인 보에 대해서 살펴보자.

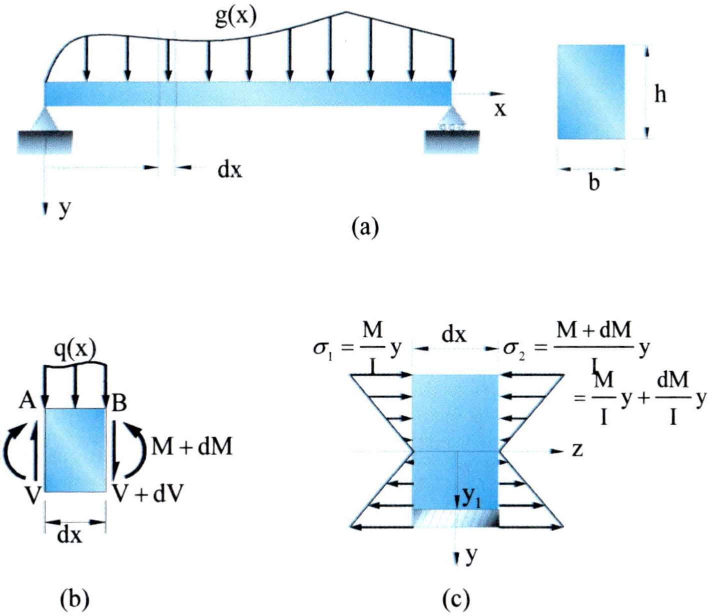

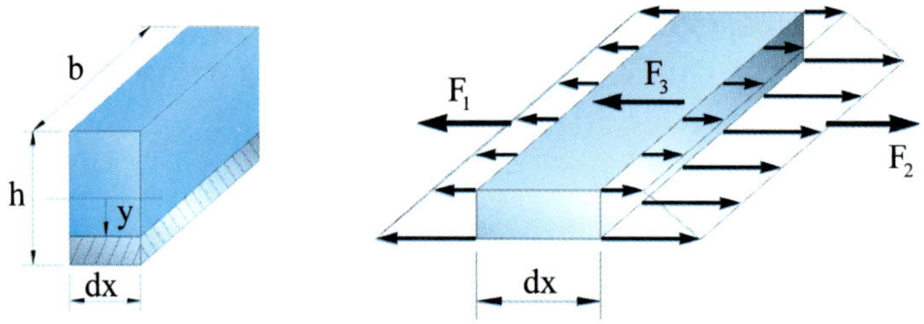

(d)

그림 6.16

그림 6.16 (b)에서와 같이 A 및 B위치에서의 굽힘응력인 x방향의 수직응력 σ_1 및 σ_2는 식 (6.22)에 의해 각각 다음 식 (a)와 같이 된다.

$$\sigma_1 = \frac{M}{I}y, \quad \sigma_2 = \frac{M+dM}{I}y \tag{a}$$

식 (a)의 굽힘응력은 그림 6.16의 (c)와 같이 분포된다. 이제 $y = y_1$에서 힘의 평형을 고려해 보기위하여 그림 6.16 (c)의 빗금친 부분을 절단하고, 이 부분에 작용되는 힘들을 고려해 보면 그림 6.16 (d)와 같이 되고 x 방향의 힘의 평형에 의하여 다음 식 (b)가 성립되는 것을 알 수 있다.

$$F_3 = F_2 - F_1 \tag{b}$$

식 (b)의 힘 F_1 및 F_2는 다음 식 (c)와 같이 구해진다.

$$\begin{aligned} F_1 &= \int_{A'} \sigma_1 dA = \int_{A'} \frac{M}{I} y dA \\ F_2 &= \int_{A'} \sigma_2 dA = \int_{A'} \frac{M+dM}{I} y dA \end{aligned} \tag{c}$$

한편, 면적 A'의 적분면적은 $y = y_1$에서부터 단면의 아래 끝까지이다. 힘 F_3는 절단한 단면적 bdx에 작용되는 전단응력을 τ라고 하면 다음 식 (d)와 같이 된다.

$$F_3 = \tau b dx \tag{d}$$

식 (c)와 (d)를 식 (b)에 대입하면 다음 식 (e)가 구해진다.

$$\tau b dx = \frac{dM}{I}\int_{A'} y dA \tag{e}$$

또는 $$\tau = \frac{1}{bI}\frac{dM}{dx}\int_{A'} y dA$$

식 (e)에 식 (5.2)인 $V = \dfrac{dM}{dx}$를 대입하여 전단응력 τ를 구하면 다음 식 (6.29)와 같다.

$$\tau = \frac{V}{bI}\int_{A'} y dA = \frac{VQ}{bI} \tag{6.29}$$

여기서, Q는 면적 A'에 대한 단면1차모멘트라고 하고 다음 식 (6.30)과 같다.

$$Q = \int_{A'} y dA \tag{6.30}$$

그림 6.17 (a)와 같은 단순지지보에 대해 $x = \dfrac{L}{4}$, $y = y_1$에서의 단면에 대한 전단응력을 생각해 보자.

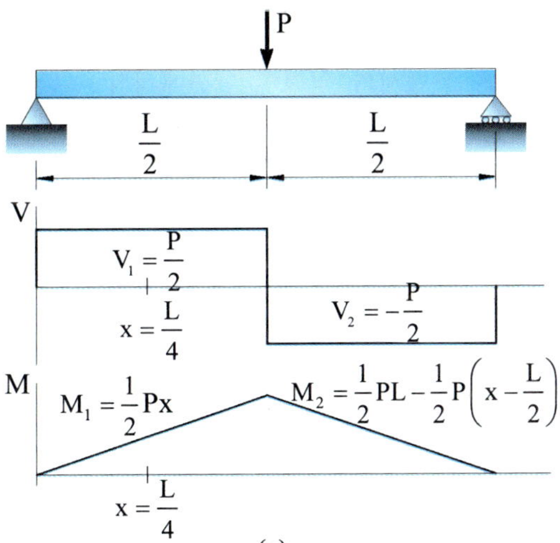

(a)

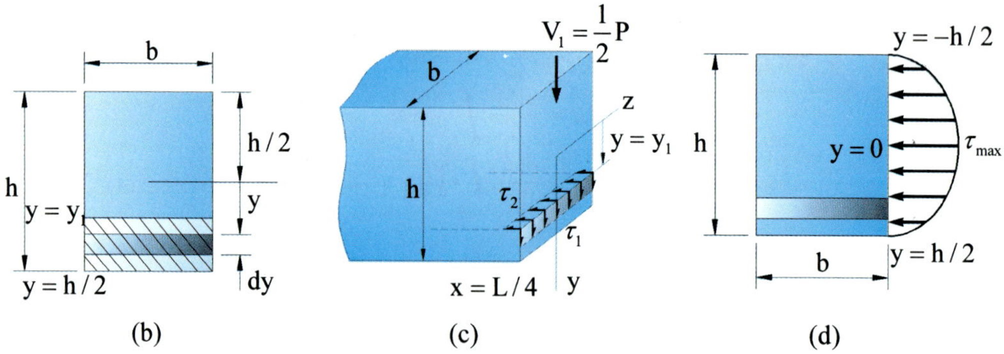

그림 6.17

전단력 $V_1 = \frac{1}{2}P$ 이고 이 단면에서의 전단응력 τ_1은 식 (6.29)에 의하여 $\frac{V_1Q}{bI}$ 만큼 발생한다. 전단응력은 그림 6.17 (c)에서와 같이 항상 90° 방향으로 $\tau_1 = \tau_2$이 발생하므로 이 τ_2에 의한 힘이 미소거리 dx에서 x방향으로 굽힘응력의 불평형력에 추가되어 x방향의 힘의 평형을 이루게 된다.

그림 6.17 (b)의 구형단면에 대해 빗금친 부분에 대한 단면1차모멘트 Q를 먼저 구해보자. 식 (6.30)에 의하여 구형단면에서 Q는, $dA = bdy$ 이므로 다음 식 (6.31)과 같이 된다.

$$Q = \int_{y_1}^{\frac{h}{2}} ybdy = \frac{b}{2}[y^2]_{y_1}^{\frac{h}{2}} = \frac{b}{2}[(\frac{h}{2})^2 - y_1^2] \tag{6.31}$$

따라서, 그림 6.17 (a)와 같은 보에서의 임의의 단면에서의 전단응력 τ는 다음 식 (6.32)와 같다.

$$\tau = \frac{VQ}{bI} = \frac{V}{bI}\frac{b}{2}[(\frac{h}{2})^2 - y_1^2] \tag{6.32}$$

식 (6.32)에 의하면 전단응력의 크기는 y=0 즉, 단면의 도심 또는 중립축에서 최대가 되고 $y = \pm\frac{h}{2}$ 인 단면의 양 끝에서 영이 되는 포물선분포를 가지며, 방향은 전단력의 방향과 일치한다. 전단응력의 분포는 그림 6.17 (d)와 같다.

식 (6.31)의 단면1차모멘트 Q를 다음 식 (f)와 같이 다시 적어보자.

$$Q = \frac{b}{2}[(\frac{h}{2}+y_1)(\frac{h}{2}-y_1)] = b(\frac{h}{2}-y_1)\frac{\frac{h}{2}+y_1}{2} \qquad \text{(f)}$$

식 (f)를 살펴보면, $b(\frac{h}{2}-y_1)$은 그림 6.17 (b)의 단면에서 빗금친 부분의 면적이고 $\frac{1}{2}(\frac{h}{2}+y_1)$은 단면의 도심에서부터 빗금친 부분의 도심까지의 거리를 의미한다. 따라서, 단면1차모멘트 Q는 전단응력을 구하려는 위치 $y = y_1$에서부터 그 단면의 끝까지로 이루어지는 면적과 그 면적의 도심과 단면의 도심까지의 거리와의 곱으로 구할 수 있다. 즉, 다음 식 (6.33)과 같이 정리된다.

Q = (빗금친 부분의 면적) × (단면 도심에서부터 빗금친 부분의도심까지의 거리) (6.33)

그림 6.17 (a)의 보에 대한 전단응력을 다시 구해보자. 구형단면이므로 면적 $A = bh$이고 2차 관성모멘트 $I_z = \frac{bh^3}{12}$이다. 따라서, 식 (6.32)는 다음 식 (g)와 같이 된다.

$$\begin{aligned}\tau &= \frac{V}{\frac{bh^3}{12}}\frac{1}{2}\left[\left(\frac{h}{2}\right)^2 - y_1^2\right] \qquad \text{(g)}\\ &= \frac{V}{\frac{bh^3}{12}}\frac{h^2}{4}\left[1-\left(\frac{2y_1}{h}\right)^2\right]\times\frac{1}{2}\\ &= \frac{3V}{2A}\left[1-\left(\frac{2y_1}{h}\right)^2\right]\end{aligned}$$

식 (g)에 의하면 구형단면의 최대 전단응력은 단면의 도심에서 다음 식 (6.34)와 같다.

$$\tau_{max} = \frac{3V}{2A} \qquad (6.34)$$

보가 하중을 받아 변형을 일으켜 처질 때, 이 전단응력의 존재를 고려하지 않는다면 그림 6.18 (a)와 같이 변형을 일으키는 단면은 변형 전의 단면의 형상을 그대로 유지하게 될 것이다.

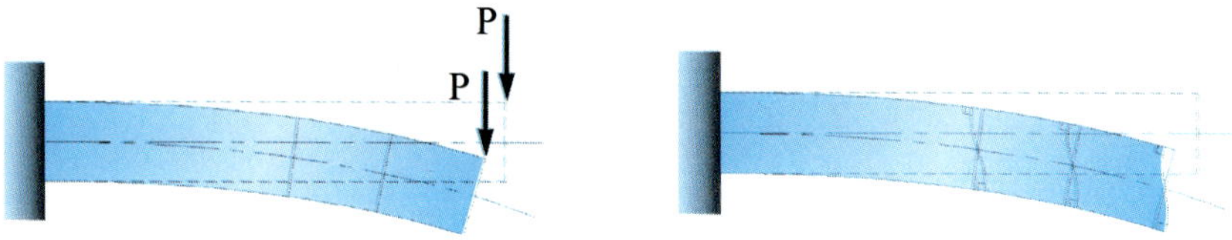

(a) 전단변형을 고려하지않는 경우 (b) 전단변형을 고려하는 경우

그림 6.18

그러나 전단변형은 보에 전단응력이 존재하므로 당연히 $\gamma = \tau / G$의 값으로 그림 6.18 (b)와 같이 전단변형이 발생하게 되고 보 단면의 변형은 그림 6.18 (a)와 서로 달라짐을 알 수 있다. 즉, 단면의 양 끝에서는 전단응력이 영이므로 전단변형률 γ는 영이 되어 끝단은 원래 직각을 유지했던 면이 그대로 유지될 것이며, 도심위치, 즉 중립축 상에서는 전단응력이 최대이므로 전단변형률이 최대가 되어 그림 6.18 (b)와 같은 형상으로 변형을 취하게 될 것이다. 그러나 전단변형이 길이의 신장과 수축에는 영향을 주지 않기 때문에 그림 6.18 (a)나 (b)에서 볼 수 있듯이 보의 단면의 길이 방향으로 전단변형이 보의 조직에 신장이나 수축을 일으키지 않는다는 것을 알 수 있다. 따라서, 수직응력인 굽힘 응력은 비록 굽힘모멘트가 순수굽힘이 아니더라도 순수굽힘 상태와 같이 계산하여도 무관함을 이해할 수 있을 것이다. 따라서, 순수굽힘 상태로 유도된 굽힘응력식은 어떤 경우에도 사용할 수 있음을 알 수 있다.

단면의 모양이 바뀌면, 단면1차모멘트 값이 달라질 것이고 그렇게 되면 전단응력도 달라질 것이다. 굽힘응력을 효과적으로 담당하기 위하여 그림 6.13과 같이 I형 단면을 이용할 수 있음을 알고 있다.

플렌지-웨브(flange-web) 단면에서의 전단응력

그림 6.19와 같은 플렌지-웨브(flange-web) 단면에서의 전단응력을 구해 보기로 한다. 그림 6.19 (a)의 I형단면의 2차관성모멘트 I_z는 다음 식 (6.35)와 같다.

$$I_z = \frac{bh_2^3 - bh_1^3 + t_w h_1^3}{12} \tag{6.35}$$

웨브의 단면 ab에 대한 단면1차모멘트 Q_w은 다음 식 (6.36)과 같다.

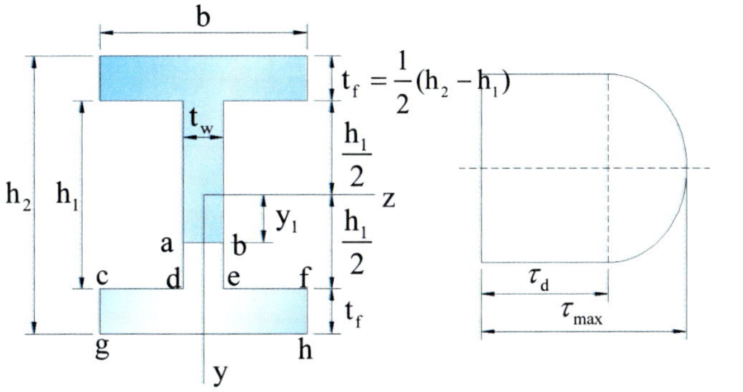

(a) (b) 웨브의 전단응력분포

그림 6.19

$$Q_w = Q_{flange})_{cfhg} + Q_{web})_{abed} = A_{flange} \times \left(\frac{\frac{h_1}{2} + \frac{h_2}{2}}{2}\right) + A_{web} \times \left(\frac{y_1 + \frac{h_1}{2}}{2}\right) \quad (6.36)$$

$$= bt_f\left(\frac{h_1 + h_2}{4}\right) + t_w\left(\frac{h_1}{2} - y_1\right)\frac{1}{2}\left(\frac{h_1}{2} + y_1\right)$$

$$= b\frac{1}{2}(h_2 - h_1)\frac{1}{4}(h_1 + h_2) + \frac{1}{2}t_w\left(\frac{h_1}{2} - y_1\right)\left(\frac{h_1}{2} + y_2\right)$$

$$= \frac{b}{8}(h_2^2 - h_1^2) + \frac{1}{2}t_w\left[\left(\frac{h_1}{2}\right)^2 - y_1^2\right]$$

따라서, 웨브의 전단응력 τ_w는 다음 식 (6.37)과 같다.

$$\tau_w = \frac{VQ_w}{t_w I_z} = \left[\frac{b}{8}(h_2^2 - h_1^2) + \frac{1}{2}t_w\left\{\left(\frac{h_1}{2}\right)^2 - y_1^2\right\}\right]\frac{V}{t_w I_z} \quad (6.37)$$

웨브의 전단응력의 최대값은 $y_1 = 0$인 중립축에서 발생하고 다음 식 (6.38)과 같이 된다.

$$\tau_w)_{max} = \frac{V}{8t_w I_z}\{b(h_2^2 - h_1^2) + t_w h_1^2\} \quad (6.38)$$

식 (6.38)에 식 (6.35)의 2차관성모멘트 I_z 값을 대입하면 $\tau_w)_{max}$은 다음 식 (6.39)와 같이 된다.

$$\tau_w)_{max} = \frac{V}{8t_w}\frac{b(h_2^2 - h_1^2) + t_w h_1^2}{\frac{1}{12}(bh_2^3 - bh_1^3 + t_w h_1^3)} \tag{6.39}$$

$$= \frac{3V}{2}\frac{bh_2^2 - bh_1^2 + t_w h_1^2}{t_w(bh_2^3 - bh_1^3 + t_w h_1^3)}$$

그림 6.19 (a)의 웨브의 끝단인 de에서의 전단응력 τ_d는 $y_1 = \frac{h_1}{2}$이므로 식 (6.37)에 의하여 다음 식 (6.40)과 같다.

$$\tau_d = \frac{Vb(h_2^2 - h_1^2)}{8t_w I_z} = \frac{3V(bh_2^2 - bh_1^2)}{2t_w(bh_2^3 - bh_1^3 + t_w h_1^3)} \tag{6.40}$$

식 (6.38), 식 (6.39)등을 참고하여 웨브의 전단응력 τ_w의 크기를 그림으로 나타내면 그림 6.19 (b)와 같다. 이 때, 전단응력의 방향은 전단력의 방향과 일치하도록 측정한다.

한편, 웨브의 전단응력에 의한 전단력 V_w는 전체 전단력 V의 약 95% 이상 담당하게 설계하는 것이 대부분이나 플랜지의 두께에 따라 그 차이가 발생한다. 이 웨브가 담당하는 전단력 식 (6.37)을 이용하여 V_w를 계산해보면 다음 식 (6.41)과 같이 된다.

$$V_w = \int_{-\frac{h_1}{2}}^{\frac{h_1}{2}} \tau_w dA \tag{6.41}$$

$$= \int_{-\frac{h_1}{2}}^{\frac{h_1}{2}} \left[\frac{b}{8}(h_2^2 - h_1^2) + \frac{1}{2}t_w\left\{(\frac{h_1}{2})^2 - y^2\right\}\right]\frac{V}{t_w I_z}t_w dy$$

$$= \frac{V}{I_z}\left[\frac{b}{8}(h_2^2 - h_1^2)h_1 + \frac{1}{2}t_w(\frac{h_1^2}{4}h_1 - \frac{h_1^3}{12})\right] = \frac{V}{I_z}\left(\frac{bh_1h_2^2 - bh_1^3}{8} + \frac{t_w h_1^3}{12}\right)$$

$$= V\left(\frac{bh_1h_2^2 - bh_1^3}{8} + \frac{t_w h_1^3}{12}\right) \Big/ \left(\frac{bh_2^3 - bh_1^3 + t_w h_1^3}{12}\right)$$

식 (6.41)에 의하면 웨브가 담당하는 전단력이 전체 전단력에 대하여 어느 정도 담당하는 가는 단면의 치수 h_1과 h_2에 따라 결정됨을 알 수 있다. 식 (6.41)의 분모 분자에 h_1^3을 나누면 다음 식 (6.42)와 같이 웨브가 담당할 전단력을 표시할 수 있다.

$$V_w = V \cdot \left[\frac{3}{2} \frac{\left(\frac{h_2}{h_1}\right)^2 - 1}{\left(\frac{h_2}{h_1}\right)^3 + \frac{t_w}{b} - 1} + \frac{t_w}{b\left\{\left(\frac{h_2}{h_1}\right)^3 - 1\right\} + t_w} \right] \tag{6.42}$$

다음은 플랜지의 전단응력을 구해보자. 플랜지의 전단응력은 웨브에 비하여 매우적다는 것은 이미 설명한 바가 있다. 그러나 완전히 무시 할 수는 없으며, 전단응력의 형태는 웨브와는 달리 얇은 플랜지의 두께로 하여 전단응력이 플랜지의 두께 방향에 대해 차이가 없이 일정한 하나의 값을 가지게 된다. 플랜지에서의 일정한 전단응력이 플랜지의 폭 방향에 대하여 어떤 방향을 가지게 될까를 다음 그림 6.20 (a)와 같은 외팔보에서 살펴보기로 한다.

그림 6.20 (a)의 미소단면 A와 A′를 그림 6.20 (b)와 같이 절단하여 x방향의 힘의 평형을 구해보자.

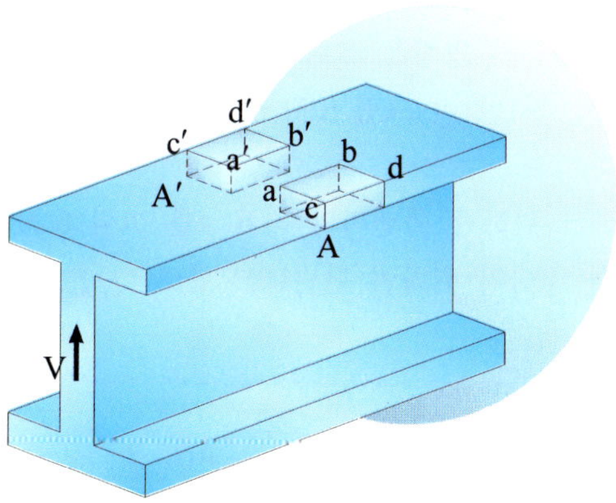

(a)

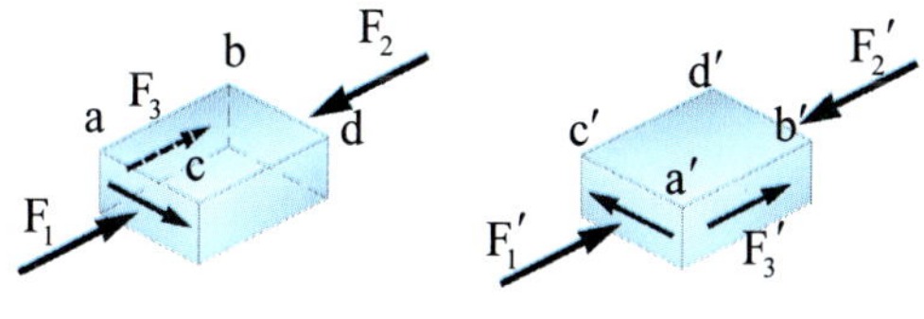

(b)

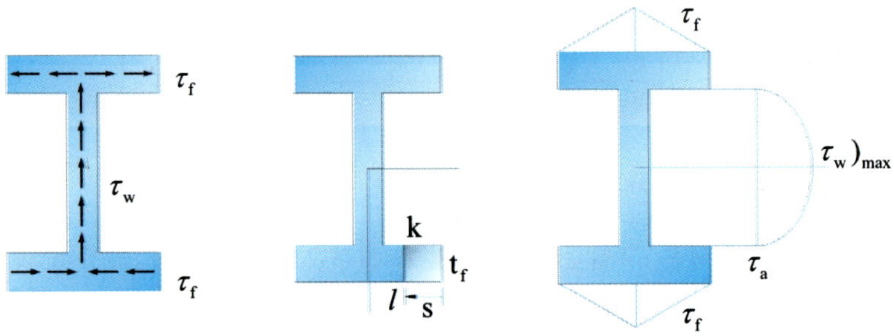

(c) 전단응력의 방향　　(d)　　(e) τ_f와 τ_w

그림 6.20

그림 6.20 (a)의 외팔보에서 ac 및 a′c′ 위치에서의 굽힘모멘트가 bd 및 b′d′ 위치에서의 굽힘 모멘트보다 적기 때문에 그림 6.20 (b)의 F_1 및 F_1'이 F_2 및 F_2'보다 적다. 따라서 ab 및 a′b′ 면에 작용하는 전단력 F_3 및 F_3'의 방향은 모두 고정단 방향으로 향하게 되고 이 F_3의 쌍으로 발생하는 플랜지의 전단응력 방향은 그림 6.20 (b)와 같이 a에서 c 및 a′에서 c′ 방향으로 됨을 알 수 있다. 따라서, 전단력이 그림 6.20 (a)와 같을 때 전단응력의 방향은 그림 6.20 (c)와 같이 된다.

플랜지의 전단응력을 구하기 위하여 플랜지의 좌표 s를 그림 6.20 (d)와 같이 잡고 플랜지 단면 kl에서의 전단응력 τ_f를 구하기 위하여 단면1차모멘트 $Q_{flange\ kl}$를 구하면 다음 식 (6.43)과 같다.

$$Q_{flange\ kl} = (A_{flange\ kl}) \times \left(\frac{\frac{h_1}{2} + \frac{h_2}{2}}{2}\right) = \frac{t_f}{4}(h_1 + h_2)s \tag{6.43}$$

좌표 s는 $s = 0$에서부터 $s = \frac{b}{2}$까지를 취하는 변수이고 이 $Q_{flange\ kl}$는 플랜지 단면의 중앙 즉, $s = \frac{b}{2}$일 때 최대가 되고 s=0인 플랜지 끝에서 영이 된다. 따라서, 플랜지의 전단응력 τ_f는 다음 식 (6.44)과 같다.

$$\tau_f = \frac{VQ_{flange\ kl}}{t_f I_z} = \frac{V}{t_f I_z}\frac{t_f}{4}(h_1 + h_2)s = \frac{V}{4I_z}(h_1 + h_2)s \tag{6.44}$$

식 (6.44)에 의하면 τ_f의 분포는 그림 6.20 (e)와 같이 좌표 s에 비례하고 최대값은 $s = \frac{b}{2}$일 때로 다음 식 (6.45)와 같이 된다.

$$\tau_f)_{max} = \frac{Vb(h_1 + h_2)}{8I_z} = \frac{3V(bh_1 + bh_2)}{2(bh_2^3 - bh_1^3 + t_w h_1^3)} \tag{6.45}$$

굽힘을 받는 보에서의 전단응력의 크기는 중립축에서 최대가 되고 자유면이 되는 단면의 끝에서는 영이 되는 것을 지금까지 확인하였다. 그렇다면, 원형단면의 경우는 자유면이 원주방향으로 돌아가면서 발생하므로 또 다른 양상을 보일 수 있을 것이라는 생각을 해볼 수 있다.

[예제 6-5] 그림 6.21과 같은 구형단면을 갖는 단순지지보에 대해 $x = 3m$ 위치에서 다음과 같은 경우 전단응력 τ 를 구하라.

(a) 중립면에서의 전단응력

(b) $y = 0.1m$ 에서의 전단응력

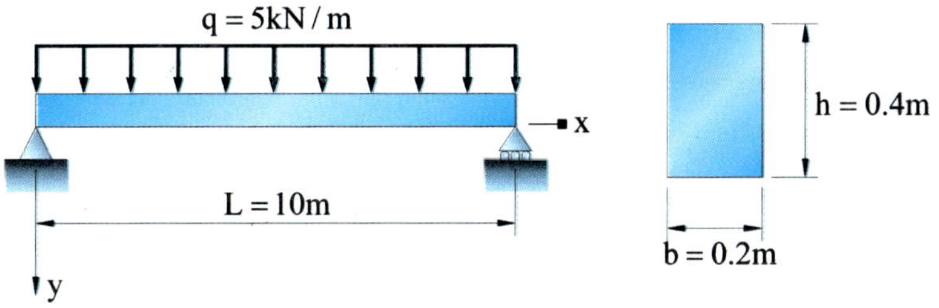

그림 6.21

(풀이)

전단력 V는 식 (5.4)에 의하여 다음 식 (a)와 같다.

$$V = \int(-q)dx = -5x + \left(\frac{1}{2} \times 5 \times 10\right) = -5x + 25 \ \ (kN) \tag{a}$$

따라서, $x = 3m$ 에서의 전단력은 식 (a) 에 의하여 다음 식 (b)와 같다.

$$V = -5 \times 3 + 25 = 10 \ (\text{kN}) \tag{b}$$

2차관성모멘트 I 는 다음 식 (c)와 같다.

$$I = \frac{bh^3}{12} = \frac{0.2 \times 0.4^3}{12} \ (\text{m}^4) \tag{c}$$

구형단면의 단면1차모멘트 Q는 식 (6.31)에 의하여 다음 식 (d)와 같다.

$$Q = \frac{b}{2}\left[\left(\frac{h}{2}\right)^2 - y_1^2\right] = \frac{1}{2} \times 0.2 \times \left[\left(\frac{0.4}{2}\right)^2 - y_1^2\right] = 0.1 \times (0.04 - y_1^2) \tag{d}$$

따라서, 전단응력은 식 (6.32)에 의하여 다음 식 (e)와 같다.

$$\tau = \frac{VQ}{bI} = \frac{10 \times 10^3}{0.2 \times \frac{0.2 \times 0.4^3}{12}} \times 0.1 \times (0.04 - y_1^2) \tag{e}$$

$$= 4.6875 \times 10^6 \times (0.04 - y_1^2)$$

(a) 중립면에서의 전단응력 τ는 식 (6.34)에 의하여 다음 식 (f)와 같다.

$$\tau = \frac{3V}{2A} = \frac{3 \times 10 \times 10^3}{2 \times 0.2 \times 0.4} = 0.1875 \times 10^6 \, (\text{Pa}) = 0.1875 \, \text{MPa} \tag{f}$$

식 (e)에 $y = 0$ 를 대입하면 식 (f)와 일치한다.

(b) 식 (e)에 $y = 0.1\text{m}$ 를 대입하면 중립면에서 0.1m 떨어진 단면에서의 전단응력 τ가 다음 식 (g)와 같이 된다.

$$\tau = 4.6875 \times 10^6 \times (0.04 - 0.1^2) \tag{g}$$

$$= 0.1406 \times 10^6 \ \text{Pa}$$

$$= 0.1406 \text{MPa}$$

6.5 굽힘을 받는 얇은 두께의 열린 단면의 전단응력

굽힘을 받는 보에서 발생하는 전단응력에 관한 해석은 6.3절에서 취급되었다. 이 때, 전단응력 τ는 단면의 폭 방향에 대해서 일정하게 분포된다는 것을 전제로 하여 식 (6.29)가 정의되었으며, 이를 다시 쓰면 다음 식 (6.46)과 같다.

$$\tau = \frac{V_y Q}{bI} \tag{6.46}$$

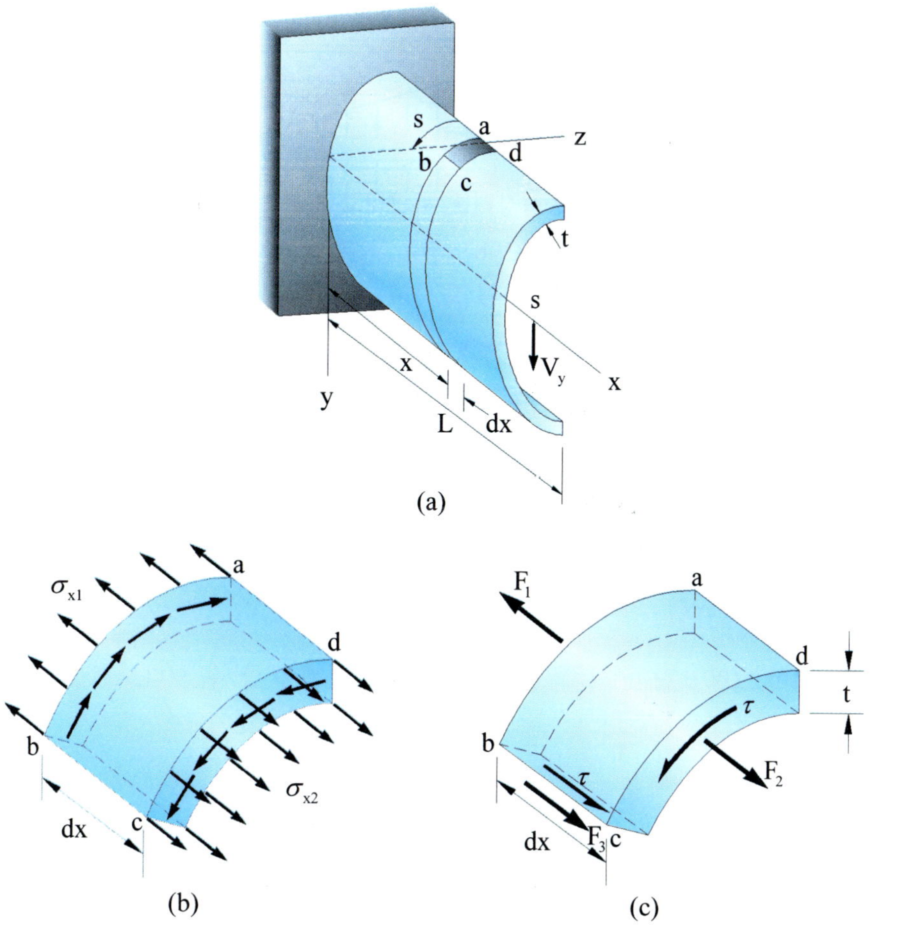

그림 6.22

그림 6.22 (a)와 같은 두께가 얇은 열린 단면에 하중 V_y가 y방향으로 작용하고 있다. 그림 6.22 (a)와 같은 얇은 두께의 구조해석을 간단히 하기 위해 다음과 같은 몇 가지 전제 조건을 가정하기로 한다.

① 하중 V_y에 의해 단면은 비틀림을 일으키지 않는다.(하중 작용점이 전단중심이 된다.)
② y축과 z축은 단면의 중심을 통과하는 축으로 주축이다.
③ z축은 중립축이 되고 따라서, 굽힘은 xy평면에서만 일어나고 그 굽힘모멘트는 M_z이다.

위의 가정에 따르면 임의의 위치 x에서 굽힘응력 σ_x는 식 (6.22)에 의하여 다음 식 (6.47)과 같다.

$$\sigma_x = \frac{M_z}{I_z} y \tag{6.47}$$

그림 6.22 (b)는 미소요소 abcd의 응력상태를 나타내고 있다. ab 면 및 cd 면에 작용하는 굽힘모멘트 M_{z_1} 및 M_{z_2}는 다음 식 (a)와 같다.

$$\begin{aligned} M_{z_1} &= V_y(L - x) \\ M_{Z_2} &= V_y(L - x - dx) \end{aligned} \tag{a}$$

따라서, 굽힘모멘트 M_{z_1}이 M_{z_2}보다 크므로 σ_{x_1}과 σ_{x_2}는 다음 식 (b)의 관계가 성립된다.

$$\sigma_{x_1} > \sigma_{x_2} \tag{b}$$

식 (b)에 의하여 그림 6.22 (c)의 힘 F_1이 F_2보다 크게 됨을 알 수 있다.

$$\begin{aligned} F_1 &= \int_A \sigma_{x_1} dA = \frac{M_{z_1}}{I_z} \int_0^s y dA \\ F_2 &= \int_A \sigma_{x_2} dA = \frac{M_{z_2}}{I_z} \int_0^s y dA \end{aligned} \tag{c}$$

F_1이 F_2보다 크므로 x방향의 힘의 평형을 위하여 그림 6.22 (b)의 bc면에 전단응력 τ가 발생하여야 하고 τ에 의한 x방향으로 힘 F_3는 다음 식 (d)와 같다.

$$F_3 = \tau t dx \tag{d}$$

따라서, 그림 6.22 (c)에 대한 평형방정식을 적용하면 다음 식 (e)가 성립된다.

$$F_3 = \tau t dx = F_1 - F_2 = \frac{M_{z_1} - M_{z_2}}{I_z} \int_0^s y dA \tag{e}$$

식 (e)에 의하여 전단응력 τ를 다시 쓰고, 식 (a)를 대입하면 다음 식 (f)와 같이 된다.

$$\tau = \frac{1}{tI_z} \cdot \frac{M_{z_1} - M_{z_2}}{dx} \int_0^s y dA = \frac{V_y}{tI_z} \int_0^s y dA \tag{f}$$

$\int_0^s y dA$ 는 z 축에 관한 단면1차모멘트로써 다음 식 (g)로 표현한다.

$$Q_z = \int_0^s y dA \tag{g}$$

식 (g)와 식 (f)에 의하여 전단응력 τ는 다음 식 (6.48)과 같이 된다.

$$\tau = \frac{V_y Q_z}{t I_z} \tag{6.48}$$

이 전단응력 τ는 그림 6.22 (c)의 두께 t에 따라 그림 6.17 (c)의 폭이 b인 구형 단면의 전단응력과 같이 표시되어져야 하지만, 두께 t가 얇으므로 그림 6.22 (c)와 같이 흐름 (flow) 형태로 표시하고 이를 전단흐름(shear flow) q로 표시하며 이 전단흐름 q는 다음 식 (6.49)와 같음을 알 수 있다.

$$q = \tau t = \frac{V_y Q_z}{I_z} \tag{6.49}$$

식 (6.49)의 전단흐름의 방향은 전단력과 같은 방향으로 표시되어 작용전단흐름이라고 말한다. 보의 다른 경우와 같이 저항이나 반력 전단흐름으로 표시한다면, 식 (6.49)에 음의 부호를 붙여서 표현할 수 있다.

식 (6.49)에서 전단흐름 q는 전단력 V_y(외력)와 단면1차모멘트 Q_z에 비례하고 2차관성모멘트 I_z에 반비례 하며, 두께 t에 따라 일정한 값 τt를 가짐을 알 수 있다. 이 식에서 가한 외력 V_y가 일정하고 단면이 정해지면 I_z가 일정하므로 전단흐름 q는 전적으로 단면1차모멘트 Q_z에 비례하게 된다.

식 (6.49)에 의하면 두께가 얇은 열린 단면의 전단응력은 전단흐름 q가 일정하므로 두께 t에 반비례하여 변함을 알 수 있다. 즉, 두께가 얇은 곳에는 전단응력이 커져서 설계시에 두께의 작은 변화가 전단응력에 차이를 갖게 됨에 유의해야 한다.

전단흐름의 식을 유도함에 있어 작용하중의 작용위치를 단면에서 비틀림을 유발하지 않는 곳으로 가정하였다. 이렇게 취급하는 이유는, 비틀림이 단면상에 유발되면 응력형태가 복잡해지고 비틀림에 의한 전단응력을 부가해야 되기 때문이다. 또한, 많은 구조설계시에 이 비틀림이 발생하지 않도록 하는 점이 매우 중요하게 취급된다.

이 위치를 전단중심(shear center)이라 한다.

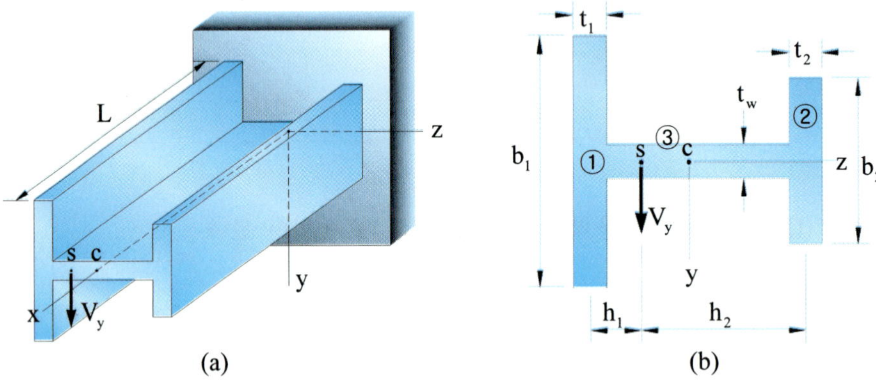

그림 6.23

그림 6.23 (a)와 같은 외팔보의 자유단에 하중 V_y가 작용하고 있다. 단면은 그림 6.23 (b) 와 같이 한축이 대칭인 I형 단면이다. 그림 6.23 (b)의 ①과 ②는 플랜지이고 ③은 웨브이다. 굽힘모멘트 $M_z = V_y(L-x)$는 이 단면의 3부분이 서로 각각 담당한다고 하면 M_z는 다음 식 (a)와 같다.

$$M_z = M_1 + M_2 + M_3 \tag{a}$$

그림 6.23 (b)에 의하면 단면의 ①, ②, ③부분의 2차관성모멘트 I_z는 다음 식 (b)와 같이 된다.

$$I_1 = \frac{t_1 b_1^3}{12},\ I_2 = \frac{t_2 b_2^3}{12},\ I_3 = \frac{h t_w^3}{12} \tag{b}$$

그런데, I형 단면의 3 부분은 같은 단면이므로 굽힘을 일으킬 때 곡률 κ는 서로 같아야 하므로 식 (6.20)에 의해 다음 식 (c)가 성립된다.

$$\kappa = -\frac{M_1}{EI_1} = -\frac{M_2}{EI_2} = -\frac{M_3}{EI_3} \tag{c}$$

식 (b)에 의하면 웨브의 두께 t_w는 b_1, b_2에 비해 매우 작으므로 I_3는 매우 작아 웨브에 작용되는 M_3는 무시할 수 있다. 따라서, 굽힘모멘트 M_z에 관한 식 (a) 는 근사적으로 다음 식 (d)와 같이 적을 수 있다.

$$M_z = M_1 + M_2 \tag{d}$$

식 (c)에 의하면 다음 식 (e)가 성립한다.

$$\frac{M_1}{I_1} = \frac{M_2}{I_2} \tag{e}$$

식 (e)와 (d)에 의하여 각 플랜지에 작용하는 굽힘모멘트 M_1, M_2는 다음 식 (f)와 같이 된다.

$$M_1 = \frac{I_1}{I_1 + I_2} M_z, \quad M_2 = \frac{I_2}{I_1 + I_2} M_z \tag{f}$$

전단력 V는 $\dfrac{dM}{dx}$이므로 플랜지 ① 및 ②에 작용되는 전단력 V_1, V_2는 다음 식 (g)와 같다.

$$V_1 = \frac{dM_1}{dx},\ V_2 = \frac{dM_2}{dx} \tag{g}$$

식 (g)에 의하년 나음 식 (h)가 성립된다.

$$\frac{V_1}{V_2} = \frac{M_1}{M_2} = \frac{I_1}{I_2} \tag{h}$$

그리고 전단력 V_1과 V_2는 전단력의 합인 외력 V_y와 같아야 하므로 다음 식 (i)가 성립된다.

$$V_y = V_1 + V_2 \tag{i}$$

식 (h)와 (i)에 의하여 각 플랜지에 작용되는 전단력은 다음 식 (j)와 같다.

$$V_1 = \frac{I_1}{I_1 + I_2} V_y, \quad V_2 = \frac{I_2}{I_1 + I_2} V_y \tag{j}$$

이제, 그림 6.23 (b)를 참고하여 이 한 축이 대칭인 I형 단면에서 비틀림을 일으키지 않는 전단력의 작용위치 S를 구해보자. 이 S점에 관한 굽힘모멘트의 평형 방정식을 적용하면 다음 식 (k)가 구해진다.

$$V_1 h_1 = V_2 h_2 \text{ 또는 } \frac{V_2}{V_1} = \frac{h_1}{h_2} \tag{k}$$

식 (h)와 (k)를 이용하면 다음 식 (l)이 구해진다.

$$\frac{h_1}{h_2} = \frac{I_2}{I_1} \tag{l}$$

그림 6.23 (b)에 의하면 단면의 높이 h는 다음 식 (m)과 같다.

$$h = h_1 + h_2 \tag{m}$$

식 (l)을 식 (m)에 대입하여 h_1과 h_2를 구하고, 식 (b)를 대입하면 다음 식 (6.50)과 같이 전단중심의 위치 S가 구해진다.

$$h_1 = \frac{I_2}{I_1 + I_2} h = \frac{t_2 b_2^3}{t_1 b_1^3 + t_2 b_2^3} h$$
$$h_2 = \frac{I_1}{I_1 + I_2} h = \frac{t_1 b_1^3}{t_1 b_1^3 + t_2 b_2^3} h \tag{6.50}$$

식 (6.50)에서 h_1, h_2는 그림 6.23 (b)에서 보듯이 플랜지의 중심에서부터 구해진 값들이다.

그림 6.24와 같은 T형 단면에 대한 전단중심 S는 식 (6.50)에 $b_1 = b$, $b_2 = 0$를 대입하면 다음 식 (6.51)과 같이 결정되고 전단중심은 그림 6.24와 같이 플랜지의 중심위치가 됨을 알 수 있다.

$$h_1 = 0, \ h_2 = h \tag{6.51}$$

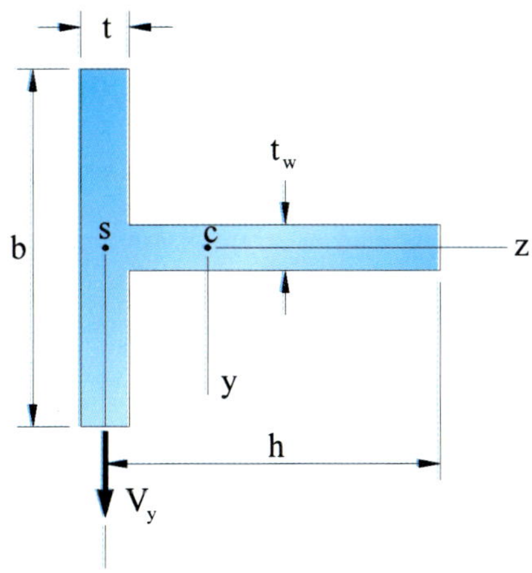

그림 6.24

[예제 6-6] 그림 6.25 (a)와 같은 단면을 갖는 외팔보가 자유단에 $V_y = 4\,kN$의 집중력을 받고 있다. 단면의 두께가 4mm로 일정하다고 할 때 다음을 계산하라.

(a) 전단면에 대한 전단응력 분포를 구하고 단면위에 그려라. 단, 굽힘응력은 모든 단면이 저항하고 있지만, 수직방향의 전단응력은 플랜지에서는 무시하지만, 돌출된 부분의 수평방향 전단응력은 무시할 수 없다. 따라서, 플랜지에는 수평방향 전단응력만 고려한다.

(b) 전단중심 e를 구하라.

(풀이)

그림 6.25 (b)와 같이 단면의 치수를 표시하면, $t = 4\text{mm}$, $a = 20\text{mm}$ 이다. 따라서, I_z는 다음 식 (a)와 같이 된다.

$$\begin{aligned} I_z &= \frac{t(4a)^3}{12} + \left\{\frac{ta^3}{12} \times 2 + at \times (1.5a)^2 \times 2\right\} + \left\{\frac{4at^3}{12} + (4a \times t)(2a)^2\right\} \times 2 \qquad \text{(a)} \\ &= 42a^3t \qquad \left(\frac{4at^3}{12}\text{은 무시함}\right) \end{aligned}$$

그림 6.25 (b)에 표시한 각 구간에 대한 전단응력을 다음과 같이 표시한다.

τ_1 : AB구간의 전단응력

τ_2 : BC구간의 플랜지에서의 전단응력

τ_3 : DC구간의 플랜지에서의 전단응력

τ_4 : 중앙웨브의 전단응력

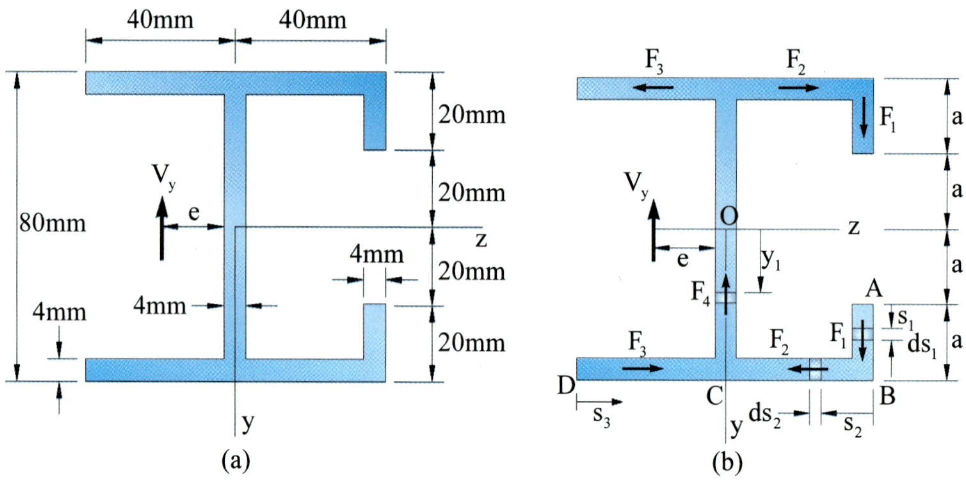

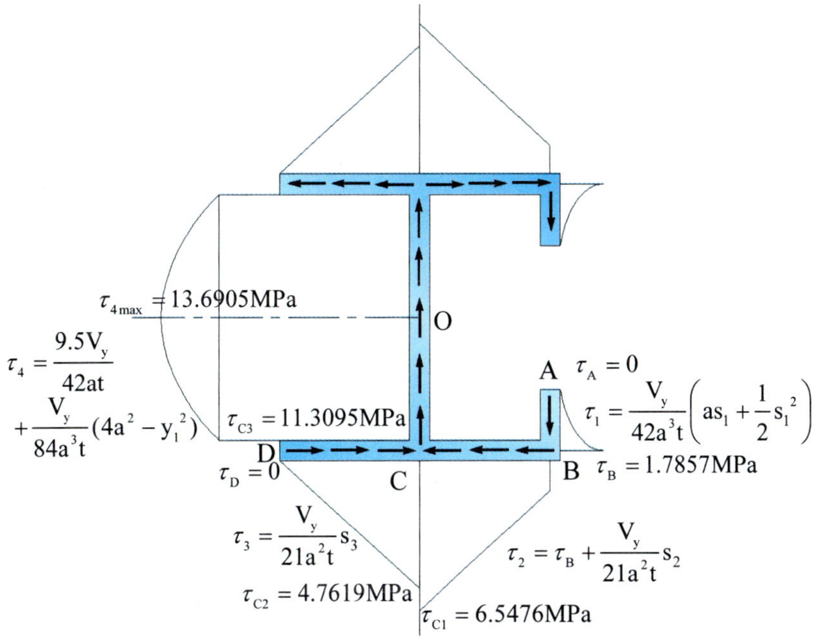

(c)

그림 6.25

(1) τ_1은 식 (6.48)에 의하여 구하게 되며 다음 식 (b)와 같이 쓸 수 있다.

$$\tau_1 = \frac{V_y Q_{AB}}{tI_z} = \frac{V_y}{tI_z}\int_0^{s_1} ydA \tag{b}$$

그리고 $Q_{AB} = \int_0^{s_1} ydA$ 는 $y = a + s_1$이고 $dA = tds_1$ 이므로 다음 식 (c)와 같이 된다.

$$Q_{AB} = \int_0^{s_1} ydA = \int_0^{s_1}(a + s)tds = t\left(as_{1+}\frac{1}{2}s_1^2\right) \tag{c}$$

식 (a)와 (c)를 식 (b)에 대입하여 τ_1을 계산하면 다음 식 (d)와 같다.

$$\tau_1 = \frac{V_y t\left(as_{1+}\frac{1}{2}s_1^2\right)}{t \times 42a^3t} = \frac{as_{1+}\frac{1}{2}s_1^2}{42a^3t}V_y \tag{d}$$

A점과 B점에서 전단응력 τ_A 및 τ_B 를 구하면 다음 식 (e) 및 (f)와 같이 된다.

$$\tau_A = \tau_1)_{s_1=0} = 0 \tag{e}$$

$$\tau_B = \tau_1)_{s_1=a} = \frac{V_y}{28at} = \frac{4\times 1,000}{28\times 20\times 10^{-3}\times 4\times 10^{-3}} = 1.7857\ \text{MPa} \tag{f}$$

(2) τ_2는 식 (6.48)에 의하여 구하면 다음 식 (g)와 같이 쓸 수 있다.

$$\begin{aligned}\tau_2 &= \frac{V_y Q_{BC}}{tI_z} = \tau_B + \frac{V_y}{tI_z}\int_0^{s_2} ydA = \frac{V_y}{28at} + \frac{V_y}{tI_z}\int_0^{s_2} 2atds \\ &= \frac{V_y}{28at} + \frac{V_y}{21a^2t}s_2\end{aligned} \tag{g}$$

중앙의 C점에서 최대 전단응력 τ_{2max}은 $s_2 = 2a$를 대입하여 구하면 τ_{C_1}는 다음 식 (h)와 같다.

$$\begin{aligned}\tau_{C_1} = \tau_2\Big)_{s_2=2a} &= \frac{V_y}{28at} + \frac{2V_y}{21at} = \frac{11V_y}{84at} \\ &= \frac{11\times 4000}{84\times 20\times 10^{-3}\times 4\times 10^{-3}} = 6.5476\ \text{MPa}\end{aligned} \tag{h}$$

(3) τ_3는 식 (6.48)에 의하여 구하면 다음 식 (i)와 같다.

$$\tau_3 = \frac{V_y Q_{DC}}{tI_z} = \frac{V_y}{tI_z}\int_0^{s_3} ydA = \frac{V_y}{tI_z}\int_0^{s_3} 2atds = \frac{V_y}{21a^2t}s_3 \tag{i}$$

C점 및 D점의 전단응력 τ_D 및 τ_{C_2} 는 식 (i)에 $s_3 = 0$ 및 $s_3 = 2a$를 대입하여 구하면 각각 식 (j)와 (k)와 같다.

$$\tau_D = 0 \tag{j}$$

$$\tau_{C_2} = \frac{2V_y}{21at} = \frac{2\times 4\times 1000}{21\times 20\times 10^{-3}\times 4\times 10^{-3}} = 4.7619\ \text{MPa} \tag{k}$$

(4) 중앙웨브의 전단응력 τ_4는 식 (6.48)에 의하여 구하면 다음 식 (l)과 같다.

$$\tau_4 = \frac{V_y Q_{web}}{tI_z} = \frac{V_y}{tI_z}\left[\{(t\times 4a)\times 2a + (at)\times 1.5a\} + \int_{y_1}^{2a} ydA\right] \quad (l)$$

$$= \frac{V_y}{tI_z}\left[9.5a^2t + (2a - y_1)t\left(\frac{y_1 + 2a}{2}\right)\right]$$

$$= \frac{9.5a^2V_y}{42a^3t} + \frac{V_y}{84a^3t}(4a^2 - y_1^2)$$

$$= \frac{9.5V_y}{42at} + \frac{V_y}{84a^3t}(4a^2 - y_1^2)$$

웨브의 중앙인 도심에서의 전단응력 τ_{4max}은 $y_1 = 0$을 식 (l)에 대입하여 구하면 다음 식 (m)과 같고 $y_1 = 2a$인 C점에서의 전단응력 τ_{C_3}는 식 (l)에 대입하여 다음 식 (n)과 같이 구해진다.

$$\tau_{4max} = \tau_4)_{y_1=0} = \frac{9.5V_y}{42at} + \frac{V_y}{21at} = \frac{11.5V_y}{42at} \quad (m)$$

$$= \frac{11.5\times 4\times 1000}{42\times 20\times 10^{-3}\times 4\times 10^{-3}} = 13.6905 \text{ MPa}$$

$$\tau_{C_3} = \tau_4)_{y_1=2a} = \frac{9.5V_y}{42at} = \frac{9.5\times 4\times 1000}{42\times 20\times 10^{-3}\times 4\times 10^{-3}} \quad (n)$$

$$= 11.3095 \text{ MPa}$$

τ_A ,τ_B ,τ_2 ,τ_{C_1} ,τ_{C_2} ,τ_{C_3} 및 τ_{4max}등을 그림으로 나타내면 그림 6.25 (c)와 같이 표현된다.

(5) 전단중심을 구하기 위하여 그림 6.25 (b)를 참고한다.

그림 6.25 (c)에 나타낸 전단흐름의 표현은 작용전단 흐름으로서 그림 6.25 (b)의 점 O에 대한 굽힘모멘트를 구할 때 작용모멘트 Ve 와 전단흐름에 의하여 구해진 모멘트 $\sum F_i r_i$에 대해서 평형방정식을 적용할 때 다음 식 (o)와 같이 됨을 유의해야 한다.

$$\sum M_o = 0 \qquad Ve = 2F_1\times 2a + (2F_2 - 2F_3)\times 2a \quad (o)$$

$$= 4F_1a + 4a(F_2 - F_3)$$

F_1, F_2 및 F_3는 각각 다음 식 (p)와 같다.

$$F_1 = \int \tau_1 dA_1 = \int_0^a \frac{V_y}{I_z}(aS + \frac{1}{2}S^2)tdS$$
$$= \frac{V_y}{42a^3t}(\frac{1}{2}a^3t + \frac{1}{6}a^3t) = \frac{V_y}{63}$$
$$F_2 = \frac{1}{2}(\tau_B + \tau_{C_1}) \times (2at) = \frac{1}{2}(\frac{V_y}{28at} + \frac{V_y}{28at} + \frac{2V_y}{21at}) \times 2at = \frac{V_y}{6} \qquad \text{(p)}$$
$$F_3 = (\frac{1}{2} \times \tau_{C_2}) \times (2at) = (\frac{1}{2} \times \frac{2V_y}{21at}) \times (2at) = \frac{2V_y}{21}$$

식 (p)를 식 (o)에 대입하여 전단중심 e를 구하면 다음 식 (q)와 같다.

$$e = \frac{1}{V_y}\left\{4a \times \frac{V_y}{63} + 4a \times (\frac{V_y}{6} - \frac{2V_y}{21})\right\} = \frac{22}{63}a \qquad \text{(q)}$$
$$= \frac{22}{63} \times 20 = 6.9841\,\text{mm}$$

전단중심은 단면의 중앙 O에서부터 왼쪽으로 6.9841mm 되는 곳이다.

[예제 6-7] 그림 6.26과 같은 반지름이 R인 반원형 아치에 대한 전단중심 e를 구하라.

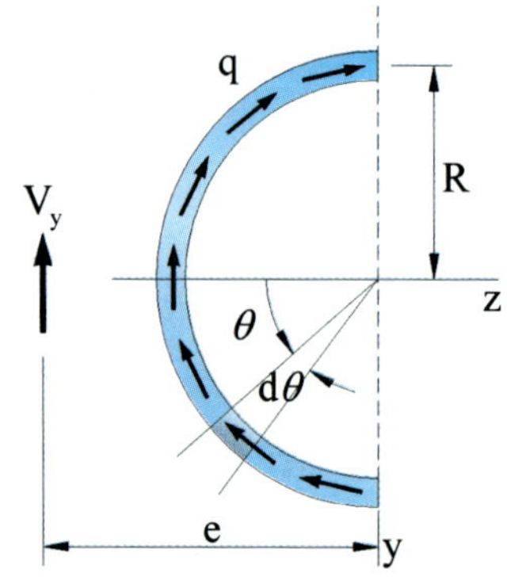

그림 6.26

(풀이)

전단흐름 q는 식 (6.49)에 의하여 구하면 다음 식 (a)와 같다.

$$q = \frac{V_y Q_z}{I_z} \tag{a}$$

단면1차모멘트 $Q_z = \int_{y_1}^{c} y dA$ 이고, $y = R\sin\theta$, $dA = Rtd\theta$ 이므로 다음 식 (b)와 같이 된다.

$$Q_z = \int_{\theta}^{\frac{\pi}{2}} R\sin\theta(Rtd\theta) = R^2 t\cos\theta \tag{b}$$

그리고 2차관성모멘트는 식 (c)와 같다.

$$I_z = \int_A y^2 dA = \int_{-\frac{\pi}{2}}^{\frac{\pi}{2}} R^2 \sin^2\theta Rtd\theta = \frac{\pi R^3 t}{2} \tag{c}$$

따라서, 식 (b)와 (c)에 의하여 전단흐름 q는 식 (a)로부터 다음 식 (d)와 같이 된다.

$$q = \frac{V_y}{\frac{\pi R^3 t}{2}} R^2 t\cos\theta = \frac{2V_y}{\pi R}\cos\theta \tag{d}$$

한편, 전단흐름에 의한 비틀림모멘트 T는 다음 식 (e)와 같이 된다.

$$dT = qRds = \frac{2V_y \cos\theta}{\pi} Rd\theta$$

$$T = \int_{-\frac{\pi}{2}}^{\frac{\pi}{2}} dT = 2\int_0^{\frac{\pi}{2}} \frac{2V_y R}{\pi}\cos\theta d\theta = \frac{4V_y R}{\pi} \tag{e}$$

그림 6.26에서 전단흐름 q가 작용 전단흐름이므로 식 (f)가 성립된다.

$$T = V_y e = \frac{4V_y R}{\pi} \tag{f}$$

따라서, 식 (f)에 의하여 전단중심 e는 다음 식 (g)와 같이 된다.

$$e = \frac{4R}{\pi} \tag{g}$$

연습문제

문 6.1.1 순수굽힘(pure bending) 문제를 설명하고 순수굽힘이 되는 보의 예를 들어라.

문 6.1.2 순수굽힘을 받는 보의 곡률이 다음식과 같이 됨을 증명하여라.

$$\kappa = \frac{1}{\rho} = \frac{\dfrac{d^2y}{dx^2}}{[1+(\dfrac{dy}{dx})^2]^{3/2}}$$

문 6.2.1 다음 단면들의 도심 위치를 구하여라.

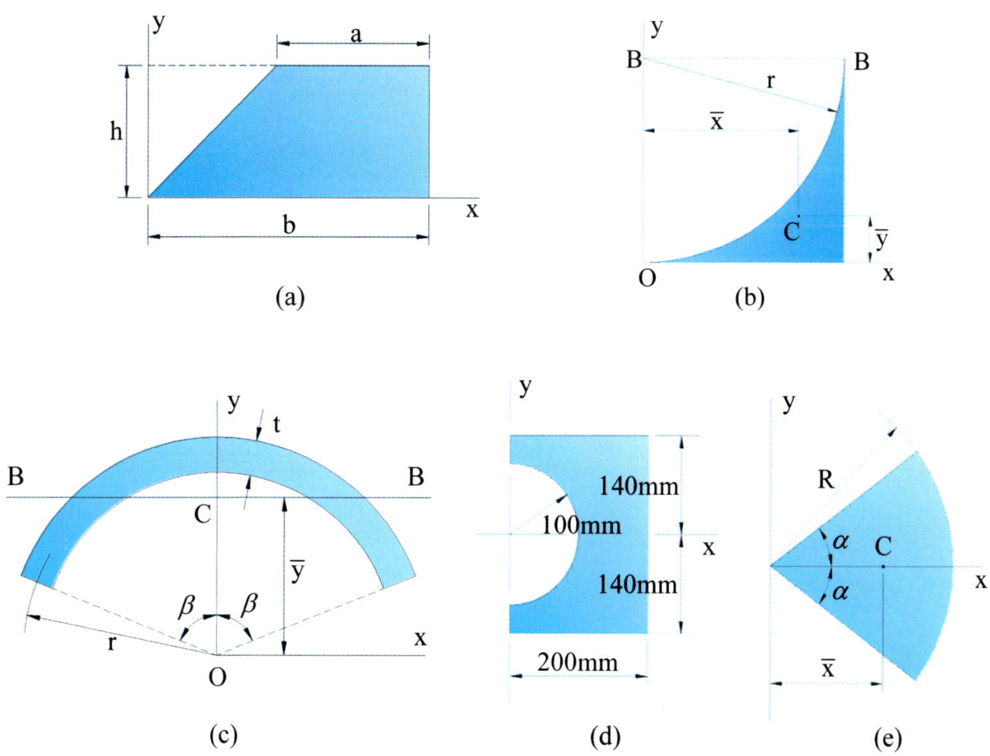

그림 문 6.2.1

문 6.2.2 다음 단면들의 도심축에 대한 2차관성모멘트 I_x, I_y 및 I_{xy}를 구하고 극관성모멘트 I_p를 구하라.

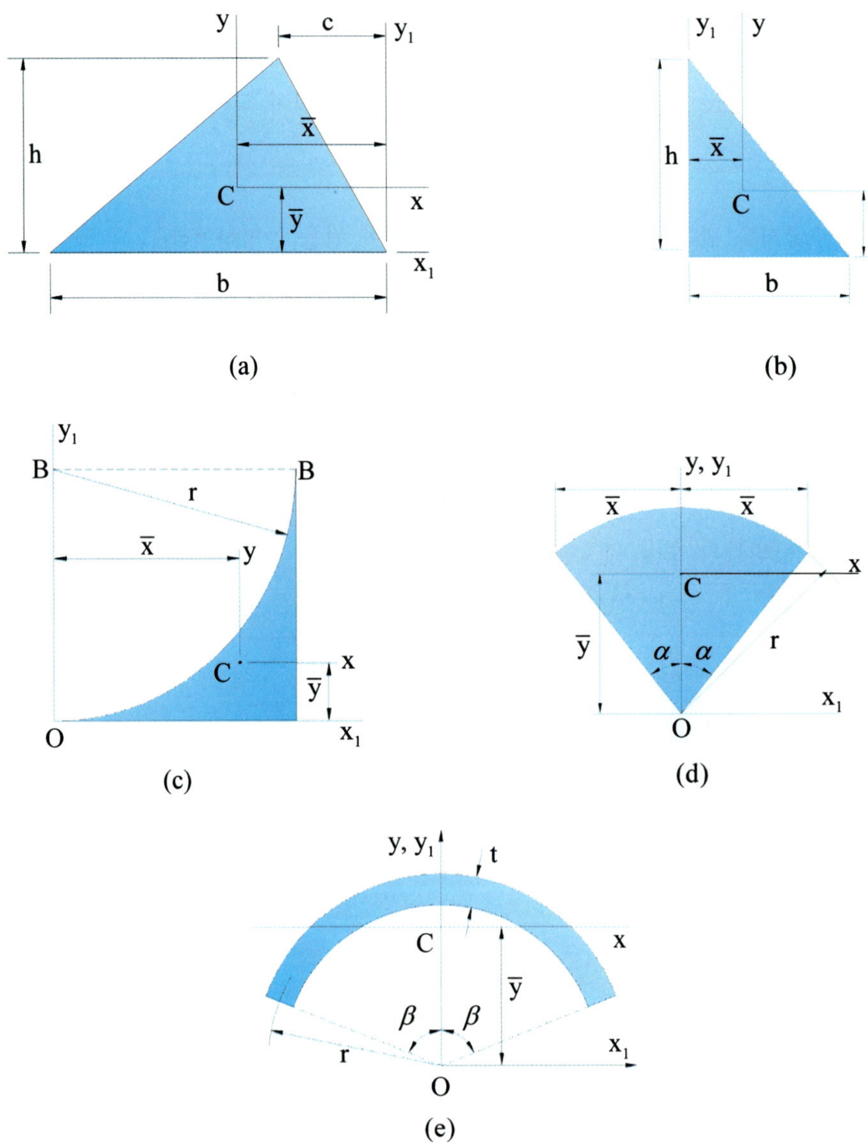

그림 문 6.2.2

문 6.2.3 다음 그림 문 6.2.3에서 $a = 6in$, $b = 1in$, $c = 2in$일 때 이 채널의 도심 위치 $\bar{y}$를 구하고 이 도심축 x_G에 대한 2차관성모멘트 I_{xG}를 구하라.

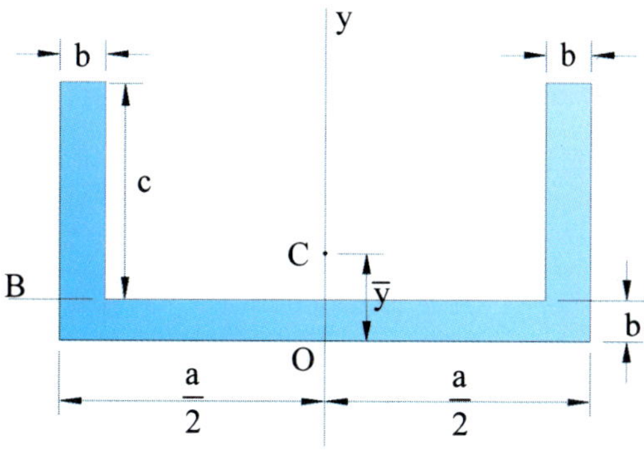

그림 문 6.2.3

문 6.3.1 그림 문 6.3.1 (a)와 같은 단순지지 보의 양단에 굽힘모멘트 M = 20 kN · m 을 작용하는 경우 보의 중립축의 곡률반지름 ρ 를 구하고, 단면이 그림 문 6.3.1 (b)와 같을 때 최대인장 및 압축응력을 계산하고 이 최대응력이 발생하는 위치를 알아보아라.
단, 재료의 탄성계수는 200GPa이다.

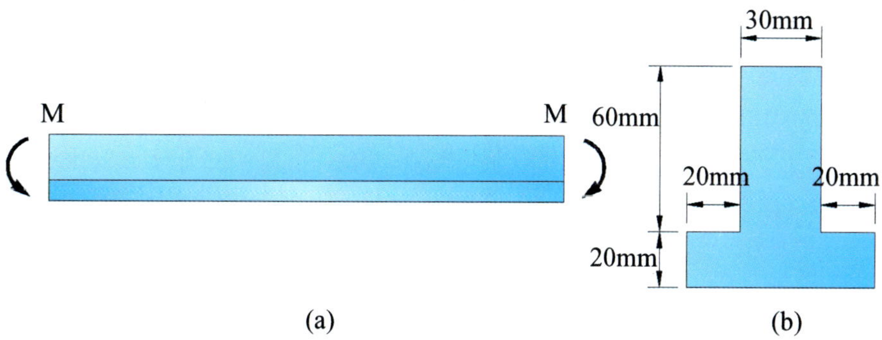

그림 문 6.3.1

문 6.3.2 그림 문 6.3.2와 같은 외팔보의 자유단에 굽힘모멘트 M_0가 작용할 때 다음을 구하여라.

(a) 보의 상단면, 즉 $y=-c$가 항복인장변형률 ϵ_y에 도달했을 때 이 보의 곡률반지름 ρ 와 자유단의 최대변형 δ_{max}

(b) 보의 길이 L = 20ft이고 구형단면의 높이 2c는 16in이며 항복인장변형률 $\epsilon_y =$ = 0.002일 때 곡률반지름 ρ 와 최대변형 δ_{max}

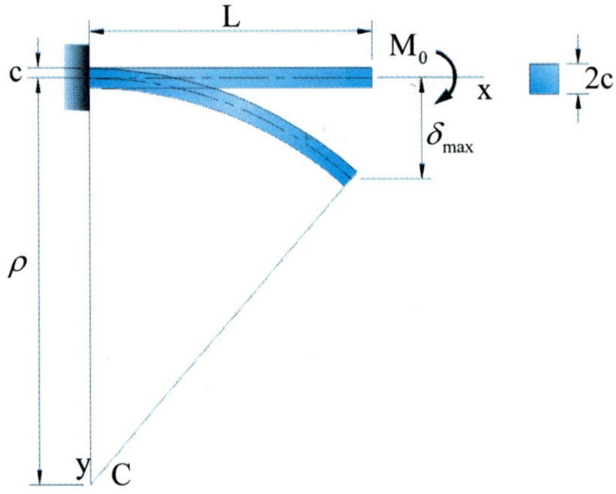

그림 문 6.3.2

문 6.3.3 탄성계수 E로 된 구형단면(b×h)의 스트랩(strap)이 반지름 r인 원통에 그림 문 6.3.3과 같이 감겨져 굽힘을 받고 있다. 스트랩의 굽힘부분에서의 최대인장 응력을 구하라.

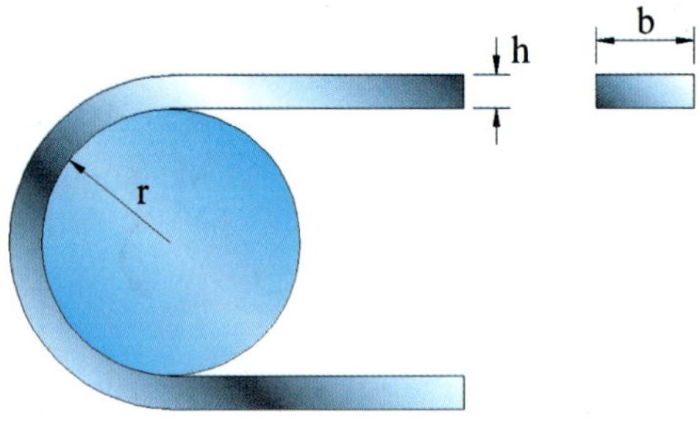

그림 문 6.3.3

문 6.3.4 그림 문 6.3.4와 같은 한 변이 h인 정사각형의 단면을 갖는 보의 점 Q에서의 굽힘응력 σ_b를 구하여라. 단, 점 Q의 위치는 $x = \frac{7L}{16}$이고 $y = -\frac{3h}{8}$인 점이다.

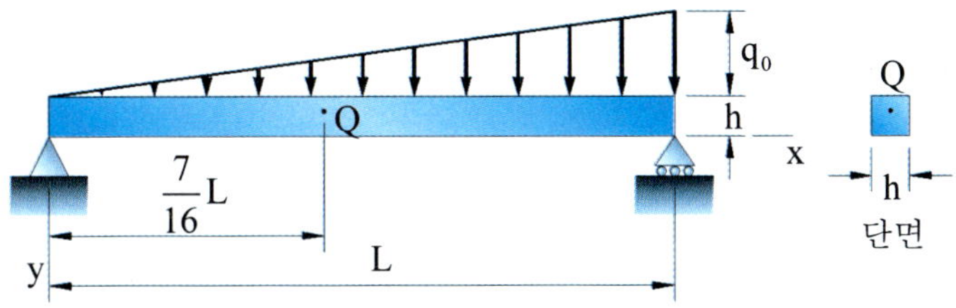

그림 문 6.3.4

문 6.3.5 그림 문 6.3.5 (a)와 같은 단순지지보가 그림 문 6.3.5 (b)와 같은 T형 단면을 가질 때 단면에 걸리는 최대 인장 및 압축 응력을 구하라.

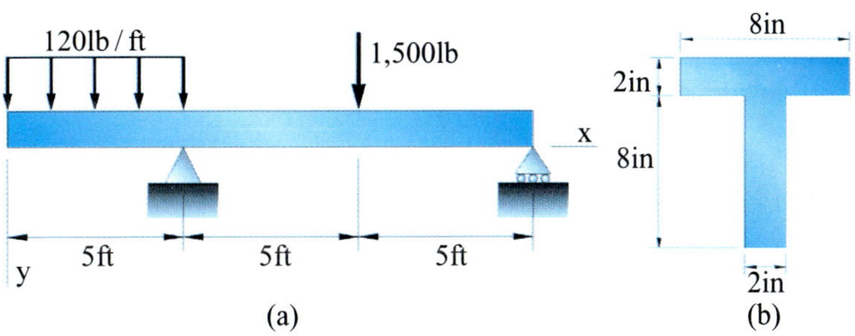

그림 문 6.3.5

문 6.4.1 그림 6.4.1 (a)와 같은 단순지지보 BC의 단면 AA가 그림 문 6.4.1 (b)와 같은 구형 단면이다. 이 단면의 위치 a, b, c에서의 전단응력을 구하여라.

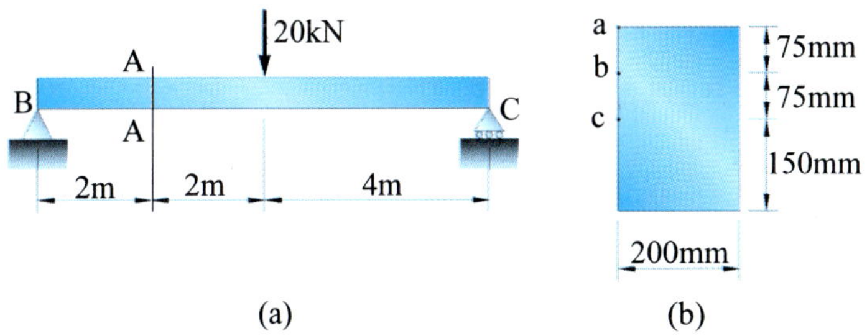

그림 문 6.4.1

문 6.4.2 그림 문 6.4.2 (a)와 같은 단순지지보가 그림 문 6.4.2 (b)와 같은 I형 단면으로 되어 있다. 단면 AA의 a, b, c에서의 굽힘응력과 전단응력을 계산하여라.

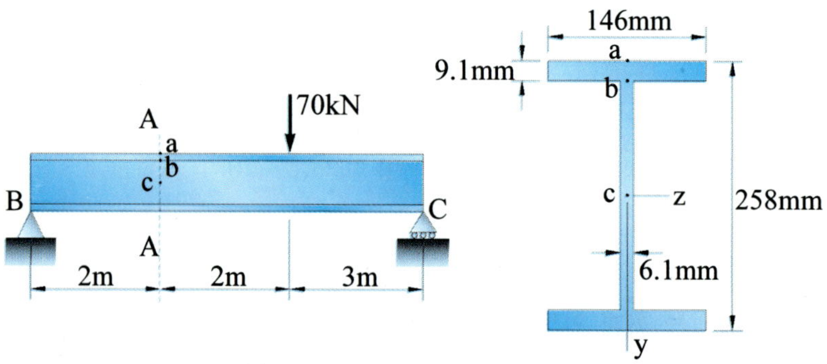

(a) 그림 문 6.4.2 (b)

그림 문 6.4.2

문 6.4.3 그림 문 6.4.3 (a)와 같은 단순지지 보의 단면이 그림 문 6.4.3 (b)와 같은 T형 단면일 때 다음을 구하라.

(a) 왼쪽지점으로부터 8ft 위치 단면의 밑 부분에서부터 6in 위치의 굽힘응력 및 보의 전단응력

(b) 보의 최대 전단응력

(c) 보의 최대 굽힘응력

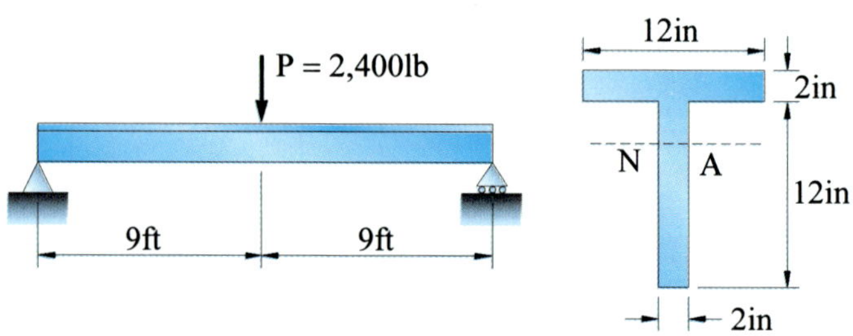

(a) (b)

그림 문 6.4.3

문 6.4.4 그림 문 6.4.4와 같은 구형단면의 단순지지 보에 대해 최대전단력이 작용하는 위치에서 단면의 윗부분에서부터 0in, $\frac{1}{4}$in, $\frac{1}{2}$in, $\frac{3}{4}$in, 1in, $1\frac{1}{4}$in, $1\frac{1}{2}$in, $1\frac{3}{4}$in, 2in 되는 위치의 전단응력을 구하고 이 단면에 대한 전단응력분포의 그래프를 그려라.

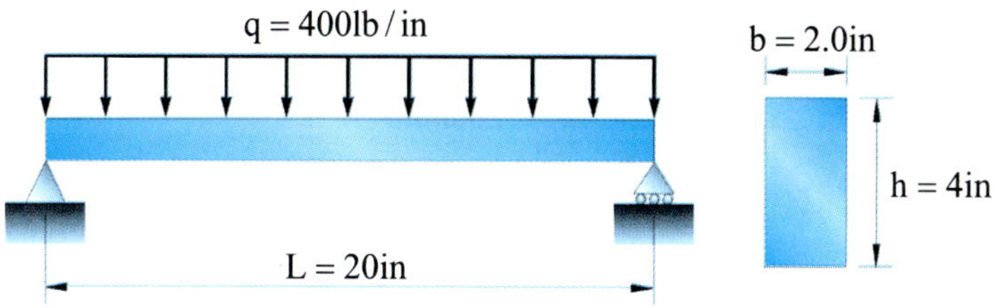

그림 문 6.4.4

문 6.4.5 그림 문 6.4.5 (a)와 같은 길이 L = 15m 인 다리의 스팬 AB가 스팬의 무게를 포함한 분포하중 q를 받고 있다. 다리소재의 허용굽힘응력이 108MPa 이고, 허용전단응력은 46MPa 일 때, 최대허용 분포하중 q를 구하여라. 단, 스팬의 단면은 그림 문 6.4.5 (b)와 같다.

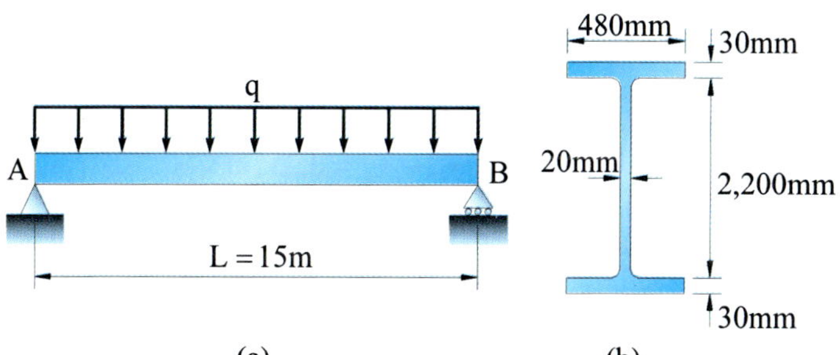

그림 문 6.4.5

문 6.5.1 그림 문 6.5.1과 같은 채널형 단면의 외팔보가 자유단에 집중하중 P를 받고 있다. 채널의 모든 두께는 15mm 로 일정하고 굽힘은 단면 전체가 저항하며, 수직전단응력은 웨브에서만 저항하고 있다고 할 때 다음을 구하라.

(a) 전단중심 e

(b) 수직 전단력 P = 40kN 일 때 단면상의 전단응력 분포

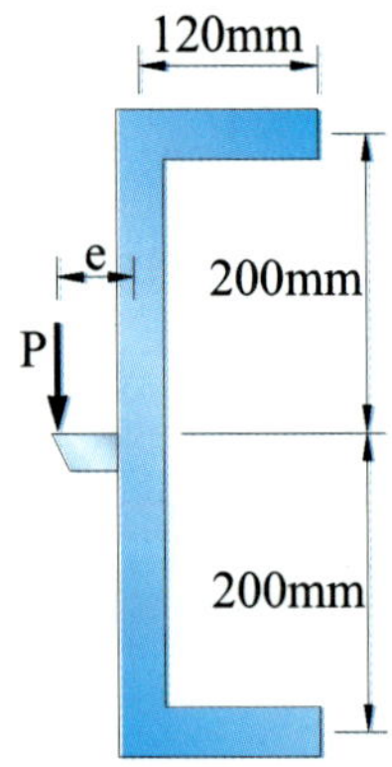

그림 문 6.5.1

문 6.5.2 그림 문 6.5.2와 같은 I형 단면의 보에 전단력 V = 35kips가 그림과 같이 작용할 때 다음을 구하라.

(a) 웨브와 플랜지의 전단응력의 분포

(b) 웨브에 작용되는 수직 전단응력이 담당하는 수직력 V의 비율

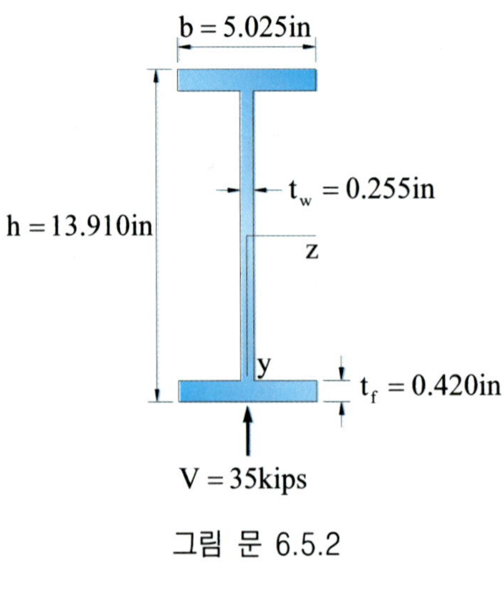

그림 문 6.5.2

문 6.5.3 그림 문 6.5.3과 같이 두께 t = 0.625in, 외경 d_0 = 15.750in인 튜브로 된 보에 전단력 V = 45kips가 작용될 때 단면상에 작용되는 최대전단응력을 구하라.

문 6.5.4 반원형의 얇은 두께를 갖는 튜브가 그림 문 6.5.4와 같이 하중 P를 받을 때 다음을 구하라.

(a) 전단중심 e

(b) R = 4.8in, t = 0.5in, P = 1,500lb일 때 점 A에서의 전단응력

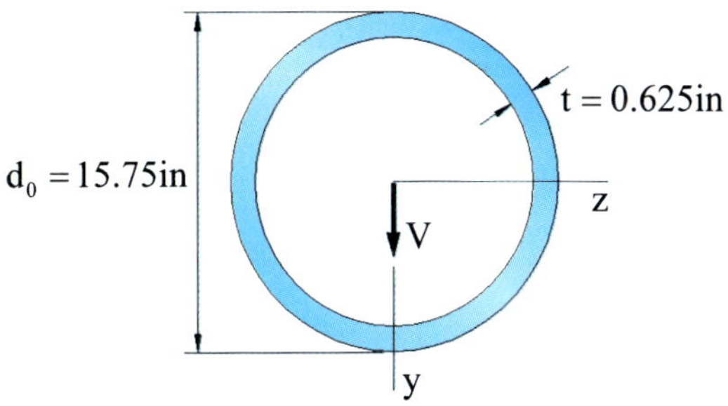

그림 문 6.5.3

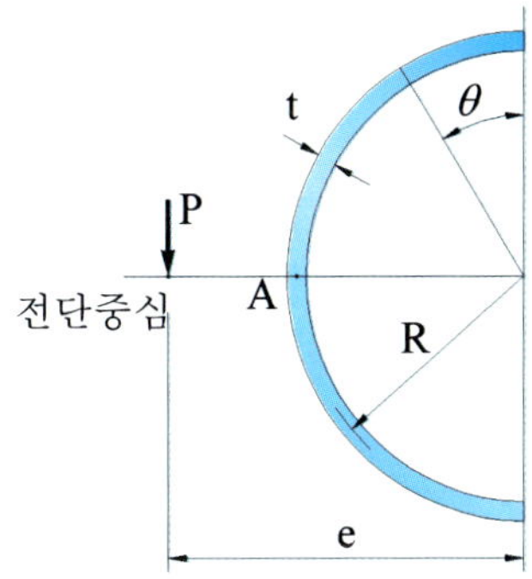

그림 문 6.5.4

CHAPTER 7

보의 처짐

7.1 개요

구조물에 하중이 가해지면 그 구조물에는 변형이 발생하게 된다. 우리는 지금까지 보(beam)라고 하는 1차원적인 구조물에 대해서 이 보가 하중을 받았을 때, 보 내부에 발생하는 전단력과 굽힘모멘트를 해석하였고, 그에 따른 변형률과 응력들에 대하여 공부하였다.

그림 7.1과 같은 수평이었던 보가 하중 P를 받았을 때 이 보는 그림과 같이 변형(deformation)이 생기게 된다. 이 보에 생긴 변형률을 해석할 수 있게 된다면, 정역학적으로 부정정인 구조물의 해석이 가능하게 될 수 있을 것이고, 구조물의 안전설계에도 직접 활용될 수 있게 될 것이다. 이 보의 변형은 그림 7.1과 같이 보가 y 방향으로의 변형을 취하게 되므로 이를 처짐(deflection)이라고 한다.

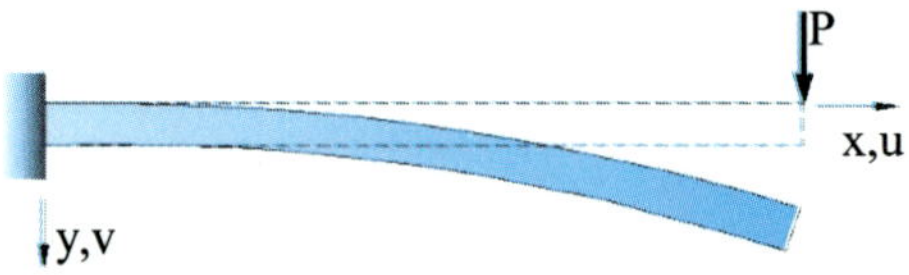

그림 7.1

이 처짐량 v의 계산을 위해서 보에 전단력이 작용되지 않고 굽힘모멘트만 발생하게 되는 순수굽힘의 상태에 대하여 생각해보기로 한다.

그림 7.2 (a)와 같이 보 AD에서 BC구간은 전단력이 영이 되고 굽힘 모멘트가 Pa가 됨을 알 수 있고 이 구간에서 보는 순수굽힘 상태에 있게 된다. 이와 같이 보가 순수굽힘 상태에 있다면 이 구간에서의 보의 처짐 형태는 그림 7.2 (b)에서와 같이 BC구간은 반지름 ρ이고 중심이 O인 원주의 일부분이 되게 된다. 그러나 보의 AB 및 CD 구간에서는 전단력이 작용하므로 이 구간의 곡률반지름이 BC구간의 곡률 반지름 ρ보다 작아지게 된다. 그러나 실제 계산에서는 계산의 편의상과 이 전단력에 기인한 변형이 매우 작으므로 무시하고 동일한 곡률반지름을 가지는 것으로 가정한다.

이 때, 보의 탄성계수가 E이고 단면의 2차관성모멘트가 I 이며, 굽힘모멘트 M이 작용하는 경우 이 보의 변형에 의한 곡률반지름 ρ는 식 (6.20)에 의하여 다음 식 (7.1)과 같이 된다.

$$\frac{1}{\rho} = -\frac{M}{EI} \tag{7.1}$$

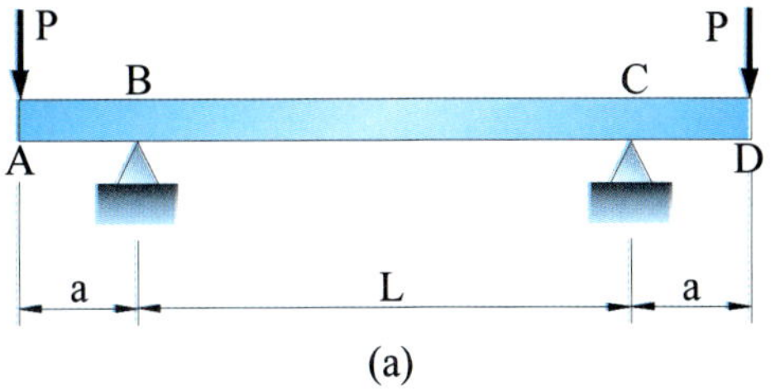

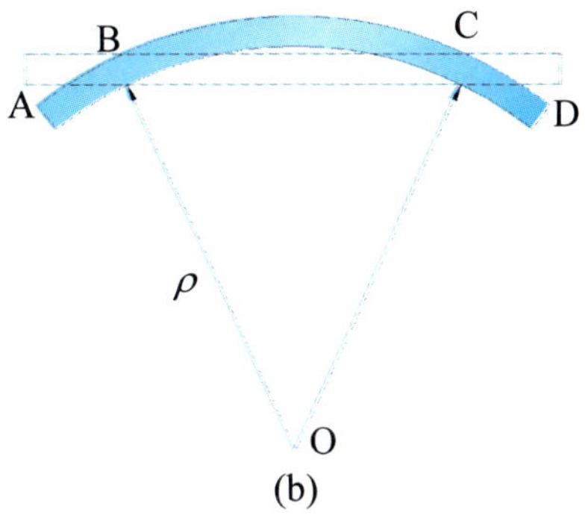

그림 7.2

7.2 보의 처짐 방정식

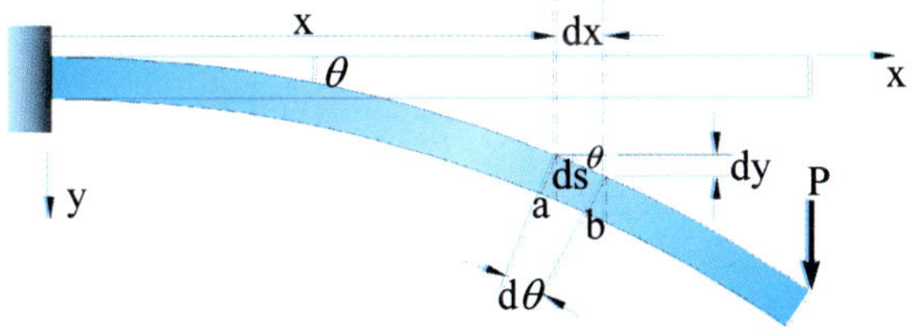

그림 7.3

그림 7.3과 같은 수평이었던 외팔보가 자유단에 집중하중 P를 받아 그림 7.3과 같이 처짐이 발생하였다면 미소구간 dx에서의 보의 길이 ds는 다음 식 (7.2)와 같이 된다.

$$\widehat{ab} = ds = \rho d\theta \tag{7.2}$$

그런데 x 방향으로의 미소길이 dx에 대해 y 방향의 미소변형을 dy라고 하면 보의 미소길이 ds는 다음 식 (7.3)과 같다.

$$ds = \sqrt{dx^2 + dy^2} = dx\sqrt{1 + \left(\frac{dy}{dx}\right)^2} \tag{7.3}$$

식 (7.3)을 식 (7.2)에 대입하여 정돈하면 다음 식 (7.4)와 같이 곡률반지름과의 관계식이 주어지게 된다.

$$\frac{1}{\rho}=\frac{d\theta}{ds}=\frac{1}{\sqrt{1+\left(\frac{dy}{dx}\right)^2}}\frac{d\theta}{dx} \tag{7.4}$$

그림 7.3에서 알 수 있듯이 $\tan\theta=\frac{dy}{dx}$ 이고 다음 식 (7.5)와 같이 쓸 수 있다.

$$\tan\theta=\frac{dy}{dx} \text{ 또는 } \theta=\tan^{-1}\left(\frac{dy}{dx}\right) \tag{7.5}$$

식 (7.5)를 x로 미분하여 $\frac{d\theta}{dx}$ 를 구하면 다음 식 (7.6)이 된다.

$$\frac{d\theta}{dx}=\frac{d}{dx}\left[\tan^{-1}\left(\frac{dy}{dx}\right)\right]=\frac{\frac{d^2y}{dx^2}}{1+\left(\frac{dy}{dx}\right)^2} \tag{7.6}$$

식 (7.6)을 식 (7.4)에 대입하여 곡률 $\kappa=\frac{1}{\rho}$ 을 구하면 다음 식 (7.7)이 구해진다.

$$\kappa=\frac{1}{\rho}=\frac{\frac{d^2y}{dx^2}}{\left[1+\left(\frac{dy}{dx}\right)^2\right]^{\frac{3}{2}}} \tag{7.7}$$

실제 구조의 보에서 $\frac{dy}{dx}$ 가 작은 값이 되고, 따라서 식 (7.7)은 근사식으로 다음 식 (7.8)과 같이 쓸 수 있다.

$$\kappa=\frac{1}{\rho}=\frac{d^2y}{dx^2} \tag{7.8}$$

식 (7.1)과 식 (7.8)에 의하여 굽힘모멘트 M인 보에서의 처짐 방정식은 다음 식 (7.9)와 같이 표현된다.

$$\frac{d^2y}{dx^2} = -\frac{M}{EI} \tag{7.9}$$

식 (7.9)를 x에 대하여 적분하고 식 (7.5)를 이용하면 다음 식 (7.10)이 구해진다.

$$\frac{dy}{dx} = \int\left(-\frac{M}{EI}\right)dx = \tan\theta \cong \theta(x) \tag{7.10}$$

식 (7.10)을 다시 x에 대하여 적분하면 다음 식 (7.11)이 구해진다.

$$y = \int\int\left(-\frac{M}{EI}\right)dx\,dx = v(x) \tag{7.11}$$

식 (7.10)과 (7.11)에 의하여 굽힘모멘트 M을 받는 보의 처짐량 v와 단면의 회전각 θ가 구해질 수 있다.

식 (5.1) 및 (5.2)에 의하면 전단력과 굽힘모멘트는 다음 식 (7.12)와 같다.

$$q = -\frac{dV}{dx} = -\frac{d^2M}{dx^2} \tag{7.12}$$

따라서, 식 (7.9)에 의하여 분포하중 q는 다음 식 (7.13)과 같이 쓸 수 있다.

$$q = EI\frac{d^4y}{dx^4} \tag{7.13}$$

[예제 7-1] 그림 7.4와 같은 외팔보에서 자유단의 처짐 δ와 단면의 회전각 θ를 구하여라. 단, 보의 길이는 L, 단면2차관성모멘트 I 및 탄성계수는 E이다.

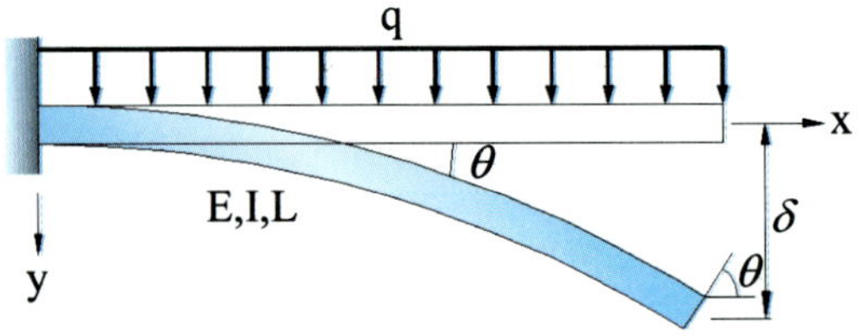

그림 7.4

(풀이)

그림 7.4와 같은 보의 전단력 V(x)와 굽힘모멘트 M(x)는 다음 식 (a)와 같다.

$$V = \int (-q)dx = -qx + qL \tag{a}$$

$$M = \int V dx = -\frac{1}{2}qx^2 + qLx - \frac{1}{2}qL^2$$

식 (7.9)에 의하면 지배방정식은 다음 식 (b)와 같이 된다.

$$\frac{d^2y}{dx^2} = -\frac{M}{EI} = \frac{1}{EI}\left[\frac{1}{2}qx^2 - qLx + \frac{1}{2}qL^2\right] \tag{b}$$

식 (b)를 x에 대하여 적분하면 다음 식 (c)와 같이 된다.

$$\frac{dy}{dx} = \int \frac{1}{EI}\left[\frac{1}{2}qx^2 - qLx + \frac{1}{2}qL^2\right]dx \tag{c}$$

$$= \frac{1}{EI}\left[\frac{1}{6}qx^3 - \frac{1}{2}qLx^2 + \frac{1}{2}qL^2x\right] + C_1$$

그림 7.4의 보에 의하면 $x = 0$, 즉 고정단에서의 단면의 회전각 $\theta = \frac{dy}{dx} = 0$이므로 $C_1 = 0$ 이다. 따라서 식 (c)는 다음 식 (7.14)로 다시 쓸 수 있다.

$$\theta(x) = \frac{dy}{dx} = \frac{1}{EI}\left[\frac{1}{6}qx^3 - \frac{1}{2}qLx^2 + \frac{1}{2}qL^2x\right] \tag{7.14}$$

$$= \frac{qx}{6EI}(x^2 - 3Lx + 3L^2)$$

식 (7.14)를 x에 대하여 적분하면 다음 식 (d)와 같이 된다.

$$y(x) = v(x) = \frac{1}{EI}\left(\frac{1}{24}qx^4 - \frac{1}{6}qLx^3 + \frac{1}{4}qL^2x^2\right) + C_2 \qquad \text{(d)}$$

그림 7.4의 보에 의하면 $x = 0$, 즉 고정단에서의 처짐 $v = 0$이므로 $C_2 = 0$이다. 따라서 식 (d)는 다음 식 (7.15)로 다시 쓸 수 있다.

$$\begin{aligned} v(x) &= \frac{1}{EI}\left(\frac{1}{24}qx^4 - \frac{1}{6}qLx^3 + \frac{1}{4}qL^2x^2\right) \\ &= \frac{qx^2}{24EI}(x^2 - 4Lx + 6L^2) \end{aligned} \qquad (7.15)$$

식 (7.14)와 (7.15)에 $x = L$을 대입하면, 균일분포하중 q를 받고 있는 외팔보의 자유단에서 단면의 회전각 θ와 처짐 δ가 다음 식 (7.16)과 같이 구해지며, 이 값은 이 외팔보에서 최대 값이 된다.

$$\theta_{max} = \frac{qL^3}{6EI}, \quad \delta_{max} = \frac{qL^4}{8EI} \qquad (7.16)$$

[예제 7-2] 그림 7.5와 같은 단순지지보에 대하여 단면의 회전각 $\theta(x)$와 처짐 $\delta(x)$를 구하고, 보의 양 지점 A 및 B에서의 단면의 회전각과 보 중앙에서의 최대처짐 δ_{max}를 구하여라. 이 단순지지보의 길이 L, 단면2차관성모멘트 I, 탄성계수는 E이다.

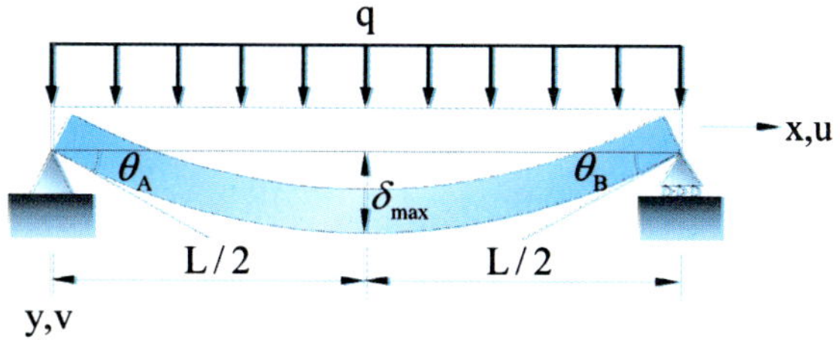

그림 7.5

(풀이)

그림 7.5와 같은 보의 전단력 $V(x)$와 굽힘모멘트 $M(x)$는 다음 식 (a)와 같다.

$$V = \int(-q)dx = -qx + \frac{1}{2}qL \tag{a}$$

$$M = \int V dx = -\frac{1}{2}qx^2 + \frac{1}{2}qLx$$

식 (7.9)에 의하면 지배방정식은 다음 식 (b)와 같다.

$$\frac{d^2y}{dx^2} = -\frac{M}{EI} = \frac{1}{EI}\left(\frac{1}{2}qx^2 - \frac{1}{2}qLx\right) \tag{b}$$

식 (b)를 x에 대해 적분하여 단면의 회전각 $\theta(x)$를 구하면 다음 식 (c)와 같이 된다.

$$\theta(x) = \frac{dy}{dx} = \frac{1}{EI}\left(\frac{1}{6}qx^3 - \frac{1}{4}qLx^2\right) + C_1 \tag{c}$$

그림 7.5의 보에서 $x = \frac{L}{2}$, 즉 보의 중앙에서 단면의 회전각 $\theta = 0$이 됨을 알 수 있으므로, 식 (c)의 적분상수 C_1은 다음 식 (d)와 같다.

$$C_1 = \frac{qL^3}{24EI} \tag{d}$$

따라서, 단면의 회전각 $\theta(x)$는 다음 식 (7.17)과 같다.

$$\theta(x) = \frac{dy}{dx} = \frac{1}{EI}\left(\frac{1}{6}qx^3 - \frac{1}{4}qLx^2 + \frac{qL^3}{24}\right) \tag{7.17}$$

$$= \frac{q}{24EI}(4x^3 - 6Lx^2 + L^3)$$

식 (7.17)을 x에 대하여 적분하여 처짐 $v(x)$를 구하면 다음 식 (e)와 같이 된다.

$$v(x) = y = \frac{1}{EI}\left(\frac{1}{24}qx^4 - \frac{1}{12}qLx^3 + \frac{qL^3}{24}x\right) + C_2 \tag{e}$$

$x = 0$, 좌단의 지점에서 처짐 $v = 0$이므로 $C_2 = 0$이다. 따라서 처짐 $v(x)$는 다음 식 (7.18)과 같이 된다.

$$v(x) = \frac{1}{EI}\left(\frac{1}{24}qx^4 - \frac{1}{12}qLx^3 + \frac{qL^3}{24}x\right) \tag{7.18}$$

$$= \frac{qx}{24EI}\left(x^3 - 2Lx^2 + L^3\right)$$

식 (7.17)에 $x = 0$ 및 $x = L$을 대입하여 좌단 및 우단의 단면의 회전각 θ_A 및 θ_B 를 구하면 다음 식 (7.19)와 같이 된다.

$$\theta_A = \frac{qL^3}{24EI},\ \theta_B = -\frac{qL^3}{24EI} \tag{7.19}$$

식 (7.19)에 의하면 좌단에서의 회전각이 양이 되고 우단의 회전각이 음이다. 이것은 그림 7.5에서 보는 바와 같이 좌표축 y가 아래 방향으로 향하고 있으므로 시계방향의 회전각이 양이 되어 계산결과와 일치함을 알 수 있다.

그림 7.5와 같은 단순지지보의 중앙, 즉 $x = \frac{L}{2}$에서 최대 처짐이 되고, 식 (7.18)에 $x = \frac{L}{2}$을 대입하여 이 최대 처짐 δ_{max}를 구하면 다음 식 (7.20)과 같이 된다.

$$\delta_{max} = \frac{5qL^4}{384EI} \tag{7.20}$$

[예제 7-3] 그림 7.6과 같이 자유단에 집중하중 P가 작용하는 외팔보의 자유단에서의 처짐 δ와 회전각 θ를 구하여라. 단, 외팔보의 길이는 L, 탄성계수 E 및 단면의 2차관성모멘트는 I이다.

그림 7.6

(풀이)

그림 7.6과 같은 보의 전단력 $V(x)$와 $M(x)$는 다음 식 (a)와 같다.

$$V = P \tag{a}$$

$$M = -PL + Px$$

식 (7.9)에 의하면 지배방정식은 다음 식 (b)와 같다.

$$\frac{d^2y}{dx^2} = -\frac{M}{EI} = \frac{1}{EI}(PL - Px) \tag{b}$$

식 (b)를 x에 대해 적분하고 $x = 0$에서 회전각 $\theta = 0$인 경계조건을 대입하여 적분상수 $C_1 = 0$임을 고려하여 회전각 $\theta(x)$를 구하면 다음 식 (7.21)과 같이 된다.

$$\frac{dy}{dx} = \theta(x) = \frac{1}{EI}\left(PLx - \frac{1}{2}Px^2\right) = \frac{Px}{2EI}(2L - x) \tag{7.21}$$

식 (7.21)을 x에 대해 적분하고 $x = 0$에서 처짐 $v = 0$인 경계조건을 대입하여 적분상수 $C_2 = 0$임을 고려하여 처짐 $v(x)$를 구하면 다음 식 (7.22)와 같이 된다.

$$y = v(x) = \frac{1}{EI}\left(\frac{1}{2}PLx^2 - \frac{1}{6}Px^3\right) = \frac{Px^2}{6EI}(3L - x) \tag{7.22}$$

식 (7.21)과 식 (7.22)에 $x = L$을 대입하여 외팔보의 자유단에서 최대 회전각 θ_{max}와 최대 처짐 δ_{max}을 구하면 다음 식 (7.23)과 같이 됨을 알 수 있다.

$$\theta_{max} = \frac{PL^2}{2EI},\ \delta_{max} = \frac{PL^3}{3EI} \tag{7.23}$$

[예제 7-4] 그림 7.7과 같이 단순지지보에 집중하중 P가 작용하는 경우에 보의 회전각 $\theta(x)$와 처짐 v(x)를 구하고 최대처짐 δ_{max}와 이 최대처짐이 발생할 위치 x와 보의 양단 A 및 B에서의 단면의 회전각을 구하여라. 단, 보의 길이는 L이고 탄성계수 E, 단면 2차관성모멘트 I이다.

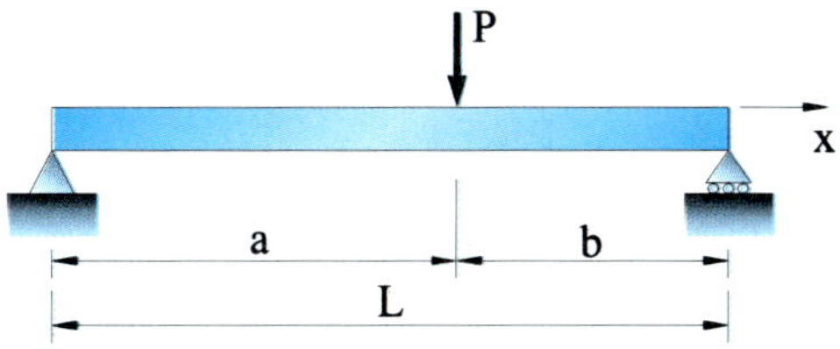

그림 7.7

(풀이)

그림 7.7과 같은 보에서 전단력 V(x)와 굽힘모멘트 M(x)는 다음 식 (a)와 같이 된다.

$$0 \leqq x \leqq a \quad 에서 \quad V_1 = \frac{Pb}{L}, \quad M_1 = \frac{Pb}{L}x$$

$$a \leqq x \leqq L \quad 에서 \quad V_2 = -\frac{Pa}{L}, \quad M_2 = \frac{Pab}{L} - \frac{Pa}{L}(x-a) \tag{a}$$

식 (7.9)에 의하면 지배방정식은 다음 식 (b)과 같이 된다.

$$0 \leqq x \leqq a \quad \frac{d^2y_1}{dx^2} = -\frac{M_1}{EI} = -\frac{Pb}{EIL}x$$

$$a \leqq x \leqq L \quad \frac{d^2y_2}{dx^2} = -\frac{M_2}{EI} = -\frac{Pab}{EIL} + \frac{Pa}{EIL}(x-a) \tag{b}$$

식 (b)를 x에 대하여 적분하여 다음 식 (c)을 얻는다.

$$0 \leqq x \leqq a \quad \frac{dy_1}{dx} = \theta_1(x) = -\frac{Pb}{2EIL}x^2 + C_1$$

$$a \leqq x \leqq L \quad \frac{dy_2}{dx} = \theta_2(x) = -\frac{Pab}{EIL}(x-a) + \frac{Pa}{2EIL}(x-a)^2 + C_2 \tag{c}$$

식 (c)를 x에 대하여 다시 적분하여 다음 식 (d)를 얻을 수 있다.

$$0 \leqq x \leqq a \quad y_1 = v_1(x) = -\frac{Pb}{6EIL}x^3 + C_1x + C_3$$

$$a \leqq x \leqq L \quad y_2 = v_2(x) = \frac{Pa}{6EIL}(x-a)^3 - \frac{Pab}{2EIL}(x-a)^2 + C_2(x-a) + C_4 \tag{d}$$

경계조건은 다음 식 (e)와 같이 된다.

$x = 0$ 에서 $y_1 = 0$ 따라서, $C_3 = 0$ (e-1)

$x = L$ 에서 $y_2 = 0$

$$\frac{Pa}{6EIL}(L-a)^3 - \frac{Pab}{2EIL}(L-a)^2 + C_2(L-a) + C_4 = 0$$

$$\text{즉,} \ -\frac{Pab^3}{3EIL} + C_2b + C_4 = 0 \tag{e-2}$$

$x = a$ 에서 $\theta_1(a) = \theta_2(a)$ 따라서, $C_2 = -\frac{Pa^2b}{2EIL} + C_1$ (e-3)

$x = a$ 에서 $v_1(a) = v_2(a)$ 따라서, $-\frac{Pba^3}{6EIL} + C_1a = C_4$ (e-4)

식 (e-3)과 (e-4)를 식 (e-2)에 대입하여 적분상수 C_1을 구하면 다음 식 (f)가 구해진다.

$$C_1 = \frac{Pab}{6EIL^2}(2b^2 + 3ab + a^2) = \frac{Pab}{6EIL^2}(b^2 + 3ab + a^2 + b^2) \tag{f}$$

$$= \frac{Pab}{6EIL^2}\{(a+b)^2 + b(a+b)\} = \frac{Pab}{6EIL^2}\{L(L+b)\} = \frac{Pab(L+b)}{6EIL}$$

식 (f)를 식 (e-3)과 (e-4)에 대입하여 적분상수 C_2 및 C_4를 구하면 다음 식 (g)와 같이 된다.

$$C_2 = -\frac{Pa^2b}{2EIL} + \frac{Pab(L+b)}{6EIL} = \frac{Pab}{6EIL}(-3a + L + b) \quad (g)$$

$$= \frac{Pab}{6EIL}(2b - 2a) = -\frac{Pab(a-b)}{3EIL}$$

$$C_4 = -\frac{Pa^3b}{6EIL} + a\frac{Pab(L+b)}{6EIL} = \frac{Pa^2b}{6EIL}(L + b - a)$$

$$= \frac{Pa^2b^2}{3EIL}$$

식 (e-1), (f) 및 (g)를 식 (c) 및 (d)에 대입하여 회전각 $\theta(x)$와 처짐 $\delta(x)$를 구하면 다음 식 (7.24) 및 (7.25)와 같이 된다.

$$0 \leqq x \leqq a \qquad \frac{dy_1}{dx} = \theta_1(x) = -\frac{Pb}{2EIL}x^2 + \frac{Pab(L+b)}{6EIL} \quad (7.24.a)$$

$$= \frac{Pb}{6LEI}(-3x^2 + L^2 - b^2)$$

$$a \leqq x \leqq L \qquad \frac{dy_2}{dx} = \theta_2(x) = -\frac{Pab}{EIL}(x-a) + \frac{Pa}{2EIL}(x-a)^2 - \frac{Pab(a-b)}{3EIL} \quad (7.24.b)$$

$$= \frac{Pa}{6EIL}\{3(x-a)^2 - 6b(x-a) - 2b(a-b)\}$$

$$0 \leqq x \leqq a \qquad y_1 = v_1(x)$$

$$= -\frac{Pb}{6EIL}x^3 + \frac{Pab(L+b)}{6EIL}x = \frac{Pbx}{6EIL}\{-x^2 + a(L+b)\} \quad (7.25.a)$$

$$= \frac{Pbx}{6EIL}(-x^2 + L^2 - b^2)$$

$$a \leqq x \leqq L \quad y_2 = v_2(x)$$

$$= -\frac{Pab}{2EIL}(x-a)^2 + \frac{Pa}{6EIL}(x-a)^3 - \frac{Pab(a-b)}{3EIL}(x-a) + \frac{Pa^2b^2}{3EIL} \tag{7.25.b}$$

$$= \frac{Pab}{6EIL}\left\{\frac{1}{b}(x-a)^3 - 3(x-a)^2 - 2(a-b)(x-a) + 2ab\right\}$$

최대 처짐 위치는 $\frac{dy}{dx} = \theta(x) = 0$이 되는 위치이며, 식 (7.24)에서 $\theta_1 = 0$이 되는 위치로 다음 식 (7.26)과 같다.

$$x^2 = \frac{L^2 - b^2}{3} \quad \text{또는} \quad x = \sqrt{\frac{L^2 - b^2}{3}} \tag{7.26}$$

식 (7.26)에서 $b = 0$, 즉, 극단적인 경우로 하중을 오른쪽 단에 최대한 접근시켜 작용시키는 경우 이론적인 최대 처짐 위치 $x = \frac{L}{\sqrt{3}} = 0.5772L$이 된다. 따라서, 단순지지보에서 최대 처짐 위치는 보의 중앙 근처에 발생함을 알 수 있다.
식 (7.26)을 식 (7.25.a)에 대입하여 최대 처짐 δ_{max}를 구하면 다음 식 (7.27)과 같이 된다.

$$\delta_{max} = v_1\left(x = \sqrt{\frac{L^2 - b^2}{3}}\right) = \frac{Pb(L^2 - b^2)^{\frac{3}{2}}}{9\sqrt{3}LEI} \quad (a > b) \tag{7.27}$$

$x = \frac{L}{2}$인 보의 중앙에서의 처짐은 식 (7.25.a)에 의하여 다음 식 (7.28)과 같이 된다.

$$v\left(x = \frac{L}{2}\right) = \frac{Pb(3L^2 - 4b^2)}{48EI} \quad (a > b) \tag{7.28}$$

한편, 회전각 θ_A와 θ_B를 구하기 위해 식 (7.24.a)에 $x = 0$을 대입하여 θ_A를 구하고, 식 (7.24.b)에 $x = L$에 대입하여 θ_B를 구하면 다음 식 (7.29)와 같이 된다.

$$\theta_A = \frac{Pab(L+b)}{6LEI}, \quad \theta_B = -\frac{Pab(L+a)}{6LEI} \tag{7.29}$$

보의 좌단이나 우단의 단면의 최대 회전각을 일으키도록 하는 하중 위치 b를 구해보기로 하자. 즉, $\theta_A)_{max}$을 구하기 위하여 식 (7.29)의 첫 식을 b에 대해서 미분하여 구해보면 다음 식 (7.30)과 같다.

$$\frac{\partial \theta_A}{\partial b} = \frac{\partial}{\partial b}\left(\frac{Pb(L-b)(L+b)}{6LEI}\right) = \frac{P}{6LEI}(L^2 - 3b^2) = 0$$

$$b = \frac{L}{\sqrt{3}} = 0.5772L \quad (\text{또는 } a = 0.4228L)$$

$$\theta_A)_{max} = \theta_A\left(b = \frac{L}{\sqrt{3}}\right) = \frac{\sqrt{3}PL^2}{27EI} \tag{7.30}$$

집중하중이 보의 중앙에 작용하는 경우, 즉 $a = b = \frac{L}{2}$이면 식 (7.24.a) 및 (7.25.a)에 의하여 단면의 회전각 및 처짐식은 다음 식 (7.31)과 같이 된다.

$$a = b = \frac{L}{2}, \quad \frac{dy_1}{dx} = \theta(x) = \frac{P}{16EI}(L^2 - 4x^2) \quad (0 \leqq x \leqq \frac{L}{2}) \tag{7.31}$$

$$y_1 = v_1(x) = \frac{Px}{48EI}(3L^2 - 4x^2) \quad (0 \leqq x \leqq \frac{L}{2})$$

이 경우에는 보가 대칭적으로 처지게 되므로 식 (7.31)에 의하여 보의 좌단 및 우단의 회전각 θ_A와 θ_B는 크기가 같고 방향이 반대가 되며 그 크기는 다음 식 (7.32)와 같이 된다.

$$\theta_A = \frac{PL^2}{16EI} \quad (a = b = \frac{L}{2}) \tag{7.32}$$

또한, 최대 처짐 δ_{max}은 보의 중앙에서 발생하며 다음 식 (7.33)과 같다.

$$\delta_{max} = \frac{PL^3}{48EI} \quad (a = b = \frac{L}{2}) \tag{7.33}$$

7.3 중첩법에 의한 처짐 해석

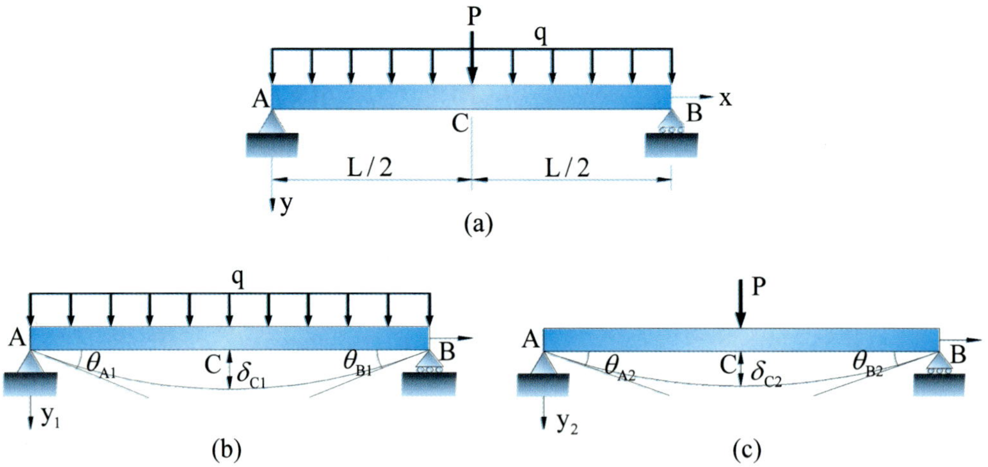

그림 7.8

그림 7.8 (a)와 같은 단순지지보에 집중하중 P와 균일분포하중 q가 작용하는 보의 처짐과 단면의 회전각을 구하려고 할 때, 이들 하중에 대하여 그림 7.8 (b) 및 (c)와 같이 따로 분리하여 계산한 후, 이들을 서로 중첩하여 구할 수 있다. 이때, 보의 처짐량이 매우 크거나 가한 하중이 과도하여 변형이 탄성한계를 넘는 경우 등은 이렇게 중첩하여 구할 수가 없다. 보의 처짐 해석을 중첩법으로 구할 수 있기 위해서는 다음 조건들이 만족되어야 한다. 즉, 보에 작용되는 하중과 그에 따른 변형 사이의 관계가 Hooke의 법칙을 따라야 하며 처짐과 단면의 회전각은 매우 작아야 하고 보에서 발생되는 처짐이 작용하중을 변화시키지 않아야 한다.

그림 7.8 (a)의 단순지지보의 중앙 C점에서의 처짐 δ_c와 A 및 B단에서의 회전각 θ_A 및 θ_B는 그림 7.8 (b)와 (c)의 단순지지보에서 구해지는 변형 δ_{C1}와 δ_{C2} 그리고 θ_{A1}와 θ_{A2} 및 θ_{B1}과 θ_{B2}를 각각 구하여 이들을 중첩함으로써 구할 수 있다.

그림 7.8 (b)의 분포하중 q가 작용하는 경우의 중앙 C에서의 처짐 δ_{C1}와 회전각 θ_{A1}와 θ_{B1}는 각각 식 (7.20)과 (7.19)에 의해 다음 식 (a), (b), (c) 와 같다.

$$\delta_{C1} = \frac{5qL^4}{384EI} \qquad \text{(a)}$$

$$\theta_{A1} = \frac{qL^3}{24EI} \qquad \text{(b)}$$

$$\theta_{B1} = -\frac{qL^3}{24EI} \tag{c}$$

한편, 그림 7.8 (c)와 같이 집중하중 P가 중앙에 작용하고 있으므로 δ_{C2}, θ_{A2} 및 θ_{B2}는 식 (7.32) 와 식 (7.31)에 의해 각각 다음 식 (d), (e), (f)와 같이 된다.

$$\delta_{C2} = \frac{PL^3}{48EI} \tag{d}$$

$$\theta_{A2} = \frac{PL^2}{16EI} \tag{e}$$

$$\theta_{B2} = -\frac{PL^2}{16EI} \tag{f}$$

따라서, 그림 7.8 (a)와 같이 분포하중 q와 보의 중앙에 집중하중 P가 작용하는 경우의 보 중앙 C에서의 처짐 δ_c와 보의 좌우단의 회전각 θ_A 및 θ_B는 식 (a)~(f)에 의해 각각 중첩하므로 다음 식 (7.34) 및 (7.35)와 같이 된다.

$$\delta_C = \delta_{C1} + \delta_{C2} = \frac{5qL^4}{384EI} + \frac{PL^3}{48EI} = \frac{L^3}{384EI}(5qL + 8P) \tag{7.34}$$

$$\theta_A = \theta_{A1} + \theta_{A2} = \frac{qL^3}{24EI} + \frac{PL^2}{16EI} = \frac{L^2}{48EI}(2qL + 3P) = -\theta_B \tag{7.35}$$

[예제 7-5] 그림 7.9 (a)와 같은 길이 2L인 보가 B점에서 힌지로 연결되어 있을 때, 이 연결 부분 B의 처짐 δ_B를 구하여라.

(풀이)

그림 7.9 (a)의 보는 그림 7.9 (b)와 같이 단순지지보 AB와 외팔보 BC의 중첩된 보를 생각할 수 있다. 단순지지보 AB의 B점의 반력 R_B는 A점의 모멘트 평형을 취하면 다음 식 (a)와 같이 된다.

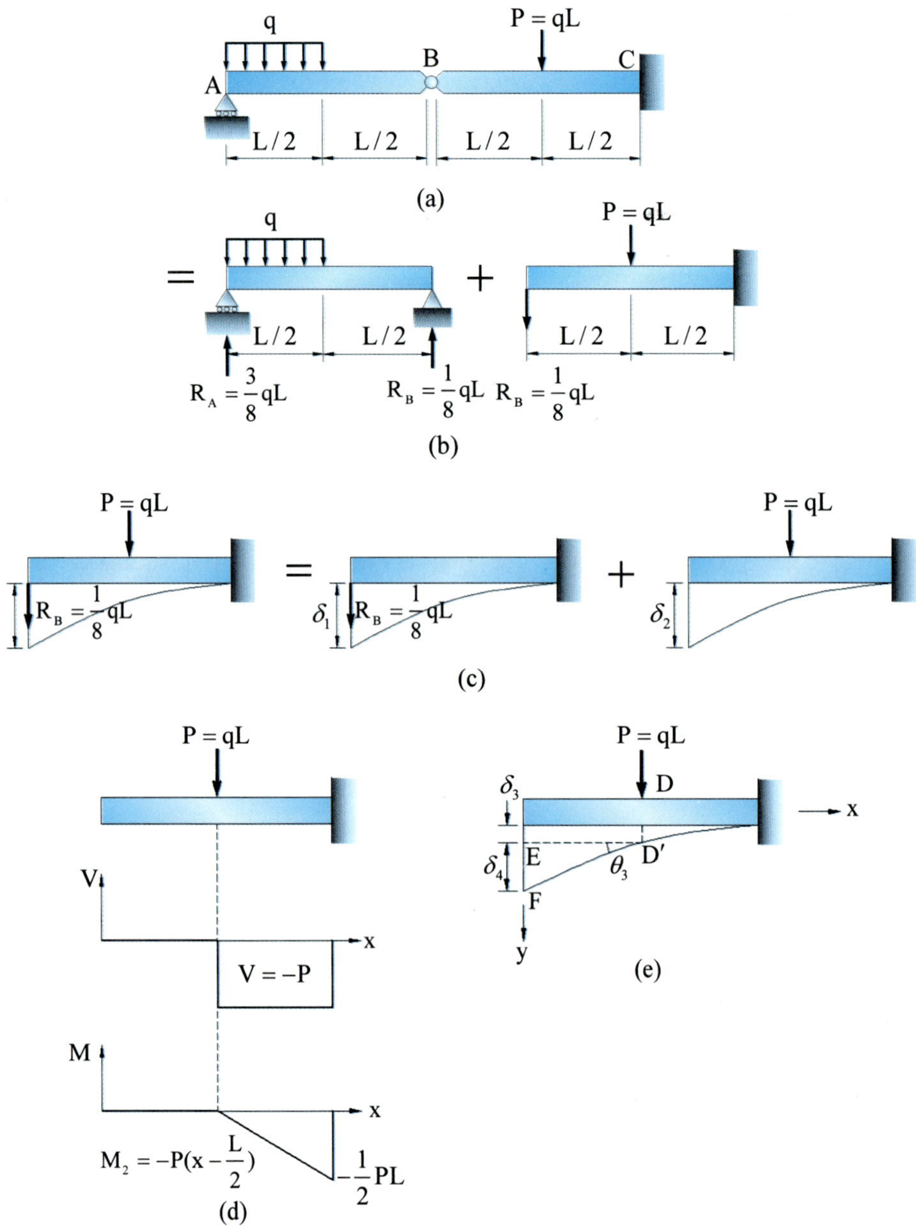

그림 7.9

$$R_B = \frac{1}{L} \times \frac{1}{2} qL \times \frac{L}{4} = \frac{qL}{8} \tag{a}$$

이 반력 R_B는 외팔보 BC의 자유단 B에 작용될때 단순지지보에 작용되었던 힘 R_B와 크기는 같고 방향이 반대 방향으로 작용되어 그림 7.9 (b)와 같이 작용됨을 알 수 있다. 따라서, 힌지 B점의 처짐 δ_B는 그림 7.9 (c)와 같이 하중 R_B와 집중하중 P에 의하여 발생되는 처짐을 중첩하여 다음 식 (b)와 같이 구할 수 있다.

$$\delta_B = \delta_1 + \delta_2 \tag{b}$$

자유단의 하중 $R_B = \dfrac{1}{8}qL$에 의한 처짐 δ_1은 식 (7.23)에 의하면 다음 식 (c)와 같다.

$$\delta_1 = \frac{R_B L^3}{3EI} = \frac{\frac{1}{8}qL \cdot L^3}{3EI} = \frac{qL^4}{24EI} \tag{c}$$

이제 보의 중앙에 작용하는 하중 P에 의한 B점의 처짐 δ_2는 그림 7.9 (d)에서 보는 바와 같이 자유단에서부터 하중 작용점까지는 굽힘모멘트가 0이 되어 처짐을 계산할 때는 그림 7.9 (e)와 같이 보의 변형에 대한 기하학적 형상을 고려해야 한다. 즉, 먼저 하중 작용점의 회전각 θ_3 및 처짐 δ_3는 다음 식 (d)와 (e)에 의해서 구해질 수 있다.

$$EIy'' = -M = P\left(x - \frac{L}{2}\right) \qquad \left(x \geq \frac{L}{2}\right) \tag{d}$$

$$EIy' = EI\theta(x) = \frac{1}{2}P\left(x - \frac{L}{2}\right)^2 + C_1 \qquad \left(x \geq \frac{L}{2}\right)$$

$$x = L \text{에서} \quad \theta = 0 \quad , \quad C_1 = -\frac{1}{8}PL^2$$

$$y' = \theta(x) = \frac{P}{2EI}\left(x - \frac{L}{2}\right)^2 - \frac{PL^2}{8EI} \qquad \left(x \geq \frac{L}{2}\right)$$

$$EIy = \frac{1}{6}P\left(x - \frac{L}{2}\right)^3 - \frac{1}{8}PL^2\left(x - \frac{L}{2}\right) + C_2 \qquad \left(x \geq \frac{L}{2}\right) \tag{e}$$

$$x = L \text{에서} \quad \delta = 0 \quad \therefore C_2 = \frac{PL^3}{24}$$

$$\text{따라서,} \quad y = \delta(x) = \frac{P}{6EI}\left(x - \frac{L}{2}\right)^3 - \frac{PL^2}{8EI}\left(x - \frac{L}{2}\right) + \frac{PL^3}{24EI} \qquad \left(x \geq \frac{L}{2}\right)$$

$x = \frac{L}{2}$에서 θ_3 와 δ_3를 구하면 식 (d)와 (e)로부터 다음 식 (f)와 같이 된다.

$$\theta_3 = \theta\left(\frac{L}{2}\right) = -\frac{PL^2}{8EI}, \quad \delta_3 = \delta\left(\frac{L}{2}\right) = \frac{PL^3}{24EI} \tag{f}$$

그림 7.9 (e)에 의하면 굽힘모멘트가 0인 $0 \leq x \leq \frac{L}{2}$ 구간에서의 단면의 회전각 θ는 $x = \frac{L}{2}$에서의 회전 θ_3로 일정하게 되어 △D′EF를 이루게 됨을 알 수 있다. 따라서 외팔보 중앙에 작용하는 하중 P에 의한 자유단 B의 처짐 δ_2는 그림 7.9 (e)의 δ_3와 δ_4의 합이 됨을 알 수 있고, δ_4는 직각삼각형 D′EF에 의하여 다음 식 (g)와 같이 구해진다.

$$\delta_4 = \frac{L}{2}\tan\theta_3 = \frac{L}{2}\theta_3 = \frac{L}{2} \cdot \frac{PL^2}{8EI} = \frac{PL^3}{16EI} \tag{g}$$

따라서, 보 중앙에 작용하는 집중하중 P에 의한 외팔보 BC의 자유단의 처짐 δ_2는 다음 식 (h)와 같이 된다.

$$\delta_2 = \delta_3 + \delta_4 = \frac{PL^3}{24EI} + \frac{PL^3}{16EI} = \frac{5PL^3}{48EI} \tag{h}$$

식 (c)와 식 (h)를 식 (b)에 대입하고 $P = qL$를 대입하면 힌지 B점의 처짐 δ_B는 다음 식 (i)와 같이 된다.

$$\delta_B = \delta_1 + \delta_2 = \frac{qL^4}{24EI} + \frac{5PL^3}{48EI} = \frac{qL^4}{24EI} + \frac{5qL^4}{48EI} = \frac{7qL^4}{48EI} \tag{i}$$

[예제 7-6] 그림 7.10 (a)와 같은 외팔보에 대해 자유단의 처짐 δ와 회전각 θ를 중첩법에 의하여 구하라. 단, 굽힘강성 EI는 일정하다.

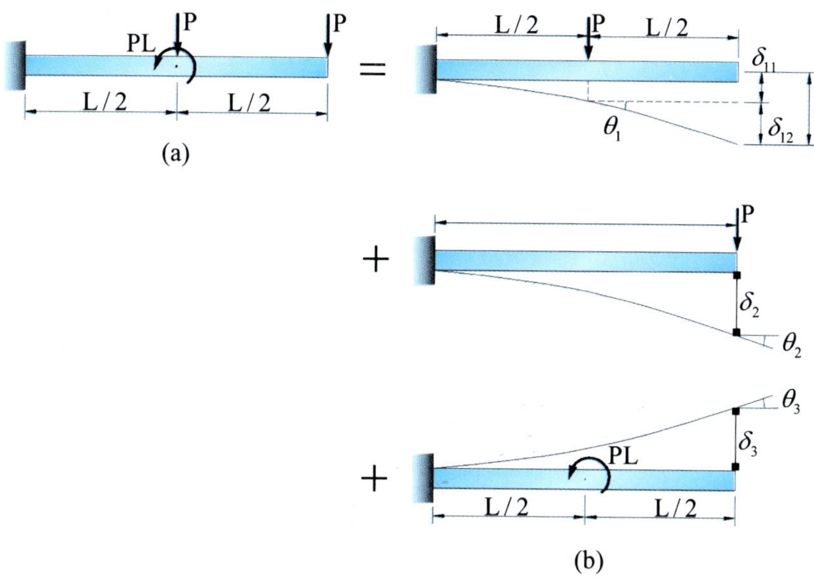

그림 7.10

(풀이)

그림 7.10 (b)와 같이 길이 L인 보에 집중하중 P와 굽힘모멘트 PL를 작용시킬 수 있다. 따라서, 자유단의 처짐 δ 및 θ는 다음 식 (a)와 (b)같이 중첩하여 구할 수 있다.

$$\delta = \delta_1 + \delta_2 + \delta_3 \tag{a}$$

$$\theta = \theta_1 + \theta_2 + \theta_3 \tag{b}$$

외팔보의 단순 하중에 의한 자유단의 처짐 및 회전각은 다음 식 (c) 및 (d)와 같다.

$$\delta_1 = \delta_{11} + \delta_{12} = \frac{5PL^3}{48EI}, \quad \delta_2 = \frac{PL^3}{3EI}, \quad \delta_3 = -\frac{3PL^3}{8EI} \tag{c}$$

$$\theta_1 = \frac{PL^2}{8EI}, \quad \theta_2 = \frac{PL^2}{2EI}, \quad \theta_3 = -\frac{PL^2}{2EI} \tag{d}$$

식 (c), (d)를 식 (a), (b)에 대입하면 자유단의 처짐과 회전각은 다음 식 (e), (f)와 같다.

$$\delta = \frac{5PL^3}{48EI} + \frac{PL^3}{3EI} - \frac{3PL^3}{8EI} = \frac{3PL^3}{48EI} = \frac{PL^3}{16EI} \tag{e}$$

$$\theta = \frac{PL^2}{8EI} + \frac{PL^2}{2EI} - \frac{PL^2}{2EI} = \frac{PL^2}{8EI} \tag{f}$$

7.4 면적모멘트법

면적모멘트법

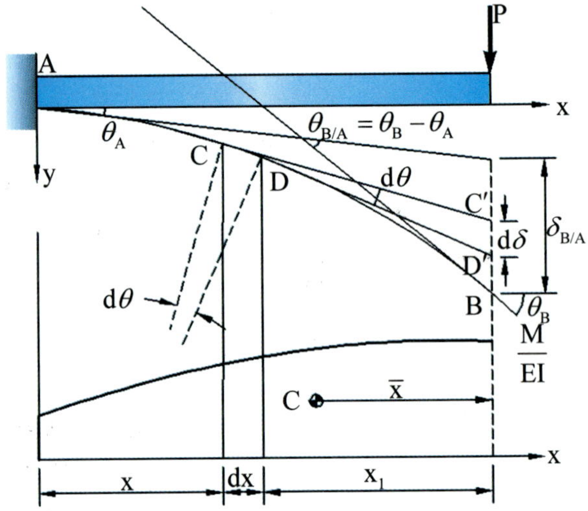

그림 7.11

그림 7.11은 집중하중 P를 받아 처짐이 발생한 보를 나타내고 있다. 변형된 미소구간의 호의 곡률반지름을 ρ라고 하면 다음 식 (a)가 성립된다.

$$\rho d\theta = \widehat{CD} = ds \tag{a}$$

식 (a)에서 보의 처짐이 미소하다고 하면 $ds \cong dx$가 됨을 알 수 있고 다음 식 (b)가 구해진다.

$$d\theta = \frac{1}{\rho}ds = \cong \frac{1}{\rho}dx \tag{b}$$

식 (b)에서 $\frac{1}{\rho}$, 즉, 곡률 κ는 식 (6.20)에 의하면 다음 식 (c)임을 알고 있다.

$$\frac{1}{\rho} = -\frac{M}{EI} \tag{c}$$

식 (c)를 식 (b)에 대입하여 구간 AB에 대해 적분하면 다음 식 (7.36)이 구해진다.

$$\int_A^B d\theta = \theta_B - \theta_A = \int_A^B \left(-\frac{M}{EI}\right)dx = -\int_A^B \left(\frac{M}{EI}\right)dx = \theta_{B/A} \tag{7.36}$$

식 (7.36)을 다시 살펴보면 $\theta_B - \theta_A$는 그림 7.11에 의하면 $\theta_{B/A}$로써 B점과 A점에서의 접선 사이의 상대각을 의미한다. 그리고 $-\int_A^B \frac{M}{EI}dx$는 보의 구간 AB에서 구해진 굽힘 모멘트 M을 굽힘강성 EI로 나누어 적분한 음의 값으로 $\frac{M}{EI}$에서 그려진 AB사이의 면적의 음의 값을 의미한다. 즉, 보의 두 점 A와 B사이에서 작용하중에 의하여 구해지는 처짐 곡선에 대한 접선 사이의 상대각 $\theta_{B/A}$는 두 점 사이의 $\frac{M}{EI}$선도 면적의 음의 값과 같다.

따라서, 외팔보의 경우 고정단에서의 회전각 θ_A가 0이므로 임의의 점 x에서의 회전각 θ_B는 두 점 사이의 상대각 $\theta_{B/A}$와 같으므로 굽힘모멘트 선도, 즉 $\frac{M}{EI}$의 음의 면적이 해당위치에서의 회전각이 됨을 알 수 있다.

그림 7.11에서 미소구간 dx에 대한 두 점 C와 D 사이의 변형 $d\delta$는 그림에 의하면 다음 식 (d)와 같이 됨을 알 수 있다.

$$d\delta = (\overline{DD'})d\theta \tag{d}$$

그런데 보의 처짐 δ가 대변형량이 아니고 미소하다는 가정에 의하면 DD′의 길이는 x_1과 같다고 놓아도 무리가 없을 것이다. 따라서, 식 (d)는 다음 식 (e)와 같이 된다.

$$d\delta = x_1 d\theta \tag{e}$$

점 A와 B사이의 접선 사이의 거리 $\delta_{B/A}$는 식 (e)에 의하여 다음 식 (7.37)과 같이 된다.

$$\delta_{B/A} = \int_A^B d\delta = \int_A^B x_1 d\theta = \int_A^B \left(-x_1 \frac{M}{EI}\right)dx = -\int_A^B x_1 \frac{M}{EI}dx = \bar{x}\left(-\int_A^B \frac{M}{EI}dx\right) \tag{7.37}$$

식 (7.37)의 $\delta_{B/A} = \bar{x}\left(-\int_A^B \frac{M}{EI}dx\right)$는 $\frac{M}{EI}$으로 이루어진 선도의 A와 B점 사이의 음의 면적의 B점에 대한 1차모멘트가 됨을 의미한다. 즉, 외팔보의 경우 고정단 A에서부터 임의의 위치에 있는 B점의 처짐량 δ는 보의 A와 B점 사이의 굽힘모멘트 선도의 음의 면적을 EI로 나눈 값과 선도상의 B점에서부터 이 굽힘모멘트 선도의 도심까지의 거리 $\bar{x}$와의 곱이다.

[예제 7-7] 다음 그림 7.12 (a)와 같은 외팔보에 대한 자유단에서의 회전각 θ와 처짐량 δ를 면적모멘트법으로 구하여라.

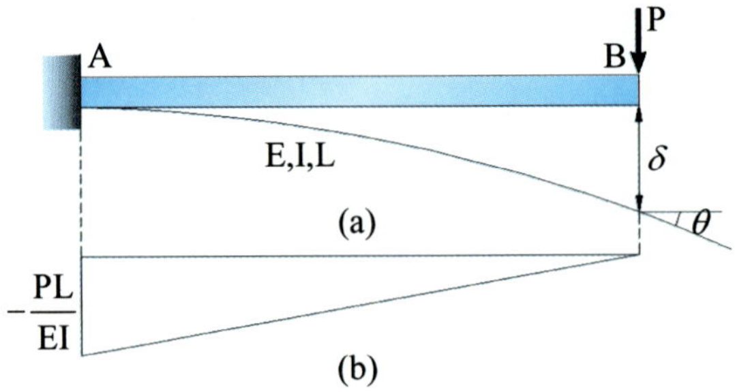

그림 7.12

(풀이)

굽힘강성 EI가 나누어진 굽힘 모멘트 선도는 그림 7.12 (b)와 같다. 따라서, 선도의 면적 A는 다음 식 (a)와 같다.

$$A = \frac{1}{2}\left(-\frac{PL}{EI}\right)L = -\frac{PL^2}{2EI} \quad \text{(a)}$$

식 (7.36)에 의하면 자유단에서 단면의 회전각 θ는 다음 식 (b)와 같다.

$$\theta_{B/A} = \theta_B - \theta_A = \theta_B = -A = \frac{PL^2}{2EI} = \theta \quad \text{(b)}$$

자유단의 처짐량 δ는 식 (7.37)에 의하면 다음 식 (c)와 같다.

$$\delta = (-A)\bar{x} = -\left(-\frac{PL^2}{2EI}\right)\times\left(\frac{2}{3}L\right) = \frac{PL^3}{3EI} \quad \text{(c)}$$

식 (b)와 (c)는 식 (7.23)과 같은 결과를 나타내고 있다.

연습문제

문 7.1.1 처짐곡선식이 다음과 같이 됨을 유도하라.

$$EIy'' = -M$$

문 7.1.2 처짐곡선식을 유도할 때 전제되는 가정을 설명하라.

문 7.1.3 그림 문 7.1.3과 같은 단순지지보가 양단에 굽힘 모멘트 M_0를 받고 있을 때 이보의 곡률 반지름 ρ를 구하여라. 단, $E = 30{,}000\,ksi$, $I = 64.1\,in^4$, $M_0 = 80{,}000\,lb \cdot ft$이다.

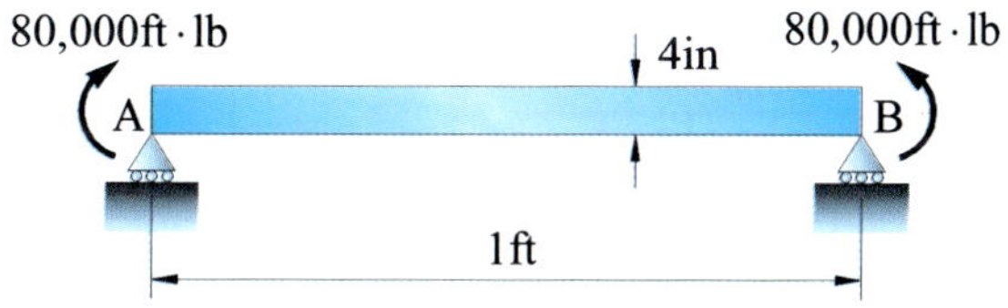

그림 문 7.1.3

문 7.1.4 그림 문 7.1.4와 같은 보에 대해 지점 AB 사이의 곡률반지름 ρ를 구하여라. 단, $E = 200\,GPa$이고 $I = 120 \times 10^{-6}\,m^4$이다.

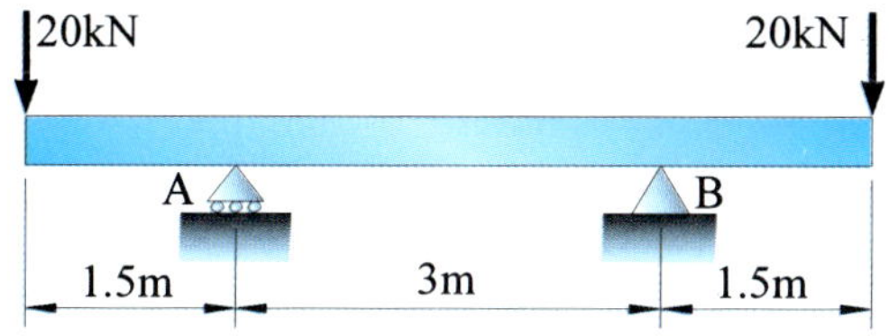

그림 문 7.1.4

문 7.2.1 그림 문 7.2.1과 같은 외팔보의 자유단에 집중하중 P_0와 굽힘모멘트 M_0가 작용되는 경우에 단면의 회전각 $\theta(x)$와 처짐 $v(x)$를 구하고, 자유단의 최대처짐 δ_{max} 및 최대회전각 θ_{max}를 구하라. 단, 보의 굽힘강성 EI는 일정하다.

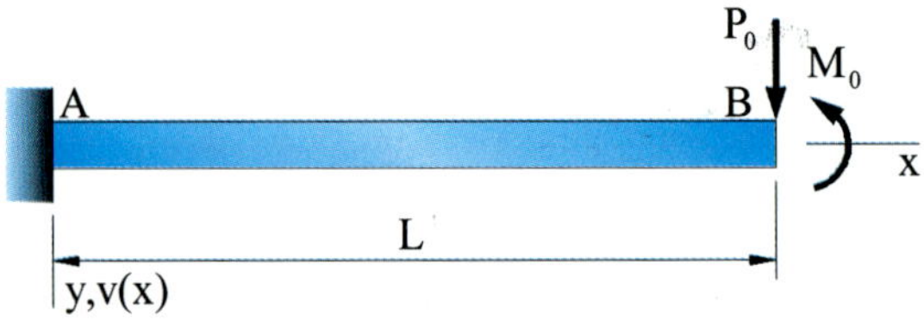

그림 문 7.2.1

문 7.2.2 그림 문 7.2.2와 같은 단순지지보의 단면의 회전각 $\theta(x)$와 처짐 $v(x)$를 구하고 최대처짐 위치와 최대처짐량 δ_{max}를 구하라. 단, 보의 굽힘강성 EI는 일정하다.

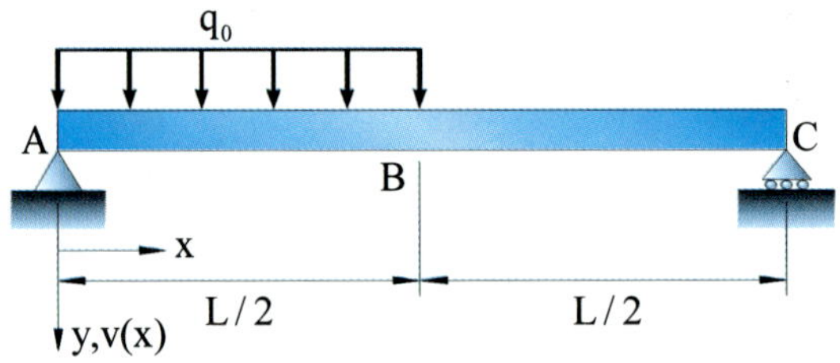

그림 문 7.2.2

문 7.2.3 그림 문 7.2.3과 같은 외팔보에 대한 단면의 회전각 $\theta(x)$와 처짐 $v(x)$를 구하고 자유단의 최대처짐 δ_{max}를 구하라. 그리고 하중작용위치인 B점이후의 처짐각 θ는 어떻게 되는가? 단, 보의 굽힘강성 EI는 일정하다.

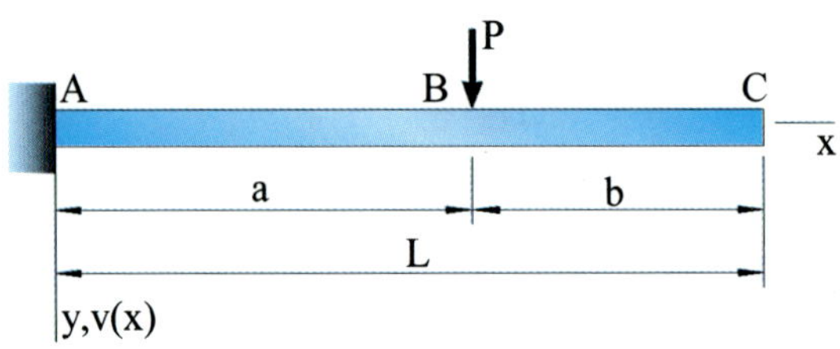

그림 문 7.2.3

문 7.2.4 그림 문 7.2.4와 같은 단순지지 보에 대한 처짐방정식이 다음식과 같을 때 최대처짐 위치 x_m과 최대처짐 δ_{max}를 구하고, 그림 문 7.2.4의 반력 R_A, R_B와 A단에 가해진 굽힘모멘트 M_A를 구하여라. 단, 보의 굽힘강성 EI는 일정하다.

$$v(x) = \frac{M_0}{3EIL}(2x^3 - 3Lx^2 + L^2x)$$

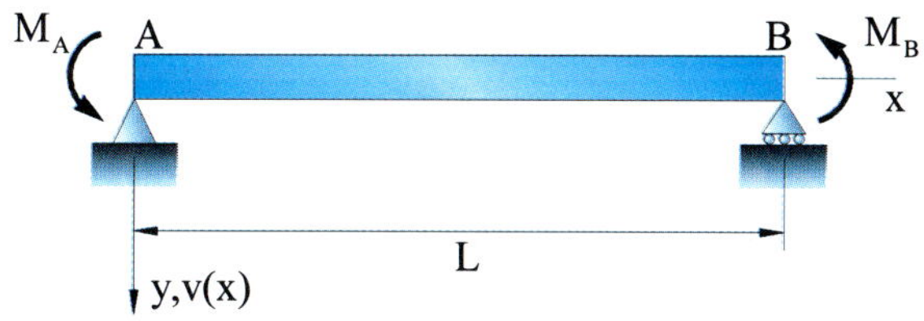

그림 문 7.2.4

문 7.2.5 그림 문 7.2.5와 같은 내다지보에 대하여 다음을 구하라.

(a) 지점 AB사이의 최대처짐 δ_{max}

(b) 내다지보의 자유단 C점의 처짐 δ_c

단, $L = 2ft$, $EI = 10^7 lb \cdot in^2$, $P = 1{,}000 lb$

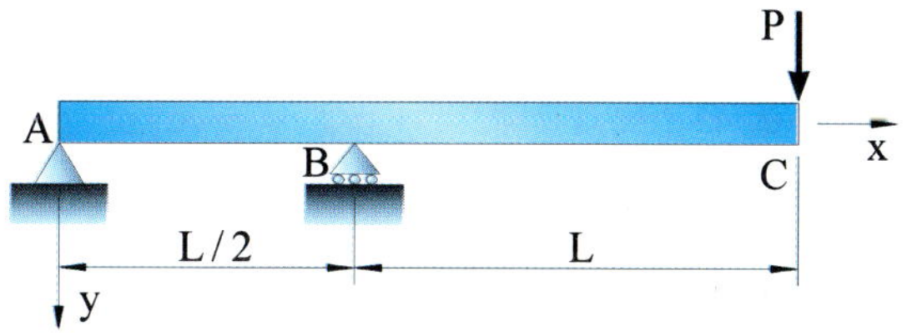

그림 문 7.2.5

문 7.3.1 그림 문 7.3.1과 같은 외팔보의 자유단의 최대처짐 δ_{max}를 중첩법에 의하여 구하여라.

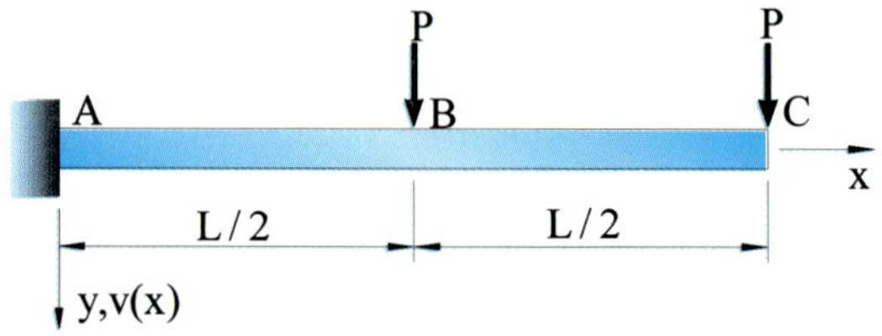

그림 문 7.3.1

문 7.3.2 그림 문 7.3.2와 같은 단순지지보에 대해 중첩법으로 최대처짐위치 x_m과 최대처짐 δ_{max}를 구하여라. 단, 보의 굽힘강성 EI는 일정하다.

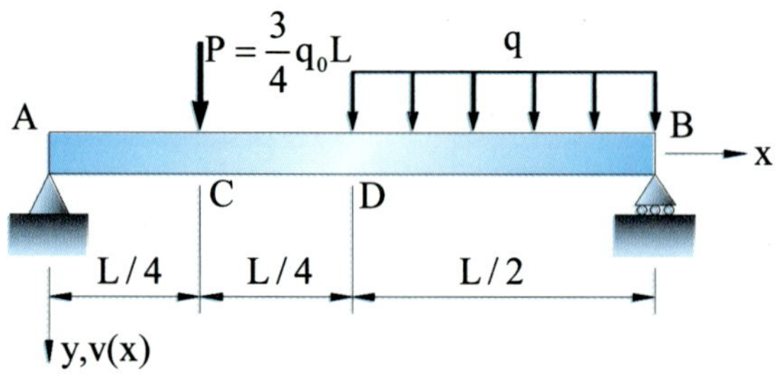

그림 문 7.3.2

문 7.3.3 그림 문 7.3.3과 같은 단순지지보에 집중하중 2,200lb와 분포하중 200lb/ft가 작용되고 있을 때, 보의 중앙 C점의 변위를 중첩법에 의하여 구하여라.

단, $E = 1.9 \times 10^6$ psi, $I = 280\,in^4$이다.

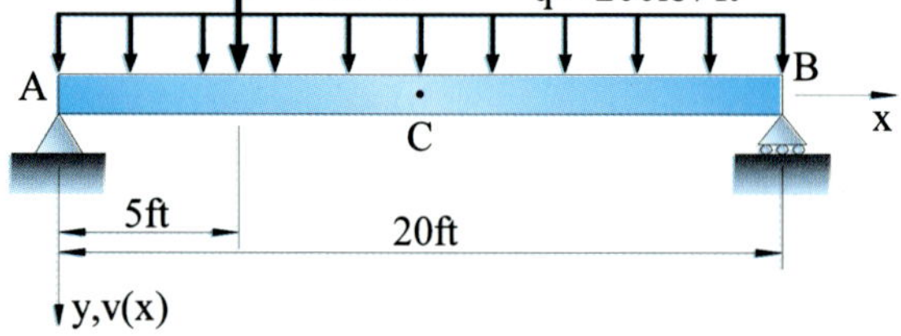

그림 문 7.3.3

문 7.3.4 그림 문 7.3.4와 같은 외팔보에 집중하중 1,500lb와 분포하중 300lb/ft가 작용되고 있을 때 보의 자유단 B의 처짐 δ_B를 중첩법에 의하여 구하여라.

단, $EI = 800 \times 10^6 lb \cdot in^2$이다.

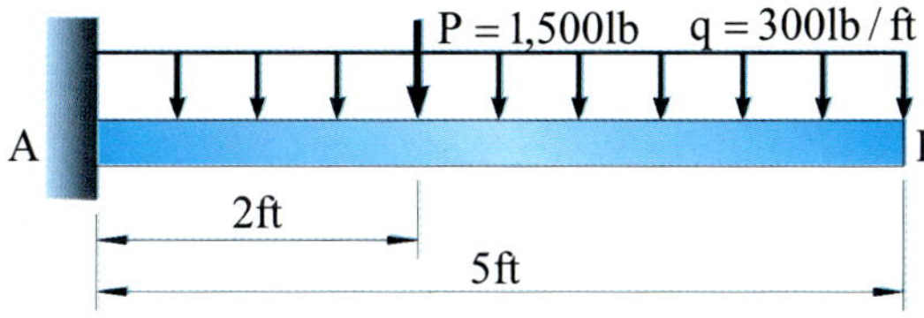

그림 문 7.3.4

문 7.3.5 그림 문 7.3.5는 B에서 힌지로 연결되어 있고 A는 롤러로, C에는 고정된 상태에서 하중을 그림과 같이 받고 있을 때, B점의 처짐 δ_B와 좌단 A의 회전각 θ_A를 중첩법으로 구하여라. 단, EI는 일정하다.

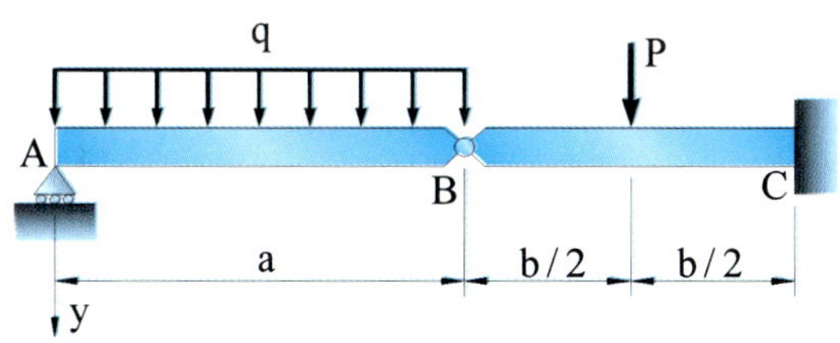

그림 문 7.3.5

문 7.4.1 그림 문 7.4.1과 같은 외팔보의 자유단 B의 회전각 θ_B와 처짐 δ_B를 면적모멘트법을 이용하여 구하여라.

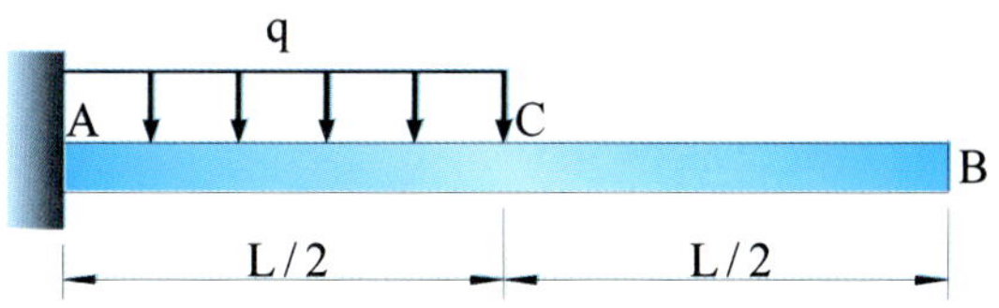

그림 문 7.4.1

문 7.4.2 그림 문 7.4.2와 같은 단순지지보에 집중하중 P가 작용되는 경우 좌단 A의 회전각 θ_A와 하중작용점 C의 처짐 δ_C를 면적모멘트법을 이용하여 구하여라. 단, 굽힘강성 EI는 일정하다.

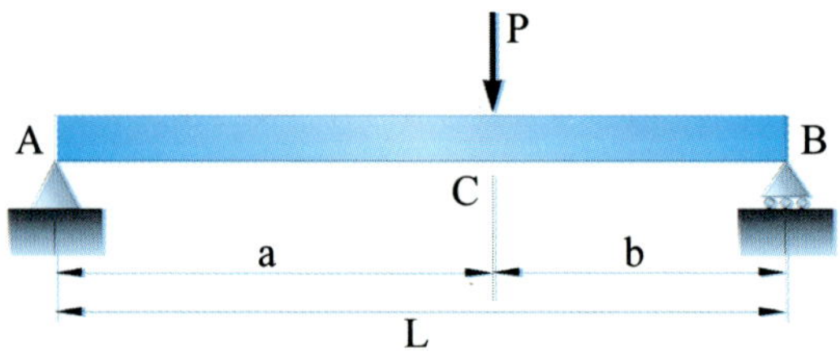

그림 문 7.4.2

문 7.4.3 그림 문 7.4.3과 같은 외팔보의 자유단에 집중하중 P와 굽힘모멘트 M_0가 가해지는 경우 자유단 B 및 보의 중앙점 C의 처짐 δ_B와 δ_C 및 회전각 θ_B와 θ_C를 면적모멘트법에 의하여 구하여라. 단, 굽힘강성 EI는 일정하다.

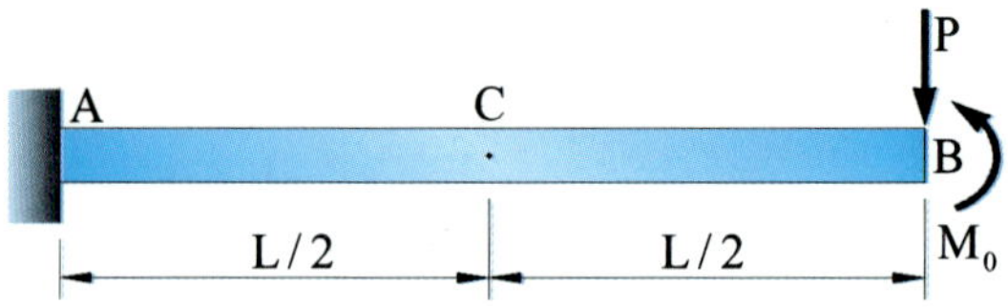

그림 문 7.4.3

문 7.4.4 그림 문 7.4.4와 같은 보가 점 C에서 처짐 $\delta_c = 0$이 되기 위한 P/W를 면적모멘트법을 이용하여 구하라.

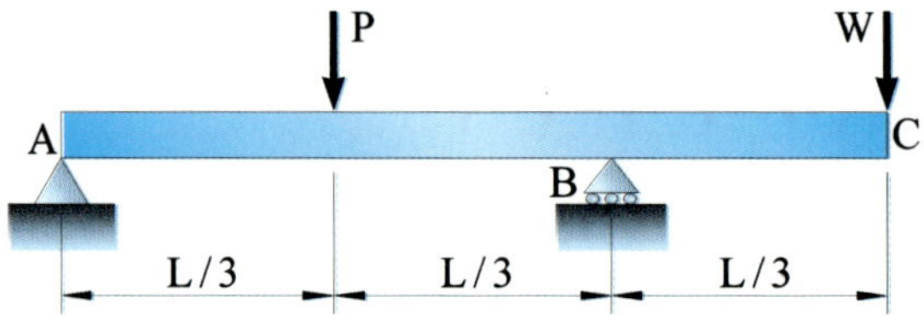

그림 문 7.4.4

문 7.4.5 문 7.4.5과 같이 단순보 AB가 두 부분의 분포하중 q를 받고 있다. 보의 중앙의 지지점 C는 하중이 가해지기 전에 보의 아래로 δ만큼 떨어져 있다. $\delta = 0.4\text{in}$, $L = 18\text{ft}$, $E = 30 \times 10^6\text{psi}$, $I = 428.4\text{in}^4$이라고 한다. 보가 점 C에 맞닿게 하기 위한 하중 q를 구하여라.

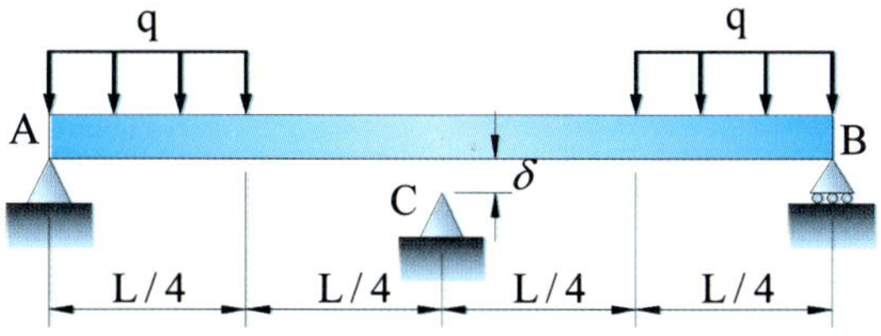

그림 문 7.4.5

CHAPTER 8

에너지 방법을 이용한 구조물의 변형 해석

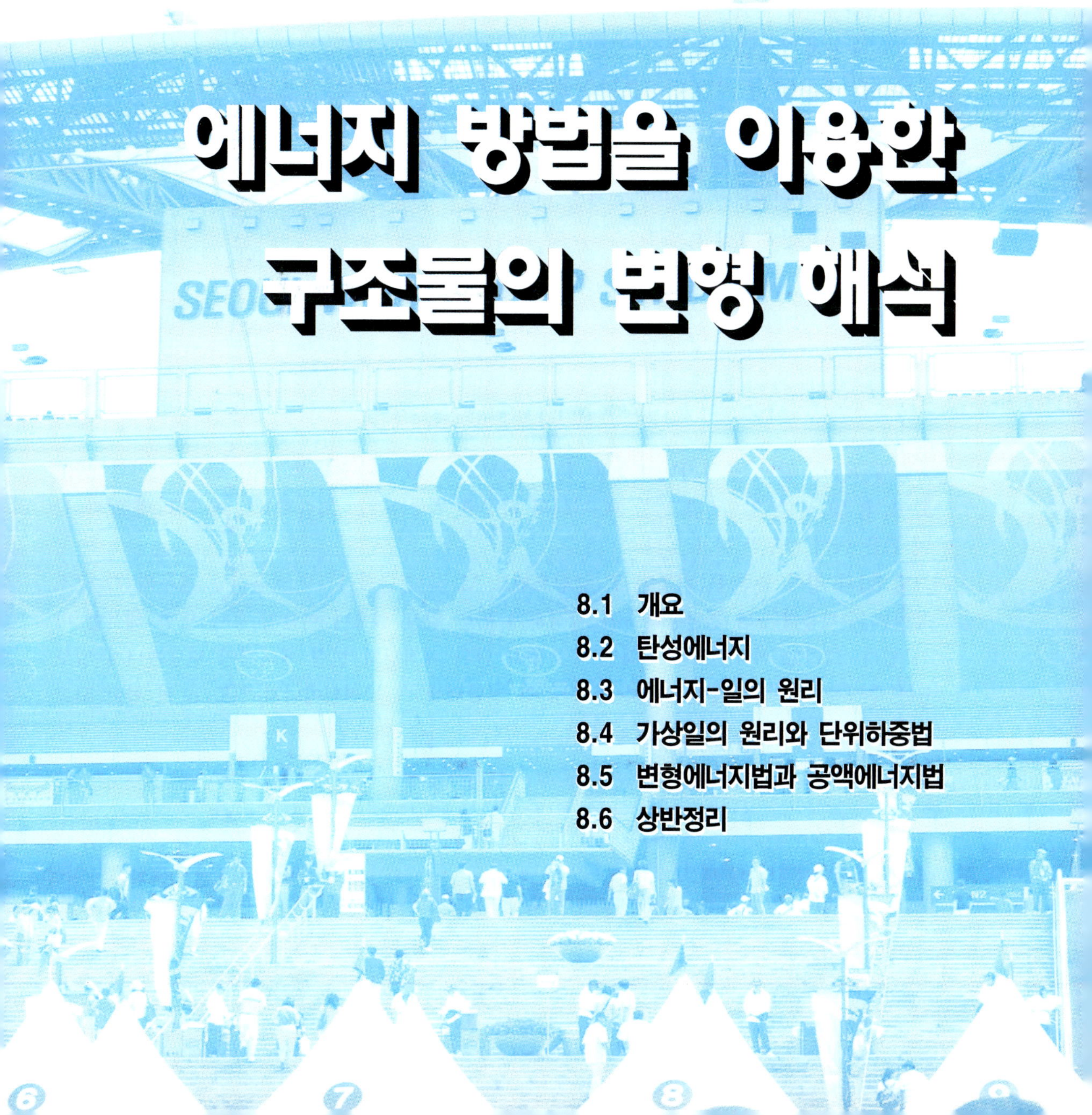

8.1 개요

축하중을 받는 봉, 전단력 및 굽힘모멘트에 저항하는 보 및 비틀림 하중을 받는 축과 같은 변형체에 발생하는 응력과 변형에 대한 해석을 하면서, 이들 구조물에 축적되는 탄성에너지에 대하여 공부한 바가 있다. 이와 같이 하중을 받는 구조물이 일으키는 변형에 의해 그 축적되는 탄성에너지를 이용하여 변형체의 해석을 수행할 수 있는 여러 가지 방법이 있으며, 이러한 에너지 방법은 탄성체의 구조해석에 널리 이용되고 있다. 더욱이, 컴퓨터의 발달과 함께 매우 뛰어난 수치해석법이 개발되어 복잡한 구조물의 해석이나 첨단의 설계기법 확보 등에 이 에너지 원리가 충실히 이용되고 있다.

간단한 응용으로는 부정정 구조물의 해석에 적용될 수 있으며, 구조물의 실험기법에도 에너지 원리를 이용함으로써 측정 불가능한 영역의 변형 측정에 활용되기도 한다. 구조물의 해석에 탄성에너지의 이용은 매우 효과적이고 효율적으로 활용됨을 이해 할 수 있을 것이다. 이러한 에너지 원리를 이해하기에 앞서, 하중을 받아 변형을 일으키는 구조물의 탄성에너지를 구하는 것이 기본적으로 필요하다.

8.2 탄성에너지

그림 8.1과 같이 축력 P, 비틀림 T, 굽힘모멘트 M 및 전단력 V를 받아 각각의 변형 δ, ϕ, θ 및 γ 를 일으킨다고 할 때 이들의 하중과 변형관계는 그림 8.1 (e)에 나타낸 것과 같이 됨은 이미 공부한 바가 있다.

그림 8.1과 같이 축력 P, 비틀림 T, 굽힘모멘트 M 및 전단력 V 가 작용하는 경우의 각 구조물에는 수직응력 σ와 전단응력 τ가 발생하게 됨을 알고 있으며 이들의 응력 또한 해석한 바가 있다. 그리고 식 (2.22)에 의하면 구조물의 단위 체적당의 변형 에너지인 변형에너지 밀도 u는 수직응력에 대한 변형에너지 밀도 u_a와 전단력에 의한 변형에너지 밀도 u_s의 합이 되고 이들은 각각 식 (8.1) 및 (8.2)와 같다.

$$u_a = \frac{1}{2}\sigma\epsilon = \frac{1}{2}\frac{\sigma^2}{E} = \frac{1}{2}E\epsilon^2 \tag{8.1}$$

$$u_S = \frac{1}{2}\tau\gamma = \frac{\tau^2}{2G} = \frac{1}{2}G\gamma^2 \tag{8.2}$$

따라서, 그림 8.1 (a)와 같은 축하중 P가 작용되는 봉에 축적되는 탄성에너지 U_A는 식 (1.1)과 (8.1)에 의하여 다음 식 (8.3)과 같이 표현됨을 알 수 있다.

$$U_A = \int_V u dV = \int_0^L \int_A \frac{\sigma^2}{2E} dA\,dx = \int_0^L \int_A \frac{1}{2E}\left(\frac{P}{A}\right)^2 dA\,dx = \int_0^L \frac{P^2}{2AE} dx \qquad (8.3)$$

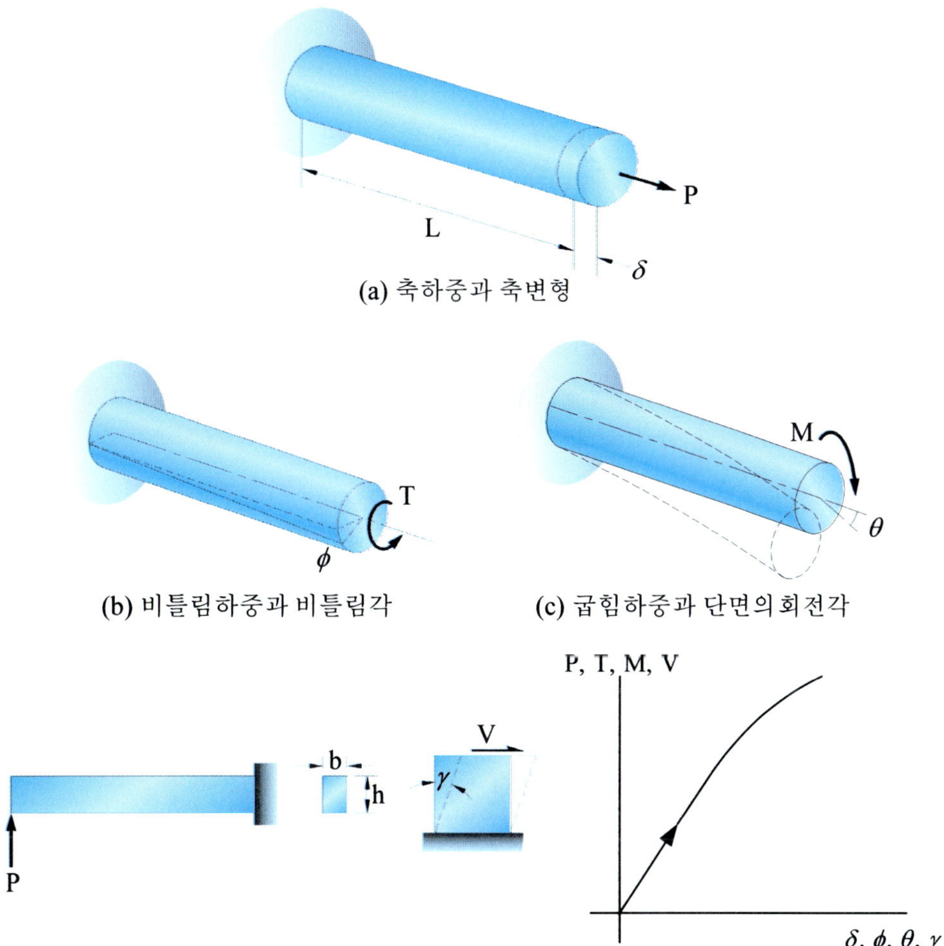

(a) 축하중과 축변형

(b) 비틀림하중과 비틀림각

(c) 굽힘하중과 단면의회전각

(d) 전단하중과 전단변형

(e) 하중-변형곡선

그림 8.1 하중과 변형

그림 8.1 (b)와 같은 비틀림 하중 T를 받는 봉에 축적되는 탄성에너지 U_T는 식 (3.13)과 (8.2)에 의하여 다음 식 (8.4)와 같이 된다.

$$U_T = \int_V u\,dV = \int_0^L \int_A \frac{\tau^2}{2G} dA\,dx = \int_0^L \int_A \frac{1}{2G}\left(\frac{T\rho}{I_p}\right)^2 dA\,dx \tag{8.4}$$

$$= \int_0^L \frac{T^2}{2GI_p^2} \int_A \rho^2 dA\,dx = \int_0^L \frac{T^2}{2GI_p} dx$$

그림 8.1 (c)와 같이 굽힘모멘트 M을 받는 보에 축적되는 탄성에너지 U_B는 식 (6.22)와 (8.1)에 의하여 다음 식 (8.5)와 같이 된다.

$$\begin{aligned} U_B &= \int_V u\,dV = \int_0^L \int_A \frac{\sigma^2}{2E} dA\,dx \\ &= \int_0^L \int_A \frac{1}{2E}\left(\frac{M}{I}y\right)^2 dA\,dx = \int_0^L \frac{M^2}{2EI^2} \int_A y^2 dA\,dx \\ &= \int_0^L \frac{M^2}{2EI} dx \end{aligned} \tag{8.5}$$

그림 8.1 (d)와 같이 전단력 V를 받는 보에 축적되는 탄성에너지 U_S는 식 (6.29)를 이용하여 표현하면 다음 식 (8.6)과 같이 된다.

$$U_S = \int_V u\,dV = \int_0^L \int_A \frac{\tau^2}{2G} dA\,dx = \int_0^L \int_A \frac{1}{2G} \frac{V^2}{b^2} \frac{Q^2}{I^2} dA\,dx \tag{8.6}$$

예를 들어, 단면의 폭이 b이고, 높이가 h인 구형단면이라고 하며, 단면2차관성모멘트 I는 $\frac{bh^3}{12}$이고 단면적 A는 bh이며, 단면1차모멘트 Q는 식 (6.31)을 이용하여 식 (8.6)의 구형단면에 대한 탄성에너지 U_S를 구하면 다음 식 (8.7)과 같이 된다.

$$U_S = \int_0^L \frac{1}{2G}\frac{V^2}{b^2}\frac{144}{(bh^3)^2}\int_A Q^2 dA\,dx \tag{8.7}$$

$$= \int_0^L \frac{1}{2G}\frac{V^2}{b^2}\frac{144}{b^2h^6}\int_A \left\{\frac{b}{2}\left(\frac{h^2}{4}-y^2\right)\right\}^2 dA\,dx$$

$$= \int_0^L \frac{1}{2G}\frac{V^2}{b^2}\frac{144}{b^2h^6}\frac{b^2}{4}\int_{-\frac{h}{2}}^{\frac{h}{2}} \frac{h^4}{16}\left\{1-4\left(\frac{y}{h}\right)^2\right\}^2 b\,dy\,dx$$

$$= \int_0^L \frac{6}{5}\left(\frac{V^2}{2GA}\right)dx = \int_0^L f_S\frac{V^2}{2GA}dx$$

식 (8.7)에서 f_S는 다음 식 (8.8)과 같이 구해지는 값으로 전단형상계수(shear form factor)라고 하며, 식 (8.7)에 의하여 다음 식 (8.8)과 같이 정의된다.

$$f_S = \frac{A}{I^2}\int_A \frac{Q^2}{b^2}dA \tag{8.8}$$

식 (8.8)에 의하여 보의 각 단면에 대하여 전단형상계수 f_S를 구하면, 구형단면에서는 $\frac{6}{5}$, 원형단면에서는 $\frac{10}{9}$, 그리고 두께가 얇은 튜브에서는 2, I형 단면과 같은 웨브-플랜지 단면에서는 전체단면적 (A)에 대한 웨브의 단면적 (A_W)의 비인 A/A_W로서 근사값을 이용하고, 다음 식 (8.9)와 같으며, 이 전단형상계수 f_S와 전단상수 g_S를 비교하면 다음 표 8.1과 같다.

$$f_S = A/A_W \tag{8.9}$$

표 8.1의 전단상수 g_S는 최대전단응력 τ_{max}을 표현할 때, 일반 수직응력과 같이 $\frac{V}{A}$로 표시하기 위하여 필요한 상수이고 전단형상계수 f_s는 전단 탄성변형에너지 U_S를 일반 수직응력에 의한 탄성변형에너지 U를 $\int_0^L \frac{P^2}{2EA}dx$와 같이 $\int_0^L \frac{f_S V^2}{2GA}dx$로 표현하기 위하여 필요한 계수이다.

표 8.1 전단상수 g_S와 전단형상계수 f_S

단 면		전단상수 g_S	전단형상계수 f_S	비 고
구형		$\frac{3}{2}$	$\frac{6}{5}$	
원형		$\frac{4}{3}$	$\frac{10}{9}$	
얇은 튜브	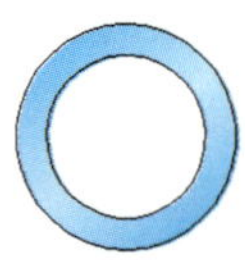	2	2	근사값
I형 또는 상자형	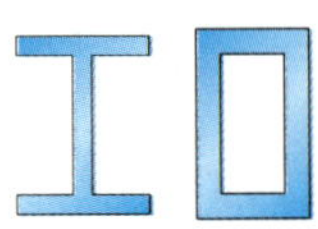	$\approx \frac{A}{A_w}$	$\approx \frac{A}{A_w}$	근사값

단, A : I형 혹은 상자형 단면의 전단면적

A_w: 웨브(web)의 단면적

만일, 어떤 구조물이 축력, 비틀림, 굽힘모멘트 및 전단력이 모두 작용하고 있는 경우의 변형에너지는 이들 각각의 변형에너지를 모두 합하여 구해지는 다음 식 (8.10)과 같이 된다.

$$U = U_A + U_B + U_T + U_S \tag{8.10}$$

$$= \int_0^L \frac{P^2}{2EA}dx + \int_0^L \frac{M^2}{2EI}dx + \int_0^L \frac{T^2}{2GI_p}dx + \int_0^L \frac{f_S V^2}{2GA}dx$$

[예제 8-1] 그림 8.2와 같은 단면적이 A이고 탄성계수가 E인 봉에 표면 분포하중 $q = q_0 \sin\frac{\pi x}{L}$가 작용하고 있을 때 축적되는 탄성에너지 U_A를 구하여라.

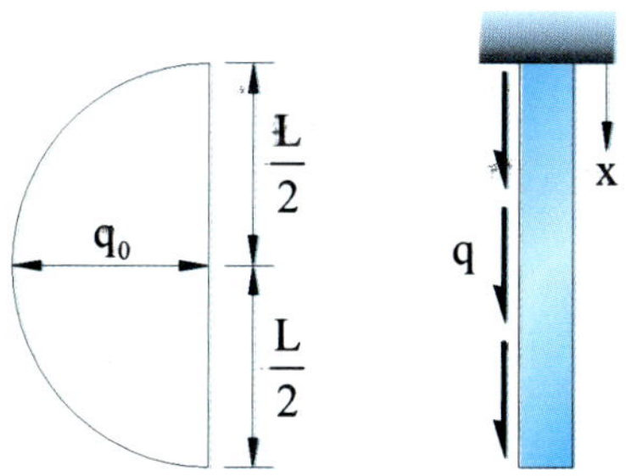

그림 8.2

(풀이)

고정단으로부터 x위치에 있는 단면의 인장력 P(x)는 다음 식 (a)와 같이 됨을 알 수 있다.

$$P(x) = \int_x^L q\,dx = \int_x^L q_0 \sin\frac{\pi x}{L}\,dx = \left[\frac{q_0 L}{\pi}\left(-\cos\frac{\pi x}{L}\right)\right]_x^L \qquad (a)$$
$$= \frac{q_0 L}{\pi}\left(1 + \cos\frac{\pi x}{L}\right)$$

식 (a)를 식 (8.3)에 대입하여 탄성에너지 U_A를 구하면 다음 식 (b)와 같이 된다.

$$U_A = \int_0^L \frac{P^2}{2EA}dx = \int_0^L \frac{1}{2EA}\left(\frac{q_0 L}{\pi}\right)^2\left(1 + \cos\frac{\pi x}{L}\right)^2 dx \qquad (b)$$
$$= \frac{1}{2EA}\left(\frac{q_0 L}{\pi}\right)^2\left(\frac{3}{2}L\right) = \frac{3q_0^2 L^3}{4\pi^2 EA}$$

[예제 8-2] 그림 8.3 (a)와 같은 길이 2L인 보에 축적되는 탄성에너지 중에서 전단에 의한것은 무시하고 굽힘모멘트에 의한 탄성에너지 U_B를 구하여라. 단, 굽힘강성 EI는 일정하다.

(풀이)

그림 8.3 (a)와 같은 보의 굽힘모멘트 선도는 그림 8.3 (b)와 같다. 따라서, 이 보에 축적되는 탄성에너지는 길이 2L인 보의 절반인 길이 L에 축적되는 에너지의 2배가 됨을 알 수 있고, 굽힘모멘트 $M_1 = Px$ 이므로 식 (8.5)에 의하여 이 보에 축적되는 탄성에너지는 다음과 같다.

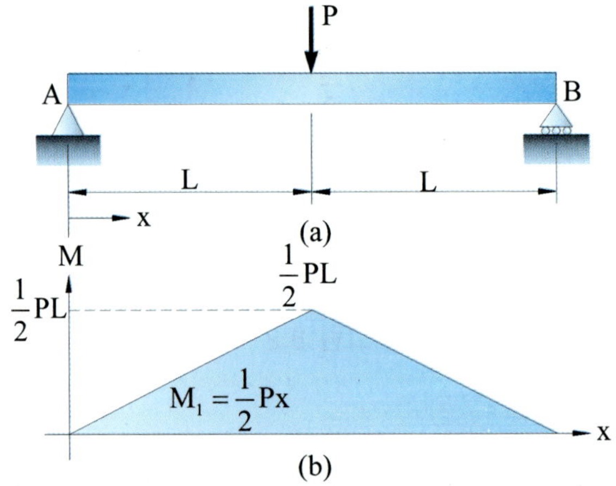

그림 8.3

$$U_B = 2\int_0^L \frac{M_1^2}{2EI}dx = 2\int_0^L \frac{\left(\frac{1}{2}Px\right)^2}{2EI}dx = \frac{P^2L^3}{12EI}$$

[예제 8-3] 그림 8.4와 같이 한 쪽 끝이 고정되고, 다른 쪽 끝은 자유단으로 된 길이 L, 두께 t, 그리고 평균반지름이 R인 파이프가 자유단에 비틀림 모멘트 T를 받고 있을 때 이 파이프에 축적되는 탄성에너지 U_T를 구하여라.

(풀이)

식 (3.46)에 의하면 이 파이프에 작용되는 전단응력흐름 q는 다음 식 (a)와 같다.

$$q = \frac{T}{2A} = \frac{T}{2\pi R^2} \tag{a}$$

전단응력 τ는 식 (3.44)에 의하여 다음 식 (b)와 같이 된다.

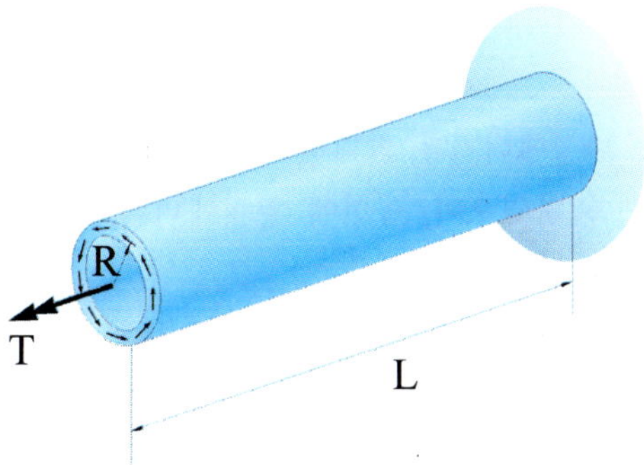

그림 8.4

$$\tau = \frac{q}{t} = \frac{T}{2\pi R^2 t} \tag{b}$$

식 (b)의 전단응력 τ에 의해 축적되는 탄성에너지 밀도 u는 식 (8.2)에 의하면 다음 식 (c)와 같이 된다.

$$u = \frac{\tau^2}{2G} = \frac{1}{2G}\left(\frac{T}{2\pi R^2 t}\right)^2 = \frac{T^2}{8\pi^2 G R^4 t^2} \tag{c}$$

이 전단응력이 작용되는 파이프의 전체적 V는 다음 식 (d)와 같다.

$$V = (2\pi RL)t \tag{d}$$

따라서, 파이프에 축적되는 전 탄성에너지 U_T는 다음 식 (e)와 같이 된다.

$$U_T = uV = \frac{T^2}{8\pi^2 G R^4 t^2} \times 2\pi RLt = \frac{T^2 L}{4\pi G R^3 t} \tag{e}$$

8.3 에너지-일의 원리

탄성한계 내에서 응력을 받고 있는 구조체는 외력에 의하여 행해진 모든 일을 탄성에너지로 구조체에 축적된다는 다음 식 (8.11)을 에너지-일의 원리(principle of energy and work)라고 한다.

$$W_{ext} = U \tag{8.11}$$

식 (8.11)의 경우 에너지는 탄성에너지를 의미하므로 가해지는 하중을 매우 정적으로 가하여 운동에너지가 무시될 수 있도록 하였으며, 동시에 열적에너지, 화학에너지 및 전자기적 에너지 등은 고려 대상에서 제외시키고 있다.

그림 8.5 (a)와 같은 길이 L인 외팔보의 자유단에 하중 P를 작용시킨 경우와 그림 8.5 (b)와 같이 자유단에 굽힘모멘트 M_0를 작용시킨 경우에 에너지-일의 원리를 적용해 보기로 한다.

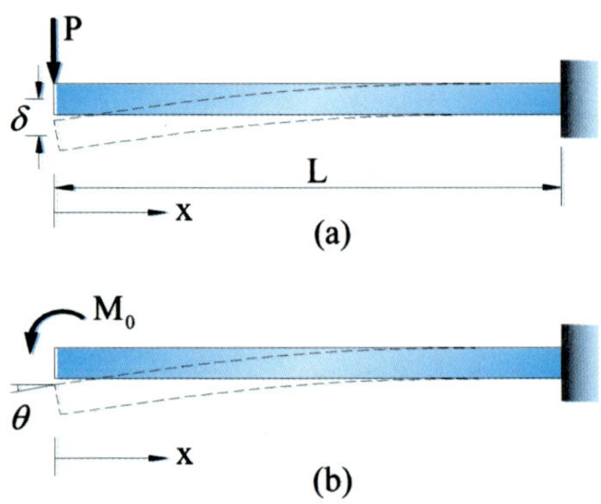

그림 8.5

그림 8.5 (a)의 외팔보의 굽힘모멘트 M(x)는 다음 식 (a)와 같이 된다.

$$M = -Px \tag{a}$$

따라서, 식 (8.5)에 의하여 보에 축적되는 탄성에너지는 다음 식 (b)와 같다.

$$U = \int_0^L \frac{M^2}{2EI} dx = \int_0^L \frac{(-Px)^2}{2EI} dx = \frac{P^2L^3}{6EI} \tag{b}$$

그림 8.5 (a)의 하중 P가 변위 δ를 일으키는 동안 하는 일 W_{ext}는 다음 식 (c)와 같이 된다.

$$W_{ext} = \frac{1}{2}P\delta \tag{c}$$

식 (b)와 (c)를 식 (8.11)에 대입하여 변위 δ를 구하면 다음 식 (d)와 같이 된다.

$$\frac{1}{2}P\delta = \frac{P^2L^3}{6EI}, \quad \delta = \frac{PL^3}{3EI} \tag{d}$$

그림 8.5 (b)의 외팔보에 대한 굽힘모멘트 M(x)는 다음 식 (e)와 같다.

$$M(x) = -M_0 \tag{e}$$

식 (8.5)에 의하여 보에 축적되는 탄성에너지는 다음 식 (f)와 같이 된다.

$$U = \int_0^L \frac{(-M_0)^2}{2EI} dx = \frac{M_0^2 L}{2EI} \tag{f}$$

그림 8.5 (b)의 하중 M_o가 회전각 θ를 일으키는 동안 하는 일 W_{ext}는 다음 식 (g)와 같다.

$$W_{ext} = \frac{1}{2}M_0\theta \tag{g}$$

식 (f)와 (g)를 식 (8.11)에 대입하여 회전각 θ를 구하면 다음 식 (h)와 같이 된다.

$$\theta = \frac{M_0 L}{EI} \tag{h}$$

식 (d)와 (h)에서 구해진 보의 처짐 δ와 회전각 θ는 식 (7.21)에 의하여 구해진 결과와 일치하고 있다.

[예제 8-4] 그림 8.6 (a) 및 (b)와 같은 내다지보의 자유단에 집중하중 P와 굽힘모멘트 M을 각각 작용하였을 경우 자유단의 처짐 δ와 회전각 θ를 에너지-일 원리를 이용하여 구하여라.

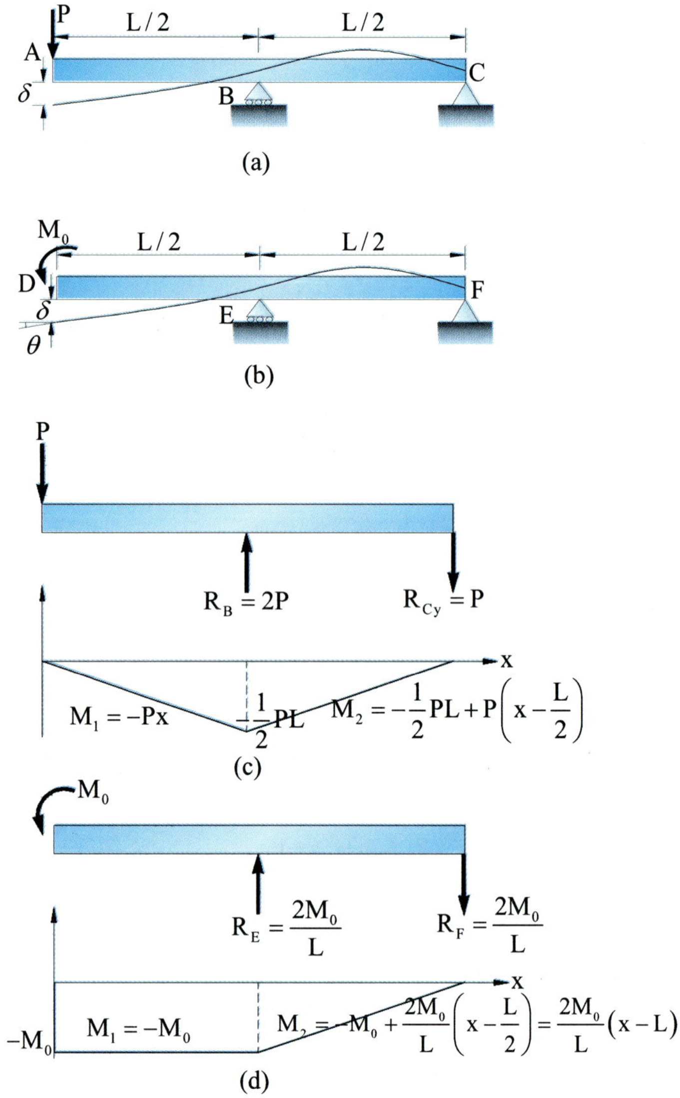

그림 8.6

(풀이)

그림 8.6 (a), (b)의 자유물체도와 굽힘모멘트 선도는 각각 그림 8.6 (c), (d)와 같다. 그림 8.6 (c)에서 B점의 굽힘모멘트 평형을 취하면 반력 R_C는 다음 식 (a)와 같다.

$$R_C = -P \tag{a}$$

따라서, R_B는 다음 식 (b)와 같다.

$$R_B = 2P \tag{b}$$

그림 8.6 (d)에서 E점의 굽힘 모멘트 평형을 취하면 반력 R_F는 다음 식 (c)와 같다.

$$R_F = -\frac{2M_0}{L} \tag{c}$$

따라서, 반력 R_E는 다음 식 (d)와 같다.

$$R_E = \frac{2M_0}{L} \tag{d}$$

자유물체도를 이용하여 굽힘모멘트 선도를 그리면 그림 8.6 (c) 및 (d)와 같이 구해진다. 그림 8.6 (a)의 보에 축적되는 탄성에너지 U_1는 다음 식 (e)와 같이 된다.

$$U_1 = 2\int_0^{\frac{L}{2}} \frac{M_1^2 dx}{2EI} = 2\int_0^{\frac{L}{2}} \frac{(-Px)^2}{2EI} dx = \frac{P^2}{3EI}\left(\frac{L}{2}\right)^3 = \frac{P^2 L^3}{24EI} \tag{e}$$

그림 8.6 (b)의 보에 축적되는 탄성에너지 U_2는 다음 식 (f)와 같이 된다.

$$\begin{aligned} U_2 &= \int_0^{\frac{L}{2}} \frac{(-M_0)^2}{2EI} dx + \int_{\frac{L}{2}}^{L} \frac{\left\{\frac{2M_0}{L}(x-L)\right\}^2}{2EI} dx \\ &= \frac{M_0^2 L}{4EI} + \frac{4M_0^2}{2L^2 EI} \times \frac{1}{3}\left(\frac{L}{2}\right)^3 = \frac{M_0^2 L}{4EI} + \frac{M_0^2 L}{12EI} = \frac{M_0^2 L}{3EI} \end{aligned} \tag{f}$$

그림 8.6 (a) 및 (b)의 외력에 의한 일 $W_{ext}(a)$와 $W_{ext}(b)$는 다음 식 (g)와 (h) 같이 된다.

$$W_{ext}(a) = \frac{1}{2}P\delta \tag{g}$$

$$W_{ext}(b) = \frac{1}{2}M_0\theta \tag{h}$$

식 (e)와 (g), (f) 및 (h)를 식 (8.11)에 대입하여 자유단의 처짐 δ와 회전각 θ를 구하면 다음 식 (i) 및 (j)와 같이 된다.

$$\delta = \frac{PL^3}{12EI} \tag{i}$$

$$\theta = \frac{2M_0L}{3EI} \tag{j}$$

8.4 가상일의 원리와 단위하중법

구조해석을 수행하는 경우에는 가상일(virtual work)이나 가상변위(virtual displacement)를 이용하는 경우가 흔히 있다. 가상이란 의미 그대로 실존하지 않는 가상적임을 의미하는 것으로 가상변위는 실제 변형과 무관하게 의도적으로 가상적 변위를 취하는 변위를 의미한다. 그러나 이 가상변위는 실제 구조물에서 일으킬 수 있는 가능한 변형 형태를 취해야 하므로 이 가상변위 자체는 그 구조물에서의 경계조건을 만족해야 하거나 구조물의 연속성을 유지할 수 있도록 취해져야 한다. 또한, 가상일은 가상변위에 의하여 행해지는 가상적 일을 의미한다.

그림 8.7 (a)와 같은 보에 집중하중 P, 분포하중 q, 비틀림 T_k, 굽힘모멘트 M_k의 외력들이 작용되었을 때, 그림 8.7 (b)와 같은 미소단면요소에 작용하는 하중들을 생각할 수 있다.

보의 변형 조건에 알맞은 가상변위가 그림 8.7 (a)의 보에 주어진다고 하면 이 보의 각 요소들은 새로운 위치로 변하게 되고 결과적으로 처짐 양상도 달라지게 될 것이다. 이 때 한 요소의 외력에 의한 가상일을 dW_t라 하고 이 한 요소의 변형에 의한 가상일을 dW_d라고 할 때 이 두 가상일은 서로 같아서 다음 식 (8.12)가 성립된다.

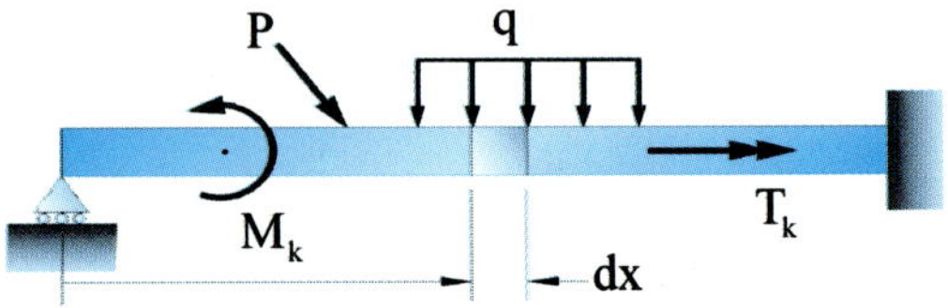

(a)

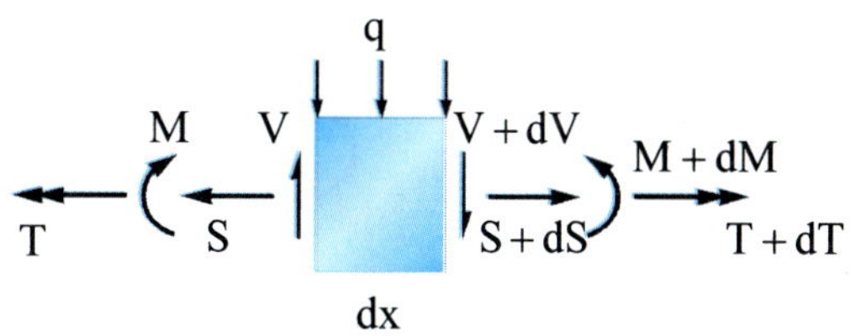

(b)

그림 8.7

$$dW_t = dW_d \tag{8.12}$$

그러나 식 (8.12)의 외력에 의한 가상 일 dW_t에는 보가 정적인 상태로 변형되어지므로 강체로서의 회전이나 병진 이동에 관한 가상일은 포함되어 있지 않다. 따라서, 보의 전체의 가상일은 이들 각 요소들의 가상일들을 모두 합하여 구해지는 것들로 다음 식 (8.13)과 같이 된다.

$$\int dW_t = \int dW_d \tag{8.13}$$

식 (8.13)의 좌변 $\int dW_t$는 외력인 하중들에 의하여 행해진 전 가상일로서 외부일(external work)이 되고, 우변 $\int dW_d$는 구조물의 요소들의 변형에 의한 가상일이다. 이 변형은 요소에 응력을 발생시키는 것으로 이 우변의 일은 내력에 의한 가상일로서 내부일(internal work)이 된다. 따라서, 식 (8.13)은 외부 가상일과 내부 가상일이 서로 같음을 뜻하며, 이를 가상일의 원리(principles of virtual work)라고 하고 다음 식 (8.14)와 같이 표현된다.

$$W_{ext} = W_{int} \tag{8.14}$$

외부가상일 $W_{ext} = \int dW_t$는 외력에 의한 가상일들로서 그림 8.7 (a)의 구조에 작용되는 외력들에 대한 미소요소의 내력들이 축력 S, 전단력 V, 굽힘모멘트 M 및 비틀림 T이고 이들 내력들에 의한 변형은 그림 8.8에서 볼 수 있듯이 $d\delta$, $d\lambda$, $d\theta$, $d\phi$이다.

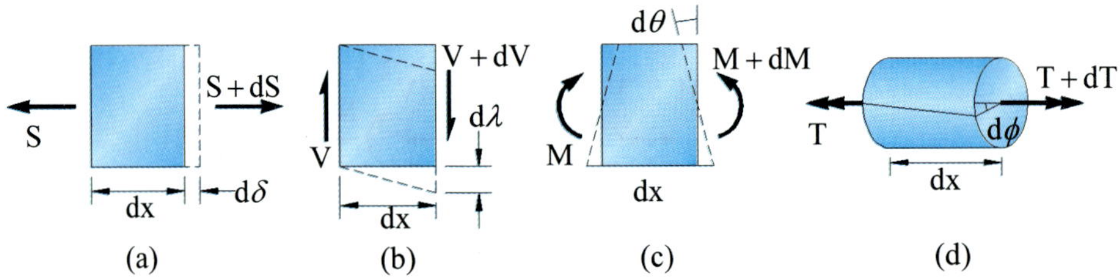

그림 8.8

따라서, 미소요소의 내부가상일 dW_{int}는 다음 식 (8.15)와 같이 된다.

$$dW_{int} = (S + dS)d\delta + (M + dM)d\theta + (V + dV)d\lambda + (T + dT)d\phi \qquad (8.15)$$
$$\cong Sd\delta + Md\theta + Vd\lambda + Td\phi$$

식 (8.15)를 전 구조요소에 대하여 모두 더하여 전 내부가상일을 구하고 식 (8.14)의 가상일의 원리를 적용하여 표현하면 다음 식 (8.16)과 같이 된다.

$$W_{int} = \int Sd\delta + \int Md\theta + \int Vd\lambda + \int Td\phi = W_{ext} \qquad (8.16)$$

공학적인 문제를 해결하고자 할 때에 단위값인 1이 가끔 이용된다. 이때, 물리적인 현상과 모든 자연체계에 적합한 가정을 들어 문제를 접근하게 되는 경우에는 매우 편리하고 유용한 식들을 찾아낼 수 있게 된다. 가상일을 적용하는 문제에 대해서도 외부에서 각종 외력으로 단위하중인 1을 가하여 단위 하중 방향으로 발생된 변위를 Δ라 하고 이 단위하중 1에 의하여 이 구조요소의 내부에 내력들이 S_1, M_1, V_1, T_1이 발생되었다고 할 때, 이들 관계를 식 (8.16)에 대입하여 표현해보면 다음 식 (8.17)과 같이 됨을 알 수 있다.

$$W_{ext} = 1 \cdot \Delta = W_{int} = \int S_1 d\delta + \int M_1 d\theta + \int V_1 d\lambda + \int T_1 d\phi \qquad (8.17)$$

이 구조에 실제하중에 의하여 구조물 내에 발생되는 내력 S_L, M_L, V_L, T_L 라고 할 때 미소요소 dx에서 발생하는 미소변형 $d\delta$, $d\theta$, $d\lambda$ 및 $d\phi$는 식 (2.2), (3.12) 및 (7.9)에 의하면 다음 식 (8.18)과 같다.

$$d\delta = \frac{S_L}{EA}dx,\ d\theta = \frac{M_L}{EI}dx,\ d\lambda = \frac{f_S V_L}{GA}dx,\ d\phi = \frac{T_L}{GI_P}dx \tag{8.18}$$

식 (8.18)을 식 (8.17)에 대입하여 구조물상의 임의의 점에서의 변위 Δ를 다음 식 (8.19)와 같이 구할 수 있고 이렇게 변위를 구하는 방법을 단위하중법이라고 한다.

$$\Delta = \int \frac{S_L S_1}{EA}dx + \int \frac{M_L M_1}{EI}dx + \int \frac{f_S V_L V_1}{GA}dx + \int \frac{T_L T_1}{GI_P}dx \tag{8.19}$$

식 (8.19)는 축력 S_L. 굽힘모멘트 M_L, 전단력 V_L 및 비틀림 T_L에 의하여 구조물에 발생되는 변위를 각각 중첩하여 구한 결과임을 알 수 있다. 따라서, 식 (8.19)는 선형탄성구조물에 대하여 단위하중법을 이용한 변위해석식이 된다. 이 식의 적용을 위하여서는 다음의 절차를 기억해 두어야 한다. 첫째, 실제 가해진 외력, 즉 하중에 의하여 구조물 내에 발생되는 각각의 내력 S_L, M_L, V_L, T_L을 구하고, 둘째, 구하고자 하는 변위 Δ에 대응하는 단위하중을 구조물에 작용시켜 이 단위하중에 의하여 발생되는 내력 S_1, M_1, V_1, T_1을 구하여 식 (8.19)에 대입하여 변위 Δ를 구한다.

[예제 8-5] 그림 8.9 (a)와 같은 트러스 구조물에서 E점의 오른쪽으로 이동한 수평변위 δ_E와 A점의 처짐 δ_A를 구하여라. 단, 트러스의 각 부재의 단면적은 A이고 탄성계수는 E이다.

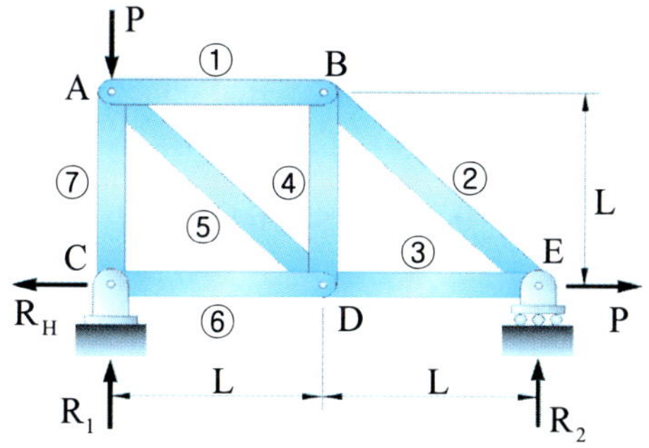

(a)

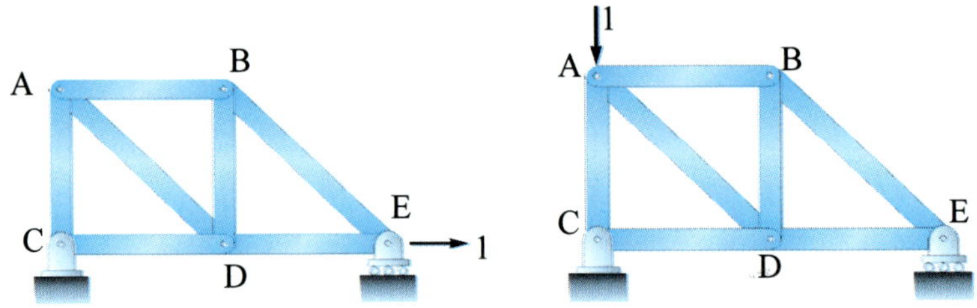

(b) (c)

그림 8.9

(풀이)

그림 8.9 (a)의 각 부재 내력을 구하기 전에 지지점 C와 E의 반력은 각각 다음 식 (a), (b) 및 (c)와 같이 구해진다.

$$\sum F_x = 0,\ R_H = P \tag{a}$$

$$\sum M_C = 0,\ 2LR_2 = 0,\ R_2 = 0 \tag{b}$$

$$\sum F_y = 0,\ R_1 = P \tag{c}$$

지점 E의 평형을 고려하여 관련부재의 내력을 구하면 다음 식 (d)와 같다. 이 때, 인장을 양으로 표시하고 압축은 음으로 표시한다.

$$\sum F_x = 0,\ S_3 = P \tag{d}$$

$$\sum F_y = 0,\ S_2 \sin 45° = R_2\ ,\quad \therefore S_2 = 0$$

절점 B의 평형을 고려하여 관련부재의 내력을 구하면 다음 식 (e)와 같다.

$$\sum F_x = 0,\ S_1 = S_2 \sin 45° = 0 \tag{e}$$

$$\sum F_y = 0,\ S_4 = S_2 \cos 45° = 0$$

절점 A의 평형을 고려하여 관련부재의 내력을 구하면 다음 식 (f)와 같다.

$$\sum F_x = 0,\ S_5 \cos 45^\circ = S_1 = 0,\ \therefore S_5 = 0 \quad \text{(f)}$$

$$\sum F_y = 0,\ S_7 = -P$$

지점 C의 평형을 고려하여 관련부재의 내력을 구하면 다음 식 (g)와 같다.

$$\sum F_x = 0,\ S_6 = R_H = P\,(\text{인장}) \quad \text{(g)}$$

$$\sum F_y = 0,\ S_7 = R_1 = -P$$

이들 내력 S_L들을 다음 표 8.2와 같이 정리할 수 있다. 이 때, E점의 오른쪽으로의 이동한 수평변위 δ_E를 구하기 위하여 E점에 수평단위하중 1을 가하여 구해진 각 부재 내력 S_{1E}와 A점의 처짐 δ_A를 구하기 위하여 A점에 단위하중 1을 가한 상태에서 각 부재의 내력 S_{1A}는 그림 8.9 (c) 및 (d)를 참조하여 각각 다음 표 8.2와 같이 구해질 수 있다.

표 8.2

부 재	길 이	S_L	S_{1A}	S_{1E}	$S_L S_{1A} L$	$S_L S_{1E} L$
AB	L	0	0	0	0	0
AC	L	-P	-1	0	PL	0
AD	$\sqrt{2}L$	0	0	0	0	0
BD	L	0	0	0	0	0
BE	$\sqrt{2}L$	0	0	0	0	0
CD	L	+P	0	+1	0	PL
DE	L	+P	0	+1	0	PL
합 계					PL	2PL

따라서, 식 (8.19)에 의하여 변위 δ_E와 δ_A는 각각 다음 식 (h) 및 (i)와 같이 된다.

$$\delta_E = \sum \frac{S_L S_{1E} L}{EA} = \frac{2PL}{EA} \quad \text{(h)}$$

$$\delta_A = \sum \frac{S_L S_{1A} L}{EA} = \frac{PL}{EA} \quad \text{(i)}$$

[예제 8-6] 그림 8.10 (a)와 같은 반원형 아치의 오른쪽 단에 집중하중 P가 작용되는 경우에 오른쪽 단의 변위 δ를 구하여라.

(풀이)

임의의 위치 θ에서의 외력인 집중하중 P에 의한 내력모멘트 M_L은 다음 식 (a)와 같다.

$$M_L = PR\sin\theta \tag{a}$$

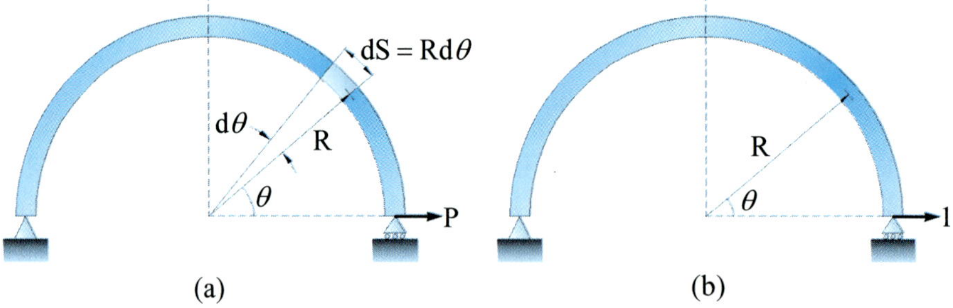

그림 8.10

오른쪽 단에 단위하중 1을 가하여 임의의 위치 θ에서의 내력모멘트 M_1은 다음 식 (b)와 같다.

$$M_1 = R\sin\theta \tag{b}$$

식 (a)와 (b)를 식 (8.19)에 대입하여 오른쪽단의 변위 δ를 구하면 다음 식 (c)와 같이 된다.

$$\delta = \int_0^L \frac{M_L M_1}{EI} dx = \int_0^\pi \frac{PR\sin\theta(R\sin\theta)}{EI} Rd\theta \tag{c}$$

$$= \frac{PR^3}{EI}\int_0^\pi \sin^2\theta d\theta = \frac{\pi PR^3}{2EI} \quad (\text{오른쪽 방향})$$

8.5 변형에너지법과 공액에너지법

변형에너지와 공액에너지는 재료역학을 공부하는 과정에서 유용하게 이용되는 것을 이해하여 왔다. 구조물의 거동이 선형이든 비선형이든 간에 이 방법들이 활용되어 질수 있다는 장점

이 있다. 예를 들어, 그림 8.11 (a)와 같은 단순봉이 집중하중 P를 받아 늘어나고 있을 때 이 봉의 변형(δ)과 하중(P)의 관계는 그림 8.11 (b)와 같으며 이에 따른 응력(σ)과 변형률(ϵ)관계가 그림 8.11 (c)와 같음을 우리는 알고 있다.

그림 8.11 (b)에서 하중 P가 한 일 W는 다음 식 (8.20)과 같으며 이 값은 봉에 축적되는 전 탄성에너지와 같음을 알고 있다.

$$W = \int_0^{\delta_1} P\, d\delta = U \tag{8.20}$$

그림 8.11 (c)에 의하면 변형에너지밀도 u는 다음 식 (8.21)과 같다.

$$u = \int_0^{\epsilon_1} \sigma\, d\epsilon \tag{8.21}$$

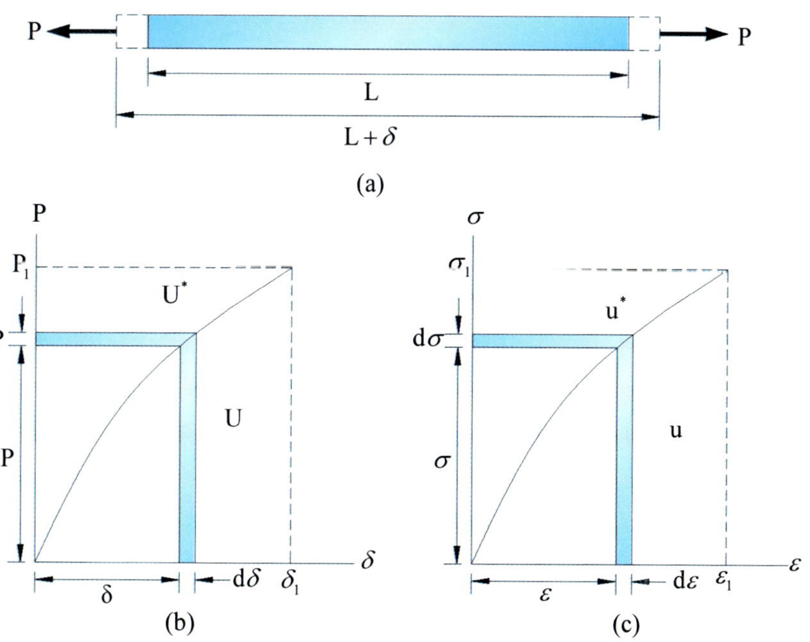

그림 8.11

이제 새로운 일인 공액일(complementary work) W^*를 다음 식 (8.22)와 같이 정의한다.

$$W^* = \int_0^{P_1} \delta \, dP \tag{8.22}$$

그림 8.11 (b)에 의하면 일 W와 공액일 W^*를 더하면 다음 식 (8.23)과 같이 됨을 알 수 있다.

$$W + W^* = P\delta \tag{8.23}$$

이 공액일이란 물리적인 특성을 특별하게 갖는 것은 아니지만 식 (8.23)과 같은 관계가 있다는 사실은 재료의 거동이 선형이던 비선형이던 간에 적용될 수 있다는 데에 큰 의의를 가지며, 이 공액일은 다음 식 (8.24)와 같이 표현되는 공액에너지(complementary energy) U^*와 같다고 정의한다.

$$U^* = W^* = \int_0^{P_1} \delta \, dP \tag{8.24}$$

한편, 탄성에너지 밀도와 같이 공액에너지 밀도도 다음 식 (8.25)와 같이 정의하며 같은 방법으로 식 (8.25)를 적분하여 식 (8.26)과 같이 공액에너지도 구할 수 있다.

$$u^* = \int_0^{\sigma_1} \epsilon \, d\sigma \tag{8.25}$$

$$U^* = \int_V u^* \, dV \tag{8.26}$$

재료가 훅크의 법칙을 따르는 경우는 $\epsilon = \frac{\sigma}{E}$이고 $\delta = \frac{PL}{EA}$이므로 식 (8.24)와 (8.25)에 의하여 공액에너지 U^*와 공액에너지밀도 u^*는 식 (8.27)과 (8.28)로 나타내어진다.

$$U^* = \frac{P^2 L}{2EA} \tag{8.27}$$

$$u^* = \frac{\sigma^2}{2E} \tag{8.28}$$

식 (8.27)과 (8.28)은 식 (2.20)과 식 (2.22)에 의하면 서로 같음을 알 수 있다. 따라서 재료의 거동이 탄성한계 내에서 훅크의 법칙을 따르는 경우는 다음 식 (8.29) 및 (8.30)과 같이 탄성에너지와 공액에너지 그리고 탄성에너지 밀도와 공액에너지 밀도는 서로 같음을 알 수 있다.

$$U = U^* = \frac{EA\,\delta^2}{2L} = \frac{P^2 L}{2EA} \tag{8.29}$$

$$u = u^* = \frac{E\,\epsilon^2}{2} = \frac{\sigma^2}{2E} \tag{8.30}$$

변형에너지법

식 (8.20)에서 양변을 변위 δ로 미분하면 하중 P가 되므로 다음 식 (8.31)을 적을 수 있다.

$$P_i = \frac{\partial U}{\partial \delta_i} \tag{8.31}$$

식 (8.31)을 Castigliano의 제 1정리라 한다.

[예제 8-7] 그림 8.12 (a)와 같은 트러스가 수평방향의 힘 $P_x = 5{,}000\,\text{lb}$, 수직방향의 힘 $P_y = 1{,}000\,\text{lb}$를 각각 받고 있을 때 하중 작용점 B에서의 수평방향의 변위 δ_x와 수직방향의 변위 δ_y를 Castigliano의 제 1정리를 이용하여 구하여라. 단, 각 부재의 단면적은 $2\,\text{in}^2$, 부재의 탄성계수 $E = 1.2 \times 10^6\,\text{psi}$인 알루미늄 합금으로 되어있다.

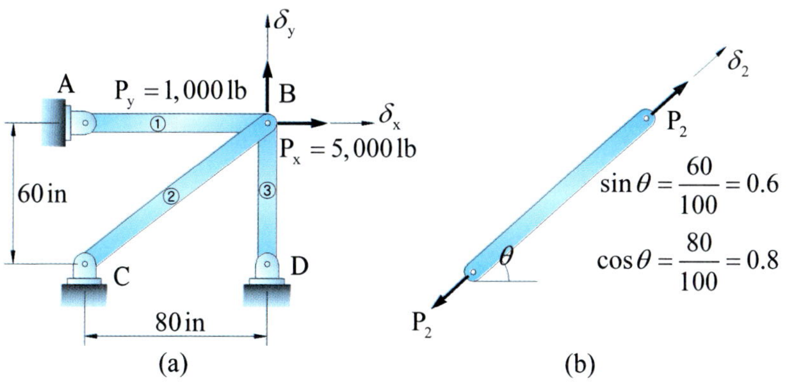

그림 8.12

(풀이)

구조물 전체의 탄성에너지 U는 식 (8.29)에 의하여 다음 식 (a)와 같이 된다.

$$U = U_1 + U_2 + U_3 \qquad (a)$$

$$= \frac{1}{2}\left(\frac{AE}{L}\right)_1 \delta_1^2 + \frac{1}{2}\left(\frac{AE}{L}\right)_2 \delta_2^2 + \frac{1}{2}\left(\frac{AE}{L}\right)_3 \delta_3^2$$

강성계수 k_i인 $\left(\frac{AE}{L}\right)_i$는 각각 다음 식 (b)와 같다.

$$k_1 = \left(\frac{AE}{L}\right)_1 = \frac{2 \times 1.2 \times 10^6}{80} = 30,000\ \text{lb/in} \qquad (b)$$

$$k_2 = \left(\frac{AE}{L}\right)_2 = \frac{2 \times 1.2 \times 10^6}{100} = 24,000\ \text{lb/in}$$

$$k_3 = \left(\frac{AE}{L}\right)_3 = \frac{2 \times 1.2 \times 10^6}{60} = 40,000\ \text{lb/in}$$

그리고 변위 δ_1, δ_2 및 δ_3는 트러스의 기하학적 모양에 의하여 $\delta_1 = \delta_x$, $\delta_3 = \delta_y$가 되고 (c) 식으로 표시하며 한편, δ_2는 그림 8.12 (b)에 의하여 다음 식 (d)와 같이 된다.

$$\delta_1 = \delta_x,\ \ \delta_3 = \delta_y \qquad (c)$$

$$\delta_2 = \delta_x \cos\theta + \delta_y \sin\theta = 0.8\delta_x + 0.6\delta_y \qquad (d)$$

식 (b), (c), (d)를 식 (a)에 대입하면 다음 식 (e)를 얻는다.

$$U = \frac{1}{2} \times 30,000\delta_x^2 + \frac{1}{2} \times 24,000(0.8\delta_x + 0.6\delta_y)^2 + \frac{1}{2} \times 40,000\delta_y^2 \qquad (e)$$

식 (8.31)에 의하여 다음 식 (f)를 얻을 수 있다.

$$\frac{\partial U}{\partial \delta_x} = P_x = 45,360\delta_x + 11,520\,\delta_y = 5,000 \tag{f}$$

$$\frac{\partial U}{\partial \delta_y} = P_y = 11,520\delta_x + 48,640\,\delta_y = 1,000$$

식 (f)에서 δ_x와 δ_y를 구하면 다음 식 (g)와 같이 된다.

$$\delta_x = 0.111728\,\text{in} = 0.112\,\text{in} \tag{g}$$

$$\delta_y = -0.005903\,\text{in} = -0.006\,\text{in}$$

공액에너지법

식 (8.24)에 의하여 하중점 k에서의 작용하중 P_k에 대응되는 변위 δ_k는 다음 식 (8.32)와 같이 된다.

$$\delta_k = \frac{\partial U^*}{\partial P_k} \tag{8.32}$$

식 (8.32)는 이태리인 Francesco Crotti 와 독일인 Friedrich Engesser의 이름을 따서 Crotti-Engesser 정리라고 한다. 이 식을 Crotti는 1878년에 유도하였고 Engesser는 1889년도에 독자적으로 구해내었다. 식 (8.32)는 공액에너지가 하중의 함수로 표시될 수 있다면 임의 점에서의 변위는 전 공액에너지를 그 점에서의 하중 P_k로 편미분함으로서 구해질 수 있음을 의미한다.

만일 재료의 거동이 탄성한계 내에서 일어난다고 하면 재료에 축적되는 탄성에너지 U와 공액탄성에너지 U^*의 값은 같을 것이다. 따라서 식 (8.32)의 Crotti-Engesser 정리는 다음 식 (8.33)의 결과를 얻을 수 있다.

$$\delta_i = \frac{\partial U^*}{\partial P_i} = \frac{\partial U}{\partial P_i} \tag{8.33}$$

식 (8.33)을 Castigliano의 제 2정리라고 한다. 이 정리에 의하면 선형구조물에서 변형에너지 U를 하중의 항으로 구하여 임의의 하중점에서 작용하는 하중 P_i를 변형에너지 U로 편미분하는 경우 그 값을 이 하중 P_i에 대응하는 변위 δ_i를 나타내게 되는 것이다.

[예제 8-8] 그림 8.13과 같은 4분원 아치형 구조에 대해 자유단 B점의 수직처짐 δ_y를 Castigliano의 제 2정리를 이용하여 구하여라. 단, 부재의 굽힘강성은 EI이고 평균반지름이 R이다.

(풀이)

그림 8.13에 의하여 굽힘모멘트 M을 구하면 다음 식 (a)와 같다

$$M = PR\cos\theta \tag{a}$$

따라서, 탄성에너지 U는 굽힘모멘트에 의한 것이 지배적이므로 식 (8.5)에 의하여 다음 식 (b)와 같이 된다.

$$U = \int_0^{\frac{\pi}{2}} \frac{(PR\cos\theta)^2}{2EI} R d\theta = \frac{P^2R^3}{2EI}\int_0^{\frac{\pi}{2}} \cos^2\theta d\theta = \frac{\pi P^2 R^3}{8EI} \tag{b}$$

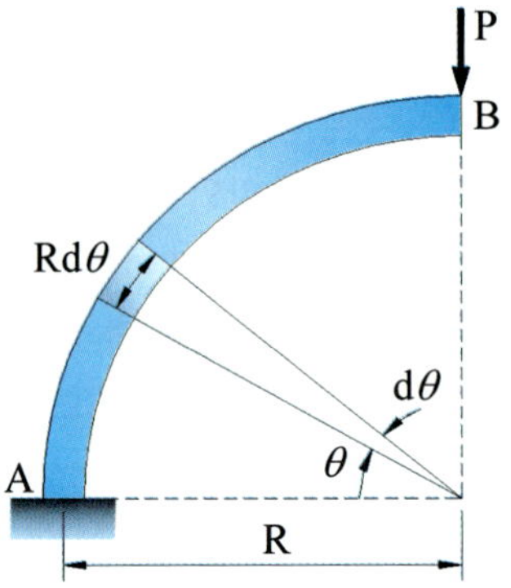

그림 8.13

식 (8.33)에 의하여 B점의 수직처짐 δ_y는 다음 식 (c)와 같이 된다.

$$\delta_y = \frac{\partial U}{\partial P} = \frac{\pi P R^3}{4EI} \tag{c}$$

8.6 상반정리

구조물의 변형해석을 수행하거나 실험 등에서 임의의 점의 변형을 알고자 할 때, 그 구조물이 선형 거동을 하는 경우에는 다른 곳의 변형과 가한 하중에 의하여 해석할 수 있는 근거가 되는 에너지 정리가 상반정리(reciprocal theorem)이다. 이 상반정리에는 표현이 변위에 의한 것이 되는 경우를 변위 상반정리라 하고, 그 대응변위에 의한 일에 관하여 표현하는 경우는 일 상반정리라고 한다. 이 상반정리가 성립되기 위해서는 중첩의 원리가 성립되는 선형구조물로서 Hooke 의 법칙이 적용되어야 하며 변위가 미소하여 발생된 변위에 의하여 구조물의 기하학적 변화를 일으키지 않아야 한다. 지금 그림 8.14 (a)와 (b)는 동일한 구조물인 외팔보이다.

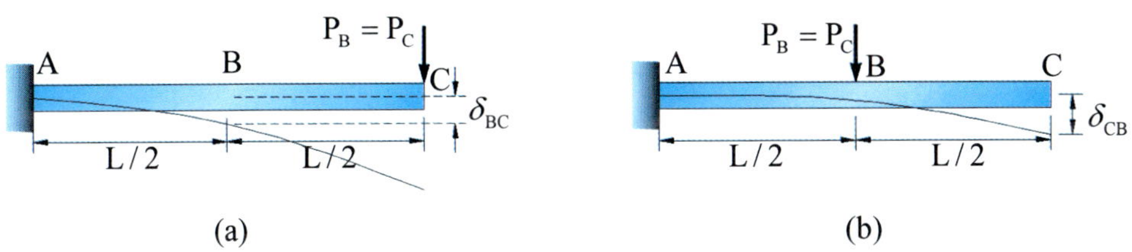

그림 8.14

그림 8.14 (a)는 하중 P가 C점에 작용하는 경우로서 P_C라 표현하고 이에 대응하는 B점의 변위를 δ_{BC}라고 한다. 이때 δ_{BC}는 다음 식 (a)와 같음을 알고 있다.

$$\delta_{BC} = \delta_{\frac{L}{2}} = \frac{5PL^3}{48EI} \tag{a}$$

한편, 그림 8.14 (b)는 하중 P가 B점에 작용하는 경우로서 P_B로 표현하고 이에 대응하는 C점의 변위를 δ_{CB}라고 한다. 이때 δ_{CB}는 다음 식 (b)와 같이 된다.

$$\delta_{CB} = \delta_L = \frac{5PL^3}{48EI} \tag{b}$$

식 (a)와 (b)에 의하면 두 변위 $\delta_{BC} = \delta_{CB}$이다. 즉, B점에 작용하는 하중 P에 의한 C점의 변위 δ_{CB}는 동일한 하중 P가 C점에 작용하여 B점에 일으키는 변위 δ_{BC}와 같음을 알았으며 이를 상반정리라고 한다. 이때, 하중과 변위의 방향을 동일하게 취해야 한다.

[예제 8-9] 그림 8.15 (a), (b)는 동일한 단순지지보에 A점에는 집중하중 P를, B점에는 굽힘모멘트 M을 작용시키고 있다. 그림 8.15 (a)에 집중하중 P를 A점에 작용시켜 A점에 발생한 변위를 δ_A, 이 하중 P에 의하여 B점에 발생되는 회전각을 θ_B라고 한다. 그리고 그림 8.15 (b)에 굽힘모멘트 M을 B점에 작용시켜 B점에 발생한 회전각 $\theta_B{}'$라 하며 이 굽힘모멘트 M에 의하여 A점에 처짐을 $\delta_A{}'$라고 할 때 다음 식 (8.34)가 성립됨을 증명하여라. 즉, 변위 상반정리가 서로 같은 성격의 하중이 아니어도 수치적으로 대응되는 값이 같을 경우는 성립됨을 의미한다.

$$M\theta_B = P\delta_A{}' \tag{8.34}$$

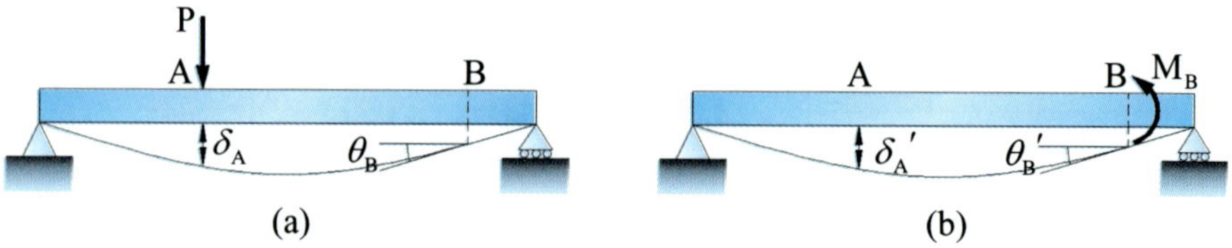

그림 8.15

(풀이)

그림 8.15의 보에 집중하중 P와 굽힘모멘트 M이 동시에 작용하는 경우의 탄성에너지는 다음 식 (a)와 같이 됨을 알 수 있다.

$$U = \frac{1}{2}P(\delta_A + \delta_A{}') + \frac{1}{2}M(\theta_B + \theta_B{}') \tag{a}$$

이제 집중하중 P가 작용하고 난 다음에 굽힘모멘트 M이 작용하는 경우에 보에 축적되는 탄성에너지는 다음 식 (b)와 같다.

$$U = \frac{1}{2}P\delta_A + \frac{1}{2}M\theta_B{}' + P\delta_A{}' \tag{b}$$

두 경우의 탄성에너지가 같아야 하므로 식 (a)와 (b)에 의하여 다음 식 (c)와 같이 식 (8.34)가 성립됨을 알 수 있다.

$$\frac{1}{2}P\delta_A{}' = \frac{1}{2}M\theta_B \tag{c}$$

[예제 8-10] 다음 그림 8.16 (a) 및 (b)와 같은 동일한 단순지지보의 A점에 굽힘모멘트 M_0를, B점에 집중하중 P를 각각 작용한다고 한다. 집중하중 P를 작용하여 A점의 회전각만을 구하여 굽힘모멘트 M_0에 의한 B점의 처짐 δ를 식 (8.34)를 이용하여 구하라.

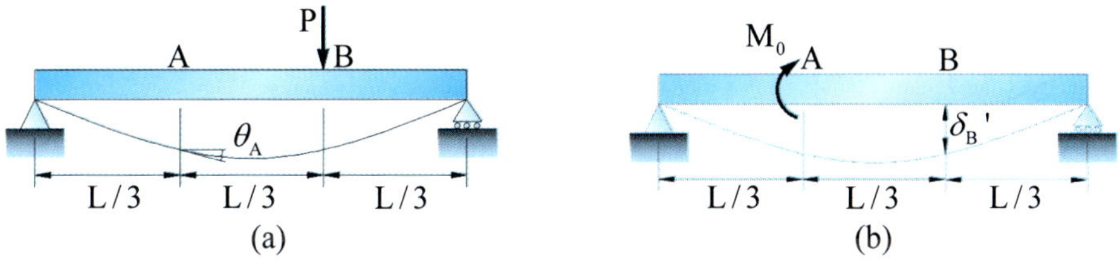

그림 8.16

(풀이)

식 (7.10)을 이용하여 그림 8.16 (a)의 보에서 회전각 θ_A는 다음 식 (a)와 같다.

$$\theta_A = \frac{5PL^2}{162EI} \tag{a}$$

식 (a)를 식 (8.34)에 대입하여 $\delta_B{}'$를 구하면 다음 식 (b)와 같다.

$$M_0\theta_A = M_0 \times \frac{5PL^2}{162EI} = P\delta_B{}' \tag{b}$$

$$\therefore \delta'_B = \frac{5M_0L^2}{162EI}$$

식 (b)를 식 (7.11)에 의하여 처짐을 구해보면 같은 결과를 얻을 수 있다.

연습문제

문 8.2.1 그림 문 8.2.1과 같이 길이 L인 단순지지보의 처짐형상이 중앙에서 최대처짐 δ인 포물선형태이다. 지점 A 및 B의 회전각이 θ_A 및 θ_B이고 이 $\theta_A = \frac{4\delta}{L}$의 관계가 있을 때, 이 보에 축적되는 탄성에너지를 θ_A로 표시하여라. 단, 보의 굽힘강성은 EI로 일정하다.

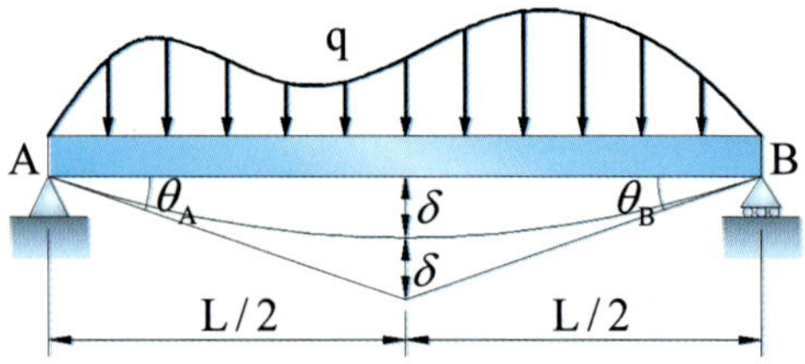

그림 문 8.2.1

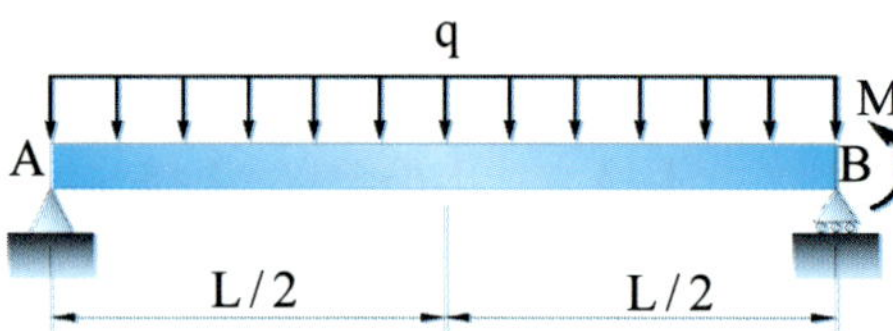

그림 문 8.2.2

문 8.2.2 그림 문 8.2.2와 같이 단순지지보가 균일분포하중 q와 오른쪽 단에 굽힘모멘트 M_0를 받고 있다. 이때 보에 저장된 변형에너지 U를 구하라. 단, 굽힘강성 EI는 일정하다.

문 8.2.3 그림 문 8.2.3과 같은 단면적 2.3in^2, 길이가 4ft이고 탄성계수가 10.1×10^6psi인 알루미늄봉이 하중 P를 받아 봉의 길이가 0.18in까지 늘어났다고 한다. 이 봉의 변형 (δ-P) 선도를 그리고 하중 P가 72,000lb에 이르기까지 작용될 때 봉에 축적되는 탄성에너지를 구하여라.

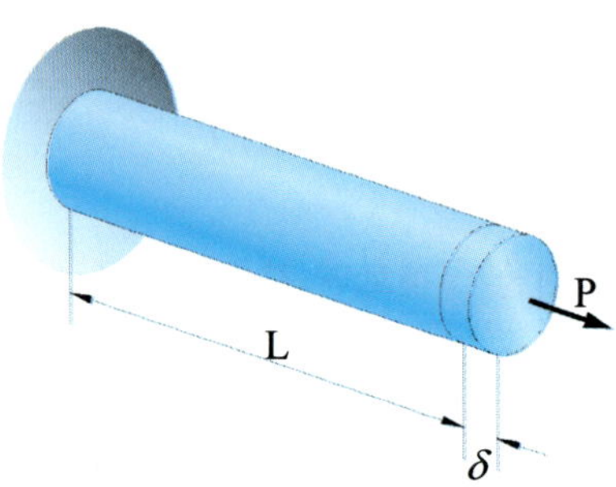

그림 문 8.2.3

문 8.2.4 그림 문 8.2.4와 같은 계단형 봉에 하중 P가 각각 B와 C점에 작용하고 있다. $A_1 = 2A_2 = 2A$이고 $L_1 = L_2 = L$이며 $E_1 = E_2 = E$일 때 이봉에 축적되는 탄성에너지 U를 구하고 봉이 $A_1 = A_2 = A$인 균일단면 봉일 경우의 탄성에너지 U′와 비교하여라.

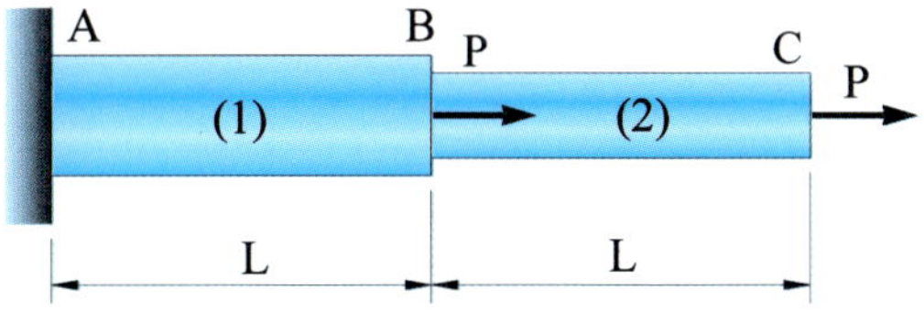

그림 문 8.2.4

문 8.2.5 그림 문 8.2.5와 같은 일단은 고정되고 일단은 자유단인 파이프의 바깥지름이 2.1in이고 길이가 2.8ft인 파이프의 자유단에 토크 T = 8kips · in을 가하였을 때 다음을 구하여라. 단, 탄성계수 E는 20.8×10^6psi이고, 전단탄성계수 $G = 8.0 \times 10^3$ksi이다.

(a) 이 봉에 작용된 최대전단응력이 12ksi가 되도록 하는 파이프의 내경 d_i

(b) 이 봉에 축적되는 탄성에너지

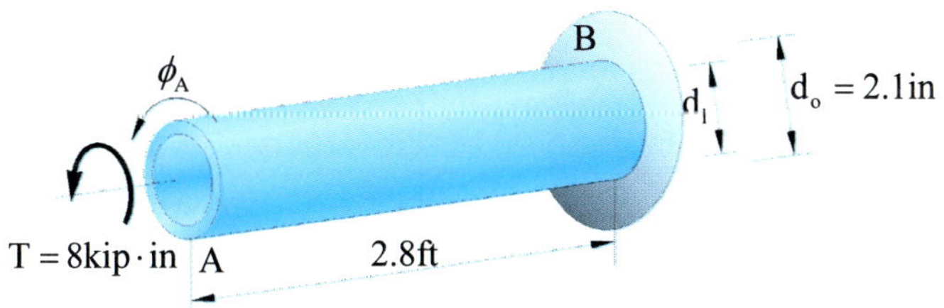

그림 문 8.2.5

문 8.3.1 그림 문 8.3.1과 같은 단순지지 보에 집중하중 P가 걸리는 경우 하중작용점 C에서의 수직처짐 δ_C를 에너지-일 원리를 이용하여 구하여라.

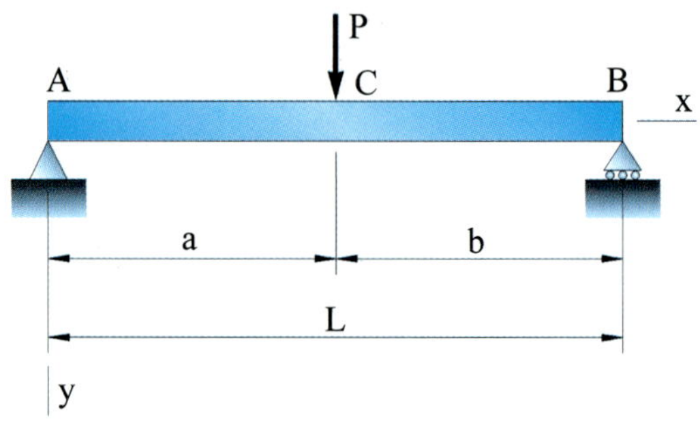

그림 문 8.3.1

문 8.3.2 그림 문 8.3.2 (a) 및 (b)의 하중과 변형에 관련한 선도가 그림 문 8.3.2 (c)와 같다고 한다. 하중 P_1에 의하여 늘어난 길이가 δ_1일 때 행해진 일을 $W(\delta_1)$이라고 하고 그림 (b)와 같이 다시 하중 P_2를 더하여 이 봉이 더 늘어난 길이 가 δ_2라고 할 때 이 P_2가 부가되어 δ_2만큼 늘어난 것에 대한 일을 $W(\delta_2)$라고 한다. 이 때, 각각의 일의 합 $W(\delta_1)+W(\delta_2)$는 그림 (b)에서 하중 P_1+P_2를 가하여 늘어난 길이 $\delta_1+\delta_2$에 의한 일 $W(\delta_1+\delta_2)$와 서로 같지 않음을 보여라.

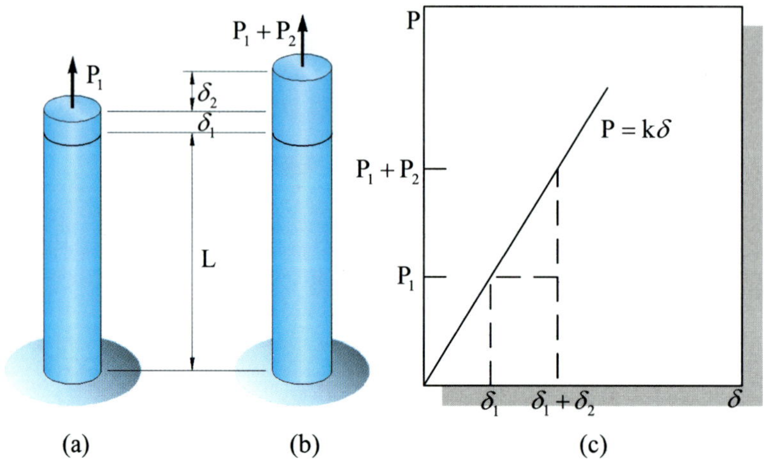

그림 문 8.3.2

문 8.3.3 그림 문 8.3.3과 같은 트러스 구조물에 집중하중 P가 C점에 작용되고 있을 때 이 C점의 수직처짐 δ_C을 에너지-일 원리를 이용하여 구하여라. 단, 모든 부재의 단면적은 A이고 탄성계수는 E이다.

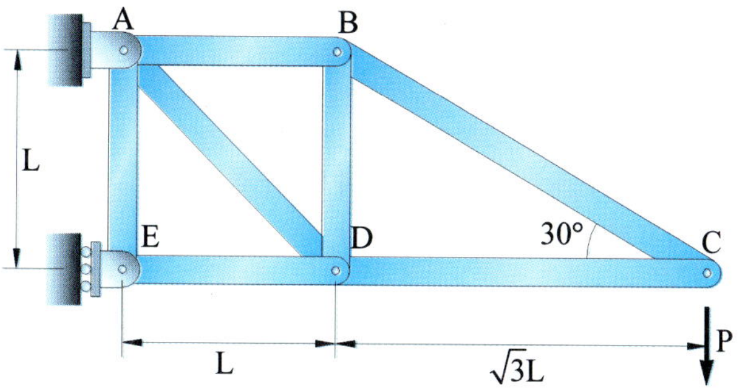

그림 문 8.3.3

문 8.3.4 그림 문 8.3.4와 같은 내다지보의 굽힘모멘트 $M_0 = 2{,}800\,\text{kips} \cdot \text{in}$가 가해졌을 때 굽힘모멘트 작용위치 A점의 회전각 θ_A를 에너지-일 원리를 이용하여 구하여라.

단, 단면은 W16×100의 넓은 플랜지 단면으로 $I = 1{,}490\,\text{in}^4$ 이고, 탄성계수 $E = 30 \times 10^6 \text{psi}$이다. 전단에 의한 변형은 무시하여라.

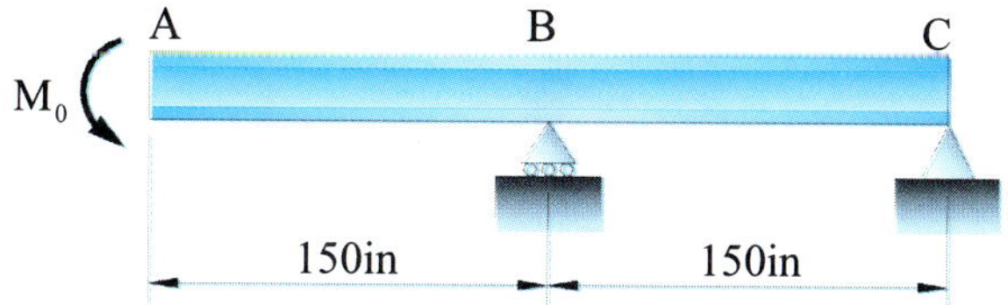

그림 문 8.3.4

문 8.4.1 그림 문 8.4.1과 같은 계단식 단면을 갖는 양단고정 봉의 B점에 하중 P가 가해지고 있을 때 다음을 구하여라.

단, $A_1 = 1.8\text{in}^2$, $A_2 = 3.6\text{in}^2$, $E = 10 \times 10^6\text{psi}$, $P = 25\text{kips}$이다.

(a) 가상일원리를 이용하여 하중 작용 위치의 변위 δ_B를 구하여라.

(b) 양단의 반력 R_A와 R_C를 구하여라.

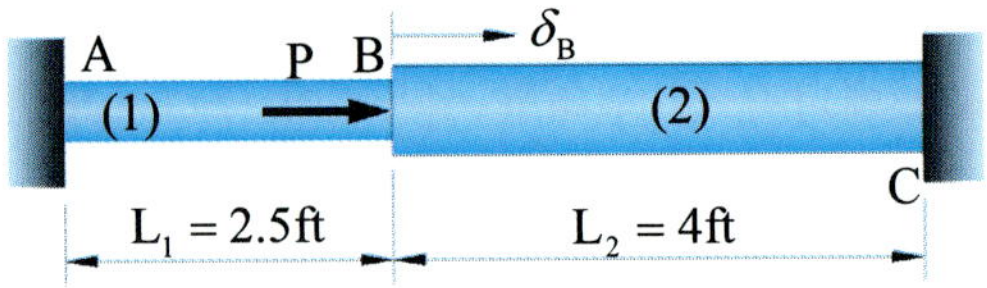

그림 문 8.4.1

문 8.4.2 그림 문 8.4.2와 같은 강체봉 AB가 3개의 수직막대에 의하여 지지되어 있을 때 가상일의 원리를 이용하여 다음을 구하여라.

단. $E = 200GPa$, $P = 680kN$, $A_1 = A_3 = 4,000mm^2$, $A_2 = 2,400mm^2$

(a) 이 강체봉의 수직처짐 δv

(b) 3개의 수직막대에 작용되는 반력 R_1, R_2, R_3 여기서, 기하학적 모양에 의하여 $R_1 = R_3$ 이다.

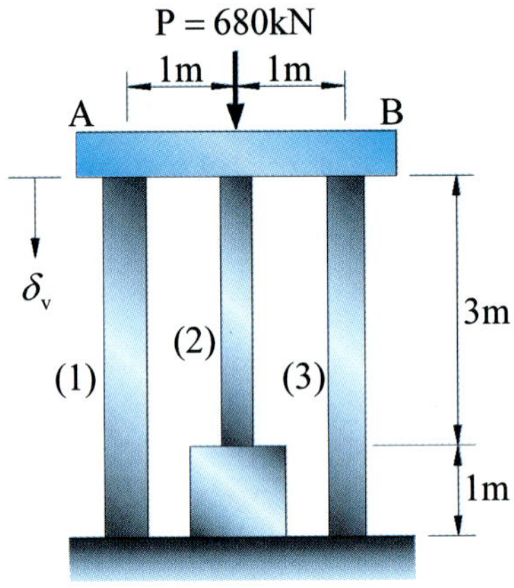

그림 문 8.4.2

문 8.4.3 그림 문 8.4.3과 같은 핀접합 구조물이 D점에서 같은 크기의 하중 P를 x와 y방향으로 작용하고 있을 때 다음을 구하여라. 단, $A_1 = A_2 = A_3 = A$ 재료의 탄성계수는 E이다.

(a) 가상일의 원리를 이용하여 D점의 수직 및 수평변위 δ_v, δ_h

(b) 부재 AD의 축력 S_{AD}

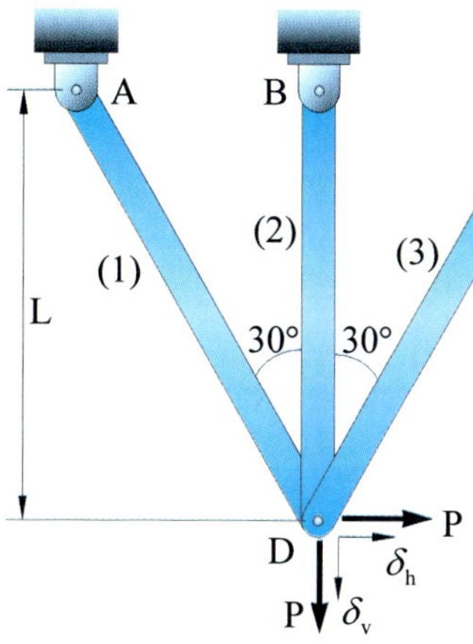

그림 문 8.4.3

문 8.5.1 단면적 A_1, A_2인 부재 AB와 BC로 구성된 트러스가 그림 문 8.5.1과 같이 연직하중 P를 받고 있으며, 응력-변형률 관계는 $\sigma^n = C\epsilon$이다. 여기서, C와 n은 상수이다.

(a) 구조물의 공액에너지와 Crotti-Engesser의 정리를 이용하여 접합점 B의 연직변위 δ를 구하라.

(b) 단위하중법에 의하여 접합점 B의 변위 δ를 구하라.

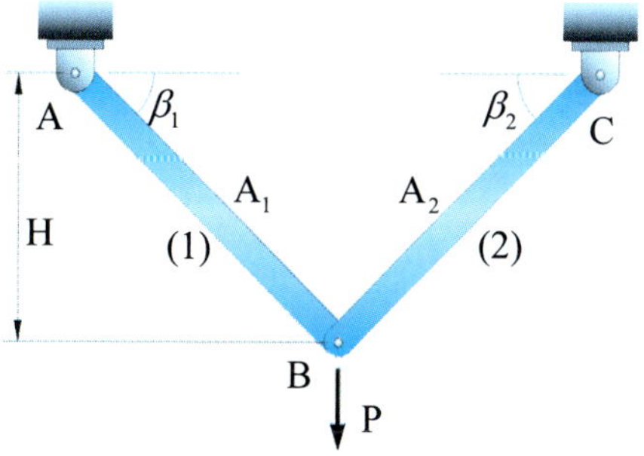

그림 문 8.5.1

문 8.5.2 지름 d, 길이 L, 단위체적당 무게가 γ인 그림 문 8.5.2와 같은 봉이 매달려 있다. 응력-변형률의 관계는 $\epsilon = C\sigma^{2.5}$의 관계를 가질 때 봉의 자중에 의한 변형 δ를 다음 각 방법으로 구하여라.

(a) 공액에너지와 Crotti-Engesser의 정리

(b) 난위하중법

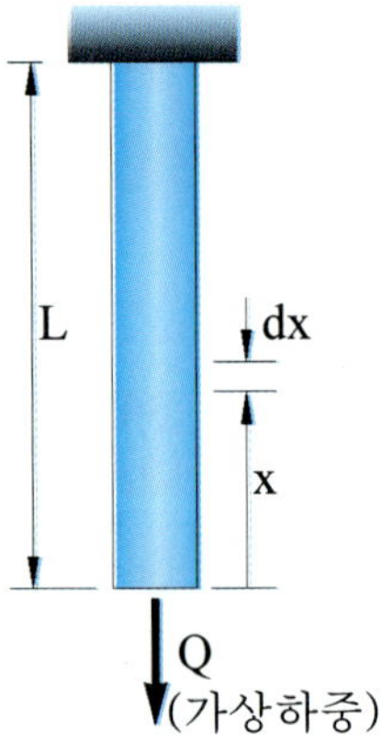

그림 문 8.5.2

문 8.5.3 그림 문 8.5.3과 같은 단순지지 보의 하중작용점 B의 처짐 δ_B를 Castigliano의 제2 정리를 이용하여 구하여라. 단, 보의 굽힘강성 EI는 일정하다.

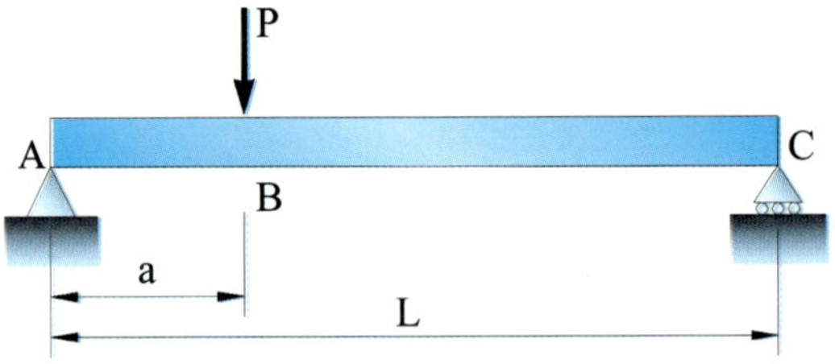

그림 문 8.5.3

문 8.6.1 그림 문 8.6.1 (a)의 하중상태에 대하여 B점의 처짐 δ_B와 D점의 회전변위 θ_D를 측정해 보았더니 $\delta_B = 0.02\text{in}$, 반시계방향으로 $\theta_D = 0.2^\circ$ 이었다고 한다. 그림 문 8.6.1 (b)와 같이 C와 E위치의 하중을 제거하고 B점과 D점에 각각 $P_2 = 2{,}500\text{lb}$와 $M_2 = 3{,}600\text{lb} \cdot \text{in}$의 하중을 가하여 C점의 회전변위를 측정하여 구한 값이 시계방향으로 0.15° 이었다고 한다. 자유단 E점의 처짐량 δ_E는 얼마인가? 단, 외팔보 AE의 굽힘강성 EI는 일정하고 선형탄성변형을 한다.

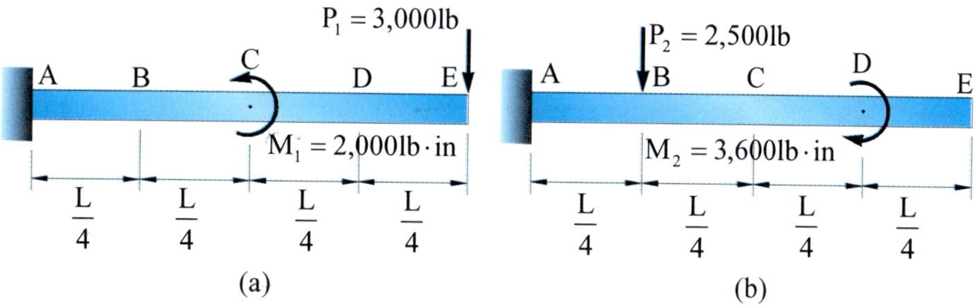

그림 문 8.6.1

문 8.6.2 내다지 보 ABD가 그림 문 8.6.2와 같이 두 가지 하중상태를 갖는다. 첫 번째 하중은 C점에 작용하는 수직하중 P이고, 두 번째는 D점에 작용하는 수직하중 P이다. 단위하중법으로 두 경우의 처짐을 구하여 $\delta_{dc} = \delta_{cd}$임을 보여서 상반변위정리가 성립됨을 이해하여라. 여기서 δ_{dc}는 그림 문 8.6.2 (a)의 하중 상태에서 D점의 처짐을 의미하고 δ_{cd}는 그림 문 8.6.2 (b)의 하중 상태에서 C점의 처짐을 의미한다.

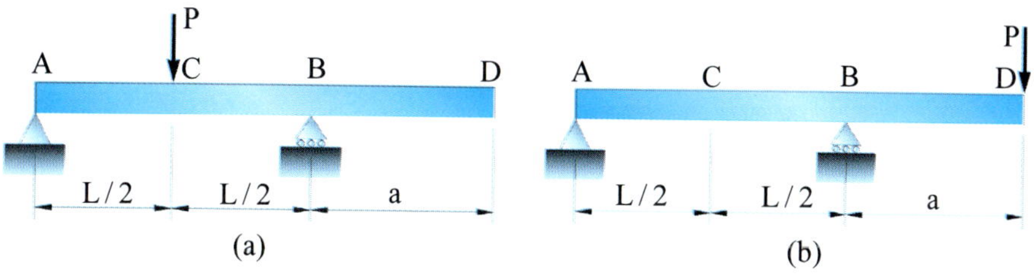

그림 문 8.6.2

문 8.6.3 단순 보 AB는 그림 문 8.6.3에 보인 바와 같이 두 가지 하중상태를 가지며, 첫 번째 하중은 C점에 작용하는 굽힘모멘트 M이고, 두 번째는 D점에 작용하는 굽힘 모멘트 M이다. 단위하중법으로 두 가지 경우의 회전각을 구하여 $\theta_{dc} = \theta_{cd}$임을 보여서 상반정리가 성립됨을 이해하여라. 여기서 θ_{dc}는 그림 문 8.6.3 (a)의 하중 상태에서 D점의 단면회전각이고 θ_{cd}는 그림 문 8.6.3 (b)의 하중 상태에서 C점의 단면회전각이다.

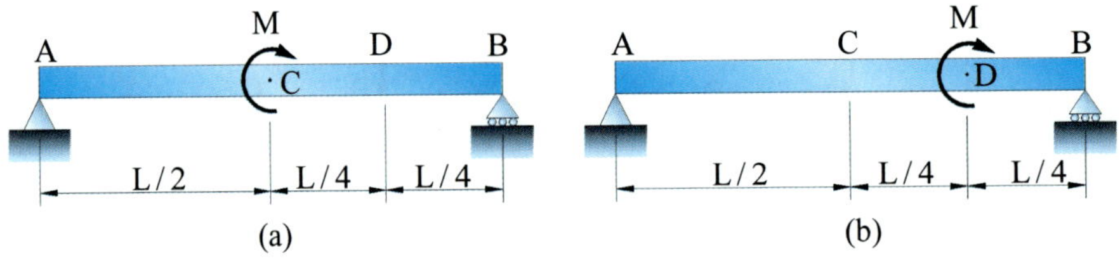

그림 문 8.6.3

CHAPTER 9

부정정 구조물

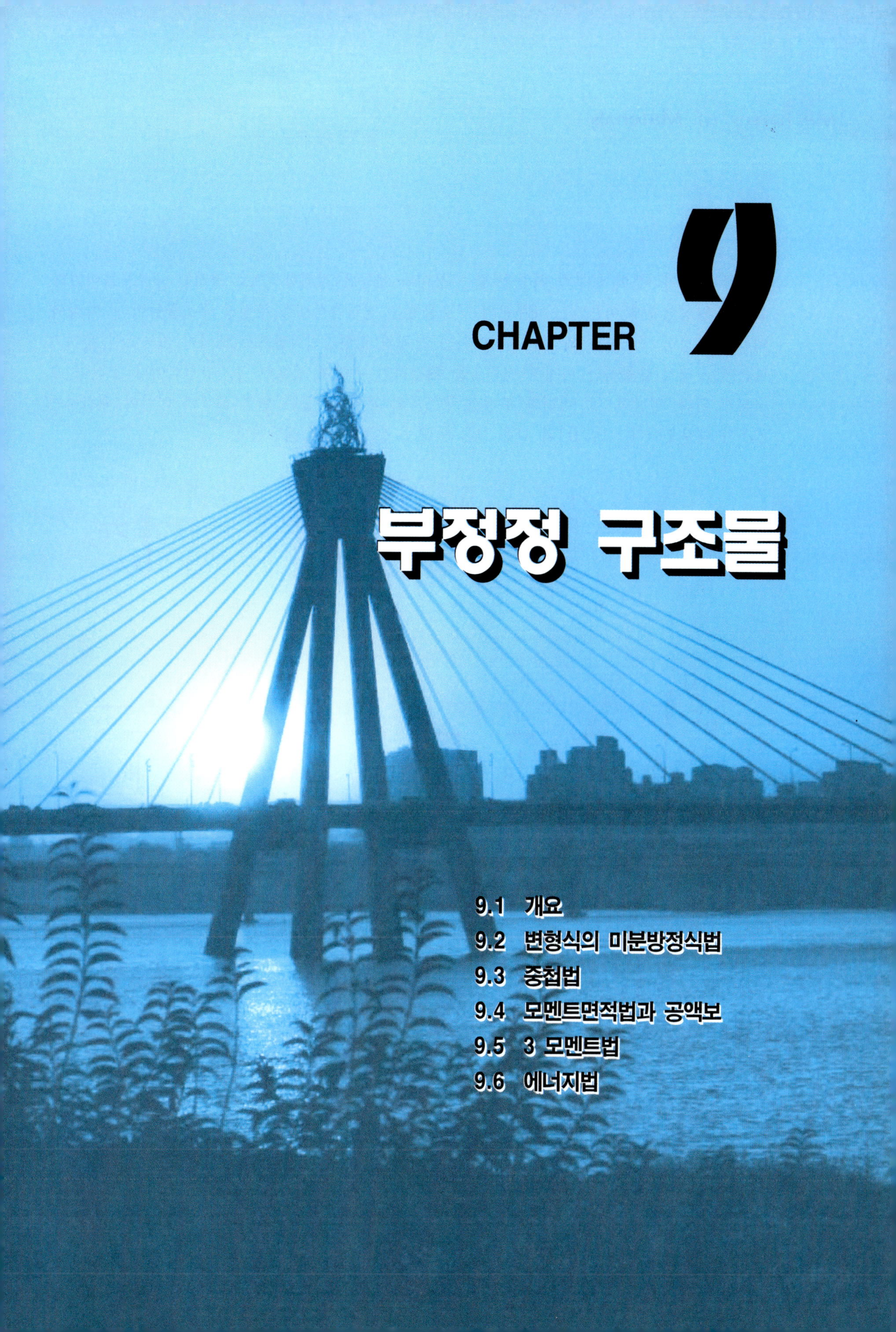

9.1 개요

지금까지 여러분이 공부한 하중을 받는 봉이나 보등은 정역학적으로 정정인 구조물들이었다. 그러나 일상생활에 이용되는 대부분의 구조물들은 정역학적으로 부정정 구조물들이다. 따라서, 이러한 부정정 구조물의 해석을 위하여서는 강체의 평형방정식만으로 해석이 가능하지 못하기 때문에 구해지지 못하는 미지의 반력들을 해결하기 위하여 필요한 추가방정식이나 조건이 요구되게 된다. 일반적으로 이러한 부정정 구조물의 과잉반력들은 변형 해석에 의하여 해결하는 경우가 대부분이다. 그림 9.1과 같은 보들은 모두 부정정보에 해당한다.

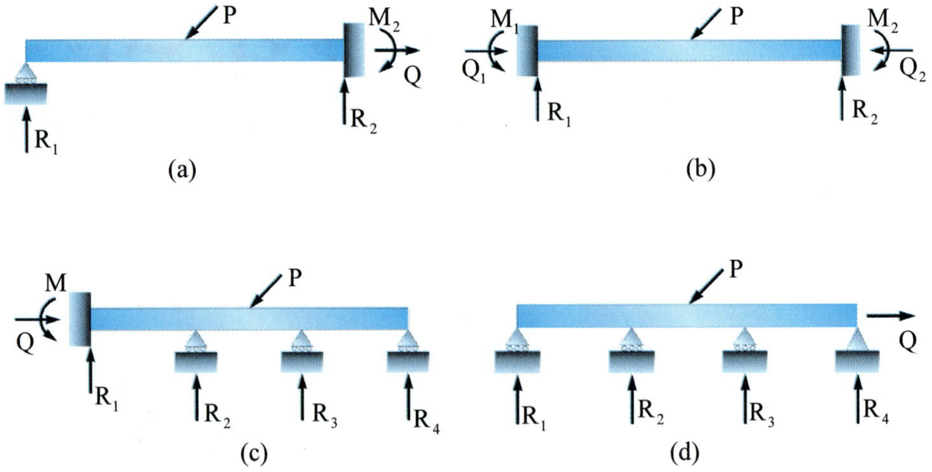

그림 9.1

그림 9.1에서 보면 우리가 적용할 수 있는 강체의 평형 방정식에 비해 미지반력들이 더 많이 있는 것을 알 수 있다. 이러한 부정정보의 해석을 위해서 변형을 고려하게 되고 이러한 변형에 관련한 해석에 이용되는 해법으로는 보 변형식의 미분방정식을 이용하거나, 선형구조물에서 활용이 가능한 중첩법 및 에너지 방법 등이 활용될 수가 있다.

9.2 변형식의 미분방정식법

그림 9.2와 같은 부정정보에 대하여 과잉구속에 의한 반력들을 해석하기 위하여 처짐곡선의 미분방정식을 활용해 보기로 한다. 그런데 그림 9.2의 보에서 만약 좌단의 반력 R_1이 알려진다면 이 보는 더 이상 부정정보가 아닌 정정인 보가 됨을 알 수 있다.

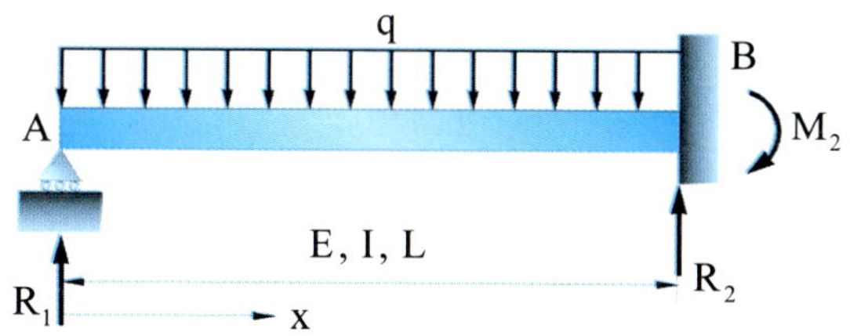

그림 9.2

그림 9.2의 보에 관하여 임의의 위치 x에서의 모멘트 식은 다음 식 (a)와 같다.

$$M = R_1 x - \frac{1}{2} q x^2 \tag{a}$$

식 (7.9)를 이용하여 좌단 A위치의 처짐 δ_A를 구하기 위해 식 (a)를 식 (7.9)에 대입하여 다음 식 (b)를 얻는다.

$$\frac{d^2 y}{dx^2} = -\frac{M}{EI} = -\frac{1}{EI}\left(R_1 x - \frac{1}{2} q x^2\right) \tag{b}$$

식 (b)를 x에 관하여 2회 연속 적분하여 다음 식 (c) 및 (d)를 얻을 수 있다.

$$\frac{dy}{dx} = -\frac{1}{EI}\int\left(R_1 x - \frac{1}{2} q x^2\right)dx = -\frac{1}{EI}\left(\frac{1}{2} R_1 x^2 - \frac{1}{6} q x^3 + C_1\right) \tag{c}$$

$$y = -\frac{1}{EI}\int\left(\frac{1}{2} R_1 x^2 - \frac{1}{6} q x^3 + C_1\right)dx = -\frac{1}{EI}\left(\frac{1}{6} R_1 x^3 - \frac{1}{24} q x^4 + C_1 x + C_2\right) \tag{d}$$

식 (d)는 그림 9.2의 부정정보의 처짐방정식으로 좌단 A와 우단 B에서 처짐 y가 0이고, 우단 B에서는 단면의 회전각 $\theta = \frac{dy}{dx}$가 0이 됨을 알 수 있다. 따라서 적분상수 C_1, C_2 및 좌단의 반력 R_1 은 다음 식 (e), (f) 및 (g)와 같이 된다.

$$x = 0 \quad , \quad y = v = 0 \qquad \therefore C_2 = 0 \tag{e}$$

$$x = L, \quad \frac{dy}{dx} = \theta = 0 = -\frac{1}{EI}\left(\frac{1}{2}R_1L^2 - \frac{1}{6}qL^3 + C_1\right) \tag{f}$$

$$\therefore C_1 = \frac{1}{6}qL^3 - \frac{1}{2}R_1L^2$$

$$x = L, \quad y = v = 0 = -\frac{1}{EI}\left(\frac{1}{6}R_1L^3 - \frac{1}{24}qL^4 + C_1L\right) \tag{g}$$

$$= -\frac{1}{EI}\left(\frac{1}{6}R_1L^3 - \frac{1}{24}qL^4 + \frac{1}{6}qL^4 - \frac{1}{2}R_1L^3\right)$$

$$\therefore R_1 = \frac{3}{8}qL$$

좌단의 반력 R_1이 구해짐으로써 그림 9.2의 부정정보는 모든 문제가 해결 될 수 있는 정정인 보와 같이 되어 보의 해석이 완벽하게 가능해지게 됨을 알 수 있다.

[예제 9-1] 그림 9.3과 같은 부정정보의 처짐 방정식을 변형식의 미분방정식을 이용하여 유도하고 지점반력들을 구하여라.

그림 9.3

(풀이)

강체의 평형방정식은 $\sum F_y = 0$와 $\sum M_B = 0$의 두 식을 이용하여 다음 식 (a)와 (b)를 얻을 수 있다.

$$R_a + R_b = 0 \tag{a}$$

$$R_aL + M_0 + M_b = 0 \tag{b}$$

식 (7.9)를 이용하여 처짐에 관한 미분방정식을 적으면, 다음 식 (c)와 같이 된다.

$$EI\frac{d^2y}{dx^2} = -M = -(R_ax + M_0) = -R_ax - M_0 \tag{c}$$

식 (c)를 연속 두 번 x에 관하여 적분하여 다음 식 (d)와 (e)를 얻는다.

$$EI\frac{dy}{dx} = -\frac{1}{2}R_ax^2 - M_0x + C_1 \tag{d}$$

$$EIy = -\frac{1}{6}R_ax^3 - \frac{1}{2}M_0x^2 + C_1x + C_2 \tag{e}$$

그림 9.3의 보에 대해 x=0에서 처짐 $\delta_A = 0$이고, $x = L$에서 회전각 θ_B와 처짐 δ_B가 각각 0이므로 식 (d), (e)로부터 다음 식 (f), (g) 및 (h)를 얻을 수 있다.

$$C_2 = 0 \tag{f}$$

$$-\frac{1}{2}R_aL^2 - M_0L + C_1 = 0 \tag{g}$$

$$-\frac{1}{6}R_aL^3 - \frac{1}{2}M_0L^2 + C_1L + C_2 = 0 \tag{h}$$

식 (f), (g), (h)로부터 C_1과 R_a를 구하면 다음 식 (i), (j)와 같이 된다.

$$C_1 = \frac{1}{4}M_0L \tag{i}$$

$$R_a = -\frac{3M_0}{2L} \tag{j}$$

식 (j)를 식 (a), (b)에 대입하여 우단의 반력 R_b와 M_b를 구하면 다음 식 (k), (l)과 같이 된다.

$$R_b = \frac{3M_0}{2L} \tag{k}$$

$$M_b = \frac{1}{2}M_0 \tag{l}$$

식 (f), (i) 및 (j)를 식 (d)와 (e)에 대입하여 처짐 방정식을 구하면 다음 식 (m) 및 (n)과 같이 된다.

$$y' = \theta(x) = \frac{M_0}{4EIL}(3x^2 - 4Lx + L^2) \tag{m}$$

$$y = \delta(x) = \frac{M_0 x}{4EIL}(x^2 - 2Lx + L^2) = \frac{M_0 x}{4EIL}(L - x)^2 \tag{n}$$

[예제 9-2] 그림 9.4와 같은 보에 대하여 변형식의 미분방정식을 이용하여 다음을 구하여라.

(a) 처짐방정식과 지점반력들

(b) 전단력 선도와 굽힘모멘트 선도

(c) 최대 처짐 위치와 최대 처짐 δ_{max} 및 처짐 곡선

(d) 탄성계수 $E = 2.1 \times 10^6$psi, $L = 30$in, $q_0 = 200$lb/in이고, 단면은 가로 2in 높이 4in의 구형 단면일 때 최대 굽힘응력 및 전단응력 σ_{max}와 τ_{max}

(풀이)

(a) 강체의 평형방정식인 $\sum F_y = 0$와 $\sum M_B = 0$을 이용하여 다음 식 (a) 및 (b)를 구할 수 있다.

$$R_a + R_b = \frac{1}{2}q_0 L \tag{a}$$

$$R_a L - \frac{1}{2}q_0 L \times \frac{L}{3} + M_b = 0 \tag{b}$$

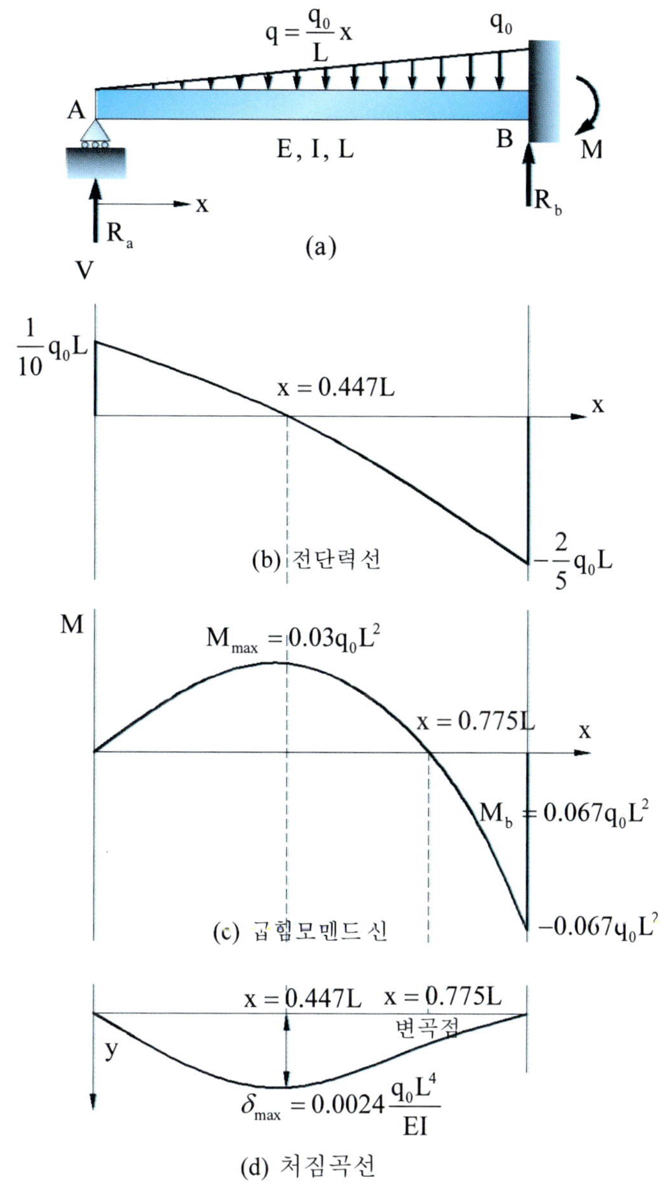

그림 9.4

임의의 위치에서 분포하중 q는 그림 9.4 (a)의 하중 선도로부터 다음 식 (c)와 같이 된다.

$$q = \frac{q_0}{L}x \tag{c}$$

한편, 전단력 V는 식 (5.4)로부터 다음과 같이 구해진다.

$$V = \int (-q)dx = -\frac{q_0}{2L}x^2 + C_1$$

$x = 0$에서 $V = R_a$이므로 적분상수 $C_1 = R_a$가 되고 전단력 $V(x)$는 다음 식 (d)와 같다.

$$V = -\frac{q_0}{2L}x^2 + R_a \tag{d}$$

식 (5.5)로부터 굽힘모멘트 M은 다음 식과 같이 되고

$$M = \int V dx = -\frac{q_0}{6L}x^3 + R_a x + C_2$$

$x = 0$에서 $M = 0$이므로 $C_2 = 0$이 되어 굽힘모멘트 M(x)는 다음 식 (e)와 같다.

$$M = -\frac{q_0}{6L}x^3 + R_a x \tag{e}$$

식 (7.9)를 이용하여 처짐에 관한 미분방정식을 구하면 다음 식 (f)와 같이 된다.

$$EI\frac{d^2y}{dx^2} = -M = \frac{q_0}{6L}x^3 - R_a x \tag{f}$$

식 (f)를 x에 관한 연속 두 번 적분하여 회전각(θ)과 처짐(δ)에 관한 식 (g)와 (h)를 얻을 수 있다.

$$EI\frac{dy}{dx} = EI\theta(x) = \frac{q_0}{24L}x^4 - \frac{1}{2}R_a x^2 + C_3 \tag{g}$$

$$EIy = EI\delta(x) = \frac{q_0}{120L}x^5 - \frac{1}{6}R_a x^3 + C_3 x + C_4 \tag{h}$$

그림 9.4 (a)의 보는 x=0인 좌단에서 처짐 $\delta_A = 0$이고, x=L인 우단에서 회전각 $\theta_B = 0$,

처짐 $\delta_B = 0$이므로 이들 조건을 식 (h)와 (g)에 대입하여 적분상수 C_3, C_4 및 R_a에 관한 식 (i), (j) 및 (k)를 얻는다.

$$C_4 = 0 \tag{i}$$

$$\frac{q_0L^4}{24} - \frac{1}{2}R_aL^2 + C_3 = 0 \tag{j}$$

$$\frac{q_0L^4}{120} - \frac{1}{6}R_aL^3 + C_3L + C_4 = 0 \tag{k}$$

식 (i), (j), (k)로부터 적분상수 C_3과 좌단 A점의 반력 R_a는 다음 식 (l) 및 (m)과 같이 구해진다.

$$R_a = \frac{1}{10}q_0L \tag{l}$$

$$C_3 = \frac{1}{120}q_0L^3 \tag{m}$$

식 (l)을 식 (a) 및 (b)에 대입하여 반력 R_b 및 M_b를 구하면 다음 식 (n)과 (o)와 같이 된다.

$$R_b = \frac{2}{5}q_0L \tag{n}$$

$$M_b = \frac{1}{15}q_0L^2 \tag{o}$$

식 (i), (l), (m)을 식 (g), (h)에 대입하여 회전각 $\theta(x)$와 처짐 $\delta(x)$를 구하면 다음 식 (p), (q)와 같이 된다.

$$\frac{dy}{dx} = \theta(x) = \frac{q_0x^4}{24EIL} - \frac{q_0L}{20EI}x^2 + \frac{q_0L^3}{120EI} = \frac{q_0}{120LEI}(5x^4 - 6x^2L^2 + L^4) \tag{p}$$

$$\begin{aligned} y = \delta(x) &= \frac{q_0}{120EIL}x^5 - \frac{q_0L}{60EI}x^3 + \frac{q_0L^3}{120EI}x = \frac{q_0x}{120LEI}(x^4 - 2L^2x^2 + L^4) \\ &= \frac{q_0x}{120LEI}(x^2 - L^2)^2 \end{aligned} \tag{q}$$

(b) 전단력 V(x)는 식 (5.4)에 의하여 다음 식 (r)과 같이 된다.

$$V = \int(-q)dx = \int(-\frac{q_0}{L}x)dx = -\frac{q_0}{2L}x^2 + C_5$$

x=0에서 전단력 $V = R_a = \frac{1}{10}q_0L = C_5$ 이므로

$$V = -\frac{q_0}{2L}x^2 + \frac{1}{10}q_0L \qquad \text{(r)}$$

식 (5.5)에 의하여 식 (r)를 x에 관하여 적분하고 좌단 A, 즉 $x = 0$에서 굽힘모멘트 $M = 0$임을 적용하면, 굽힘모멘트 식 M(x)는 다음 식 (s)와 같이 된다.

$$M = -\frac{q_0}{6L}x^3 + \frac{1}{10}q_0Lx \qquad \text{(s)}$$

식 (r)과 (s)를 선도로 그리면 그림 9.4 (b) 및 (c) 와 같이 된다. 여기서 V=0인 x의 위치는 식 (r)로부터 다음 식 (t)와 같이 구해진다.

$$x_{v=0} = \frac{L}{\sqrt{5}} = 0.447L \qquad \text{(t)}$$

한편, $x = \frac{L}{\sqrt{5}}$을 식 (s)에 대입하여 최대 굽힘모멘트 M_{max}는 다음 식 (u)와 같다.

$$M_{max} = -\frac{q_0L^2}{30\sqrt{5}} + \frac{q_0L^2}{10\sqrt{5}} = \frac{q_0L^2}{15\sqrt{5}} = 0.03q_0L^2 \qquad \text{(u)}$$

그러나 우단 지점 B의 굽힘모멘트 $M_b = \frac{1}{15}q_0L^2 = 0.067q_0L^2$ 이므로 그림 9.4 보의 최대 굽힘모멘트는 전단력 V가 영이 되는 곳이 아니고 고정단의 반력 굽힘모멘트 M_b가 최대 모멘트가 됨에 유의하여야 한다.

(c) 처짐형태를 알기 위하여 굽힘모멘트가 영이 되는 곳은 식 (s)로부터 다음 식 (v)와 같이 구해진다.

$$x_{M=0} = \sqrt{\frac{3}{5}}L = 0.775L \qquad \text{(v)}$$

최대 처짐 위치는 회전각 θ가 영이 되는 곳으로 식 (p)에 의하여 $\theta=0$이 되는 위치 x는 다음과 같이 된다.

$$5x^4-6x^2L^2+L^4=0 \text{ 또는 } (5x^2-L^2)(x^2-L^2)=0$$

$$\text{따라서, } x^2=\frac{1}{5}L^2 \text{ 또는 } x^2=L^2, \ \therefore x=\frac{L}{\sqrt{5}} \text{ 또는 L이다.}$$

그런데, $x=L$인 위치는 우단 B로서 처짐이 영이 되는 곳으로 최대 처짐 위치는 다음 식 (w)와 같이 된다.

$$x_{\delta_{max}}=\frac{L}{\sqrt{5}}=0.447L \tag{w}$$

식 (w)를 식 (q)에 대입하여 δ_{max} 를 구하면 다음 식 (x)와 같이 된다.

$$\delta_{max}=\frac{2q_0L^4}{375\sqrt{5}EI}=\frac{0.0024q_0L^4}{EI} \tag{x}$$

(d) 최대 전단력과 최대 굽힘모멘트는 그림 9.4 (b) 및 (c)에서 알 수 있듯이 우단의 지점 B에서 발생하며, 그 값은 각각 식 (n), (o)로부터 다음과 같다.

$$V_{max}=R_b=\frac{2}{5}q_0L=\frac{2}{5}\times200\times30=2,400\text{lbs}$$

$$M_{max}=M_b=\frac{1}{15}q_0L^2=\frac{1}{15}\times200\times30^2=12,000\text{lb}\cdot\text{in}$$

단면이 구형단면이므로 최대전단응력 τ_{max}와 최대 굽힘응력 σ_{max}는 식 (6.34)와 식 (6.23)으로부터 다음 식 (y) 및 (z)와 같이 된다.

$$\tau_{max}=\frac{3V}{2A}=\frac{3\times2,400}{2\times(2\times4)}=450\text{psi} \tag{y}$$

$$\sigma_{max}=\frac{M_{max}}{S}=\frac{12,000}{\frac{2\times4^2}{6}}=2,250\text{psi} \tag{z}$$

9.3 중첩법

선형탄성 구조물의 경우 중첩의 원리가 적용되는 것은 이미 공부하였다.

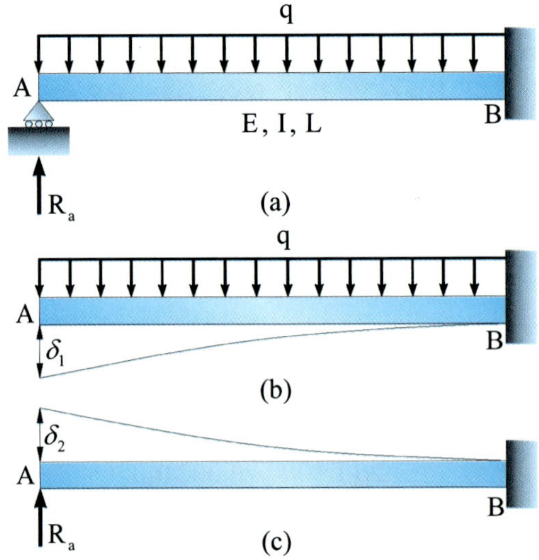

그림 9.5

그림 9.5 (a)와 같은 부정정보에서 좌단 A의 반력을 구하기만 하면 이 보는 정정인 보가 되어 모든 문제를 해석할 수 있음은 앞 절에서 이해하였다. 이 보의 좌단을 이완시켜 그림 9.5 (b)와 같이 만들었다면 좌단 A의 처짐은 δ_1이 될 것이다. 그런데, 그림 9.5 (a)의 부정보의 좌단 A는 롤러로 되어있어 수직반력 R_a가 존재하게 됨을 알고 있다. 이 수직반력 R_a에 의한 좌단 A의 상향 변형 δ_2는 그림 9.5 (c)와 같다. 그런데, 좌단 A는 그림 9.5 (a)에서 보는 바와 같이 원래 처짐 δ를 허용하지 않는 지점으로 다음 식 (a)가 성립된다.

$$\delta = \delta_1 + \delta_2 = 0 \tag{a}$$

식 (a)의 처짐 δ_1과 처짐 δ_2는 식 (7.16) 및 (7.23)으로부터 각각 다음 식 (b) 및 (c)로 쓸 수 있다.

$$\delta_1 = \frac{qL^4}{8EI} \tag{b}$$

$$\delta_2 = -\frac{R_a L^3}{3EI} \tag{c}$$

식 (b), (c)를 식 (a)에 대입하여 R_a를 구하면 다음 식 (9.1)이 된다.

$$R_a = \frac{3}{8}qL \tag{9.1}$$

식 (9.1)과 같이 좌단의 반력 R_a가 구해지면 그림 9.5 (a)의 보는 좌단에 집중력 R_a와 분포하중 q가 작용하는 정정인 구조물인 외팔보가 되어 이 보의 모든 해석이 가능해짐을 알 수 있다. 따라서, 부정정보의 해석은 과잉구속 된 지점 반력이 구해지게 되면 그 보는 정정인 구조물과 같이 취급되어 모든 문제를 풀이할 수 있게 되는 것이다.

[예제 9-3] 그림 9.6 (a)와 같은 보의 반력들을 중첩법에 의하여 구하여라.

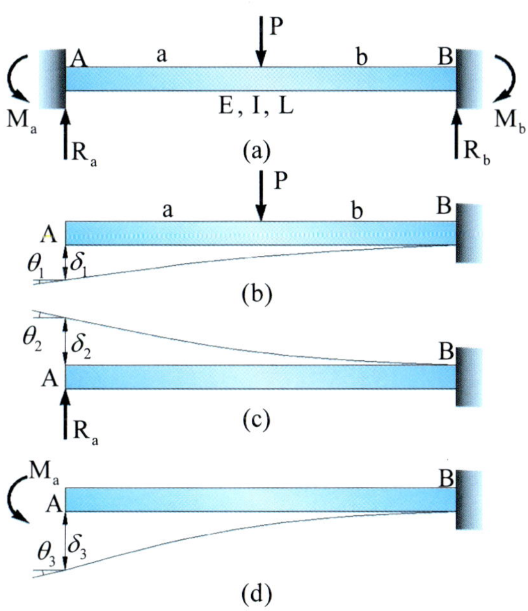

그림 9.6

(풀이)

그림 9.6 (a)의 보의 좌단을 이완시켜 하중 P와 반력 R_a 및 M_a에 의한 보의 변형들을 고려하여 표현하면 그림 9.6 (b), (c) 및 (d)와 같이 된다. 좌단 A가 고정단이므로 회전각 θ와 처짐

δ가 각각 영이므로 다음 식 (a) 및 (b)가 성립된다.

$$\theta = \theta_1 + \theta_2 + \theta_3 = 0 \tag{a}$$

$$\delta = \delta_1 + \delta_2 + \delta_3 = 0 \tag{b}$$

식 (7.9) 및 (7.10)을 이용하여 그림 9.6 (b)의 θ_1과 δ_1을 구하면 다음 식 (c), (d)와 같이 구해진다.

$$\theta_1 = \frac{Pb^2}{2EI} \tag{c}$$

$$\delta_1 = \frac{Pab^2}{2EI} + \frac{Pb^3}{3EI} \tag{d}$$

그림 9.6 (c)의 θ_2와 δ_2를 식 (7.9) 및 (7.10)에 의하여 구하면 다음 식 (e), (f)와 같이 된다.

$$\theta_2 = -\frac{R_aL^2}{2EI} \tag{e}$$

$$\delta_2 = -\frac{R_aL^3}{3EI} \tag{f}$$

그림 9.6 (d)의 θ_3와 δ_3는 식 (7.9) 및 (7.10)에 의하여 구하면 다음 식 (g), (h)와 같이 된다.

$$\theta_3 = \frac{M_aL}{EI} \tag{g}$$

$$\delta_3 = \frac{M_aL^2}{2EI} \tag{h}$$

식 (c), (e), (g)를 식 (a)에 식 (d), (f), (h)를 식 (b)에 대입하여 구해진 방정식을 각각 식 (i), (j)로 쓴다.

$$\frac{Pb^2}{2EI} - \frac{R_aL^2}{2EI} + \frac{M_aL}{EI} = 0 \quad \text{또는} \quad R_aL - 2M_a = \frac{Pb^2}{L} \tag{i}$$

$$\frac{Pab^2}{2EI} + \frac{Pb^3}{3EI} - \frac{R_aL^3}{3EI} + \frac{M_aL^2}{2EI} = 0 \quad \text{또는} \quad 2R_aL - 3M_a = \frac{3Pab^2}{L^2} + \frac{2Pb^3}{L^2} \tag{j}$$

식 (i) 및 (j)로부터 좌단의 반력 R_a및 M_a를 구하면 다음 식 (k) 및 (l)과 같이 된다.

$$R_a = \frac{Pb^2}{L^3}(3L - 2b) = \frac{Pb^2}{L^3}(L + 2a) \tag{k}$$

$$M_a = \frac{Pab^2}{L^2} \tag{l}$$

강체의 평형방정식을 적용하여 우단의 반력 R_b와 M_b를 구하면 다음 식 (m), (n)과 같이 된다.

$$R_b = \frac{Pa^2}{L^3}(3L - 2a) = \frac{Pa^2}{L^3}(L + 2b) \tag{m}$$

$$M_b = \frac{Pa^2b}{L^2} \tag{n}$$

식 (k), (l), (m), (n)에 $a = b = \frac{L}{2}$을 대입하면 $R_a = R_b = \frac{P}{2}$이고 $M_a = M_b = \frac{PL}{8}$가 됨을 알 수 있다.

[예제 9-4] 그림 9.7 (a)와 같은 보는 좌단 A가 수직하중을 받지 못하는 롤러로 되어 있을 때 이 보의 반력 M_a, M_b및 R_b를 구하여라.

(풀이)

중첩법에 의하여 그림 9.7 (a)는 그림 9.7 (b)와 (c)의 중첩으로 고려할 수 있다. 따라서, 좌단 A의 회전각 $\theta = 0$이므로 다음 식 (a)가 성립한다.

$$\theta = \theta_1 + \theta_2 = 0 \tag{a}$$

그림 9.7 (b)의 자유단의 회전각 θ_1은 식 (7.10)에 의하여 다음 식 (b)와 같이 된다.

$$\theta_1 = \frac{qL^3}{6EI} \tag{b}$$

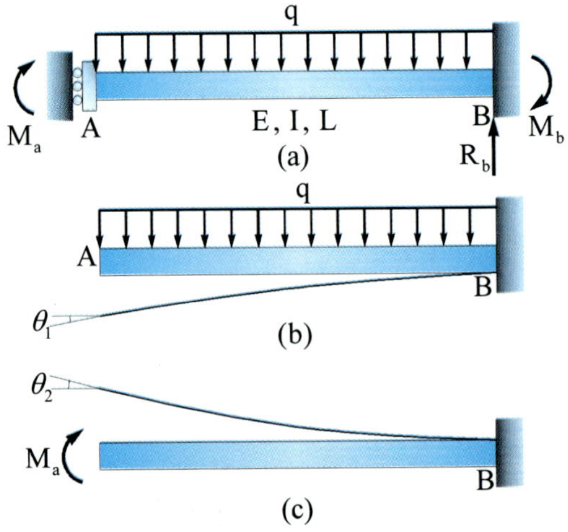

그림 9.7

같은 방법으로 그림 9.7 (c)의 자유단의 회전각 θ_2는 다음 식 (c)와 같다.

$$\theta_2 = -\frac{M_a L}{EI} \tag{c}$$

식 (b), (c)를 식 (a)에 대입하여 M_a를 구하면 다음 식 (d)와 같이 된다.

$$M_a = \frac{qL^2}{6} \tag{d}$$

강체의 평형방정식에 의하여 M_b 및 R_b를 구하면 다음 식 (e) 및 (f)와 같이 된다.

$$M_b = \frac{qL^2}{3} \tag{e}$$

$$R_b = qL \tag{f}$$

9.4 모멘트면적법과 공액보

모멘트면적법

보의 처짐해석에서 모멘트면적법을 이용하여 처짐량과 회전각을 구하는 방법을 이해하였다. 부정정보의 해석이 처짐량이나 회전각을 이용하는 것을 이미 알고 있으므로 이 모멘트면적법이 부정정보의 해석에도 이용될 수 있음을 이해할 수 있을 것이다.

이 모멘트면적법을 이해하기 위하여 그림 9.8 (a)와 같은 부정정보에 대하여 생각해 보기로 하자.

이 보의 이완구조물을 취함에 있어 2가지 경우를 고려해 볼 수 있다. 우선, 좌단 A를 이완구조로 취급하는 경우는 그림 9.8 (b)와 같이 될 것이고 우단 B를 이완 구조물로 취하게 되면 그림 9.8 (c)와 같이 생각할 수 있을 것이다.

이들 구조물에 대하여 과잉구속력을 포함하는 굽힘모멘트 선도를 그리고 굽힘강성 EI가 일정하다고 하면 $\dfrac{M}{EI}$선도를 각각 그릴 수 있다. 좌단 A를 이완하여 중첩해서 구해진 $\dfrac{M}{EI}$선도는 그림 9.8 (d)와 같이 될 것이고 우단 B를 이완하여 중첩해서 구해진 $\dfrac{M}{EI}$선도는 그림 9.8 (e)와 같이 됨을 알 수 있다.

지금 그림 9.8 (a)의 구조물에서 알 수 있듯이 좌단 A의 처짐 δ가 0이므로 모멘트면적법의 처짐량 정리를 이용하면, 그림 9.8 (b)의 $\dfrac{M}{EI}$선도의 A점에 대한 1차 모멘트가 영이 되어야 함을 알 수 있다.

따라서, 다음 식 (a)가 성립되고 반력 R_a는 식 (9.2)와 같이 구해진다.

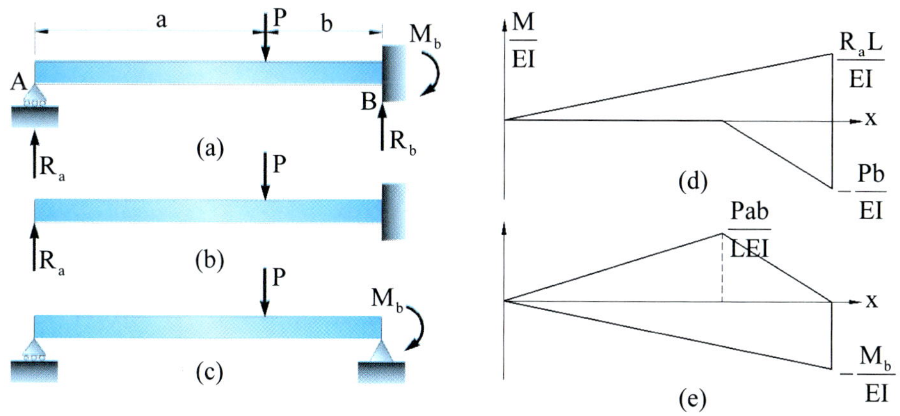

그림 9.8

$$\left(\frac{1}{2}\frac{R_aL}{EI}L\right)\times\left(\frac{2L}{3}\right)-\frac{1}{2}\left(\frac{Pb}{EI}\right)b\times\left(a+\frac{2b}{3}\right)=0 \tag{a}$$

$$R_a=\frac{Pb^2}{2L^3}\left(a+\frac{2b}{3}\right)=\frac{Pb^2}{2L^3}\frac{(3L-b)}{3} \tag{9.2}$$

또, 같은 방법으로 그림 9.8 (a)의 구조물에서 좌단 A의 처짐 δ가 영이므로 모멘트면적법의 처짐량정리를 그림 9.8 (e)에 적용하면 다음 식 (b)를 얻고 식 (b)에 의하여 좌단의 반력모멘트 M_b는 식 (9.3)과 같이 된다.

$$\frac{1}{2}\left(\frac{Pab}{LEI}\right)L\times\left(\frac{L+a}{3}\right)-\frac{1}{2}\left(\frac{M_b}{EI}\right)L\times\left(\frac{2L}{3}\right)=0 \tag{b}$$

$$M_b=\frac{Pab(L+a)}{2L^2} \tag{9.3}$$

공액보

이 모멘트면적법을 다른 측면에서 고려해 보기로 한다. 식 (5.4) 및 (5.5)는 분포하중 q와 전단력 V 및 굽힘모멘트 M과의 관계식이다. 이를 다시 적어 식 (9.4) 및 (9.5)으로 한다.

$$V=\int(-q)\,dx \tag{9.4}$$

$$M=\int V\,dx=\int\int(-q)\,dx\,dx \tag{9.5}$$

식 (7.10)과 (7.11)을 다시 적어 식 (9.6)과 (9.7)로 한다.

$$\theta(x)=\frac{dy}{dx}=\int\left(-\frac{M}{EI}\right)dx \tag{9.6}$$

$$\delta(x)=y=\int\int\left(-\frac{M}{EI}\right)dx\,dx \tag{9.7}$$

식 (9.4)와 (9.6) 그리고 식 (9.5)과 (9.7)을 비교해 보면, 우리는 식 (9.6)과 (9.7)이 식 (9.4)와 (9.5)의 분포하중 q 대신에 $\frac{M}{EI}$이 자리하고 있음을 알 수 있다. 즉, 굽힘모멘트 M

에 굽힘강성 EI를 나눈 $\frac{M}{EI}$을 분포하중과 같은 $\bar{q}$라고 가정한 보에 대하여 전단력 $\overline{V}$와 굽힘모멘트 $\overline{M}$을 구하게 되면 그들의 값이 각각 $\theta(x)$와 $\delta(x)$가 됨을 알 수 있을 것이다.

이렇게 $\frac{M}{EI}$을 분포하중 $\bar{q}$로 가정한 보를 공액보(conjugated beam)라고 하며 이 공액보를 해석함으로써 보의 처짐을 해석할 수 있게 되고 부정정보를 해석할 수 있을 것이다. 이 공액보가 실제 보와의 관계를 잘 정립하는 경우에는 많은 어려운 문제들을 간단히 풀이할 수 있게 된다.

그림 9.9 (a) 및 (b)는 실제 보의 외팔보와 단순지지보를 보이고 있다.

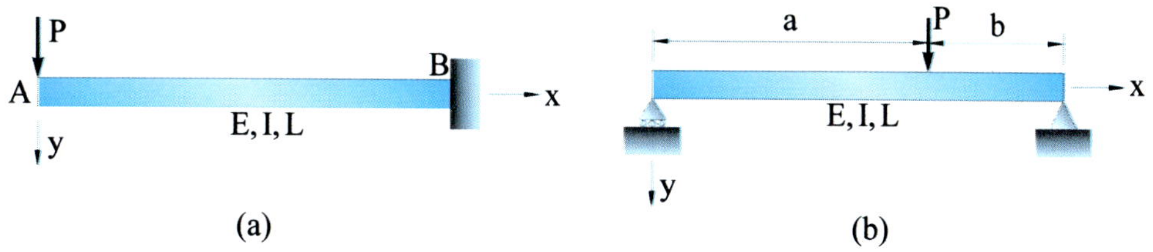

그림 9.9

먼저 그림 9.9 (a)의 외팔보에서 자유단 A에서의 전단력 V(0)와 굽힘모멘트 M(0)는 각각 영이 되지만 회전각 $\theta(0)$과 처짐 $\delta(0)$은 영이 되지 않는 것을 알 수 있고, 고정단 B에서는 전단력 V(L)과 굽힘모멘트 M(L)은 영이 아니고 각각 최대가 됨을 알 수 있으며, 동시에 회전각 $\theta(L)$과 처짐 $\delta(L)$은 영이 됨을 알 수 있다. 이 내용은 결과적으로 실제보의 자유단은 공액보에서 고성단이 되어 공액전단력 $\overline{V}(0)$와 공액모멘트 $\overline{M}(0)$가 영이 되지 않고 최대값을 가지게 되며, 실제보의 고정단은 공액 전단력 $\overline{V}(L)$과 공액모멘트 $\overline{M}(L)$가 0이 되어 회전각과 처짐이 영이 되도록 하는 것으로 공액보에서는 자유단이 되어야 함을 의미하게 된다.

한편, 그림 9.9 (b)의 실제보가 단순지지보일 경우에는 양단이 처짐은 영이지만 회전각이 영이 아니므로 공액전단력 $\overline{V}(0)$과 $\overline{V}(L)$가 영이 아니고 공액모멘트 $\overline{M}(0)$와 $\overline{M}(L)$가 영이 되는 경우로서 단순지지보인 실제보는 단순지지보의 공액보가 되어짐을 알 수 있다. 따라서 다음 그림 9.10 (a) 및 (b)와 같은 관계를 가지게 된다.

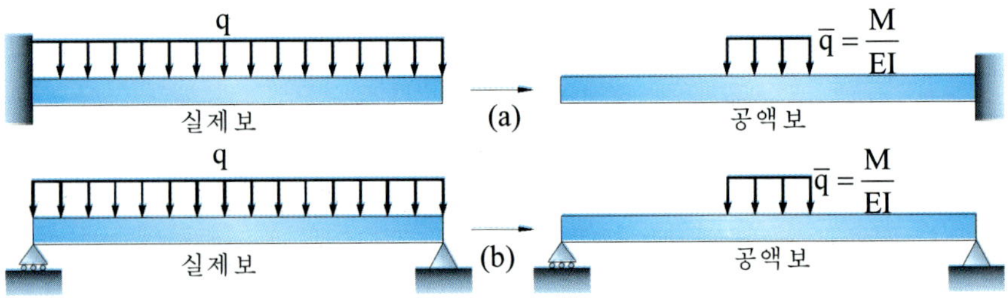

그림 9.10

이들 관계를 정리해보면 다음 그림 9.11과 같다.

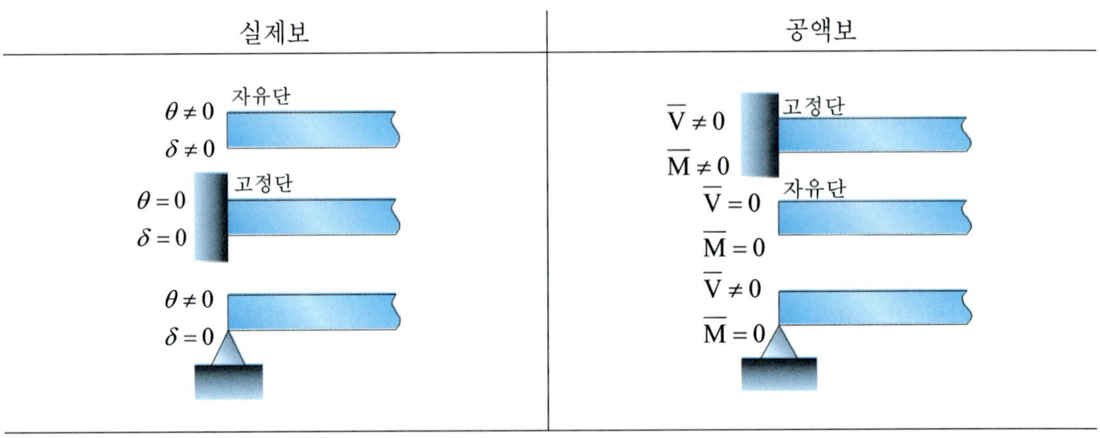

그림 9.11 실제보와 공액보

[예제 9-5] 그림 9.12 (a)와 같은 집중하중 P를 받고 있는 부정정보의 지점반력을 공액보를 이용하여 구하여라.

(풀이)

그림 9.12 (a)의 보는 그림 9.12 (b) 및 (c)의 중첩으로 해석할 수 있다. 그림 9.12 (a)의 실제보를 공액보로 전환하면 그림 9.12 (d)와 같이 양단이 모두 자유단이 되고 이 공액보의 분포하중 $\bar{q}$는 그림 9.12 (b)와 (c)에 대한 굽힘모멘트 값에 굽힘강성 EI를 나눈 것이 되어 그 선도는 그림 9.12 (d)와 같이 된다.

그림 9.12 (d)의 공액보에는 지점반력이 없으므로 공액전단력에 대한 평형식 (a)와 공액모멘트에 대한 평형식 (b)를 세울 수가 있다.

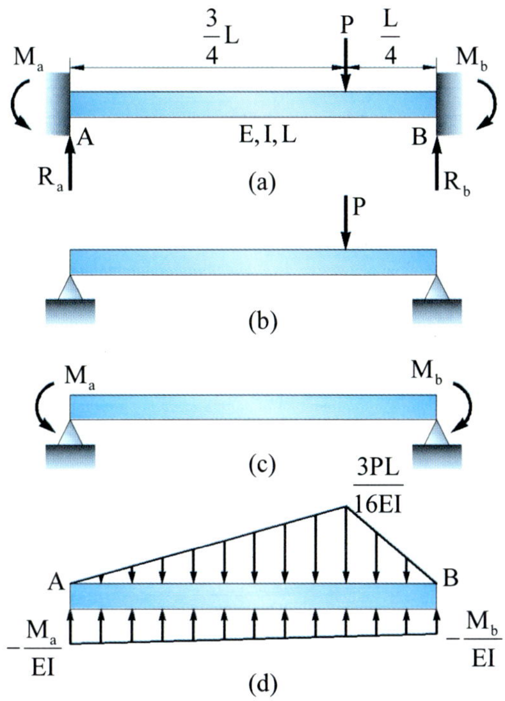

그림 9.12

$$\sum \overline{V} = 0 \tag{a}$$

$$\frac{1}{2}\left(\frac{3PL}{16EI}\right)L - \frac{1}{2}\left(\frac{M_a}{EI} + \frac{M_b}{EI}\right)L = 0$$

$$\sum \overline{M}_A = 0 \tag{b}$$

$$\frac{1}{2}\left(\frac{3PL^2}{16EI}\right) \times \left(\frac{L + \frac{3}{4}L}{3}\right) - \frac{1}{2}\left(\frac{M_aL}{EI}\right) \times \frac{L}{3} - \frac{1}{2}\left(\frac{M_bL}{EI}\right) \times \frac{2L}{3} = 0$$

식 (a)와 (b)를 정리하여 다시 쓰면 다음 식 (c)와 (d)로 된다.

$$M_a + M_b = \frac{3PL}{16} \tag{c}$$

$$M_a + 2M_b = \frac{21PL}{64} \tag{d}$$

식 (c)와 (d)로부터 M_a 및 M_b를 구하면 다음 식 (e)와 (f)와 같이 된다.

$$M_a = \frac{3}{64}PL \tag{e}$$

$$M_b = \frac{9}{64}PL \tag{f}$$

식 (e), (f)의 반력 모멘트 M_a 및 M_b를 그림 9.12 (a)의 실제 보에 적용하여 강체의 평형방정식을 이용해 지점 A와 B의 수직반력 R_a와 R_b를 구하면 다음 식 (g) 및 (h)와 같이 된다.

$$R_a = \frac{5P}{32} \tag{g}$$

$$R_b = \frac{27}{32}P \tag{h}$$

[예제 9-6] 그림 9.13 (a)와 같은 단순지지보의 좌단 A점의 단면회전각 θ_A와 하중작용점 C의 단면회전각 θ_C를 공액보를 이용하여 구하여라. 단, 하중 $P = 6{,}000\,lb$, 굽힘강성 $EI = 10^7\,lb \cdot in^2$, 보의 길이 $L = 30\,in$이다.

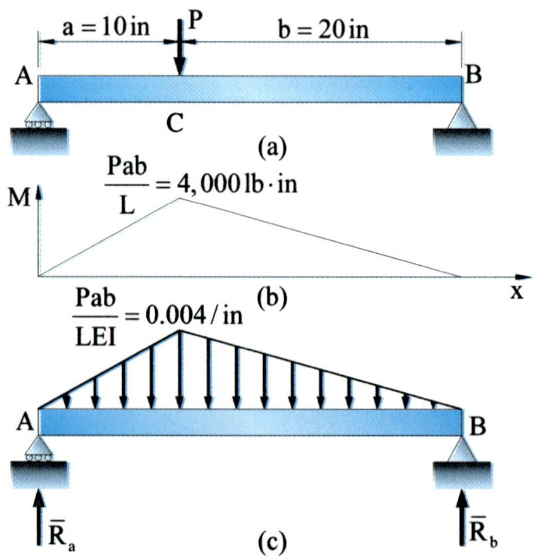

그림 9.13

(풀이)

굽힘모멘트 선도가 그림 9.13 (b)와 같으므로 공액보는 그림 9.13 (c)와 같이 된다. 그림 9.13 (c)의 반력 $\overline{R}_a$가 θ_A이므로 반력 $\overline{R}_a$는 B점에 모멘트 평형을 취하여 구하면 다음 식 (a)와 같이 된다.

$$\theta_A = \overline{R}_a = \frac{1}{L}\times\left(0.004\times\frac{1}{2}\times L\right)\left(\frac{L+20}{3}\right) = \frac{1}{30}\times\left(0.004\times\frac{30}{2}\right)\times\frac{50}{3} = 0.0333\,\text{rad} \tag{a}$$

$0 \le x \le 10\text{in}$인 구간에서의 공액전단력 $\overline{V}$는 그림 9.13 (c)에 의하여 다음 식 (b)와 같이 된다.

$$\overline{V}(x) = \overline{R}_a - \frac{bP}{LEI}x \tag{b}$$

하중작용점의 단면 회전각 θ_C는 식 (b)에 $x = a = 10\text{in}$를 대입하여 구하면 다음 식 (c)와 같이 된다.

$$\theta_C = \overline{V}(x=10\text{in}) = \overline{R}_a - \frac{abP}{LEI} = \frac{1}{30} - \frac{20\times6000\times10}{30\times10^7} = 0.0293\,\text{rad} \tag{c}$$

9.5 3 모멘트법

그림 9.14 (a)와 같은 보를 연속보라고 한다. 또, 그림 9.14 (b)와 같은 일단 고정된 연속보의 경우는 앞에서 구했던 것과 같이 그림 9.14 (c)로 변형시켜 연속보에 의하여 계산할 수 있을 것이다. 이때, 그림 9.14 (c)와 같이 절점 D에 연결하여 하나의 절점을 부가하는 경우, 고정단 D가 회전변위를 허용하지 않으므로 2차 관성 모멘트 I를 무한대로 하여 굽힘강성이 무한대가 되는 것으로 해석할 수 있다.

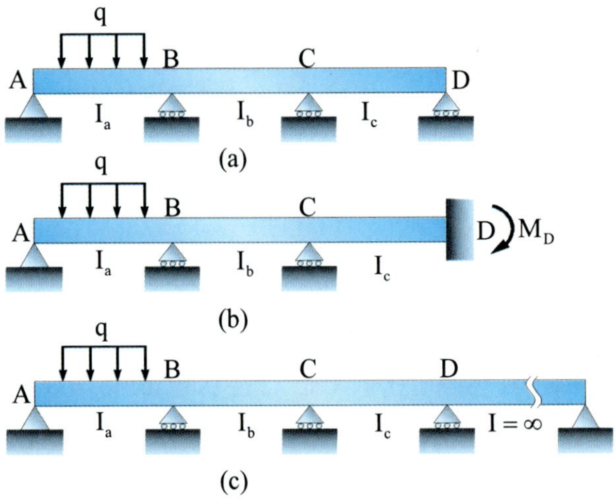

그림 9.14

그림 9.15와 같은 지점이 m개인 연속보를 살펴보면 미지반력은 m+1개가 되므로 이 때 필요한 방정식은 m+1개일 것이다.

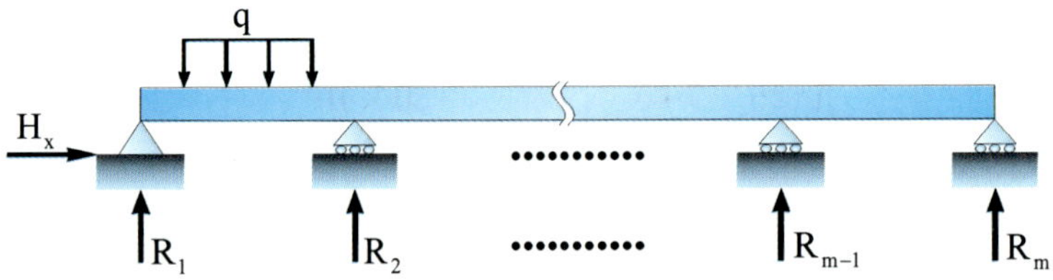

그림 9.15

우리가 세울 수 있는 강체의 평형방정식은 $\sum F_x = 0$, $\sum F_y = 0$, $\sum M_A = 0$ 인 3개의 방정식이고 모자라는 방정식의 수는 m-2개이다. 만약, 서로 인접하는 3개의 지점사이에 서로의 관계를 만들어 내어 하나의 방정식을 세울 수 있다면, m개의 지점에 대하여 m-2개의 추가 방정식을 얻을 수 있을 것이다. 이 연속보의 인접한 3지점 사이의 보를 그림 9.16 (a)와 같이 표현하고, 3절점을 각각 $i-1$, i, $i+1$로 적고 지점사이의 길이와 2차 관성모멘트를 각각 L_i, I_i 및 L_{i+1}, I_{i+1}로 하며, 이보에 작용하는 하중을 q_i, q_{i+1}이라 한다. 재료의 탄성계수 E는 모두 동일하다고 하며, 각 지점에 작용되는 굽힘모멘트는 M_{i-1}, M_i, M_{i+1}이라 하자.

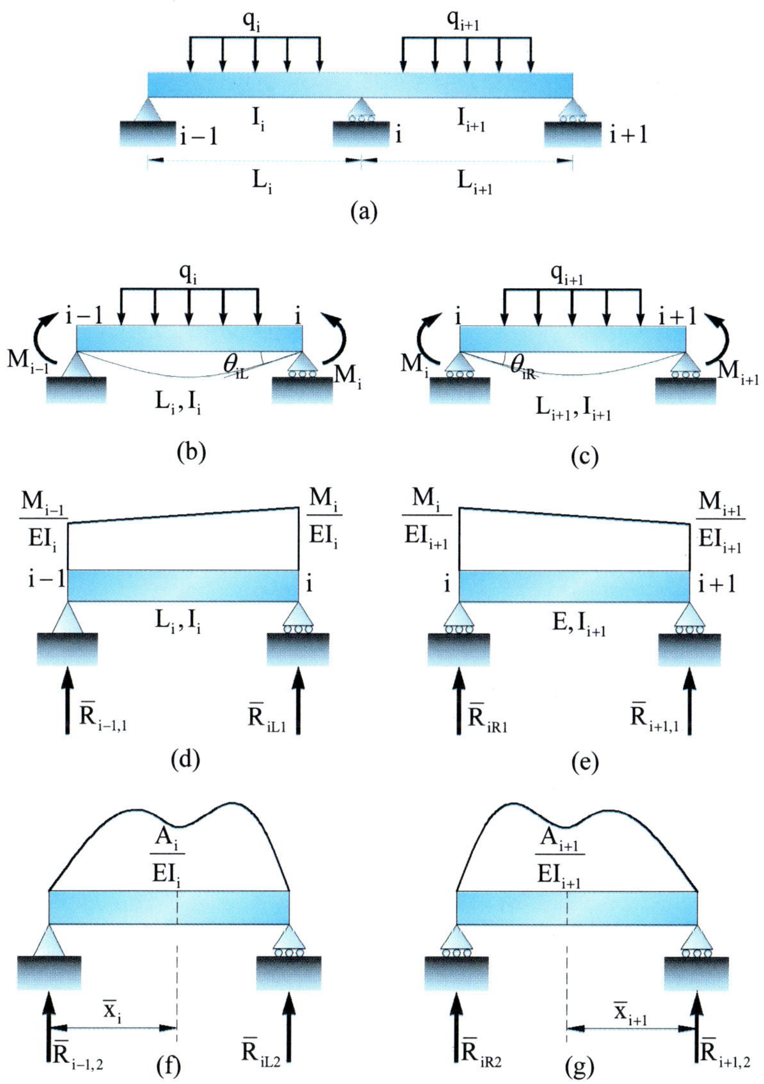

그림 9.16

그리고 i번째의 절점을 절단하여 그림 9.16 (b)와 (c)로 표현할 때, i번째의 절점의 좌우 회전각 θ_{iL}와 θ_{iR}는 서로 크기는 같고 방향이 반대가 되어 다음 식 (a)를 만족하게 됨을 알 수 있다.

$$\theta_{iL} + \theta_{iR} = 0 \tag{a}$$

θ_{iL}를 구해보자. 이 θ_{iL}는 그림 9.16 (b)에 의하면 지점반력 굽힘모멘트 M_{i-1}, M_i 및 외력, 분포하중 q_i에 의한 회전각이다. 이 회전각 θ_{iL}는 공액보법을 이용할 수 있다. 이 때 그림 9.16 (d)와 (f)에서 구해진 공액반력 $\overline{R}_{iL1}$과 $\overline{R}_{iL2}$의 합임을 알 수 있다. 그림 9.16 (d)에서 공액반력 $\overline{R}_{iL1}$은 지점 $i-1$에 대한 모멘트 평형을 취하여 구하면 다음 식 (b)와 같다.

$$\overline{R}_{iL1} = \frac{1}{L_i}\left\{\frac{1}{2}L_i\left(\frac{M_{i-1}}{EI_i}\right)\left(\frac{1}{3}L_i\right)+\frac{1}{2}L_i\left(\frac{M_i}{EI_i}\right)\left(\frac{2}{3}L_i\right)\right\}=\frac{M_{i-1}L_i}{6EI_i}+\frac{M_iL_i}{3EI_i} \tag{b}$$

그림 9.16 (f)에서 A_i는 분포하중 q_i에 의한 굽힘모멘트 선도의 면적이고 이 면적을 굽힘강성 EI_i로 나눈값이 $\frac{A_i}{EI_i}$이며, 지점 $i-1$에서부터 이 면적의 도심까지의 거리를 $\overline{x}_i$라 하면 공액보의 반력 $\overline{R}_{iL2}$는 i번째의 분포하중 q_i에 의한 i지점의 회전각 θ_{q_i}로서 다음 식 (c)와 같이 된다.

$$\overline{R}_{iL2} = \frac{1}{L_i}\left(\frac{A_i}{EI_i}\cdot\overline{x}_i\right) \tag{c}$$

따라서, θ_{iL}는 식 (b) 와 (c)에 의하여 다음 식 (d)와 같이 된다.

$$\theta_{iL} = \frac{M_{i-1}L_i}{6EI_i}+\frac{M_iL_i}{3EI_i}+\frac{A_i}{EI_i}\frac{\overline{x}_i}{L_i} \tag{d}$$

같은 방법으로 θ_{iR}은 그림 9.16 (e)와 (g)에 의하여 구할 수 있고 $\theta_{iR_1}+\theta_{iR_2}$로 되며, 다음 식 (e)와 같이 된다. 이때, θ_{iR_1}은 θ_{iL_1}과 같은 방법에 의해 $\frac{M_{i+1}L_{i+1}}{6EI_{i+1}}+\frac{M_iL_{i+1}}{3EI_{i+1}}$로 된다. 식 (e)에서 $\overline{x}_{i+1}$은 그림 9.16 (g)에서 보듯이 지점 $i+1$에서부터 $\frac{A_{i+1}}{EI_{i+1}}$의 도심까지의 거리이며 A_{i+1}은 외력 분포하중 q_{i+1}에 의해서 구해진 굽힘모멘트의 면적이다. 따라서, $\overline{R}_{iR_2}$는 $\frac{1}{L_{i+1}}\times\left(\frac{A_{i+1}}{EI_{i+1}}\cdot\overline{x}_{i+1}\right)$이 되고, 이 값은 $i+1$번째의 하중 q_{i+1}에 의한 i지점의 회전각 $\theta_{q_{i+1}}$이다.

$$\theta_{iR} = \frac{M_{i+1}L_{i+1}}{6EI_{i+1}} + \frac{M_iL_{i+1}}{3EI_{i+1}} + \frac{A_{i+1}}{EI_{i+1}}\frac{\overline{x}_{i+1}}{L_{i+1}} \tag{e}$$

식 (d)와 (e)를 식 (a)에 대입하여 정돈하면 다음 식 (9.8)과 같다.

$$M_{i-1}\left(\frac{L_i}{I_i}\right) + 2M_i\left(\frac{L_i}{I_i} + \frac{L_{i+1}}{I_{i+1}}\right) + M_{i+1}\left(\frac{L_{i+1}}{I_{i+1}}\right) = -6\left(\frac{A_i\overline{x}_i}{L_iI_i} + \frac{A_{i+1}\overline{x}_{i+1}}{L_{i+1}I_{i+1}}\right) \tag{9.8}$$

식 (9.8)에서 굽힘강성 EI가 모든 구간에서 일정하고 서로 같다면 다음 식 (9.9)와 같이 된다.

$$M_{i-1}L_i + 2M_i(L_i + L_{i+1}) + M_{i+1}L_{i+1} = -6\left(\frac{A_i\overline{x}_i}{L_i} + \frac{A_{i+1}\overline{x}_{i+1}}{L_{i+1}}\right) \tag{9.9}$$

[예제 9-7] 그림 9.17과 같은 연속보의 전단력 선도와 굽힘모멘트 선도를 3 모멘트법을 이용하여 구하여라. 단, 단면2차관성모멘트 I와 탄성계수 E는 모두 동일하다.

(풀이)

인접한 3절점 ABC와 BCD에 의하여 식 (9.9)를 이용한 식을 세울 수가 있다. 각 절점의 반력모멘트들을 M_A, M_B, M_C 및 M_D 라고 할 때, M_A와 M_D는 0이 됨을 알고 있다. 그리고 AB 및 BC 구간에는 외력이 없으므로 외력에 의한 회전각 $\theta_{q_{AB}} = \theta_{q_{BC}} = 0$ 이다. 3절점 ABC에 의한 모멘트 방정식은 식 (9.9)에 의하여 다음 식 (a)와 같이 된다.

$$M_AL + 2M_B(L+L) + M_CL = 0 \tag{a}$$

식 (a)를 정리하면 다음 식 (b)와 같다.

$$4M_B + M_C = 0 \tag{b}$$

3절점 BCD에 의한 모멘트방정식은 $\theta_{q_{BC}} = 0$이고, $\theta_{q_{CD}} = \frac{qL^3}{24EI}$이므로 식 (9.9)에 의하여 다음 식 (c)와 같이 된다.

$$M_B L + 2M_C(L + L) + M_D L = -6EI\theta_{q_{CD}} = -6EI\left(\frac{qL^3}{24EI}\right) \qquad \text{(c)}$$

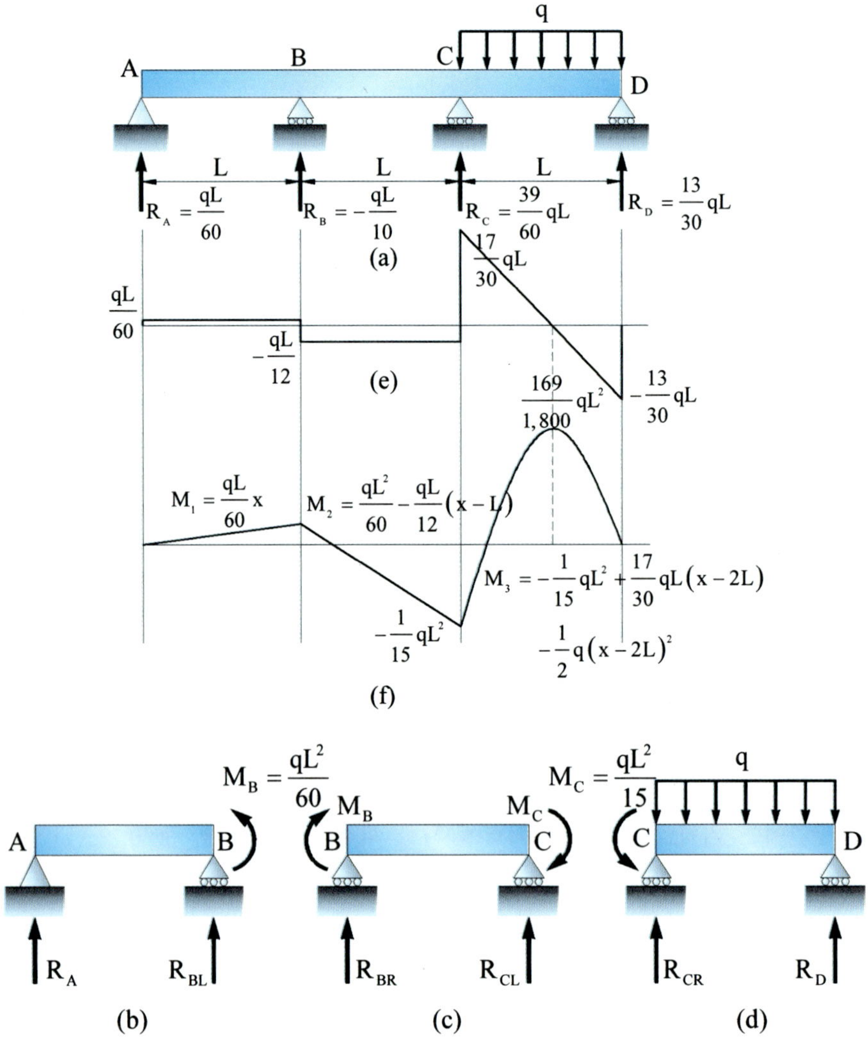

그림 9.17

식 (c)를 정리하면 다음 식 (d)와 같이 된다.

$$M_B + 4M_C = -\frac{qL^2}{4} \qquad \text{(d)}$$

식 (b)와 (d)로부터 M_B와 M_C는 각각 다음 식 (e) 및 (f)와 같다.

$$M_B = \frac{qL^2}{60} \tag{e}$$

$$M_C = -\frac{qL^2}{15} \tag{f}$$

이제 그림 9.17 (b), (c) 및 (d)를 이용하여 각 절점들의 반력들을 구해보자. 그림 9.17 (b)에 의하여 R_A 및 R_{BL}는 다음 식 (g)와 (h)와 같이 된다.

$$R_A = \frac{M_B}{L} = \frac{qL}{60} \tag{g}$$

$$R_{BL} = -\frac{qL}{60} \tag{h}$$

그림 9.17 (c)로부터 R_{BR}와 R_{CL}를 구하면 다음 식 (i)와 (j)와 같이 구해진다.

$$R_{BR} = -\frac{1}{L}(M_B - M_C) = -\frac{1}{L}\left(\frac{qL^2}{60} + \frac{qL^2}{15}\right) = -\frac{qL}{12} \tag{i}$$

$$R_{CL} = \frac{qL}{12} \tag{j}$$

그림 9.17 (d)로부터 R_{CR}와 R_D를 구하면 다음 식 (k) 및 (l)과 같이 된다.

$$R_{CR} = \frac{1}{L}\left(-M_C + \frac{1}{2}qL^2\right) = \frac{1}{L}\left(\frac{qL^2}{15} + \frac{1}{2}qL^2\right) = \frac{17}{30}qL \tag{k}$$

$$R_D = \frac{13}{30}qL \tag{l}$$

식 (h)와 (i), 식 (j)와 (k)로부터 반력 R_B와 R_C는 다음 식 (m) 및 (n)과 같이 된다.

$$R_B = R_{BL} + R_{BR} = -\frac{qL}{60} - \frac{qL}{12} = -\frac{qL}{10} \tag{m}$$

$$R_C = R_{CL} + R_{CR} = \frac{qL}{12} + \frac{17}{30}qL = \frac{39}{60}qL \tag{n}$$

지점 반력과 반력 모멘트가 모두 계산되었으므로 먼저 전단력 선도를 그려보자. 구간 AB 사이에는 외력이 없으므로 이 구간의 전단력

$$V_1 = R_A = \frac{qL}{60} \tag{o}$$

구간 BC 사이 또한 외력이 없으므로 이 구간의 전단력 V_2 는 식 (m)에 의해 다음 식 (p)와 같다.

$$V_2 = V_1)_{x=L} + R_B = \frac{qL}{60} - \frac{qL}{10} = -\frac{qL}{12} \tag{p}$$

구간 CD 사이에는 외력으로 일정 분포하중 q가 작용하므로 이 구간의 전단력 V_3는 식 (n)과 식 (5.4)에 의해 다음 식 (q)와 같이 된다.

$$V_3 = V_2)_{x=2L} + R_C + \int(-q)d(x-2L) \tag{q}$$

$$= \left(-\frac{qL}{12} + \frac{39}{60}qL\right) - q(x-2L) = \frac{17}{30}qL - q(x-2L)$$

식 (q)에 x=3L을 대입하여 전단력 V_D를 구하면 다음 식 (r)이 된다.

$$V_D = -\frac{13}{30}qL \tag{r}$$

식 (r)의 전단력 V_D는 식 (l)에 의해 구해진 반력 R_D와 평형을 이루므로 외력과 반력이 모두 평형되어짐을 의미한다. 식 (5.5)를 이용하여 각 구간의 굽힘모멘트를 구해보자. 구간 AB 사이의 굽힘모멘트 M_1은 식 (o)와 식 (5.5)에 의하여 다음 식 (s)과 같이 된다.

$$M_1 = \int V_1 dx = \frac{qL}{60}x + C_1 \tag{s}$$

$$x = 0,\ M_1 = M_A = 0,\ \therefore C_1 = 0$$

$$M_1 = \frac{qL}{60}x$$

식 (s)에 $x=L$을 대입하여 B점에서 굽힘모멘트 M_B를 구하면 $\frac{qL^2}{60}$이 되고 이 값은 식 (e)의 M_B값과 일치함을 알 수 있다.

구간 BC사이의 굽힘모멘트 M_2는 식 (p)와 식 (5.5)에 의하여 다음 식 (t)와 같이 된다.

$$M_2 = \int V_2 d(x-L) = -\frac{qL}{12}(x-L) + C_2 \tag{t}$$

$$x = L \text{ 에서 } M_1 = M_2 = M_B = \frac{qL}{60} = C_2$$

$$\therefore M_2 = \frac{qL}{60} - \frac{qL}{12}(x-L)$$

구간 CD사이의 굽힘모멘트 M_3 또한 식 (q)와 식 (5.5)에 의하여 다음 식 (u)와 같이 된다.

$$\begin{aligned} M_3 &= \int V_3 d(x-2L) \\ &= \int \left\{ \frac{17}{30}qL - q(x-2L) \right\} d(x-2L) \\ &= \frac{17}{30}qL(x-2L) - \frac{1}{2}q(x-2L)^2 + C_3 \end{aligned}$$

$$x = 2L \text{ 에서 } M_2 = M_3 = M_C = -\frac{qL^2}{15} = C_3$$

$$\therefore M_3 = -\frac{qL^2}{15} + \frac{17}{30}qL(x-2L) - \frac{1}{2}q(x-2L)^2 \tag{u}$$

식 (o), (p) 및 (q)를 선도로 그린 것이 그림 9.17 (e)의 전단력 선도이고 식 (s), (t), (u)를 선도로 그린 것이 그림 9.17 (f)의 굽힘모멘트 선도가 된다. 구간 CD사이의 최대 굽힘모멘트는 전단력 V_3가 0이 되는 지점인 $x = \frac{77}{30}L$인 곳이므로 그 값은 식 (u)에 의하여 다음 식 (v)와 같다.

$$M_3)_{max} = -\frac{1}{15}qL^2 + \frac{17}{30}qL \times \left(\frac{17}{30}L\right) - \frac{1}{2}q\left(\frac{17}{30}L\right)^2 = \frac{169}{1,800}qL^2 \tag{v}$$

[예제 9-8] 그림 9.18 (a)와 같은 부정정보의 전단력 선도와 굽힘모멘트 선도를 그려라. 단, 굽힘강성 EI는 모두 일정하고, $L_1 = L_2 = L$ 이고 $L_3 = 1.5L$ 이다.

(풀이)

좌단 A가 고정단이므로 강성 $EI_0 \to \infty$ 가 되도록 하여 그림 9.18 (b)와 같이 길이 L_0이고 단면2차관성모멘트 I_0가 무한대인 단순보 부분을 첨가하여 해석할 수 있음을 알고 있다.

세 번의 3 모멘트법을 이용하도록 한다. 먼저 EAB의 3지점에 대한 모멘트식을 식 (9.8)에 의하여 구하면 다음 식 (a)와 같이 된다.

$$M_E\left(\frac{L_0}{I_0}\right) + 2M_A\left(\frac{L_0}{I_0} + \frac{L_1}{I}\right) + M_B\left(\frac{L_1}{I}\right) = -6\left\{0 + \frac{\left(\frac{1}{8}PL_1^2\right)\frac{1}{2}L_1}{L_1 I}\right\} = -\frac{3}{8}\frac{PL_1^2}{I} \tag{a}$$

$L_1 = L$ 이고 I_0가 무한대이므로 식 (a)를 간단히 하면 다음 식 (b)와 같다.

$$2M_A + M_B = -\frac{3}{8}PL \tag{b}$$

ABC의 3지점에 대한 모멘트식을 식 (9.9)에 의하여 구하면 다음 식 (c)와 같다.

$$M_A L_1 + 2M_B(L_1 + L_2) + M_C L_2 = -6\left(\frac{1}{8}PL_1^2\frac{\frac{1}{2}L_1}{L_1}\right) = -\frac{3}{8}PL_1^2 \tag{c}$$

$L_1 = L_2 = L$ 이므로 식 (c)는 다음 식 (d)와 같이 된다.

$$M_A + 4M_B + M_C = -\frac{3}{8}PL \tag{d}$$

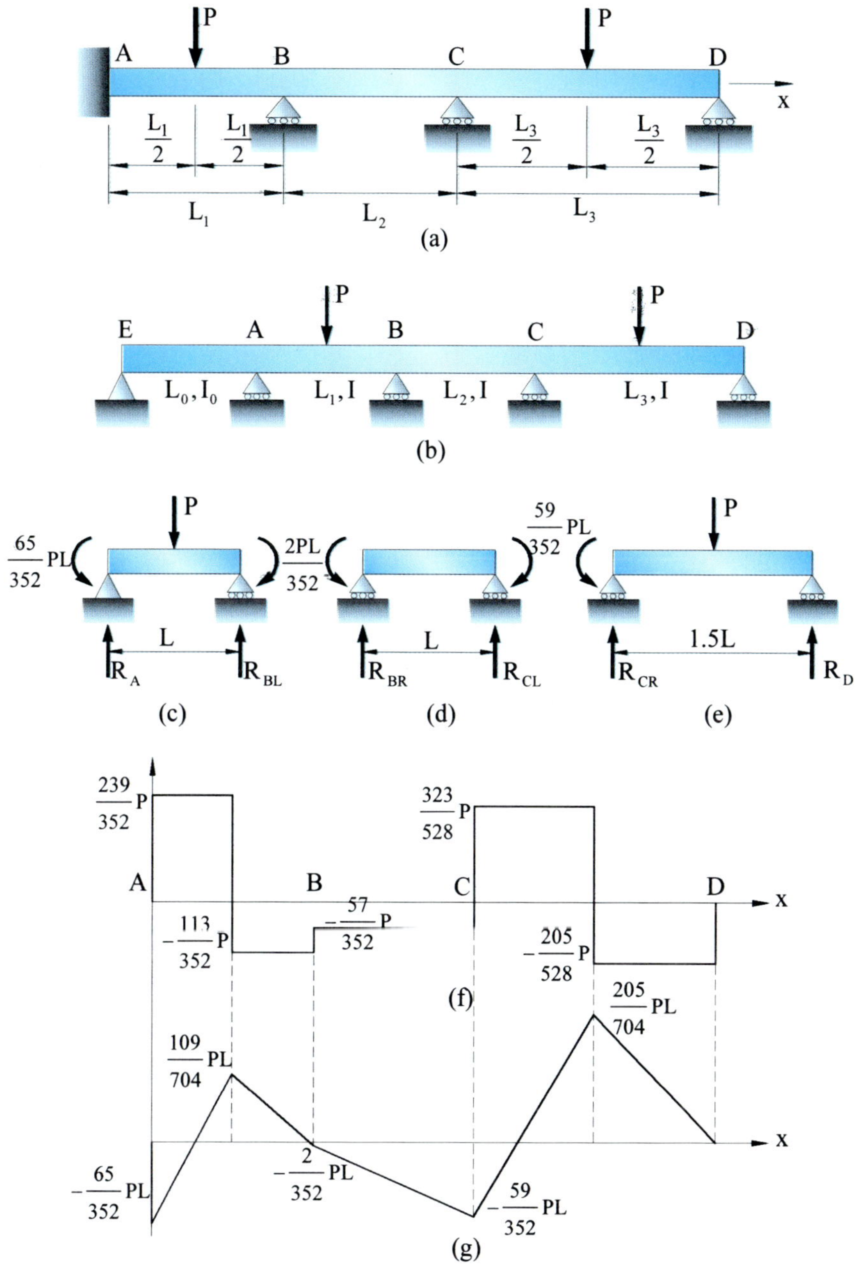

그림 9.18

BCD의 3지점에 대한 모멘트식은 식 (9.9)에 의하여 다음 식 (e)와 같다.

$$M_B L_2 + 2M_C(L_2 + L_3) + M_D L_3 = -6\left(\frac{1}{8}PL_3^2\frac{\frac{1}{2}L_3}{L_3}\right) = -\frac{3}{8}PL_3^2 \quad \text{(e)}$$

$L_3 = 1.5L_2 = 1.5L$ 이고 $M_D = 0$ 이므로 식 (e)는 다음 식 (f)와 같다.

$$M_B + 5M_C = -\frac{3}{8}P(1.5L)^2/L = -\frac{27}{32}PL \quad \text{(f)}$$

식 (b), (d), (f)로부터 M_A, M_B, M_C를 구하면 다음 식 (g), (h) 및 (i)와 같이 된다.

$$M_A = -\frac{65}{352}PL \quad \text{(g)}$$

$$M_B = -\frac{2}{352}PL \quad \text{(h)}$$

$$M_C = -\frac{59}{352}PL \quad \text{(i)}$$

이제 각 지점의 반력들은 그림 9.18 (c), (d), (e)에서 강체의 평형방정식에 의해서 구해지며, 각각 다음 식 (j)에서부터 (o)와 같다.

$$R_A = \frac{239}{352}P \quad \text{(j)}$$

$$R_{BL} = \frac{113}{352}P \quad \text{(k)}$$

$$R_{BR} = -\frac{57}{352}P \quad \text{(l)}$$

$$R_{CL} = \frac{57}{352}P \quad \text{(m)}$$

$$R_{CR} = \frac{323}{528}P \quad \text{(n)}$$

$$R_D = \frac{205}{528}P \quad \text{(o)}$$

따라서, 지점 반력 R_B와 R_C는 다음 식 (p)와 (q)로 된다.

$$R_B = R_{BL} + R_{BR} = \frac{56}{352}P \tag{p}$$

$$R_C = R_{CL} + R_{CR} = \frac{817}{1056}P \tag{q}$$

반력 R_A, R_B, R_C 및 R_D를 이용하여 전단력 선도를 그리면 그림 9.18 (f)와 같이 된다. 이들 전단력 선도를 이용하여 굽힘모멘트 선도를 그리면 그림 9.18 (g)와 같이 된다.

따라서, 이 부정정보의 최대 굽힘모멘트는 구간 CD의 하중작용점이 되고 그 크기는 다음 식 (r)과 같다.

$$M_{max} = \frac{205}{704}PL \tag{r}$$

예제 9-9에서 알 수 있듯이 고정단의 해석을 취급할 때에, 단면2차관성모멘트 I를 무한대로 하여 해석하므로 계산과정 중에 그 부분이 바로 생략되어 해석될 수 있음을 파악할 수가 있다.

9.6 에너지법

부정정 구조물을 해석할 때, 매우 유용하게 애용되는 방법이 에너지 방법이다. 이미 앞에서 에너지 방법을 잘 공부하였다. Castigliano의 제2정리는 구조물의 변형을 구할 때 매우 유용하며, 단위 하중법이 구조물의 변형해석에 널리 이용된다.

그림 9.19 (a)의 부정정보에 대하여 지점 반력들을 구해보자.

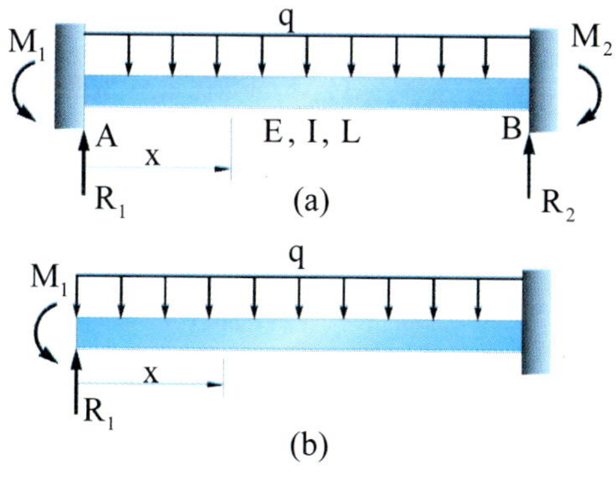

그림 9.19

그림 9.19 (b)와 같이 좌단 A를 이완하여 반력을 R_1과 M_1으로 하였을 때 x 위치에서의 굽힘 모멘트 M(x)는 다음 식 (a)와 같다.

$$M(x) = -M_1 + R_1 x - \frac{1}{2}qx^2 \tag{a}$$

좌단 A의 수직변위 δ_v와 단면회전각 θ는 식 (8.33)식에 의하여 다음 식 (b) 및 (c)와 같이 된다.

$$\delta_V = \frac{\partial U}{\partial P_i} = \frac{\partial U}{\partial R_1} = \int_0^L \frac{M}{EI}\frac{\partial M}{\partial R_1}dx \tag{b}$$

$$= \int_0^L \frac{1}{EI}(-M_1 + R_1 x - \frac{1}{2}qx^2) \cdot xdx$$

$$= \frac{1}{EI}\left(-\frac{M_1 L^2}{2} + \frac{1}{3}R_1 L^3 - \frac{1}{8}qL^4\right)$$

$$\theta = \frac{\partial U}{\partial M_1} = \int_0^L \frac{1}{EI}(-M_1 + R_1 x - \frac{1}{2}qx^2) \cdot (-1) \cdot dx \tag{c}$$

$$= -\frac{1}{EI}\left(-M_1 L + \frac{1}{2}R_1 L^2 - \frac{1}{6}qL^3\right)$$

그런데 좌단 A는 고정단으로 처짐과 단면의 회전각이 모두 0이므로 다음 식 (d)의 연립방정식이 성립한다.

$$\delta_V = \frac{L^2}{24EI}(-12M_1 + 8R_1 L - 3qL^2) = 0 \tag{d}$$
$$\theta_V = -\frac{L}{6EI}(-6M_1 + 3R_1 L - qL^2) = 0$$

식 (d)에 의하여 좌단 A의 미지반력 R_1과 M_1은 각각 다음 식 (e)와 (f) 같이 된다.

$$R_1 = \frac{1}{2}qL \tag{e}$$

$$M_1 = \frac{1}{12}qL^2 \tag{f}$$

식 (e)와 (f)에 의하여 반력 R_1과 M_1이 구해졌기 때문에 그림 9.19 (a)의 보는 부정정보에서 정정인 보와 같이 동일하게 해석이 가능한 것이다. 즉, 식 (e), (f)를 식 (a)에 대입하여 굽힘모멘트를 구하면 다음 식 (g)와 같이 쓸 수 있다.

$$M(x) = -\frac{1}{12}qL^2 + \frac{1}{2}qLx - \frac{1}{2}qx^2 \tag{g}$$

굽힘모멘트식이 구해졌으므로 식 (7.10) 및 (7.11)에 의하여 이 보의 변형해석을 할 수 있으며, 식 (6.22)에 의하여 각 단면의 응력해석이 가능함을 알 수 있다.

[예제 9-9] 그림 9.20 (a)와 같은 부정정보의 좌단 A의 반력 R_1 을 구하여라.

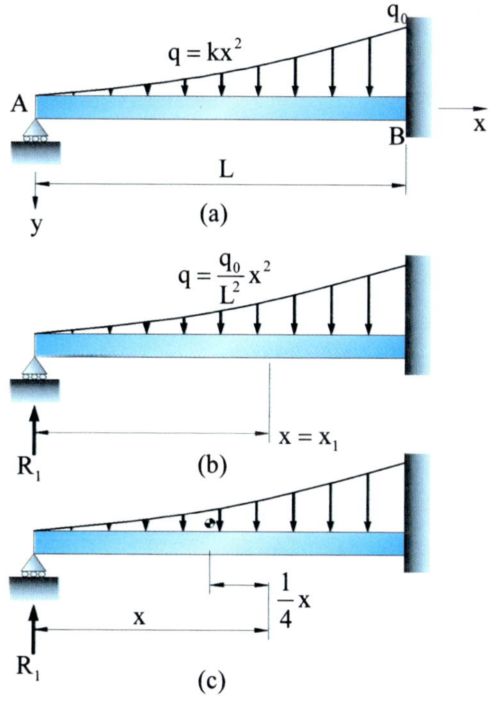

그림 9.20

(풀이)

$x = L$ 에서 $q = q_0$ 이므로 비례상수 k는 다음 식 (a)와 같다.

$$q_0 = kL^2, \ k = \frac{q_0}{L^2} \tag{a}$$

따라서, 분포하중 q의 식은 다음 식 (b)와 같이 된다.

$$q = \frac{q_0}{L^2}x^2 \tag{b}$$

좌단 A를 이완하여 그림 9.20 (b)와 같이하여 임의의 위치 x에서 굽힘모멘트 M(x)를 구하기 이하여 먼저 x_1위치까지의 하중의 크기와 도심 위치를 결정해 보자.

x_1 위치까지의 하중 P_1 은 다음 식 (c)와 같이 구한다.

$$P_1 = \int_0^{x_1} q dx = \int_0^{x_1} \frac{q_0}{L^2}x^2 dx = \frac{q_0}{3L^2}x_1^3 \tag{c}$$

도심위치 $\overline{x}_1$은 다음 식 (d)와 같다.

$$\overline{x}_1 = \frac{\int_0^{x_1} qx dx}{\int_0^{x_1} q dx} = \frac{\frac{q_0}{4L^2}x_1^4}{\frac{q_0}{3L^2}x_1^3} = \frac{3}{4}x_1 \tag{d}$$

따라서 임의의 x위치에서의 굽힘모멘트 M(x)는 그림 9.20 (c)를 참고하여 다음 식 (e)와 같이 구해진다.

$$\begin{aligned} M(x) &= R_1 x - P_1\left(x - \frac{3}{4}x\right) \\ &= R_1 x - \frac{q_0}{3L^2}x^3 \cdot \left(\frac{1}{4}x\right) \\ &= R_1 x - \frac{q_0}{12L^2}x^4 \end{aligned} \tag{e}$$

좌단 A의 수직변형 δ_v는 영이므로 다음 식 (f)가 성립한다.

$$\delta_V = \int_0^L \frac{M}{EI}\frac{\partial M}{\partial R_1}dx = \frac{1}{EI}\int_0^L \left(R_1 x - \frac{q_0}{12L^2}x^4\right)\cdot x dx \qquad \text{(f)}$$

$$= \frac{1}{EI}\left(\frac{1}{3}R_1 L^3 - \frac{q_0}{12L^2}\frac{L^6}{6}\right)$$

$$= \frac{L^3}{72EI}(24R_1 - q_0 L) = 0$$

식 (f)에서 R_1 은 다음 식 (g)와 같이 된다.

$$R_1 = \frac{q_0 L}{24} \qquad \text{(g)}$$

연습문제

문 9.1.1 부정정 구조물의 예를 들고 해석방법을 설명하여라.

문 9.1.2 정정인 구조물과 부정정인 구조물의 차이점을 설명하여라.

문 9.2.1 그림 문 9.2.1 보들의 처짐곡선식과 지점 반력들을 구하여라. 보들의 굽힘강성 EI는 일정하다.

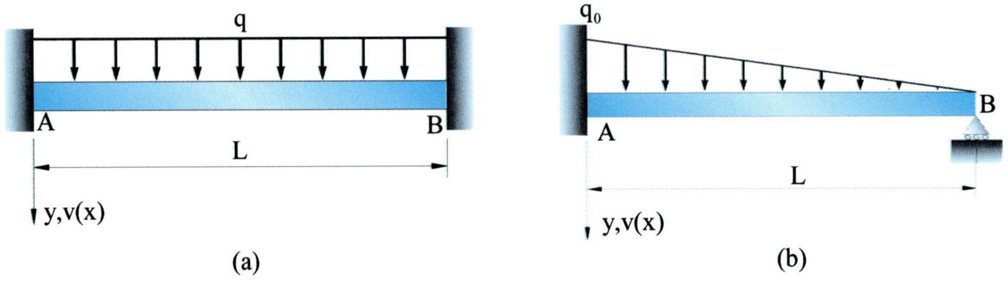

그림 문 9.2.1

문 9.2.2 그림 문 9.2.2와 같은 부정정보의 우단 B에 굽힘모멘트 M_0를 작용시킨 경우에 미분방정식을 이용하여 다음을 구하여라. 단, 굽힘강성 EI는 일정하다.

(a) 보의 단면회전각 $\theta(x)$와 처짐 $v(x)$

(b) 각 지점 반력 R_A, R_B 및 M_A

(c) 최대처짐위치와 최대처짐량 및 처짐선도

(d) 보의 전단력 선도와 굽힘모멘트 선도

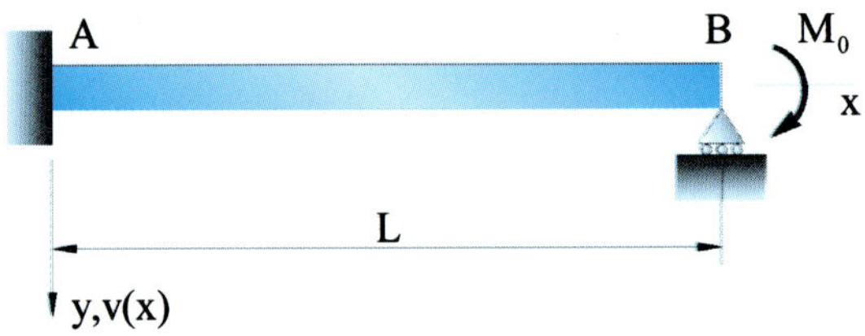

그림 문 9.2.2

문 9.2.3 그림 문 9.2.3과 같은 부정정보의 중앙에 굽힘모멘트 M_0가 작용되는 경우 다음을 구하여라. 단, 굽힘강성 EI는 일정하다.

(a) 각 지점의 반력 R_A, R_B, M_A

(b) 전단력 선도와 굽힘모멘트 선도

(c) 처짐 v(x)와 처짐 형상

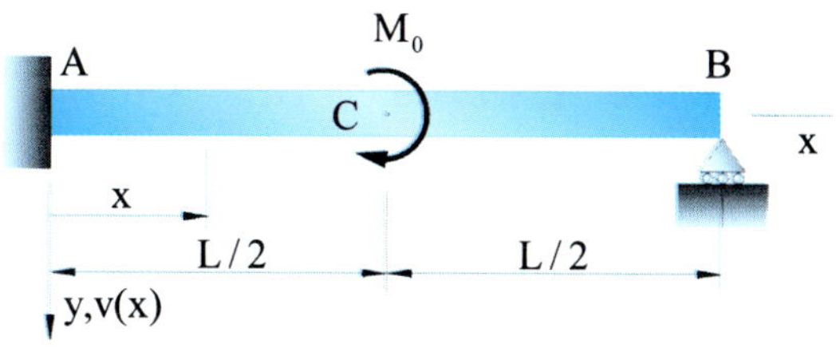

그림 문 9.2.3

문 9.2.4 그림 문 9.2.4와 같이 양단고정된 보에 분포하중 q(x)가 작용하는 경우 미분방정식을 이용하여 다음을 구하여라. 단, 굽힘강성 EI는 일정하다.

(a) 전단력, 굽힘모멘트, 단면회전각 $\theta(x)$ 및 처짐 v(x)

(b) 전단력 선도 및 굽힘모멘트 선도

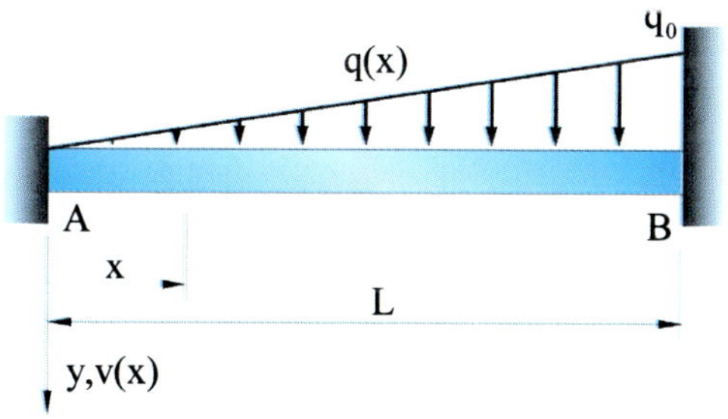

그림 문 9.2.4

문 9.3.1 그림 문 9.3.1과 같은 보의 반력들을 중첩법으로 구하여라. 굽힘강성은 일정하다.

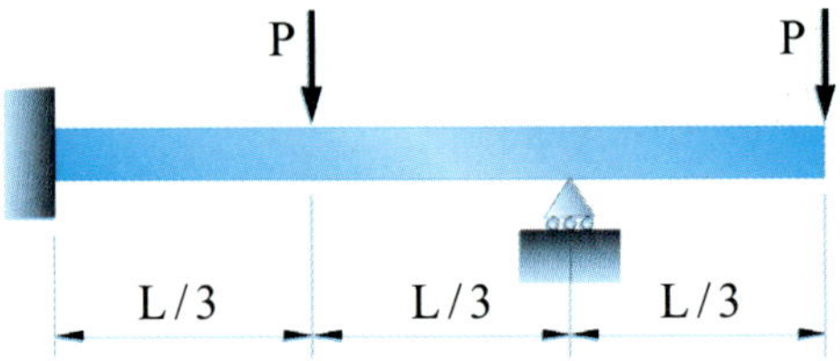

그림 문 9.3.1

문 9.3.2 다음 그림 문 9.3.2와 같은 부정정보의 반력들을 중첩법으로 구하라. 보의 굽힘강성은 일정하다.

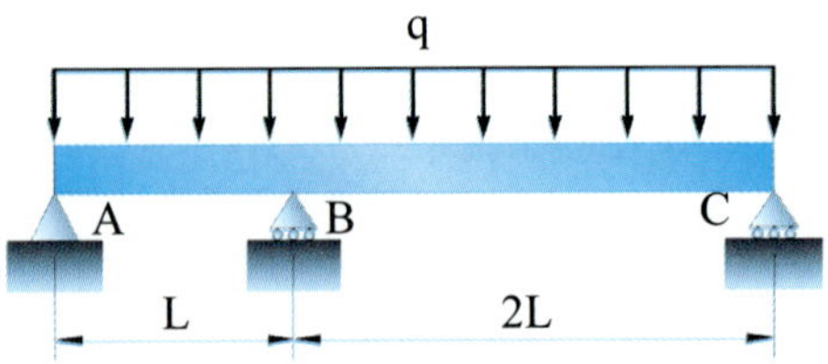

그림 문 9.3.2

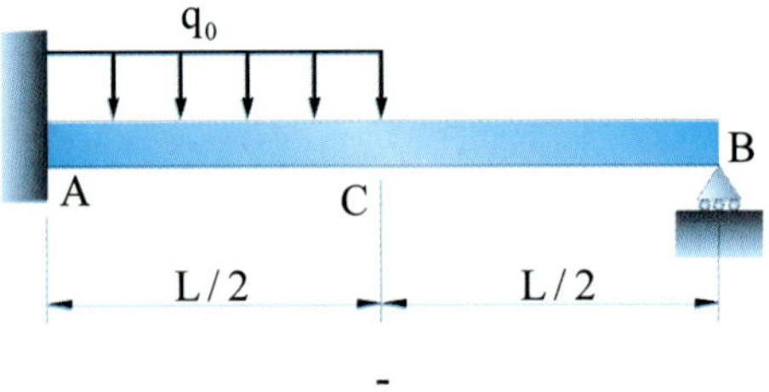

그림 문 9.3.3

문 9.3.3 그림 문 9.3.3과 같은 부정정보의 지점반력을 중첩법을 이용하되 우단 B를 이완하여 풀어라.

문 9.3.4 그림 문 9.3.4와 같은 부정정보의 반력을 중첩법을 이용하되 단순지지보를 이용하여 풀어라.

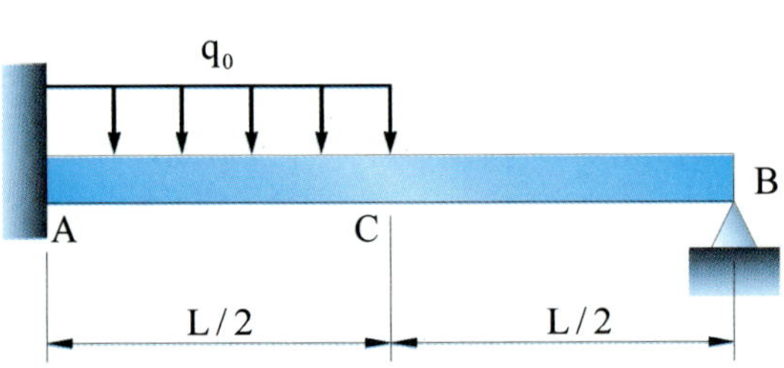

그림 문 9.3.4

문 9.4.1 다음 그림 문 9.4.1과 같이 2개의 집중하중을 받고 있는 보의 반력을 모멘트 면적법으로 구하여라. 보의 굽힘강성 EI는 일정하다.

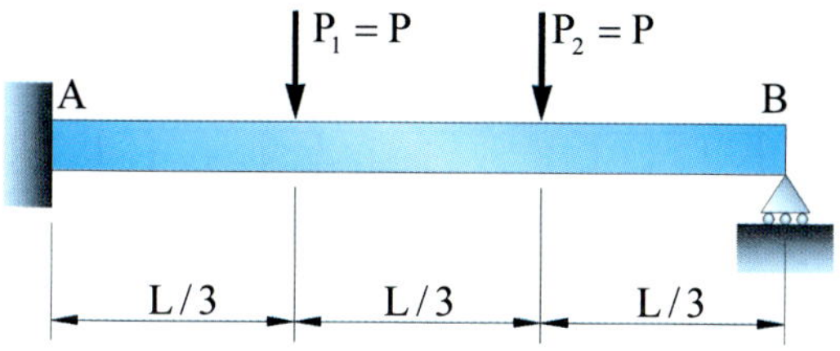

그림 문 9.4.1

문 9.4.2 다음 보들의 반력을 공액보를 이용하여 구하여라. 보들의 굽힘강성 EI는 일정하다.

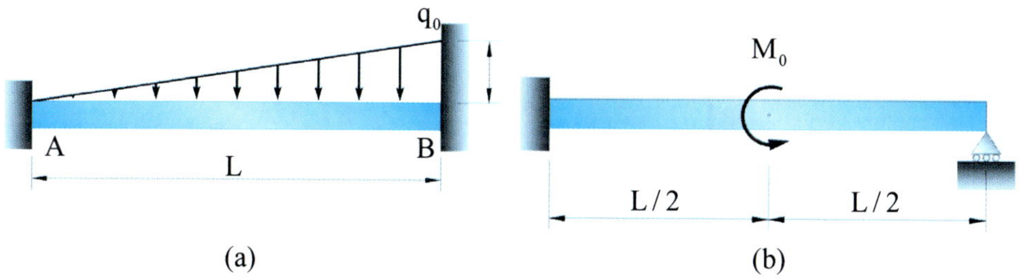

그림 문 9.4.2

문 9.4.3 그림 문 9.4.3과 같은 보의 반력을 모멘트 면적법으로 구하고 전단력 선도와 굽힘모멘트 선도를 그려라. 단, 보의 굽힘강성 EI는 일정하다.

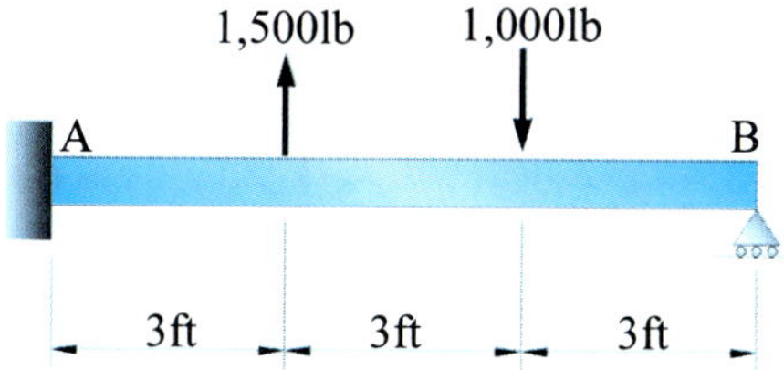

그림 문 9.4.3

문 9.5.1 그림 문 9.5.1과 같은 길이 L = 6ft인 보에 q = 200lb/ft 균일분포하중이 작용하고 있는 보의 반력을 3 모멘트법으로 구하고 전단력 선도와 굽힘모멘트 선도를 그려라. 보의 굽힘강성 $EI = 10^7 lb \cdot ft^2$으로 일정하다.

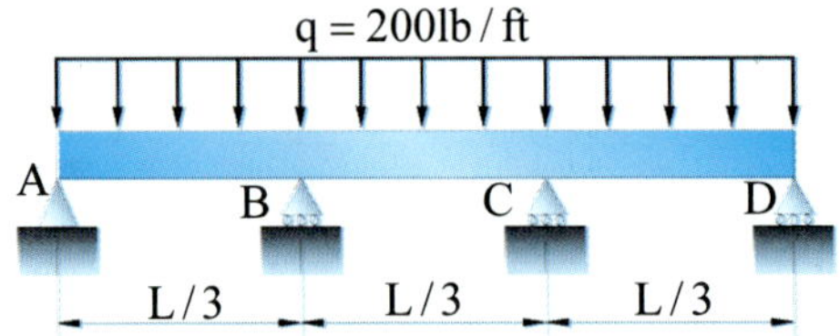

그림 문 9.5.1

문 9.5.2 그림 문 9.5.2와 같이 길이 L인 보에 그림과 같이 각 집중하중이 작용하는 연속보 ABCD에 대해 각 지점의 반력들을 구하고, 전단력 선도와 굽힘모멘트 선도를 그려라. 단, 보의 굽힘강성 EI는 일정하다.

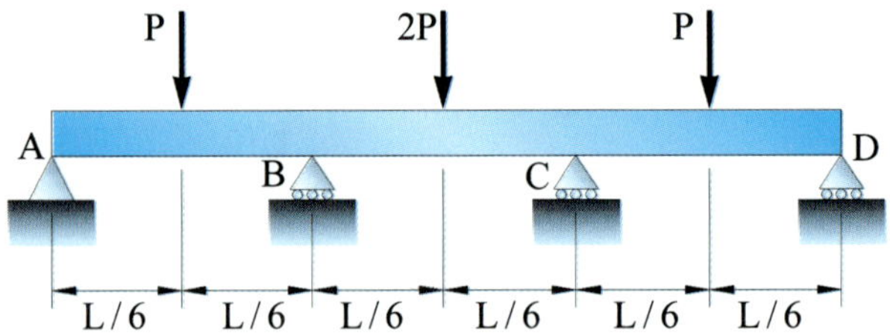

그림 문 9.5.2

문 9.5.3 그림 문 9.5.3과 같은 보에서 굽힘모멘트 M_A, M_B 및 M_C를 3 모멘트법을 이용하여 구하고, 전단력 선도와 굽힘모멘트 선도를 그려라. 단, P = 7,000lb, L = 8ft, a = 2ft이며 굽힘강성 EI는 일정하다.

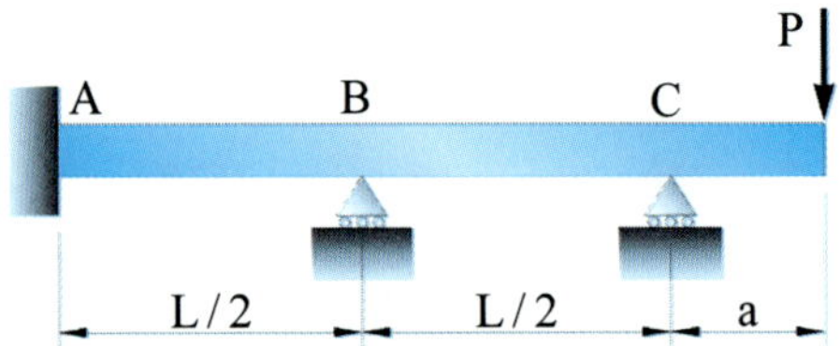

그림 문 9.5.3

문 9.6.1 다음 보의 반력들을 에너지 방법을 이용하여 구하여라. 단 보들의 굽힘강성 EI는 일정하다.

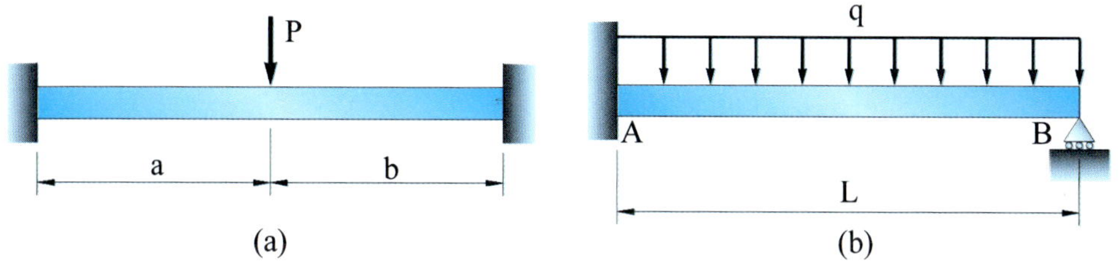

그림 문 9.6.1

문 9.6.2 그림 문 9.6.2와 같은 부정정보의 각 지점 반력을 에너지 방법으로 구하라. 단, 굽힘강성 EI는 일정하다.

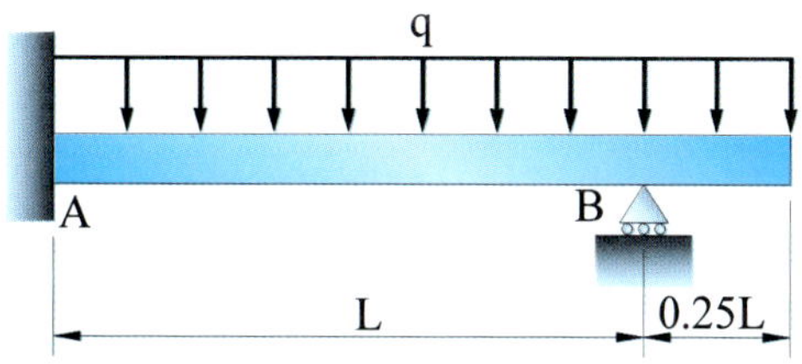

그림 문 9.6.2

문 9.6.3 그림 문 9.6.3의 부정정보의 지점 반력들을 에너지 방법으로 풀어라. 단, 굽힘강성 EI는 일정하다.

문 9.6.4 그림 문 9.6.4의 부정정보의 지점 반력들을 에너지 방법으로 풀어라. 단, 굽힘강성 EI는 일정하다.

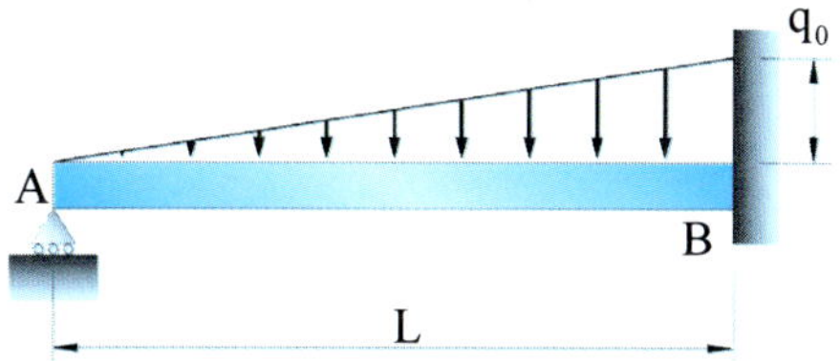

그림 문 9.6.3

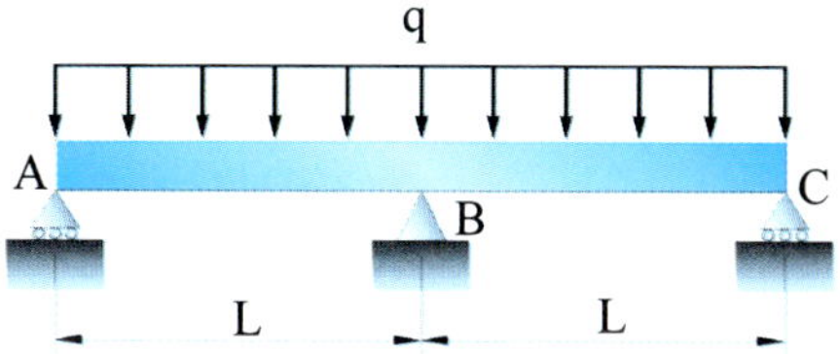

그림 문 9.6.4

CHAPTER 10

기둥의 좌굴 해석

10.1 개요

지금까지 구조물에 가해진 하중과 그에 따른 변형에 관련하여 해석을 하였다. 하중과 변형은 탄성한계 내에서는 비례하며 항복점을 지나 파괴에 이르기까지 그 양상이 일반적으로 유사하게 진행되는 구조물에 관련된 것이었다. 그러나 구조물의 형상이나 하중의 형태에 따라 특수한 변형 양상을 띄는 경우가 있다.

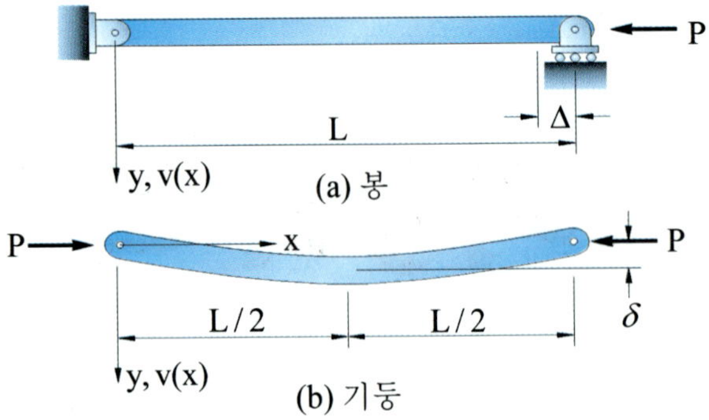

그림 10.1 봉과 기둥

예를 들어 그림 10.1 (a)와 같은 긴 봉이 압축력 P를 받고 있는 경우에 이 압축력 P가 증가되어 봉이 횡 방향의 변형을 일으키기 전까지는 압축력을 받는 봉으로서 길이가 L인 그림 10.1 (a)의 봉의 변형 Δ는 식 (2.2)에 의하여 다음 식 (10.1)과 같이 다시 쓴다.

$$\Delta = \frac{PL}{AE} \tag{10.1}$$

그러나 하중이 증가되어 봉이 그림 10.1 (b)와 같은 횡 방향의 처짐이 발생하게 되는 경우에는 그 이전의 변형양상과는 완전히 다른 y 방향의 변형을 갖게 되면서 또 다른 탄성적으로 안정을 취하려 하게 됨을 알 수 있다. 이와 같이 하중의 변화에 따라 변형 양상이 완전히 새롭게 다른 형태를 취하여 새로운 탄성적 안정을 취하려 하는 현상을 탄성안정(elastic stability)이라 하고 그림 10.1 (a)의 봉이 그림 10.1 (b)의 최초현상을 맞게 되는 것을 좌굴(buckling)이라 하며 이는 탄성안정의 대표적인 현상이다. 그림 10.1 (a) 및 (b)와 같이 변형을 일으키는 경우 하중 변형선도는 그림 10.2 (a)와 같이 되며 제 1변형 현상에서 새로운 변형 현상으로 바꾸는 점 Q를 분기점(bifurcation point)이라 한다.

또 다른 예로서 변형 양상이 그림 10.2 (b)와 같이 되는 현상으로 굴복(flattering)이라 한다. 이 경우는 하중을 증가시킬 때 그림 10.2 (b)와 같은 과정으로 진행하다가 하중을 제거 했을 때 원위치로 회복되는 것이 아니고 오히려 변형이 크게 진행되어 불안정 현상을 초래한 후 파괴에 이르게 된다. 그림 10.2 (c)의 경우는 뛰어넘기(snap through)라 하는데 그림에서 알 수 있듯이 하중을 가하는 과정 중에는 OABC의 과정으로 변형이 발생하지만, 하중을 제거하는 과정은 CBDEO의 과정으로 변형양상이 취해지는 경우이다. 이러한 상태의 한 예로는 스프링 상수가 매우 큰 스프링을 압축력을 가했다가 힘을 제거해 가는 과정에서 출렁하는 급작스러운 변형 형태를 취하는 것이 뛰어넘기의 일종이라 하겠다.

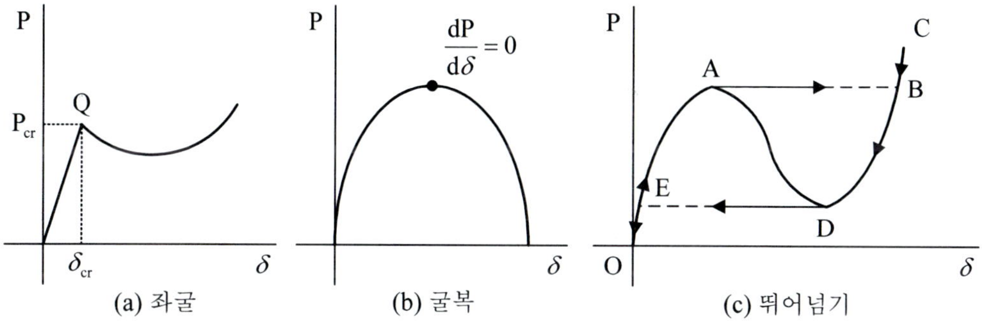

(a) 좌굴 (b) 굴복 (c) 뛰어넘기

그림 10.2 탄성안정의 종류

좌굴 현상을 설명하기 위한 장치로 그림 10.3 (a)와 같이 길이 L인 봉의 하단 A에 힌지로 연결하고 비틀림상수 k_t 인 스프링에 의해 지지된 봉 AB에 압축력 P를 가하는 경우를 생각해 보기로 한다.

그림 10.3 (b)와 같이 기둥에 압축력 P가 작용하는 중에 미소한 각 변위 θ가 생기게 되면 다음 식 (10.2)와 같은 굽힘모멘트 M_d가 발생한다. 식 (10.2)의 굽힘모멘트 M_d는 그림 10.3 (a)의 스프링에 의하여 복원시키려 하는 모멘트에 대응되는 것으로 이 복원 모멘트 M_r은 다음 식 (10.3)과 같다.

$$M_d = PL\sin\theta \tag{10.2}$$

$$M_r = k_t\theta \tag{10.3}$$

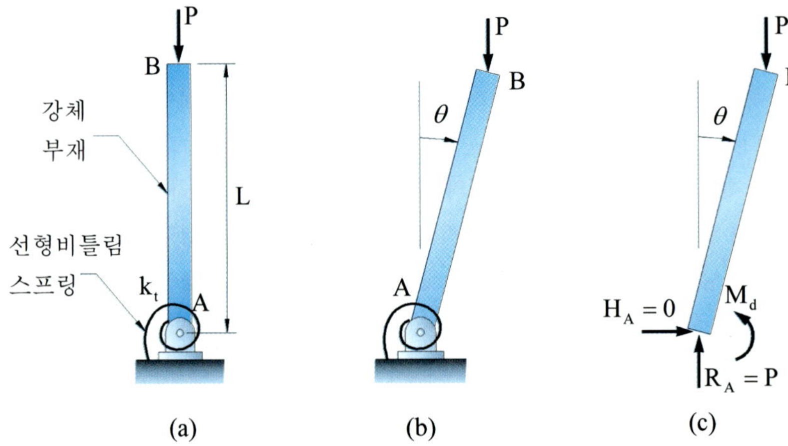

그림 10.3

그림 10.3 (c)의 자유물체도에서 알 수 있듯이 압축력 P에 의한 굽힘모멘트 M_d와 스프링에 의한 복원모멘트 M_r과의 관계를 살펴보면 다음 식 (10.4)와 같은 3가지의 경우를 생각할 수 있다.

$$M_d < M_r, \quad PL\sin\theta < k_t\theta \tag{10.4.a}$$

$$M_d = M_r, \quad PL\sin\theta = k_t\theta \tag{10.4.b}$$

$$M_d > M_r, \quad PL\sin\theta > k_t\theta \tag{10.4.c}$$

식 (10.4.a)의 경우는 압축력 P에 의하여 일으킨 굽힘모멘트가 복원모멘트 보다 적으며 이 시스템은 안정된 상태(stable)로 평형을 이루고 있다. 식 (10.4.b)의 경우는 서로 동일한 모멘트로서 평형을 이루는 것으로 중립(neutral)평형이라 한다. 끝으로 식 (10.4.c)의 경우는 압축력 P에 의하여 일으킨 굽힘모멘트가 복원모멘트보다 크므로 이 시스템은 불안정(unstable)평형 상태에 있음을 나타낸다. 특히 식 (10.4.b)의 중립적 상태의 압축력 P를 임계하중(critical load)이라하고 P_{cr}로 표시하며, θ가 적어 $\sin\theta \cong \theta$(rad)이라고 하면 식 (10.4.b)에 의하여 임계하중 P_{cr}은 다음 식 (10.5)와 같이 쓸 수 있다.

$$P_{cr} = \frac{k_t}{L} \tag{10.5}$$

식 (10.4)의 상태를 압축력 P와 각 변위 θ와의 그래프를 그림 10.4와 같이 나타낼 수 있을 것이다.

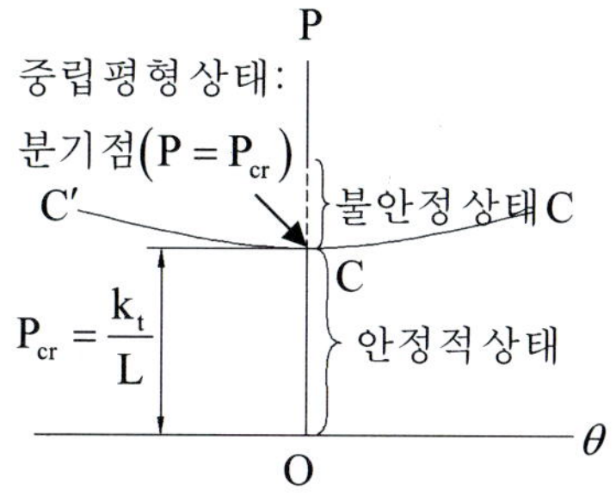

그림 10.4

그림 10.4의 수직축인 P축상은 $\theta = 0^\circ$ 로서 안정적 상태를 의미하며 C점은 압축력이 임계하중이 되는, 즉 $P = P_{cr}$ 이 되는 위치이다. 그리고 수직축상의 C점보다 아래의 하중상태는 식 (10.4.a)의 상태인 안정적 상태이고 C점보다 위의 상태는 (10.4.c)의 상태인 불안정상태를 나타내고 있다. 그리고 수직축상의 $\theta = 0^\circ$ 인 상태는 평형상태를 의미하며, 따라서, 수직축상의 C 점은 중립평형(neutral equilibrium), C점보다 아래는 안정적평형(stable equilibrium), C점보다 위는 불안정평형(unstable equilibrium)상태라 한다. 이 θ의 각도는 시계방향이나 반시계방향을 취할 수 있어 그림 10.4의 θ축상의 좌우상태에 있는 경우가 된다.

항공기 동체나 각종기계 구조물 및 건축구조물 등을 설계하는 경우에는 이 좌굴해석이 필히 고려되어야 하므로 고체역학의 기본사항으로 매우 중요한 부분이다.

10.2 기둥의 임계하중과 유효길이

그림 10.5 (a)와 같이 양단이 핀으로 지지된 길이가 긴 기둥의 안정적 거동을 살펴보기로 하자. 그림에서 볼 수있는 바와 같이 하중 P는 기둥 단면의 도심을 통해 압축력이 작용되는 것으로 하며 기둥의 변형거동은 훅크의 법칙을 만족하는 선형탄성거동을 하는 재료로서 굽힘은 그림 10.5 (b)에서 볼 수 있듯이 xy 평면 내에서만 일어나는 것으로 한다.

압축하중 P가 증가하여 그림 10.5 (b)와 같이 기둥이 y 방향으로의 변위 v(x)를 일으키게 될 때, x 위치에서의 기둥에 작용하는 굽힘모멘트 M(x)는 그림 10.5 (c)에 의하면 다음 식 (10.6)과 같다.

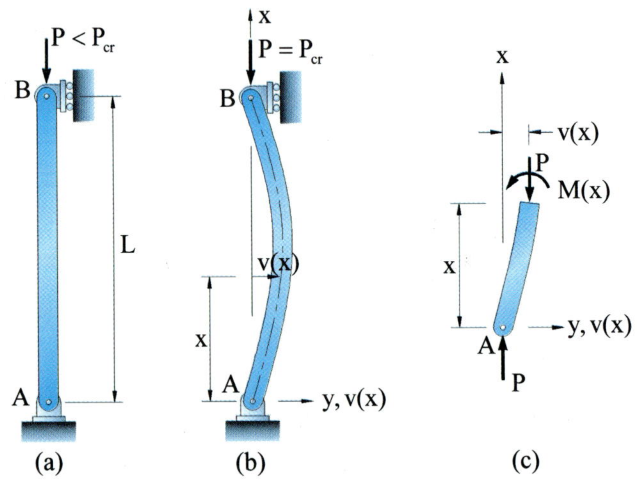

그림 10.5

$$M = Pv(x) \tag{10.6}$$

식 (7.9)에 의하면 다음 식 (10.7)이 성립된다.

$$EI\frac{d^2v}{dx^2} = -M = -Pv(x) \tag{10.7}$$

식 (10.7)을 다시 정리하면 다음 식 (10.8)과 같이 된다.

$$EIv'' + Pv(x) = 0 \text{ 또는 } v'' + \frac{P}{EI}v(x) = 0 \tag{10.8}$$

식 (10.8)의 $\frac{P}{EI}$를 다음 식 (10.9)로 놓으면 (10.8)은 다음 식 (10.10)과 같이 쓸 수 있다.

$$k^2 = \frac{P}{EI} \tag{10.9}$$

$$v'' + k^2v(x) = 0 \tag{10.10}$$

식 (10.10)의 선형미분방정식의 해는 다음 식 (10.11)과 같이 된다.

$$v = C_1 \sin kx + C_2 \cos kx \tag{10.11}$$

그림 10.5 (b)에 의하여 기둥의 처짐 조건은 다음과 같다.
$x = 0$에서 $v(0) = 0$, 따라서 다음 식 (a)가 구해진다.

$$v(0) = 0 = C_1 \times 0 + C_2 \times 1 \tag{a}$$

또, $x = L$에서 $v(L) = 0$, 따라서 다음 식 (b)가 구해진다.

$$v(L) = 0 = C_1 \sin kL + C_2 \cos kL \tag{b}$$

식 (a)와 (b)를 행렬식으로 정리하면 다음 식 (c)와 같이 된다.

$$\begin{pmatrix} 0 & 1 \\ \sin kL & \cos kL \end{pmatrix} \begin{pmatrix} C_1 \\ C_2 \end{pmatrix} = \begin{pmatrix} 0 \\ 0 \end{pmatrix} \tag{c}$$

식 (c)에서 적분상수 C_1, C_2가 0이 아닌 값을 갖기 위해서 계수 행렬의 행렬식이 0이 되어야 한다. 즉, 다음 식 (d)가 성립한다.

$$\begin{vmatrix} 0 & 1 \\ \sin kL & \cos kL \end{vmatrix} = \sin kL = 0 \tag{d}$$

식 (d)를 만족하는 kL의 값은 다음 식 (e)와 같다.

$$kL = n\pi, \quad n = 1, \ 2, 3, \ \cdots \tag{e}$$

식 (e)에서 $n = 0$인 경우는 $P = 0$이 되어야 하므로 의미가 없는 값이며, 횡방향의 변위를 일으키지 않는 상태를 의미하기도 한다. 식 (e)는 다음 식 (f)로 쓸 수 있다.

$$k = \frac{n\pi}{L} = \sqrt{\frac{P}{EI}}, \quad n = 1, \ 2, \ 3, \ \cdots \tag{f}$$

식 (5)의 압축력 P는 기둥의 횡적 처짐이 발생하는 값으로 이 압축력을 임계하중(critical

load) P_{cr} 이라 하고 식 (f)에 의하여 다음 식 (10.12)와 같이 구해진다.

$$P_{cr} = \frac{n^2\pi^2 EI}{L^2}, \quad n = 1,\ 2,\ 3,\ \cdots \tag{10.12}$$

한편, 식 (a)에 의하면 $C_2 = 0$이 되고 따라서, 식 (10.11)에 의하여 처짐 $v(x)$는 다음 식 (10.13)과 같이 된다.

$$v(x) = C_1 \sin kx \tag{10.13}$$

식 (10.13)을 살펴보면 처짐 v(x)는 sin 곡선의 변형을 취하지만 최대 처짐량의 정량적 절대값은 알 수가 없이 C_1의 값으로 표현되고 있다. 이 C_1이 결정되지 않는 이유는 2개의 적분상수에 대하여 경계조건 2개를 적용했지만 그중 하나는 임계하중을 구하는 데에 사용되었으므로 적분상수 중 하나가 미지의 값으로 남게 된다. 그러나 이 값이 정량적으로 정해지지 않더라도 그림 10.5 (b)와 같이 이 기둥이 횡적 변위를 가지게 되면 급속히 변형이 증가되는 경향을 보이므로 탄성적으로 불안정할 수 있어, 기둥해석에서 이 임계하중의 결정이 매우 중요한 요소가 되는 것이다.

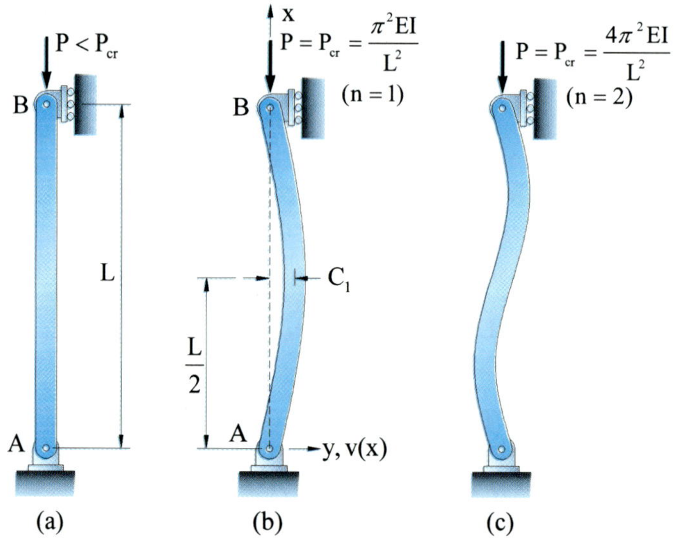

그림 10.6

식 (10.12)에서 n = 1인 경우는 기둥의 변형이 그림 10.6 (b)와 같이 sine의 반파가 한 개 나타나는 경우로 이때의 임계하중 값은 식 (10.12)에 의하면 다음 식 (10.14)와 같다.

$$P_{cr} = \frac{\pi^2 EI}{L^2}, \ n = 1, \ \text{양단 핀 연결된 기둥} \tag{10.14}$$

만약 그림 10.6 (c)와 같이 반파가 2개 나타나는 경우이면 임계하중 P_{cr}은 다음 식 (10.15)와 같다.

$$P_{cr} = \frac{4\pi^2 EI}{L^2}, \ n = 2, \ \text{양단이 핀 연결된 기둥} \tag{10.15}$$

식 (10.14)에서 단면2차관성모멘트 I는 관성반지름을 r이라고 하고 단면적을 A라고 하면 다음 식 (10.16)과 같이 됨을 알고 있다.

$$I = Ar^2 \tag{10.16}$$

식 (10.16)을 식 (10.14)에 대입하면 임계하중은 다음 식 (10.17)과 같이 된다.

$$P_{cr} = \frac{\pi^2 EA}{L^2/r^2} \tag{10.17}$$

식 (10.17)의 분모인 L/r를 기둥의 날씬비(slenderness ratio)라 하고 이 날씬비는 기둥이 가늘고 긴 정도의 척도를 나타낸다. 기둥의 단면적이 A이므로 이 임계하중에 대한 임계응력은 다음 식 (10.18)과 같이 된다.

$$\sigma_{cr} = \frac{P_{cr}}{A} = \frac{\pi^2 E}{(L/r)^2} \tag{10.18}$$

식 (10.18)을 그림으로 나타낸 그림 10.7을 Euler 곡선이라 한다.

그림 10.7의 곡선상의 항복응력 이하의 실선상은 탄성안정의 한계선이 됨을 의미한다. 즉, 이 곡선상의 점을 넘는 곳에서는 이론적 좌굴이 발생하여 지금까지의 변형 양상과 다른 제 2의 변형 양상을 취하게 되는 영역의 한계선을 의미하게 된다.

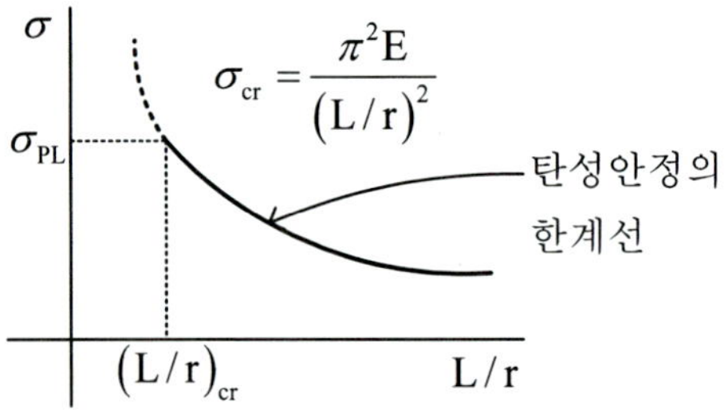

그림 10.7 Euler 곡선

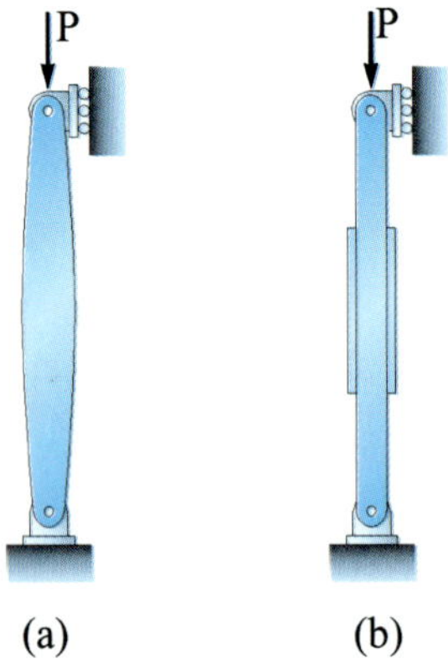

그림 10.8

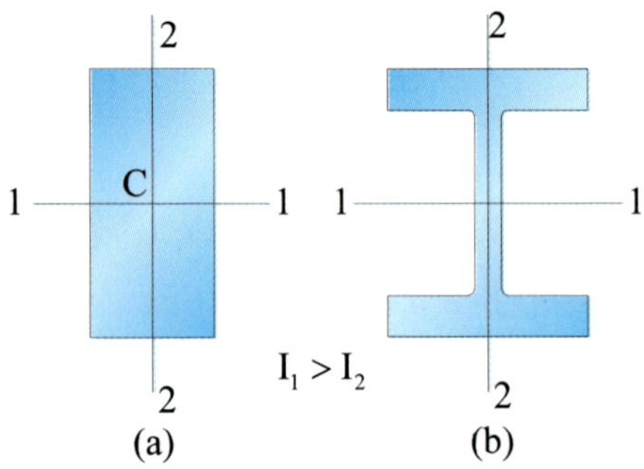

그림 10.9

그림 10.6 (b)의 기둥에서 변형이 최대가 되는 곳은 기둥의 중앙 지점이 되며, 이 중앙 위치가 역시 굽힘모멘트 또한 최대가 된다. 따라서 이 굽힘모멘트와 처짐이 최대가 되는 곳에 그림 10.8과 같이 소재를 많이 배분하는 형태를 취함으로써 효율적인 기둥 설계가 가능할 것이다. 일반적으로 구조의 외관을 크게 고려하지 않는 기둥형상이라면 그림 10.8과 같은 모양을 갖게 할 수도 있다. 그리고 기둥의 단면의 모양을 어떻게 해야 할까도 생각해 볼 수 있다. 식 (10.14)에 의하면, 임계하중 P_{cr}은 굽힘강성 EI에 비례하고 기둥 길이의 제곱에 반비례한다. 즉, 기둥의 길이가 길수록 낮은 임계하중에서 좌굴이 발생하며, 굽힘강성 EI, 즉 단면2차관성모멘트가 큰 값일수록 임계하중 값은 증가되어 늦게 좌굴이 발생함을 나타내고 있다. 이는 그림 10.8의 단면에도 알 수 있지만 단면2차관성모멘트가 적은 면의 평면으로 좌굴이 먼저 일어나게 되는 것을 알았다. 그런데 좌굴이 어느 방향으로든 자유로이 일어날 수 있는 경우에는 그 실상이 달라져 어떤 단면을 취하는 것이 유리할까를 생각해 보아야 한다. 이의 판단을 식 (10.14)에서 알 수 있듯이 단면2차관성모멘트의 값을 어느 방향으로든 가장 크게 할 수 있는 것이 고려되어야 할 것이다. 이러한 이상적인 단면은 원형단면과 정3각형 단면을 고려할 수 있다. 양단이 핀 지지된 기둥에 대해 이 두 단면을 비교해 보면 같은 단면적의 정3각형 단면이 원형단면에 비해 더 높은 임계하중을 취할 수 있다는 것을 알게 될 것이다.

식 (10.14)에서 알 수 있듯이 굽힘강성 EI가 큰 값일수록 좌굴이 더디게 일어나게 되고, 임계하중 값을 높일 수 있음을 알 수 있다. 또한, 식 (10.12)에 의하면 반파의 수 n이 증가할수록, 즉, n의 값에 따라 무한히 높은 임계하중을 갖고 이에 대응하는 변형 형태를 취할 수 있음을 알았다. 단면의 형상을 고려하게 되면 단면2차관성모멘트 I값을 증가시킬 수 있다.

그림 10.9와 같은 구형단면과 I형 단면에서 I_1과 I_2를 비교하면 I_1이 I_2보다 크다. 따라서 굽힘이 어느면으로든 가능하게 일어날 경우 세로면 2-2 평면에 대해서 좌굴이 먼저 일어날 것이므로 임계하중을 결정하고 단면2차관성모멘트는 I_2가 이용되어져야 한다.

최적한 기둥은 어떤 형상을 갖는 것일까? 우선 같은 량의 소재를 가지고 강성을 높일 수 있는 기둥을 생각할 수 있다. 많은 실제 구조물에서 기둥의 좌굴을 어느 단면에서만 일어나도록 제한시킬 경우가 많다. 그런 경우에는 그림 10.9와 같이 2-2 단면에 대한 단면2차관성모멘트가 1-1 단면에 대한 것 보다 적기 때문에 좌굴이 1-1 단면에 대해서 일어나게하고 2-2 면에 대해서는 좌굴이 일어나지 못하도록 구속 시키는 것이 효율적이라는 것을 이해할 수 있을 것이다.

지지조건과 유효길이

기둥의 지지조건이 달라지게 되면 좌굴 모양이나 임계하중이 어떻게 달라지는가를 살펴보기로 하자.

그림 10.10은 여러 가지 지점을 갖는 기둥들이다. 이와 같이 각 지점이 달라지게 되면 기둥의 임계하중이나 처짐 모양이 달라지게 됨을 이해할 수 있을 것이다. 그림 10.10 (a)의 기둥에 대해서는 처짐과 임계하중식이 각각 식 (10.13)과 (10.14)로 구한바 있다. 그림 10.10 (b)와 같은 기둥에 대해 해석하기 위하여 그림 10.11 (a)에 다시 나타내고 그림 10.11 (b)에 자유물체도를 그렸다.

그림 10.11 (b)에 의하면 임의 위치 x에서 굽힘모멘트 M(x)는 다음 식 (g)와 같이 된다.

$$M(x) = Pv(x) - Q_B(L - x) \tag{g}$$

식 (7.9)에 의하면 다음 식 (h)가 성립된다.

$$EIv'' = -M(x) = -Pv(x) + Q_B(L - x) \tag{h}$$

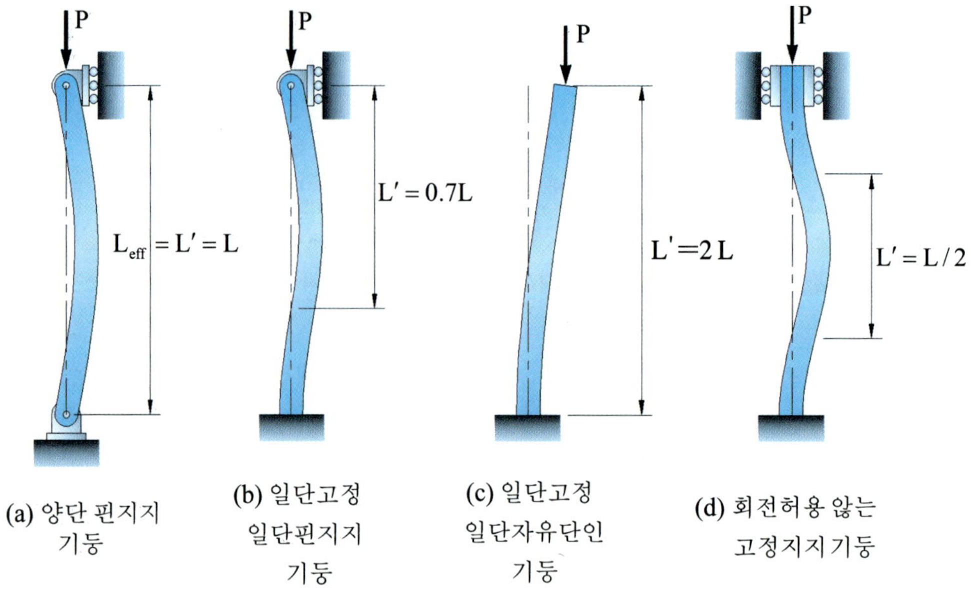

그림 10.10

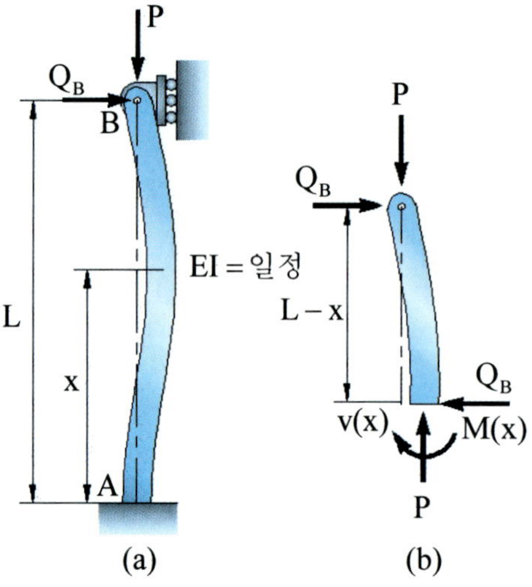

그림 10.11

양변을 EI로 나누고 $k^2 = \dfrac{P}{EI}$로 하면 식 (h)는 다음 식 (i)와 같은 미분방정식이 된다.

$$v'' + k^2 v = k^2 \frac{Q_B}{P}(L - x) \qquad \text{(i)}$$

식 (i)를 풀면 해 v(x)는 다음 식 (10.19)와 같다.

$$v = C_1 \sin kx + C_2 \cos kx + \frac{Q_B}{P}(L - x) \qquad (10.19)$$

그림 10.11 (a)에 의하여 경계조건은 다음 식 (j)와 같다.

$$x = 0,\ v(x) = 0,\ \text{또는}\ v'(x) = 0 \qquad \text{(j)}$$

$$x = L,\ v(L) = 0$$

식 (j)의 경계조건을 식 (10.19)에 대입하여 정돈하면 다음 식 (k), (l), (m)과 같다.

$$v(0) = C_1 \times 0 + C_2 \times 1 + \frac{Q_B}{P} L = 0 \qquad \text{(k)}$$

$$v(L) = C_1 \sin kL + C_2 \cos kL = 0 \qquad \text{(l)}$$

$$v'(0) = C_1 k \times 1 - C_2 k \times 0 - \frac{Q_B}{P} = 0 \qquad \text{(m)}$$

식 (k), (l), (m)을 행렬로 정리하면 다음 식 (n)이 된다.

$$\begin{pmatrix} 0 & 1 & L \\ \sin kL & \cos kL & 0 \\ k & 0 & -1 \end{pmatrix} \begin{pmatrix} C_1 \\ C_2 \\ \frac{Q_B}{P} \end{pmatrix} = \begin{pmatrix} 0 \\ 0 \\ 0 \end{pmatrix} \qquad \text{(n)}$$

식 (n)에서 C_1, C_2, $\frac{Q_B}{P}$가 0이 아닌 값들을 갖기 위해서는 계수 행렬식이 0이 되어야 하며 다음 식 (o)가 얻어진다.

$$\begin{vmatrix} 0 & 1 & L \\ \sin kL & \cos kL & 0 \\ k & 0 & -1 \end{vmatrix} = -kL \cos kL + \sin kL = 0 \qquad \text{(o)}$$

식 (o)를 다시 쓰면 다음 식 (p)가 된다.

$$\tan kL = kL \tag{p}$$

식 (p)를 초월함수라 하고 수치해석으로 풀면 다음 식 (q)와 같이 된다.

$$kL = 4.49341 = L\sqrt{\frac{P_{cr}}{EI}} \tag{q}$$

식 (q)에 의하여 일단 고정 일단 힌지인 기둥의 임계하중 P_{cr}은 다음 식 (10.20)과 같다.

$$P_{cr} = k^2EI = \left(\frac{4.49341}{L}\right)^2 EI = \frac{2.045\pi^2 EI}{L^2} \tag{10.20}$$

$$= \frac{a\pi^2 EI}{L^2},\quad a = 2.045$$

식 (10.20)의 상수 a는 기둥 양단의 지지조건에 의하여 달라지는 상수로서 지지상수라고 한다. 식 (k)에 의하면 상수 C_2는 다음 식 (r)과 같이 된다.

$$C_2 = -\frac{Q_B}{P}L \tag{r}$$

식 (m)에 의하여 C_1을 구하면 다음 식 (s)와 같다.

$$C_1 = \frac{1}{k}\cdot\frac{Q}{P} \tag{s}$$

식 (r), (s)를 식 (10.19)에 대입하여 기둥의 변형 v(x)를 구하면 다음 식 (10.21)과 같이 된다.

$$v(x) = \frac{Q_B}{P}\left[\frac{1}{k}\sin kx - L\cos kx + (L - x)\right] \tag{10.21}$$

$$= \frac{Q_B}{Pk}[\sin kx - kL\cos kx + k(L - x)]$$

$$= C_1[\sin kx - kL\cos kx + k(L - x)]$$

식 (10.21)에도 식 (10.13)과 같이 처짐 v(x)의 최대값이 정량적으로 정해지지 못하고 정성적으로 처짐의 형태만 결정되어지는 것을 알 수 있다.

지금까지 모든 기둥의 임계하중은 다음 식 (10.22)와 같이 쓸 수 있고 이때 a는 지지상수로서 각각 다음 표 (10.1)과 같다.

$$P_{cr} = \frac{a\pi^2 EI}{L^2} \tag{10.22}$$

표 10.1

기둥	지지상수(a)	유효길이계수 K $K = \frac{1}{\sqrt{a}}$	유효길이 $L_e = KL$
양단핀지지기둥	1	1	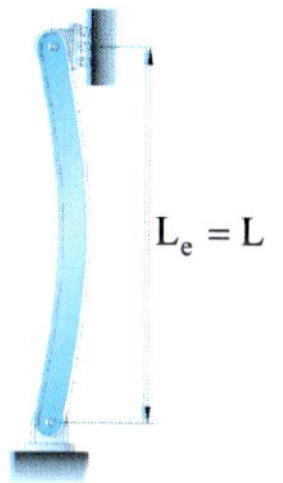
일단핀-일단고정기둥	2.045	0.6993	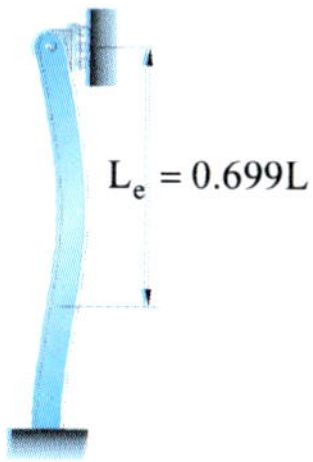
일단자유단-일단고정기둥	$\frac{1}{4}$	2	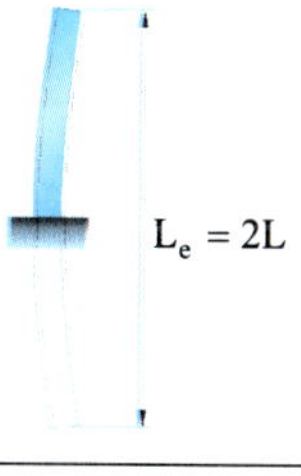
양단고정기둥	4	$\frac{1}{2}$	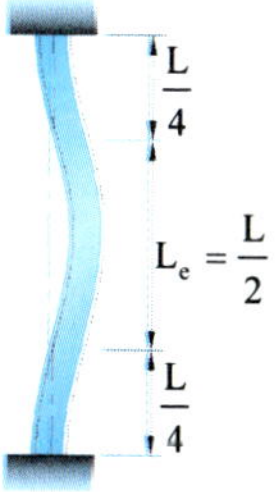

한편, 이들 지지 상수를 길이의 항에 삽입하여 표현하면 다음 식 (10.23)과 같이 쓸 수 있다.

$$P_{cr} = \frac{\pi^2 EI}{(KL)^2} = \frac{\pi^2 EI}{{L_e}^2}, \quad K = \frac{1}{\sqrt{a}}, \quad L_e = KL \tag{10.23}$$

여기서 K를 기둥의 유효길이계수(effective length factor)라 하고, KL은 기둥의 유효길이 L_e가 된다. 기둥의 지지조건, 유효길이계수 등을 다음 표 10.1과 같이 정리할 수 있다.

[예제 10-1] 그림 10.1 (a)와 같은 양단 힌지로 지지된 기둥이 원형단면으로 반지름 R = 1in이고 길이가 80in이다. 이 기둥의 소재는 항복응력이 36ksi이고 탄성계수는 29×10^3ksi 이다. 이 기둥이 압축력 P를 받고 있을 때 다음을 구하여라.

(a) 날씬비$\left(\frac{L}{r}\right)$

(b) 이 기둥의 임계하중이 유효하도록 하는 가장 적은 날씬비

(c) 이 기둥의 단면은 적합한가?

(d) 임계하중

(풀이)

(a) 식 (10.16)에 의하여 이 기둥단면의 관성반지름 r은 다음 식 (a)와 같이 된다.

$$r = \sqrt{\frac{I}{A}} = \sqrt{\frac{\frac{1}{4}\pi R^4}{\pi R^2}} = \frac{R}{2} = 0.5\,\text{in} \tag{a}$$

따라서, 날씬비 $\frac{L}{r}$는 다음 식 (b)와 같다.

$$\frac{L}{r} = \frac{80}{0.5} = 160 \tag{b}$$

(b) 임계하중이 항복응력에 도달하는 경우로 가정하여 최소 날씬비를 구하면 식 (10.18)에 의하여 다음 식 (c)와 같이 된다.

$$\left(\frac{L}{r}\right)_{min} = \sqrt{\frac{\pi^2 E}{\sigma_{cr}}} = \sqrt{\frac{\pi^2 E}{\sigma_y}} = \sqrt{\frac{\pi^2 \times 29 \times 10^3}{36}} \tag{c}$$

$$= 89.17 \cong 89.2$$

(c) 식 (b)와 (c)에 의하면 $\frac{L}{r} > \left(\frac{L}{r}\right)_{min}$ 이므로 적합하다.

(d) 임계하중 P_{cr}은 다음 식 (d)와 같이 구해진다.

$$P_{cr} = \frac{\pi^2 EI}{L^2} = \frac{\pi^2 \times 29 \times 10^3 \times 10^3 \times \frac{1}{4}\pi \times 1^4}{80^2} = 35.1243\,\text{kips} = 35.1\,\text{kips} \tag{d}$$

10.3 편심하중의 기둥과 Secant 공식

기둥의 좌굴해석을 실시함에 있어, 이들 기둥이 정확히 설계 제작되어 압축하중 P가 요구되는 위치에 작용시킬 때 그 위치에 따라 기둥의 처짐 상태가 달라질 수 있다는 것을 생각할 수 있다. 즉, 압축하중 P가 도심축을 벗어나서 그림 10.12 (a)와 같이 편심되어 작용되는 경우는 고의적이거나 기둥의 설계 제작상의 오류 등으로 가능할 수 있는 상황이다. 또 다른 경우로 기둥의 상태가 초기에 y 방향으로 변형 v_i가 존재하는 경우와 같은 기둥의 결함상태도 생각해 볼 수가 있다. 이러한 작은 결함상태도 기둥의 특수성에 의한 하중작용에 따라 급격히 증가 될 수 있는 굽힘모멘트에 의해 좌굴에 이르는 구조물이므로 이들에 관한 해석이 필수적이다.

편심하중

그림 10.12 (a)와 같이 양단이 핀 연결되어 축하중 P가 기둥의 도심축과 e 만큼 편심되어 하중이 작용하는 경우에 대하여 살펴보기로 하자. 그림 10.12 (b)와 같은 자유물체도에서 점 A에 대한 모멘트 평형방정식을 적용하면 다음 식 (a)와 같이 된다.

$$M(x) = P(e + v) \tag{a}$$

식 (7.9)를 이용하여 식 (a)를 처짐 v(x)에 대한 미분방정식을 세우면 다음 식 (b)와 같이 된다.

$$EIv'' + Pv(x) = -Pe \tag{b}$$

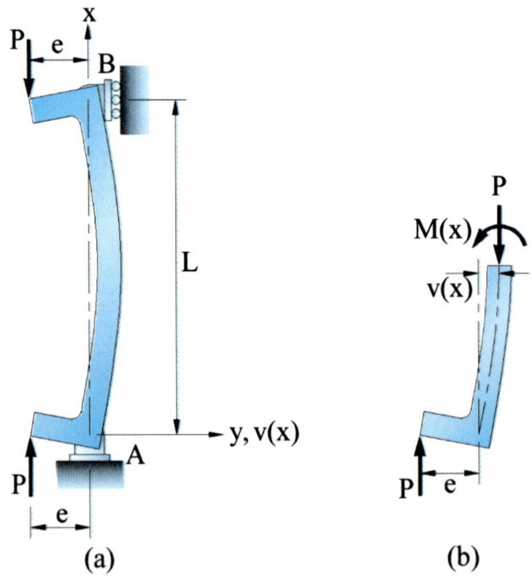

그림 10.12

양변을 EI로 나누고 $k^2 = \dfrac{P}{EI}$ 로 놓으면 다음 식 (10.24)와 같은 지배방정식이 구해진다.

$$v'' + k^2 v(x) = -k^2 e \tag{10.24}$$

식 (10.24)의 해를 구하면 다음 식 (10.25)와 같다.

$$v = C_1 \sin kx + C_2 \cos kx - e \tag{10.25}$$

그림 10.12 (a)에서 알 수 있듯이 $x=0$에서 $v=0$이고 $x=L$에서 $v=0$이므로 이들의 경계조건을 식 (10.25)에 대입하면 다음 식 (c) 및 (d)를 얻을 수 있다.

$$v(0) = C_1 \times 0 + C_2 \times 1 - e = 0 \tag{c}$$

$$v(L) = C_1 \sin kL + C_2 \cos kL - e = 0 \tag{d}$$

식 (c)와 (d)에 의하여 다음 식 (e) 및 (f)가 구해진다.

$$C_2 = e \tag{e}$$

$$C_1 = \frac{e(1-\cos kL)}{\sin kL} = \frac{e \cdot 2\sin^2\frac{kL}{2}}{2\sin\frac{kL}{2} \cdot \cos\frac{kL}{2}} = e\tan\frac{kL}{2} \tag{f}$$

식 (e)와 (f)를 식 (10.25)에 대입하면 다음 식 (10.26)과 같이 편심하중 P가 작용되는 양단 핀 연결된 기둥의 처짐 v(x)가 얻어진다.

$$v(x) = e\left(\tan\frac{kL}{2}\sin kx + \cos kx - 1\right) \tag{10.26}$$

식 (10.26)에서 $e=0$, 즉 압축하중 P가 편심되지 않고 기둥의 도심축상에 작용되는 경우에 처짐 $v(x)=0$이 됨을 알 수 있다. 이 경우에는 하중 P가 임계하중 P_{cr}보다 작은 상태로서 기둥의 횡적 변형을 일으키지 않는 상태를 의미한다. 또한, 하중 P를 가하지 않는 상태로서 $P=0$이면 $k=0$이 되어 역시 처짐 v가 0이 됨을 알 수 있다. 그리고 최대 처짐 δ_{max}는 $x=\frac{L}{2}$, 즉, 기둥의 중앙에서 발생하게 되고, 그 값은 식 (10.26)에 $x=\frac{L}{2}$을 대입하여 구하면 다음 식 (10.27)과 같이 된다.

$$\delta_{max} = v\left(\frac{L}{2}\right) = e\left(\tan\frac{kL}{2}\sin\frac{kL}{2} + \cos\frac{kL}{2} - 1\right) \tag{10.27}$$

$$= e\left(\frac{1}{\cos\frac{kL}{2}} - 1\right) = e\left(\sec\frac{kL}{2} - 1\right)$$

식 (10.27)에 의하여 $\cos\frac{kL}{2}=0$이 되면 최대 처짐이 무한대가 되어 구조물이 한계에 이르는 것을 의미한다. 이는 양단 핀지지 된 경우의 임계하중 P_{cr}를 구하는 식과 일치함을 알 수 있다. 즉 $\frac{kL}{2}=\frac{n\pi}{2}$, 따라서 $k=\frac{n\pi}{L}$이고 $P_{cr}=\frac{n^2\pi^2 EI}{L^2}$로서 식 (10.12)와 일치됨을 볼 수 있다. 또한 압축하중 P가 임계하중에 이르면 작용하중의 위치가 어디에든 변형은 무한대가 되므로 e의 값에 무관하여 $e=0$이어도 그래프에서 확인되는 바와 같이 변형은 무한대이다. 그리고 편심위치가 기둥의 도심축에 가까울수록 최대변형은 적어지게 됨을 식 (10.26)과 (10.27)에서 알 수 있다.

식 (10.27)을 그래프로 그리면 그림 10.13과 같이 된다. 하중 P가 임계하중 P_{cr}보다 매우 작은 값이라면 그림 10.13에서 알 수 있듯이 처짐량 δ는 편심상태가 어떠하든 매우 적은 값임을 알 수 있어 안정적임을 알 수 있다. 최대 굽힘모멘트는 그림 10.12 (a)에서 알 수 있듯이 기둥의 중앙인 최대 처짐이 발생하는 곳이 되며, 그 값은 다음 식 (g)와 같이 된다.

$$M_{max} = P\,(e + \delta_{max}) \tag{g}$$

식 (g)에 식 (10.27)을 대입하여 구하면 최대 굽힘모멘트는 다음 식 (10.28)과 같다.

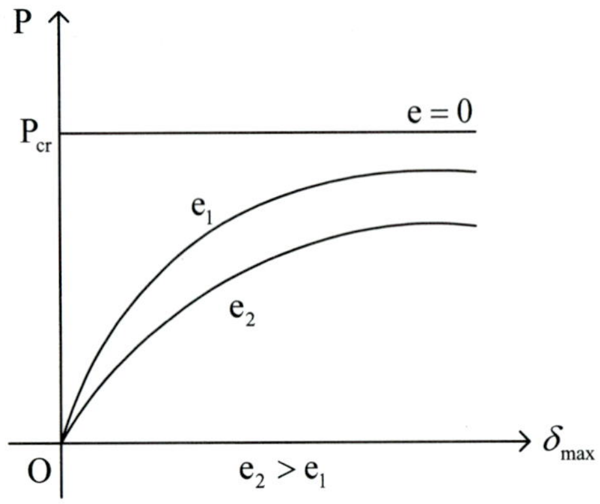

그림 10.13

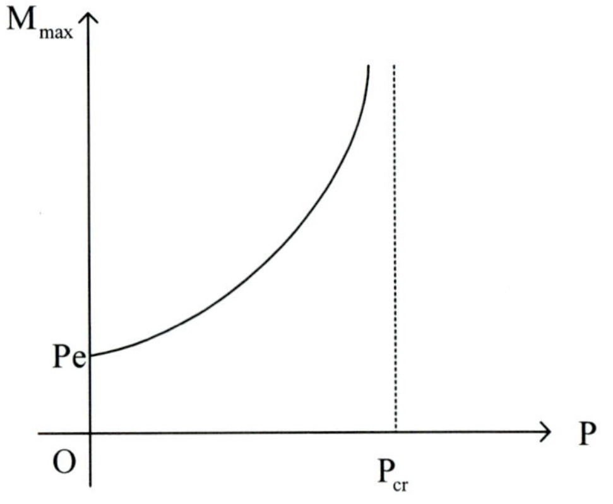

그림 10.14

$$M_{max} = Pe\sec\frac{kL}{2} \tag{10.28}$$

식 (10.28)을 그래프로 그리면 그림 10.14와 같이 된다.

식 (10.28)에 의하면 $\sec\frac{kL}{2}$가 1인 경우 즉, $\frac{kL}{2} = 0$으로서 수식적으로는 $P_{cr} = 0$이 되나 이 경우는 P가 P_{cr}보다 적어서 기둥의 횡적 변형이 생기지 않는 경우로 굽힘모멘트는 편심위치에 의해서만 발생되는 것임을 알 수 있다. 그리고 하중 P가 P_{cr}이 되면 $\sec\frac{kL}{2}$이 무한대가 되어 최대 굽힘모멘트 M_{max}는 무한대가 되는 것을 그림 10.14에서 보이고 있다.

그림 10.12 (a)와 같이 편심 상태에서 하중이 작용되는 경우 이 기둥에 발생하는 응력을 압축하중 P에 의한 수직압축 $\frac{P}{A}$와 굽힘모멘트 M에 의한 $\frac{M}{I}y$의 수직응력이 작용됨을 알 수 있다. 따라서, 기둥의 설계에서 판단해야할 최대응력 σ_{max}는 다음 식 (10.29)와 같이 쓸 수 있

다.

$$\sigma_{max} = \frac{P}{A} + \frac{M_{max}}{S} \tag{10.29}$$

식 (10.29)에 식 (10.28)를 대입하면 최대응력 σ_{max}는 다음 식 (10.30)과 같다.

$$\sigma_{max} = \frac{P}{A} + \frac{Pe}{S} \sec\frac{kL}{2} \tag{10.30}$$

단면의 관성반지름 r는 식 (10.16)에 의하여 $\sqrt{\frac{I}{A}}$ 이므로 식 (10.29)에 이 관성반지름 r를 이용하고, 구형단면에서 단면계수 $S = \frac{I}{c}$ 이므로 식 (10.30)은 다음 식 (10.31)과 같이 된다.

$$\sigma_{max} = \frac{P}{A}\left[1 + \frac{Ae}{I/c}\sec\left(\frac{L}{2}\sqrt{\frac{P}{EI}}\right)\right] = \frac{P}{A}\left[1 + \frac{ec}{r^2}\sec\left(\frac{L}{2r}\sqrt{\frac{P}{EA}}\right)\right] \tag{10.31}$$

식 (10.31)을 Secant 공식이라 하고 이 식에서 $\frac{ec}{r^2}$를 편심비라 하여 다음 식 (10.32)로 정리할 수 있고 여기서 c는 구형 단면의 중립면에서부터 자유단까지의 거리이다.

$$\text{편심비} = \frac{ec}{r^2} \tag{10.32}$$

식 (10.32)에서 알 수 있듯이 편심비는 결과적으로 압축하중 P의 편심정도를 나타내고 있다. 식 (10.31)의 Secant 공식은 편심하중을 받는 기둥의 최대응력을 압축응력 $\frac{P}{A}$와 편심비 및 기둥의 날씬비 $\frac{L}{r}$에 의하여 결정되고 있음을 알 수 있다. 예를 들어 최대 하중이 항복하중으로 하여 그 값이 40ksi(280MPa)이고 탄성계수 E가 30×10^3ksi(210GPa)인 구조용 강에 대하여 각각의 편심비에 따라서 식 (10.31)을 그래프로 나타내면 그림 10.15와 같이 된다.

그림 10.15에서 편심위치 $e = 0$일 때의 응력 $\frac{P}{A}$는 최대응력으로 식 (10.18)의 임계응력 σ_{cr}을 이용하게 되고 그림 10.15에서 점선과 외곽의 곡선은 그림 10.8의 Euler 곡선을 나타내고 있다.

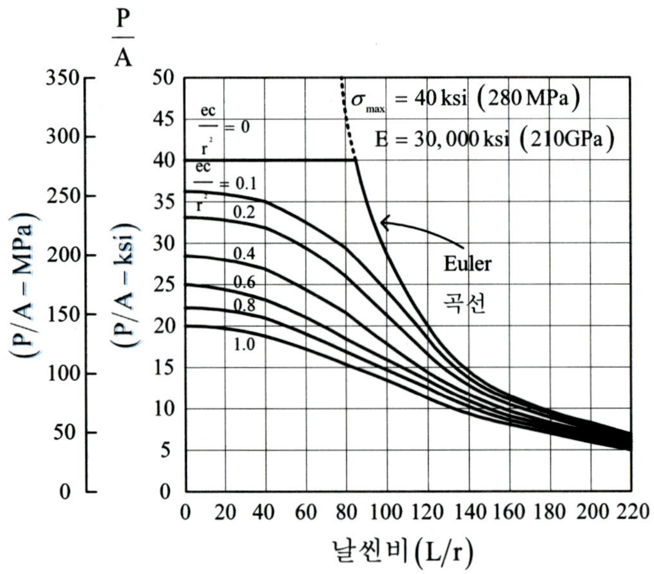

그림 10.15 구조용강($\sigma_y = 40\text{ksi}$, $E = 30 \times 10^3\text{ksi}$)의 Secant 공식 그래프

식 (10.31)의 Secant 공식은 기둥의 지지조건이 다른 경우에도 동일하게 적용시킬 수 있는데 이때에는 기둥의 길이를 식 (10.23)에 표시한 유효길이인 $L_e = KL$을 이용하여 해석할 수 있다. 식 (10.31)의 Secant 공식에 나타난 하중 P는 최대응력 σ_{max}를 일으키는 하중으로 설계시에 일반적으로 이 최대 응력을 항복응력 σ_y로 하며, 허용하중 P_a는 이 항복응력 σ_y를 일으키는 축하중 P에 안전계수 η를 나누어서 얻은 하중값이다.

[예제 10-2] 그림 10.16 (a)와 같이 일단고정 일단자유단인 기둥에 편심거리 e인 상태로 압축하중 P가 작용하는 경우에 다음을 구하여라.

(a) 처짐식 v(x)와 최대처짐 δ_{max}

(b) 최대 굽힘모멘트 M_{max}

단, 그림 10.16 (b)에서 볼 수 있듯이 편심거리에 의한 단면의 회전각에 따른 추가 처짐량에 대해서는 무시하는 것으로 한다.

(풀이)

그림 10.16 (b)에서 기둥의 임의위치 x에서의 굽힘모멘트 M(x)는 다음 식 (a)와 같이 된다.

$$M(x) = -P(\delta_{max} - v) \tag{a}$$

식 (7.9)에 의하여 변형 v(x)에 대한 미분방정식을 세우면 다음 식 (b)와 같이 된다.

$$EIv'' + Pv = P\delta_{max} \tag{b}$$

$$v'' + k^2 v = k^2 \delta_{max} = k^2(e + v_{max})$$

$$\text{여기서, } k^2 = \frac{P}{EI}$$

식 (b)를 풀면 다음 식 (c)와 같이 된다.

$$v(x) = C_1 \sin kx + C_2 \cos kx + e + v_{max} \tag{c}$$

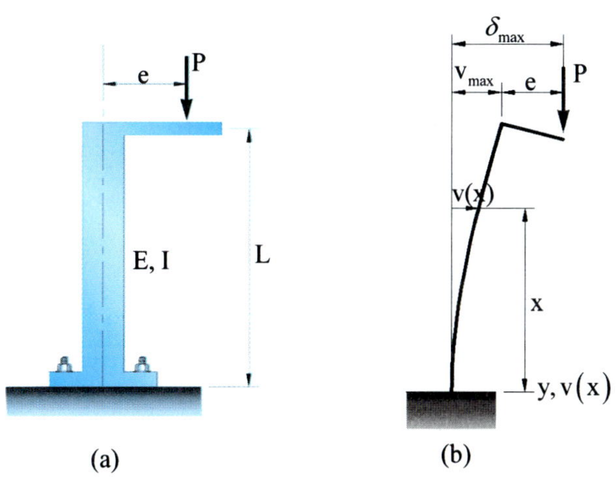

그림 10.16

식 (c)에 그림 10.16 (b)에서 알 수 있는 경계조건 $v(0) = v'(0) = 0$을 대입하면 다음 식 (d)와 (e)를 얻을 수 있다.

$$v(0) = C_1 \times 0 + C_2 \times 1 + e + v_{max} = 0 \tag{d}$$

$$v'(0) = C_1 k \times 1 - C_2 k \times 0 = 0 \tag{e}$$

식 (d)와 (e)에서 적분상수 C_1, C_2를 구하면 다음 식 (f)와 같이 된다.

$$C_1 = 0,\ C_2 = -(e + v_{max}) \tag{f}$$

식 (f)를 식 (c)에 대입하여 처짐식 v(x)를 구하면 다음 식 (10.33)과 같이 된다.

$$v(x) = (e + v_{max})(1 - \cos kx) \tag{10.33}$$

식 (10.33)에 x=L을 대입하여 v_{max}를 구하면 다음 식 (g)와 같이 된다.

$$v_{max} = (e + v_{max})(1 - \cos kL)$$

$$\therefore v_{max} = \frac{e(1 - \cos kL)}{\cos kL} = e(\sec kL - 1) \tag{g}$$

따라서, δ_{max}는 다음 식 (h)와 같이 된다.

$$\delta_{max} = e + v_{max} = e \sec kL \tag{h}$$

(b) 최대 굽힘모멘트는 고정단에서 발생하며 그림 10.16 (b)에 의하면 다음 식 (10.34)와 같이 된다.

$$M_{max} = P\delta_{max} = Pe \sec kL \tag{10.34}$$

식 (10.34)와 식 (10.28)을 비교해 보면 기둥의 길이가 양단 핀 연결에 비해 2L가 됨을 알 수 있고 이는 표 10.1의 유효기둥 길이에 해당함을 알 수 있다. 따라서, 지지조건이 서로 다른 기둥에 결함이 있는 경우와 편심되어 작용되는 경우에도 기둥의 길이로 유효길이 $L_e = KL$을 모든 기둥의 식에 그대로 사용하여 이용할 수 있다.

[예제 10-3] 그림 10.10 (d)와 같은 양단고정인 원형단면으로 편심비 $\frac{ec}{r^2} = 0.4$이고, 안전계수 $\eta = 2.0$인 기둥이 길이가 1.8m이고 지름이 48mm일 때 이 기둥에 가할 수 있는 허용압축하중 P와 편심거리 e를 구하여라. 단, 그림 10.15를 이용하여라.

(풀이)

양단고정이므로 기둥의 유효길이 L_e는 표 10.1에 의하면 다음 식 (a)와 같다.

$$L_e = \frac{1}{2}L = \frac{1}{2}\times 1.8\,m = 0.9\,m \tag{a}$$

단면적과 단면2차관성모멘트 및 관성반지름 r 등은 다음 식 (b)와 같이 된다.

$$\begin{aligned} A &= \frac{\pi}{4}d^2 = \frac{\pi}{4}\times 48^2\times 10^{-6} = 1,809.6\times 10^{-6}\,m^2 \\ I &= \frac{\pi}{64}d^4 = \frac{\pi}{64}\times 48^4\times 10^{-12} = 0.2606\times 10^{-6}\,m^4 \\ r &= \sqrt{\frac{I}{A}} = \sqrt{\frac{0.2606\times 10^{-6}}{1809.6\times 10^{-6}}} = 0.012\,m \end{aligned} \tag{b}$$

식 (b)에 의하여 기둥의 날씬비는 다음 식 (c)와 같이 된다.

$$\frac{L_e}{r} = \frac{0.9}{0.012} = 75 \tag{c}$$

그림 10.15에서 $\frac{L_e}{r} = 75$이고 $\frac{ec}{r^2} = 0.4$일때의 $\frac{P}{A}$의 값은 다음 식 (d)와 같다.

$$\frac{P}{A} \cong 160\,MPa \tag{d}$$

따라서, 허용하중 P_a는 식 (d)와 식 (b)로부터 다음 식 (e)와 같이 된다.

$$\begin{aligned} \sigma_a &= \frac{1}{\eta}\left(\frac{P}{A}\right) = \frac{1}{2}\times 160\,MPa = 80\,MPa \\ P_a &= A\sigma_a = 80\times 10^6\times 1,809.6\times 10^{-6} = 144.77\,kN \end{aligned} \tag{e}$$

편심비를 다시 쓰면 다음 식 (f)와 같다.

$$\frac{ec}{r^2} = 0.4 = \frac{e \times \frac{d}{2}}{r^2} \tag{f}$$

식 (f)에 의하여 편심거리 e를 구하면 다음 식 (g)와 같이 된다.

$$e = \frac{0.4r^2}{\frac{1}{2}d} = \frac{0.4 \times 0.012^2}{\frac{1}{2} \times 48 \times 10^{-3}} \tag{g}$$

$$= 2.4 \times 10^{-3}(\mathrm{m}) = 2.4(\mathrm{mm})$$

연습문제

문 10.1.1 그림 문 10.1.1과 같이 봉 AB가 핀 지점인 A에 강성도 k_t의 회전스프링에 의해 지지되고 있을 때 이 기둥의 임계하중 P_{cr}을 구하여라.

그림 문 10.1.1

문 10.1.2 그림 문 10.1.2와 같이 길이 $L = 3\text{ft}$인 봉 AB 및 CD가 마찰이 없는 연결부 B점에 핀 연결되어 있으며 이 연결부 B는 우단 C점을 중심으로 회전 할 수 있다. 이 B점은 스프링상수 k인 스프링으로 지지되어 있다. 압축하중 P는 좌단 A에서 수평으로만 작용된다고 한다. 임계하중 $P_{cr} = 72{,}000\text{lb}$라고 할 때 B점에 지지되는 스프링의 스프링상수 k는 얼마로 하여야 하는가?

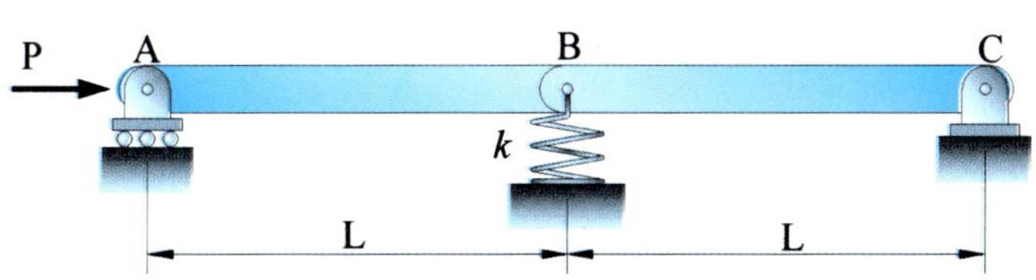

그림 문 10.1.2

문 10.1.3 그림 문 10.1.3과 같은 봉 ABC에 대한 임계하중 P_{cr}을 구하여라. 이 봉 ABC는 마찰이 없는 연결부 B를 중심으로 회전운동을 할 수 있으며 A점은 스프링상수 k=2,500lb/in인 스프링에 의해 수평지지되어 있고 길이 $L_1=2ft$이고 $L_2=1ft$이다.

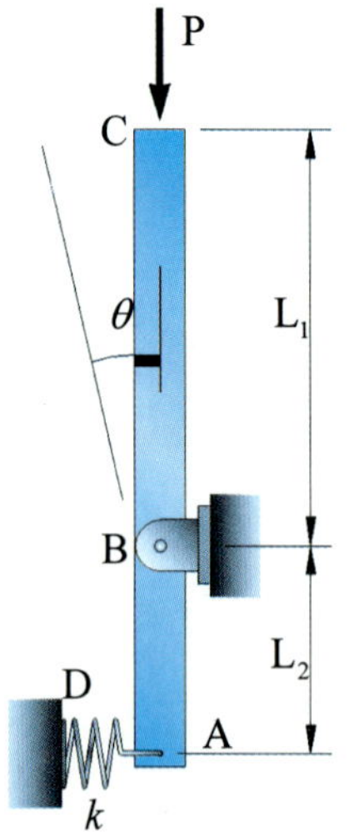

그림 문 10.1.3

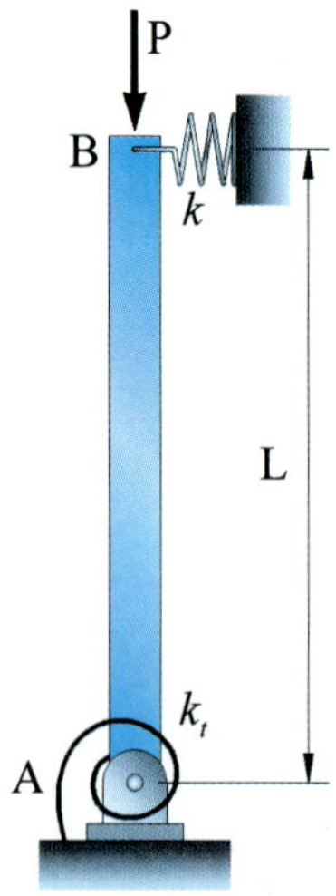

그림 문 10.1.4

문 10.1.4 그림 문 10.1.4와 같은 길이 L=1ft인 봉 AB가 하중 P=35,000lb에서도 봉이 기울어지지 않게 설계하고자 한다. 이 봉의 지지단 A에서는 강성도 k_t인 회전스프링에 의하여 지지되고, 하중작용단 B에서는 강성도 k=2,500lb/in인 스프링에 의해 지지 되어 있다고 한다. 이 구조에 사용될 회전 스프링의 강성도 k_t를 구하여라.

문 10.2.1 양단핀지지된 길이 L=6ft인 이상적인 기둥에 대해 다음을 구하여라.

단, 탄성계수는 2.1×10^6psi이고 단면은 2.5in×4.2in의 구형단면이며, 비례한도 $\sigma_{PL}=6,800$psi이다.

(a) 날씬비(L/r)

(b) 임계하중 P_{cr}

(c) 임계응력과 비례한도 비를 구하고 평가하여라.

문 10.2.2 길이 10ft인 양단핀지지된 이상적인 긴 기둥이 탄성계수 $E = 9.8 \times 10^6$psi이고 항복강도 $\sigma_y = 40$ksi 인 알루미늄합금으로 되어 있고 내경이 4.25in이고 외경이 5.0in인 파이프로 되어있을 때 임계하중 P_{cr}과 비례한도 내에서 좌굴이 일어날 수 있기 위한 가장적은 날씬비 L/r을 구하여라.

문 10.2.3 그림 문 10.2.3 (a)와 같이 2개의 길이 3.5m인 51mm × 51mm × 3.2mm의 구조용강 앵글이 양단핀지지된 기둥으로 사용되고 있을 때 다음 2가지 경우에 대하여 날씬비 L/r과 임계하중 P_{cr}을 구하여라. 재료의 탄성계수는 200Gpa이다.

(a) 2개의 앵글이 연결되지 않고 각자 독립적부재로 하중을 받을 때

(b) 2개의 앵글이 그림 문 10.2.3과 같이 결합되어 하나의 구조체로 하중을 받을 때

단, 표에 의하면 그림 문 10.3.2 (b)와 같은 앵글은 단면적 $A = 624\text{mm}^2$, 단면2차 관성모멘트 $I_{y_1} = I_{x_1} = 157{,}753\text{mm}^4$이고, $I_{z_1} = 63{,}654\text{mm}^4$이다.

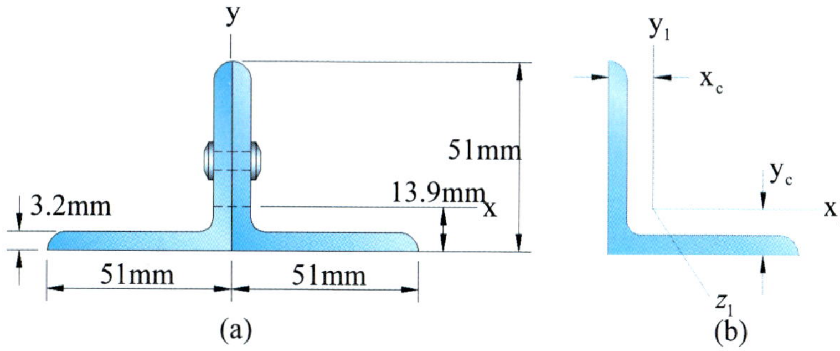

그림 문 10.2.3

문 10.2.4 양단단순지지된 길이 2.5m의 긴 기둥이 그림 문 10.2.4와 같은 단면이 되도록 나무로 제작하였을 때 다음을 구하여라. 단, 이 나무의 탄성계수 E는 14Gpa이고, 항복강도 $\sigma_y = 46$MPa이다.

(a) 날씬비 (L/r)

(b) 임계하중식인 Euler 방정식에 따르는 최소 날씬비 $(L/r)_{min}$

(c) 임계하중 P_{cr}

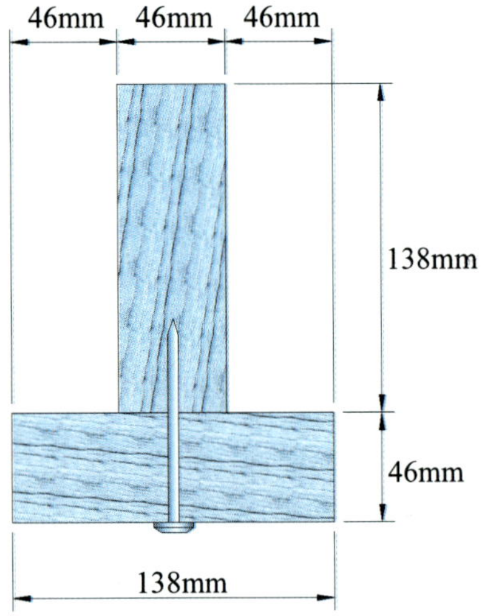

그림 문 10.2.4

문 10.3.1 그림 문 10.3.1과 같이 길이 L = 5.2 ft, 지름이 d = 1.23 in 인 양단핀지지의 원형기둥에 압축하중 P = 2.5 kips 를 그림과 같이 도심 축에서부터 0.2 in 편심되어 하중을 작용시킬 때 이 기둥의 최대 처짐 v_{max} 와 최대 굽힘모멘트 M_{max} 를 구하여라.

단, 탄성계수 $E = 30 \times 10^3$ ksi 이다.

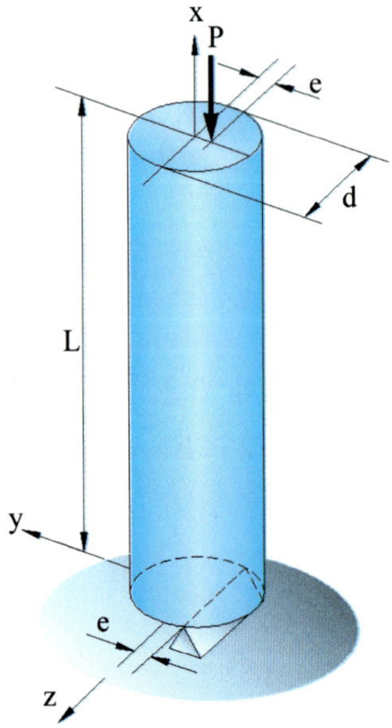

그림 문 10.3.1

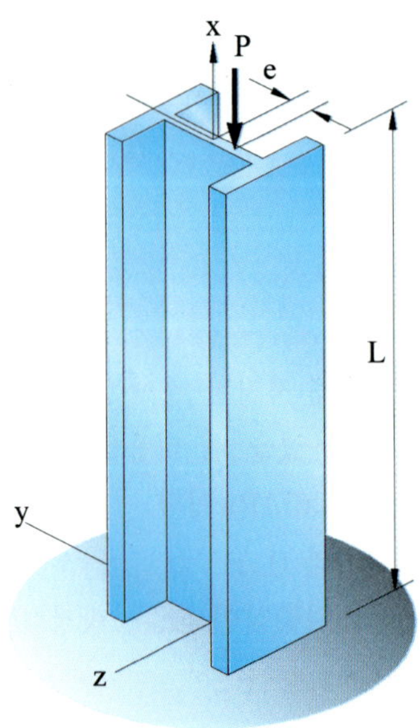

그림 문 10.3.2

문 10.3.2 그림 문 10.3.2와 같이 넓은 플랜지 W12×50의 단면을 갖는 일단고정, 일단자유의 탄성계수 $E = 30 \times 10^3$ksi인 강재 기둥이 도심 축에서부터 $e = 4.5$in 편심 되어 압축하중 $P = 150$kips를 받고 있다. 이 기둥의 자유단에서의 최대변위 v_{max}가 1.2in를 넘지 않도록 하는 이 기둥의 최대허용 길이 L_a를 구하여라. 단, $I = 394\text{in}^4$이다.

문 10.3.3 그림 문 10.3.3과 같은 길이 $L = 12$ft이고 재질이 티타늄합금($E = 18 \times 10^3$ksi)인 단순지지기둥이 압축하중 P를 e만큼 편심시켜 축에 나란하게 작용시키고 있을 때 다음을 구하여라. 단, 단면은 구형단면으로 $h = 0.75$in, $b = 0.25$in 그리고 편심길이 $e = 0.25$in이다.

(a) 단면의 굽힘에 대한 임계하중 $(P_{cr})_y$

(b) 항복응력 $\sigma_y = 108$ksi일 때 xy평면의 굽힘에 대한 항복하중 $(P_y)_z$

(c) 이 부재의 파괴 모드에 대하여 설명하여라.(어느 면의 굽힘에서 먼저 좌굴파괴가 일어나는가?)

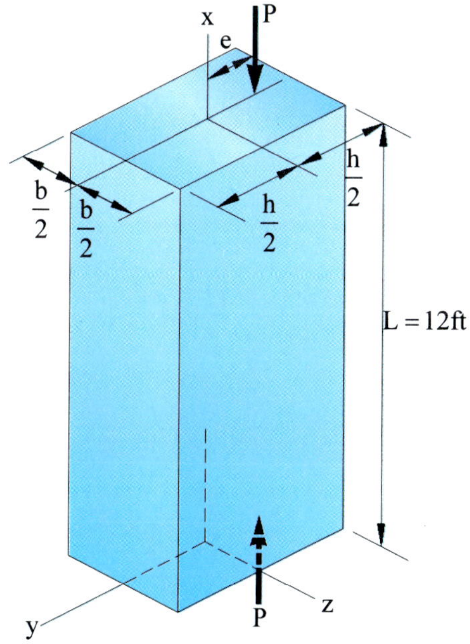

그림 문 10.3.3

APPENDIX

부록 A 단위계와 환산숫자의 처리

□ 단위계

어떤 양(quantity)을 수치로 표시하게 될 때 비교기준으로 표시할 같은 종류의 량을 단위(units)라 한다. 이 단위에는 어떤 다른 종류의 물리량과는 관계없이 독립하여 단위가 주어지는 기본적 물리량의 단위를 기본 단위(basic units)라 하고 이 기본량을 조합하여 정의되는 물리량, 즉 유도량의 단위를 유도 단위(derived units), 그 밖의 보충적으로 표현되어지는 보충 단위(supplementary units)가 있다.

이와 같이 공학적인 물리량인 힘, 질량, 길이, 시간 및 온도 등이 단위계에 의하여 표현되어진다. 이 단위계에는 국제단위계(SI : International Systems of Units)와 미국에서 주로 사용되는 미국 관습단위계(USCS : U.S Customary Systems of Units)가 있다.

재료역학에서 사용되는 단위는 다음 표 A-1과 같다. 그리고 SI 단위 앞에 붙는 접두어로는 다음 표 A-2와 같다.

표 A-1

종류	물리량	SI를 USCS로	USCS를 SI로	
기본단위	길이(length)	1m = 39.37in = 3.281ft 1km = 0.6214mi	1in = 2.54cm 1ft = 0.3048m 1mi = 1.609km	
	질량(mass)	1kg = 0.06852slug	1slug = 14.59kg	
	온도 (temperature)	32°F = 0℃ = 273.15°K	T(°K) = T(℃) + 273.15 T(℃) $= \frac{5}{9}[T(°F) - 32]$	
	시간(time)	초(s)	초(s)	
유도단위	면적(area)	$1m^2 = 10.67ft^2$ $1mm^2 = 1.550(10^{-3})in^2$	$1in^2 = 645.2mm^2$ $1ft^2 = 0.09290m^2$	
	체적(volume)	$1m^3 = 35.31ft^3$ $1mm^3 = 61.02(10^{-6})in^3$	$1in^3 = 16.39(10^3)mm^3$ $1ft^3 = 0.02832m^3$	
	힘(force)	1N = 0.2248lb	1lb = 4.448N	
	응력, 압력 (stress, pressure)	$1Pa = 0.1450(10^{-3})psi$ 1MPa = 145.0psi	$1psi = 6.895(10^3)Pa$ 1ksi = 6.895 MPa	

	모멘트,토크 (moment, torque)	1N • m = 0.7376 lb • ft 1N • m = 8.851 lb • in	1lb • ft = 1.356 N • m 1lb • in = 0.1130 N • m	
	일, 에너지 (work, energy)	1J = 0.7376 lb • ft	1lb • ft = 1.356J	1J = 1N • m
	동력(power)	1W = 0.7376 lb • ft/s 1KW = 1.341hp	1lb • ft/s = 1.356W 1hp = 745.7W	1W = 1J/s = 1N • m/s
유도단위	분포하중 (distributed load)	1N/m = 0.06852 lb/ft	1lb/ft = 14.59 N/m	
	속도 (velocity)	1m/s = 39.37in/s 1km/s = 0.6241mi/h	1in/s = 0.0254m/s 1mi/h = 1.609km/h	
	가속도 (acceleration)	$1m/s^2 = 39.37in/s^2$ $1m/s^2 = 3.281ft/s^2$	$1in/s^2 = 0.0254m/s^2$ $1ft/s^2 = 0.3048m/s^2$	
	2차관성모멘트 (second moment of area)	$1mm^4 = 2.402(10^{-6})in^4$	$1in^4 = 0.4162(10^6)mm^4$	
보충단위	각도 (plane angle)	rad	rad	$1^\circ = \frac{\pi}{180}$rad

표 A-2

기 호	배 수	접 두 어	기 호	배 수	접 두 어
T	10^{12}	테라(tera)	d	10^{-1}	데시(deci)
G	10^9	기가(giga)	c	10^{-2}	센티(centi)
M	10^6	메가(mega)	m	10^{-3}	밀리(milli)
k	10^3	킬로(kilo)	μ	10^{-6}	마이크로(micro)
h	10^2	헥토(hecto)	n	10^{-9}	나노(nano)
da	10^1	데카(deca)	p	10^{-12}	피코(pico)

□ 환산숫자의 처리

기술자가 현장에서나 설계를 위하여 공학적인 계산이 필요한 경우에는 수치적 접합성에 관심을 기울일 필요가 있다. 이렇게 공학적인 문제에서 직면하게 되는 숫자들은 예를 들어, 원형 단면의 극관성모멘트 $I_p = \frac{\pi d^4}{32}$ 으로 표시될 때 32와 같은 정확한 숫자로 표시되는 것과 π와 같이 공식적으로 표현되는 숫자가 있다. 그리고 4Mpa의 응력을 kg_f/cm^2으로 환산하여 표시하는 경우 $41kg_f/cm^2$으로 표현하는 경우와 $40.8kg_f/cm^2$으로 표현하는 경우를 살펴보면, 우리가 표현하는 숫자의 자릿수, 즉 유효숫자를 어떻게 처리하는가에 따라 달라질 수 있는 것이다.

유효숫자라고 하는 것은 0이 아닌 최고의 숫자에서 최하위에 표시된 숫자까지의 자릿수를 유효숫자 자릿수라고 한다.

예를 들면, 0.035는 유효숫자 2자리, 34.8은 3자리, 34.80은 유효숫자가 4자리이다. 그리고 500, 8,000과 같이 하위에 0을 가지는 경우에도 이것들은 통상적으로 유효숫자로 볼 수 있으므로 최초의 숫자만에 유효 숫자라는 것을 뚜렷히 표시하려면 각각 5×10^2, 8×10^3와 같이 표시해야한다.

어떤 물리량의 수치를 34.8이라고 표기하는 것과, 34.80으로 표기하는 것은 본질적으로 다르다. 앞의 경우는 물리량의 크기가 34.7 또는 34.9에서 34.8에 가까운 것을 의미하고 있고, 또 다른 경우에는 34.79 또는 34.81 보다 34.80에 가까운 것을 의미하고 있다. 이렇게 표시된 수치들은 최고의 자리의 1단위의 1/2에 상당하는 부정확성을 포함하고 있는 것으로 된다.

예를 들면, 34.8은 34.75 이상 34.85미만의 숫자에 대해서 정리되어 있는 것으로 그 부정확성은 ±0.05가 된다. 한편, 34.80은 34.795 이상 34.805 미만의 숫자에 대하여 정리된 것이므로 그 부정확성은 ±0.005가 된다. 앞의 경우의 부정확성은 그 한계가 0.1이고 후자는 0.01으로 됨을 알 수 있다.

이렇게 환산치를 정리하는 경우에는 규격에 따라야 된다. 예를 들면, 소수점 이하 2자리까지로 정리할 경우에는 다음과 같이 해야 한다.

34.844 → 34.84
34.8449 → 34.84(버림), 34.835 → 34.84(올림)
34.84501 → 34.85
34.846 → 34.85

단위계에서 환산하는 경우에 계산결과로 하여 그 수치에 오차가 가산되는 수가 있다. 이러한 오차를 환산오차라 한다. 환산오차는 환산으로 인하여 불가피한 것으로 환산오차의 수치에 부정확성의 증가가 무시 될 수 있는 크기가 되어야 한다.

한편, 이 오차의 증가를 완전하게 없애기 위해서는 실용적으로 의미가 없는 자리까지 계산해서 표시하는 것은 노력의 낭비가 된다. 따라서, 환산에 의한 부정확성의 증가를 무시할 수 있는 크기에서 멈추고 싶은 경우에 대해서는 계산 결과를 불확실성의 폭이 환산한 값에 가장 가깝고 또 그 값을 초과하지 않은 단위의 자릿수에서 끝내어야 한다.

예로서, 측정된 응력값이 14.8kg_f/cm^2이고, 이 값은 측정에서 소수점이하 2자리까지의 측정값을 정리한 값이라고 할 때, 이 응력을 SI단위로 환산해 보자. 1kg_f/cm^2은 0.980665×10^5Pa이므로 14.8이라는 수치는 유효숫자의 자리수가 3자리이고 그 불확실성의 폭이 0.1이므로 다음과 같이 계산된다.

$$
\begin{aligned}
P &= 14.8\left[kgf/cm^2\right] \\
&= 14.8\left[kgf/cm^2\right]\times 0.980665\times10^5\left[\frac{Pa}{kgf/cm^2}\right] \\
&= 14.5138420\times10^5 Pa \\
\triangle &= 0.1\left[kgf/cm^2\right]\times 0.980665\times10^5\left[\frac{Pa}{kgf/cm^2}\right] \\
&= 0.0980665\times10^5 Pa
\end{aligned}
$$

따라서, SI단위에 의한 응력 σ는 소수점이하 2자리의 0.01의 단위까지 취하여, 14.51×10^5Pa 즉, 1.451MPa로 표현할 수 있다. 또 수치예 등에서 0.1의 단위로 정리한다면, 14.5×10^5[Pa] = 1.45[MPa]이라 할 수도 있다.

부록 B 수학공식

□ 중요한 수학적 상수

$\pi = 3.14159\cdots$

$e = 2.71828\cdots$

$2\pi \text{rad} = 360°$

$1\text{rad} = \dfrac{180°}{\pi} = 57.2958°$

$1° = \dfrac{\pi}{180}\text{rad} = 0.0174533\,\text{rad}$

□ 지수법칙

$A^n A^m = A^{n+m}$

$\dfrac{A^m}{A^n} = A^{m-n}$

$(A^m)^n = A^{mn}$

$A^{-m} = \dfrac{1}{A^m}$

$(AB)^m = A^m B^m$

$(\dfrac{A}{B})^m = \dfrac{A^m}{B^m}$

$A^{\frac{m}{n}} = \sqrt[n]{A^m}$

$A^0 = 1 \qquad (A \neq 0)$

□ 로그법칙

$y = 10^x$	$\log y = x$	(log : 밑수가 10인 로그)
$y = e^x$	$\ln y = x$	(ln : 밑수가 자연대수e인 로그)
$e^{\ln A} = A$	$10^{\log A} = A$	
$\ln e^A = A$	$\log 10^A = A$	

$\log AB = \log A + \log B$

$$\log\frac{A}{B} = \log A - \log B$$

$$\log\frac{1}{A} = -\log A$$

$$\log A^n = n\log A$$

$$\log 1 = \ln 1 = 0$$

$$\ln e = 1 \qquad \log 10 = 1$$

$$\ln A = (\ln 10)\log A = 2.30259\log A$$

$$\log A = (\log e)\ln A = 0.434294\ln A$$

□ 삼각함수

$$\tan x = \frac{\sin x}{\cos x} \qquad \cot x = \frac{\cos x}{\sin x} \qquad \sec x = \frac{1}{\cos x} \qquad \csc x = \frac{1}{\sin x}$$

$$\sin^2 x + \cos^2 x = 1 \qquad \tan^2 x + 1 = \sec^2 x \qquad \cot^2 x + 1 = \csc^2 x$$

$$\sin(-x) = -\sin x \qquad \cos(-x) = \cos x \qquad \tan(-x) = -\tan x$$

$$\sin(x \pm y) = \sin x\cos y \pm \cos x\sin y \qquad \cos(x \pm y) = \cos x\cos y \mp \sin x\sin y$$

$$\sin 2x = 2\sin x\cos x \qquad \cos 2x = \cos^2 x - \sin^2 x \qquad \tan 2x = \frac{2\tan x}{1 - \tan^2 x}$$

$$\tan x = \frac{1 - \cos 2x}{\sin 2x} = \frac{\sin 2x}{1 + \cos 2x}$$

$$\sin^2 x = \frac{1}{2}(1 - \cos 2x) \qquad \cos^2 x = \frac{1}{2}(1 + \cos 2x)$$

삼각형의 세변 a, b, c의 마주보고 있는 각이 A, B, C일 경우:

사인법칙(law of sines) $\frac{a}{\sin A} = \frac{b}{\sin B} = \frac{c}{\sin C}$

코사인법칙(law of cosines) $c^2 = a^2 + b^2 - 2ab\cos C$

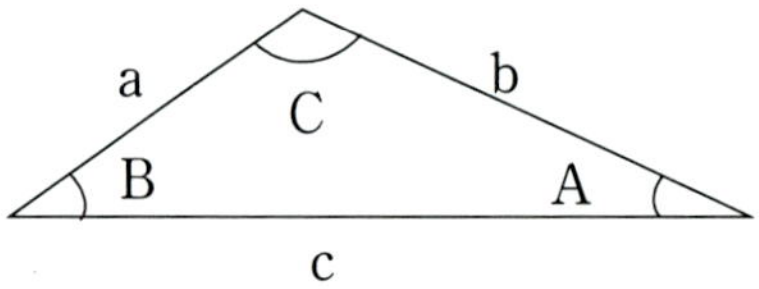

□ 무한급수

$$\frac{1}{1+x} = 1 - x + x^2 - x^3 + \cdots \qquad (-1 < x < 1)$$

$$\sqrt{1+x} = 1 + \frac{x}{2} - \frac{x^2}{8} + \frac{x^3}{16} - \cdots \qquad (-1 < x < 1)$$

$$\frac{1}{\sqrt{1+x}} = 1 - \frac{x}{2} + \frac{3x^2}{8} - \frac{5x^3}{16} + \cdots \qquad (-1 < x < 1)$$

$$e^x = 1 + x + \frac{x^2}{2!} + \frac{x^3}{3!} + \cdots \qquad (-\infty < x < \infty)$$

$$\sin x = x - \frac{x^3}{3!} + \frac{x^5}{5!} - \frac{x^7}{7!} + \cdots \qquad (-\infty < x < \infty)$$

$$\cos x = 1 - \frac{x^2}{2!} + \frac{x^4}{4!} - \frac{x^6}{6!} + \cdots \qquad (-\infty < x < \infty)$$

※ $x \ll 1$이면 두 번째 항까지만 유용하게 표현할 수 있다.

□ 미분공식

$$\frac{d}{dx}(ax) = a \qquad \frac{d}{dx}(x^n) = nx^{n-1} \qquad \frac{d}{dx}(au) = a\frac{du}{dx}$$, a 는 상수

$$\frac{d}{dx}(uv) = u\frac{dv}{dx} + v\frac{du}{dx} \qquad \frac{d}{dx}\left(\frac{u}{v}\right) = \frac{v(du/dx) - u(dv/dx)}{v^2}$$, $u = u(x)$, $v = v(x)$

$$\frac{d}{dx}(u^n) = nu^{n-1}\frac{du}{dx} \qquad \frac{dy}{dx} = \frac{dy}{dt}\frac{dt}{dx} \qquad \frac{dt}{dx} = \frac{1}{dx/dt}$$

$$\frac{d}{dx}(\sin u) = \cos u\frac{du}{dx} \qquad \frac{d}{dx}(\cos u) = -\sin u\frac{du}{dx}$$

$$\frac{d}{dx}(\tan u) = \sec^2 u\frac{du}{dx} \qquad \frac{d}{dx}(\cot u) = -\csc^2 u\frac{du}{dx}$$

$$\frac{d}{dx}(\sec u) = \sec u \tan u\frac{du}{dx} \qquad \frac{d}{dx}(\csc u) = -\csc u \cot u\frac{du}{dx}$$

$$\frac{d}{dx}(\arctan u) = \frac{1}{1+u^2}\frac{du}{dx} \qquad \frac{d}{dx}(\log u) = \frac{\log e}{u}\frac{du}{dx} \qquad \frac{d}{dx}(\ln u) = \frac{1}{u}\frac{du}{dx}$$

$$\frac{d}{dx}(a^u) = a^u \ln a\frac{du}{dx} \qquad \frac{d}{dx}(e^u) = e^u\frac{du}{dx}$$

□ 적분공식

※ 모든 적분결과에 적분상수를 더해줘야 한다.

$$\int a\,dx = ax \qquad \int u\,dv = uv - \int v\,du \quad (\text{부분적분})$$

$$\int x^n dx = \frac{x^{n+1}}{n+1} \quad (n \neq -1) \qquad \int \frac{dx}{x} = \ln|x| \quad (x \neq 0)$$

$$\int \frac{dx}{x^n} = \frac{x^{1-n}}{1-n} \quad (n \neq -1) \qquad \int (a+bx)^n dx = \frac{(a+bx)^{n+1}}{b(n+1)} \quad (n \neq -1)$$

$$\int \frac{dx}{a+bx} = \frac{1}{b}\ln(a+bx) \qquad \int \frac{dx}{(a+bx)^2} = -\frac{1}{b(a+bx)}$$

$$\int \frac{dx}{(a+bx)^n} = -\frac{1}{(n-1)(b)(a+bx)^{n-1}} \quad (n \neq 1)$$

$$\int \frac{dx}{a^2+b^2x^2} = \frac{1}{ab}\tan^{-1}\frac{bx}{a} \quad (x\text{는 rad}) \quad (a>0,\ b>0)$$

$$\int \frac{dx}{a^2-b^2x^2} = \frac{1}{2ab}\ln\left(\frac{a+bx}{a-bx}\right) \quad (a>0,\ b>0)$$

$$\int \frac{x\,dx}{a+bx} = \frac{1}{b^2}[bx - a\ln(a+bx)] \qquad \int \frac{x\,dx}{(a+bx)^2} = \frac{1}{b^2}\left[\frac{a}{a+bx} + \ln(a+bx)\right]$$

$$\int \frac{x\,dx}{(a+bx)^3} = -\frac{a+2bx}{2b^2(a+bx)^2} \qquad \int \frac{x\,dx}{(a+bx)^4} = -\frac{a+3bx}{6b^2(a+bx)^3}$$

$$\int \frac{x^2dx}{a+bx} = \frac{1}{2b^3}[(a+bx)(-3a+bx) + 2a^2\ln(a+bx)]$$

$$\int \frac{x^2dx}{(a+bx)^2} = \frac{1}{b^3}\left[\frac{bx(2a+bx)}{a+bx} - 2a\ln(a+bx)\right]$$

$$\int \frac{x^2dx}{(a+bx)^3} = \frac{1}{b^3}\left[\frac{a(3a+4bx)}{2(a+bx)^2} + \ln(a+bx)\right]$$

$$\int \frac{x^2dx}{(a+bx)^4} = -\frac{a^2+3abx+3b^2x^2}{3b^3(a+bx)^3}$$

$$\int \sin ax\,dx = -\frac{\cos ax}{a} \qquad \int \cos ax\,dx = \frac{\sin ax}{a}$$

$$\int \tan ax\,dx = \frac{1}{a}\ln(\sec ax) \qquad \int \cot ax\,dx = \frac{1}{a}\ln(\sin ax)$$

$$\int \sec ax\,dx = \frac{1}{a}\ln(\sec ax + \tan ax) \qquad \int \csc ax\,dx = \frac{1}{a}\ln(\csc ax - \cot ax)$$

$$\int \sin^2 ax\,dx = \frac{x}{2} - \frac{\sin 2ax}{4a} \qquad \int \cos^2 ax\,dx = \frac{x}{2} + \frac{\sin 2ax}{4a} \quad (x\text{는 rad})$$

$$\int x \sin ax\, dx = \frac{\sin ax}{a^2} - \frac{x \cos ax}{a} \quad (x는\ rad)$$

$$\int x \cos ax\, dx = \frac{\cos ax}{a^2} + \frac{x \sin ax}{a} \quad (x는\ rad)$$

$$\int e^{ax} dx = \frac{e^{ax}}{a} \qquad \int x e^{ax} dx = \frac{e^{ax}}{a^2}(ax-1) \qquad \int \ln ax\, dx = x(\ln ax - 1)$$

$$\int \frac{dx}{1+\sin ax} = -\frac{1}{a}\tan\left(\frac{\pi}{4} - \frac{ax}{2}\right) \qquad \int \sqrt{a+bx}\, dx = \frac{2}{3b}(a+bx)^{3/2}$$

$$\int \sqrt{a^2+b^2x^2}\, dx = \frac{x}{2}\sqrt{a^2+b^2x^2} + \frac{a^2}{2b}\ln\left(\frac{bx}{a} + \sqrt{1+\frac{b^2x^2}{a^2}}\right)$$

$$\int \frac{dx}{\sqrt{a^2+b^2x^2}} = \frac{1}{b}\ln\left(\frac{bx}{a} + \sqrt{1+\frac{b^2x^2}{a^2}}\right)$$

$$\int \sqrt{a^2-b^2x^2}\, dx = \frac{x}{2}\sqrt{a^2-b^2x^2} + \frac{a^2}{2b}\sin^{-1}\frac{bx}{a}$$

부록 C　단면의 특성

A = 면적

$\bar{z}, \bar{y}$ = 도심 위치

I_z ,I_y = z및 y축에 관한 단면2차관성모멘트

I_{zy} = z및 y축에 관한 상승관성모멘트

$I_p = I_z + I_y$ = z및 y축의 원점에 관한 극관성모멘트

I_{BB} = 축 B-B에 대한 단면2차관성모멘트

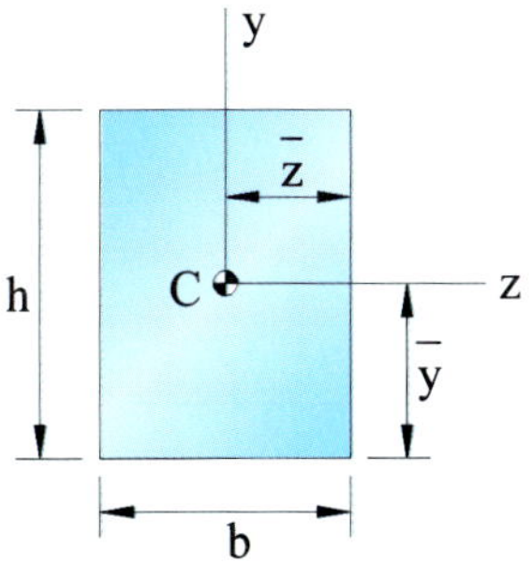	직사각형 (원점 : 도심) $A = bh$　　$\bar{z} = \frac{b}{2}$　　$\bar{y} = \frac{h}{2}$ $I_z = \frac{bh^3}{12}$　　$I_y = \frac{hb^3}{12}$　　$I_{zy} = 0$ $I_p = \frac{bh}{12}(h^2+b^2)$

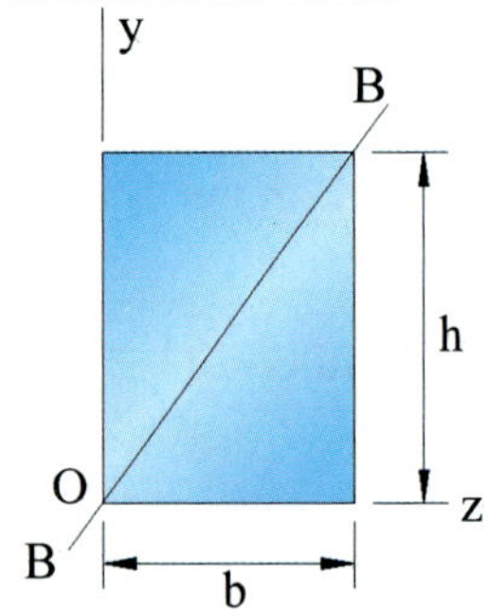	직사각형 (원점 : 한 꼭지점) $I_z = \frac{bh^3}{3}$ $I_y = \frac{hb^3}{3}$ $I_{zy} = \frac{b^2h^2}{4}$ $I_p = \frac{bh}{3}(h^2 + b^2)$ $I_{BB} = \frac{b^3h^3}{6(b^2 + h^2)}$
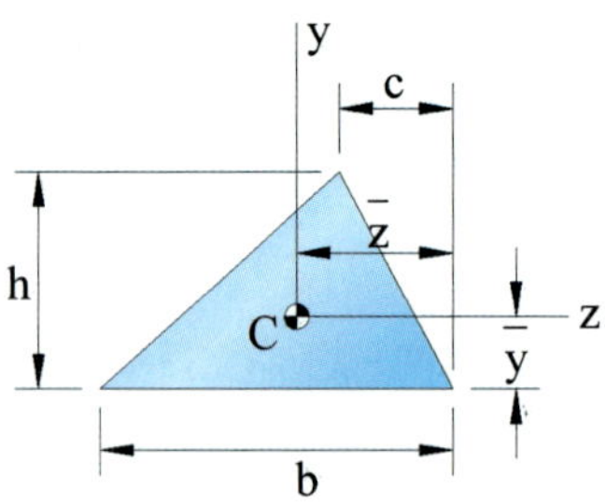	삼각형 (원점 : 도심) $A = \frac{bh}{2}$ $\bar{z} = \frac{b+c}{3}$ $\bar{y} = \frac{h}{3}$ $I_z = \frac{bh^3}{36}$ $I_y = \frac{bh}{36}(b^2 - bc + c^2)$ $I_{zy} = \frac{bh^2}{72}(b - 2c)$ $I_p = \frac{bh}{36}(h^2 + b^2 - bc + c^2)$
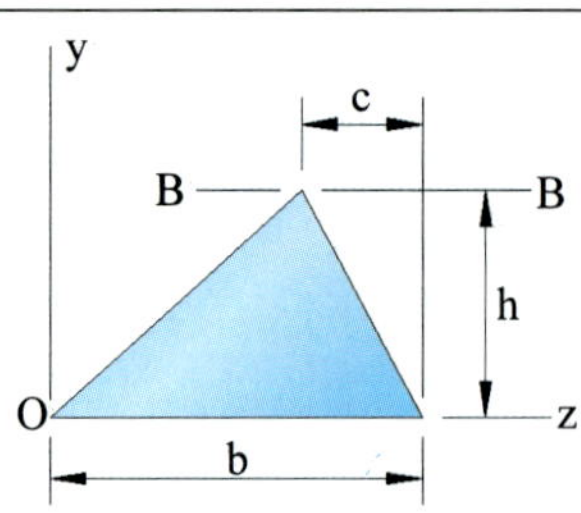	삼각형 (원점 : 한꼭지점) $I_z = \frac{bh^3}{12}$ $I_y = \frac{bh}{12}(3b^2 - 3bc + c^2)$ $I_{zy} = \frac{bh^2}{24}(3b - 2c)$ $I_{BB} = \frac{bh^3}{4}$
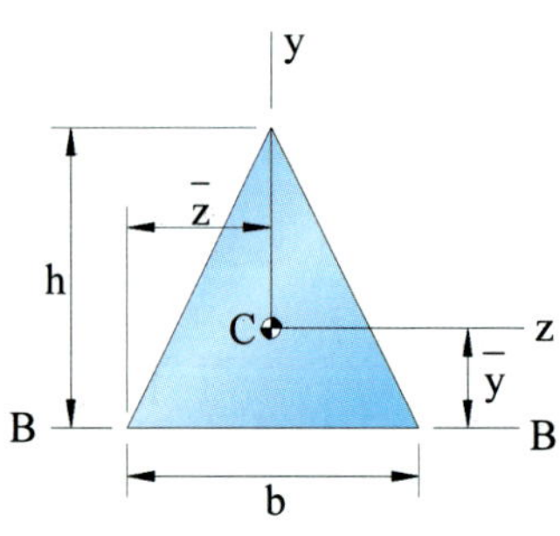	이등변삼각형 (원점 : 도심) $A = \frac{bh}{2}$ $\bar{z} = \frac{b}{2}$ $\bar{y} = \frac{h}{3}$ $I_z = \frac{bh^3}{36}$ $I_y = \frac{hb^3}{48}$ $I_{zy} = 0$ $I_p = \frac{bh}{144}(4h^2 + 3b^2)$ $I_{BB} = \frac{bh^3}{12}$ (* 정삼각형 : $h = \frac{\sqrt{3}}{2}b$)

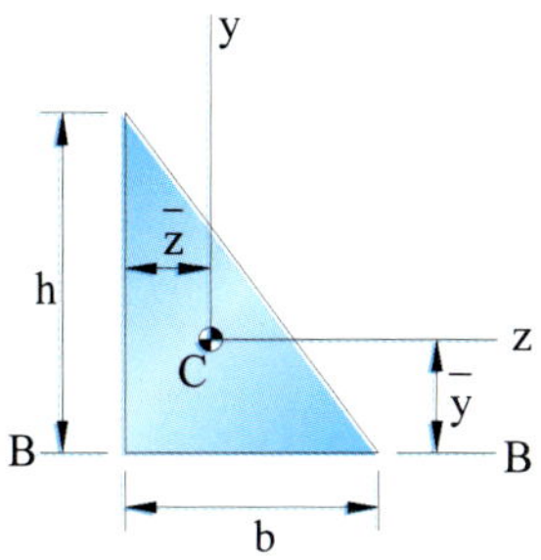

직각삼각형 (원점 : 도심)

$$A = \frac{bh}{2} \qquad \bar{z} = \frac{b}{3} \qquad \bar{y} = \frac{h}{3}$$

$$I_z = \frac{bh^3}{36} \qquad I_y = \frac{hb^3}{36} \qquad I_{zy} = -\frac{b^2h^2}{72}$$

$$I_p = \frac{bh}{36}(h^2+b^2) \qquad I_{BB} = \frac{bh^3}{12}$$

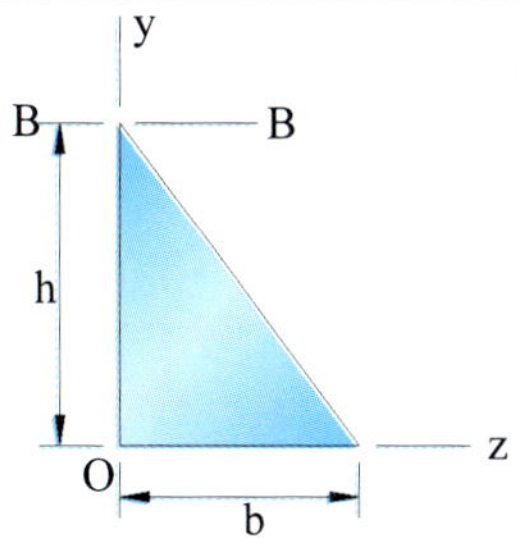

직각삼각형 (원점 : 한꼭지점)

$$I_z = \frac{bh^3}{12} \qquad I_y = \frac{hb^3}{12} \qquad I_{zy} = \frac{b^2h^2}{24}$$

$$I_p = \frac{bh}{12}(h^2+b^2) \qquad I_{BB} = \frac{bh^3}{4}$$

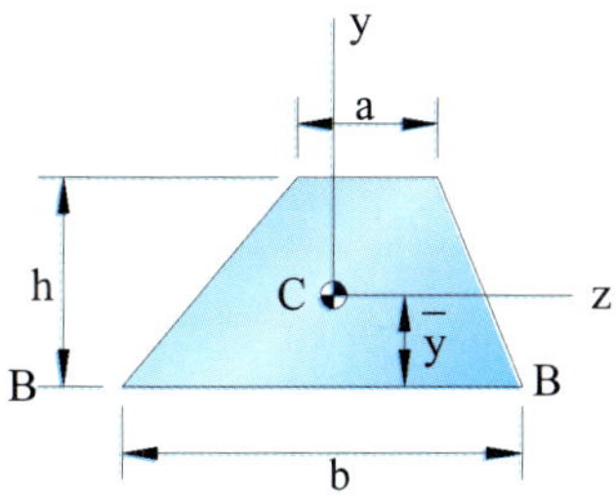

사다리꼴 (원점 : 도심)

$$A = \frac{h(a+b)}{2} \qquad \bar{y} = \frac{h(2a+b)}{3(a+b)}$$

$$I_z = \frac{h^3(a^2+4ab+b^2)}{36(a+b)} \qquad I_{BB} = \frac{h^3(3a+b)}{12}$$

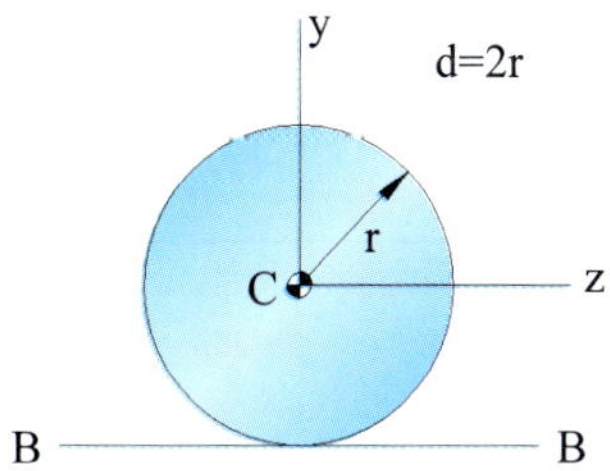

원 (원점 : 도심)

$$A = \pi r^2 = \frac{\pi d^2}{4} \qquad I_z = I_y = \frac{\pi r^4}{4} = \frac{\pi d^4}{64}$$

$$I_{zy} = 0 \qquad I_p = \frac{\pi r^4}{2} = \frac{\pi d^4}{32} \qquad I_{BB} = \frac{5\pi r^4}{4} = \frac{5\pi d^4}{64}$$

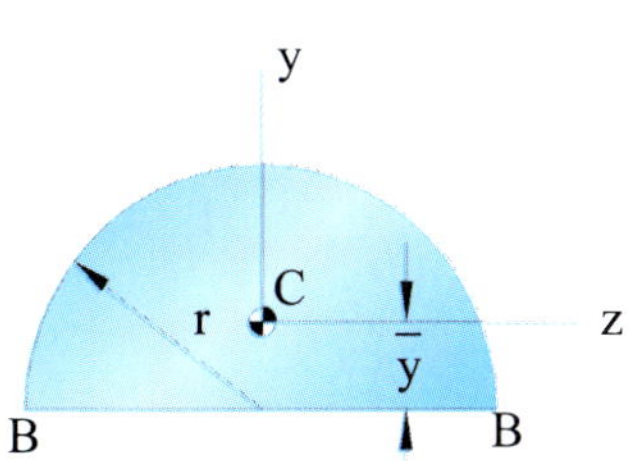

반원 (원점 : 도심)

$$A = \frac{\pi r^2}{2} \qquad \bar{y} = \frac{4r}{3\pi}$$

$$I_z = \frac{(9\pi^2-64)r^4}{72\pi} \approx 0.1098r^4$$

$$I_y = \frac{\pi r^4}{8} \qquad I_{zy} = 0 \qquad I_{BB} = \frac{\pi r^4}{8}$$

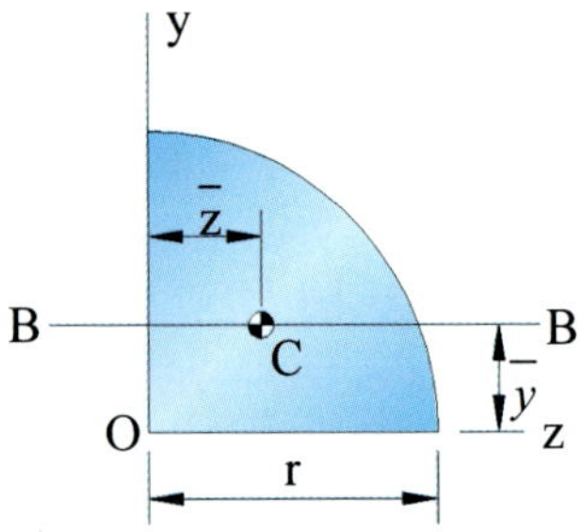	4분원 (원점 : 도심) $A = \frac{\pi r^2}{4}$ $\bar{z} = \bar{y} = \frac{4r}{3\pi}$ $I_z = I_y = \frac{\pi r^4}{16}$ $I_{zy} = \frac{r^4}{8}$ $I_{BB} = \frac{(9\pi^2 - 64)r^4}{144\pi} \approx 0.05488r^4$
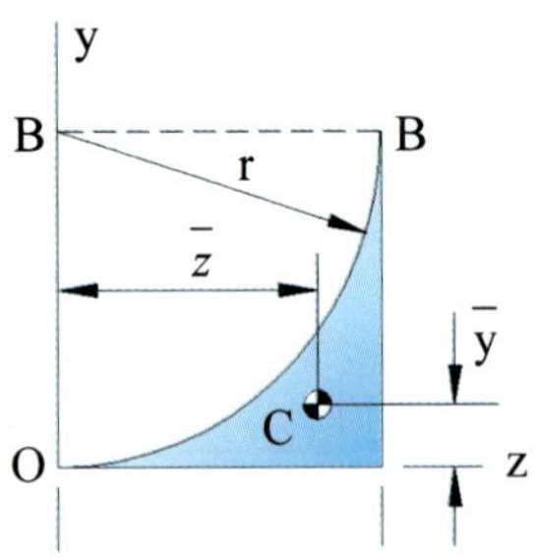	정사각형의 4분원을 제외한 도형 (원점 : 꼭지점) $A = (1 - \frac{\pi}{4})r^2$ $\bar{z} = \frac{2r}{3(4-\pi)} \approx 0.7766r$ $\bar{y} = \frac{(10-3\pi)r}{3(4-\pi)} \approx 0.2234r$ $I_z = \left(1 - \frac{5\pi}{16}\right)r^4 \approx 0.01825r^4$ $I_y = I_{BB} = \left(\frac{1}{3} - \frac{\pi}{16}\right)r^4 \approx 0.1370r^4$
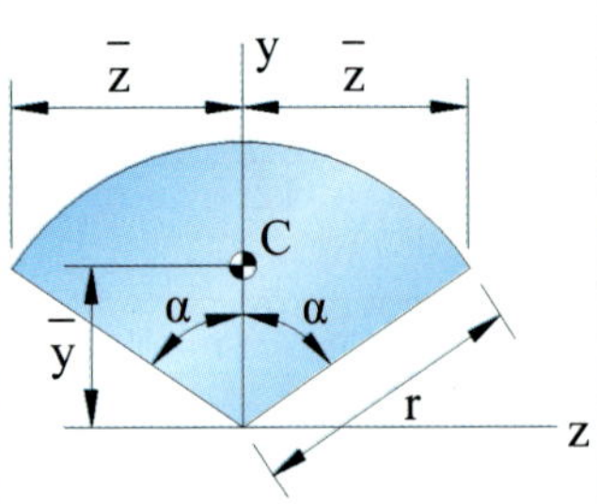	부채꼴 (원점 : 꼭지점) $\alpha =$ 중심각 ($\alpha \le \pi/2$) $A = \alpha r^2$ $\bar{z} = r\sin\alpha$ $\bar{y} = \frac{2r\sin\alpha}{3\alpha}$ $I_z = \frac{r^4}{4}(\alpha + \sin\alpha\cos\alpha)$ $I_y = \frac{r^4}{4}(\alpha - \sin\alpha\cos\alpha)$ $I_{zy} = 0$ $I_p = \frac{\alpha r^4}{2}$
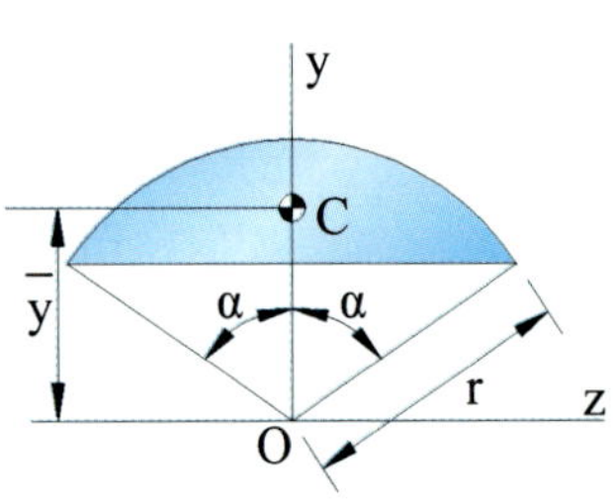	부채꼴에서 삼각형 부분을 제외한 도형 (원점 : 부채꼴의 꼭지점) $\alpha =$ 중심각 ($\alpha \le \pi/2$) $A = r^2(\alpha - \sin\alpha\cos\alpha)$ $\bar{y} = \frac{2r}{3}\frac{\sin^3\alpha}{(\alpha - \sin\alpha\cos\alpha)}$ $I_z = \frac{r^4}{4}(\alpha - \sin\alpha\cos\alpha + 2\sin^3\alpha\cos\alpha)$ $I_{zy} = 0$ $I_y = \frac{r^4}{12}(3\alpha - 3\sin\alpha\cos\alpha - 2\sin^3\alpha\cos\alpha)$

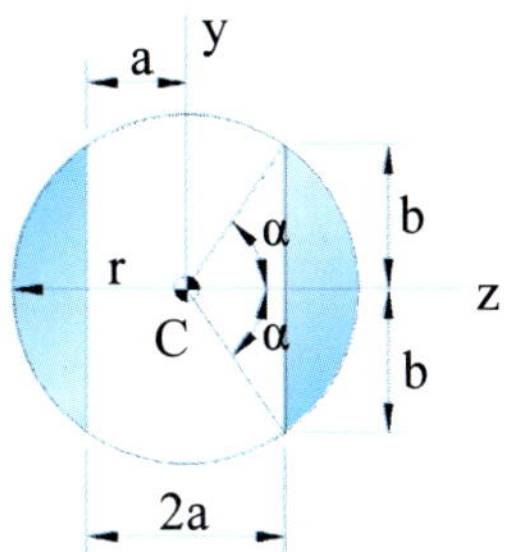	원에서 도심축으로부터 ±a 만큼의 면적을 제외한 도형 (원점: 원의 중심) $\alpha =$ 중심각 ($\alpha \le \pi/2$) $\alpha = \cos^{-1}\dfrac{a}{r}$ $b = \sqrt{r^2 - a^2}$ $A = 2r^2\left(\alpha - \dfrac{ab}{r^2}\right)$ $I_z = \dfrac{r^4}{6}\left(3\alpha - \dfrac{3ab}{r^2} - \dfrac{2ab^3}{r^4}\right)$ $I_y = \dfrac{r^4}{2}\left(\alpha - \dfrac{ab}{r^2} + \dfrac{2ab^3}{r^4}\right)$ $I_{zy} = 0$
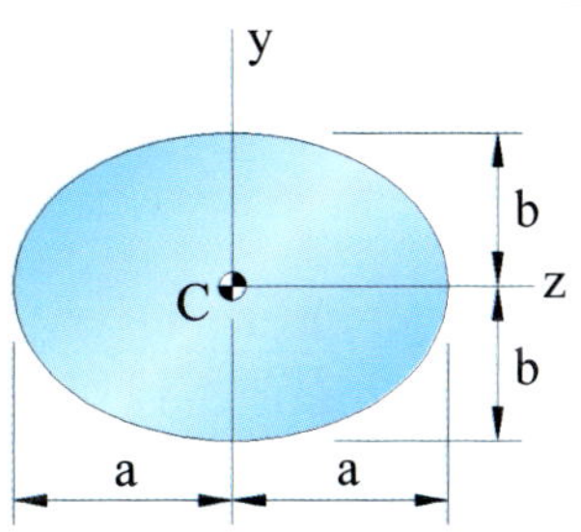	타원 (원점 : 도심) $A = \pi ab$ $I_z = \dfrac{\pi ab^3}{4}$ $I_y = \dfrac{\pi ba^3}{4}$ $I_{zy} = 0$ $I_p = \dfrac{\pi ab}{4}(a^2 + b^2)$ 원주 $\approx \pi[1.5(a+b) - \sqrt{ab}]$ $(a/3 \le b \le a)$ $\approx 4.17b^2/a + 4a$ $(0 \le b \le a/3)$
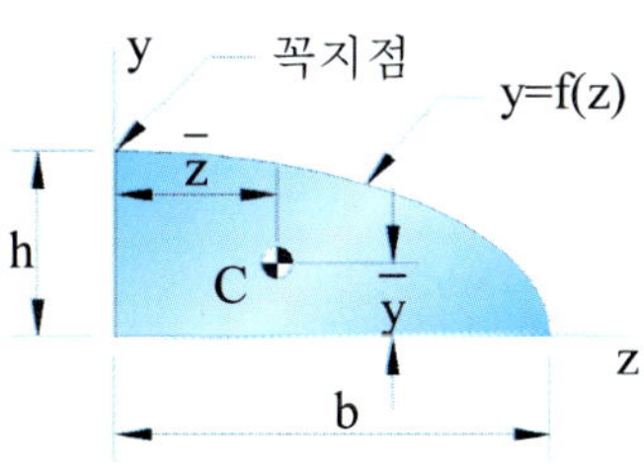	포물선과 z 및 y 축이 이루는 도형 (원점 : 도형의 한꼭지점) $y = f(z) = h\left(1 - \dfrac{z^2}{b^2}\right)$ $A = \dfrac{2bh}{3}$ $\bar{z} = \dfrac{3b}{8}$ $\bar{y} = \dfrac{2h}{5}$ $I_z = \dfrac{16bh^3}{105}$ $I_y = \dfrac{2hb^3}{15}$ $I_{zy} = \dfrac{b^2h^2}{12}$
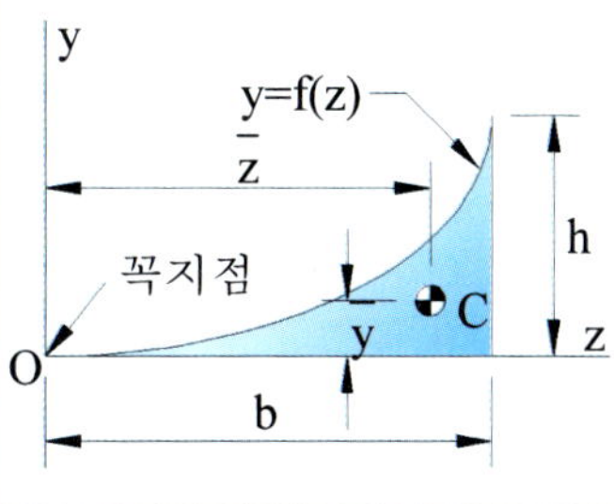	포물선과 z축이 이루는 도형 (원점 : 도형의 한 꼭지점) $y = f(z) = \dfrac{hz^2}{b^2}$ $A = \dfrac{bh}{3}$ $\bar{z} = \dfrac{3b}{4}$ $\bar{y} = \dfrac{3h}{10}$ $I_z = \dfrac{bh^3}{21}$ $I_y = \dfrac{hb^3}{5}$ $I_{zy} = \dfrac{b^2h^2}{12}$

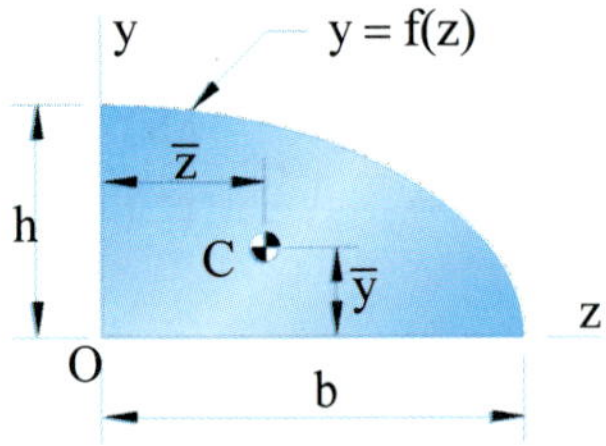	n차의 곡선과 z 및 y축이 이루는 도형 (원점 : 도형의 한 꼭지점) $y = f(z) = h\left\{1-\left(\frac{z}{b}\right)^n\right\}$ (n > 0) $A = bh\left(\frac{n}{n+1}\right)$ $\bar{z} = \frac{b(n+1)}{2(n+2)}$ $\bar{y} = \frac{hn}{2n+1}$ $I_z = \frac{2bh^3n^3}{(n+1)(2n+1)(3n+1)}$ $I_y = \frac{hb^3n}{3(n+3)}$ $I_{zy} = \frac{b^2h^2n^2}{4(n+1)(n+2)}$
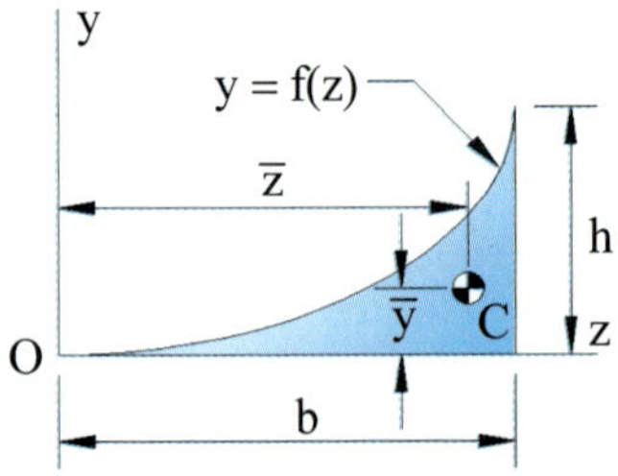	n차의 곡선과 z축이 이루는 도형 (원점 : 도형의 한 꼭지점) $y = f(z) = \frac{hz^n}{b^n}$ (n > 0) $A = \frac{bh}{n+1}$ $\bar{z} = \frac{b(n+1)}{n+2}$ $\bar{y} = \frac{h(n+1)}{2(2n+1)}$ $I_z = \frac{bh^3}{3(3n+1)}$ $I_y = \frac{hb^3}{n+3}$ $I_{zy} = \frac{b^2h^2}{4(n+1)}$
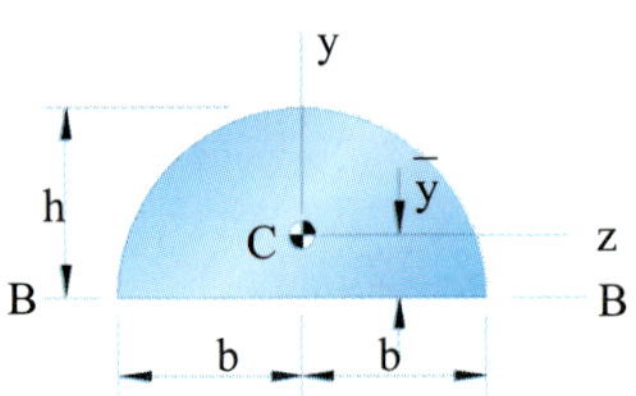	사인의 반파 (원점 : 도심) $A = \frac{4bh}{\pi}$ $\bar{y} = \frac{\pi h}{8}$ $I_z = \left(\frac{8}{9\pi} - \frac{\pi}{16}\right)bh^3 \approx 0.08659bh^3$ $I_y = \left(\frac{4}{\pi} - \frac{32}{\pi^3}\right)hb^3 \approx 0.2412hb^3$ $I_{zy} = 0$ $I_{BB} = \frac{8bh^3}{9\pi}$
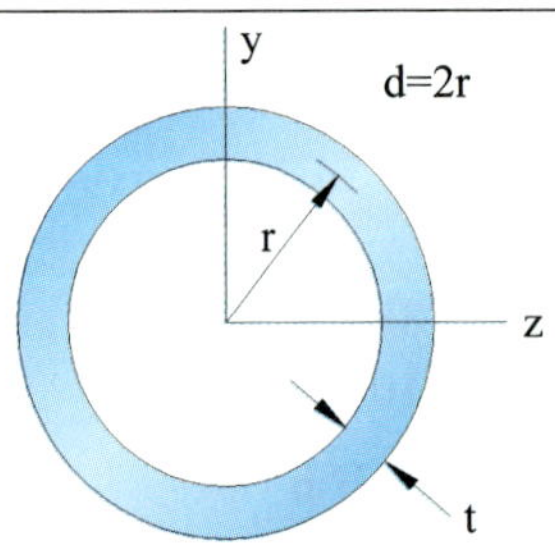	얇은 두께의 원환형 도형 (원점 : 도심 , $(t \ll d)$) $A = 2\pi rt = \pi dt$ $I_z = I_y = \pi r^3 t = \frac{\pi d^3 t}{8}$ $I_{zy} = 0$ $I_p = 2\pi r^3 t = \frac{\pi d^3 t}{4}$

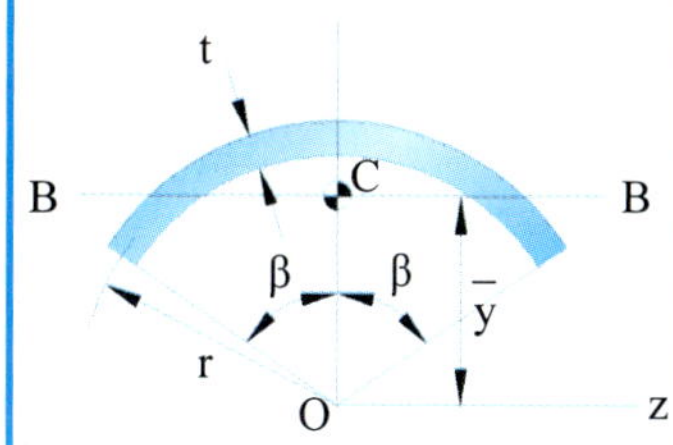	얇은 두께의 아치형 도형 (원점 : 부채꼴의 원점 , ($t \ll r$)) β = 부채꼴의 중심각의 반 $A = 2\beta rt \qquad \bar{y} = \dfrac{r\sin\beta}{\beta}$ $I_z = r^3 t(\beta + \sin\beta\cos\beta) \qquad I_y = r^3 t(\beta - \sin\beta\cos\beta)$ $I_{zy} = 0 \qquad I_{BB} = r^3 t\left(\dfrac{2\beta + \sin 2\beta}{2} - \dfrac{1-\cos 2\beta}{\beta}\right)$
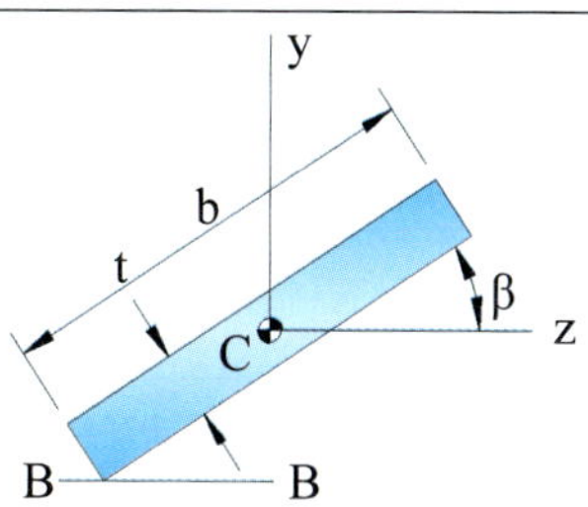	얇은 두께의 막대 (원점 : 도심 , ($t \ll b$)) $A = bt$ $I_z = \dfrac{tb^3}{12}\sin^2\beta \qquad I_y = \dfrac{tb^3}{12}\cos^2\beta \qquad I_{BB} = \dfrac{tb^3}{3}\sin^2\beta$
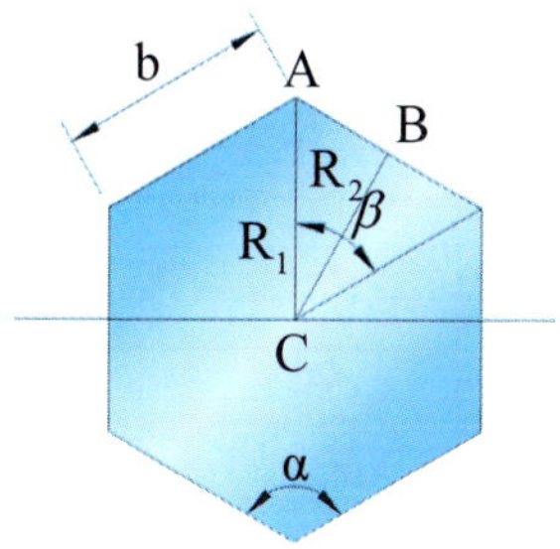	n각형의 도형 (원점 : 도심) n = 면의 수 ($n \geq 3$) $\qquad b$ = 면의 한 변 길이 β = 한 면에 대한 중심각 α = 면과 면이 이루는 각(꼭지각) $\beta = \dfrac{360^o}{n} \qquad \alpha = \left(\dfrac{n-2}{n}\right)180^o \qquad \alpha + \beta = 180^o$ R_1 = 중심과 꼭지점 사이의 길이 R_2 = 면과 중심 사이의 길이 $R_1 = \dfrac{b}{2}\csc\dfrac{\beta}{2} \quad R_2 = \dfrac{b}{2}\cot\dfrac{\beta}{2} \qquad A = \dfrac{nb^2}{4}\cot\dfrac{\beta}{2}$ I_c = 중심을 통과 하는 한 축에 대한 단면2차관성모멘트 $I_c = \dfrac{nb^4}{192}\left(\cot\dfrac{\beta}{2}\right)\left(3\cot^2\dfrac{\beta}{2} + 1\right) \qquad I_p = 2I_c$

부록 D 단면 특성표

- 압연강 (D-1 ~ D-12)
- 강재 파이프 (D-13, D-14)
- 표준 구조용 목재 (D 15, D-16)

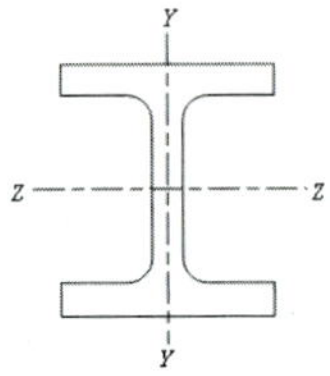

표 D-1 광폭 플랜지 I 형 단면 (wide-flange beams : USCU)

종류	면적	깊이	플랜지		웨브	축 Z-Z			축 Y-Y		
	(in^2)	(in)	폭 (in)	두께 (in)	두께 (in)	I (in^4)	S (in^3)	r (in)	I (in^4)	S (in^3)	r (in)
W36 x 230	67.6	35.90	16.470	1.260	0.760	15000	837	14.9	940	114	3.73
x 160	47.0	36.01	12.000	1.020	0.650	9750	542	14.4	295	49.1	2.50
W33 x 201	59.1	33.68	15.745	1.150	0.715	11500	684	14.0	749	95.2	3.56
x 152	44.7	33.49	11.565	1.055	0.635	8160	487	13.5	273	47.2	2.47
x 130	38.3	33.09	11.510	0.855	0.580	6710	406	13.2	218	37.9	2.39
W30 x 132	38.9	30.31	10.545	1.000	0.615	5770	380	12.2	196	37.2	2.25
x 108	31.7	29.83	10.475	0.760	0.545	4470	299	11.9	146	27.9	2.15
W27 x 146	42.9	27.38	13.965	0.975	0.605	5630	411	11.4	443	63.5	3.21
x 94	27.7	26.92	9.990	0.745	0.490	3270	243	10.9	124	24.8	2.12
W24 x 104	30.6	24.06	12.750	0.750	0.500	3100	258	10.1	259	40.7	2.91
x 84	24.7	24.10	9.020	0.770	0.470	2370	196	9.79	94.4	20.9	1.95
x 62	18.2	23.74	7.040	0.590	0.430	1550	131	9.23	34.5	9.80	1.38
W21 x 101	29.8	21.36	12.290	0.800	0.500	2420	227	9.02	248	40.3	2.89
x 83	24.3	21.43	8.355	0.835	0.515	1830	171	8.67	81.4	19.5	1.83
x 62	18.3	20.99	8.240	0.615	0.400	1330	127	8.54	57.5	13.9	1.77
W18 x 97	28.5	18.59	11.145	0.870	0.535	1750	188	7.82	201	36.1	2.65
x 76	22.3	18.21	11.035	0.680	0.425	1330	146	7.73	152	27.6	2.61
x 60	17.6	18.24	7.555	0.695	0.415	984	108	7.47	50.1	13.3	1.69
W16 x 100	29.4	16.97	10.425	0.985	0.585	1490	175	7.10	186	35.7	2.52
x 67	19.7	16.33	10.235	0.665	0.395	954	117	6.96	119	23.2	2.46
x 40	11.8	16.01	6.995	0.505	0.305	518	64.7	6.63	28.9	8.25	1.57
x 26	7.68	15.69	5.500	0.345	0.250	301	38.4	6.26	9.59	3.49	1.12
W14 x 120	35.3	14.48	14.670	0.940	0.590	1380	190	6.24	495	67.5	3.74
x 82	24.1	14.31	10.130	0.855	0.510	882	123	6.05	148	29.3	2.48
x 43	12.6	13.66	7.995	0.530	0.305	428	62.7	5.82	45.2	11.3	1.89
x 30	8.85	13.84	6.730	0.385	0.270	291	42	5.73	19.6	5.82	1.49
W12 x 96	28.2	12.71	12.160	0.900	0.550	833	131	5.44	270	44.4	3.09
x 65	19.1	12.12	12.000	0.605	0.390	533	87.9	5.28	174	29.1	3.02
x 50	14.7	12.19	8.080	0.640	0.370	394	64.7	5.18	56.3	13.9	1.96
x 30	8.79	12.34	6.520	0.440	0.260	238	38.6	5.21	20.3	6.24	1.52
W10 x 60	17.6	10.22	10.080	0.680	0.420	341	66.7	4.39	116	23.0	2.57
x 45	13.3	10.10	8.020	0.620	0.350	248	49.1	4.33	53.4	13.3	2.01
x 30	8.84	10.47	5.810	0.510	0.300	170	32.4	4.38	16.7	5.75	1.37
x 22	6.49	10.17	5.750	0.360	0.240	118	23.2	4.27	11.4	3.97	1.33
W8 x 40	11.7	8.25	8.070	0.560	0.360	146	35.5	3.53	49.1	12.2	2.04
x 31	9.13	8.00	7.995	0.435	0.285	110	27.5	3.47	37.1	9.27	2.02
x 24	7.08	7.93	6.495	0.400	0.245	82.8	20.9	3.42	18.3	5.63	1.61
x 15	4.44	8.11	4.015	0.315	0.245	48	11.8	3.29	3.41	1.70	0.876
W6 x 25	7.34	6.38	6.080	0.455	0.320	53.4	16.7	2.70	17.1	5.61	1.52
x 16	4.74	6.28	4.030	0.405	0.260	32.1	10.2	2.60	4.43	2.20	0.967
W5 x 16	4.68	5.01	5.000	0.360	0.240	21.3	8.51	2.13	7.51	3.00	1.27
W4 x 13	3.83	4.16	4.060	0.345	0.280	11.3	5.46	1.72	3.86	1.90	1.00

※ 출처 : AISC (American Institute of Steel Construction)

※ W : 광폭플랜지, 첫 번째 숫자 : 단면의 깊이 (in), 두 번째 숫자 : 단위길이당의 중량 (lb/ft)

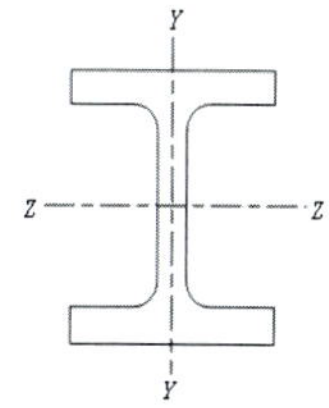

표 D-2 광폭 플랜지 I 형 단면 (wide-flange beams : SI)

종류	면적 (mm^2)	깊이 (mm)	플랜지		웨브	축 Z-Z			축 Y-Y		
			폭 (mm)	두께 (mm)	두께 (mm)	I (10^6mm^4)	S (10^3mm^3)	r (mm)	I (10^6mm^4)	S (10^3mm^3)	r (mm)
W914 x 342	43,610	912	418	32.0	19.3	6,245	13,715	378	391	1,870	94.7
x 238	30,325	915	305	25.9	16.5	4,060	8,880	366	123	805	63.5
W838 x 299	38,130	855	400	29.2	18.2	4,785	11,210	356	312	1,560	90.4
x 226	28,850	851	294	26.8	16.1	3,395	7,980	343	114	775	62.7
x 193	24,710	840	292	21.7	14.7	2,795	6,655	335	90.7	620	60.7
W762 x 196	25,100	770	268	25.4	15.6	2,400	6,225	310	81.6	610	57.2
x 161	20,450	758	266	19.3	13.8	1,860	4,900	302	60.8	457	54.6
W686 x 217	27,675	695	355	24.8	15.4	2,345	6,735	290	184	1,040	81.5
x 140	17,870	684	254	18.9	12.4	1,360	3,980	277	51.6	406	53.8
W610 x 155	19,740	611	324	19.1	12.7	1,290	4,230	257	108	667	73.9
x 125	15,935	612	229	19.6	11.9	985	3,210	249	39.3	342	49.5
x 92	11,750	603	179	15.0	10.9	645	2,145	234	14.4	161	35.1
W533 x 150	19,225	543	312	20.3	12.7	1,005	3,720	229	103	660	73.4
x 124	15,675	544	212	21.2	13.1	762	2,800	220	33.9	320	46.5
x 92	11,805	533	209	15.6	10.2	554	2,080	217	23.9	228	45.0
W457 x 144	18,365	472	283	22.1	13.6	728	3,080	199	83.7	592	67.3
x 113	14,385	463	280	17.3	10.8	554	2,395	196	63.3	452	66.3
x 89	11,355	463	192	17.7	10.5	410	1,770	190	20.9	218	42.9
W406 x 149	18,970	431	265	25.0	14.9	620	2,870	180	77.4	585	64.0
x 100	12,710	415	260	16.9	10.0	397	1,915	177	49.5	380	62.5
x 60	7,615	407	178	12.8	7.7	216	1,060	168	12.0	135	39.9
x 39	4,950	399	140	8.8	6.4	125	629	159	3.99	57.2	28.4
W356 x 179	22,775	368	373	23.9	15.0	574	3,115	158	206	1,105	95.0
x 122	15,550	363	257	21.7	13.0	367	2,015	154	61.6	480	63.0
x 64	8,130	347	203	13.5	7.7	178	1,025	148	18.8	185	48.0
x 45	5,710	352	171	9.8	6.9	121	688	146	8.16	95.4	37.8
W305 x 143	18,195	323	309	22.9	14.0	347	2,145	138	112	728	78.5
x 97	12,325	308	305	15.4	9.9	222	1,440	134	72.4	477	76.7
x 74	9,485	310	205	16.3	9.4	164	1,060	132	23.4	228	49.8
x 45	5,670	313	166	11.2	6.6	99.1	633	132	8.45	102	38.6
W254 x 89	11,355	260	256	17.3	10.7	142	1,095	112	48.3	377	65.3
x 67	8,580	257	204	15.7	8.9	103	805	110	22.2	218	51.1
x 45	5,705	266	148	13.0	7.6	70.8	531	111	6.95	94.2	34.8
x 33	4,185	258	146	9.1	6.1	49.1	380	108	4.75	65.1	33.8
W203 x 60	7,550	210	205	14.2	9.1	60.8	582	89.7	20.4	200	51.8
x 46	5,890	203	203	11.0	7.2	45.8	451	88.1	15.4	152	51.3
x 36	4,570	201	165	10.2	6.2	34.5	342	86.7	7.61	92.3	40.9
x 22	2,865	206	102	8.0	6.2	20.0	193	83.6	1.42	27.9	22.3
W152 x 37	4,735	162	154	11.6	8.1	22.2	274	68.6	7.12	91.9	38.6
x 24	3,060	160	102	10.3	6.6	13.4	167	66.0	1.84	36.1	24.6
W127 x 24	3,020	127	127	9.1	6.1	8.87	139	54.1	3.13	49.2	32.3
W102 x 19	2,470	106	103	8.8	7.1	4.70	89.5	43.7	1.61	31.1	25.4

※ W : 광폭플랜지

첫 번째 숫자 : 단면의 깊이 (mm), 두 번째 숫자 : 단위길이당의 질량 (kg/m)

I

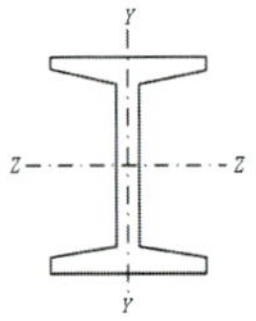

표 D-3 미 표준 I 형 단면 (american standard beams : USCU)

종류	면적 (in^2)	깊이 (in)	플랜지		웨브	축 Z-Z			축 Y-Y		
			폭 (in)	두께 (in)	두께 (in)	I (in^4)	S (in^3)	r (in)	I (in^4)	S (in^3)	r (in)
S24 x 121	35.6	24.5	8.050	1.090	0.800	3160	258	9.43	83.3	20.7	1.53
x 106	31.2	24.5	7.870	1.090	0.620	2940	240	9.71	77.1	19.6	1.57
x 100	29.3	24.0	7.245	0.870	0.745	2390	199	9.02	47.7	13.2	1.27
x 90	26.5	24.0	7.125	0.870	0.625	2250	187	9.21	44.9	12.6	1.30
x 80	23.5	24.0	7.000	0.870	0.500	2100	175	9.47	42.2	12.1	1.34
S20 x 96	28.2	20.3	7.200	0.920	0.800	1670	165	7.71	50.2	13.9	1.33
x 86	25.3	20.3	7.060	0.920	0.660	1580	155	7.89	46.8	13.3	1.36
x 75	22	20.0	6.385	0.795	0.635	1280	128	7.62	29.8	9.32	1.16
x 66	19.4	20.0	6.255	0.795	0.505	1190	119	7.83	27.7	8.85	1.19
S18 x 70	20.6	18.0	6.251	0.691	0.711	926	103	6.71	24.1	7.72	1.08
x 54.7	16.1	18.0	6.001	0.691	0.461	804	89.4	7.07	20.8	6.94	1.14
S15 x 50	14.7	15.0	5.640	0.622	0.550	486	64.8	5.75	15.7	5.57	1.03
x 42.9	12.6	15.0	5.501	0.622	0.411	447	59.6	5.95	14.4	5.23	1.07
S12 x 50	14.7	12.0	5.477	0.659	0.687	305	50.8	4.55	15.7	5.74	1.03
x 40.8	12	12.0	5.252	0.659	0.462	272	45.4	4.77	13.6	5.16	1.06
x 35	10.3	12.0	5.078	0.544	0.428	229	38.2	4.72	9.87	3.89	0.980
x 31.8	9.35	12.0	5.000	0.544	0.350	218	36.4	4.83	9.36	3.74	1.00
S10 x 35	10.3	10.0	4.944	0.491	0.594	147	29.4	3.78	8.36	3.38	0.901
x 25.4	7.46	10.0	4.661	0.491	0.311	124	24.7	4.07	6.79	2.91	0.954
S8 x 23	6.77	8.0	4.171	0.426	0.441	64.9	16.2	3.10	4.31	2.07	0.798
x 18.4	5.41	8.0	4.001	0.426	0.271	57.6	14.4	3.26	3.73	1.86	0.831
S7 x 20	5.88	7.0	3.860	0.392	0.450	42.4	12.1	2.69	3.17	1.64	0.734
x 15.3	4.5	7.0	3.662	0.392	0.252	36.7	10.5	2.86	2.64	1.44	0.766
S6 x 17.25	5.07	6.0	3.565	0.359	0.465	26.3	8.77	2.28	2.31	1.30	0.675
x 12.5	3.67	6.0	3.332	0.359	0.232	22.1	7.37	2.45	1.82	1.09	0.705
S5 x 14.75	4.34	5.0	3.284	0.326	0.494	15.2	6.09	1.87	1.67	1.01	0.620
x 10	2.94	5.0	3.004	0.326	0.214	12.3	4.92	2.05	1.22	0.809	0.643
S4 x 9.5	2.79	4.0	2.796	0.293	0.326	6.79	3.39	1.56	0.903	0.646	0.569
x 7.7	2.26	4.0	2.663	0.293	0.193	6.08	3.04	1.64	0.764	0.574	0.581
S3 x 7.5	2.21	3.0	2.509	0.260	0.349	2.93	1.95	1.15	0.586	0.468	0.516
x 5.7	1.67	3.0	2.330	0.260	0.170	2.52	1.68	1.23	0.455	0.390	0.522

※ S : 미 표준 I 형 단면
첫 번째 숫자 : 단면의 깊이 (in), 두 번째 숫자 : 단위길이당의 중량 (lb/ft)

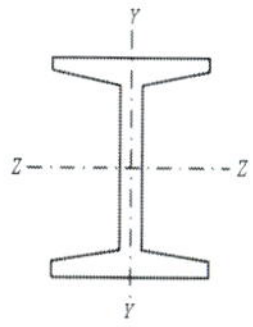

표 D-4 미 표준 I 형 단면 (american standard beams : SI)

종류	면적 (mm^2)	깊이 (mm)	플랜지		웨브	축 Z-Z			축 Y-Y		
			폭 (mm)	두께 (mm)	두께 (mm)	I ($10^6 mm^4$)	S ($10^3 mm^3$)	r (mm)	I ($10^6 mm^4$)	S ($10^3 mm^3$)	r (mm)
S610 x 180	22,970	622.3	204.5	27.7	20.3	1,315	4,225	240	34.7	339	38.9
x 158	20,130	622.3	199.9	27.7	15.7	1,225	3,935	247	32.1	321	39.9
x 149	18,900	609.6	184.0	22.1	18.9	995	3,260	229	19.9	216	32.3
x 134	17,100	609.6	181.0	22.1	15.9	937	3,065	234	18.7	206	33.0
x 119	15,160	609.6	177.8	22.1	12.7	874	2,870	241	17.6	198	34.0
S508 x 143	18,190	515.6	182.9	23.4	20.3	695	2,705	196	20.9	228	33.8
x 128	16,320	515.6	179.3	23.4	16.8	658	2,540	200	19.5	218	34.5
x 112	14,190	508.0	162.2	20.2	16.1	533	2,100	194	12.4	153	29.5
x 98	12,520	508.0	158.9	20.2	12.8	495	1,950	199	11.5	145	30.2
S457 x 104	13,290	457.2	158.8	17.6	18.1	358	1,690	170	10.0	127	27.4
x 81	10,390	457.2	152.4	17.6	11.7	335	1,465	180	8.66	114	29.0
S381 x 74	9,485	381.0	143.3	15.8	14.0	202	1,060	146	6.53	91.3	26.2
x 64	8,130	381.0	139.7	15.8	10.4	186	977	151	5.99	85.7	27.2
S305 x 74	9,485	304.8	139.1	16.7	17.4	127	832	116	6.53	94.1	26.2
x 61	7,740	304.8	133.4	16.7	11.7	113	744	121	5.66	84.6	26.9
x 52	6,645	304.8	129.0	13.8	10.9	95.3	626	120	4.11	63.7	24.1
x 47	6,030	304.8	127.0	13.8	8.9	90.7	596	123	3.90	61.3	25.4
S254 x 52	6,645	254.0	125.6	12.5	15.1	61.2	482	96.0	3.48	55.4	22.9
x 38	4,815	254.0	118.4	12.5	7.9	51.6	408	103	2.83	47.7	24.2
S203 x 34	4,370	203.2	105.9	10.8	11.2	27.0	265	78.7	1.79	33.9	20.3
x 27	3,490	203.2	101.6	10.8	6.9	24.0	236	82.8	1.55	30.5	21.1
S178 x 30	3,795	177.8	98.0	10.0	11.4	17.6	198	68.3	1.32	26.9	18.6
x 23	2,905	177.8	93.0	10.0	6.4	15.3	172	72.6	1.10	23.6	19.5
S152 x 26	3,270	152.4	90.6	9.1	11.8	10.9	144	57.9	0.961	21.3	17.1
x 19	2,370	152.4	84.6	9.1	5.9	9.20	121	62.2	0.758	17.9	17.9
S127 x 22	2,800	127.0	83.4	8.3	12.5	6.33	99.8	47.5	0.695	16.6	15.7
x 15	1,895	127.0	76.3	8.3	5.4	5.12	80.6	52.1	0.508	13.3	16.3
S102 x 14	1,800	101.6	71.0	7.4	8.3	2.83	55.6	39.6	0.376	10.6	14.5
x 11	1,460	101.6	67.6	7.4	4.9	2.53	49.8	41.7	0.318	9.41	14.8
S76 x 11	1,425	76.2	63.7	6.6	8.9	1.22	32.0	29.2	0.244	7.67	13.1
x 8.5	1,075	76.2	59.2	6.6	4.3	1.05	27.5	31.2	0.189	6.39	13.3

※ S : 미 표준 I 형 단면
첫 번째 숫자 : 단면의 깊이(mm), 두 번째 숫자 : 단위길이당의 질량 (kg/m)

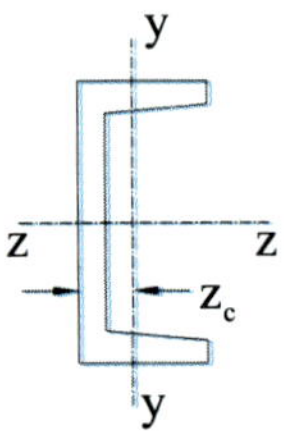

표 D-5 표준 채널 (standard channels : USCU)

종류	면적 (in^2)	깊이 (in)	플랜지		웨브	축 Z-Z			축 Y-Y			
			폭 (in)	두께 (in)	두께 (in)	I (in^4)	S (in^3)	r (in)	I (in^4)	S (in^3)	r (in)	z_c (in)
C18 x 58	17.1	18.00	4.200	0.625	0.700	676	75.1	6.29	17.8	5.32	1.02	0.862
x 51.9	15.3	18.00	4.100	0.625	0.600	627	69.7	6.41	16.4	5.07	1.04	0.858
x 45.8	13.5	18.00	4.000	0.625	0.500	578	64.3	6.56	15.1	4.82	1.06	0.866
x 42.7	12.6	18.00	3.950	0.625	0.450	554	61.6	6.64	14.4	4.69	1.07	0.877
C15 x 50	14.7	15.00	3.716	0.650	0.716	404	53.8	5.24	11.0	3.78	0.867	0.798
x 40	11.8	15.00	3.520	0.650	0.520	349	46.5	5.44	9.23	3.37	0.886	0.777
x 33.9	9.96	15.00	3.400	0.650	0.400	315	42.0	5.62	8.13	3.11	0.904	0.787
C12 x 30	8.82	12.00	3.170	0.501	0.510	162	27.0	4.29	5.14	2.06	0.763	0.674
x 25	7.35	12.00	3.047	0.501	0.387	144	24.1	4.43	4.47	1.88	0.780	0.674
x 20.7	6.09	12.00	2.942	0.501	0.282	129	21.5	4.61	3.88	1.73	0.799	0.698
C10 x 30	8.82	10.00	3.033	0.436	0.673	103	20.7	3.42	3.94	1.65	0.669	0.649
x 25	7.35	10.00	2.886	0.436	0.526	91.2	18.2	3.52	3.36	1.48	0.676	0.617
x 20	5.88	10.00	2.739	0.436	0.379	78.9	15.8	3.66	2.81	1.32	0.692	0.606
x 15.3	4.49	10.00	2.600	0.436	0.240	67.4	13.5	3.87	2.28	1.16	0.713	0.634
C9 x 20	5.88	9.00	2.648	0.413	0.448	60.9	13.5	3.22	2.42	1.17	0.642	0.583
x 15	4.41	9.00	2.485	0.413	0.285	51.0	11.3	3.40	1.93	1.01	0.661	0.586
x 13.4	3.94	9.00	2.433	0.413	0.233	47.9	10.6	3.48	1.76	0.962	0.669	0.601
C8 x 18.75	5.51	8.00	2.527	0.390	0.487	44.0	11.0	2.82	1.98	1.01	0.599	0.565
x 13.75	4.04	8.00	2.343	0.390	0.303	36.1	9.03	2.99	1.53	0.854	0.615	0.553
x 11.5	3.38	8.00	2.260	0.390	0.220	32.6	8.14	3.11	1.32	0.781	0.625	0.571
C7 x 14.75	4.33	7.00	2.299	0.366	0.419	27.2	7.78	2.51	1.38	0.779	0.564	0.532
x 12.25	3.60	7.00	2.194	0.366	0.314	24.2	6.93	2.60	1.17	0.703	0.571	0.525
x 9.8	2.87	7.00	2.090	0.366	0.210	21.3	6.08	2.72	0.968	0.625	0.581	0.540
C6 x 13	3.83	6.00	2.157	0.343	0.437	17.4	5.80	2.13	1.05	0.642	0.525	0.514
x 10.5	3.09	6.00	2.034	0.343	0.314	15.2	5.06	2.22	0.866	0.564	0.529	0.499
x 8.2	2.40	6.00	1.920	0.343	0.200	13.1	4.38	2.34	0.693	0.492	0.537	0.511
C5 x 9	2.64	5.00	1.885	0.320	0.325	8.90	3.56	1.83	0.632	0.450	0.489	0.478
x 6.7	1.97	5.00	1.750	0.320	0.190	7.49	3.00	1.95	0.479	0.378	0.493	0.484
C4 x 7.25	2.13	4.00	1.721	0.296	0.321	4.59	2.29	1.47	0.433	0.343	0.450	0.459
x 5.4	1.59	4.00	1.584	0.296	0.184	3.85	1.93	1.56	0.319	0.283	0.449	0.457
C3 x 6	1.76	3.00	1.596	0.273	0.356	2.07	1.38	1.08	0.305	0.268	0.416	0.455
x 5	1.47	3.00	1.498	0.273	0.258	1.85	1.24	1.12	0.247	0.233	0.410	0.438
x 4.1	1.21	3.00	1.410	0.273	0.170	1.66	1.10	1.17	0.197	0.202	0.404	0.436

※ C : 채널

첫 번째 숫자 : 단면의 깊이 (in), 두 번째 숫자 : 단위 길이당의 중량 (lb/ft)

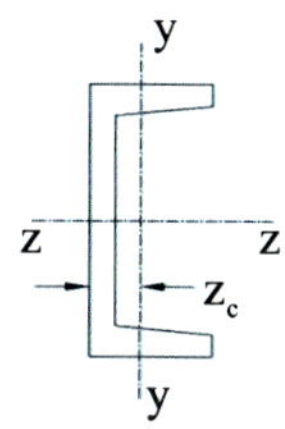

표 D-6 표준 채널 (standard channels : SI)

종류	면적 (mm^2)	깊이 (mm)	플랜지		웨브 두께 (mm)	축 Z-Z			축 Y-Y			
			폭 (mm)	두께 (mm)		I (10^6mm^4)	S (10^3mm^3)	r (mm)	I (10^6mm^4)	S (10^3mm^3)	r (mm)	z_c (mm)
C457 x 86	11,030	457.2	106.7	15.9	17.8	281	1,230	160	7.41	87.2	25.9	21.9
x 77	9,870	457.2	104.1	15.9	15.2	261	1,140	163	6.83	83.1	26.4	21.8
x 68	8,710	457.2	101.6	15.9	12.7	241	1,055	167	6.29	79.0	26.9	22.0
x 64	8,130	457.2	100.3	15.9	11.4	231	1,010	169	5.99	76.9	27.2	22.3
C381 x 74	9,485	381.0	94.4	16.5	18.2	168	882	133	4.58	61.9	22.0	20.3
x 60	7,615	381.0	89.4	16.5	13.2	145	762	138	3.84	55.2	22.5	19.7
x 50	6,425	381.0	86.4	16.5	10.2	131	688	143	3.38	51.0	23.0	20.0
C305 x 45	5,690	304.8	80.5	12.7	13.0	67.4	442	109	2.14	33.8	19.4	17.1
x 37	4,740	304.8	77.4	12.7	9.8	59.9	395	113	1.86	30.8	19.8	17.1
x 31	3,930	304.8	74.7	12.7	7.2	53.7	352	117	1.61	28.3	20.3	17.7
C254 x 45	5,690	254.0	77.0	11.1	17.1	42.9	339	86.9	1.64	27.0	17.0	16.5
x 37	4,740	254.0	73.3	11.1	13.4	38.0	298	89.4	1.40	24.3	17.2	15.7
x 30	3,795	254.0	69.6	11.1	9.6	32.8	259	93.0	1.17	21.6	17.6	15.4
x 23	2,895	254.0	66.0	11.1	6.1	28.1	221	98.3	0.949	19.0	18.1	16.1
C229 x 30	3,795	228.6	67.3	10.5	11.4	25.3	221	81.8	1.01	19.2	16.3	14.8
x 22	2,845	228.6	63.1	10.5	7.2	21.2	185	86.4	0.803	16.6	16.8	14.9
x 20	2,540	228.6	61.8	10.5	5.9	19.9	174	88.4	0.733	15.7	17.0	15.3
C203 x 28	3,555	203.2	64.2	9.9	12.4	18.3	180	71.6	0.824	16.6	15.2	14.4
x 20	2,605	203.2	59.5	9.9	7.7	15.0	148	75.9	0.637	14.0	15.6	14.0
x 17	2,180	203.2	57.4	9.9	5.6	13.6	133	79.0	0.549	12.8	15.9	14.5
C178 x 22	2,795	177.8	58.4	9.3	10.6	11.3	127	63.8	0.574	12.8	14.3	13.5
x 18	2,320	177.8	55.7	9.3	8.0	10.1	114	66.0	0.487	11.5	14.5	13.3
x 15	1,850	177.8	53.1	9.3	5.3	8.87	99.6	69.1	0.403	10.2	14.8	13.7
C152 x 19	2,470	152.4	54.8	8.7	11.1	7.24	95.0	54.1	0.437	10.5	13.3	13.1
x 16	1,995	152.4	51.7	8.7	8.0	6.33	82.9	56.4	0.360	9.24	13.4	12.7
x 12	1,550	152.4	48.8	8.7	5.1	5.45	71.8	59.4	0.288	8.06	13.6	13.0
C127 x 13	1,705	127.0	47.9	8.1	8.3	3.70	58.3	46.5	0.263	7.37	12.4	12.1
x 10	1,270	127.0	44.5	8.1	4.8	3.12	49.2	49.5	0.199	6.19	12.5	12.3
C102 x 11	1,375	101.6	43.7	7.5	8.2	1.91	37.5	37.3	0.180	5.62	11.4	11.7
x 8	1,025	101.6	40.2	7.5	4.7	1.60	31.6	39.6	0.133	4.64	11.4	11.6
C76 x 9	1,135	76.2	40.5	6.9	9.0	0.862	22.6	27.4	0.127	4.39	10.6	11.6
x 7	948	76.2	38.0	6.9	6.6	0.770	20.3	28.4	0.103	3.82	10.4	11.1
x 6	781	76.2	35.8	6.9	4.6	0.691	18.0	29.7	0.082	3.31	10.3	11.1

※ C : 채널

첫 번째 숫지 : 단면의 깊이(mm), 두 번째 숫사 : 난위실이당의 질량 (kg/m)

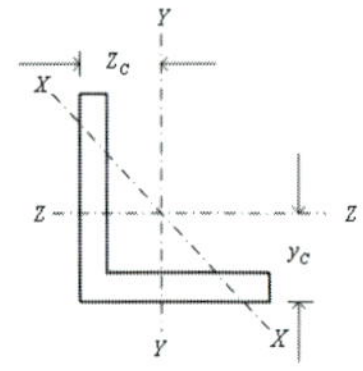

표 D-7 등변 L 형 앵글 (equal leg angle : USCU)

크기 및 두께 (in)	중량 (lb/ft)	면적 (in^2)	축 Z-Z or Y-Y				축 X-X
			I (in^4)	S (in^3)	r (in)	z_c or y_c (in)	r (in)
L8 x 8 x 1	51.0	15.0	89.0	15.8	2.44	2.37	1.56
x 7/8	45.0	13.2	79.6	14.0	2.45	2.32	1.57
x 3/4	38.9	11.4	69.7	12.2	2.47	2.28	1.58
x 5/8	32.7	9.61	59.4	10.3	2.49	2.23	1.58
x 1/2	26.4	7.75	48.6	8.36	2.50	2.19	1.59
L6 x 6 x 1	37.4	11.0	35.5	8.57	1.80	1.86	1.17
x 7/8	33.1	9.73	31.9	7.63	1.81	1.82	1.17
x 3/4	28.7	8.44	28.2	6.66	1.83	1.78	1.17
x 5/8	24.2	7.11	24.2	5.66	1.84	1.73	1.18
x 1/2	19.6	5.75	19.9	4.61	1.86	1.68	1.18
x 3/8	14.9	4.36	15.4	3.53	1.88	1.64	1.19
L5 x 5 x 7/8	27.2	7.98	17.8	5.17	1.49	1.57	0.973
x 3/4	23.6	6.94	15.7	4.53	1.51	1.52	0.975
x 5/8	20.0	5.86	13.6	3.86	1.52	1.48	0.978
x 1/2	16.2	4.75	11.3	3.16	1.54	1.43	0.983
x 3/8	12.3	3.61	8.74	2.42	1.56	1.39	0.990
L4 x 4 x 3/4	18.5	5.44	7.67	2.81	1.19	1.27	0.778
x 5/8	15.7	4.61	6.66	2.40	1.20	1.23	0.779
x 1/2	12.8	3.75	5.56	1.97	1.22	1.18	0.782
x 3/8	9.8	2.86	4.36	1.52	1.23	1.14	0.788
x 1/4	6.6	1.94	3.04	1.05	1.25	1.09	0.795
L$3\frac{1}{2}$ x $3\frac{1}{2}$ x 1/2	11.1	3.25	3.64	1.49	1.06	1.06	0.683
x 3/8	8.5	2.48	2.87	1.15	1.07	1.01	0.687
x 1/4	5.8	1.69	2.01	0.794	1.09	0.968	0.694
L3 x 3 x 1/2	9.4	2.75	2.22	1.07	0.898	0.932	0.584
x 3/8	7.2	2.11	1.76	0.833	0.913	0.888	0.58
x 1/4	4.9	1.44	1.24	0.577	0.930	0.84	0.592
L$2\frac{1}{2}$ x $2\frac{1}{2}$ x 1/2	7.7	2.25	1.23	0.724	0.739	0.806	0.487
x 3/8	5.9	1.73	0.984	0.566	0.753	0.762	0.487
x 1/4	4.1	1.19	0.703	0.394	0.769	0.717	0.491
L2 x 2 x 3/8	4.7	1.36	0.479	0.351	0.594	0.636	0.389
x 1/4	3.19	0.938	0.348	0.247	0.609	0.592	0.391
x 1/8	1.65	0.484	0.190	0.131	0.626	0.546	0.398

※ L : L형 앵글

※ L8×8×1 : 한 변의 길이×한 변의 길이×두께 (in)

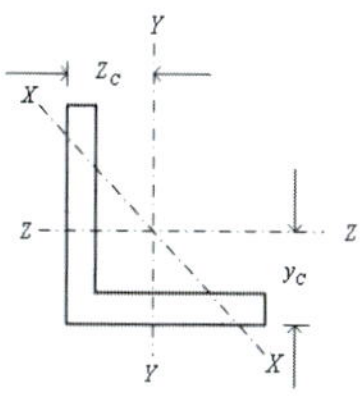

표 D-8 등변 L형 앵글 (equal leg angles : SI)

크기 및 두께 (mm)	질량 (kg/m)	면적 (mm^2)	축 Z-Z or Y-Y				축 X-X
			I ($10^6 mm^4$)	S ($10^3 mm^3$)	r (mm)	x_c or y_c (mm)	r (mm)
L203 x 203 x 25.4	75.9	9675	37.0	259	62.0	60.2	39.6
x 22.2	67.0	8515	33.1	229	62.2	58.9	39.9
x 19.1	57.9	7355	29.0	200	62.7	57.9	40.1
x 15.9	48.7	6200	24.7	169	63.2	56.6	40.1
x 12.7	39.3	5000	20.2	137	63.5	55.6	40.4
L152 x 152 x 25.4	55.7	7095	14.8	140	45.7	47.2	29.7
x 22.2	49.3	6275	13.3	125	46.0	46.2	29.7
x 19.1	42.7	5445	11.7	109	46.5	45.2	29.7
x 15.9	36.0	4585	10.1	92.8	46.7	43.9	30.0
x 12.7	29.2	3710	8.28	75.5	47.2	42.7	30.0
x 9.5	22.2	2815	6.61	57.8	47.8	41.7	30.2
L127 x 127 x 22.2	40.5	5150	7.41	84.7	37.8	39.9	24.7
x 19.1	35.1	4475	6.53	74.2	38.4	38.6	24.8
x 15.9	29.8	3780	5.66	63.3	38.6	37.6	24.8
x 12.7	24.1	3065	4.70	51.8	39.1	36.3	25.0
x 9.5	18.3	2330	3.64	39.7	39.6	35.3	25.1
L102 x 102 x 19.1	27.5	3510	3.19	46.0	30.2	32.3	19.8
x 15.9	23.4	2975	2.77	39.3	30.5	31.2	19.8
x 12.7	19.0	2420	2.31	32.3	31.0	30.0	19.9
x 9.5	14.6	1845	1.81	24.9	31.2	29.0	20.0
x 6.4	9.8	1250	1.27	17.2	31.8	27.7	20.2
L89 x 89 x 12.7	16.5	2095	1.52	24.4	26.9	26.9	17.3
x 9.5	12.6	1600	1.19	18.8	27.2	25.7	17.4
x 6.4	8.6	1090	0.837	13.0	27.7	24.6	17.6
L76 x 76 x 12.7	14.0	1775	0.924	17.5	22.8	23.7	14.8
x 9.5	10.7	1360	0.732	13.7	23.2	22.6	14.9
x 6.4	7.3	929	0.516	9.46	23.6	21.4	15.0
L64 x 64 x 12.7	11.5	1450	0.512	11.9	18.8	20.5	12.4
x 9.5	8.8	1115	0.410	9.28	19.1	19.4	12.4
x 6.4	6.1	768	0.293	6.46	19.5	18.2	12.5
L51 x 51 x 9.5	7.0	877	0.199	5.75	15.1	16.2	9.88
x 6.4	4.75	605	0.145	4.05	15.5	15.0	9.93
x 3.2	2.46	312	0.079	2.15	15.9	13.9	10.1

※ L : L형 앵글

※ L203×203×25.4 : 한 변의 길이×한 변의 길이×두께 (mm)

L

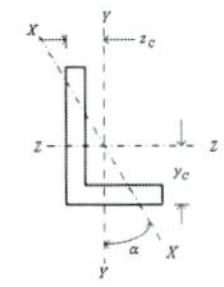

표 D-9 부등변 L형 앵글 (unequal leg angles : USCU)

크기 및 두께 (in)	중량 (lb/ft)	면적 (in^2)	축 Z-Z				축 Y-Y				축 X-X	
			I(in^4)	S(in^3)	r(in)	y_c(in)	I(in^4)	S (in^3)	r(in)	z_c(in)	r(in)	$\tan\alpha$
L9 x 4 x 5/8	26.3	7.73	64.9	11.5	2.90	3.36	8.32	2.65	1.04	0.858	0.847	0.216
x 1/2	21.3	6.25	53.2	9.34	2.92	3.31	6.92	2.17	1.05	0.810	0.854	0.220
L8 x 6 x 1	44.2	13.0	80.8	15.1	2.49	2.65	38.8	8.92	1.73	1.65	1.28	0.543
x 3/4	33.8	9.94	63.4	11.7	2.53	2.56	30.7	6.92	1.76	1.56	1.29	0.551
x 1/2	23.0	6.75	44.3	8.02	2.56	2.47	21.7	4.79	1.79	1.47	1.30	0.558
L8 x 4 x 1	37.4	11.0	69.6	14.1	2.52	3.05	11.6	3.94	1.03	1.05	0.846	0.247
x 3/4	28.7	8.44	54.9	10.9	2.55	2.95	9.36	3.07	1.05	0.953	0.852	0.258
x 1/2	19.6	5.75	38.5	7.49	2.59	2.86	6.74	2.15	1.08	0.859	0.865	0.267
L7 x 4 x 3/4	26.2	7.69	37.8	8.42	2.22	2.51	9.05	3.03	1.09	1.01	0.860	0.324
x 1/2	17.9	5.25	26.7	5.81	2.25	2.42	6.53	2.12	1.11	0.917	0.872	0.335
x 3/8	13.6	3.98	20.6	4.44	2.27	2.37	5.10	1.63	1.13	0.870	0.880	0.340
L6 x 4 x 3/4	23.6	6.94	24.5	6.25	1.88	2.08	8.68	2.97	1.12	1.08	0.860	0.428
x 1/2	16.2	4.75	17.4	4.33	1.91	1.99	6.27	2.08	1.15	0.987	0.870	0.440
x 3/8	12.3	3.61	13.5	3.32	1.93	1.94	4.90	1.60	1.17	0.941	0.877	0.446
L6 x $3\frac{1}{2}$ x 1/2	15.3	4.50	16.6	4.24	1.92	2.08	4.25	1.59	0.972	0.833	0.759	0.344
x 3/8	11.7	3.42	12.9	3.24	1.94	2.04	3.34	1.23	0.988	0.787	0.767	0.350
L5 x $3\frac{1}{2}$ x 3/4	19.8	5.81	13.9	4.28	1.55	1.75	5.55	2.22	0.977	0.996	0.748	0.464
x 1/2	13.6	4.00	9.99	2.99	1.58	1.66	4.05	1.56	1.01	0.906	0.755	0.479
x 3/8	10.4	3.05	7.78	2.29	1.60	1.61	3.18	1.21	1.02	0.861	0.762	0.486
x 1/4	7.0	2.06	5.39	1.57	1.62	1.56	2.23	0.830	1.04	0.814	0.770	0.492
L5 x 3 x 1/2	12.8	3.75	9.45	2.91	1.59	1.75	2.58	1.15	0.829	0.750	0.648	0.357
x 3/8	9.8	2.86	7.37	2.24	1.61	1.70	2.04	0.888	0.845	0.704	0.654	0.364
x 1/4	6.6	1.94	5.11	1.53	1.62	1.66	1.44	0.614	0.861	0.657	0.663	0.371
L4 x $3\frac{1}{2}$ x 1/2	11.9	3.50	5.32	1.94	1.23	1.25	3.79	1.52	1.04	1.00	0.722	0.750
x 3/8	9.1	2.67	4.18	1.49	1.25	1.21	2.95	1.17	1.06	0.955	0.727	0.755
x 1/4	6.2	1.81	2.91	1.03	1.27	1.16	2.09	0.808	1.07	0.909	0.734	0.759
L4 x 3 x 1/2	11.1	3.25	5.05	1.89	1.25	1.33	2.42	1.12	0.864	0.827	0.639	0.543
x 3/8	8.5	2.48	3.96	1.46	1.26	1.28	1.92	0.866	0.879	0.782	0.644	0.551
x 1/4	5.8	1.69	2.77	1.00	1.28	1.24	1.36	0.599	0.896	0.736	0.651	0.558
L$3\frac{1}{2}$ x 3 x 1/2	10.2	3.00	3.45	1.45	1.07	1.13	2.33	1.10	0.881	0.875	0.621	0.714
x 3/8	7.9	2.30	2.72	1.13	1.09	1.08	1.85	0.851	0.897	0.830	0.625	0.721
x 1/4	5.4	1.56	1.91	0.776	1.11	1.04	1.30	0.589	0.914	0.785	0.631	0.727
L$3\frac{1}{2}$ x 2.5x 1/2	9.4	2.75	3.24	1.41	1.09	1.20	1.36	0.760	0.704	0.705	0.534	0.486
x 3/8	7.2	2.11	2.56	1.09	1.10	1.16	1.09	0.592	0.719	0.660	0.537	0.496
x 1/4	4.9	1.44	1.80	0.755	1.12	1.11	0.777	0.412	0.735	0.614	0.544	0.506
L3 x $2\frac{1}{2}$ x 1/2	8.5	2.50	2.08	1.04	0.913	1.00	1.30	0.744	0.722	0.750	0.520	0.667
x 3/8	6.6	1.92	1.66	0.810	0.928	0.956	1.04	0.581	0.736	0.706	0.522	0.676
x 1/4	4.5	1.31	1.17	0.561	0.945	0.911	0.743	0.404	0.753	0.661	0.528	0.684
L3 x 2 x 1/2	7.7	2.25	1.92	1.00	0.924	1.08	0.672	0.474	0.546	0.583	0.428	0.414
x 3/8	5.9	1.73	1.53	0.781	0.940	1.04	0.543	0.371	0.559	0.539	0.430	0.428
x 1/4	4.1	1.19	1.09	0.542	0.957	0.993	0.392	0.260	0.574	0.493	0.435	0.440
L$2\frac{1}{2}$ x 2 x 3/8	5.3	1.55	0.912	0.547	0.768	0.813	0.514	0.363	0.577	0.581	0.420	0.614
x 1/4	3.62	1.06	0.654	0.381	0.784	0.787	0.372	0.254	0.592	0.537	0.424	0.626

※ L: L형 앵글

※ L9 × 4 × $\frac{5}{8}$: 세로길이 × 가로길이 × 두께(in)

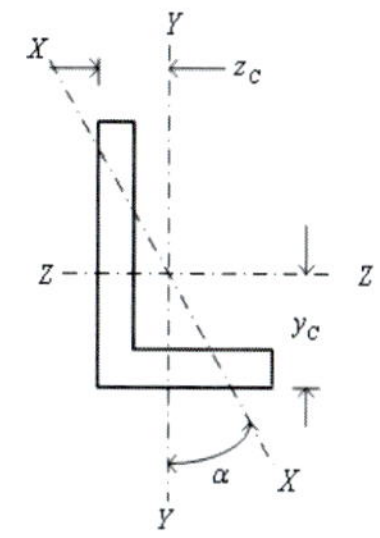

표 D-10 부등변 L형 앵글 (unequal leg angles : SI)

크기 및 두께 (mm)	질량 (kg/m)	면적 (mm^2)	축 Z-Z				축 Y-Y				축 X-X	
			I (10^6mm^4)	S (10^3mm^3)	r (mm)	y_c (mm)	I (10^6mm^4)	S (10^3mm^3)	r (mm)	z_c (mm)	r (mm)	Tan α
L229 x 102 x 15.9	39.1	4985	27.0	188	73.7	85.3	3.46	43.4	26.4	21.8	21.5	0.216
x 12.7	31.7	4030	22.1	153	74.2	84.1	2.88	35.6	26.7	20.6	21.7	0.220
L203 x 152 x 25.4	65.8	8385	33.6	247	63.2	67.3	16.1	146	43.9	41.9	32.5	0.543
x 19.1	50.3	6415	26.4	192	64.3	65.0	12.8	113	44.7	39.6	32.8	0.551
x 12.7	34.2	4355	18.4	131	65.0	62.7	9.03	78.5	45.5	37.3	33.0	0.558
L203 x 102 x 25.4	55.7	7095	29.0	231	64.0	77.5	4.83	64.6	26.2	26.7	21.5	0.247
x 19.1	42.7	5445	22.9	179	64.8	74.9	3.90	50.3	26.7	24.2	21.6	0.258
x 12.7	29.2	3710	16.0	123	65.8	72.6	2.81	35.2	27.4	21.8	22.0	0.267
L178 x 102 x 19.1	39.0	4960	15.7	138	56.4	63.8	3.77	49.7	27.7	25.7	21.8	0.324
x 12.7	26.6	3385	11.1	95.2	57.2	61.5	2.72	34.7	28.2	23.3	22.1	0.335
x 9.5	20.2	2570	8.57	72.8	57.7	60.2	2.12	26.7	28.7	22.1	22.4	0.340
L152 x 102 x 19.1	35.1	4475	10.2	102	47.8	52.8	3.61	48.7	28.4	27.4	21.8	0.428
x 12.7	24.1	3065	7.24	71.0	48.5	50.5	2.61	34.1	29.2	25.1	22.1	0.440
x 9.5	18.3	3230	5.62	54.4	49.0	49.3	2.04	26.2	29.7	23.9	22.3	0.446
L152 x 89 x 12.7	22.8	2905	6.91	69.5	48.8	52.8	1.77	26.1	24.7	21.2	19.3	0.344
x 9.5	17.4	2205	5.37	53.1	49.3	51.8	1.39	20.2	25.1	20.0	19.5	0.350
L127 x 89 x 19.1	29.5	3750	5.79	70.1	39.4	44.5	2.31	36.4	24.8	25.3	19.0	0.464
x 12.7	20.2	2580	4.16	49.0	40.1	42.2	1.69	25.6	25.7	23.0	19.2	0.479
x 9.5	15.5	1970	3.24	37.5	40.6	40.9	1.32	19.8	25.9	21.9	19.4	0.486
x 6.4	10.4	1330	2.24	25.7	41.1	39.6	0.928	13.6	26.4	20.7	19.6	0.492
L127 x 76 x 12.7	19.0	2420	3.93	47.7	40.4	44.5	1.07	18.8	21.1	19.1	16.5	0.357
x 9.5	14.6	1845	3.07	36.7	40.9	43.2	0.849	14.6	21.5	17.9	16.6	0.364
x 6.4	9.82	1250	2.13	25.1	41.1	42.2	0.599	10.1	21.9	16.7	16.8	0.371
L102 x 89 x 12.7	17.7	2260	2.21	31.8	31.2	31.8	1.58	24.9	26.4	25.4	18.3	0.750
x 9.5	13.5	1725	1.74	24.4	31.8	30.7	1.23	19.2	26.9	24.3	18.5	0.755
x 6.4	9.22	1170	1.21	16.9	32.3	29.5	0.870	13.2	27.2	23.1	18.6	0.759
L102 x 76 x 12.7	16.5	2095	2.10	31.0	31.8	33.8	1.01	18.4	21.9	21.0	16.2	0.543
x 9.5	12.6	1600	1.65	23.9	32.0	32.5	0.799	14.2	22.3	19.9	16.4	0.551
x 6.4	8.63	1090	1.15	16.4	32.5	31.5	0.566	9.82	22.8	18.7	16.5	0.558
L89 x 76 x 12.7	15.2	1935	1.44	23.8	27.2	28.7	0.970	18.0	22.4	22.2	15.8	0.714
x 9.5	11.8	1485	1.13	18.5	27.7	27.4	0.770	13.9	22.8	21.1	15.9	0.721
x 6.4	8.04	1005	0.795	12.7	28.2	26.4	0.541	9.65	23.2	19.9	16.0	0.727
L89 x 64 x 12.7	14.0	1775	1.35	23.1	27.7	30.5	0.566	12.5	17.9	17.9	13.6	0.486
x 9.5	10.7	1360	1.07	17.9	27.9	29.5	0.454	8.70	18.3	16.8	13.6	0.496
x 6.4	7.29	929	0.749	12.4	28.4	28.2	0.323	6.75	18.7	15.6	13.8	0.506
L76 x 64 x 12.7	12.6	1615	0.866	17.0	23.2	25.4	0.541	12.2	18.3	19.1	13.2	0.667
x 9.5	9.82	1240	0.691	13.3	23.6	24.3	0.433	9.52	18.7	17.9	13.3	0.676
x 6.4	6.70	845	0.487	9.19	24.0	23.1	0.309	6.62	19.1	16.8	13.4	0.684
L76 x 51 x 12.7	11.5	1450	0.799	16.4	23.5	27.4	0.280	7.77	13.9	14.8	10.9	0.414
x 9.5	8.78	1115	0.637	12.8	23.9	26.4	0.226	6.08	14.2	13.7	10.9	0.428
x 6.4	6.10	768	0.454	8.88	24.3	25.2	0.163	4.26	14.6	12.5	11.0	0.440
L64 x 51 x 9.5	7.89	1000	0.380	8.96	19.5	20.7	0.214	5.95	14.7	14.8	10.7	0.614
x 6.4	5.39	684	0.272	6.24	19.9	20.0	0.155	4.16	15.0	13.6	10.8	0.626

※ L: L형 앵글

※ L229×102×15.9: 세로길이×가로길이×두께(mm)

T

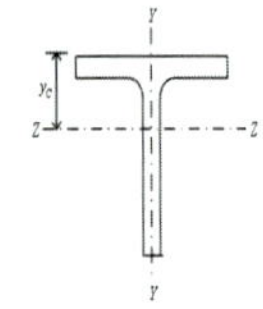

표 D-11 구조용 T (structural tees : USCU)

크기 및 두께 (in)	면적 (in^2)	깊이 (in)	플랜지		스템	축 Z-Z				축 Y-Y		
			폭 (in)	두께 (in)	두께 (in)	I (in^4)	S (in^3)	r (in)	y_c (in)	I (in^4)	S (in^3)	r (in)
WT18 x 115	33.8	17.950	16.470	1.260	0.760	934	67.0	5.25	4.01	470	57.1	3.73
x 80	23.5	18.005	12.000	1.020	0.650	740	55.8	5.61	4.74	147	24.6	2.50
WT15 x 66	19.4	15.155	10.545	1.000	0.615	421	37.4	4.66	3.90	98.0	18.6	2.25
x 54	15.9	14.915	10.475	0.760	0.545	349	32.0	4.69	4.01	73.0	13.9	2.15
WT12 x 52	15.3	12.030	12.750	0.750	0.500	189	20.0	3.51	2.59	130	20.3	2.91
x 47	13.8	12.155	9.065	0.875	0.515	186	20.3	3.67	2.99	54.5	12.0	1.98
x 42	12.4	12.050	9.020	0.770	0.470	166	18.3	3.67	2.97	47.2	10.5	1.95
x 31	9.11	11.870	7.040	0.590	0.430	131	15.6	3.79	3.46	17.2	4.90	1.38
WT9 x 38	11.2	9.105	11.035	0.680	0.425	71.8	9.83	2.54	1.80	76.2	13.8	2.61
x 30	8.82	9.120	7.555	0.695	0.415	64.7	9.29	2.71	2.16	25.0	6.63	1.69
x 25	7.33	8.995	7.495	0.570	0.355	53.5	7.79	2.70	2.12	20.0	5.35	1.65
x 20	5.88	8.950	6.015	0.525	0.315	44.8	6.73	2.76	2.29	9.55	3.17	1.27
WT8 x 50	14.7	8.485	10.425	0.985	0.585	76.8	11.4	2.28	1.76	93.1	17.9	2.51
x 25	7.37	8.130	7.070	0.630	0.380	42.3	6.78	2.40	1.89	18.6	5.26	1.59
x 20	5.89	8.005	6.995	0.505	0.305	33.1	5.35	2.37	1.81	14.4	4.12	1.57
x 13	3.84	7.845	5.500	0.345	0.250	23.5	4.09	2.47	2.09	4.80	1.74	1.12
WT7 x 60	17.7	7.240	14.670	0.940	0.590	51.7	8.61	1.71	1.24	247	33.7	3.74
x 41	12.0	7.155	10.130	0.855	0.510	41.2	7.14	1.85	1.39	74.2	14.6	2.48
x 34	9.99	7.020	10.035	0.720	0.415	32.6	5.69	1.81	1.29	60.7	12.1	2.46
x 24	7.07	6.985	8.030	0.595	0.340	24.9	4.48	1.87	1.35	25.7	6.40	1.91
x 15	4.42	6.920	6.730	0.385	0.270	19.0	3.55	2.07	1.58	9.79	2.91	1.49
x 11	3.25	6.870	5.000	0.335	0.230	14.8	2.91	2.14	1.76	3.50	1.40	1.04
WT6 x 60	17.6	6.560	12.320	1.105	0.710	43.4	8.22	1.57	1.28	172	28.0	3.13
x 48	14.1	6.355	12.160	0.900	0.550	32.0	6.12	1.51	1.13	135	22.2	3.09
x 36	10.6	6.125	12.040	0.670	0.430	23.2	4.54	1.48	1.02	97.5	16.2	3.04
x 25	7.34	6.095	8.080	0.640	0.370	18.7	3.79	1.60	1.17	28.2	6.97	1.96
x 15	4.40	6.170	6.520	0.440	0.260	13.5	2.75	1.75	1.27	10.2	3.12	1.52
x 8	2.36	5.995	3.990	0.265	0.220	8.70	2.04	1.92	1.74	1.41	0.706	0.773
WT5 x 56	16.5	5.680	10.415	1.250	0.755	28.6	6.40	1.32	1.21	118	22.6	2.68
x 44	12.9	5.420	10.265	0.990	0.605	20.8	4.77	1.27	1.06	89.3	17.4	2.63
x 30	8.82	5.110	10.080	0.680	0.420	12.9	3.04	1.21	0.884	58.1	11.5	2.57
x 15	4.42	5.235	5.810	0.510	0.300	9.28	2.24	1.45	1.10	8.35	2.87	1.37
x 6	1.77	4.935	3.960	0.210	0.190	4.35	1.22	1.57	1.36	1.09	0.551	0.785
WT4 x 29	8.55	4.375	8.220	0.810	0.510	9.12	2.61	1.03	0.874	37.5	9.13	2.10
x 20	5.87	4.125	8.070	0.560	0.360	5.73	1.69	0.988	0.735	24.5	6.08	2.04
x 12	3.54	3.965	6.495	0.400	0.245	3.53	1.08	0.999	0.695	9.14	2.81	1.61
x 9	2.63	4.070	5.250	0.330	0.230	3.41	1.05	1.14	0.834	3.98	1.52	1.23
x 5	1.48	3.945	3.940	0.205	0.170	2.15	0.717	1.20	0.953	1.05	0.532	0.841
WT3 x 10	2.94	3.100	6.020	0.365	0.260	1.76	0.693	0.774	0.560	6.64	2.21	1.50
x 6	1.78	3.015	4.000	0.280	0.230	1.32	0.564	0.861	0.677	1.50	0.748	0.918
WT2 x 6.5	1.91	2.080	4.060	0.345	0.280	0.526	0.321	0.524	0.440	1.93	0.950	1.00

※ WT : W단면(광폭 플랜지)으로부터 T단면 제작

※ 첫 번째 숫자 : 단면의 길이 (in), 두 번째 숫자 : 단위 길이당 중량 (lb/ft)

T

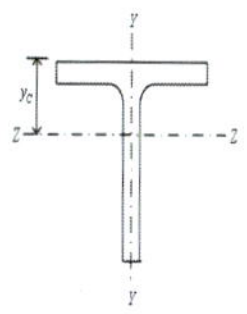

표 D-12 구조용 T (structural tees : SI)

종류	면적	깊이	플랜지		스템	축 Z-Z				축 Y-Y		
			폭	두께	두께	I	S	r	y_c	I	S	r
	(mm^2)	(mm)	(mm)	(mm)	(mm)	(10^6mm^4)	(10^3mm^3)	(mm)	(mm)	(10^6mm^4)	(10^3mm^3)	(mm)
WT457 x 171	21805	455.9	418.3	32.0	19.3	389	1098	133	102	196	936	94.7
x 119	15160	457.3	304.8	25.9	16.5	308	914	142	120	61.2	403	63.5
WT381 x 98	12515	384.9	267.8	25.4	15.6	175	613	118	99.1	40.8	305	57.2
x 80	10260	378.8	266.1	19.3	13.8	145	524	119	102	30.4	228	54.6
WT305 x 77	9870	305.6	323.9	19.1	12.7	78.7	328	89.2	65.8	54.1	333	73.9
x 70	8905	308.7	230.3	22.2	13.1	77.4	333	93.2	75.9	22.7	197	50.3
x 63	8000	306.1	229.1	19.6	11.9	69.1	300	93.2	75.4	19.6	172	49.5
x 46	5875	301.5	178.8	15.0	10.9	54.5	256	96.3	87.9	7.16	80.3	35.1
WT229 x 57	7225	231.3	280.3	17.3	10.8	29.9	161	64.5	45.7	31.7	226	66.3
x 45	5690	231.6	191.9	17.7	10.5	26.9	152	68.8	54.9	10.4	109	42.9
x 37	4730	228.5	190.4	14.5	9.0	22.3	128	68.6	53.8	8.32	87.7	41.9
x 30	3795	227.3	152.8	13.3	8.0	18.6	110	70.1	58.2	3.98	51.9	32.3
WT203 x 74	9485	215.5	264.8	25.0	14.9	32.0	187	57.9	44.7	38.8	293	63.8
x 37	4755	206.5	179.6	16.0	9.7	17.6	111	61.0	48.0	7.74	86.2	40.4
x 30	3800	203.3	177.7	12.8	7.7	13.8	87.7	60.2	46.0	5.99	67.5	39.9
x 19	2475	199.3	139.7	8.8	6.4	9.78	67.0	62.7	53.1	2.00	28.5	28.4
WT178 x 89	11420	183.9	372.6	23.9	15.0	21.5	141	43.4	31.5	103	552	95.0
x 61	7740	181.7	257.3	21.7	13.0	17.1	117	47.0	35.3	30.9	239	63.0
x 51	6445	178.3	254.9	18.3	10.5	13.6	93.2	46.0	32.8	25.3	198	62.5
x 36	4560	177.4	204.0	15.1	8.6	10.4	73.4	47.5	34.3	10.7	105	48.5
x 22	2850	175.8	170.9	9.8	6.9	7.91	58.2	52.6	40.1	4.07	47.7	37.8
x 16	2095	174.5	127.0	8.5	5.8	6.16	47.7	54.4	44.7	1.46	22.9	26.4
WT152 x 89	11355	166.6	312.9	28.1	18.0	18.1	135	39.9	32.5	71.6	459	79.5
x 71	9095	161.4	308.9	22.9	14.0	13.3	100	38.4	28.7	56.2	364	78.5
x 54	6840	155.0	305.8	17.0	10.9	9.66	74.4	37.6	25.9	40.6	265	77.2
x 37	4735	154.8	205.2	16.2	9.4	7.78	62.1	40.6	29.7	11.7	114	49.8
x 22	2840	156.7	165.6	11.2	6.6	5.62	45.1	44.5	32.3	4.25	51.1	38.6
x 12	1525	152.3	101.3	6.7	5.6	3.62	33.4	48.8	44.2	0.587	11.6	19.6
WT127 x 83	10645	144.3	264.5	31.8	19.2	11.9	105	33.5	30.7	49.1	370	68.1
x 65	8325	137.7	260.7	25.1	15.4	8.66	78.2	32.3	26.9	37.2	285	66.8
x 45	5690	129.8	256.0	17.3	10.7	5.37	49..8	30.7	22.5	24.2	188	65.3
x 22	2850	133.0	147.6	13.0	7.6	3.86	36.7	36.8	27.9	3.48	47.0	34.8
x 9	1140	125.3	100.6	5.3	4.8	1.81	20.0	39.9	34.5	0.454	9.03	19.9
WT102 x 43	5515	111.1	208.8	20.6	13.0	3.80	42.8	26.2	22.2	15.6	150	53.3
x 30	3785	104.8	205.0	14.2	9.1	2.39	27.7	25.1	18.7	10.2	99.6	51.8
x 18	2285	100.7	165.0	10.2	6.2	1.47	17.7	25.4	17.7	3.80	46.0	40.9
x 13	1695	103.4	133.4	8.4	5.8	1.42	17.2	29.0	21.2	1.66	24.9	31.2
x 7	955	100.2	100.1	5.2	4.3	0.895	11.7	30.5	24.2	0.437	8.72	21.4
WT176 x 15	1895	78.7	152.9	9.3	6.6	0.733	11.4	19.7	14.2	2.76	36.2	38.1
x 9	1150	76.6	101.6	7.1	5.8	0.549	9.24	21.9	17.2	0.624	12.3	23.3
WT51 x 10	1230	52.8	103.1	8.8	7.1	0.219	5.26	13.3	11.2	0.803	15.6	25.4

※ WT : W 단면으로부터 T 단면 제작

첫 번째 숫자 : 단면의 깊이 (mm), 두 번째 숫자 : 단위길이당의 질량 (kg/m)

표 D-13 표준강재 파이프 (properties of standard steel pipe : USCU)

치수				특성				
공칭지름 d (in)	바깥지름 do (in)	안지름 di (in)	파이프 두께 t (in)	단위길이당중량 w (lb/ft)	A (in^2)	I (in^4)	S (in^3)	r (in)
표준형								
$\frac{1}{2}$	0.840	0.622	0.109	0.85	0.250	0.017	0.041	0.26
$\frac{3}{4}$	1.050	0.824	0.113	0.13	0.333	0.037	0.071	0.33
1	1.315	1.049	0.133	1.68	0.494	0.087	0.133	0.42
$1\frac{1}{4}$	1.660	1.380	0.140	2.27	0.669	0.195	0.235	0.54
$1\frac{1}{2}$	1.900	1.610	0.145	2.72	0.799	0.310	0.326	0.62
2	2.375	2.067	0.154	3.65	1.075	0.666	0.561	0.79
$2\frac{1}{2}$	2.875	2.469	0.203	5.79	1.704	1.530	1.064	0.95
3	3.500	3.068	0.216	7.58	2.228	3.017	1.724	1.16
$3\frac{1}{2}$	4.000	3.548	0.226	9.11	2.680	4.787	2.39	1.34
4	4.500	4.026	0.237	10.79	3.174	7.233	3.21	1.51
5	5.563	5.047	0.258	14.62	4.300	15.16	5.45	1.88
6	6.625	6.065	0.280	18.97	5.581	28.14	8.50	2.25
8	8.625	7.981	0.322	28.55	8.399	72.49	16.81	2.94
10	10.750	10.020	0.365	40.48	11.91	160.7	29.9	3.67
12	12.750	12.000	0.375	49.56	14.58	279.3	43.8	4.38
강력강								
$1\frac{1}{2}$	1.900	1.500	0.200	3.63	1.068	0.391	0.412	0.61
2	2.375	1.939	0.218	5.02	1.477	0.868	0.731	0.77
$2\frac{1}{2}$	2.875	2.323	0.276	7.66	2.254	1.924	1.338	0.92
3	3.500	2.900	0.300	10.25	3.016	3.894	2.23	1.14
4	4.500	3.826	0.337	14.98	4.407	9.610	4.27	1.48
6	6.625	5.761	0.432	28.57	8.405	40.49	12.22	2.20
초강력강								
$1\frac{1}{2}$	1.900	1.100	0.400	6.41	1.885	0.568	0.564	0.55
2	2.375	1.503	0.436	9.03	2.656	1.311	1.104	0.70
$2\frac{1}{2}$	2.875	1.771	0.552	13.69	4.028	2.871	1.997	0.84
3	3.500	2.300	0.600	18.58	5.466	5.993	3.42	1.05
4	4.500	3.152	0.674	27.54	8.101	15.28	6.79	1.37
6	6.625	4.897	0.864	53.16	15.64	66.33	20.0	2.06

표 D-14 표준강재 파이프 (properties of standard steel pipe : SI)

치수				특성				
공칭지름 d (mm)	바깥지름 do (mm)	안지름 di (mm)	파이프 두께 t (mm)	단위길이당중량 w (kg/m)	A (mm^2)	I (10^6mm^4)	S (10^3mm^3)	r (mm)
표준형								
13	21.3	15.8	2.77	1.264	161.3	0.007	0.672	6.6
19	26.7	20.9	2.87	1.681	214.8	0.015	1.163	8.5
25	33.4	26.6	3.38	2.499	318.7	0.036	2.179	10.7
32	42.2	35.1	3.56	3.376	431.6	0.081	3.851	13.7
38	48.1	40.9	3.68	4.045	515.5	0.129	5.342	15.8
51	60.3	52.5	3.91	5.428	693.5	0.277	9.193	20.0
64	73.0	62.7	5.16	8.611	1099	0.637	17.44	24.1
76	88.9	77.9	5.49	11.27	1437	1.256	28.25	29.5
89	101.6	90.1	5.74	13.55	1729	1.992	39.17	34.0
102	114.3	102.3	6.02	16.05	2048	3.011	52.60	38.4
127	141.3	128.2	6.55	21.74	2774	6.310	89.31	47.8
152	168.3	154.1	7.11	28.21	3600	11.71	139.3	57.2
203	219.1	202.7	8.18	42.46	5419	30.2	275.5	74.7
254	273.1	254.5	9.27	60.20	7684	66.9	490	93.2
305	323.9	304.8	9.53	73.71	9406	116.3	718	111.3
강력강								
38	48.3	38.1	5.08	5.399	689	0.163	6.75	15.4
51	60.3	49.3	5.54	7.466	953	0.361	11.98	19.5
64	70.0	59.0	7.01	11.39	1454	0.801	21.93	23.5
76	88.9	73.7	7.62	15.24	1946	1.621	36.54	29.0
102	114.3	97.2	8.56	22.28	2843	4.000	69.67	37.6
152	168.3	146.3	10.97	42.49	5423	16.85	200	55.9
초강력강								
38	48.3	27.9	10.16	9.53	1216	0.236	0.564	13.9
51	60.3	38.2	11.07	13.43	1714	0.546	1.104	17.9
64	70.0	45.0	14.02	20.36	2600	1.195	1.997	21.4
76	88.9	58.4	15.24	27.63	3526	2.494	3.42	26.7
102	114.3	80.1	17.12	40.96	5226	6.360	6.79	34.8
152	168.3	124.4	21.95	79.06	10090	27.61	20.0	52.3

표 D-15 표준 구조용 목재 (standard structural timber : USCU)

치 수		성 질			
공칭 치수 (in)	가공 치수 (in)	단위 길이당 중량 (lb/ft)	면적 (in^2)	2차 관성모멘트 (in^4)	단면계수 (in^3)
2 x 4	$1\frac{5}{8}$ x $3\frac{5}{8}$	1.64	5.89	6.45	3.56
6	$5\frac{5}{8}$	2.54	9.14	24.1	8.57
8	$7\frac{1}{2}$	3.39	12.2	57.1	15.3
10	$9\frac{1}{2}$	4.29	15.4	116	24.4
12	$11\frac{1}{2}$	5.19	18.7	206	35.8
4 x 4	$3\frac{5}{8}$ x $3\frac{5}{8}$	3.65	13.1	14.4	7.94
6	$5\frac{5}{8}$	5.66	20.4	53.8	19.1
8	$7\frac{1}{2}$	7.55	27.2	127	34.0
10	$9\frac{1}{2}$	9.57	34.4	259	54.5
12	$11\frac{1}{2}$	11.6	41.7	459	79.9
6 x 6	$5\frac{1}{2}$ x $5\frac{1}{2}$	8.40	30.3	76.3	27.7
8	$7\frac{1}{2}$	11.4	41.3	193	51.6
10	$9\frac{1}{2}$	14.5	52.3	393	82.7
12	$11\frac{1}{2}$	17.5	63.3	697	121
14	$13\frac{1}{2}$	20.6	74.3	1128	167
8 x 8	$7\frac{1}{2}$ x $7\frac{1}{2}$	15.6	56.3	264	70.3
10	$9\frac{1}{2}$	19.8	71.3	536	113
12	$11\frac{1}{2}$	23.9	86.3	951	165
14	$13\frac{1}{2}$	28.0	101	1538	228
16	$15\frac{1}{2}$	32.0	116	2327	300
10 x 10	$9\frac{1}{2}$ x $9\frac{1}{2}$	25.0	90.3	679	143
12	$11\frac{1}{2}$	30.3	109	1204	209
14	$13\frac{1}{2}$	35.6	128	1948	289
16	$15\frac{1}{2}$	40.9	147	2948	380
18	$17\frac{1}{2}$	46.1	166	4243	485
12 x 12	$11\frac{1}{2}$ x $11\frac{1}{2}$	36.7	132	1458	253
14	$13\frac{1}{2}$	43.1	155	2358	349
16	$15\frac{1}{2}$	49.5	178	3569	460
18	$17\frac{1}{2}$	55.9	201	5136	587
20	$19\frac{1}{2}$	62.3	224	7106	729

표 D-16 표준 구조용 목재 (standard structural timber : SI)

치 수		성 질			
공칭 치수 (mm)	가공 치수 (mm)	단위 길이당 중량 (kg/m)	면적 ($10^3 mm^2$)	2차 관성모멘트 ($10^6 mm^4$)	단면계수 ($10^3 mm^3$)
51 x 102	41 x 92	2.44	3.77	2.68	58.3
152	140	3.78	5.86	10.03	140
203	191	5.04	7.83	23.8	251
254	241	6.38	9.88	48.3	400
305	292	7.72	12.0	85.7	587
102 x 102	92 x 92	5.43	8.46	5.99	130
152	140	8.42	13.2	22.4	313
203	191	11.2	17.6	52.9	557
254	241	14.2	22.2	107.8	893
305	292	17.3	26.9	191.1	1310
152 x 152	140 x 140	12.5	19.6	31.8	454
203	191	17.0	26.7	80.3	846
254	241	21.6	33.7	163.6	1350
305	292	26.0	40.9	290	1980
356	343	30.6	48.0	470	2740
203 x 203	191 x 191	23.2	36.5	110	1150
254	241	29.4	46.0	223	1850
305	292	35.5	55.8	396	2700
356	343	41.6	65.5	640	3740
406	394	47.6	75.3	969	4920
254 x 254	241 x 241	37.2	58.1	283	2340
305	292	45.1	70.4	501	3420
356	343	52.9	82.7	810	4740
406	394	60.8	95.0	1227	6230
457	445	68.6	107	1766	7950
305 x 305	292 x 292	54.6	85.3	607	4150
356	343	64.1	100	981	5720
406	394	73.6	115	1486	7540
457	445	83.1	130	2138	5620
508	495	92.7	145	2958	11950

부록 E 재료의 기계적 특성

표 E-1 비중량 및 밀도

재료	비중량(γ)		밀도(ρ)	
	lb/ft^3	kN/m^3	slugs/ft^3	kg/m^3
알루미늄 합금 (2014-T6, 7075-T6, 6061-T6)	160-180 175 170	26-28 28 26	5.2-5.4 5.4 5.2	2,600-2,800 2,800 2,700
황동(brass)	520-540	82-85	16-17	8,400-8,600
청동(bronze)	510-550	80-86	16-17	8,200-8,800
주철(cast iron)	435-460	68-72	13-14	7,000-7,400
콘크리트(concrete) 일반콘크리트 보강용콘크리트 경량콘크리트	 145 150 70-115	 23 24 11-18	 4.5 4.7 2.2-3.6	 2,300 2,400 1,100-1,800
구리(copper)	556	87	17	8,900
유리(glass)	150-180	24-28	4.7-5.4	2,400-2,800
마그네슘합금 (magnesium alloys)	110-114	17-18	3.4-3.5	1,760-1,830
모넬(67% Ni, 30% Cu)	550	87	17	8,800
니켈(nickel)	550	87	17	8,800
플라스틱(나일론) 플라스틱(폴리에틸렌)	55-70 60-90	8.6-11 9.4-14	1.7-2.2 1.9-2.8	880-1,100 960-1,400
자갈(granite,marble)	165-180	26-28	5.1-5.6	2,600-2,900
고무(rubber)	60-80	9-13	1.9-2.5	960-1,300
흙(sand, soil, gravel)	75-135	12-21	2.3-4.2	1,200-2,200
강재(steel)	490	77.0	15.2	7,850
티타늄(titanium)	280	44	8.7	4,500
텅스텐(tungsten)	1,200	190	37	1,900
물(water, fresh) 물(sea)	62.4 63.8	9.81 10.0	1.94 1.98	1,000 1,020
목재(더글라스) 목재(오크) 목재(southern pine)	30-35 40-45 35-40	4.7-5.5 6.3-7.1 5.5-6.3	0.9-1.1 1.2-1.4 1.1-1.2	480-560 640-720 560-640

표 E-2 탄성계수와 포와송의 비

재료	탄성계수 (E)		전단탄성계수 (G)		포와송비 (ν)
	ksi	GPa	ksi	GPa	
알루미늄합금 2014-T6 6061-T6 7075-T6	10,000-11,400 10,600 10,000 10,400	70-79 73 70 72	3,800-4,300 4,000 3,800 3,900	26-30 28 26 27	0.33 0.33 0.33 0.33
황동(brass)	14,000-16,000	96-110	5,200-6,000	36-41	0.34
청동(bronze)	14,000-17,000	96-120	5,200-6,300	36-44	0.34
주철(cast iron)	12,000-25,000	83-170	4,600-10,000	32-69	0.2-0.3
콘크리트(압축)	2,500-4,500	17-31			0.1-0.2
구리(copper)	16,000-18,000	110-120	5,800-6,800	40-47	0.33-0.36
유리(glass)	7,000-12,000	48-83	2,700-5,100	19-35	0.17-0.27
마그네슘합금 (magnesium alloys)	6,000-6,500	41-45	2,200-2,400	15-17	0.35
모넬(67% Ni, 30% Cu)	25,000	170	9,500	66	0.32
니켈(nickel)	30,000	210	11,400	80	0.31
플라스틱(나일론) 플라스틱(폴리에틸렌)	300-500 100-200	2.1-3.4 0.7-1.4			0.4 0.4
자갈(granite,marble)	6,000-14,000	40-100			0.2-0.3
고무(rubber)	0.1-0.6	0.0007-0.004	0.03-0.2	0.0002-0.001	0.45-0.50
강재(steel)	28,000-30,000	190-210	10,800-11,800	75-80	0.27-0.3
티타늄(titanium)	15,000-17,000	100-120	5,600-6,400	39-44	0.33
텅스텐(tungsten)	50,000-55,000	340-380	21,000-23,000	140-160	0.2
목재(더글라스) 목재(오크) 목재(southern pine)	1,600-1,900 1,600-1,800 1,600-2,000	11-13 11-12 11-14			

표 E-3 기계적 특성

재료	항복응력(σ_Y)		최후강도(σ_U)		변형율 (게이지길이 = 2in)
	ksi	MPa	ksi	MPa	
알루미늄합금 2014-T6 6061-T6 7075-T6	5-70 60 40 70	35-500 410 270 480	15-80 70 45 80	100-550 480 310 550	1-45 13 17 11
황동(brass)	10-80	70-550	30-90	200-620	4-60
청동(bronze)	12-100	82-690	30-120	200-830	5-60
주철(인장)	17-42	120-290	10-70	69-480	0-1
주철(압축)			50-200	340-1,400	
콘크리트(압축)			1.5-10	10-70	
구리 및 구리합금	8-110	55-760	33-120	230-830	4-50
유리(glass) 평유리(plate glass) 화이버유리(glass fibers)			5-150 10 1,000-3,000	30-1,000 70 7,000-20,000	0
마그네슘합금 (magnesium alloys)	12-40	80-280	20-50	140-340	2-20
모넬(67% Ni, 30% Cu)	25-160	170-1,100	65-170	450-1,200	2-50
니켈(nickel)	15-90	100-620	45-110	310-760	2-50
플라스틱(나일론) 플라스틱(폴리에틸렌)			6-12 1-4	40-80 7-28	20-100 15-300
자갈(granite,marble) 자갈(limestone, sandstone)			8-40 3-30	50-280 20-200	
고무(rubber)	0.2-1.0	1-7	1-3	7-20	100-800
강재(steel) 고강도강 기계강 스프링강 스테인레스강 공구강	 50-150 50-100 60-240 40-100 75	 340-1,000 340-700 400-1,600 280-700 520	 80-180 80-125 100-270 60-150 130	 550-1,200 550-860 700-1,900 400-1,000 900	 5-25 5-25 3-15 5-40 8

구조강 구조강 ASTM-A36 구조강 ASTM-A572 구조강 ASTM-A514	30-100 36 50 100	200-700 250 340 700	50-120 60 70 120	340-830 400 500 830	10-40 30 20 15
강재와이어	40-150	280-1,000	80-200	550-1,400	5-40
티타늄(titanium)	110-150	760-1,000	130-170	900-1,200	10
텅스텐(tungsten)			200-600	1,400-4,000	0-4
목재(굽힘) 목재(더글라스) 목재(오크) 목재(southern pine)	5-8 6-9 6-9	30-50 40-60 40-60	8-12 8-14 8-14	50-80 50-100 50-100	
목재(결에 평행한 압축) 목재(더글라스) 목재(오크) 목재(southern pine)	4-8 4-6 4-8	30-50 30-40 30-50	6-10 5-8 6-10	40-70 30-50 40-70	

표 E-4 열팽창계수

재료	열팽창계수		재료	열팽창계수	
	$10^{-6}/°F$	$10^{-6}/℃$		$10^{-6}/°F$	$10^{-6}/℃$
알루미늄 합금	13	23	플라스틱(나일론)	40-80	70-140
황동	10.6-11.8	19.1-21.2	플리스틱(폴리에틸렌)	80-160	140-290
청동	9.9-11.6	18-21			
주철	5.5-6.6	9.9-12	자갈	3-5	5-9
콘크리트	4-8	7-14	고무	70-110	130-200
구리 및 구리합금	9.2-9.8	16.6-17.6	강재	5.5-9.9	10-18
유리	3-6	5-11	고강도강	8.0	14
마그네슘 합금	14.5-16.0	26.1-28.8	스테인레스강 구조강	9.6 6.5	17 12
모넬 (67%Ni, 30%Cu)	7.7	14	티타늄 합금	4.5-6.0	8.1-11
니켈	7.2	13	텅스텐	2.4	4.3

부록 F 연습문제 해답

제 1 장

문 1.3.1

$\sigma = 101.25\text{MPa}, \qquad \epsilon = 500\mu$

문 1.3.2

(a)

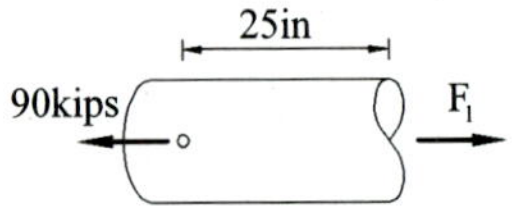

$F_1 = 90\text{kip}, \quad \sigma_{AB} = 30\text{ksi}$

(b)

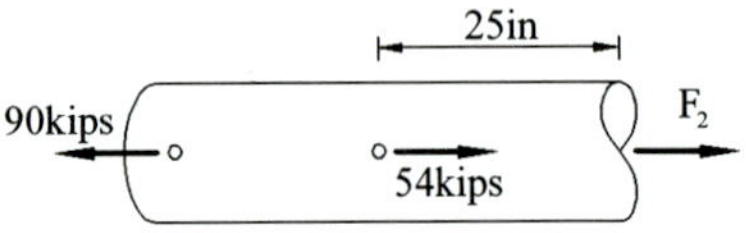

$F_2 = 90 - 54 = 36\text{kips}, \quad \sigma_{BC} = 12\text{ksi}$

(c)

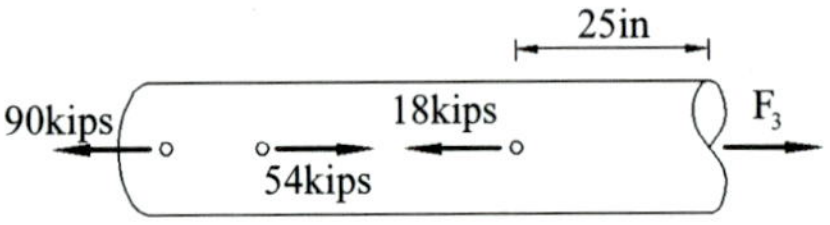

$F_3 = 90 - 54 + 18 = 54\text{kips}, \quad \sigma_{CD} = 18\text{ksi}$

문 1.3.3

$\delta = \dfrac{WL}{2AE}, \qquad \sigma = \gamma x$

문 1.4.1

$\sigma_{AB} = 42.44\,\text{MPa}$(압축응력), $\quad \sigma_{BC} = 63.66\text{MPa}$(인장응력)

문 1.4.2

1) $d_S = 51\text{mm}$ 2) $d_B = 30\text{mm}$ 3) $d_A = 57\text{mm}$

문 1.4.3

(a) $\epsilon_C = 160\mu$ (b) $\epsilon_C = 149.6\mu$

문 1.6.1

(a) $\delta = 4.04\text{mm}$ (b) $\Delta d = -0.017\text{mm}$(축소) (c) $\Delta V \equiv 1{,}296.31\text{mm}^3$

문 1.6.2

$E = 30 \times 10^6\text{psi}, \qquad \nu = 0.3, \qquad G = 11.5 \times 10^6\text{psi}$

문 1.6.3

$d = 49.786mm$

문 1.7.1

$\tau_{av} = 12.73ksi$

문 1.7.2

$\tau_{av} = 50MPa$, $\gamma = 2,780 \times 10^{-6}$, $d = 5.56 \times 10^{-3}cm$

문 1.7.3

(a) $\tau_{av} = 53.1MPa$ (b) $\sigma_b = 60.15MPa$

문 1.8.1

(a) $\sigma_b = 37.5MPa$ (b) $d = 270mm$

문 1.8.2

$d = 5.04in$

문 1.8.3

$P_a = 40kN$

제 2 장

문 2.2.1

$\delta = 0.325mm$

문 2.2.2

$$\delta = \frac{4PL}{E\pi d_a d_b}$$

문 2.2.3

$\delta = 5.83mm$

문 2.2.4

(a) $\sigma_{AC} = 135.88MPa$(인장), $\sigma_{BC} = 136.76MPa$(압축)

(b) $\delta_{AC} = 0.85mm$, $\delta_{BC} = -1.16mm$

(c) $\delta_H = 0.85mm$, $\delta_V = 2.64mm$

(d) $\theta_{AC} = 0.1210°$, $\therefore \theta_{BC} - 0.0849°$

문 2.2.5

(a) $\sigma_{max} = 4.1\text{MPa}$ (b) $\delta = 0.06\text{mm}$

문 2.3.1

(a) $\delta = \dfrac{\gamma L^2}{6E}$ (b) $\epsilon_{x\ av} = \dfrac{\gamma L}{6E}$ (c) $\epsilon_{x\ max} = \dfrac{\gamma L}{3E}$

문 2.3.2

$d = 1.78\text{in}$

문 2.3.3

$P = 41.66\text{kips}$

문 2.3.4

(a) $\theta = 56.31^\circ$ (b) $P_{max} = 166\text{kN}$

문 2.4.1

$$\sigma_S = \frac{E_S}{E_S A_S + E_C A_C} P, \quad \sigma_C = \frac{E_C}{E_S A_S + E_C A_C} P, \quad \epsilon = \frac{P}{E_S A_S + E_C A_C}$$

문 2.4.2

$\sigma_B = 26.253\text{ksi}$, $\sigma_S = 34.095\text{ksi}$

문 2.4.3

$\sigma_A = -9\text{ksi}$, $\sigma_F = 18\text{ksi}$

문 2.4.4

$\sigma_B = 76.683\text{MPa}$, $\sigma_S = -73.32\text{MPa}$

문 2.5.1

$\delta = 0.021\text{in}$

문 2.5.2

$$F_2 = \frac{2EA\alpha(\Delta T)\sin^2\beta\cos\beta}{1 + 2\cos^2\beta}, \quad F_1 = -\frac{EA\alpha(\Delta T)\sin^2\beta}{1 + 2\cos^3\beta}, \quad \delta_D = \frac{\alpha(\Delta T)L(1 + 2\cos\beta)}{1 + 2\cos^3\beta}$$ (하향)

문 2.5.3

$\sigma_A = 244.65\text{MPa}$, $\sigma_B = 293.14\text{MPa}$, $\delta_D = 13.644\text{mm}$ (하향변위)

문 2.6.1

$$W = \frac{\gamma^2 A L^3}{6E}$$

문 2.6.2

$$U = \frac{\gamma^2 A L^3}{6E} + \frac{\gamma P L^2}{2E} + \frac{P^2 L}{2EA}$$

문 2.6.3 : 생략

문 2.6.4

$U = 12.434 N \cdot m$

문 2.7.1

$W = 587.6 N$

문 2.7.2

(a) $\sigma = 46.353 ksi$　　(b) $\delta = 0.193 in$

문 2.7.3

$\delta = 9.46 ksi$

문 2.7.4

(a) $\delta = 3.3 in$　　(b) $W = 394.62 lb$

제 3 장

문 3.2.1

$T = T_1 = 5,227 N \cdot m$

문 3.2.2

$$\frac{\tau_{max})_{중실}}{\tau_{max})_{중공}} = \frac{\theta)_{중실}}{\theta)_{중공}} = 0.8704$$

중공축의 무게는 중실축의 64%이다.

문 3.2.3

(a) $\tau_{max} = 25.68 MPa$　　(b) $\tau = 19.5 MPa$　　(c) $\phi = 0.147^\circ$

문 3.2.4

(a) $\tau_{max} = 4.25 ksi$　　(b) $\phi_{B/A} = 0.00448 rad$ (↷)

(c) $\phi_{C/B} = 0.00707\,\text{rad}$ (↶)　　(d) $\phi_{C/A} = 0.00259$ (↶)

문 3.3.1

$\tau_{AB} = 12.53\,\text{ksi}$,　$\tau_{BC} = 5.57\,\text{ksi}$,　$\tau_{CD} = 0$,　$\phi = 0.0316\text{rad} = 1.81°$

문 3.3.2

$\tau_{AB} = 81.66\text{MPa}$,　$\tau_{BC} = 63.51\text{MPa}$

문 3.3.3

$T = 545\,\text{in} \cdot \text{kips}$,　$\phi = 0.0736\,\text{rad} = 4.215°$

문 3.3.4

$$T_A = \frac{\frac{1}{2}L_1 + L_2}{L_1 + L_2} \cdot tL_1, \quad T_B = -\frac{\frac{1}{2}L_1}{L_1 + L_2} \cdot tL_1$$

문 3.4.1

$d = 1.701\text{in}$

문 3.4.2

$\tau_{ab} = 31.15\text{MPa}$,　$\tau_{bc} = 12.83\text{MPa}$,　$\phi = \phi_{AB} + \phi_{BC} = 0.03548\,\text{rad} = 2.033°$

문 3.4.3

$d_i = 47\text{mm}$

문 3.5.1

$U_C \neq U_A + U_B$: 토크 T가 작용하는 봉에서의 축적되는 탄성에너지는 중첩원리가 성립되지 않는다.

문 3.5.2

$U = 905.04\,\text{kN} \cdot \text{m} = 905\text{kJ}$

문 3.5.3

$U = 26.73\text{J}$

문 3.5.4

$U = 2.922\text{J}$

문 3.6.1

$$\alpha = \frac{r}{t}, \quad \frac{\tau_1}{\tau_2} = \frac{4\alpha^2+1}{2\alpha(2\alpha+1)}, \quad \frac{\phi_1}{\phi_2} = \frac{4\alpha^2+1}{4\alpha^2}$$

$\alpha = r/t$	5	10	15	20	25	30
$\frac{\tau_1}{\tau_2} = \frac{4\alpha^2+1}{2\alpha(2\alpha+1)}$	0.9182	0.9548	0.9688	0.9762	0.9808	0.9839
$\frac{\phi_1}{\phi_2} = \frac{4\alpha^2+1}{4\alpha^2}$	1.0100	1.0025	1.0011	1.0006	1.0004	1.0003

문 3.6.2

$GJ = 7347t^4G$

문 3.6.3

(a) $\tau_{max})_1 = 8.681\,ksi$, $J_1 = 2{,}304.0\,in^4$

(b) $\tau_{max})_2 = 9.173\,ksi$, $J_2 = 2{,}222.4\,in^4$

(c) $\tau_{max})_3 = 11.052\,ksi$, $J_3 = 1{,}759.3\,in^4$

제 4 장

문 4.2.1

$d = 1.6in$

문 4.2.2

(a) $P = 804kN$ (b) $\tau_\theta = 22.2MPa$ (c) $\sigma_{max} = 44.7MPa$, $\tau_{max} = 22.3MPa$

문 4.2.3

$P = 98.6kN$

문 4.2.4

(a) $\theta = 60.46°$ (b) $P = 90.36kip$

문 4.3.1

(a) $\sigma_\theta = 42.25ksi$, $\tau_\theta = 11.40ksi$ (b) $\sigma_\theta = 54.114MPa$, $\tau_\theta = -7.81MPa$

(c) $\sigma_\theta = 7{,}220.90psi$, $\tau_\theta = -165.01psi$

문 4.3.2

(a) $\sigma_{x'} = 41.18\text{ksi}$, $\sigma_{y'} = 3.82\text{ksi}$, $\tau_{x'y'} = 19.55\text{ksi}$

(b) $\sigma_{x'} = 25.48\text{MPa}$, $\sigma_{y'} = -7.48\text{MPa}$, $\tau_{x'y'} = 63.20\text{MPa}$

(c) $\sigma_{x'} = 5{,}278.12\text{psi}$, $\sigma_{y'} = -7{,}278.12\text{psi}$, $\tau_{x'y'} = 1{,}259.07\text{psi}$

문 4.3.3

$\sigma_{x'} = 21{,}330.13\text{psi}$, $\sigma_{y'} = 6669.87\text{psi}$, $\tau_{x'y'} = -2{,}696.15\text{psi}$

$\theta_P = 19.9^\circ$ 또는 109.9°

$\sigma_1 = 21{,}810.25\text{psi}$, $\sigma_2 = 6{,}189.75\text{psi}$, $\tau_{max} = 7{,}810.25\text{psi}$

$\theta_S = 64.9^\circ$ 또는 -25.1°

문 4.3.4

$\sigma_\theta = 4{,}352\text{psi}$, $\tau_\theta = -6{,}864\text{psi}$

문 4.4.1

$\sigma_x = 278.90\text{MPa}$, $\sigma_y = -60.33\text{MPa}$, $\tau_{xy} = 153.85\text{MPa}$

문 4.4.2

$\sigma_x = 19{,}536.3\text{psi}$, $\sigma_y = -9{,}679.1\text{psi}$, $\Delta t = -1.97 \times 10^{-5}\text{in}$

문 4.4.3

(a) $\epsilon_x = 292 \times 10^{-6}\text{m/m}$, $\epsilon_y = 58 \times 10^{-6}\text{m/m}$, $\gamma_{xy} = 234 \times 10^{-6}\text{m/m}$

(b) $\epsilon_z = -150 \times 10^{-6}\text{m/m}$ (c) $e = 200 \times 10^{-6}\text{m}^3/\text{m}^3$

문 4.4.4

(a) $\Delta bc = 0.265\text{mm}$, $\Delta de = 0.020\text{mm}$ (b) $\Delta t = -0.017\text{mm}$

(c) $\Delta V = 4{,}235\text{mm}^3$ (d) $U = 224.86\text{N} \cdot \text{m}$

문 4.5.1

$\epsilon_1 = 972.3\mu$, $\epsilon_2 = 407.7\mu$, $\epsilon_3 = 0 = \epsilon_z$ (for plane strain), $\theta_P = 33.5^\circ$

$\gamma_{max} = \epsilon_1 = 972.3\mu$, $\theta_s = 78.534^\circ$ or -11.466°

문 4.5.2

	$\epsilon_{x_1} \times 10^{-6}$	$\epsilon_{y_1} \times 10^{-6}$	$\gamma_{x_1y_1} \times 10^{-6}$	θ_P
a	441	259	171	-18.435°
b	196	424	-383	-23.863°
c	-375	-1,155	630	-25.54°

	$\epsilon_1 \times 10^{-6}$	$\epsilon_2 \times 10^{-6}$	$\epsilon_3 \times 10^{-6}$	θ_s	$\gamma_{max} \times 10^{-6}$
a	475	225	-300	-63.435° or 26.565°	775
b	533	87	-266	-68.803° or 21.14°	799
c	-1,266	-264	656	-70.54° or 19.46°	-1,922

문 4.5.3

(a) $\sigma_x = 20{,}472.5\text{psi}$, $\sigma_y = -3{,}758.2\text{psi}$, $\tau_{xy} = 7{,}615.4\text{psi}$

(b) $\theta_P = 16.076°$, $\theta_s = 61.076°$ or $-28.924°$, $\sigma_1 = 22{,}667.15\text{psi}$, $\sigma_2 = -5{,}952.85\text{psi}$,

$\sigma_3 = \sigma_z = 0$, $\gamma_{max} = \dfrac{\sigma_1 - \sigma_2}{2} = 14{,}310.0\text{psi}$

(c) $\epsilon_1 = 815.1 \times 10^{-6}$, $\epsilon_2 = -425.1 \times 10^{-6}$, $\epsilon_3 = -167.14 \times 10^{-6}$

$\gamma_{max} = 1{,}240.2 \times 10^{-6}$, $\tau_{max} = 14{,}310.0\text{psi}$

문 4.5.4

	σ_x	σ_y	τ_{xy}	θ_P	σ_1	σ_2	τ_{max}
a	20.6ksi	-1.3ksi	6.4ksi	15.03°	22.3ksi	-3.0ksi	12.7ksi
b	63.3MPa	-3.0MPa	-42.8MPa	-26.13°	84.3MPa	-24.0MPa	54.1MPa
c	75.7MPa	107.7MPa	32.5MPa	-31.88°	127.9MPa	55.5MPa	64.0MPa

문 4.6.1

(a) $p_1 = 650\text{psi}$ (b) $p_2 = 600\text{psi}$ (c) $p_3 = 680\text{psi}$ (d) $p_a = p_2 = 600\text{psi}$

문 4.6.2

(a) $\sigma_x = 93.75\text{MPa}$, $\sigma_y = \dfrac{\sigma R}{t} = 2\sigma_x = 187.50\text{MPa}$

(b) $\tau_{max} = 93.75\text{MPa}$ (c) $\sigma_\theta = 124.59\text{MPa}$, $\tau_\theta = -44.05\text{MPa}$

문 4.6.3

$p = 6.30\text{MPa}$

문 4.6.4

$h = 132.923\text{ft}$

문 4.6.5

$C = 3\pi R^2 p$

제 5 장

문 5.1.1 : 생략

문 5.1.2 : 생략

문 5.2.1 : 생략

문 5.2.2

(a) $R_A = \frac{M_o}{L}(\downarrow)$, $R_B = \frac{M_o}{L}(\uparrow)$ (b) $R_A = \frac{1}{2}qL(\uparrow)$, $M_A = \frac{7}{8}gL^2(\curvearrowright)$

문 5.2.3

(a) B점의 변위를 구할 수 있다면 $\delta_B = 0$의 방정식을 이용한다.

(b) 제 3의 방정식을 A, B, C점 중 어느 한 곳의 변위를 구하여 $\delta_B = 0$의 식 이용.

(c) A나 B점의 변위와 회전각을 구하는 식 이용. $\delta_B = 0$, $\theta_B = 0$

문 5.3.1

(a)

$0 \le x \le 2$ $V_1 = 1{,}400\text{lb},\ M_1 = 1{,}400x_1$

$2 \le x \le 6$ $V_2 = 1{,}400 - 400(x-2),\ M_2 = 1{,}400x - 200(x-2)^2$

$6 \le x \le 8$ $V_3 = -600 - 400(x-2),\ M_3 = 1{,}400x - 200(x-2)^2 - 2{,}000(x-6)$

(b)

$0 \le x \le 2 : V_1 = 10\text{kN},\ M_1 = -10x(\text{kN}\cdot\text{m})$

$2 \le x \le 4 : V_2 = -10 - 8(x-2),\ M_2 = -10x - 4(x-2)^2(\text{kN}\cdot\text{m})$

$4 \le x \le 8 : V_3 = 52 - 8(x-2),\ M_3 = -10x - 4(x-2)^2 + 62(x-4)(\text{kN}\cdot\text{m})$

$8 \le x \le 10 : V_4 = 4\text{kN},\ M_4 = 4x - 8(\text{kN}\cdot\text{m})$

$10 \le x \le 12 : V_5 = -16\text{kN},\ M_5 = -16x + 192(\text{kN}\cdot\text{m})$

(c)

$0 \le x \le L : V_1 = \frac{1}{2}q_0L + q_0x,\ \ M_1 = \frac{1}{4}q_0L^2 + \frac{1}{2}q_0Lx + \frac{1}{2}q_0x^2$

$L \le x \le 2L : V_2 = \frac{3}{2}q_0L - \frac{3}{2}q_0(x-L),\ \ M_2 = -\frac{9}{4}q_0L + \frac{3}{2}q_0Lx - \frac{3}{4}q_0(x-L)^2$

문 5.3.2

$R_A = 7.5\text{kips}(\uparrow)$, $R_D = 57.5\text{kips}(\uparrow)$, $M_D = 325\text{ft}\cdot\text{kip}(\curvearrowleft)$

$V_E = 32.5\text{kips}(\uparrow)$, $M_E = 100\text{ft}\cdot\text{kip}(\curvearrowleft)$

문 5.4.1 : 생략

문 5.4.2 : 생략

문 5.4.3 : 생략

제 6 장

문 6.2.1

	$\bar{x}$	$\bar{y}$
(a)	$\frac{-a^2+2ab+2b^2}{3(a+b)}$	$\frac{h(2a+b)}{3(a+b)}$
(b)	$\frac{2r}{3(4-\pi)} \cong 0.77663r$	$\frac{r(10-3\pi)}{r^2(4-\pi)} = 0.22337r$
(c)	0	$\frac{r\sin\beta}{\beta}$
(d)	122.44mm	0
(e)	$\frac{2r\sin\alpha}{3\alpha}$	0

문 6.2.2

	$\bar{x}$	$\bar{y}$	I_x	I_y	I_{xy}	I_p
(a)	$\frac{b+c}{3}$	$\frac{h}{3}$	$\frac{bh^3}{36}$	$\frac{bh}{36}(b^2-bc+c^2)$	$\frac{bh^2}{72}(b-2c)$	$\frac{bh}{36}(h^2+b^2-bc+c^2)$
(b)	$\frac{b}{3}$	$\frac{h}{3}$	$\frac{bh^3}{36}$	$\frac{b^3h}{36}$	$-\frac{b^2h^2}{72}$	$\frac{bh}{36}(h^2+b^2)$
(c)	$\frac{2r}{3(4-\pi)}$	$\frac{r(10-3\pi)}{3(4-\pi)}$	$\frac{(176-84\pi+9\pi^2)r^4}{144(4-\pi)}$ $=0.007545r^4$	$=I_x$	$\frac{r^4}{72}\left(3-\frac{4(10-3\pi)}{4-\pi}\right)$ $=0.004387r^4$	$\frac{(176-84\pi+9\pi^2)r^4}{72(4-\pi)}$ $=0.01509r^4\}$
(d)	0	$\frac{2r\sin\alpha}{3\alpha}$	$\frac{r^4}{36\alpha}(9\alpha^2$ $+9\alpha\sin\alpha\cdot\cos\alpha$ $-16\sin^2\alpha)$	$\frac{r^4}{4}(\alpha-\sin\alpha\cos\alpha)$	0	$\frac{r^4}{18\alpha}(9\alpha^2-8\sin^2\alpha)$
(e)	0	$\frac{r\sin\beta}{\beta}$	$r^3t\left(\frac{2\beta+\sin^2\beta}{2}\right.$ $\left.-\frac{1-\cos2\beta}{\beta}\right)$	$r^3t(\beta-\sin\beta\cdot\cos\beta)$	0	$\frac{r^3t}{2\beta}(4\beta^2-\beta\sin2\beta$ $+\beta\sin^2\beta+2\cos2\beta-2)$

문 6.2.3

$\bar{y}=1.1\text{in}$

$I_{xG}=7.233\text{in}^4$

문 6.3.1

(a) $\rho = 18.47\text{m}$

(b) $y = -y_{max} = -47.5\text{mm} = -0.0475\text{m}$ 에서 최대 인장이고, $y = y_{max} = 32.5\text{mm} = 0.0325\text{m}$ 에서 압축최대이다.

$\sigma_x)_{max} = 514.35\text{Mpa}$(인장최대), $\sigma_x)_{max} = -351.92\text{Mpa}$(압축최대)

문 6.3.2

(a) $\rho = \dfrac{c}{\epsilon_y}$, $\delta_{max} = \dfrac{c}{\epsilon_y}\left\{1 - \cos\left(\epsilon_y \cdot \dfrac{L}{c}\right)\right\}$

(b) $\rho = 333.33\text{ft}$, $\delta_{max} = 7.2\text{in}$

문 6.3.3

$$\sigma_{max} = \frac{Eh}{2r + h}$$

문 6.3.4

$\sigma_b = -0.26532 q_0 L^2/h^3$

문 6.3.5

$\sigma_{max})_{인장} = 805.045\text{psi}$, $\sigma_{max})_{압축} = 428.327\text{psi}$

문 6.4.1

$\tau_b = 187.5\text{kpa}$, $\tau_c = 250\text{kpa}$

문 6.4.2

$\sigma_a = -160.64\text{Mpa}$, $\sigma_b = -149.31\text{Mpa}$, $\sigma_c = 0$,

$\tau_a = 0$, $\tau_b = 16.88\text{Mpa}$, $\tau_c = 21.35\text{Mpa}$

문 6.4.3

(a) $\sigma_b)_a = 456.109\text{psi}$(인장), $\tau)_a = 52.941\text{psi}$

(b) $\tau_{max} = 61.256\text{psi}$ (c) $\sigma_{max} = 1392.760\text{psi}$ (중앙지점의 최하단부)

문 6.4.5

$q_a = 181.9\text{kN/m}$

문 6.5.1

(a) $e = \dfrac{h^2 b^2 t}{4I_z}$, $e = 38.56\text{mm}$

(b) 생략

문 6.5.2

(a) 생략

(b) $\frac{V_w}{V}=\frac{34.252}{35}\times 100=97.9\%$

문 6.5.3

$\tau_{max}=3.031\,ksi$

문 6.5.4

(a) $e=\frac{4r}{\pi}$ (b) $\tau_A=398\,psi$

제 7 장

문 7.1.1 : 생략

문 7.1.2 : 생략

문 7.1.3

$\rho=-166.7\,ft$

문 7.1.4

$\rho=800m$

문 7.2.1

$$\delta_{max}=\frac{L^2}{6EI}(2P_0L-3M_0),\quad \theta_{max}=\frac{L}{2EI}(P_0L-2M_0)$$

문 7.2.2

$$\therefore x=0.46L,\quad \delta_{max}=0.00656\frac{q_0L^4}{EI}$$

문 7.2.3

$$0\le x\le a,\quad \theta_1(x)=\frac{Px}{2EI}(2a-x),\quad \delta_1(x)=\frac{Px^2}{6EI}(3a-x)$$

$$a\le x\le L,\quad \theta_2=\frac{Pa^2}{2EI},\quad \delta_2(x)=\frac{Pa^2}{6EI}(3x-a)$$

$a\le x\le L$에서는 처짐각 θ는 $\frac{Pa^2}{2EI}$으로 일정.

문 7.2.4

$$v_1(x=0.7887L)=-0.096\frac{M_0L^2}{3EI}=\delta_{max}, \quad v_1(x=0.2113L)=0.096\frac{M_0L^2}{3EI}=\delta_{max}$$

at $x_m=0.7887L$ 또는 $x_m=0.2113L$

$$M_A=M(0)=-2M_0, \quad M_B=M(L)=-2M_0$$

$$\therefore R_A=\frac{4M_0}{L}, \quad R_B=-\frac{4M_0}{L}$$

문 7.2.5

$$\delta_{max}=-0.02217in, \quad \delta_C=0.6912in$$

문 7.3.1

$$\delta_{C_1}=\frac{5PL^3}{48EI}, \quad \delta_{C_2}=\frac{PL^3}{3EI}, \quad \delta_{max}=\frac{5PL^3}{48EI}+\frac{PL^3}{3EI}=\frac{7PL^3}{16EI}$$

문 7.3.2

$$x_m=0.50603L\cong 0.506L, \quad \delta_{max}=\frac{0.02107qL^4}{EI}$$

문 7.3.3

$$\delta_C=\delta_{C_1}+\delta_{C_2}, \quad \delta=2.0233in$$

문 7.3.4

$$\delta=0.079in$$

문 7.3.5

$$\theta_A=\frac{1}{48EI}\left[8qb^3+5\frac{Pb^3}{a}+2qa^3\right], \quad \delta_B=\frac{b^3}{48EI}(8qa+5P)$$

문 7.4.1

$$\theta_B=\frac{qL^3}{48EI}, \quad \delta_B=\frac{7qL^4}{384EI}$$

문 7.4.2

$$\theta_A=\frac{Pab(L+b)}{6LEI}, \quad \delta_C=\frac{Pa^2b^2}{3LEI}$$

문 7.4.3

$$\theta_B = \frac{L}{2EI}(PL - 2M_0), \qquad \delta_B = \frac{L^2}{6EI}(2PL - 3M_0),$$

$$\theta_C = \frac{L}{8EI}(3PL - 4M_0), \quad \delta_C = \frac{L^2}{48EI}(14PL - 18M_0)$$

문 7.4.4

$$P/W = \frac{104}{27} = 4$$

문 7.4.5

$q = 630.87\text{lb/in}$

제 8 장

문 8.2.1

$$U = \frac{2EI}{L}\theta_A^2$$

문 8.2.2

$$U = \frac{1}{240EI}\left[40M_0^2L + q^2L^5 + 10qM_0L^3\right]$$

문 8.2.3

$U = 5.356\text{kips} \cdot \text{in}$

문 8.2.4

$$U = \frac{3P^2L}{2AE}, \quad U' = \frac{5P^2L}{2AE}, \quad \therefore U < U'$$

문 8.2.5

(a) $d_i \cong 1.874\text{in}$ (b) $U = 192.413\text{lb} \cdot \text{in}$

문 8.3.1

$$\delta_C = \frac{a^2(L^2 + a^2 - 2aL)}{3EIL}P$$

문 8.3.2

$$W(\delta_1)=\frac{1}{2}P_1\delta_1,\quad W(\delta_2)=\frac{1}{2}P_2\delta_2,\quad W(\delta_1+\delta_2)=\frac{1}{2}P_1\delta_1+\frac{1}{2}P_2\delta_2+\left(\frac{1}{2}P_1\delta_2+\frac{1}{2}P_2\delta_1\right)$$

$$\therefore W(\delta_1)+W(\delta_2)\neq W(\delta_1+\delta_2)$$

문 8.3.3

$$\delta_C=27.48868\frac{PL}{EA}$$

문 8.3.4

$$\theta_A=0.7178^\circ$$

문 8.4.1

(a) $\delta_B=0.01852\text{in}$ (b) $R_A=11.112\text{kips},\quad R_C=-13.890\text{kips}$

문 8.4.2

(a) $\delta_V=1.2143\text{mm}$ (b) $R_1=242.86\text{kN}=R_3,\quad R_2=194.29\text{kN}$

문 8.4.3

(a) $\delta_h=2.309\frac{PL}{AE},\quad \delta_v\cong 0.435\frac{PL}{AE}$ (b) $S_{AD}=1.326P$

문 8.5.1

(a) $$\delta=\frac{HP^n}{c}\left[\left(\frac{\cos\beta_2}{\sin(\beta_1+\beta_2)}\right)^{n+1}\cdot\frac{1}{A_1^n\sin\beta_1}+\left(\frac{\cos\beta_1}{\sin(\beta_1+\beta_2)}\right)^{n+1}\cdot\frac{1}{A_2^n\sin\beta_2}\right]$$

(b) $$\delta=\frac{HP^n}{c}\left[\left(\frac{\cos\beta_2}{\sin(\beta_1+\beta_2)}\right)^{n+1}\cdot\frac{1}{A_1^n\sin\beta_1}+\left(\frac{\cos\beta_1}{\sin(\beta_1+\beta_2)}\right)^{n+1}\cdot\frac{1}{A_2^n\sin\beta_2}\right]$$

문 8.5.2

(a) $\delta=\frac{c\gamma^{3.5}L^{3.5}A^{3.5}}{3.5\gamma A^{3.5}}=\frac{c\gamma^{2.5}L^{3.5}}{3.5}$ (b) $\delta=\frac{c\gamma^{2.5}L^{3.5}}{3.5}$

문 8.5.3

$$\delta_B=\frac{Pa^2b^2}{3EIL}=\frac{Pa^2(L-a)^2}{3EIL}$$

문 8.6.1

$$\delta_E=0.019\text{in}$$

문 8.6.2

$$\delta_{dc} = -\frac{aPL^2}{16EI}\text{(상향)}, \quad \delta_{cd} = -\frac{aPL^2}{16EI} = \delta_{dc}$$

문 8.6.3

$$\theta_{dc} = -\frac{M_0L}{96EI} \text{ (↶ 반시계 방향)}, \quad \theta_{cd} = -\frac{M_0L}{96EI} = \theta_{dc} \text{ (상반변위 정리 성립)}$$

제 9 장

문 9.2.1

(a) $R_A = R_B = \frac{1}{2}qL, \quad M_A = \frac{1}{12}qL^2 = M_B$

(b) $R_A = \frac{2}{5}q_0L, \quad R_B = \frac{1}{10}q_0L, \quad M_A = \frac{1}{15}q_0L^2$

문 9.2.2

$$R_A = -\frac{3}{2}\frac{M_0}{L}, \quad R_B = \frac{3}{2}\frac{M_0}{L}, \quad M_A = -\frac{1}{2}M_0$$

$$v(x) = \frac{-M_0x^2}{4EIL}(L-x), \quad \theta(x) = -\frac{M_0x}{4EIL}(2L-3x)$$

$$x = \frac{2}{3}L \text{ : 최대처짐}, \quad \delta_{max} = -\frac{M_0L^2}{27EI}$$

문 9.2.3

(a) $R_A = -\frac{9M_0}{8L}, \quad R_B = \frac{9M_0}{8L}, \quad M_A = -\frac{M_0}{8}$

(b) 생략

(c)

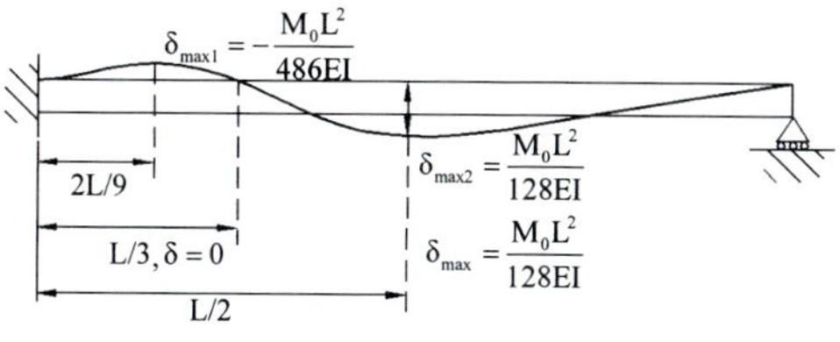

문 9.2.4

(a) $M = -\frac{q_0}{60L}(10x^3 - 9L^2x + 2L^3)$

$$V(x) = -\frac{q_0}{20L}(10x^2 - 3L^2)$$

$$\theta(x) = \frac{q_0 x}{120EIL}(5x^3 - 9L^2x + 4L^3)$$

$$EIv = \frac{q_0 x^5}{120L} + \frac{1}{6}C_1x^3 + \frac{1}{2}C_2x^2 = \frac{q_0 x^5}{120L} - \frac{3q_0 L x^3}{120} + \frac{1}{60}q_0 L^2 x^2$$

$$v = \frac{q_0 x^2}{120LEI}(x^3 - 3L^2x + 2L^3)$$

(b) 생략

문 9.3.1

$R_A = -\frac{1}{16}P$, $R_B = \frac{33}{16}P$, $M_A = -\frac{1}{24}PL$

문 9.3.2

$R_B = \frac{33}{16}qL$, $R_A = \frac{qL}{8}$, $R_C = \frac{13}{16}qL$

문 9.3.3

$R_B = \frac{7}{128}q_0L$, $R_A = \frac{57}{128}q_0L$, $M_A = \frac{9}{128}q_0L^2$

문 9.3.4

$M_A = \frac{9q_0L^2}{128}$, $R_A = \frac{57}{128}q_0L$, $R_B = \frac{7}{128}q_0L$

문 9.4.1

$R_B = \frac{2}{3}P$, $R_A = \frac{4}{3}P$, $M_A = PL - R_BL = \frac{1}{3}PL$

문 9.4.2

(a) $M_A = \frac{1}{30}q_0L^2$, $M_B = \frac{1}{20}q_0L^2$, $R_B = \frac{7}{20}q_0L$, $R_A = \frac{3}{20}q_0L$

(b) $R_B = \frac{9M_0}{8L}(-)$, $R_A = \frac{9M_0}{8L}(+)$, $M_A = -\frac{1}{8}M_0$ (시계방향)

문 9.4.3

$R_A = -796.3\,\text{lb}$, $R_B = 296.3\,\text{lb}$, $M_A = 1{,}667.7\,\text{lb}\cdot\text{ft}$(시계방향)

문 9.5.1

$$R_A = R_D = \frac{2}{15}qL = 160lb\ ,\quad R_B = R_C = \frac{11}{30}qL = 440lb$$

문 9.5.2

$$R_A = \frac{11}{40}P = R_D,\quad R_B = \frac{69}{40}P = R_C$$

문 9.5.3

$$M_A = -2{,}000lb \cdot ft,\quad R_C = 11{,}500lb,\quad R_A = 1{,}500lb,\quad R_B = -6{,}000lb$$

문 9.6.1

(a) $R_A = \frac{Pb^2}{L^3}(L+2a),\quad R_B = \frac{Pa^2}{L^3}(L+2b),\quad M_A = \frac{Pb^2a}{L^2},\quad M_B = \frac{Pab^2}{L^2}$

(b) $R_A = \frac{5}{8}qL,\quad R_B = \frac{3}{8}qL,\quad M_A = \frac{1}{2}qL^2 - \frac{3}{8}qL^2 = \frac{1}{8}qL^2$

문 9.6.2

$$R_B = 0.672qL,\quad R_A = 0.578qL,\quad M_A = 0.1093qL^2$$

문 9.6.3

$$R_A = \frac{1}{10}q_0L,\quad R_B = \frac{2}{5}q_0L,\quad M_B = \frac{1}{15}q_0L^2$$

문 9.6.4

$$R_A = R_C = \frac{3}{8}qL,\quad R_B = \frac{5}{4}qL,\quad M_B = \frac{1}{8}qL^2$$

제 10 장

문 10.1.1

$$P_{cr} = \frac{k_t}{L}$$

문 10.1.2

$k = 2{,}000lb/in$

문 10.1.3

$P_{cr} = 15{,}000lb$

문 10.1.4

$k_t = 60{,}000in \cdot lb$

문 10.2.1

(a) 날씬비 $L/r = 59.4$ (b) $P_{cr} = 61.711kips$

(c) $\sigma_{cr}/\sigma_{PL} = 0.8643$

임계응력이 $0.8643\sigma_{PL}$로서 탄성영역 내에서 좌굴이 발생한다.

문 10.2.2

$(L/r)_{min} = 49.174$

문 10.2.3

(a) $P_{cr} = 10.257kN$ (b) $P_{cr} = 50.84kN$

문 10.2.4

(a) $\dfrac{L}{r} = 84.2$ (b) $(L/r)_{min} = 54.8$ (c) $P_{cr} = 247.47kN$

문 10.3.1

$M_{max} = 735.06in \cdot lb$

문 10.3.2

$L_a = 185.5in$

문 10.3.3

(a) $(P_{cr})_y = 301.1956lbs$ (b) $(P_y)_z = 4.05kips$

(c) $(P_{cr})_y = \dfrac{\pi^2 EI_y}{L^2}$, $(P_{cr})_z = \dfrac{\pi^2 EI_z}{L^2}$

$I_y < I_z$이므로 $(P_{cr})_y < (P_{cr})_z$

따라서 xy평면에서 보다 xz평면에서 좌굴이 먼저 일어난다.

INDEX

[다]

[라]

[마]

[바]

[사]

[아]

[자]

[차]

[카]

[타]

[파]

[하]

저자와의
협의에 의해
인지 생략

핵심 재료역학

1판 2쇄 2018년 12월 10일

저 자 김누만 / 오대석
발행인 송광헌
발행처 복두출판사
주 소 서울특별시 영등포구 경인로82길 3-4
센터플러스 807호
(우) 07371
전 화 (02) 2164-2580
FAX (02) 2164-2584
등 록 1993. 11. 22. 제 10-902 호

정가 : 24,000원
ISBN : 978-89-8000-449-2 92560